中国地质大学（武汉）地学类系列精品教材

中国地质大学“十一五”规划教材

国家理科基地基金项目资助

中南地区大学出版社优秀教材

晶体光学及光性矿物学

JINGTI GUANGXUE JI GUANGXING KUANGWUXUE

（第三版）

主编 曾广策

编著 曾广策 朱云海 叶德隆

图书在版编目(CIP)数据

晶体光学及光性矿物学/曾广策主编.—3版.—武汉:中国地质大学出版社,2017.9(2025.1重印)

ISBN 978-7-5625-4092-2

Ⅰ.①晶…

Ⅱ.①曾…

Ⅲ.①晶体光学②光性矿物学

Ⅳ.①O734②P57

中国版本图书馆CIP数据核字(2017)第239250号

晶体光学及光性矿物学

曾广策 主编

曾广策 朱云海 叶德隆 编著

责任编辑:段连秀　　责任校对:张咏梅

出版发行:中国地质大学出版社(武汉市洪山区鲁磨路388号)　　邮政编码:430074

电　　话:(027)67883511　　传真:67883580　　E-mail:cbb @ cug.edu.cn

经　　销:全国新华书店　　http://cugp.cug.edu.cn

开本:787mm×1092mm 1/16　　字数:540千字　印张:20.25　图版:8

版次:2006年8月第1版　2010年1月第2版　2017年9月第3版　　印次:2025年1月第11次印刷

印刷:武汉中远印务有限公司　　印数:26 001—29 000册

ISBN 978-7-5625-4092-2　　定价:49.00元

第三版前言

《晶体光学及光性矿物学》于2006年出版。该书是以曾广策编著和主编的《简明光性矿物学》《透明造岩矿物与宝石晶体光学》为基础的合订教材。《简明光性矿物学》于1989年出版、1998年修订再版,《透明造岩矿物与宝石晶体光学》于1996年出版。两部教材是“晶体光学及光性矿物学”课程的配套教材。合订后的《晶体光学及光性矿物学》教材更方便于该课程的教学使用。2010年,该教材被确定为中国地质大学(武汉)地学类系列精品教材,并被评为中南地区大学出版社优秀教材,经少量修改后定为第二版。

本教材的特点是:晶体光学基础理论和基本概念阐述准确、通俗易懂;矿物光性鉴定内容和操作介绍详细、易于掌握;收集的透明造岩矿物、透明宝石矿物、透明玉石矿物及不透明矿物在编排上与一般光性矿物学不同,将该课程教学必须学习的矿物与“岩石学”课程需要学习的矿物以及工作研究中需要对照参考的矿物分别列出;既可作为“晶体光学及光性矿物学”“岩石学”课程的配套教材,也不失作为工作、研究时进行显微镜下岩矿薄片鉴定的参考手册。

在长期使用过程中发现书中仍有少许错误有待更正;鉴定仪器的更新有必要在书上体现;教学和鉴定工作中积累的体会、经验也值得写于书中,因此,决定对本书进行再次修订。

《晶体光学及光性矿物学》(第三版)由两篇共13章组成。

第一篇阐明了晶体光学的基本原理和基本知识;介绍了晶体光学鉴定的常用仪器;系统阐述了用偏光显微镜对透明造岩矿物及宝石薄片进行晶体光学鉴定的基本原理、主要内容和详细操作方法,以及油浸法测定透明造岩矿物及宝石折射率的原理、方法和程序;简述了对宝石制品进行晶体光学鉴定的主要内容和基本方法;叙及了矿片厚度、矿物粒度和矿物含量的测定方法。

第二篇介绍了常见的180多种(亚种)透明造岩矿物、透明玉石矿物、透明宝石矿物的光学性质、偏光显微镜下的鉴定要点,以及与性质相近的矿物的主要区别;提供了必要的基础鉴定图表;叙及了矿物种属的划分、种属(亚种)名称的来源;简介了矿物的地质产状、与其他矿物的共生组合关系及其宝玉石用途。书中还附有彩色图版和复习思考题。

该书经长期使用和再次修订，不仅可作为综合性大学及地质院校地学类各专业及宝玉石学、硅酸盐材料、工业岩石等专业的教材，还可供岩矿、宝玉石鉴定人员以及从事地质、工业岩石、合成硅酸盐材料等相关专业的生产科研人员、报考地学某些专业的人员参考。

本次修订的分工和修改的内容如下：

第一章修订工作由曾广策、叶德隆完成，主要更正了第二版的少许错误。

第二章、第九章修订工作由朱云海负责完成。第二章进行了重新编写，增加了新型偏光显微镜结构示意图，介绍了最新偏光显微镜结构、功能、显微照相程序和显微镜数字网络互动教学系统。

第三章至第八章、第十章至第十三章修订工作由曾广策完成。修订内容为：对第二版书中的少许错误进行了更正；根据教学、鉴定积累的经验和体会，对少数基本概念和少数矿物的光学性质鉴定进行了补充阐述，使鉴定结果更加准确；增加了6种比较常见的矿物鉴定资料。

最后曾广策对全书修订的部分进行了整理和审查。

修订工作得到了中国地质大学（武汉）地球科学学院岩矿系赵军红教授的关心和支持，得到了中国地质大学（武汉）教务处的资助和支持，中国地质大学出版社段连秀副编审对本书的出版付出了辛勤的劳动，在此向上述单位和人员一并表示感谢！

由于编著者水平有限，书中还会有遗误和不妥之处，欢迎使用本书的广大师生和其他人员给予批评指正！

曾广策

2017年6月于武汉

前　言

晶体光学(Crystal optics)可分为透明矿物晶体光学和不透明矿物晶体光学,前者一般简称为晶体光学。晶体光学是研究可见光,尤其是可见偏光通过透明矿物晶体所产生的折射、偏振、干涉、吸收、色散、旋光等一系列光学现象的基础学科。

光性矿物学(Optical mineral)是运用晶体光学的原理和方法对透明矿物进行研究的一门基础学科。光性矿物学的任务主要是研究透明矿物的光学性质,测定透明矿物的光性常数,以鉴定和研究透明矿物。

用一句通俗的话说,晶体光学是研究可见偏光通过透明矿物晶体会产生哪些光学现象,如何去观察和表征这些光学现象;而光性矿物学是研究各种透明矿物具有哪些光学性质和根据光学性质去鉴定、研究透明矿物。

研究透明矿物晶体光学性质的仪器主要有偏光显微镜、宝石显微镜、偏光仪、二色镜、折射仪等。因此,晶体光学、光性矿物学又是介绍用上述光学仪器研究、测定透明矿物光学性质和鉴定透明矿物的基本原理、基本方法的应用学科。

透明矿物(Transparent mineral)包括透明造岩矿物、透明玉石矿物和透明宝石矿物等。绝大多数造岩矿物、玉石矿物和宝石矿物在岩石薄片(Thinned section)中都是透明的。因此,晶体光学、光性矿物学的基本原理、基础鉴定技术是地学各专业及其他相关专业本科生必须掌握的,晶体光学及光性矿物学课程是地学各专业、宝石学专业、矿物材料学专业等本科生必修的专业基础课程。此外,工业岩石(工艺岩石、人造岩石),如陶瓷、铸石、耐火砖、炉渣、水泥、玻璃等,其中的合成矿物大多数与天然透明矿物相同或类同,其研究和鉴别方法也与天然透明矿物相同。因此,晶体光学也广泛地应用于冶金、化工、轻工、建材等部门和行业。

随着科学技术的进步,各种新的测试技术如电子探针、离子探针、电子显微镜、X光分析等引入到岩石学研究中,但这些新技术、新方法并不能代替偏光显微镜鉴定这一基本手段。第一,前述的测试技术运用往往要以显微镜下光学鉴定为先导和须用镜下鉴定来验证;第二,高、精、尖测试仪器目前仅配备在少数研究(测试)室的专门人员手中,偏光显微镜等常规光学仪器仍然是岩矿鉴定最普及、最常用的鉴定仪器;第三,透明矿物的一些光性、常数的测定,暂时还没有别的先进技术取代偏光显微镜光学鉴定,很多岩相学、岩石成因信息必须从显微镜下鉴定中获取,即使在科学技术发达国家的高级岩矿实验室里，也离不开偏光显微镜鉴定这一基本手段。传统的以晶体光学、光性矿物学为基础的偏光显微镜鉴定技术，仍然和仍将具有旺盛的生命力。

本书是由曾广策主编的《透明造岩矿物与宝石晶体光学》《简明光性矿物学》整合修订而成，是与地学各专业及相关专业的专业基础课程《晶体光学及光性矿物学》相匹配的教材。《透明造岩矿物与宝石晶体光学》《简明光性矿物学》是根据原地质矿产部岩石学课程教学指导委员会岩浆岩课程教学指导组制定的《晶体光学及光性矿物学》教学基本要求和中国地质大学的该课程教学大纲，为适应现代地学教学和宝玉石行业蓬勃发展的需要而编写的。《透明造岩矿物与宝石晶体光学》于1996年出版，《简明光性矿物学》于1989年出版、1998年修订版，两书已供许多院校、单位使用，是两本比较成熟和受欢迎的教材。这本经修编后的《晶体光学及光性矿物学》纠正了国内外同类教材中的少量概念性错误，更正了原教材中的少量错漏，补充了少量基础内容，汲取了近年来取得的新成果，“三基”（基本理论、基本知识、基本技能）更突出，概念更确切，实用性更强，应用面更广，更适合于现代教学改革。本书不仅可作为高等院校地学各专业及宝玉石学、建材、硅酸盐材料等专业的教材，还可供岩矿鉴定人员、宝玉石鉴定人员、地质生产科研人员、工业岩石产品的生产科研人员、合成硅酸盐材料的生产科研人员自学和作为岩矿鉴定的参考手册。

本书修订、编写分工如下：第一章，叶德隆、曾广策；第二章、第九章，朱云海；第三章至第八章、第十章至第十三章，曾广策；图版，曾广策、朱云海；全书由曾广策、叶德隆修改定稿。

原教材的编写参考了原岩石教研室的历届内部教材，邱家骧、路凤香教授审阅了原教材，王方正教授给予了热心的指导，珠宝学院亓利剑教授审阅了原书第八章。原教材的编写和修编后的本教材吸收了教研室广大教师的教学经验。中国地质大学出版社原总编、正编审耿小云，副编审刘士东对原教材的出版付出了辛勤的劳动。出版社现任社长、总编梁志，副编审段连秀为本书的出版给予了大力支持。谨此，向上述人员一并表示感谢。

由于编著者水平所限，书中定有遗误或不妥之处，祈望使用本书的广大师生和其他读者惠予批评指正。

曾广策

2006年5月于中国地质大学

本书使用的缩写符号

a、b、c	结晶轴（相当于结晶学中的 X、Y、Z 轴）
N	折射率、均质体折射率
No、Ne	一轴晶对常光、非常光的折射率（也用作一轴晶光率体两个主轴的名称）
Np、Nm、Ng	二轴晶最小、中等、最大主折射率（也用作二轴晶光率体三个主轴的名称）
$\|Ne-No\|$	一轴晶最大双折射率
$Ng-Np$	二轴晶最大双折射率
ΔN	双折射率（代表 $\|Ne-No\|$、$Ne'-No$、$Ng-Np$、$Ng'-Np'$）
OA	光轴（矿物光性鉴定图中简写成 A）
OAP	光轴面
$2V$	光轴角
$2V_{Np}$	光轴与 Np 夹角的 2 倍
$2V_{Ng}$	光轴与 Ng 夹角的 2 倍
$2r$	红光光轴角
$2v$	紫光光轴角
Bxa	两光轴所夹锐角等分线
Bxo	两光轴所夹钝角等分线
PP	下偏光振动方向
AA	上偏光振动方向
（+）、（−）	光率体正、负光性符号
Δ	长石的三斜度
H	摩氏硬度
D	相对密度

目　　录

第一篇　晶体光学

第二篇　光性矿物学

第一篇

晶体光学

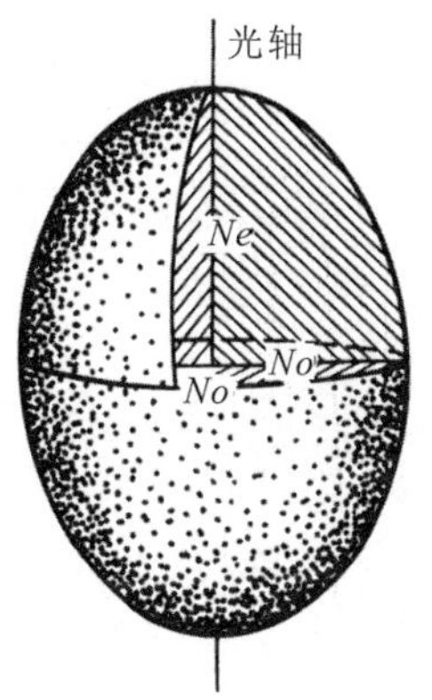

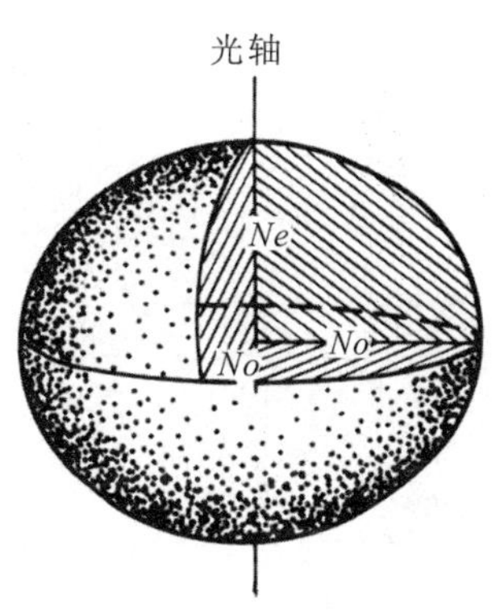

第一章　晶体光学基础原理

第一节　光学基础知识

一、光的波动性

关于光的学说，有微粒说、波动说、电磁说、量子说。19 世纪晚期，麦克斯韦和赫兹证明了光的电磁性，认为光是一种电磁波，即光波(Optical wave)。

电磁波是电磁振动(变化的电磁场)在空间的传播过程。电磁振动方向与其传播方向互相垂直，即电磁波是一种横波，因而光波也是一种横波。光波是横波这一基本概念很重要，因为晶体光学中许多光学现象都要用光波是横波这一特征加以解释。晶体光学鉴定中使用的主要仪器是偏光显微镜，偏光显微镜中见到的光是平行镜筒中轴方向传播或垂直物台平面入射的，其振动方向是平行物台平面的。显微镜下观察到的光学性质，是振动方向平行物台平面的光波通过矿物时所显示的性质，即看到的是平行物台平面的矿物切面的光学性质。

光波既然是一种横波，它应具有波动性，能解释反射、折射、干涉、偏振、色散、衍射等光学现象。光波与机械横波(水波、地震横波等)不同，它不仅能在固体(如透明矿物、玻璃、树胶)中传播，也能在液体(浸油、水等)中传播，还能在空气和真空中传播。

晶体光学中还经常用到光学中的重要概念——光线。光线是光波传播的路径，代表波阵面在空间的传播方向，因此用光线来表示光波的传播方向。严格地讲，光波传播是一种正弦曲线运动，而且遇到障碍时要发生衍射，所以光线是光波传播方向的近似描述。

二、可见光、单色光与白光、自然光与偏光

(一) 可见光

可见光(Visible light)　即通常所说的光或光波，它是电磁波谱中的一个成员，是正常人眼能见到(感觉到)的一段电磁波，其频率为 $3.9\times10^{14}\sim7.7\times10^{14}$ Hz，在真空或空气中的波长为 770～390nm(图 1-1)。可见光可以是单色光，也可以是白光；可以是自然光，也可以是偏光。

(二) 单色光与白光

频率(f)是光波的重要特征值。某一频率的光波在不同介质中传播时，其频率是固定不变的，但在不同介质中的传播速度(v)不同，因此其相应的波长(λ)是随传播的介质不同而改变的。决定光的颜色是光波的频率，而不是波长。如一光波，其 $f=4\times10^{14}$ Hz，为红色，按公式 $v=f\cdot\lambda$ 计算，其空气中的波长 $\lambda=750$nm；进入水中后，其频率不变，但由于传播速度变小，波长变短为 560nm，虽然波长变短，但水中人见到该光的颜色仍然为红色，而不是真空中或空气中 $\lambda=560$nm 的光所表现的黄绿色。晶体光学中所述的光波波长，若没有特别说明，是指真空

或空气中的波长。

单色光(Homogeneus light) 是频率为某一定值或在某一窄小范围的光，或波长为某一定值或在某一窄小范围的光。如钠光灯产生的黄光，其 $\lambda=589.3$nm。波长与 589.3nm 接近的一段光波($\lambda=570\sim590$nm)也呈黄色。按频率从小到大，或按波长从大到小，可见光可分为红、橙、黄、绿、蓝、青、紫七种基本单色光，各单色光在真空中的波长范围见图 1-1。单色光可以是自然光，也可以是偏光。

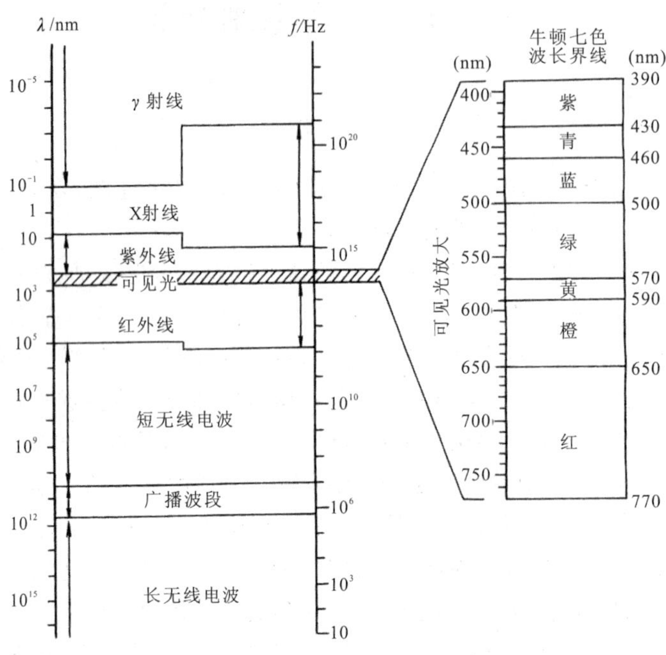

图 1-1 可见光在电磁波谱中的位置

(据李德惠，1993，略有修改)

人眼对各单色光的灵敏度是不均等的，是呈正态分布的，人眼最敏感的光是波长为 550～560nm 的黄绿色光，较敏感的光是黄光、绿光、橙黄光、蓝绿光、橙光(图 1-2)。由于人眼较敏感的黄光可用钠光灯较容易获取，测定矿物折射率时，常以黄光作光源。晶体光学和光性矿物学中所列折射率即是矿物对黄光的折射率。

白光(White light) 是由七种基本单色光混合的光，如常见的日光、白炽灯光都为白光。白光的平均波长为 580nm，与黄光波长相近。因此，用白光光源测定的折射率可视作用黄光光源测定的折射率。白光可以是自然光，也可以是偏光。

(三) 自然光与偏光

自然光(Natural light) 所有实际光源如太阳、燃烧的蜡烛、电灯等所发射出的光，一般都是自然光。自然光的基本特征是在垂直光波传播方向的平面内各个方向上都有等振幅的光振动(图 1-3A)，也就是说，光波在垂直其传播方向的平面内作任意方向的振动，振动面均匀对称，振幅相等。自然光可以是白光，也可以是单色光。

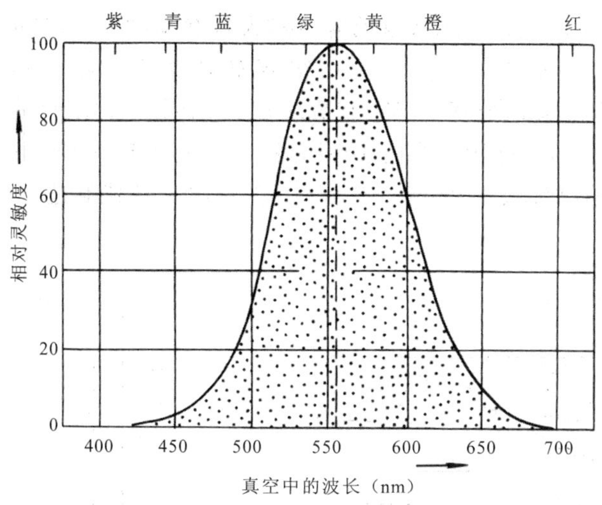

图 1－2　人眼对不同波长光波的相对灵敏度

（据 Wahlstrom，1979；转引自陈芸菁，1987，修改）

偏振光（Polarized light）　自然光穿过某些介质，经过反射、折射、双折射、选择吸收等作用，可以改变其振动状态，变成在垂直光波传播方向的某一个固定方向上振动的光波，具有这种振动特征的光波称为**平面偏振光**（Plane polarized light），简称偏振光或偏光。偏光的振动方向与传播方向所构成的平面称为振动面（图 1－3B）。偏光可以是白光，也可以是单色光。

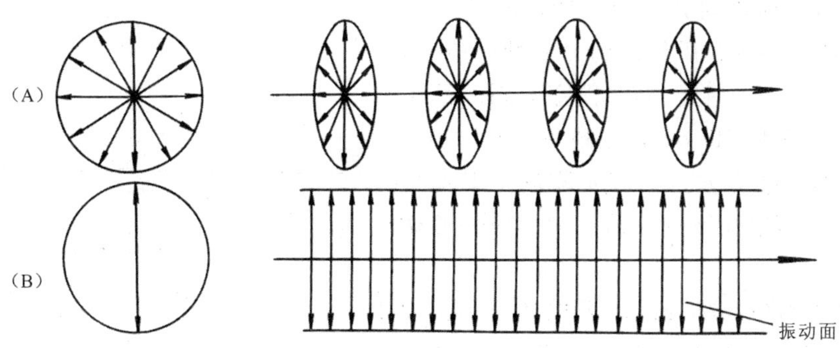

图 1－3　自然光（A）和偏光（B）振动特点示意图

（据李德惠，1993）

使自然光转变为偏光的作用称为**偏光化作用**（Polarization）。晶体光学研究中主要应用偏光，使用的基本仪器是偏光显微镜。偏光显微镜中装置有使自然光转变为偏光的偏光镜。偏光镜既有根据介质的双折射作用制成的，如尼科尔棱镜，也有利用介质的选择吸收作用制成的，如偏光胶板或偏光片。

尼科尔棱镜（图 1－4）由冰洲石制成：取一块长度约为宽度三倍的冰洲石（方解石）晶体，将两端切去一些，使主截面上的角度为 68°，将晶体沿着垂直于主截面及两端面的平面切开，再用加拿大树胶黏合在一起，即成为尼科尔棱镜。当自然光入射尼科尔的第一块棱镜后被分解成 *o*、*e* 两束偏光（后述）：其中 *o* 光到达树胶层时发生全反射（后述），被棱镜侧面吸收；*e* 光透过树胶层，并从第二块棱镜端面透出。这样，进入棱镜的光虽然为自然光，但透出棱镜的光则成为了偏光。尼科尔棱镜由苏格兰学者尼科尔(Nicol)于1828年发明，因而得名。尼科尔棱镜的发明使岩石学进入到崭新的偏光显微镜时代。早先制造的偏光显微镜多由尼科尔棱镜作偏光镜。

人造偏振片(图1-5)具有强烈的选择性吸收，它只允许某一方向振动的光透出，而其余各方向振动的光几乎全被吸收，同样能使自然光变为偏光。现代制造的偏光显微镜多由人造偏振片作偏光镜。

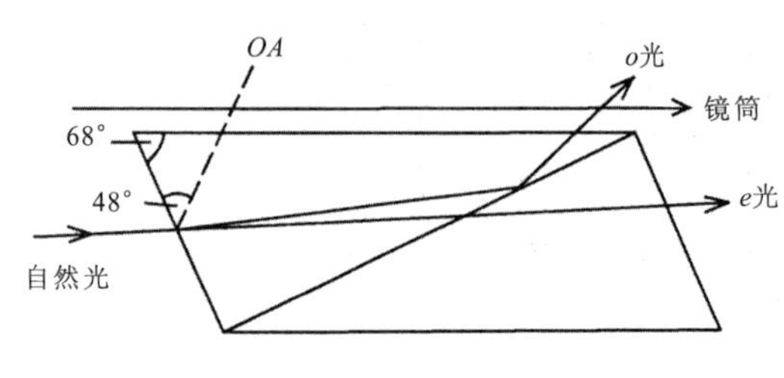

图1-4 尼科尔棱镜

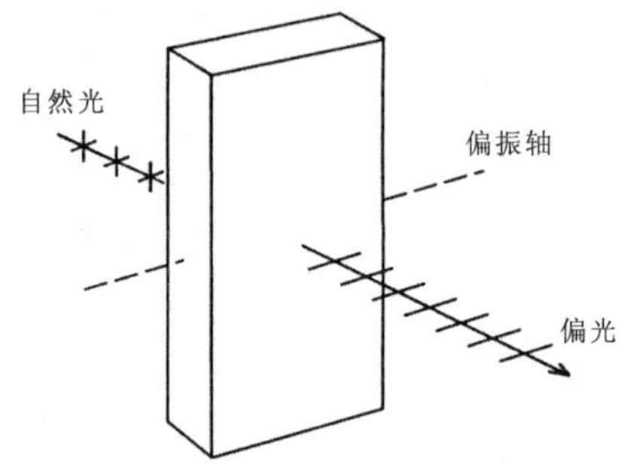

图1-5 人造偏振片

三、光的折射和折射率

(一) 光的反射和折射

光波在同一种均匀介质中一般沿直线方向传播。当光波从一种介质传播到另一种介质时，在两种介质的分界面上会发生程度不同的**反射**(Reflection)和**折射**(Refraction)现象(图1-6)，改变了光波的传播方向。反射光波按反射定律反射回原介质；折射光波进入另一种介质并遵循折射定律。

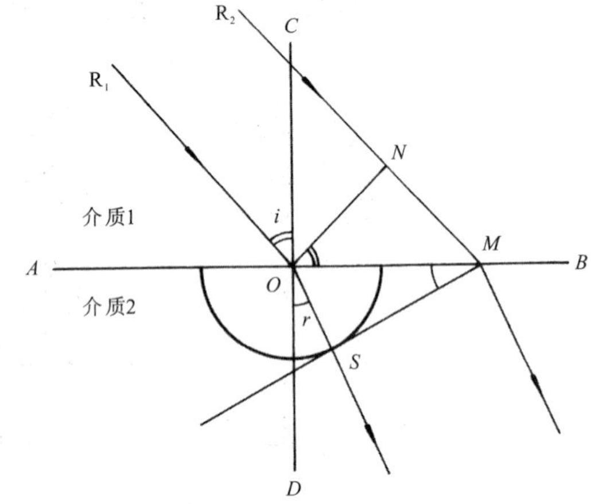

图1-6 折射定律证明示意图

(据李德惠，1993，略有修改)

不透明矿物(Opaque mineral)的反射率很大(如自然银的反射率为95%)，以反射为主；吸收率很大，折射光波在很短的距离内全被吸收，即使是很薄(0.03mm)的岩石**薄片**(Thinned Section)也不能透过。因此，不透明矿物即使在单偏光显微镜下也是黑色的。透明矿物(Transparent mineral)的反射率小，以折射为主；吸收率小，折射光波能透出矿片，在单偏镜下自然是光亮的。如水晶(石英)，其反射率为4.6%，吸收率近于零(10^{-4})，不仅在薄片中是光亮的，而且其巨大晶体也是晶莹透亮的。

(二) 折射定律和折射率

当光波从光疏介质进入光密介质时，折射光波传播方向向靠近界面法线偏折，即折射角小于入射角。相反，当光波从光密介质进入光疏介质时，折射光波传播方向向远离界面法线偏折，即折射角大于入射角。入射角 i 的正弦与折射角 r 的正弦的比值，对于一定的介质是一个常数，以符号“N”表示这一常数，即 $\sin i/\sin r=N$，此即为折射定律。

用惠更斯波前传播原理可以证明折射定律。如图 1－6 所示，AB 代表光疏介质 1 和光密介质 2 的分界面(垂直图面)，AB 的垂线 CD 称为界面法线。有一平行光束在介质 1 中传播并斜射向界面，R_1 和 R_2 是该光束中两条代表光线，到达界面后都折射进入介质 2。入射光线与法线的夹角 i 称入射角，折射光线与法线的夹角 r 称折射角。设 v_i 代表光波在介质 1 中的传播速度，v_r 代表光波在介质 2 中的传播速度。设在 t_1 瞬间，入射光束的波前到达 ON 面，按照惠更斯原理，波前 ON 面上的任一点都可以视为发射子波的独立的新光波源。当光线 R_1 从 O 点折射入介质 2 时，光线 R_2 仍在介质 1 中传播。随后至 t_2 瞬间，R_2 到达界面上的 M 点，显然，距离 $MN=v_i(t_2-t_1)$，此时 R_1 在介质 2 中已传播了 OS 距离，$OS=v_r(t_2-t_1)$，即 R_1 从 O 点发出的子波已在介质 2 中形成一个以 OS 为半径的半圆波面。从 M 点向此半圆波面作一切线与波面相切于 S 点，MS 就是 t_2 瞬间折射光束的波前，OS 就是折射光束的传播方向。

从图 1－6 中不难看出：

$\triangle ONM$ 中，$\angle NOM=i$，$MN=OM\sin i$ (1－1)

$\triangle OSM$ 中，$\angle OMS=r$，$OS=OM\sin r$ (1－2)

将 $MN=v_i(t_2-t_1)$、$OS=v_r(t_2-t_1)$ 代入上述二式，并用式(1－2)除式(1－1)可得：

$$\frac{v_i(t_2-t_1)}{v_r(t_2-t_1)}=\frac{\sin i}{\sin r}=N_{2\text{-}1}$$

即

$$\frac{v_i}{v_r}=\frac{\sin i}{\sin r}=N_{2\text{-}1}$$

此式是折射定律的完整表达式。$N_{2\text{-}1}$ 称为介质 2(折射介质)对介质 1(入射介质)的相对折射率。如果入射介质为真空(或空气)，$N_{2\text{-}1}$ 即为折射介质的绝对折射率，简称**折射率**(Refractive index)。光波在真空中的传播速度最大，达 3×10^8 m/s，真空的折射率定为 1。光波在空气中的传播速度接近在真空中的传播速度，光波在真空中的传播速度与在空气中的传播速度之比为 1.000 29∶1，二者几乎相等，因此把空气的折射率也近似地视为 1。光波在其他固态或液态介质中的传播速度总是小于在空气中的传播速度，这样其他介质相对空气而言都是光密介质，就是说其他介质的折射率总是大于 1 的。

从折射定律表达式可以看出，光波在介质中的传播速度与该介质的折射率成反比关系，即光波在某介质中的传播速度较快，该介质的折射率较小；相反，光波在某介质中传播速度较慢，该介质的折射率较大。设 N_1、N_2 分别为两种不同介质的折射率，v_1、v_2 为光波分别在这两种介质中的传播速度，则有 $N_2/N_1=v_1/v_2=\sin i_1/\sin i_2=N_{2\text{-}1}$。

每种介质的折射率大小取决于介质的性质和光波的波长。

介质的折射率大小由光波在其中的传播速度决定，而光波的传播速度则取决于介质的组成成分及其微观结构，即取决于介质的密度。例如，对于硅酸盐矿物晶体来说，由岛状结构的橄榄石→单链结构的辉石→双链结构的角闪石→层状结构的云母→架状结构的长石和石英，它们的折射率随晶体结构紧密程度逐渐降低而降低，且随着矿物化学组成中 Fe、Mg 减少和 Si、Al 增多而呈递减的趋势。因此，折射率是反映介质成分和内部结构特征的重要参数。在晶体光学常数中，折射率是透明造岩矿物和宝玉石矿物最基本的光学常数。

介质的折射率是随入射光波的波长不同而异的，折射率与入射光波的波长成反比关系，这种现象就是以后要讲的折射率色散。设白光以固定的入射角从入射介质进入折射介质，

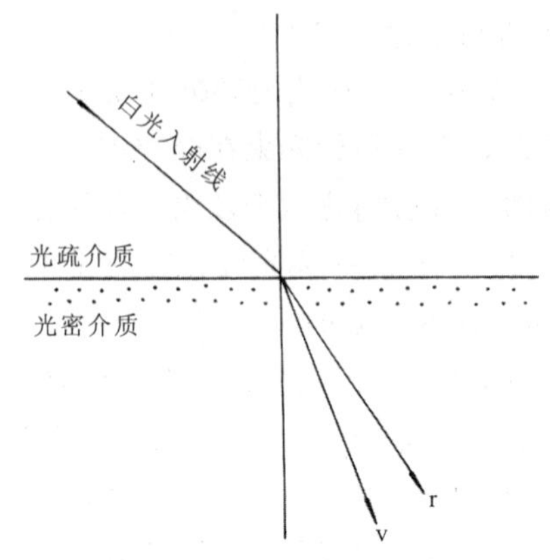

图 1－7 折射角与光波波长关系示意图
r. 红光折射线，v. 紫光折射线

红光的波长较长，折射角较大，折射率较小，而紫光的波长较短，折射角较小，折射率较大（图 1－7）。因此，对同一种介质，红光的折射率总是小于紫光的折射率。一般所说的折射率，如无附加说明，都是指对黄光波长的折射率，也可以近似地看作为相当于白光平均波长的折射率。光性矿物学中所列折射率即此种折射率。

四、光的全反射和全反射临界角

根据折射定律，光密介质的折射率总是大于光疏介质的折射率。当光波由光疏介质进入光密介质时，折射角总是小于入射角，折射线向靠近界面法线方向偏折，无论入射角多大，总是可以进入光密介质的。相反，当光波由光密介质进入光疏介质时，折射角总是大于入射角，折射线向远离界面法线的方向偏折；随着入射角逐渐增大，折射角也以更大的幅度逐渐增大，当折射角增至 90°时，折射光波不再折入光疏介质，而是沿界面方向传播；再稍微增大入射角，入射光波将全部按反射定律反射回光密介质中，这种现象称为透明物质的**全反射**（Total reflection）。使折射角 $r=90°$ 的入射角称为全反射临界角。

图 1－8 中光线 1 从光密介质（折射率为 N）入射光疏介质（折射率为 n）时，发生折射，折射角 r 大于入射角 i。当入射线向左移动，即入射角增大时，则折射线向界面方向移动，即折射角也随之增大。当入射线变到 2 的位置，折射角变为 90°，折射线（2″）沿界面方向射出。光线 2 的入射角即为光疏介质 n 对光密介质 N 的全反射临界角。稍微增大入射角，入射光将沿光线 2′方向（按反射定律）返回光密介质，所以 2 方向左侧的入射光都全部反射回光密介质，而不再折入光疏介质，这就是光的全反射现象。以 φ 代表全反射临界角，根据折射定律可得下式：

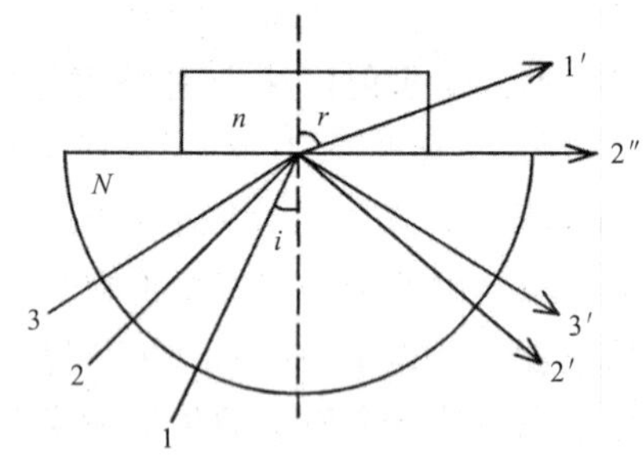

图 1－8 光的全反射

$$\frac{\sin\varphi}{\sin 90°}=\frac{n}{N}$$

因为 $\sin 90°=1$，所以 $n=N\sin\varphi$。这样，如果折射率较大的介质的 N 值已知，则可根据全反射临界角计算出较小折射率介质的 n 值。测定透明物质折射率的阿贝折射仪就是根据这种全反射原理设计制造的（本书第七章中详细介绍）。还有宝石折射仪、尼科尔棱镜也都利用了光的全反射原理。

五、光性均质体和光性非均质体

自然界中的物质根据其光学性质特征，可划分为**光性均质体**（Optical isotropic substance）和**光性非均质体**（Optical anisotropic substance）两大类，光波在这两类物质中的传播特征各不相同。

（一）光性均质体

光性均质体，又简称均质体，包括一切非晶质的物质（如火山玻璃、树胶、浸油等）和等轴晶系的矿物(如萤石、石榴石、金刚石等)。均质体都是各向同性的介质,其光学性质在各个方向上是相同的,光波在均质体中传播无论沿什么方向振动,其传播速度和相应的折射率都是固定不变的,因而在三维空间任何方向折射率都相同,例如萤石只有一个固定的折射率 1.434,金刚石也只有一个固定的折射率 2.434。光波进入均质体中,不发生双折射,也不改变入射光波的振动特点和振动方向。入射光若为各方向振动的自然光,折射后仍为自然光;入射光若为固定方向振动的偏光,折射后仍为偏光,而且其振动方向也不改变。

(二)光性非均质体

光性非均质体,又简称非均质体,包括除等轴晶系以外的其余六个晶系的所有矿物,如石英、方解石、锆石、刚玉、绿柱石、橄榄石、角闪石、云母、长石等。绝大多数透明造岩矿物和宝玉石矿物都是光性非均质体,因此光性非均质体是晶体光学研究的重点。

光性非均质体都是各向异性的介质,其光学性质随方向不同而异。光波在光性非均质体中传播具有以下几个特征。

(1)光波在非均质体中传播,其传播速度一般都随光波振动方向不同而发生变化,因而其相应的折射率也随振动方向不同而改变,即非均质体具有许多个折射率。每一种具体的介质,其各个方向的折射率有一个固定的变化范围,例如石英的折射率范围是 1.544～1.553,方解石的折射率范围是 1.486～1.658。

(2)光波进入非均质体时,除特殊方向以外,都要发生**双折射**(Duble refraction)和偏光化,分解为两种偏光。这两种偏光的振动方向互相垂直,传播速度各不相同,相应的折射率也不相等,传播速度较快的偏光其折射率较小,传播速度较慢的偏光其折射率较大。这两种偏光的折射率的差值称为**双折射率**(Birefringence),简称双折率(一些较老的文献中也称重折率)。

(3)非均质体中都有一个或两个特殊方向,当光波沿这种特殊方向传播时不发生双折射,也不改变入射光波的振动特点和振动方向,这种特殊方向称为**光轴**(Optic axis),以符号"*OA*"表示。中级晶族(六方晶系、四方晶系、三方晶系)的晶体中只有一个这种特殊方向,且与结晶轴 *c* 轴方向一致,故称为**一轴晶**(Uniaxial crystal);低级晶族(斜方晶系、单斜晶系、三斜晶系)的晶体中有两个这种特殊方向,故称为**二轴晶**(Biaxial crystal)。通常所说的矿物的轴性,就是指该矿物属于一轴晶或是二轴晶。

自然界中的一切物质,其光学性质与结晶物质晶系的关系见表 1-1。

表 1-1 光性均质体与光性非均质体

	介质类型	晶　系	实　例
光性均质体	非晶质物质		火山玻璃、树胶、浸油
	高级晶族矿物	等轴晶系	萤石、石榴石、金刚石
光性非均质体	中级晶族矿物(一轴晶)	六方晶系	磷灰石、绿柱石、霞石
		四方晶系	锆石、锡石、金红石
		三方晶系	水晶、方解石、刚玉
	低级晶族矿物(二轴晶)	斜方晶系	橄榄石、黄玉、重晶石
		单斜晶系	普通辉石、黑云母、绿帘石
		三斜晶系	斜长石、硅灰石、蓝晶石

六、双折射和双折射率

造岩矿物、玉石矿物和宝石多数都是光性非均质体，双折射是所有非均质体具有的共同特征，而非均质体的许多光学性质都与双折射有关。这里以冰洲石（方解石）为例说明双折射现象。

当光波入射冰洲石时，发生双折射和偏光化，分解形成两种振动方向互相垂直且传播速度不等的偏光（图1-9）。其中一种偏光无论入射光方向如何改变，其振动方向总是垂直于冰洲石的 c 轴，相应的折射率也始终保持不变，这种偏光称为**常光**（Ordinary ray），以符号“o”表示，亦称 o 光，与常光相应的折射率以符号“No”表示。另一种偏光的振动方向平行于冰洲石 c 轴与光波传播方向所构成的平面（这一平面称为主截面），且同时与光波传播方向和 o 光振动方向垂直，其传播速度和相应的折射率随着入射光波方向的改变亦即随着振动方向的改变而变化，这种偏光称为**非常光**（Extraordinary ray），以符号“e”表示，亦称 e 光。每种晶体常光的折射率 No 是固定不变的，冰洲石的 $No=1.658$；非常光的折射率则随着光波的振动方向改变而变化，其变化范围由 No 至另一个极端值之间，非常光波沿 c 轴方向振动时的折射率就是这一极端值（矿物折射率的最大值或最小值），以符号“Ne”表示。冰洲石的 $Ne=1.486$，是该矿物折射率的最小值。No 和 Ne 称为一轴晶的**主折射率**（Principal refraction index）。非常光波在主截面内其他方向振动，其相应的折射率介于 No 和 Ne 之间，并随光波振动方向的改变而变化，以符号“Ne'”表示。对于冰洲石，$No>Ne'>Ne$。

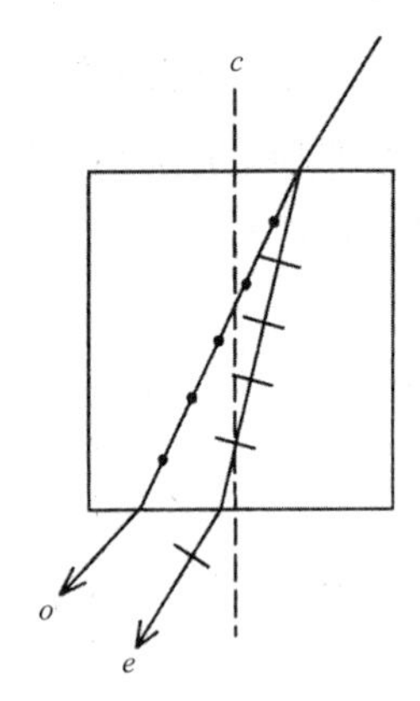

图1-9 冰洲石的双折射

双折射和偏光化后分解形成的这两种振动方向互相垂直且传播速度不等因而折射率也不同的偏光的折射率的差值，称为双折射率。当光波垂直冰洲石的 c 轴传播，双折射和偏光化分解形成的常光振动方向垂直 c 轴，相应的折射率为 No，非常光振动方向平行 c 轴，相应的折射率为 Ne，此时的双折射率为最大值 $No-Ne$，称为**最大双折射率**（Maximum birefringence index）。一轴晶的最大双折射率就是两个主折射率之差。最大双折射率是矿物的鉴定常数。冰洲石的最大双折射率为 $No-Ne=1.658-1.486=0.172$。

冰洲石是一轴晶矿物。所有一轴晶矿物，光波入射其中发生双折射的情况与冰洲石类同，不同点仅在于 No 和 Ne 的具体数值因矿物而异，例如石英（水晶）的 $Ne=1.553$，$No=1.544$，Ne 是石英折射率的最大值，最大双折射率为 $Ne-No=1.553-1.544=0.009$。

二轴晶矿物双折射的情况比一轴晶更为复杂，每一入射光双折射和偏光化后分解形成的两种振动方向互相垂直且传播速度不同的偏光都是非常光，其传播速度和相应的折射率都随入射光方向的变化亦即随光波振动方向的变化而改变。每种二轴晶矿物也都有一个最大双折射率，当光波垂直于两个光轴所构成的平面传播时，双折射和偏光化形成的两种偏光，相应的折射率一个最大，另一个最小，二者的差值就是最大双折射率。这种最大双折射率也是二轴晶矿物的鉴定常数，例如透辉石的最大双折射率为0.029～0.031。

第二节　光率体

光波在非均质体中传播，其传播速度和相应的折射率大小取决于光波的振动方向，因为根据电磁波理论，组成物质的原子或离子受到电磁波扰动极化成偶极子，可见光波在物质中传播主要是通过偶极子的感应振动进行的。在晶体中，使振动偶极子回复到平衡位置的回复力强度控制光波的传播速度，即光波在晶体中的传播速度随振动偶极子回复力的增强而增大。偶极子的振动及其回复力横切光波传播方向，即平行光波振动方向。因此光波在非均质体中的传播速度和相应的折射率随光波在晶体中的振动方向的改变而不同(李德惠，1993)。

实验证明，透明造岩矿物和宝玉石矿物在偏光显微镜下所显示的许多光学性质，都与光波在晶体中的振动方向和相应的折射率有密切关系。为了反映在晶体中传播的光波振动方向与相应的折射率之间的关系，需要建立一个立体模型，该模型就是**光率体**(Optic indicatrix)。

光率体又称为**光性指示体**(Indicatrix)，是表示在晶体中传播的光波振动方向与晶体对该光波的折射率(简称相应的折射率)之间关系的立体几何图形。光率体的构成方法：设想自晶体中心起，沿光波在晶体中传播的各个振动方向，按一定比例截取线段代表相应的折射率，再把各线段的端点连续地连结起来，就构成了光率体。光波在晶体中不同振动方向的折射率，可以用晶体不同方向的切片在折射仪上直接测出，或用油浸法间接测出。

光率体理论是晶体光学原理和方法的重要理论基础之一。在本书后面几章中将要介绍的透明造岩矿物和宝石矿物在单偏光镜、正交偏光镜和锥偏光镜下的许多重要光学性质，都要用光率体理论加以说明。因此，应透彻理解并能熟练地应用光率体理论。

光率体总的形态是球状体，由于各类矿物的光学性质的差异，因而构成的光率体的具体形态也有所不同。

一、高级晶族矿物和其他均质体的光率体

高级晶族矿物和一切非晶质体都是各向同性的光性均质体。光波在均质体中传播时，无论沿任何方向振动，其传播速度不变，因而折射率也固定不变。这样，在光波各个振动方向上按一定比例截取的代表折射率的线段也都是等长的，把这些等长的线段的端点连续地连接起来的立体空间图形必为一圆球体(图 1-10)。通过圆球体中心的任何方向的切面都是大小相等的圆切面，圆切面的半径也就是圆球体的半径，其长度代表均质体的折射率。所有的高级晶族(均质体)矿物的光率体都是圆球体，不同种属的均质体矿物彼此的光率体差异只是圆球体的大小不同而已，即圆球体半径所代表的折射率大小不同而已。例如萤石 $N=1.434$，其光率体是以 1.434 为半径的圆球体；镁铝榴石 $N=1.739$，其光率体是以 1.739 为半径的圆球体。

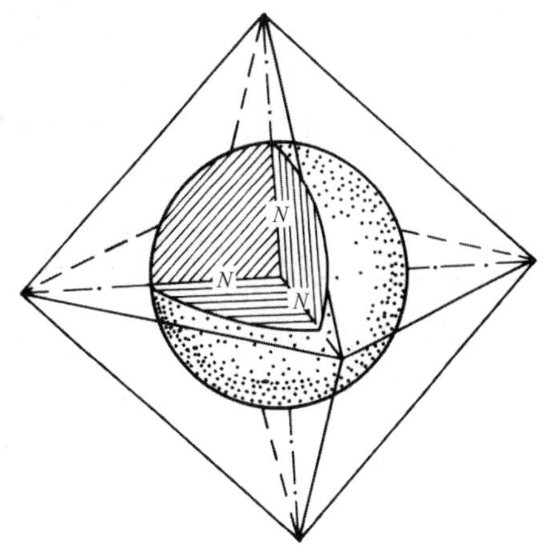

图 1-10　高级晶族(均质体)的光率体

(据李德惠，1993)

二、中级晶族(一轴晶)矿物的光率体

(一)一轴晶光率体形态

一轴晶光率体形态是旋转椭球体。一轴晶水平结晶轴的轴单位相等,这种晶体结构特点决定了在垂直 c 轴的水平方向上光学性质是均一的。实验证明:中级晶族矿物中,光波振动方向与 c 轴垂直即在水平方向振动,无论其振动方向如何改变,其折射率都是一个固定不变的常数,这就是常光的折射率 No;光波振动方向与 c 轴平行,其相应的折射率与 No 相差最大,这就是非常光折射率的极端值 Ne;光波的振动方向与 c 轴斜交,其相应的折射率介于 No 与 Ne 之间,以 Ne' 表示。Ne' 随光波振动方向与 c 轴的夹角大小而变化,光波振动方向与 c 轴夹角较大,则 Ne' 比较接近 No,相反,光波振动方向与 c 轴夹角较小,则 Ne' 比较接近 Ne。由此不难看出,一轴晶的光率体是一个以 c 轴为旋转轴的旋转椭球体。下面以石英为例,具体说明这种旋转椭球体的构成。

石英属三方晶系。设光波 1 平行 c 轴(光轴)方向进入晶体(图 1-11A),不发生双折射。光波在垂直 c 轴的平面内振动,无论振动方向如何改变,测得其折射率都恒等于 1.544,此即常光的折射率,即 $No=1.544$。因此在石英垂直 c 轴的切面上自中心起取一定的线段长度代表 $No=1.544$,各方向的线段长度必相同,把这些线段的端点连接起来,就得到一个圆(图 1-11A),圆的半径名称标为 No,意思是半径的方向代表 o 光的振动方向,半径的长度代表折射率 No 的大小。

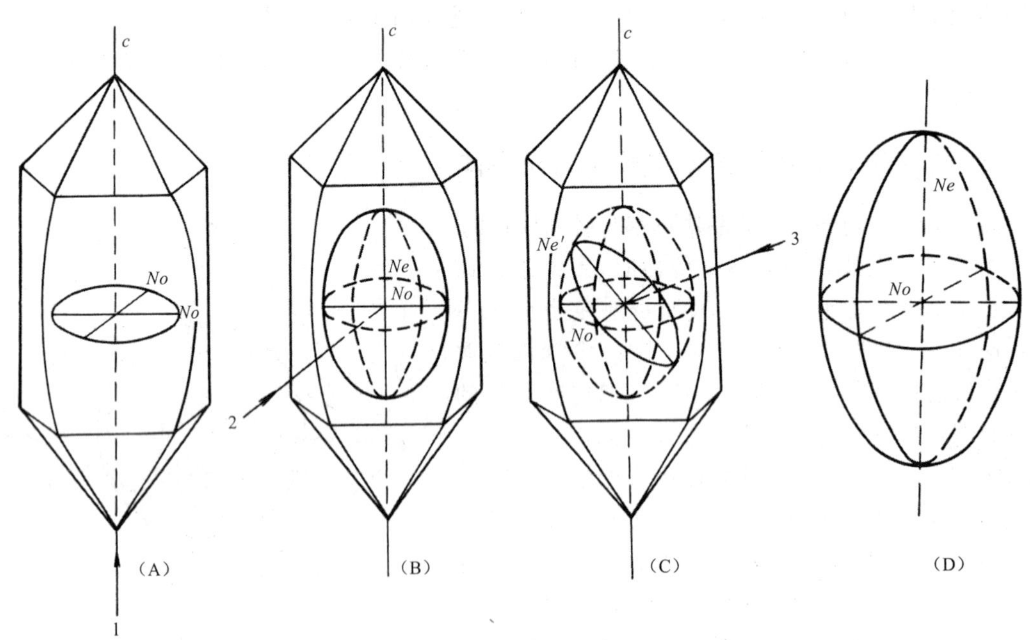

图 1-11 石英光率体的构成示意图

设光波 2 垂直 c 轴(光轴)方向进入晶体,会发生双折射,分解形成两种偏光。一种偏光振动方向垂直 c 轴,测得其折射率仍为 1.544;另一种偏光振动方向平行 c 轴,测得其折射率为

1.553，此即非常光折射率的极端值（对于石英为最大值），即 $Ne=1.553$。因此在与光波2垂直的平面上，即在平行 c 轴的切面上，自中心起在垂直 c 轴方向截取代表 $No=1.544$ 长度的线段，沿 c 轴方向以相同比例截取代表 $Ne=1.553$ 的线段，以两线段为半径可以作一个椭圆。椭圆的长半径标为 Ne，意思是其方向代表 e 光振动方向，其长度代表折射率 Ne 的大小；短半径标为 No，意思是其方向代表 o 光振动方向，其长度代表折射率 No 的大小（图1-11B）。随着光波入射方向的不同（但始终垂直 c 轴），可得到无数这种椭圆，这些椭圆的形态、大小相同。

设光波3斜交石英 c 轴进入晶体，也发生双折射和偏光化，分解形成两种偏光，即 o 光和 e 光。o 光的振动方向仍与 c 轴垂直（垂直图面），折射率仍为1.544；e 光的振动方向位于光波传播方向与 c 轴构成的平面内，且与传播方向和 o 光振动方向垂直，但与 c 轴斜交，测得 e 光折射率小于1.553而大于1.544，以符号 Ne' 表示。分别沿 e 光和 o 光振动方向按比例截取代表 Ne'、No 的不同长度线段，以两线段为半径也可作一个椭圆。按上述原则，椭圆的长半径标以 Ne'，短半径标以 No（图1-11C）。随着光波入射方向的不同，可以得到无数个椭圆，椭圆的形态、大小各不相同；No 半径方向虽然改变，但始终位于垂直 c 轴的平面内，其长度始终保持不变，Ne' 半径的方向随光波入射方向而改变，其长短随入射线与 c 轴的交角不同而变化于 No 与 Ne 两半径长度之间。

将上述不同方向的椭圆和圆在空间上组合起来，就构成了一个椭球体，即石英的光率体。该光率体是一个以 Ne 轴（平行 c 轴）为旋转轴的旋转椭球体。石英的 Ne 为最大折射率，即旋转轴为长轴，光率体为长形旋转椭球体（图1-11D）。这是一轴晶光率体的两种形状之一。

仿照石英光率体的构成方法（图1-12A），也可构成方解石的光率体，它同样是以 Ne 轴为旋转轴的旋转椭球体。因为方解石的 $Ne=1.486$，$No=1.658$，方解石光率体的旋转轴 Ne 较短，是一个扁形的旋转椭球体（图1-12B）。这就是一轴晶光率体的另一种形状。

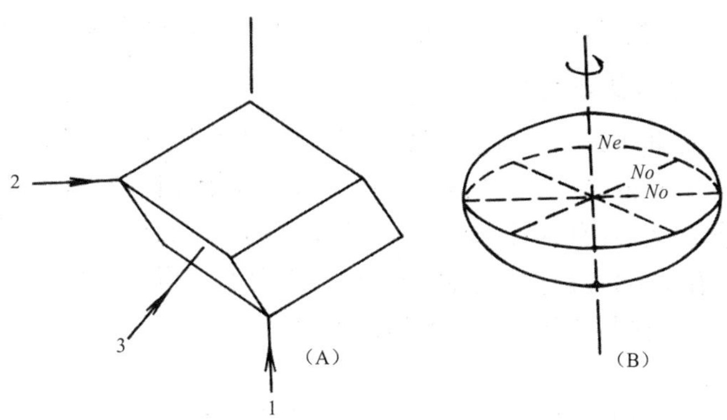

图1-12 方解石光率体的构成示意图

（二）一轴晶光率体的要素

一轴晶光率体为旋转椭球体，有长、短不等的两个半径，也称两个**主轴**（Princial axis），因而一轴晶光率体又称二轴椭球体。光率体主轴之一为 Ne 轴，它既是旋转椭球体的旋转轴，又是晶体的光轴和高次对称轴。光率体的主轴之二为 No 轴，其方向与 Ne 轴方向垂直。Ne、No 轴的长度代表一轴晶两个主折射率。平行 Ne 轴的切面既包括 Ne 轴，也包括 No 轴，称为光率体的**主轴面**（Principal section）或平行光轴切面，一轴晶光率体有无数个主轴面或平行光轴切面。垂直 Ne 轴的切面为**圆切面**(Circular section),一轴晶光率体只有一个圆切面。

(三) 一轴晶光率体光性符号的划分和判别

如前所述,一轴晶光率体有两种类型:一类是旋转轴为长轴的长形旋转椭球体,即 $Ne>No$;另一类是旋转轴为短轴的扁形旋转椭球体,即 $Ne<No$。前一类称为正光性光率体(图 1-13A),后一类称为负光性光率体(图 1-13B)。具有正光性光率体的晶体(或矿物)称为一轴正光性晶体(或矿物),简称为一轴正晶,记作"一轴(+)";具有负光性光率体的晶体(或矿物)称为一轴负光性晶体(或矿物),简称为一轴负晶,记作"一轴(−)"。此处的"正""负"或"(+)""(−)"即为光率体的**光性符号**(Optical sign),也称矿物的光性符号,可简称为"光符"。一轴正晶有石英、锆石、锡石等,一轴负晶有方解石、刚玉(红、蓝宝石)、电气石(碧玺)等。

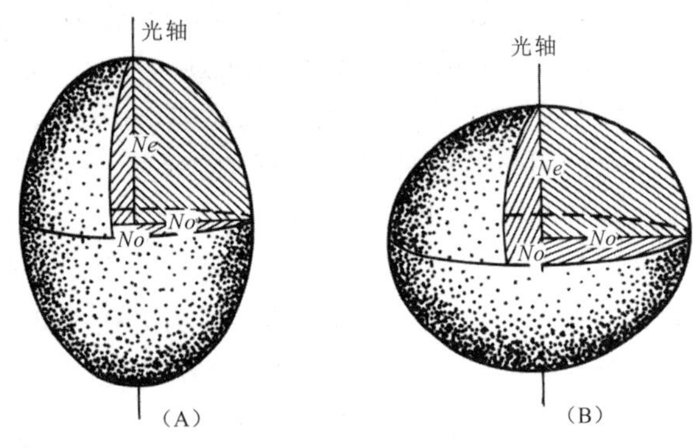

图 1-13 一轴正光性光率体(A)和一轴负光性光率体(B)
(据李德惠,1993)

光性符号是鉴别矿物的重要依据之一。虽然判别光性符号的基本原则是"$Ne>No$,光性符号为正;$Ne<No$,光性符号为负",但在晶体光学鉴定中,不一定要比较出 Ne、No 的相对大小,只要比较出 Ne'、No 的相对大小即可确定出矿物的光性符号。因为一轴正晶 $Ne>Ne'>No$,一轴负晶 $Ne<Ne'<No$,即对于一轴正晶,No 是最小值,对于一轴负晶,No 是最大值,所以只要确定出 $No<Ne'$,则矿物光性符号为正,相反,$No>Ne'$则矿物光性符号为负。

(四) 一轴晶光率体的切面类型

偏光显微镜下鉴定和研究透明造岩矿物、玉石矿物和宝石,通常观察的都是矿物晶体的切面。矿物每个切面上表现的光学性质实际上相当于光率体不同方向切面具有的性质,因此应该掌握一轴晶光率体代表性的切面类型。这里所说的切面,是通过光率体中心(即晶体中心)的切面,因为晶体具有均匀性,晶体任意部分的相同方向的性质都是相同的,晶体的任何切面都与通过晶体中心、且方向与该切面平行的切面等同。

1. 垂直光轴切面

垂直光轴切面形态为圆,圆的半径为 No。光波垂直该切面(即平行光轴)方向入射不发生双折射,故圆切面的双折射率为零;也不改变入射光波的振动特点和振动方向,无论光波在圆切面内沿何方向振动,其折射率恒等于 No。一轴晶光率体只有一个圆切面(图 1-14A 和图 1-15A)。

2. 平行光轴切面

平行光轴切面形态为椭圆,椭圆的半径分别是 No 和 Ne。Ne 和 No 的相对长短:一轴正晶 $Ne>No$;一轴负晶 $Ne<No$。平行光轴切面是一轴晶光率体的**主截面**(Principal section),又称主轴面。光波垂直这种切面(即垂直光轴)入射,发生双折射和偏光化分解形成两种偏光——e 光和 o 光,其振动方向分别平行椭圆的两个半径方向,其相应的折射率用两半径的长

度表示。该切面的双折射率是一轴晶矿物的最大双折射率。最大双折射率是每种矿物的鉴定常数。一轴正晶矿物最大双折射率为 $Ne-No$,例如石英的最大双折射率为 $Ne-No=1.553-1.544=0.009$;一轴负晶的最大双折射率为 $No-Ne$,例如方解石的最大双折射率为 $No-Ne=1.658-1.486=0.172$。双折射率通常以符号"ΔN"表示,概括起来可以写作 $\Delta N_{最大}=|Ne-No|$。一轴晶光率体平行光轴的切面有无数多个,它的形态和大小以及光学性质都相同(图 1-14B 和图 1-15B)。

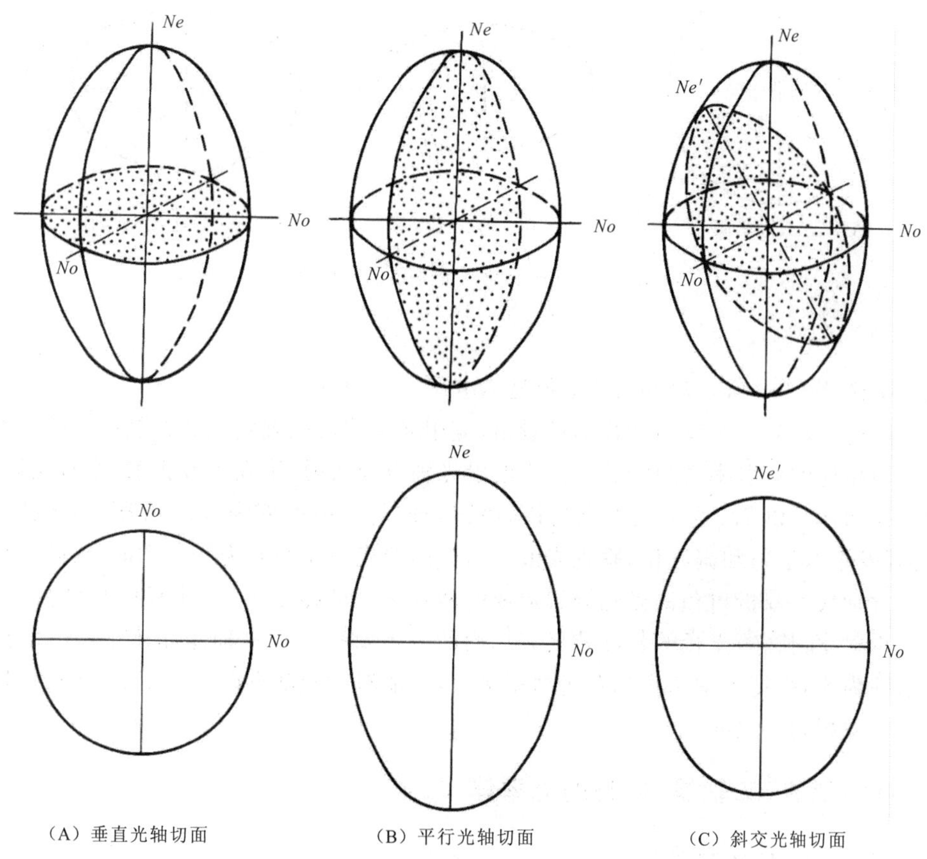

(A) 垂直光轴切面　(B) 平行光轴切面　(C) 斜交光轴切面

图 1-14 一轴正晶光率体的切面类型

(据李德惠,1993,略有修改)

3. 斜交光轴切面

斜交光轴切面也称任意切面,其形态也是椭圆,椭圆的半径为 No 和 Ne',Ne' 介于 No 和 Ne 之间。Ne' 与 No 的相对大小:一轴正晶 $Ne>Ne'>No$;一轴负晶 $Ne<Ne'<No$。光波垂直这种切面(即斜交光轴)入射,发生双折射和偏光化分解形成两种偏光:一种振动方向仍平行椭圆半径之一 No 方向;另一种振动方向则平行椭圆的另一个半径 Ne' 方向,二者的折射率分别为 No 和 Ne'。该切面的双折射率为 Ne' 与 No 差值的绝对值 $|Ne'-No|$,随着斜交光轴切面方向的改变,其双折射率 $|Ne'-No|$ 变化于零和最大双折射率之间。

要特别注意,一轴晶光率体是以 Ne 轴为旋转轴的旋转椭球体,所有斜交光轴的切面都与圆切面相交,因此,所有斜交光轴的椭圆切面的长、短半径中必有一个是主轴 No,一轴正晶短

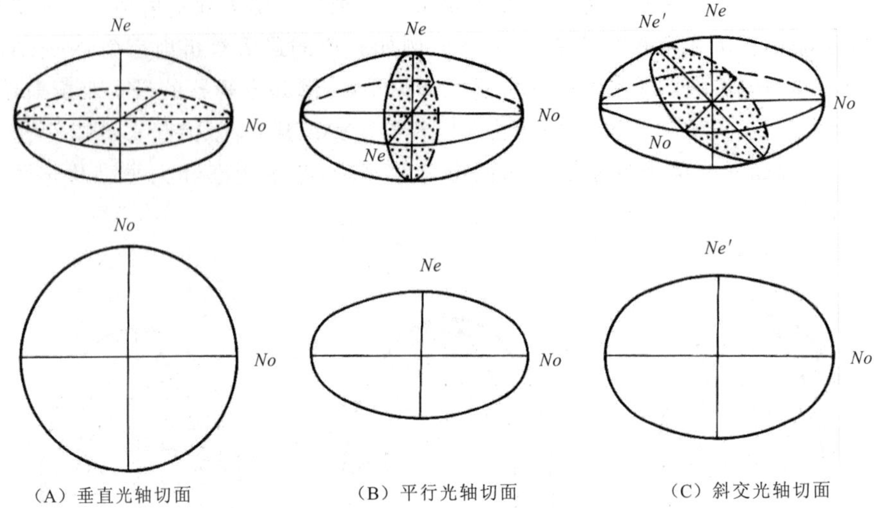

图 1-15　一轴负晶光率体的切面类型

（据陈芸菁，1987，略有修改）

半径是 No(图 1-14C)，一轴负晶长半径是 No(图 1-15C)。

综合上述一轴晶光率体的特征不难看出，应用光率体可以确定光波在晶体中的传播方向、振动方向与相应的折射率之间的关系。光波沿光轴方向入射，不发生双折射，垂直光波入射方向的光率体切面是以 No 为半径的圆切面，该圆切面的双折射率为零。光波沿其他任何方向入射，都要发生双折射和偏光化，垂直光波入射方向的光率体切面为椭圆切面，椭圆的长、短半径的方向分别代表双折射和偏光化分解形成的两种偏光的振动方向，半径的长度分别代表两种偏光的折射率，长、短半径的长度差代表切面的双折射率。在一轴晶晶体中，垂直光轴切面的双折射率为零，平行光轴切面的双折射率最大，其他斜交光轴方向所有切面的双折射率变化于零与最大双折射率之间。

三、低级晶族(二轴晶)矿物的光率体

(一) 二轴晶光率体的形态

二轴晶光率体的形态是三轴椭球体。二轴晶包括低级晶族的斜方晶系、单斜晶系和三斜晶系的矿物晶体。这三个晶系的晶体对称程度较低，三个结晶轴 a、b、c(简称 a、b、c 轴)方向的轴单位都不相等，表明晶体在三维空间不同方向的内部结构和光学性质是不均一的。

实验可以证明，低级晶族矿物晶体中都有三个互相垂直的方向，光波沿这三个方向振动其相应的折射率是晶体的三个主折射率，分别以符号 Ng、Nm、Np 表示，它们分别代表矿物的最大、中等、最小折射率，即 $Ng>Nm>Np$。二轴晶光率体就是以 Ng、Nm、Np 为半径的三轴不等的椭球体。下面以黄玉为例说明二轴晶光率体的构成。

黄玉属斜方晶系，三个结晶轴互相垂直，即 $a\perp b\perp c$，a、b、c 三个方向的轴单位不相等。

(1)取黄玉垂直 b 轴切面(即平行 a、c 轴切面)，使光波垂直该切面(即沿 b 轴方向)入射，发生双折射而分解形成两种偏光。一种偏光振动方向平行 a 轴，相应的折射率最小，即 $Np=1.619$；另一种偏光振动方向平行 c 轴，相应的折射率最大，即 $Ng=1.628$。分别以 a、c 轴为半

径方向，以 Np、Ng 为半径长度，可作出一个垂直光波入射方向的椭圆切面（图 1-16A）。

（2）取黄玉垂直 c 轴切面（即平行 a、b 轴切面），使光波垂直该切面（即沿 c 轴方向）入射，发生双折射而分解形成两种偏光。一种偏光振动方向平行 a 轴，相应的折射率仍为 $Np=1.619$；另一种偏光振动方向平行 b 轴，相应的折射率为一中间值，即 $Nm=1.622$。同样可作出一个垂直光波入射方向的椭圆切面，其长短半径分别为 Nm、Np（图 1-16B）。

（3）取黄玉垂直 a 轴切面（即平行 b、c 轴切面），使光波垂直该切面（即沿 a 轴方向）入射，发生双折射而分解形成两种偏光。一种振动方向平行 c 轴，相应的折射率仍为 $Ng=1.628$；另一种振动方向平行 b 轴，相应的折射率仍为 $Nm=1.622$。也同样以 Ng 和 Nm 为长、短半径可作出一个垂直光波入射方向的椭圆切面（图 1-16C）。

将这三个互相垂直的椭圆按照它们彼此的空间关系组合起来，即得到黄玉的光率体（图 1-16D）。显然，这是一个以 Ng、Nm、Np 为主轴的三轴不等的椭球体，即三轴椭球体。

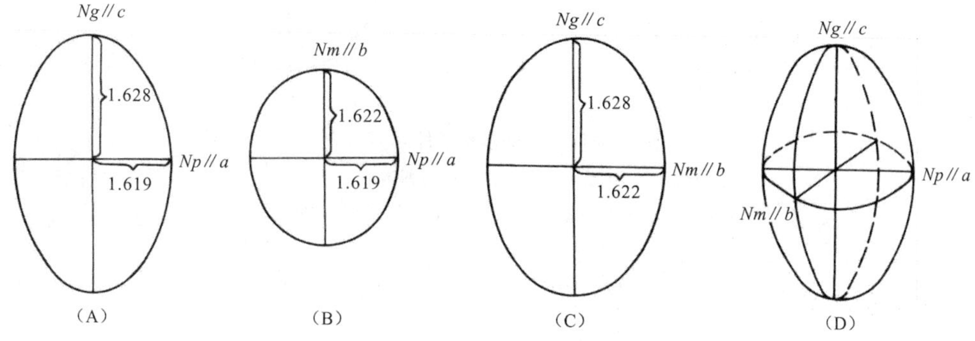

图 1-16 二轴晶（黄玉）光率体的构成
（据陈芸菁，1987，修改）

所有二轴晶矿物的光率体，都像黄玉的光率体一样，为三轴椭球体，光率体三个半径（主轴）的长度分别代表矿物三个主折射率 Ng、Nm、Np 的大小，这是普遍特征。不同种属矿物的光率体的差异在于：三个半径的长短不同；三个半径的方向在晶体中的方位（即光性方位，后述）不同。例如橄榄石属斜方晶系，其光率体的三个半径分别是 $Ng=1.715$，$Nm=1.680$，$Np=1.651$；三个半径在晶体中相应的方位是 $Ng /\!/ a$，$Nm /\!/ c$、$Np /\!/ b$（也可以写作 $Ng=a$，$Nm=c$，$Np=b$）。

（二）二轴晶光率体的要素

三轴椭球体的对称程度比旋转椭球体低，因此二轴晶光率体的要素比一轴晶光率体更为复杂多样。

1. 三个主轴

二轴晶光率体中三个互相垂直的轴，称为光率体主轴或光率体对称轴，简称**主轴**（Princial axis），代表三个主要光学方向。三个主轴分别以 Ng、Nm、Np 命名，其长度分别代表三个主折射率（Principal refractive index），其相对大小为 $Ng>Nm>Np$，其空间方位关系为 $Ng \perp Nm \perp Np$（图 1-17A）。

2. 三个主轴面

二轴晶光率体中包含两个主轴的面称为主轴面或主截面。显然，共有三个主轴面，即

$NgNp$ 面、$NgNm$ 面、$NmNp$ 面。这三个主轴面彼此互相垂直，每一主轴面都垂直于不包含在该主轴面内的另一个主轴（图 1-17A）。

不难看出，三个主轴是光率体的二次对称轴，三个主轴面是光率体的对称面，还有一个对称中心，二轴晶光率体的对称型式为 $3L^2 3PC$。

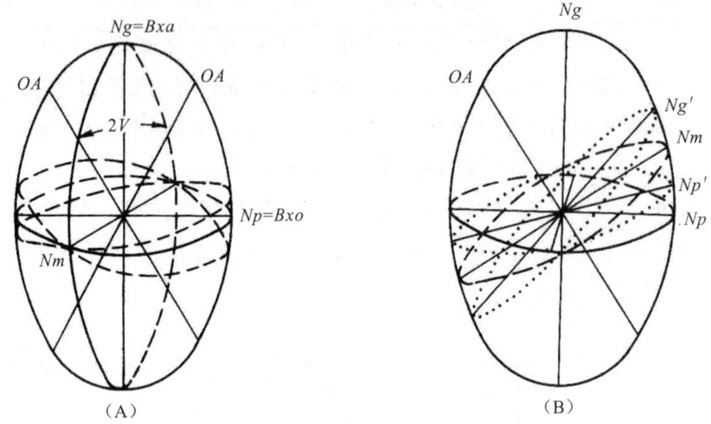

图 1-17　二轴晶光率体及其要素

（据陈芸菁，1987，略有修改）

$Ng=Bxa$、$Np=Bxo$ 表示 Ng 与 Bxa 重合、Np 与 Bxo 重合①

3. 两个圆切面

二轴晶光率体是三轴不等的椭球体，包括中间主轴 Nm 可以切出一系列与 $NgNp$ 主轴面垂直的椭圆切面；在 $NgNp$ 主轴面上，沿椭圆弧从 Ng 向 Np 移动，其间必可找到一点，此点至中心的长度恰等于 Nm，过此点垂直于 $NgNp$ 主轴面的切面必为**圆切面**（Circular section）（图 1-17B）。由于三轴椭球体左右对称，$NgNm$ 主轴面是对称面，因此这样的圆切面必有两个，对称地分布于 $NgNm$ 主轴面的左右两侧，并相交于主轴 Nm 上（图 1-17A）。

4. 两个光轴

光波沿着垂直于上述两个圆切面的方向入射不发生双折射，也不改变入射光波的振动特点和振动方向，所以这两个圆切面的法线方向就是二轴晶光率体的两个光轴，以符号“OA”表示（图 1-17A），二轴晶即由此得名。

5. 一个光轴面

包括两个光轴的平面称为**光轴面**（Optic axial plane），以符号“OAP”表示（有的文献中以 Ap 表示）。因为圆切面垂直于 $NgNp$ 主轴面，所以二光轴必位于 $NgNp$ 主轴面内，即光轴面与 $NgNp$ 主轴面一致（图 1-17A）。垂直光轴面的方向就是主轴 Nm，故称 Nm 主轴为光轴面法线或光学法线。

6. 光轴角

绝大多数二轴晶两个光轴相交成一个锐角和一个钝角。两光轴相交的锐角称为**光轴角**（Optic axial angle），以符号“2V”表示（图 1-17A），2V 值小于 90°。

① 下文其他主轴与光轴角等分线重合以此类推

7. 锐角等分线

两光轴所夹锐角的平分线称为**锐角等分线**（Acute bisectrix），以符号“Bxa”表示。显然，锐角等分线必与主轴 Ng（图 1-17A）或 Np 一致。

8. 钝角等分线

两光轴所夹钝角的平分线称为**钝角等分线**（Obtuse bisectrix），以符号“Bxo”表示。钝角等分线必与主轴 Np（图 1-17A）或 Ng 一致。

这里需要说明的是，广义地理解，两光轴相交的锐角和钝角都可称为光轴角，因此在光性矿物学和费德洛夫法教材以及其他一些文献中，也常用 $2V_{Ng}$ 或 $2V_{Np}$ 这样的符号表示光轴角，$2V_{Ng}$、$2V_{Np}$ 分别表示以 Ng、Np 为等分线的光轴角，对于某种具体矿物来说，其数值可以小于 90°，也可以大于 90°。

上述二轴晶光率体的八个要素可以在光轴面（$NgNp$ 主轴面）上直观地标示出来。图 1-18 表示二轴正晶的光轴面，读者可以自绘一个二轴负晶的光轴面，并把八个光率体要素标出来。

（三）光轴角公式

光轴角的大小可以用晶体光学鉴定方法在偏光显微镜下实测，也可以用主折射率 Ng、Nm、Np 值计算。

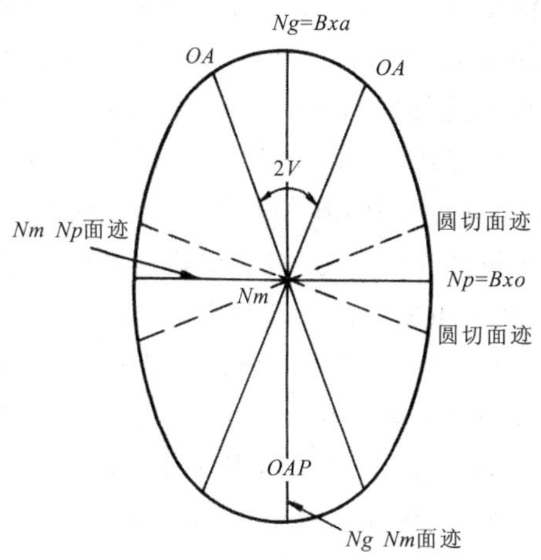

图 1-18 二轴正晶光轴面上标出的光率体要素

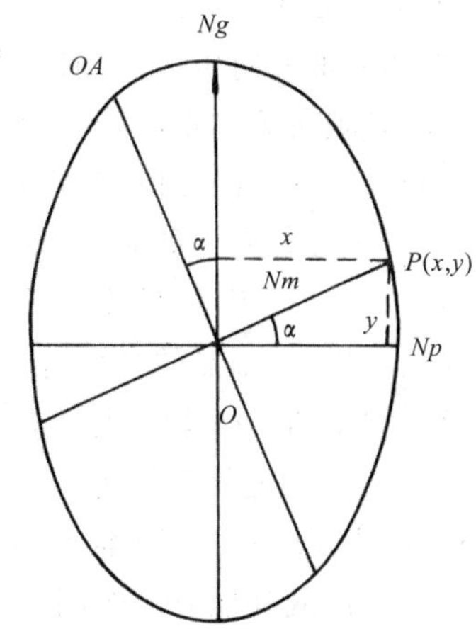

图 1-19 光轴角与主折射率关系图

如图 1-19 所示，设 OA 与 Ng 的夹角为 α，则圆切面迹线与 Np 的夹角亦为 α。圆切面迹线与椭圆曲线的交点 P 的坐标为 x 和 y，根据椭圆方程有：

$$\frac{x^2}{Np^2}+\frac{y^2}{Ng^2}=1 \tag{1-3}$$

由于 $x=Nm\cos\alpha$，$y=Nm\sin\alpha$，将其代入式（1-3）得：

$$\frac{Nm^2\cos^2\alpha}{Np^2}+\frac{Nm^2\sin^2\alpha}{Ng^2}=1$$

又因为 $\sin^2\alpha+\cos^2\alpha=1$，所以上式可写作

$$\frac{Nm^2\cos^2\alpha}{Np^2}+\frac{Nm^2\sin^2\alpha}{Ng^2}=\sin^2\alpha+\cos^2\alpha \tag{1-4}$$

将式(1-4)两边各除以 $\cos^2\alpha$ 可得：

$$\frac{Nm^2}{Np^2}+\frac{Nm^2}{Ng^2}\tan^2\alpha=\tan^2\alpha+1 \tag{1-5}$$

整理式(1-5)可得：

$$\tan^2\alpha=\frac{Ng^2(Nm^2-Np^2)}{Np^2(Ng^2-Nm^2)}=\frac{Ng^2(Nm+Np)(Nm-Np)}{Np^2(Ng+Nm)(Ng-Nm)} \tag{1-6}$$

式(1-6)即为**光轴角公式**(Optic angle equation)。此式分子中的 Ng^2 大于分母中的 Np^2，但分子中的($Nm+Np$)小于分母中的($Ng+Nm$)，可以近似地认为 $Ng^2(Nm+Np)/Np^2(Ng+Nm)=1$，这样式(1-6)可以简化为：

$$\tan^2\alpha=\frac{Nm-Np}{Ng-Nm} \tag{1-7}$$

式(1-7)即为简化的光轴角公式。

(四) 二轴晶光率体光性符号的划分和判别

二轴晶光率体虽然都是三轴椭球体，但由于三主轴的长短不同，其形态亦可分为两类：一类是两光轴所夹锐角等分线为 Ng 轴，钝角等分线为 Np 轴，Nm 轴的长度比较接近 Np 轴，光率体为相对比较长形的三轴椭球体(沿 Ng 轴方向伸长)；另一类是两光轴所夹锐角等分线为 Np 轴，钝角等分线为 Ng 轴，Nm 轴的长度比较接近 Ng 轴，光率体为相对比较扁形的三轴椭球体(沿 Np 轴方向压扁)。前一类称为二轴晶正光性光率体，后一类称为二轴晶负光性光率体。若两光轴所夹的角恰好等于 90°，则光率体的光性符号不分正负，也可称为中性光率体。具有正光性光率体的晶体(矿物)称为二轴正光性晶体(矿物)，简称为二轴正晶，可记作二轴(+)；具有负光性光率体的晶体(矿物)称为二轴负光性晶体(矿物)，简称为二轴负晶，可记作二轴(−)。此处的“正”“负”或“+”“−”表示光率体的光性符号，也称矿物的光性符号。

像一轴晶一样，二轴晶的光性符号也是鉴别矿物的重要参数。要判别矿物的光性符号，就必须确定 Bxa 方向是 Ng 轴还是 Np 轴：若 $Bxa=Ng(Bxo=Np)$，则光性符号为正；若 $Bxa=Np(Bxo=Ng)$，则光性符号为负。在偏光显微镜下，可以应用晶体光学的某些原理和方法确定 Bxa 方向是 Ng 轴或 Np 轴而判断矿物的光性符号正负(详见本书第五章)。

如果用油浸法或其他方法已测定矿物的三个主折射率 Ng、Nm、Np，也可以用光轴角公式(非简化式)判别矿物的光性符号。判别方法是，先用前述的光轴角公式(1-6)计算出 α 值，然后根据 α 值大小确定矿物的光性符号：

若 $\alpha<45°$，矿物光性符号为正，光轴角 $2V=2\alpha$；

若 $\alpha>45°$，矿物光性符号为负，光轴角 $2V=2(90°-\alpha)$。

这里需要说明的是，在本教材以前的一些晶体光学教材和有关文献中，都是根据 $Ng-Nm$ 与 $Nm-Np$ 的相对大小确定二轴晶的光性符号的，表述为 $Ng-Nm>Nm-Np$ 为正光性符号，$Ng-Nm<Nm-Np$ 为负光性符号。这种表述和判别只有当 $2V$ 与 90°相差较大时才是可行的，即 $Ng-Nm>Nm-Np$，Nm 比较接近 Np，圆切面向 $NmNp$ 主轴面靠近，两个光轴方向均向 Ng 主轴靠近，故 $Bxa=Ng$，应为正光性符号(图 1-20A)；相反，$Ng-Nm<Nm-Np$，Nm 比较接近 Ng，圆切面向 $NgNm$ 主轴面靠近，两个光轴方向均向 Np 主轴靠近，故 $Bxa=Np$，应为负光性符号(图 1-20B)。但从严格定量意义上说，这种表述和判别是不准确的，有时甚至是错误的。因为这种判别的依据是计算光轴角的简化式，而简化式是由光

轴角计算公式的全式省略了 $Ng^2(Nm+Np)/Np^2(Ng+Nm)$项，数学上可以证明 $Ng^2(Nm+Np)/Np^2(Ng+Nm)$是恒大于 1 的，因此简化式与全式是不等效的。例如，当 $Nm-Np=Ng-Nm$ 时，按简化式计算，$\tan\alpha=1$，矿物光性符号不分正负；但用全式计算，$\tan\alpha>1$，矿物光性符号为负，因此按简化式判别结果是不准确的，$Ng-Nm$ 与 $Nm-Np$ 的相对大小不能作为判别光性符号的原则。

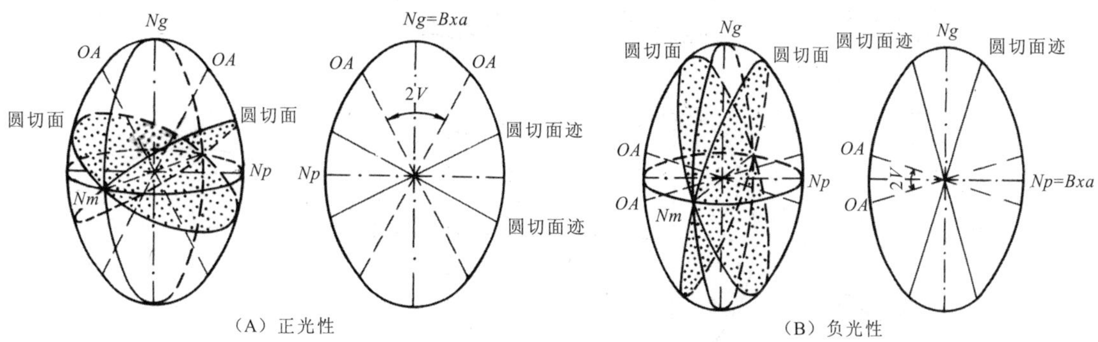

图 1-20 二轴晶光率体光性符号的划分

（据季寿元，1961，略有修改）

（五）二轴晶光率体的切面类型

1. 垂直光轴(OA)的切面

形态为圆，其半径是 Nm。光波垂直圆切面(即沿光轴)方向入射不发生双折射，也不改变入射光波的振动特点和振动方向。光波在圆切面内任何方向振动其折射率都是 Nm，故圆切面的双折射率为零。二轴晶有两根光轴，所以圆切面有两个(图 1-21A)。

2. 平行光轴面(OAP)的切面

形态为椭圆，即 NgNp 主轴面，其长半径为 Ng，短半径为 Np。光波垂直光轴面(即沿主轴 Nm)方向入射，发生双折射而分解形成两种偏光：一种偏光振动方向平行长半径 Ng，其折射率即 Ng；另一种偏光的振动方向平行短半径 Np，其折射率即 Np。该切面双折射率为 $Ng-Np$，是二轴晶矿物的最大双折射率(图 1-21B)。

3. 垂直锐角等分线(Bxa)的切面

形态为椭圆，按照光符正负不同有两种情况。

二轴正晶，$Ng=Bxa$，垂直 Bxa 切面就是主轴面 NmNp，切面的光率体椭圆半径分别是 Nm 和 Np。光波垂直该切面(即沿 Ng)方向入射，发生双折射而分解形成两种偏光，其振动方向分别平行椭圆的长半径(主轴 Nm)和短半径(主轴 Np)，相应的折射率即为 Nm 和 Np 值，该切面的双折射率为 $Nm-Np$(图 1-21C)。

二轴负晶，$Np=Bxa$，垂直 Bxa 切面就是主轴面 NgNm，切面的光率体椭圆半径分别是 Ng 和 Nm。光波垂直该切面(即沿 Np)方向入射，发生双折射而分解形成两种偏光，其振动方向分别平行椭圆的长半径(主轴 Ng)和短半径(主轴 Nm)，相应的折射率即 Ng 和 Nm 值，该切面的双折射率为 $Ng-Nm$(图 1-21D)。

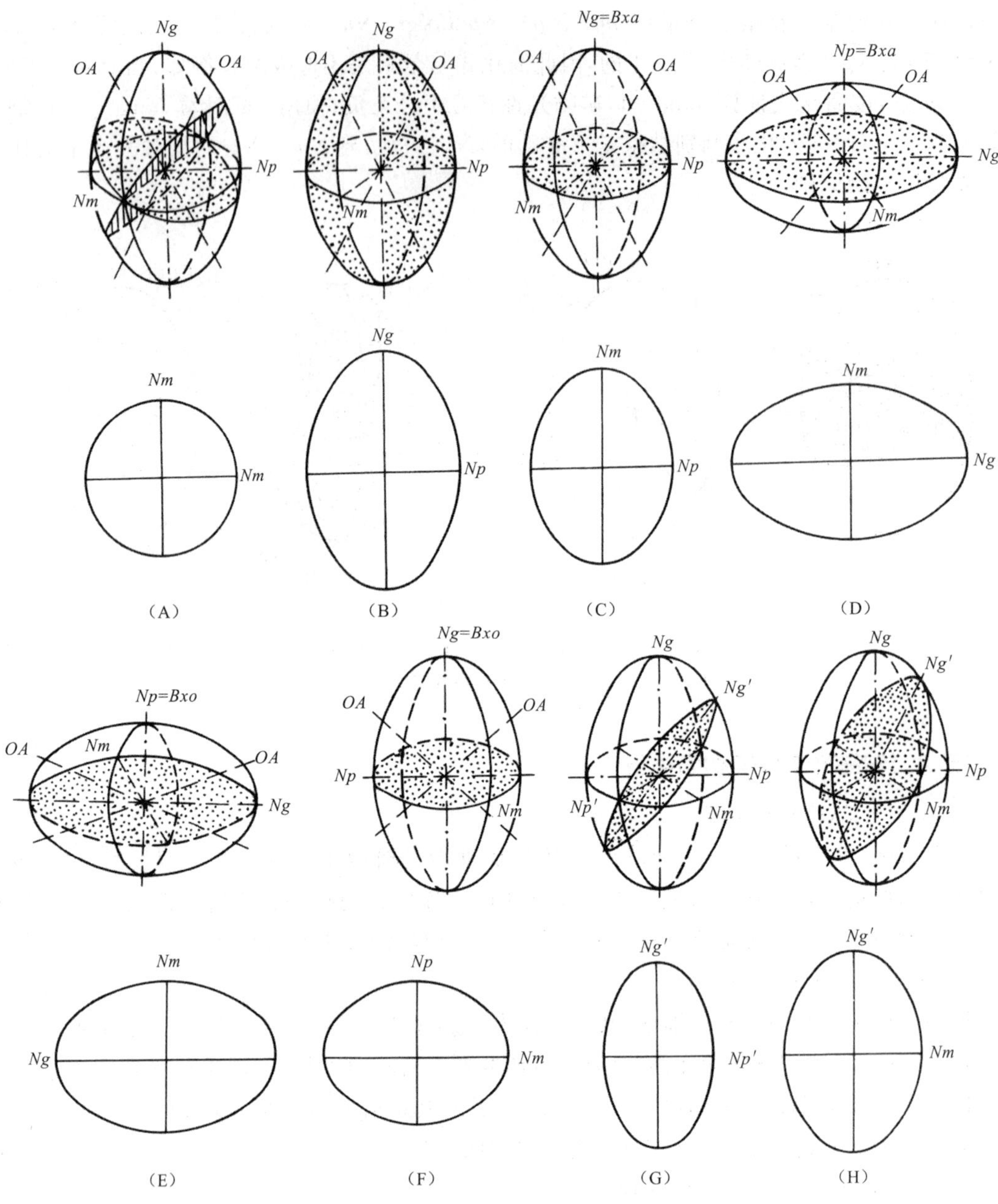

图 1-21　二轴晶光率体的切面类型

（据李德惠，1993，修改）

（A）垂直 OA 切面；（B）平行 OAP 切面；（C）垂直 Bxa 切面（+）；（D）垂直 Bxa 切面（－）；
（E）垂直 Bxo 切面（+）；（F）垂直 Bxo 切面（－）；（G）任意斜交切面；（H）垂直 OAP 的斜交切面

4. 垂直钝角等分线（Bxo）的切面

形态为椭圆，按照光符正负不同也有两种情况。

二轴正晶，$Np=Bxo$，垂直 Bxo 切面的光率体椭圆长、短半径分别是 Ng 和 Nm（图 1-21E）；二轴负晶，$Ng=Bxo$，垂直 Bxo 切面的光率体椭圆长、短半径分别是 Nm 和 Np（图 1-21F）。光波沿垂直这种切面（即沿 Bxo）方向传播，发生双折射而分解形成两种偏光，其振动方向分别平行椭圆的长、短半径，即主轴 Ng 和 Nm（二轴正晶）或主轴 Nm 和 Np（二轴负晶），它们的双折射率分别是 $Ng-Nm$（二轴正晶）、$Nm-Np$（二轴负晶）。

要特别注意一点，二轴晶矿物无论是正光符或是负光符，一般情况下，垂直 Bxo 切面的双折射率总是大于垂直 Bxa 切面的双折射率。因为二轴正晶一般情况下是 $Ng-Nm$（垂直 Bxo 切面双折射率）$>Nm-Np$（垂直 Bxa 切面双折射率），二轴负晶一般情况下是 $Ng-Nm$（垂直 Bxa 切面双折射率）$<Nm-Np$（垂直 Bxo 切面双折射率）。

以上四种类型的切面，按双折射率的变化趋势是从平行 OAP 切面（双折射率最大）→垂直 Bxo 切面（双折射率较大）→垂直 Bxa 切面（双折射率较小）→垂直 OA 切面（双折射率为零）双折射率逐渐减小。

上述四种类型的切面，都是二轴晶光率体中特殊方向的切面，其中平行 OAP、垂直 Bxa、垂直 Bxo 三种类型的切面既是主轴面，同时又是垂直光率体另一个主轴的切面。在实际观察矿物晶体薄片时，这些特殊方向的定向切面出现的概率是很小的，更为常见的是除这些特殊方向切面以外的一般斜切面。

5. 斜切面

既不垂直光轴也不垂直光率体主轴的切面都是斜切面，又称任意切面。这种切面形态都是椭圆，椭圆的长、短半径分别以 Ng'、Np'表示，Ng'变化于 Ng 和 Nm 之间，Np'变化于 Nm 和 Np 之间，即 $Ng>Ng'>Nm>Np'>Np$。光波垂直这种斜切面（即沿光轴和主轴之外的任意方向）入射，发生双折射而分解形成两种偏光，其振动方向分别平行于椭圆的长、短半径方向，相应的折射率为 Ng'和 Np'值。该种切面的双折射率为 $Ng'-Np'$，其数值大小随切面方向的不同变化于零与最大双折射率之间（图 1-21G）。

在斜切面中有一种垂直主轴面（或者平行一个主轴）的斜交切面，称半任意切面，包括垂直 $NgNp$ 主轴面（平行 Nm）的斜交切面、垂直 $NgNm$ 主轴面（平行 Np）的斜交切面、垂直 $NmNp$ 主轴面（平行 Ng）的斜交切面三种类型。这类半任意切面形态为椭圆，椭圆的长、短半径中总有一个半径是主轴（Ng 或 Nm 或 Np），另一个半径是 Ng'或 Np'。在这三类半任意切面中，比较重要的是垂直光轴面 $NgNp$（即平行 Nm）的斜交切面（图 1-21H），因为这种斜切面的椭圆半径中必有一个是主轴 Nm，另一个是 Ng'或 Np'。由于这种切面是包含 Nm 主轴的切面，理论上讲可以有无穷多个，因此这种切面出现的概率比垂直光轴的圆切面大得多，所以在实际应用中这种切面可以代替垂直光轴的切面，垂直光轴的圆切面实际上就是这种切面之一。

第三节　光性方位

光性方位（Optic orientation）指的是光率体在晶体中的定向，以光率体主轴与晶体结晶轴之间的相互关系表示。光率体在矿物晶体中的方位常称为矿物的光性方位，是偏光显微镜下研究矿物晶体光学性质的重要根据。矿物的光性方位因晶系不同而异。

等轴晶系矿物是光性均质体，其光率体形态是圆球体（图 1-10），通过圆球体中心的任何三个互相垂直的半径都可以与等轴晶系的三个结晶轴一致，因此对于等轴晶系矿物不必考虑其光性方位。本节只讨论中级晶族和低级晶族晶体的光性方位特征。

一、中级晶族矿物的光性方位

中级晶族（一轴晶）矿物的光率体形态是旋转椭球体，其对称型式是 $L^{\infty}\infty L^{2}\infty PC$，$L^{\infty}$ 是旋转轴，也是矿物的光轴、Ne 轴和 c 轴。三方晶系、四方晶系、六方晶系中，无论光性符号正、负，Ne 轴总是与晶体的高次对称轴 L^3、L^4、L^6 一致（或者平行）。例如一轴正晶的石英（图 1-22A）和一轴负晶的方解石（图 1-22B），它们的 Ne 轴都与 c 轴一致。

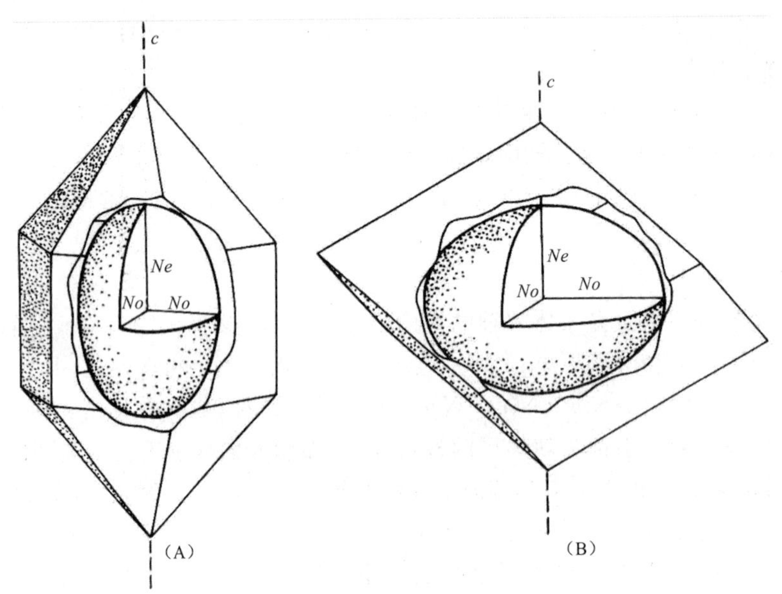

图 1-22 一轴晶的光性方位

（据李德惠，1993）

（A）石英；（B）方解石

二、低级晶族矿物的光性方位

低级晶族（二轴晶）矿物的光率体是三轴椭球体，其对称型式是 $3L^{2}3PC$，三个互相垂直的主轴（$Ng\perp Nm\perp Np$）都是二次对称轴，三个主轴面（$NgNp$ 面、$NgNm$ 面、$NmNp$ 面）都是对称面，还有一个对称中心。低级晶族不同晶系的矿物其光性方位各不相同。

（一）斜方晶系矿物的光性方位

斜方晶系矿物有三个互相垂直的结晶轴（$a\perp b\perp c$）。其光性方位是光率体的三个主轴（Ng、Nm、Np）与三个结晶轴（a、b、c）分别一致（或者平行）。不同矿物的光性方位差异仅在于光率体哪个主轴与哪个晶轴一致的组合不同，这种不同的组合是矿物种属的重要鉴定特征，例如黄玉是 $Ng/\!/c$、$Nm/\!/b$、$Np/\!/a$（图 1-23A）。显然，可能的组合共有六种（表 1-2）。

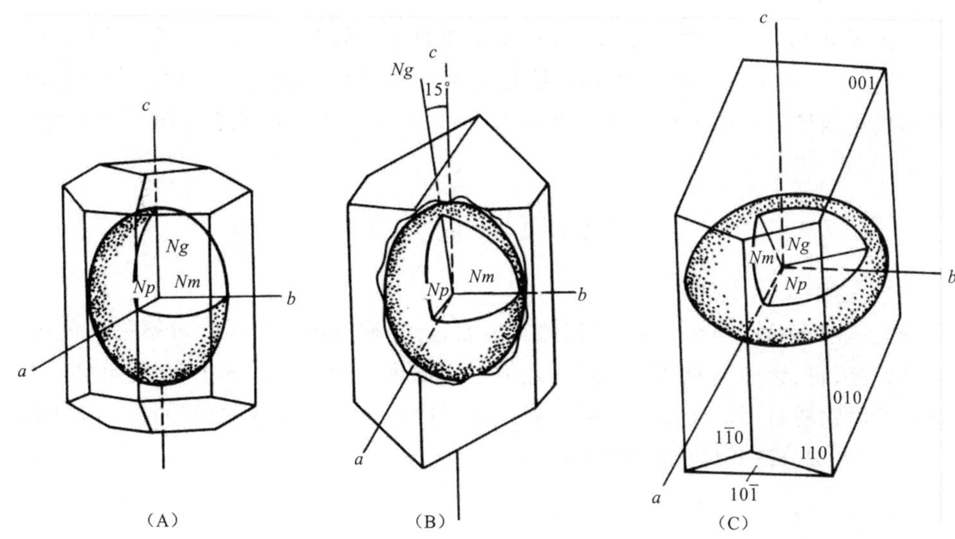

图 1-23　低级晶族晶体的光性方位特征

（据李德惠，1993，略有修改）

(A)黄玉；(B)透闪石；(C)中性斜长石(An_{35})

表 1-2　斜方晶系矿物的光性方位

光轴面方向	OAP//(010)		OAP//(100)		OAP//(001)	
组合类型	1	2	3	4	5	6
	Ng//c Nm//b Np//a	Ng//a Nm//b Np//c	Ng//c Nm//a Np//b	Ng//b Nm//a Np//c	Ng//b Nm//c Np//a	Ng//a Nm//c Np//b
矿物实例	黄　玉	重晶石	紫苏辉石	堇青石	杆沸石	镁橄榄石

（二）单斜晶系矿物的光性方位

单斜晶系晶体常数中的轴角 $\alpha=\gamma=90°$，$\beta\neq 90°$，即三个结晶轴的空间关系是 $a\perp b$，$b\perp c$，$a\wedge c=\beta$。因此，单斜晶系矿物光率体的三个主轴不可能与三个结晶轴分别一致。单斜晶系矿物的光性方位是光率体三个主轴中有一个主轴与 b 轴一致（或平行），其余两主轴在 ac 平面内分别与 a、c 轴斜交。至于光率体哪个主轴与 b 轴一致，其余两主轴与 a、c 轴的交角大小，则因矿物种属不同而异。大多数单斜晶系矿物是 $Nm/\!/b$，光轴面方向平行(010)。例如透闪石的光性方位是 $Nm/\!/b$，$Ng\wedge c=15°$，$OAP/\!/(010)$（图 1-23B）；普通角闪石的光性方位是 $Nm/\!/b$，$Ng\wedge c=25°$，$OAP/\!/(010)$；普通辉石的光性方位是 $Nm/\!/b$，$Ng\wedge c=43°$，$OAP/\!/(010)$。有少数单斜晶系矿物是 Ng 轴或 Np 轴与 b 轴一致，例如正长石的光性方位是 $Ng/\!/b$，$Nm\wedge c=14°\sim 23°$，$Np\wedge a=3°\sim 12°$，$OAP\perp(010)$；贫钙易变辉石的光性方位是 $Np/\!/b$，$Ng\wedge c=37°\sim 44°$，$Nm\wedge a=21°\sim 28°$，$OAP\perp(010)$。

（三）三斜晶系矿物的光性方位

三斜晶系矿物晶体的对称程度最低，其晶体常数中的轴角 $\alpha \neq \beta \neq \gamma \neq 90^\circ$，即三个结晶轴 a、b、c 互不垂直。三斜晶系矿物的光性方位是光率体的三个主轴与三个结晶轴均斜交，斜交的方向和角度则因矿物种属不同而异。例如图 1－23C 表示中性斜长石（An_{35}）的光性方位。

第四节　色　散

在物理光学中，**色散**(Dispersion)是指白光(复色光)通过透明物质后分解为单色光而形成红、橙、黄、绿、蓝、青、紫连续光谱的现象。色散一方面说明白光是由多种单色光组成的，另一方面也说明透明物质对不同波长光波的折射率是不同的，由于各单色光波的折射率不同，其折射角也不同，白光被分散开形成连续光谱。

一、折射率色散

透明物质的折射率随入射光波长的不同而发生改变的现象称为**折射率色散**(Refractive index dispersion)。前面已述，透明物质的折射率是随入射光波长的增大而减小的，即入射光波从紫光到红光，透明物质的折射率依次变小。

以光波波长为横坐标、以折射率为纵坐标绘出的折射率随波长变化而变化的曲线，称为折射率**色散曲线**(Dispersion curve)，简称为色散线(图 1－24、图 1－25)。色散线倾斜较陡，表明物质的折射率色散较强；相反，色散线倾斜较缓，表明物质的折射率色散较弱。

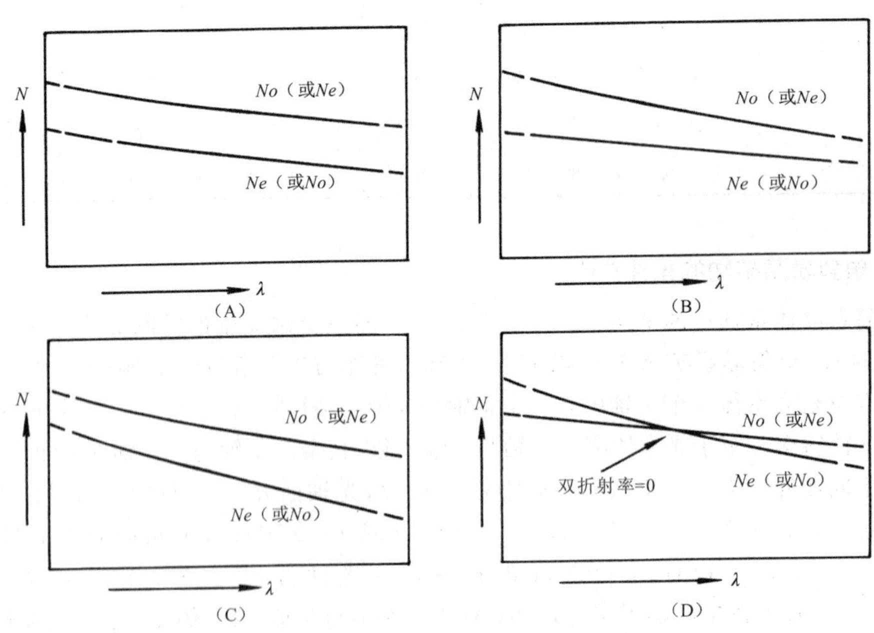

图 1－24　一轴晶矿物折射率色散曲线类型示意图

（据李德惠，1993，修改）

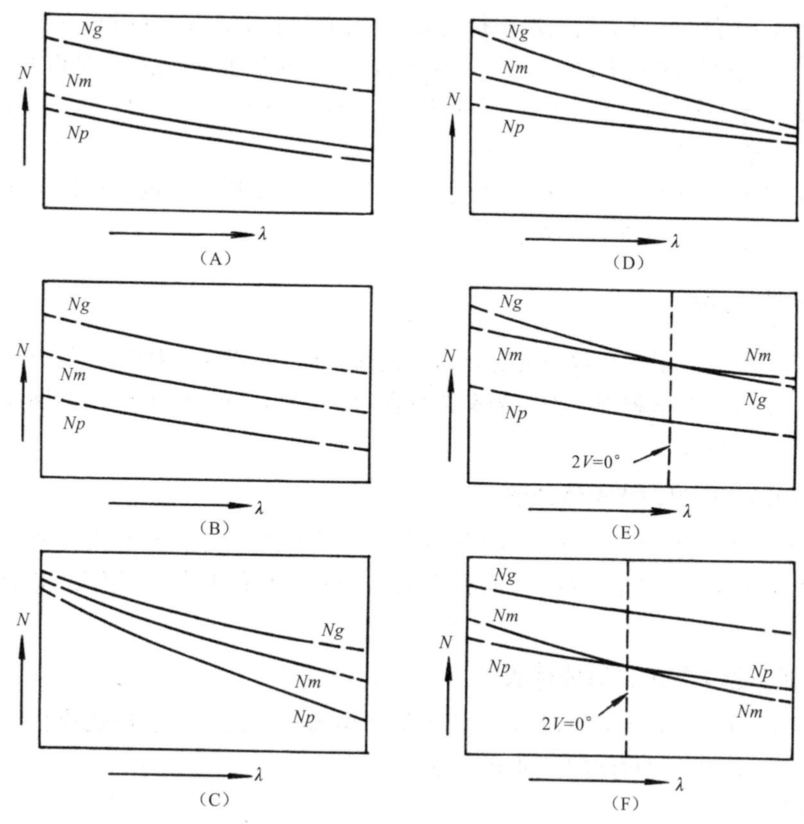

图 1-25 二轴晶矿物折射率色散曲线类型示意图
(据李德惠,1993,修改)

从红光到紫光,色散线的斜率不是恒等的,越向紫光一端,色散线越陡,这表明物质对波长短的光具有更大的色散作用。不同物质的折射率色散强弱是不同的,大多数宝石矿物具有较强的折射率色散,其制品绚丽多彩、光耀夺目。折射率色散的强弱常以蓝光(F 光,$\lambda=486.1$nm)的折射率(N_F)和红光(C 光,$\lambda=656.3$nm)的折射率(N_C)的差值 N_F-N_C 来描述,N_F-N_C 称为物质的平均折射率色散、中部折射率色散,简称为平均色散、中部色散和色散。如石英的 $N_F-N_C=0.0078$,色散弱;金刚石的 $N_F-N_C=0.0251$,色散强。N_F-N_C 的测定详见第七章。宝石鉴定书中也用紫光(v 光,$\lambda=486.1$nm)的折射率 N_v 和红光(r 光,$\lambda=687.0$nm)的折射率 N_r 的差值 N_v-N_r 来描述宝石的色散。

单偏光镜下可以见到折射率色散——洛多奇尼科夫色散效应,其现象、成因和用途将在第三章中加以介绍。

二、双折射率色散

非均质体矿物,其光学性质是随方向不同而异的,其中折射率色散也是随方向不同而异的。因此,非均质体矿物斜交 *OA* 切面的双折射率一般随入射光波长的改变而改变,这种现象称为**双折射率色散**(Birefringence dispersion)。

不同矿物，其双折射率色散的强度是不同的。以一轴晶矿物为例，如果 *Ne*、*No* 的折射率色散强度相近，*Ne* 和 *No* 色散线接近平行，则随入射光波长的改变，双折射率变化不大（图 1-24A），双折射率色散较弱而难以觉察出。如果 *Ne*、*No* 的折射率色散强度相差较大，*Ne*、*No* 的色散线明显不平行（图 1-24B、C、D），则双折射率随入射光波长的改变而明显地改变，双折射率色散较强，容易被觉察出。

某些矿物的双折射率色散较强，在正交偏光镜下呈现异常干涉色。异常干涉色是鉴定透明矿物的重要标志之一（详见本书第四章）。

三、光率体色散

由于非均质体的折射率色散强度随方向不同而不同，则随着入射光波长的改变，其光率体的大小、形态发生改变，这种现象称为**光率体色散**（Indicatrix dispersion）。不同晶族矿物的光率体色散各有自己的特点。

（一）高级晶族矿物的光率体色散

高级晶族矿物为均质体，其光率体为圆球体。光率体色散造成从红光光率体到紫光光率体呈同心球体，球体的半径依次增大，即光率体的形态不变，仅大小不同而已，矿物的均质性不发生改变。

（二）中级晶族矿物的光率体色散

中级晶族矿物为一轴晶矿物，其光率体为旋转椭球体。光率体色散造成从红光光率体到紫光光率体的形态、大小均有改变，可分三种情况。

1. 光率体色散弱

Ne、*No* 的折射率色散程度相近，*Ne*、*No* 色散线接近平行，双折射率色散微弱（图 1-24A），则光率体色散不明显，从红光光率体到紫光光率体，其形态相似，仅大小不同而已，矿物的非均质性、轴性、光性符号无明显变化。

2. 光率体色散较强

Ne、*No* 的折射率色散程度相差较大，两条色散线明显不平行，双折射率色散较强，则光率体色散较明显，光率体的形态、大小都发生变化。如果两条色散线向波长小的一端张开（图 1-24B），光率体色散造成：正光性矿物的紫光光率体相对红光光率体为较长形的旋转椭球体；负光性矿物的紫光光率体相对红光光率体为较扁形的旋转椭球体。如果两条色散线向波长较大的一端张开（图 1-24C），则光率体色散同上述相反。但无论光率体形态、大小如何变化，矿物的非均质性和光性符号不发生改变。

3. 光率体色散很强

Ne、*No* 的折射率色散强度相差很大，两条色散线在可见光范围内相交，双折射率色散显著（图 1-24D），则光率体色散很强，不仅使光率体的形态、大小发生明显改变，而且使矿物的非均质性和光性符号发生改变。

如铜铀云母，*No* 的折射率色散程度比 *Ne* 强得多，两条色散线在绿光处相交，则铜铀云母对于绿光，$Ne = No$，为均质体；对于黄、橙、红光，$Ne > No$，为一轴正晶；对于蓝、青、紫光，$Ne < No$，为一轴负晶（表 1-3）。

表 1-3　铜铀云母的色散特征

单色光举例	Ne	No	$\lvert Ne-No \rvert$	轴性(光性符号)
红　光	1.622	1.618	0.004	一轴(+)
绿　光	1.634	1.634	0.000	均质体
紫　光	1.647	1.651	0.004	一轴(−)

(三) 低级晶族矿物光率体色散

低级晶族矿物为二轴晶矿物,其光率体色散强度同样取决于 Ng、Nm、Np 的折射率色散强度的差异。如果 Ng、Nm、Np 的折射率色散强度相近,三条色散线接近平行(图 1-25A、B),则光率体色散微弱,各色光的光率体形态相似,仅大小不同而已,矿物的轴性、光性符号不发生变化。

Ng、Nm、Np 的折射率色散强度相差较大,三条色散线明显不平行(图 1-25C、D),则光率体色散较强,光率体形态、大小都发生较明显的变化。光率体色散虽然不改变矿物的轴性,但矿物的光性符号可能发生改变。

Ng、Nm、Np 的折射率色散强度相差很大,三条色散线中有的会在可见光范围内相交(图 1-25E、F),则光率体色散很强,其光率体形态、大小都发生显著变化。光率体色散不仅会改变矿物的光性符号,而且会改变矿物的轴性,有时会由二轴晶变为一轴晶。

光率体色散很强的矿物,在锥偏光镜下会呈现异常干涉图,即出现干涉图色散(详见第五章)。

复习思考题

1. 为什么一轴晶光率体所有椭圆切面上都有 No? 二轴晶光率体任意切面上是否都有 Nm? 在哪些切面上才有 Nm?

2. 怎样定义一轴晶光率体的光性符号? 怎样定义二轴晶光率体的光性符号?

3. 什么叫光轴角(2V),写出光轴角公式。

4. 画出一轴晶正光性光率体和一轴晶负光性光率体垂直 OA、平行 OA、斜交 OA 切面的形态,指出各切面的双折射率。

5. 画出二轴晶光率体垂直 OA、垂直 Bxa、垂直 Bxo、平行 OAP 切面的形态,指出各切面的双折射率,并在二轴负晶平行 OAP 切面上标出全部光率体要素。

6. 一轴晶正光性光率体放倒了是否能成为负光性光率体? 反之,一轴晶负光性光率体竖直了是否能成为正光性光率体? 为什么?

7. 当 Ne 趋近于 No 时,光率体有什么变化?

8. 当 Nm 趋近于 Np 或 Nm 趋近于 Ng 时,光率体有什么变化? 当 $Nm=Np$ 或 $Nm=Ng$ 时,分别是几轴晶、什么光性符号?

9. 指出中级晶族、斜方晶系、单斜晶系、三斜晶系矿物的光性方位。

10. 在红、绿、紫、白光下,铜铀云母分别是什么光性符号?

11. 什么是折射率色散、双折射率色散、光率体色散?

12. 二轴晶正光性光率体,当 2V 增大到 90°时,光性符号有什么变化?

13. 二轴晶光率体,当 2V 减少到 0°时,光率体有何变化?

14. 已知方解石的 $No=1.658$，$Ne=1.486$，画出$(10\bar{1}1)$面(解理面)上的光率体椭圆切面形态及其长短半径名称。

15. 设某矿物 $Ng=1.701$，$Nm=1.691$，$Np=1.665$，$Nm /\!/ b$，$Ng \wedge c=30°$，$\beta(c \wedge a)=106°$，具(110)、$(1\bar{1}0)$两组解理。试求：①晶系；②光性符号；③画出光性方位图；④(010)面上的光率体椭圆切面形态及其长短半径名称、解理纹方向；⑤光轴面方位；⑥垂直 Bxa 切面的双折射率；⑦画出(001)、(100)面上的解理纹、光率体椭圆切面形态及其长短半径名称。

16. 某矿物沿 c 轴延长，$c /\!/ Ng$，$Ng=1.682$，$Nm=1.661$，(001)面上双折射率为 0.001，(100)面上双折射率为 0.022。求：①晶系；②光性方位；③Np 值；④光性符号；⑤光轴面的结晶学方向；⑥最大双折射率；⑦垂直 Bxa 切面的结晶学方向及双折射率。

17. 某矿物三个任意切面的折射率为①$N_1=1.654$，$N_2=1.634$；②$N_1=1.634$，$N_2=1.641$；③$N_1=1.650$，$N_2=1.634$。确定该矿物的轴性和光性符号，说明理由。

第二章 透明造岩矿物及宝石晶体光学鉴定常用仪器

第一节 偏光显微镜

偏光显微镜是利用偏光的特性，对透明造岩矿物和宝石进行显微观察、分析鉴定及研究的基本工具。透明矿物鉴定用的偏光显微镜与普通生物显微镜、反射偏光显微镜（矿相显微镜）不同，它与普通生物显微镜的基本区别在于它有两个偏光镜（图 2－1），一个位于物台的下面，称下偏光镜，又称起偏镜；另一个位于物镜上方，称上偏光镜，又称分析镜或检偏镜。它与反射偏光显微镜的不同在于，它是在透射光下观察，而反射偏光显微镜是在反射光下观察。因此，透明造岩矿物鉴定用的偏光显微镜实际上为透射偏光显微镜。有的偏光显微镜是透射、反射两用显微镜，既是透射偏光显微镜，又是反射偏光显微镜。为了简便，在以后的叙述中去掉"透射"二字，简称偏光显微镜。

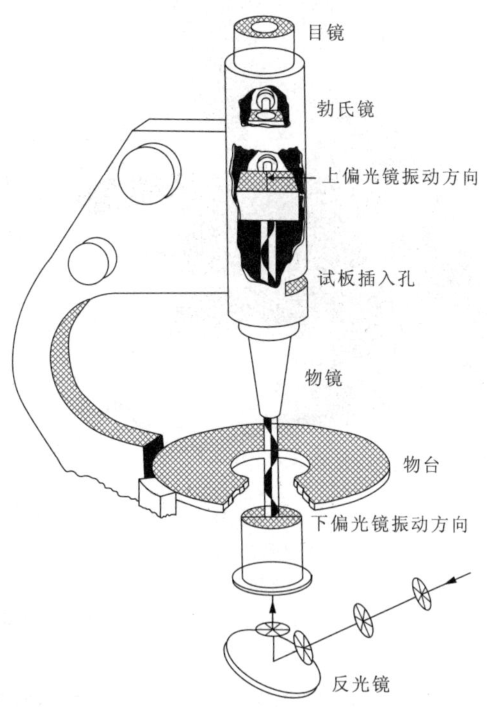

图 2－1 偏光显微镜基本构造示意图

（据 Bloss，1961）

一、偏光显微镜的构造

偏光显微镜的型号较多，目前国内所用的偏光显微镜常见有德国莱卡厂 Leica DMEP 系列、日本尼康厂 Nicon 系列、日本奥林帕斯厂 OLYMPUS 系列、德国蔡司厂 Carl Zess 系列以及我国江南厂 XPT 系列、麦克奥迪厂 Motic 系列，它们的主要构造基本相同。目前我国大部分学生使用德国莱卡厂的 Leica DM750P 型偏光显微镜，少部分学生使用日本尼康厂、日本奥林帕斯厂生产的偏光显微镜。因此，这里主要介绍莱卡(Leica)偏光显微镜，并简要叙述其他显微镜的不同点。

(一)莱卡(Leica)偏光显微镜

德国莱卡厂 Leica DM750P 型偏光显微镜属高精度教学及科研用偏光显微镜，其构造和主要部件名称见图 2-2。

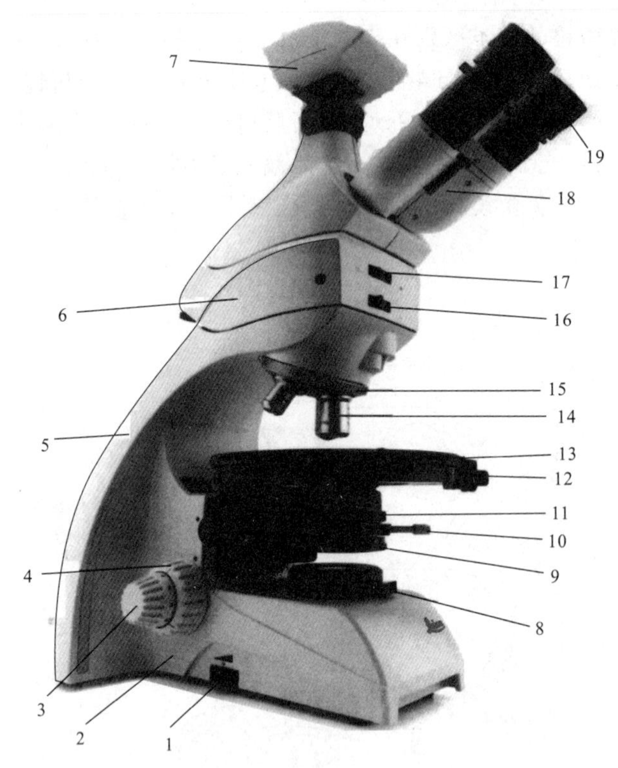

图 2-2 德国莱卡 Leica DM750P 型偏光显微镜

1.电源开关及亮度调节旋钮；2.镜座；3.微动螺旋；4.粗动螺旋；5.镜臂；6.镜筒；7.摄像头；8.光源；9.下偏光镜；10.下部组件调节螺旋；11.聚光镜及锁光圈；12.物台固定螺旋；13.物台；14.物镜；15.物镜旋转盘；16.上偏光镜转换开关；17.勃氏镜转换开关；18;目镜组件；19.目镜

镜座 为一 T 型底座，后方装有卤素光源灯，中部圆孔上装有孔径光阑，上覆有滤光片，右侧装有电源开关，左侧为亮度调节旋钮。打开电源开关后，慢慢调节亮度调节钮，使其达到合适的亮度后进行镜下观察。

镜臂 为一弯曲的弓形臂，下端与镜座相连，上端连接镜筒，中部连接物台。装有粗动螺旋和微动螺旋，可使物台及下部组件上升和下降。

下偏光镜　又称起偏镜，由偏光片或尼克尔棱镜制成，位于物台下方并和物台相连，与聚光镜、锁光圈等共同组成下部组件。通过卤素灯发射出的自然光，经过下偏光镜后即成为振动方向（以下称下偏光振动方向）固定的偏光。下偏光镜上装有固定螺丝，用以固定下偏光镜。旋松固定螺丝，下偏光镜可以转动，下偏光振动方向随之转动。通常将下偏光的振动方向调节在东西方向上，振动方向通常以符号“PP”表示。

锁光圈　位于下偏光镜之上，轻轻转动旋转螺旋，可以使锁光圈自由开合，控制进入视域的光线总量。缩小光圈有两个作用：①减少光线入射量，使视域变暗；②挡去倾斜入射的光，只让垂直薄片入射的光线通过。

聚光镜　位于锁光圈和物台之间，由一组透镜组成。它可以把下偏光镜透出的平行偏光束聚敛成锥形偏光束。装有使聚光镜升降的螺旋，用以调节聚光镜的高度。

物台　又称载物台，是一个可以水平转动的圆形平台。圆台边缘有0～360°的刻度，与游标尺配合，可以读出旋转的角度（精确到0.1°）。物台中央有一圆孔，为光的通道。物台上有一对弹簧夹，用以夹持并固定薄片。由于镜臂和镜筒系统是固定不动的，物台的水平状态保持不变，可以通过安装在镜臂上的粗动、微动螺旋使物台产生垂直升降。

镜筒　为三管镜筒，由倾斜的双目镜筒和一个单直镜筒联合组成。镜筒上端接目镜，并通过C型接口在顶端连接独立摄像头，下端装物镜。镜筒中间装有勃氏镜、上偏光镜，并设有试板孔。试板孔一般在45°方向。试板孔中有一长条形的试板，可以前后移动，一般试板有两块，一块是光程差为$\lambda/4$的云母试板，另一块是光程差为1λ的石膏试板，使用时把需用的试板推入到光学系统中，不用时把试板从试板孔中退出。

物镜旋转盘　位于镜筒的下端，为一可旋转的圆盘，可以同时安装四个不同放大倍率的物镜，一般Leica显微镜配备四个物镜，即4×、10×、20×、40×。每个物镜上标注有放大倍率及数值孔径（$N \cdot A$）。更换物镜非常方便，只需转动旋转盘将选用的物镜转到光学系统中即可。

物镜的光孔角及数值孔径（$N \cdot A$）　通过物镜前透镜最边缘的光线与前焦点所构成的夹角（图2-3中2θ）称光孔角。数值孔径与光孔角之间的关系为：

$$N \cdot A = N_1 \sin\theta$$

式中：N_1为样品与物镜之间介质的折射率，当介质为空气时（观察一般干薄片），$N_1 \approx 1$，故$N \cdot A = \sin\theta$；当用油浸镜头观察时，则式中的N_1为浸油的折射率。

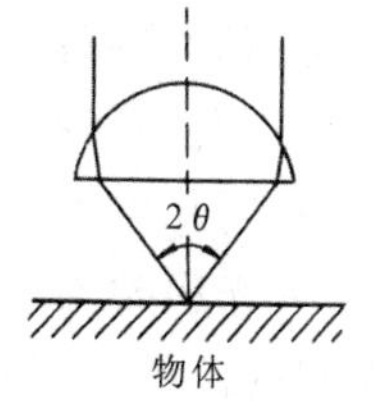

图2-3　物镜的光孔角

上偏光镜　又称分析镜或检偏镜。制造材料与下偏光镜相同。光波通过上偏光镜后，也变成偏光，其振动方向（以下称上偏光振动方向）与下偏光振动方向垂直，即上偏光的振动方向常固定在南北方向上，以符号“AA”表示。上偏光镜有一个拨动开关，向右拨动可以把上偏光镜加入光学系统，向左拨动可以使上偏光镜退出光学系统。

勃氏镜　位于目镜与上偏光镜之间，是一个小的凸透镜，可以加入和退出光学系统。与上偏光镜一样，也是通过拨动开关控制，向左拨动则勃氏镜退出光学系统，向右拨动则勃氏镜添加到光学系统中。

目镜　又称接目镜，为倾斜的双目镜，位于镜筒的顶端。两目镜间的距离可以调节。观察时观察者可按自己双目的距离调节两目镜之间的距离，目镜距离的调节通过旋转目镜组件的角度来实现。其中一个目镜中有十字丝。两个目镜顶端都有调节螺丝，可调节目镜的焦距。如果观察者两只眼睛的焦距有差异时，先用左（或右）眼从左（或右）目镜（最好是带十字丝的目镜）中观察，右（或左）眼用挡板挡住或闭上，调节物台或镜筒微调螺旋使矿物像最清晰；然后用右（或左）眼从右（或左）目镜中观察，左（或右）眼闭上或挡上，调节目镜调节螺旋，直到物像最清晰为止；最后用双目观察，此时矿物像最为清晰。

显微镜的放大倍率等于目镜放大倍率与物镜放大倍率的乘积。例如，使用10×的目镜和10×的物镜，其总放大倍率为10×10=100倍。

摄像头 位于镜筒最上端，并通过C型接口与镜筒相连，通过Leica Application Suite（LAS）EZ软件或其他专用软件（如山东易创公司显微图像分析软件MiE），可以实现摄像头控制、镜下图像的实时观察、共享、测量、摄取和存储。

除上述主要部件外，偏光显微镜还配有物台微尺等附件。

（二）尼康（Nicon）偏光显微镜

所有偏光显微镜都具有镜座、镜臂、镜筒、聚光镜、载物台、下偏光镜、物镜、上偏光镜、勃氏镜等基本部件，其差别仅在于光源装置、目镜装置、物镜转换装置、镜筒形状以及光学透镜的质量和各部件组合的精密程度不同而已。常见的其他型号偏光显微镜有日本尼康厂ALPHAPHOT-2型偏光显微镜、日本奥林帕斯厂BHSP型偏光显微镜、德国蔡司厂Axio Scope A1型偏光显微镜等。下面对这些常见的偏光显微镜分别进行简单介绍。

尼康（Nicon）偏光显微镜的构造和主要部件名称见图2-4，与莱卡（Leica DM750P型）偏光显微镜相比，主要在以下部件上存在差异。

镜座 为一矩形底座，其后方装有卤素光源灯，左侧装有电源开关及亮度调节旋钮。打开电源开关后，慢慢调节亮度调节钮，使其到合适的亮度后进行镜下观察。

镜臂 为一折形臂，下部与镜座垂直相连，上端与物镜及上部组件相连。中部装有物台及下偏光镜和下部组件。装有粗动螺旋和微动螺旋，可使物台及下部组件上升和下降。

镜筒 为双管镜筒，镜筒上端接目镜，下端装物镜。镜筒中间装有勃氏镜、上偏光镜，并设有试板孔。试板孔一般在45°方向。试板孔中有一长条形的试板，可以前后移动，其上有3个圆形孔，其中中间孔中未装试板，为一空的孔洞，两侧的孔中一个装有光程差为$\lambda/4$的云母试板，另一块装有光程差为1λ的石膏试板，使用时把需用的试板推入到光学系统中，不用时使试板孔处于中间的位置。试板一般固定在试板孔中，两端分别有一个螺丝，旋松后可以把试板从试板孔中退出。

物镜旋转盘 位于镜筒的下端，为一可旋转的圆盘，可以同时安装四个不同放大倍率的物镜，一般Nicon显微镜配备三个物镜，即4×、10×、40×。更换物镜非常方便，只需转动旋转盘将选用的物镜转到光学系统中即可。

上偏光镜 制造材料与下偏光镜相同。光波通过上偏光镜后，也变成偏光，其振动方向与下偏光振动方向垂直。上偏光镜有一个转动盘，旋转可以使上偏光的振动方向改变，上偏光镜装于物镜与勃氏镜之间，可以推入或拉出光学系统。

勃氏镜 位于目镜与上偏光镜之间，是一个小的凸透镜，可以通过旋转加入和退出光学系统。在勃氏镜的后方装有两个勃氏镜中心调节螺丝。在勃氏镜的前下方装有勃氏镜升降的调节旋钮，以调节干涉图像的清晰程度。有的还装有针孔光阑，观察细小矿物干涉图时，加入针

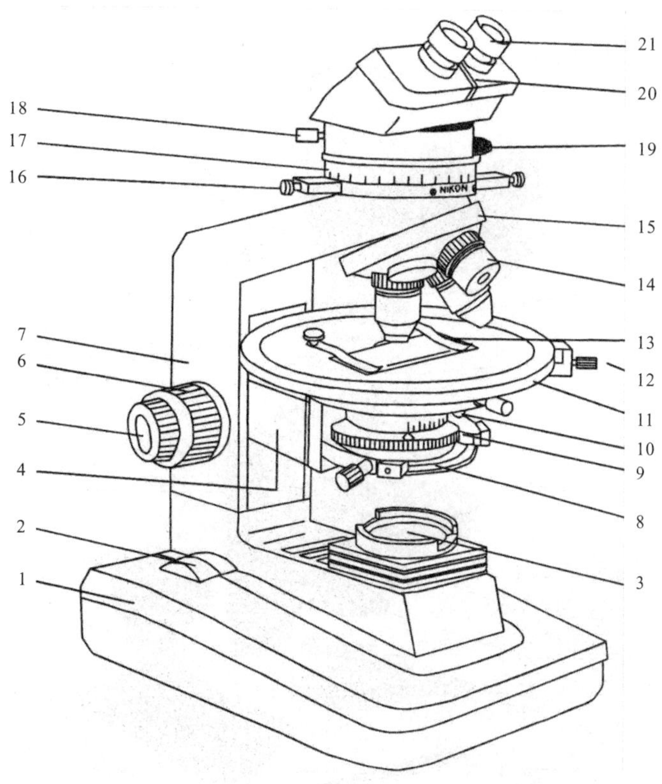

图 2-4 尼康 ALPHAPHOT-2 型偏光显微镜

1. 镜座;2. 电源开关及亮度调节螺旋;3. 光源及滤光片;4. 聚光镜、下偏光组件托架;5. 微动螺旋;6. 粗动螺旋;7. 镜臂;8. 下偏光镜;9. 锁光圈;10. 聚光镜;11. 物台;12. 物台固定螺丝;13. 薄片夹;14. 物镜;15. 物镜旋转盘;16. 云母及石膏试板;17. 上偏光镜及旋转盘;18. 上部组件固定螺丝;19. 勃氏镜;20. 目镜距离调节板;21. 目镜

孔光阑,可以挡去其周围矿物透出光的干扰,使干涉图更为清晰。

目镜 又称接目镜,为倾斜的双目镜,位于镜筒的顶端。观察时观察者可按自己双目的距离通过目镜距离调节板来调节两目镜之间的距离。两个目镜顶端都有调节螺丝,可调节目镜的焦距。如果观察者两只眼睛的焦距有差异时,先用左(或右)眼从左(或右)目镜(最好是带十字丝的目镜)中观察,右(或左)眼用挡板挡住或闭上,调节物台或镜筒微调螺旋使矿物像最清晰;然后用右(或左)眼从右(或左)目镜中观察,左(或右)眼闭上或挡上,调节目镜调节螺旋,直到物像最清晰为止;最后用双目观察,此时物像最为清晰。

(三)奥林帕斯(OLYMPUS)偏光显微镜

奥林帕斯 BH2 型偏光显微镜的构造及主要部件名称见图 2-5,其与尼康及莱卡显微镜一样,是一种较精密的偏光显微镜,与前两者相比,在以下部件上存在差异。

镜座 为一矩形底座,其后方装有卤素光源灯,中部圆孔上装有孔径光阑,前侧装有电源开关和亮度指示灯,右侧装有亮度调节钮。打开电源开关前,将亮度调节钮放到最小位置,打开电源开关后,再慢慢调节亮度调节钮,使其到合适的亮度后进行镜下观察。

物台 为滚珠轴承型,在其下部有一个 45°定位销,旋紧后物台每转 45°会发出“叮”的声

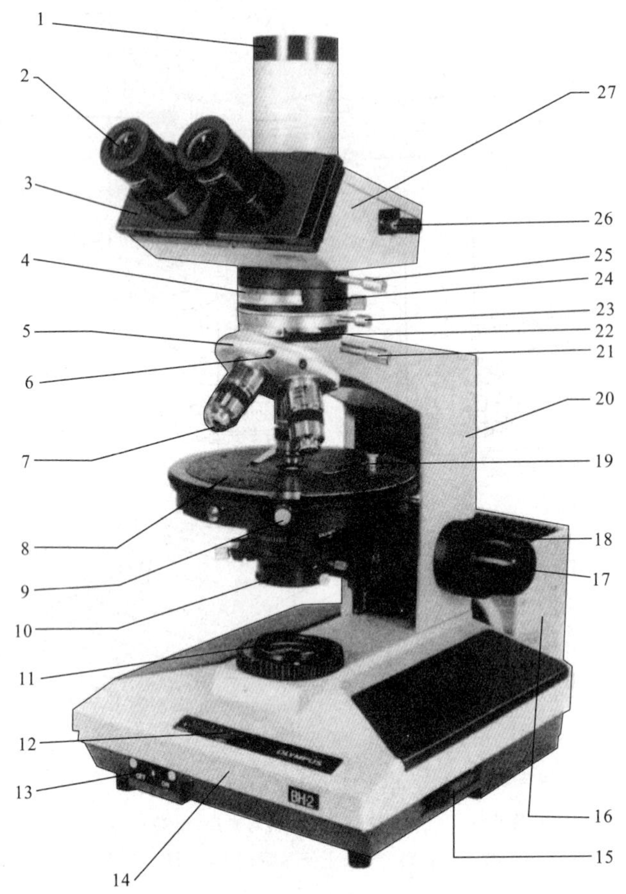

图 2-5 奥林帕斯 BH2 型偏光显微镜

1.照相装置安装部位;2.目镜;3.目镜调节板;4.勃氏镜;5.物镜旋转盘;6.物镜中心校正螺丝;7.物镜;8.物台;9.物台固定螺丝;10.下偏光镜;11.孔径光阑调节环;12.亮度指示灯;13.电源开关;14.镜座;5.亮度调节钮;16.卤素灯光源;17.微动螺旋;18.粗动螺旋;19.薄片夹;20.镜臂;21.中间部件固定螺丝;22.试板孔;23.上偏光镜;24.上偏光旋转控制螺丝;25.镜筒固定螺丝;26.光路选择拉杆;27.镜筒

音,用以提醒观察者物台转动的角度及特殊情况下的定位。

镜筒 为三管镜筒,由倾斜的双目镜筒和一个单直镜筒联合组成,既可用于双目观察,又可用于直筒镜进行显微摄影。镜筒下部的光路选择拉杆,可以拉出或推入:推入时光线全部进入双目镜筒中,供观察及摄影时取景对焦;拉出时光线全部进入单直镜筒,供摄影时使用。还有一种更方便的,推入时也是全部光线射入双目镜筒,但拉出时有 20%光线射入双目镜筒,80%光线射入单直镜筒,这样在照相的同时可观察被照物体。

物镜旋转盘 位于镜筒的下端,为一可旋转的圆盘,可以同时安装四个不同放大倍率的物镜。更换物镜非常方便,只需转动旋转盘将选用的物镜转到光学系统中即可。

目镜 为双目镜,其中一个目镜中有十字丝。观察时可按观察者的双目距离调节双目镜之间的距离,目镜距离的调节可以通过目镜距离调节板来实现。

（四）德国蔡司厂 Carl Zess 偏光显微镜

德国蔡司厂 Carl Zess Axio Scope A1 型与上述三种显微镜一样，是一种较精密的偏光显微镜。但该显微镜为透射、反射两用型偏光显微镜，在有些方面与上述其他显微镜有较大差异，其外形和主要部件名称见图 2-6。

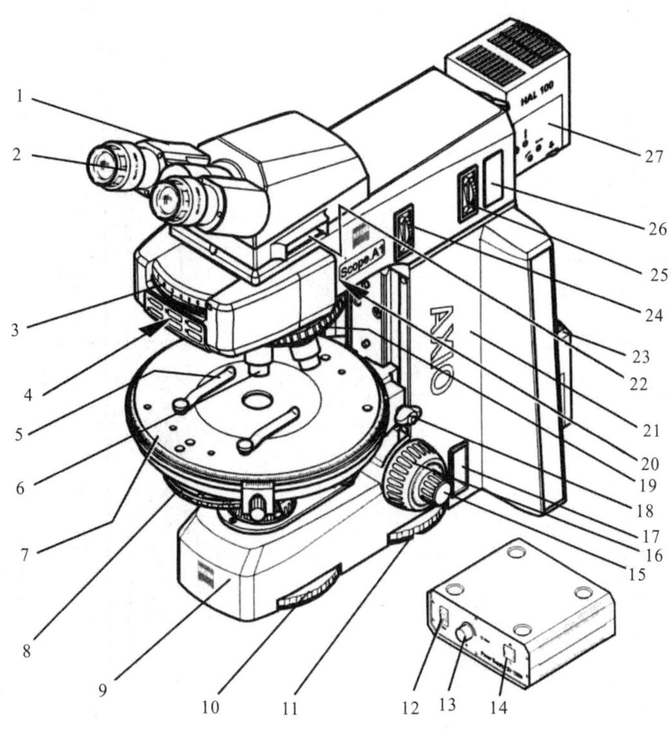

图 2-6　Carl Zess Axio Scope A1 型偏光显微镜

1. 镜筒；2. 目镜；3. 光路旋转转盘；4. 光路选择显示板；5. 薄片夹；6. 物镜；7. 物台；8. 聚光镜及下部组件；9. 镜座；10. 透射光视场光阑；11. 透射光孔径光阑；12. 电源开关；13. 光源亮度旋钮；14. 反射/透射光选择开关；15. 微动螺旋；16. 粗动螺旋；17. 透射光选择滑板；18. 下部组件固定螺丝；19. 物镜旋转盘；20. 上部组件；21. 镜臂；22. 上偏光镜；23. 透射光卤素光源灯；24. 反射光视场光阑；25. 反射光孔径光阑；26. 反射光选择滑板；27. 反射光萤光光源灯

电源　由外接电源控制。有三个按钮，左边一个是总开关，控制电源的连接，中间为亮度调节旋钮，右边一个是萤光和卤素灯选择开关，选择萤光则连接上部的反射光光源，选择卤素灯开关则连接下部的透射光光源。反射光和投射光的选用还需要使用反射光选择滑板和投射光选择滑板，当滑板推入时，则遮挡选择的光源，拉出时，则透过选择的光源。

光路选择转盘　通过旋转光路选择转盘，利用不同的透镜组合可实现不同光路系统的选择，其中 1～2 为反射光光路系统，1 为暗场照明，2 为明场照明，3～6 为透射光光路系统。

镜座　为一 T 型底座，其后方装有透射光系统的卤素光源灯，下部有两个光阑，前面一个为视场光阑，后面一个为孔径光阑。选用透射光系统时应把透射光选择滑板拉开，以使卤素灯发出的光能进入到光路系统。

反射光光路系统　主要集中于上部组件中，包括反射光光源灯、反射光选择滑板、反射光视场光阑，反射光孔径光阑。

二、偏光显微镜的光路系统

偏光显微镜与一般显微镜的不同之处在于它有两个偏光镜和一个聚光镜，这三件装置的不同组合，可构成不同的偏光系统。偏光显微镜的光路系统见图 2-7 和图 2-8。

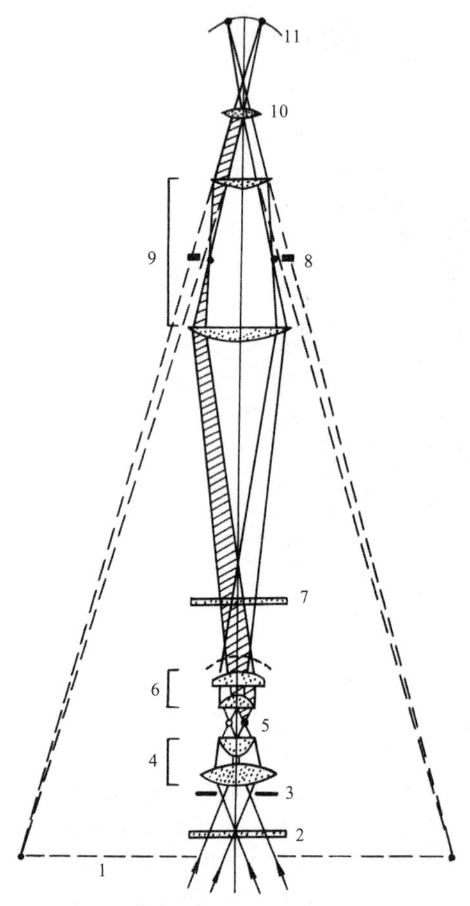

图 2-7　正交偏光镜的光路系统

（据 Wahlstrom，1979）

1. 虚像；2. 下偏光镜；3. 锁光圈；4. 聚光镜；5. 物台上的物体；6. 物镜；7. 上偏光镜；8. 十字丝；9. 目镜；10. 眼球；11. 视网膜

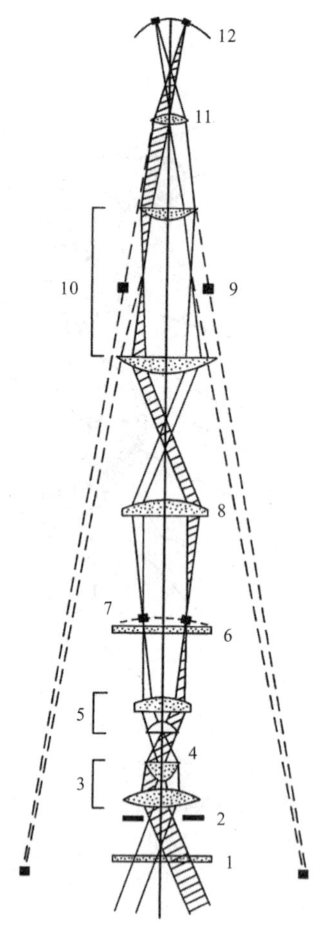

图 2-8　锥偏光镜的光路系统

（据 Wahlstrom，1979，修改）

1. 下偏光镜；2. 锁光圈；3. 聚光镜；4. 物台上的物体；5. 物镜；6. 上偏光镜；7. 干涉图；8. 勃氏镜；9. 十字丝；10. 目镜；11. 眼球；12. 视网膜

单偏光系统　即只使用下偏光镜，不用上偏光镜。用来观察矿物的形态、解理、颜色、突起、糙面等。使用单偏光系统装置的显微镜简称单偏光镜。

正交偏光系统　又称直光系统，即上下两个偏光镜同时使用，并使上、下偏光的振动方向保持互相垂直。主要用于观察矿物的消光性质、干涉现象等。使用正交偏光系统装置的显微镜简称正交偏光镜。

平行偏光系统　同时使用上下偏光镜，但上、下偏光的振动方向互相平行，则构成平行偏光系统。用以研究矿物的一些特殊性质（例如区分干涉色的Ⅰ级灰白与高级白）。使用平行偏光系统装置的显微镜简称平行偏光镜。

锥偏光系统　是在正交偏光镜的基础上，再加上聚光镜和勃氏镜（或去掉目镜），并换用高倍物镜，用以观察矿物的干涉图，测定矿物的轴性和光性符号等。使用锥偏光系统装置的显微镜简称锥偏光镜。

三、偏光显微镜的调节与校正

在使用偏光显微镜之前，首先应将显微镜各系统调节至标准状态，否则不仅达不到观察目的，而且浪费时间，影响学习和工作的效率。

（一）装卸镜头

（1）装卸目镜。将选用的目镜插入镜筒上端，并使目镜十字丝位于东西-南北方向。双目镜筒还需调节两目镜筒距离，使双眼距离与双目镜筒距离一致。

（2）装卸物镜。装卸物镜时需将物台下降（或将镜筒提升）到一定高度，以免安装时碰坏镜头。将物镜安装在镜筒下端的物镜旋转盘上，换用物镜时，手持转盘将所需的物镜转到镜筒正下方（光学系统中），恰至弹簧卡住为止。换用物镜时，切勿扳动物镜旋转，以免造成物镜系统偏心，不易校正。

（二）调节照明（对光）

正确调节照明需要注意三个方面：一是要正确安装光源灯泡，这要由专门人员操作；二是要调节好照明器（聚光系统及下部组件）的中心，由教师调节或参照第七章第三节自行调节；三是要调节亮度调节旋钮，根据需要调节视域的亮度。

（三）调节焦距（准焦）

调节焦距是为了使薄片中的物像清晰可见。“调节焦距”或“准焦”是一种习惯性的说法，实际上是调节物距，即调节物镜与薄片中矿物之间的距离，使物镜成的矿物实像位于目镜一倍焦距之内的合适位置上，以便通过目镜可以看到清晰的放大的矿物虚像。准焦的步骤如下：

（1）适当下降物台或升高镜筒，旋转物镜转盘使低倍物镜对准物台中心圆孔。将欲测矿片置于物台中央，用薄片夹夹好。放置薄片时注意薄片的盖玻片必须朝上，否则移动薄片时会损伤盖玻片，且在使用高倍物镜时不能准焦。

（2）从镜筒侧面观察（视线基本与物镜同一高度），转动粗动螺旋，使物台上升或使镜筒下降，至物镜与物台上的薄片比较靠近为止。

（3）从目镜中观察，转动粗动螺旋，使物台下降或使镜筒上升，至视域内物像基本清楚，再转动微动螺旋，至视域内物像完全清晰为止。

（4）中倍物镜的准焦。从低倍物镜的准焦位上旋上中倍物镜，一般应在准焦位附近，调节物台或镜筒升降螺旋（一般只需调节微动螺旋），直到物像完全清晰为止。

（5）高倍物镜的准焦。在中倍物镜的准焦位上旋上高倍物镜（旋上前要检查盖玻片是否朝上！），一般应在准焦位附近。调节微动螺旋（一般只能调节微动螺旋！），直到物像完全清晰为止。

（四）校正中心

显微镜的镜筒中轴、物镜中轴与物台旋转轴应严格地重合于一条直线上，这条直线可称为偏光显微镜的光学中心线。此时旋转物台，视域中心（即目镜十字丝交点）的物像不动，其余物像绕视域中心作圆周运动（图 2－9）。如果不重合，则转动物台时，视域中心的物像将离开原来的位置，连同其他部分的物像绕另一个中心旋转(图 2－10 中的 o 点)。这个中心(o 点)代表物台旋转轴出露点位置。这种情况下，不仅影响某些光学数据的测定精度，而且可能把视域内某些物像转动到视域之外，妨碍观察。特别是使用高倍物镜时，视域范围很小，如物像不在视域中心，则根本无法观察。

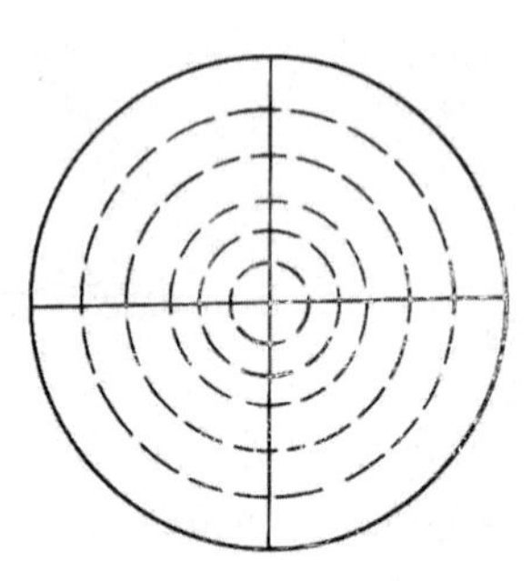

图 2－9　物镜中轴、镜筒中轴与物台旋转轴重合时，旋转物台时物像的运动情况

(据李德惠，1993)

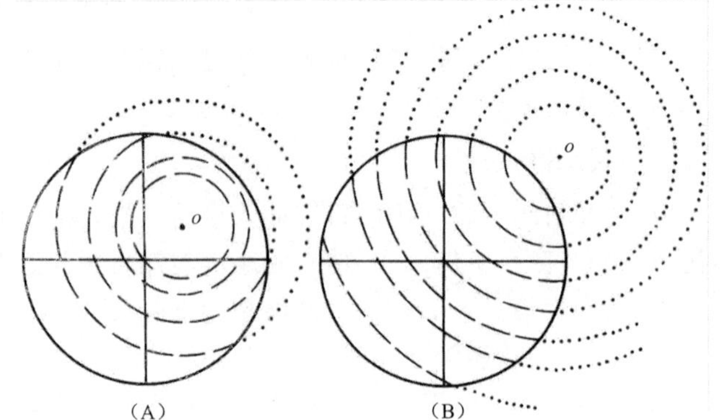

图 2－10　物镜中轴、镜筒中轴与物台旋转轴不重合时，旋转物台时物像的运动情况

(据李德惠，1993)

(A)物台旋转轴出露点 o 在视域内；

(B)物台旋转轴出露点 o 在视域外

显微镜的镜筒中轴是固定的，校正中心就是使物镜中轴、物台中轴与镜筒中轴一致。

在校正中心之前，首先应检查物镜是否安装正确，若不正确，则不仅不能校正好中心，而且容易损坏中心校正螺丝。

莱卡 DM750P 型偏光显微镜的物台中轴是不能调节的，物镜中轴和镜筒中轴一致，校正中心主要是校正物镜中心与物台中心重合。由于 10 倍物镜平时使用率较高，校正中心时一般先校正 10 倍物镜与物台中心重合，再校正其他的物镜中心。校正中心的步骤如下：

(1)准焦后，在薄片中选一质点 a，移动薄片，使质点 a 位于视域中心(即目镜十字丝交点处)(图 2－11A)。

(2)固定薄片，旋转物台，若物镜中轴、镜筒中轴与物台中轴不重合，则质点 a 围绕某一中心作圆周运动(图 2－11B)，圆心 o 点为物镜中轴出露点。

(3)旋转物台 180°，使质点 a 由十字丝交点转动至 a' 处(图 2－11C)。

(4)同时调整物镜旋转盘上该物镜的两个中心校正螺丝，使质点 a 由 a' 处移至 $a\,a'$ 线段的中点(即偏心圆的圆心 o 点)处(图 2－11D)。

(5)移动薄片，使质点 a 移至十字丝交点(图 2－11E)。旋转物台检查，如果质点 a 不动(图 2－11F)，则中心已校好；若仍有偏心，则重复上述步骤，直到完全校正好为止。

(6)如果中心偏差很大，转动物台，质点 a 由十字丝交点转出视域之外(图 2－10B)，此时来回转动物台，根据质点 a 运动的圆弧轨迹判断偏心圆圆心 o 点所在方向(图 2－12A)，同时调整物镜的两个中心校正螺丝，使视域内所有质点(或某一质点)向偏心圆圆心相反方向移动(图 2－12B)。并不时旋转物台，判断偏心圆圆心是否进入视域(偏心圆圆心处质点在旋转物

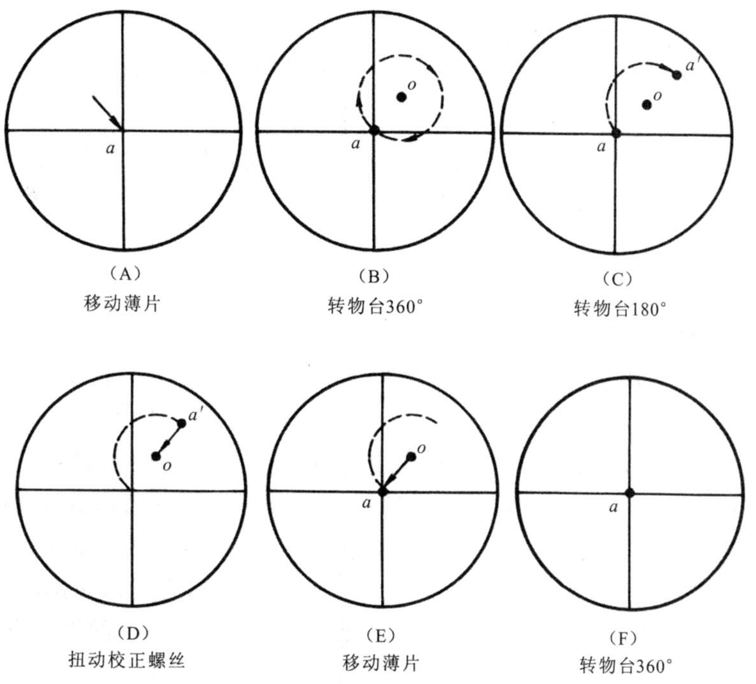

图 2-11　校正中心步骤示意图

(据李德惠,1993)

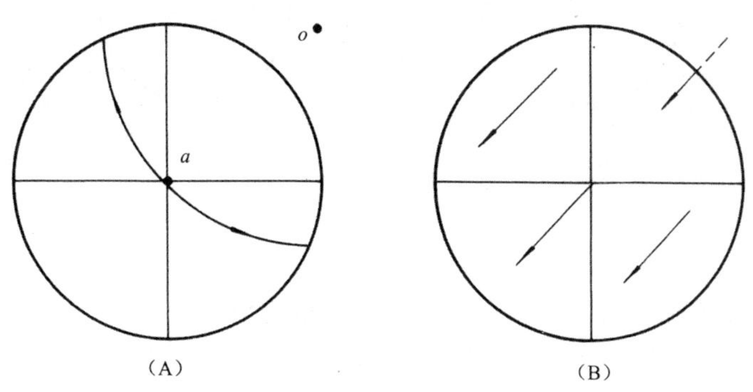

图 2-12　中心偏差较大时,校正中心示意图

台时位置不发生变化)。若偏心圆圆心已在视域内,再按前述步骤校正。

校正完 10 倍物镜后,再分别校正其他物镜,使各个物镜中轴与物台中轴重合,操作步骤与上述相同。

尼康 ALPHAPHOT-2 型偏光显微镜物镜中轴是不能调节的,在制造显微镜时,已经使物镜旋转盘上的各个物镜中轴几乎都与镜筒中轴重合,所以校正时通过调整物台的两个中心校正螺丝,使物台的中心与物镜的中心重合。具体的操作步骤与上述类同。

(五)测量视域直径

(1)测量中倍或低倍物镜的视域直径,可以用带有刻度的透明尺直接测量。测量时,将透明尺置于物台中部,与十字丝纵丝或横丝平行。准焦后,观察视域直径的长度,记录该值以备后查。

(2)测量高倍物镜的视域直径,可以使用物台微尺。物台微尺通常嵌在一个玻璃片中心,总长度为1～2mm,刻有100～200个小格,每小格等于0.01mm。测量时将物台微尺置于物台中央,准焦后观察视域直径相当于物台微尺的多少个小格。若为20个小格,则视域直径等于20×0.01=0.2mm。

(六)校正偏光镜

在偏光显微镜光学系统中,上、下偏光振动方向应互相垂直,并分别平行南北、东西方向且与目镜十字丝平行。校正方法如下:

(1)确定及校正下偏光振动方向。使用中倍物镜准焦后,在矿片中找一个长条形具有互相平行的解理纹的黑云母切面置于视域中心。转动物台,使黑云母的颜色变得最深。此时,黑云母解理纹方向代表下偏光振动方向(因为光波沿黑云母解理纹方向振动时,吸收最强,颜色最深)。如果黑云母解理方向与十字丝横丝方向(东西方向)平行,则下偏光振动方向正确,不需校正。如果不平行,则旋转物台,使黑云母解理纹方向与目镜十字丝的横丝方向平行(图2-13A),再旋转下偏光镜,至黑云母的颜色变得最深为止(图2-13B),此时下偏光振动方向位于东西方向。

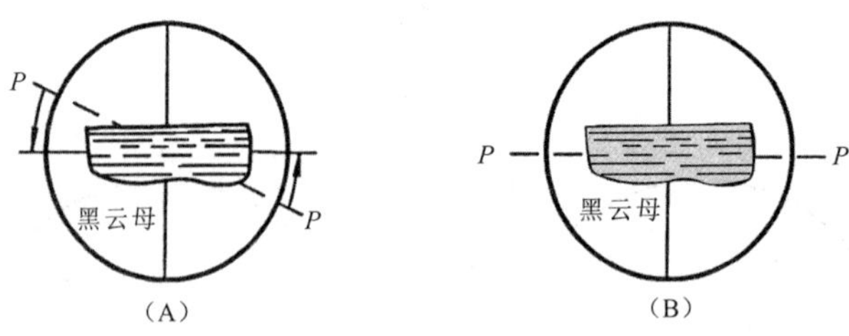

图2-13　下偏光振动方向的校正

(据季寿元,1993,修改)

(2)检查上、下偏光振动方向是否垂直。使用中倍物镜,去掉薄片,调节照片使视域最亮。推入上偏光镜,如果视域完全黑暗,证明上、下偏光振动方向垂直。若视域不完全黑暗,说明上、下偏光振动方向不正交。如果下偏光镜振动方向已经校正,则需要校正上偏光振动方向,转动上偏光镜至视域完全黑暗为止。如果显微镜上偏光镜不能转动,则需要专门修理。

四、显微镜数字网络互动教室系统

随着计算机技术的进步和科学技术的发展,现在网络化越来越普及,相关的软硬件发展迅速,通过数字显微图像系统及数字网络互动实验室的建设是解决实验室教学师生互动问题的较好方案。显微镜数字网络互动方法引领微观领域新的实验教学模式,通过学生动手操作,增强他们科学研究的热情,激发创新意识,培养观察问题和分析问题的能力以及独立思考、创造性思维的能力。这里以山东易创"数字网络显微互动教室"V4.0系统为例,介绍数字网络显微互动教室。

(一)软、硬件条件

三目显微镜 数字网络显微互动教室所使用的偏光显微镜必须为三目显微镜,上面的单直镜筒通过标准 0.5C 接口连接数字显微成像摄像机,摄像机像素一般在 100 万像素以上,如 YM200 数字摄像机的像素为 200 万。

局域网 系统主要建立在 100M 局域网平台上,通过局域网把学生用显微镜、学生用电脑和教师用显微镜、教师用电脑联系起来,实现教师与学生、学生与学生之间的互动。

显微图像处理软件(易创 MiE3.0) 该软件可以把显微镜下的晶体光学现象显示在电脑屏幕上,并随显微镜下的操作能实现实时更新。可以进行图像的处理工作,包括普通预览、全屏、录像、镜像、拍照等。

显微互动软件(易创 MINET V4.0) 教师可以通过显微互动软件对学生端实施互动授课。

(二)"数字网络显微互动教室"系统主要功能

打开易创"数字网络显微互动教室"软件,主要界面见图 2-14。主要功能如下:

广播教学 即将教师机的图像、声音实时传到学生端进行教学,教师可以利用教师用偏光显微镜下薄片的晶体光学现象给学生讲授,也可以放映幻灯片或多媒体。学生电脑上显示的内容与教师电脑上的内容相同。此时学生不能操作自己的电脑。

远程命令 教师可以通过远程命令对学生电脑实施操作,包括远程开机、远程关机、远程重启、远程退出、远程登录等。通过该操作,教师可以实现对学生电脑的控制。

监控转播 教师可以监控转播,监控所有学生电脑屏幕上的内容,如果在学生电脑中发现比较好的现象,可以通过学生演示分发到所有学生电脑上。

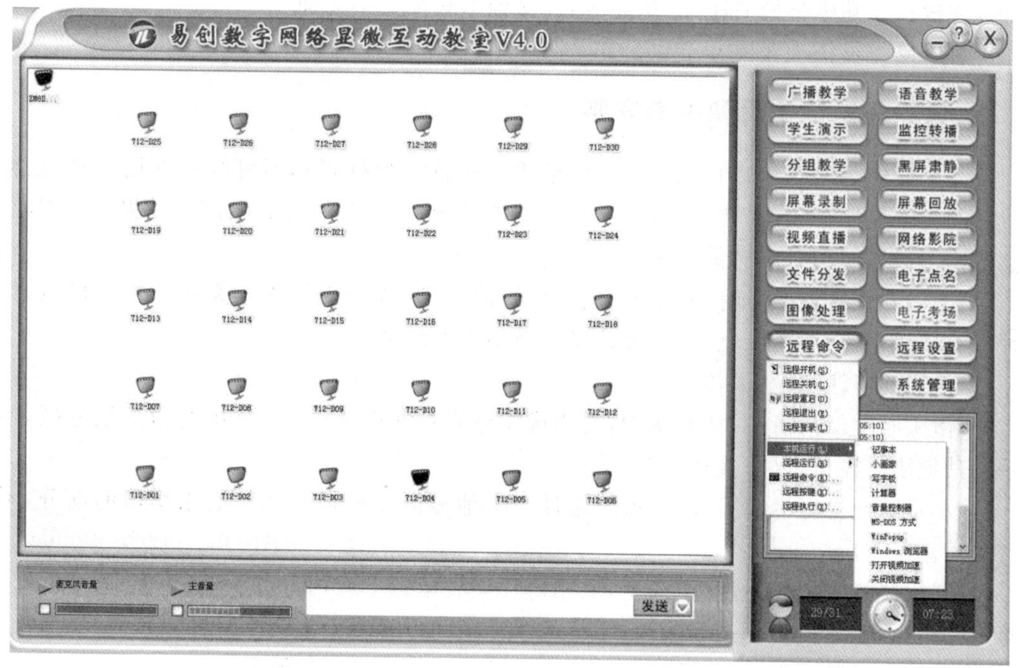

图 2-14 易创数字网络显微互动教室 V4.0 主界面

学生演示 教师通过该操作，可以把任意一位学生在镜下观察到的晶体光学现象分享到所有学生电脑中。如在讲授高压超高压变质作用时，由于“柯石英”较难发现，很多薄片中观察不到，如果某位学生在镜下发现有“柯石英”，就可以通过学生演示，将该现象分享到所有学生的电脑屏幕上(图 2－15)。

分组教学 对于某些需要分组教学的内容，可以把组内任意一位学生镜下的内容显示在该组同学的屏幕上，便于进行组内的讨论和学习(图 2－16)。

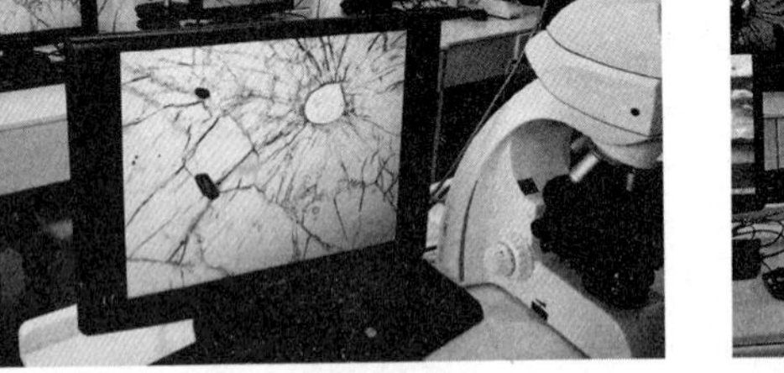

图 2－15 学生演示时电脑屏幕显示

图 2－16 分组教学时电脑屏幕显示

语音教学 语音教学可实现教师和学生、学生和学生的语音对讲。

文件分发 教室可以按一定的顺序发给学生相同或不同的文件(试题、练习等)

作业提交 学生将做的作业(试卷等)以文档形式提交给老师

屏幕录制 可将授课屏幕过程全部录制下来，便于重复上课回放。

五、偏光显微镜使用和保养守则

偏光显微镜是岩石学及其他许多基础地质学科教学和科研必不可少的常用工具，是精密而贵重的光学仪器，如有损坏，将直接影响教学和科研工作，并使国家财产遭受损失。因此，应注意保养、爱护，使用时应自觉遵守使用守则。

(1)搬动和放置显微镜时，必须轻拿轻放，严防震动，以免损坏光学系统。搬动显微镜时，必须一手持镜臂，一手托镜座，切勿提住微动螺旋以上的部分。

(2)使用前应注意检查、校正。

(3)镜头必须保持清洁，如有灰尘，需用橡皮球先把灰吹去，再用专用的镜头纸擦拭，不能用手或其他物品擦拭，以防损坏镜头。

(4)不得随便自行拆卸显微镜，或将附件与其他显微镜调换使用。尚未学习的部分，不能擅自乱动。

(5)安放薄片时，盖玻片必须向上，并用薄片夹夹紧。上升物台(或下降镜筒)时，切勿使镜头与薄片接触，以免损伤镜头和薄片。

(6)勿使显微镜在阳光下暴晒，以免偏光镜及试板等光学部件脱胶。

(7)离开座位时间较长或使用完毕后，应及时关闭电源。

(8)使用上偏光镜及勃氏镜时，应轻拉轻送，切勿猛力推送，以免震坏。

(9)仪器开关失灵时,应报告管理人员,切勿强力扭动或擅自作其他处理。

(10)显微镜使用完毕,应把显微镜用防尘罩罩好。

(11)仪器用毕,应进行登记。

第二节　宝石显微镜

一、宝石显微镜的构造

在宝石学中,显微镜一般可用来放大观察宝石的内部和外部特征,是区分天然宝石、合成宝石及仿制宝石的重要仪器。宝石显微镜的构造和主要部件名称见图 2-17。

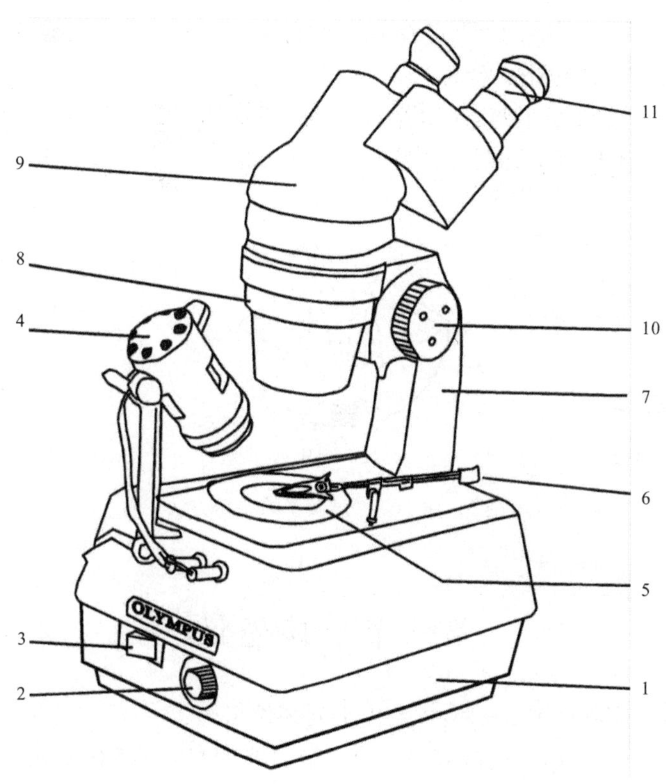

图 2-17　日本 OLYMPUS 宝石显微镜

1. 镜座;2. 亮度调节钮;3. 电源开关;4. 反射灯;5. 载物台;6. 样品夹;7. 镜臂;8. 物镜;9. 镜筒;10. 焦距调节螺旋;11. 目镜

镜座　为一长柱形方盒,前部有电源开关和亮度调节钮。其光源除物台中央下方的底光灯外,在其前方尚有一反射灯,反射灯提供的光线为反射光,反射光可调节角度,以观察宝石的表面特征,如断口、色带、解理面和宝石的磨工等。

载物台　为镜座上的一个平台,用以放置宝石以供观察。

样品夹　为一金属镊子,使用时,用镊子夹住宝石,可以任意旋转宝石的角度和方位。

物镜　为可变放大物镜,通过转动物镜的转盘可以获得不同的放大倍数。

目镜 为双目镜，一个目镜上带有可调焦距的旋钮，另一个没有。当宝石放置在载物台上后，先用没有可调焦距的目镜对准宝石，用宝石显微镜镜臂上的焦距调节旋钮调整焦距，待看清楚后，再调整可调焦距的目镜焦距，反复操作，直至两眼焦距调准，观察物像清晰为止。

二、宝石显微镜的照明方式

宝石显微镜与其他显微镜的最大区别是照明装置。根据观察宝石的需要分为暗域照明法、亮域照明法和垂直照明法，前两种方法使用的是底光灯，后一种方法使用的是反射灯。

(1)暗域照明法。这种方法是用侧光照明，就是将底光灯上的黑色挡板挡上，以无反射的黑暗为背景，使光从侧面射入宝石，使宝石中内含物在暗色背景下显得更清晰。如维尔纳叶法合成刚玉中的弯曲生长线用这种照明方法就能很容易地观测到。暗域照明法见图2-18A。

(2)亮域照明法。用底光灯的光源对宝石直接照明的方法。这种方法一般光圈锁得很小，可以使宝石中的内含物在明亮的背景下呈现黑色影像。这也是一种观察弯曲条纹或其他低突起宝石的有效方法。亮域照明法见图2-18B。

(3)垂直照明法。使用反射灯，从宝石的上方进行照明，观察者可在反射光下观察宝石表面特征。这种方法对于检测不透明至微透明宝石尤为重要。垂直照明法见图2-18C。

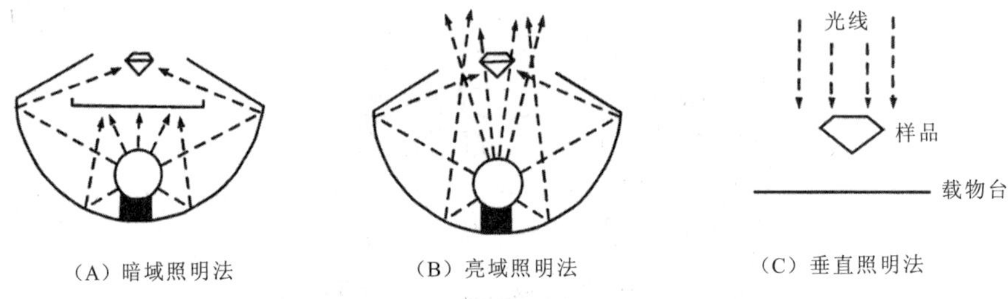

(A) 暗域照明法　(B) 亮域照明法　(C) 垂直照明法

图2-18　宝石显微镜的照明方法

第三节　偏光仪

偏光仪的外形和构造见图2-19，主要由下列部件组成：

底座 为一长方形方盒，中间装有一个白色散射光源灯，后部有一电源开关，用以接通光源灯。

下偏光镜 由偏光片或尼科尔棱镜组成。由光源灯发出的光，经过下偏光镜后，即成为振动方向固定的光。下偏光的振动方向一般固定不变。

上偏光镜 性能及构造与下偏光镜相同，上偏光振动方向通过调节环可以调节。在宝石鉴定中，不一定要求上、下偏光振动方向互相垂直。

样品台 为一可旋转的圆形平台，其上用以放置样品。

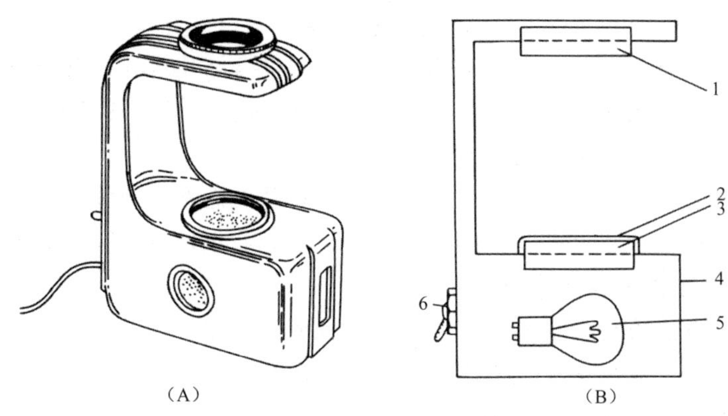

图 2-19 偏光仪的外形(A)和主要部件(B)示意图

1.上偏光镜;2.样品台;3.下偏光镜;4.光源灯;5.开关

第四节 二色镜

二色镜有两种类型:一种是偏光镜由偏光片制成;另一种是偏光镜由冰洲石制成,其构造见图 2-20 和图 2-21,主要部件如下:

窗口 为光的通道,宝石置于窗口前,光通过宝石后进入窗口,窗口与样品间相距很近,间距一般为 5～6mm。

偏光镜 位于窗口与目镜之间,有两种类型:一种是由两块半圆形、产生的偏光振动方向互相垂直的偏振片粘合而成(图 2-20);另一种是由冰洲石制成(图 2-21)。

目镜 为一凸透镜,用以观察二色性。

二色镜是一种辅助的鉴定仪器,主要用来测定一些具有双折射的有色透明宝石。根据多色性显示程度的不同,有强、明显、弱之分。二色镜在鉴定宝石时,首先可以区分有色宝石是均质体还是非均质体,如红色尖晶石与红宝石,前者为均质体,无多色性;后者为非均质体宝石,显多色性。另外,在加工有色透明宝石时,二色镜还可以对琢磨的宝石起指导定向的作用,以便使宝石最佳颜色通过顶部刻面显现出来。

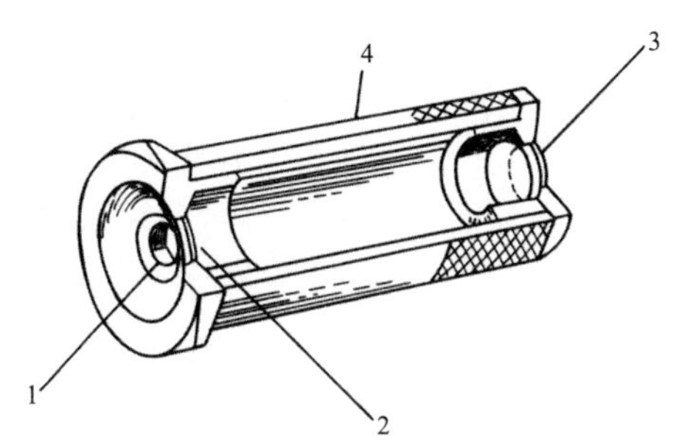

图 2-20 偏振片二色镜构造

1. 窗口;2. 偏振片;3. 目镜;4. 金属筒

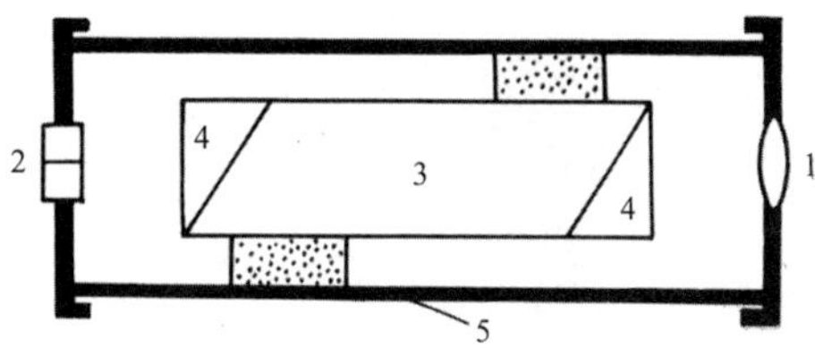

图 2-21 冰洲石二色镜构造

1. 目镜;2. 窗口;3. 冰洲石;4. 玻璃;5. 金属筒

复习思考题

1. 透射偏光显微镜与生物显微镜和反射偏光显微镜的主要区别是什么？

2. 将岩石薄片放置在物台上进行晶体光学鉴定时，为什么要盖玻片朝上？

3. 试述偏光显微镜校正中心的步骤。

4. 怎样利用黑云母确定下偏光振动方向？怎样确定上偏光振动方向？

5. 在偏光显微镜校正中心时，扭动物镜或物台校正螺丝时，为什么只能让质点由 a' 移至偏心圆圆心 o 点，而不是移至十字丝交点？

6. 数字网络显微互动教室系统在哪些方面可以达到互动？

7. 偏光仪与偏光显微镜在构造上的异同点是什么？

8. 简述二色镜的主要部件名称和它的主要用途。

第三章　透明造岩矿物及宝石在单偏光镜下的晶体光学性质

第一节　单偏光镜的装置及其特点

单偏光镜是单偏光显微镜的简称，是只使用一个偏光镜即使用下偏光镜的显微镜。下偏光镜振动方向 PP 平行目镜十字丝横丝。单偏光镜不加上偏光镜和勃氏镜，一般情况下也不旋上高倍聚光镜。

自然光通过下偏光镜后，只剩下振动方向平行 PP 的偏光（图 3-1），当物台上无矿片时，该偏光直接透出目镜，视域明亮。

当物台上放置均质体矿（物）片时，透出矿片的偏光振动方向仍然平行 PP，矿片显示振动方向为 PP 的偏光透过矿片时的光学性质。由于均质体光性各向同性，旋转物台时光学性质不变。

当物台上放置非均质体斜交 OA 的矿片、且光率体椭圆半径与十字丝（或 PP）斜交时，来自下偏光镜的偏光入射矿片后会发生双折射，分解成振动方向分别平行矿片光率体椭圆两半径方向（N_1、N_2）的两束偏光，两束偏光的振幅随光率体椭圆半径与 PP 的交角不同而不同。图 3-2 中当入射矿片的偏光的振幅为 A_0 时，则分解的两束偏光的振幅 A_1、A_2 分别为：

$$\begin{cases} A_1 = A_0 \sin\alpha \\ A_2 = A_0 \cos\alpha \end{cases}$$

此时，显微镜下观察到的矿物光学性质，是这两种偏光同时通过矿片时所表现出的光学性质的综合。由于两偏光的振幅随光率体半径与 PP 的交角（α）不同而异，因此所观察到的矿物光学性质也随之而异，即旋转物台，矿物的光学性质是变化的。

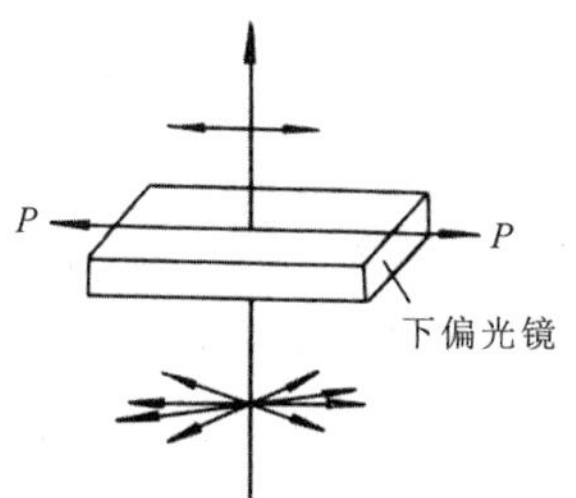

图 3-1　自然光通过下偏光镜后变成偏光

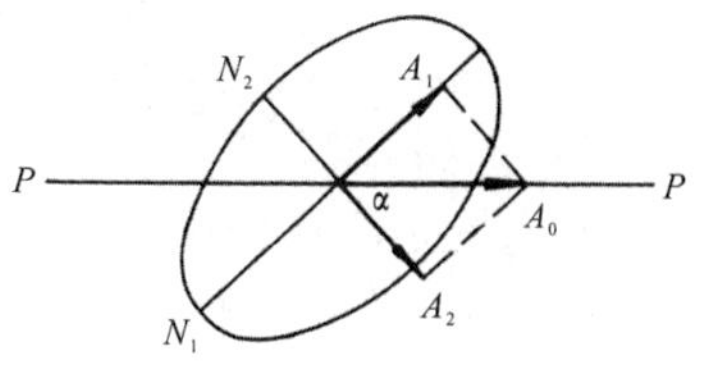

图 3-2　偏光入射矿片后发生双折射

当光率体椭圆半径 $N_1 /\!/ PP$ 时，即 $\alpha = 90°$时，$A_1 = A_0$，$A_2 = 0$；当 $N_2 /\!/ PP$ 时，即 $\alpha = 0°$时，$A_1 = 0$，$A_2 = A_0$。也就是说，当光率体椭圆半径之一平行 PP 时，只有振动方向平行该半径方向的偏光透出矿片，振动方向平行另一半径方向的偏光的振幅为零，即此时不发生双折射，此时观察到的矿物光学性质是振动方向平行该半径方向的偏光透过矿片时所表现出的光学性质(这点很重要,请牢记)。如果光率体椭圆切面是特殊的切面,其半径为光率体的主轴,则此时观察到的光学性质具有鉴定意义,晶体光学鉴定中就是要测定这种光学性质。

第二节 矿物的边缘和贝克线

一、边缘、贝克线及其成因

在岩石薄片中,相邻两物质(矿物与矿物或矿物与树胶),或由于种类不同,或虽然种类相同但切面方向不同,它们的折射率通常存在差异,其接触面不仅是物相界面,而且也是光学界面。当光线到达接触面时会发生折射,有时会发生全反射。如图 3-3 所示,无论接触面是直立的(图 3-3A)还是倾斜的,后一种情况无论是折射率大的物质覆盖折射率小的物质(图 3-3B),还是反之(图 3-3C),按折射定律,折射线都是折向折射率大的物质一方。若发生全反射,光线不能进入折射率小的物质一方,而仍从折射率大的物质一方透出。这样,在接触面附近,光线发生了聚散现象,使一方的光线相对集中,另一方相对减少。光线较少的一方变暗,沿矿物的边界面形成一个圈闭的暗带,即矿物的**边缘**(Edge)。矿物的边缘圈闭了矿物的范围,使矿物切面的轮廓在显微镜下显示出来(图版Ⅱ-1)。光线较集中的一方,变亮,沿矿物的边界形成一条亮带,这条亮带最先是由德国学者贝克(Becke,1893)发现的,后人以他的名字命名为**贝克线**(Becke line)。

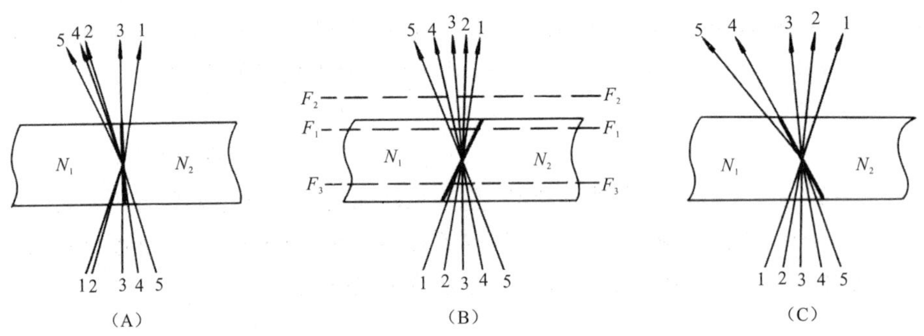

图 3-3 边缘和贝克线的成因及贝克线移动规律示意图

N_1、N_2 为相接触两物质的折射率,$N_1=1.614$,$N_2=1.540$

边缘和贝克线是两种相伴而生的光学现象。贝克线的亮度和宽度、边缘的暗度和宽度主要取决于相接触两物质折射率的差值;折射率差值愈大,边缘愈粗、愈黑,贝克线愈宽、愈亮。如果两物质折射率完全相等,光学界面消失,边缘和贝克线也随之消失。如一颗石英碎屑($No=1.544$)浸没于 $N=1.544$ 的浸油中,当 $No /\!/ PP$ 时,就完全见不到石英的边缘和贝克线,只有在正交偏光镜下才能发现石英的轮廓。薄片中矿物边缘、贝克线的宽度和明显程度同矿物的折射率大小没有直接的线性关系,主要取决于矿物与树胶折射率的差值。磨制薄片时,由于受力作用,两相邻矿物沿接触面发生了张裂,其间充填了树胶,矿物的边缘和贝克线就是由于矿物折射率和树胶折射率(1.54)不相等而表现出来的。因此,不仅折射率较大的矿物(如橄榄石，Nm=1.65～1.72；石榴石，N=1.74～1.89)，其边缘粗黑、贝克线宽亮，而且折射率较小的矿物(如萤石，N=1.43)，其边缘也粗黑、贝克线也宽亮，这是由于它们的折射率都与树胶折射率存在较大差值。只有与树胶折射率相近的那些矿物的边缘和贝克线不明显，如石英、斜长石、钾钠长石。

边缘、贝克线的宽度和明显程度也与薄片的厚度和两矿物接触面的陡缓有关。一般情况下，厚度愈大，边缘愈粗黑、贝克线越宽越亮；接触面较缓，边缘和贝克线较宽、明显。因此，观察贝克线也要选择合适的部位。

贝克线是两相邻介质的折射率存在差异的重要证据之一，可以用以判断两相邻介质折射率的相对大小，判断的依据就是以下要介绍的贝克线的移动规律。

二、贝克线的移动规律和观察要点

升降物台或镜筒时，贝克线会相对边缘平行移动。由于折射和反射，光线折向折射率高的介质一方。当准焦在矿片表面附近时，如图 3-3B 所示，焦平面为 F_1F_1，此时成像最清楚，贝克线位于折射率大的一方，且相对靠近边缘。当准焦在较远离矿片表面的上方时，焦平面移至 F_2F_2，贝克线仍位于折射率大的介质一方，但相对远离边缘。因此，下降物台(或提升镜筒)，焦平面从 F_1F_1 升至 F_2F_2，贝克线相对边缘向折射率大的介质一方移动；提升物台(或下降镜筒)，焦平面从 F_2F_2 降至 F_1F_1，贝克线相对向折射率小的一方移动；如果焦平面降至 F_3F_3，贝克线将位于折射率小的介质一方，即贝克线从折射率大的介质一方移到折射率小的一方。为了便于记忆，只要记住"下降物台，**贝克线向折射率大的介质一方移动**"即可。贝克线的这一移动规律是比较两相邻介质折射率相对大小的最主要依据之一。

为了清楚地见到贝克线，准确比较相邻两物质折射率的相对大小，操作上要注意以下几点：

(1)不加聚光镜，尽量使入射光线为平行直照光线。

(2)选择边界比较平直、接触面比较平缓(边缘较宽)、杂质(包裹体或蚀变风化矿物)较少的部位。

(3)把观察对象移至视域中心，让它位于中心直照光线的透射途中。

(4)选用合适的物镜。一般用中倍物镜，仅在观察非常细小的颗粒时才改用高倍物镜。

(5)适当缩小锁光圈。这一方面是为了尽量多的挡去斜照光线，另一方面是为了使视域适当变暗，让微弱的贝克线显示出来，尤其是两介质折射率相近时，越要缩小锁光圈。

(6)升降物台时，速度要适宜，幅度不能太大。反复观察时，每次要从准焦位置开始升降。升降物台一般用微调螺旋，尤其是使用高倍物镜时，只能用微调螺旋。

若矿物折射率比树胶折射率大得多时，观察矿物的贝克线，发现提升镜筒贝克线不是移向矿物一方，而是移向树胶一方；有时又发现有两条亮带，提升镜筒，一条向矿物一方移动，另一条向树胶一方移动。这些移动规律异常的"贝克线"，称为"**假贝克线**"(False-Becke line)。产生假贝克线的原因很多，主要与两介质折射率差值太大和接触面不规整有关。初学者遇到假贝克线或怀疑它是假贝克线时，最简单的处理办法就是放弃对这一部位的观察，而改选其他合适的部位进行观察，或改用中心明暗法和斜照法比较折射率相对大小。中心明暗法：下降物台，矿物中心变亮，范围变小、变清晰，则矿物折射率大于树胶折射率(因矿物起凸透镜作用，使光线聚敛)；下降物台，矿物中心变暗，范围变小，变模糊，则矿物折射率小于树胶折射率(因为矿物起凹透镜作用，使光线分散)。斜照法详见第七章第三节。

三、洛多奇尼科夫色散效应

当相邻两介质折射率相差很小，而且是用白光作光源进行观察时，贝克线变成了彩色的光带，即贝克线发生了色散；在折射率较高的介质一方以蓝绿色调为特征，称为蓝色带；在折射率较低的介质一方，以橙黄色为特征，称为橙色带（图版Ⅱ-2）。这一现象由前苏联岩石学家洛多奇尼科夫（Лодочников）首先发现，故称为洛多奇尼科夫色散效应（Lodochnikov dispersion effect），如石英、酸性斜长石、钾长石、树胶相互接触时，一般可观察到清楚的洛多奇尼科夫色散效应。应用这一色散效应鉴别这些无色矿物是行之有效的。

以前有人用分光镜原理（图 3-4A）对洛多奇尼科夫色散效应进行解释，认为矿物边缘呈楔形，类似于分光棱镜把白光分解成七种单色光，靠折射率大的介质一侧为蓝色带，折射率小的一侧为黄色带（图 3-4B）。但棱镜的分光（色散）程度与白光的入射角和棱镜的折射率有关：入射角愈大，色散愈强；棱镜的折射率愈大，即棱镜的折射率与空气的折射率差值愈大，色散愈明显。这与洛多奇尼科夫色散效应产生的条件——“相邻两物质折射率相差很小”是相矛盾的，分光镜原理解释不了洛多奇尼科夫色散效应的成因。

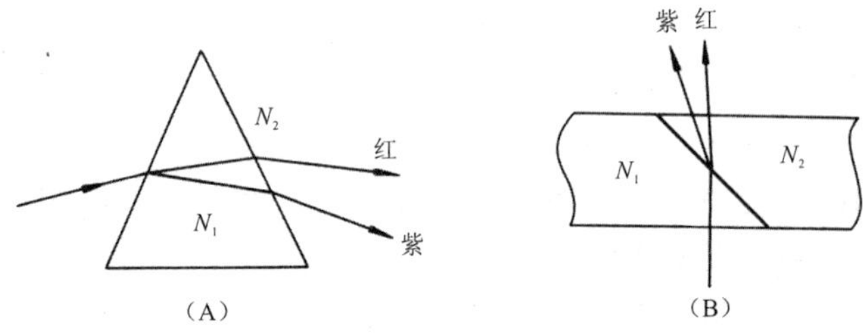

图 3-4 用分光镜原理对洛多奇尼科夫色散效应的解释

N_1、N_2 为两种介质的折射率，且 $N_1 > N_2$

对洛多奇尼科夫色散效应作合理的解释还得用色散原理。物质的色散有如下特征：①入射波长愈短，折射率愈大；②入射波长愈短，$dN/d\lambda$ 愈大，即色散曲线愈陡，色散愈强；③对于固态物质，折射率大者，$dN/d\lambda$ 较大，色散曲线较陡；④不同物质的色散曲线没有简单的相似关系，即各种物质有自己独特的色散曲线；⑤液态物质一般比固态物质色散强得多，如浸油的色散曲线比矿物的陡。

洛多奇尼科夫色散效应产生的条件是两相邻物质的折射率相差很小，即在可见光范围内相等，但对黄光的折射率仍有差异。图 3-5A 所示物质 1 和物质 2 的折射率在可见光范围内是相等的，但对于黄光，N_1 略大于 N_2，因此物质 1 的色散曲线较陡；对于蓝（紫）光，N_1 更大于 N_2。据折射定律，蓝（紫）光折向折射率较大的物质 1 一方；对于橙（红）光，$N_1 < N_2$，橙（红）光折向物质 2 一方。这样，贝克线色散成彩色带，靠折射率大的一方（物质 1）为蓝色带，靠折射率小的一方（物质 2）为橙色带。蓝、橙光带这种分布是对准焦在矿片表面附近而言的。如果升降物台，色带会发生移动；下降物台，蓝带向折射率大的物质一方移动，橙带向折射率小的一方移动；提升物台，蓝带向折射率小的物质方向移动，橙带向折射率大的物质方向移动，提升到一定程度，蓝带会位于折射率小的物质一方，与洛多奇尼科夫描述的那种色带分布现象相反。由于两物质对蓝（紫）光的折射率差值较大，蓝（紫）光偏折较强烈，则蓝带移动的速度较快；两

物质对橙(红)光的折射率差值较小,橙、红光的偏折幅度不大,则橙带的移动速度较慢或难以觉察到。因此,升降镜筒时,一般看到的是蓝带在移动,折射率相差较大时,这种现象更明显。综上所述,对洛多奇尼科夫色散效应较完整、较正确的表述是:当相邻两物质折射率(N_D)相差很小时,贝克线色散成彩色光带,提升镜筒,蓝色带向折射率较大的物质一方快速移动。

若 N_1、N_2 相差较大,在可见光范围内不相等时,如图 3-5B 所示,对所有的光,N_1 都大于 N_2,所有的可见光都折向折射率较大的物质 1 一方,然后又合成白色的贝克线,不出现色散效应。若两物质虽对所有可见光的折射率都不相等,但对红光接近相等,则由于对蓝(绿)光折射率差值大,对橙(红)光折射率差值小,贝克线会因微弱色散而带点蓝色调,称为带色的贝克线。

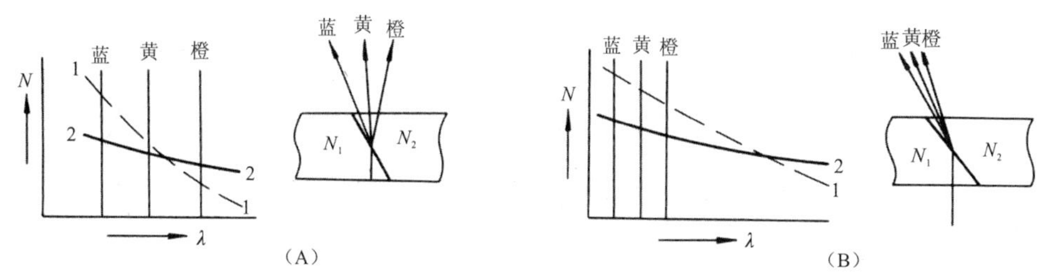

图 3-5　洛多奇尼科夫色散效应成因示意图

洛多奇尼科夫色散效应常用于区分最常见的浅色造岩矿物石英、微斜长石、酸性斜长石(指钠长石、22 号以下的更长石)。石英与微斜长石接触,前者边缘微带蓝色调,后者边缘呈弱橙色调;石英与酸性斜长石接触,前者边缘呈浅蓝色,后者边缘呈浅黄色;微斜长石与酸性斜长石接触,前者边缘呈浅黄色,后者边缘呈浅蓝色。这给鉴定花岗岩带来很大方便。

第三节　矿物的形态

在岩石薄片中之所以能研究矿物的形态,是因为在单偏光显微镜下,矿物颗粒一般有一圈黑色的边缘把其轮廓显示出来,在正交偏光镜下一般有不同的干涉色(后述)把其轮廓显示出来。矿物的形态应是几何特征,并不属于光学性质,但显微镜下矿物形态的显示与其光学性质(折射率、双折射率)有关,而且矿物形态是鉴定矿物的重要依据之一,因此把矿物形态也列入光性矿物学的研究、描述内容之一。矿物的形态可以从切面形态、单体形态和集合体形态三方面来研究,后二者是研究的重点,前者是后二者的研究基础。

一、矿物的切面形态

在岩石薄片中只能看到矿物的切面形态。虽然薄片的方向是固定的,但造岩矿物在岩石中的空间分布是无序的,因此在同一薄片中就可以同时见到同种矿物不同方向的切面。同一晶体由于切片方位不同,其切面形态是各种各样的(图 3-6)。矿物空间分布完全无序的岩石,不同方向切面出现的概率是相等的,但有些岩石中矿物具有定向或弱定向性,则某些切面出现的概率就占优势。如区域变质的角闪岩中,角闪石的长柱方向平行构造线方向,当岩石薄片方向平行构造线时,则薄片中角闪石的切面形态以长方形为主;若薄片方向垂直构造线时,则角闪石切面形态以规则或不规则的六边形为主。

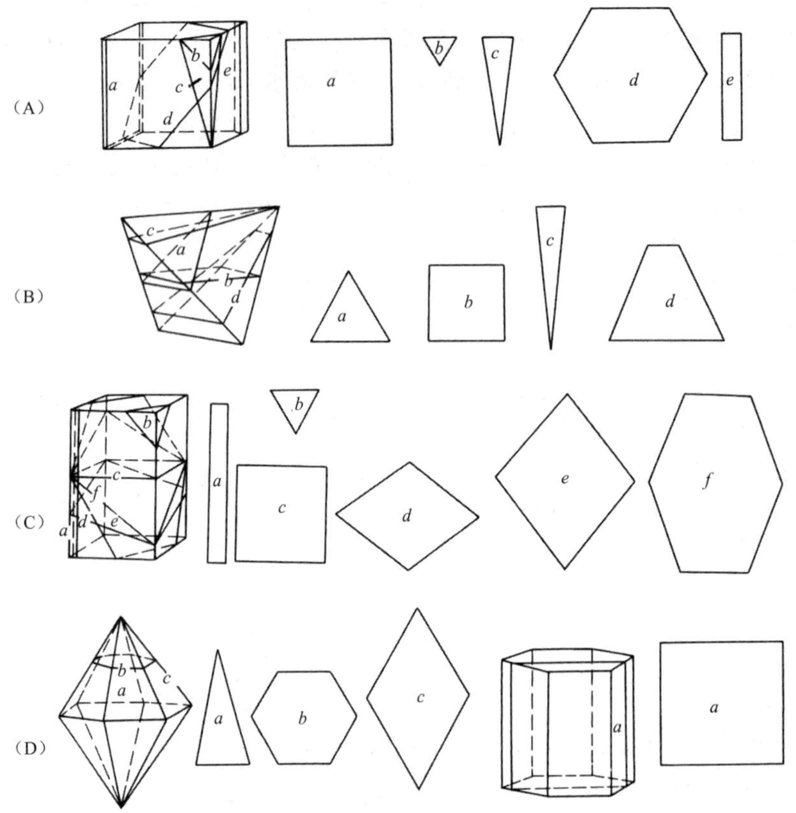

图 3-6 薄片中矿物切面形态与切片方位的关系

(据王德滋,1965)

A. 立方体;B. 四面体;C. 四方柱;D. 六方双锥及六方柱

研究矿物的切面形态,可以帮助我们解决如下问题:

(1)查明矿物的单体形态。把同种矿物不同方向的切面形态在空间上组合起来,就成为矿物的单体形态(后述)。

(2)判断切面方位。对单体形态已知的矿物,其不同方向的切面形态自然可知。如果薄片中切面形态与某已知方向切面形态相同,其光性也与该切面的相符,则可知薄片方向与某已知方向平行。如黑云母晶体的平行(001)切面为假六边形,若薄片中见到黑云母假六边形切面(无解理纹,无多色性),则该切面方向为平行(001)面。切面形态是寻找定向切面的依据之一。对切面形态描述时,也要指出切面的方向。如普通角闪石垂直 c 轴的切面形态为近菱形的长六边形,平行 c 轴的切面为长方形等。

(3)确定矿物的自形程度。矿物的自形程度简称为自形度。由于矿物颗粒细小,矿物的自形度在手标本上一般难以查明,而在薄片中通过对切面形态的观察,则较为容易查明。矿物的自形度分为三级,即:自形、半自形、他形。

自形 矿物的边界全为晶面,表现为切面边界平直,所有的切面形态均为多边形(图 3-7A)。如侵入岩中的副矿物榍石、磷灰石,火山岩中的某些斑晶,变质岩中某些变斑晶,它们大都是自形晶(图版Ⅱ-1、Ⅲ-3、Ⅶ-5);大多数宝石矿物都是较好的自形晶。

半自形　矿物部分界面为晶面，其余为非晶面，表现为切面部分边界平直，部分边界不规则，或有的切面为全由平直边界组成的多边形，有些切面只有部分边界平直。如普通角闪石常为半自形晶，柱面发育良好，垂直 c 轴切面为自形切面，平行 c 轴切面为半自形切面(图 3－7B，图版Ⅷ－4)。

他形　矿物无完整晶面，所有切面形态均为不规则的曲线多边形。如侵入岩中晚期结晶的石英(图 3－7C)。

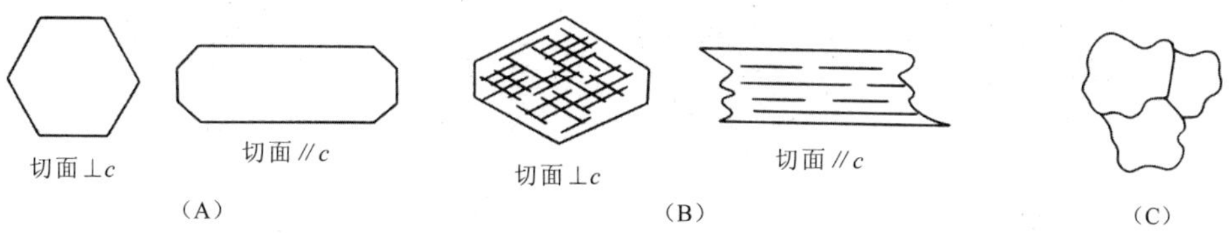

图 3－7　矿物的自形晶

(A)磷灰石的自形晶；(B)角闪石的半自形晶；(C)石英的他形晶

切面形态的能见度主要取决于边缘的能见度，即主要取决于矿物折射率与树胶折射率的差值。差值愈大，边缘愈粗黑，形态愈明显；差值愈小，边缘愈淡细，轮廓模糊不清。对后一种情况，一种办法是缩小锁光圈，使视域变暗，让边缘显出来；另一种办法是推入上偏光镜，在正交偏光镜下观察形态。

二、矿物的单体形态和集合体形态

(一) 矿物的单体形态

矿物的单体形态是将观察到的切面形态在空间上联系起来所得出的立体图形。矿物具有结晶习性，常见矿物的形态是已知的。对于常见矿物，只要具备矿物学知识，观察少数几个方向的切面形态，就可得出单体的形态。对于未知矿物，要观察多个方向的切面形态，用丰富的立体几何想象力，才能构想出单体形态，并要在立体镜下观察验证。

常见矿物的单体形态有短柱状、长柱状、针状、纤维状、片状、板状、厚板状、等轴粒状、近等轴粒状等，其中柱状又可分为三方柱、复三方柱、四方柱、六方柱等。矿物的单体形态不仅是矿物的鉴别标志之一，而且能反映出矿物的成因信息。

(二) 矿物的集合体形态

矿物的集合体形态，一般指同种矿物聚集一起集体呈现出的形态。矿物的集合体形态常常通过个别切面观察就可以查明。常见的矿物集合体形态见图 3－8。

粒状　晶粒镶嵌在一起，见于大多数岩浆岩、变质岩及玉石(如东陵石、独山玉等)。

纤维状　纤维状晶体集合成束状，见于蛇纹岩玉(如岫玉)、和田玉、翡翠等。有时纤维弯曲成纤维波状，见于木变石、和田玉。有时纤维交织在一起成毛毡状，见于和田玉。

鳞片状　细小片状晶体集合而成，见于片岩、蛇纹岩玉、和田玉及某些彩石，如绿冻石、广绿石。

放射状　针状、柱状晶体集合成放射状排列，见于和田玉、菊花石。

球粒状　纤维状晶体自中心向外放射状排列组成球形，见于流纹岩类。

交生状 两种晶体规则交生，如花岗岩中石英与斜长石、石英与钾长石交生。

鲕状 矿物呈同心圈状集合成球状，见于灰岩、白云岩。

生物形态 矿物集合体保留生物原有形态，即化石，见于生物灰岩。

矿物集合体形态是一般岩石、天然石材、玉石结构研究的内容之一。

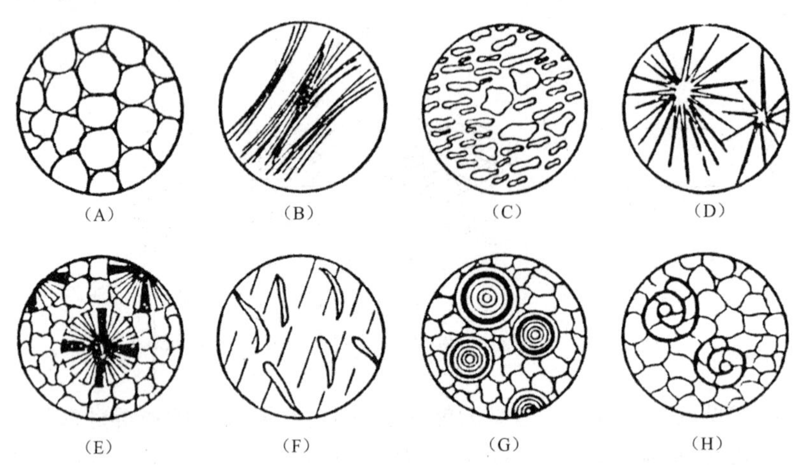

图 3-8 矿物集合体形态

(引自季寿元、王德滋，1961)

(A)粒状；(B)纤维状；(C)鳞片状；(D)放射状；(E)球粒状；(F)交生状；(G)鲕状；(H)生物形态

第四节 糙面、突起和闪突起

一、糙面、糙面的成因及影响糙面的因素

糙面(Rough surface) 即偏光显微镜下所见矿物的粗糙表面，是光线通过矿片后产生的一种光学效应，是人对矿片表面粗糙程度的一种视觉，并不代表矿片真实的物理粗糙程度。

磨制的矿片表面，一般总不同程度地有显微凹凸不平。当覆盖其上的树胶折射率与矿物折射率存在差异时，该表面即是一个光学界面，光线通过该界面时要发生折射，使光线发生聚敛和分散。光线聚敛的区域变亮，光线分散的区域变暗，矿片表面明暗不均，给人一种粗糙的感觉(图 3-9A、B)。

糙面的显著程度主要取决于矿物折射率($N_{矿}$)与树胶折射率($N_{胶}$)的差值，差值愈大，糙面愈显著。糙面的粗糙程度一般用“很显著、显著、不显著”或“很粗糙、粗糙、光滑”等词来描述。镁橄榄石的折射率高($Nm=1.65\sim1.66$)，与 $N_{胶}$ 差值大(0.11～0.12)，糙面显著。萤石折射率很低($N=1.43$)，与 $N_{胶}$ 差值也大(0.11)，糙面也显著。石英的折射率($No=1.544$)与 $N_{胶}$ 很接近，其表面光滑，基本上没有糙面。同一薄片中各矿片表面的物理凹凸不平程度基本是一致的，但不同的矿物的糙面却明显不同，这主要是由于 $N_{矿}$ 与 $N_{胶}$ 的差值不同。根据糙面的显著程度，再根据贝克线移动规律比较 $N_{矿}$ 与 $N_{胶}$ 的相对大小，就可粗略确定 $N_{矿}$ 值。某些双折射率较大的矿物，其不同的切面具有不同的糙面，某些切面当转动物台时，糙面显著程度发生变化，这是由于不同切面有不同的折射率，同一切面不同方向的折射率不同而造成的。如果 $N_{矿}=N_{胶}$，不存在光学界面，光线不发生聚敛、分散，就不会产生糙面(图 3-9C)。

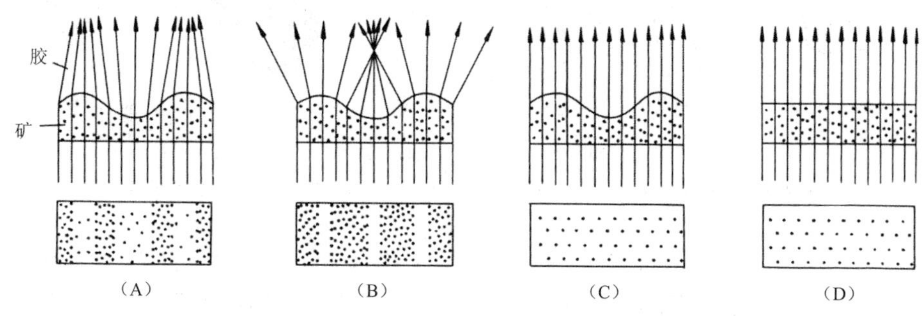

图 3-9 糙面成因示意图

(A) $N_{矿}>N_{胶}$；(B) $N_{矿}<N_{胶}$；(C) $N_{矿}=N_{胶}$；(D)矿片表面绝对平整

矿片表面光洁度对糙面也有影响。如锆石硬度为 7.5，薄片加工时，磨料难以划伤矿物表面，表面较为光洁平整；磷灰石硬度为 5，薄片加工时磨料容易划伤矿物表面，表面光洁度较差。因此，尽管锆石与树胶折射率的差值比磷灰石与树胶折射率的差值大得多，但锆石的糙面不如磷灰石糙面显著。还有像刚玉、绿柱石等硬度大、解理不太发育的宝石矿物，薄片加工时，表面较光洁，糙面一般不是很显著。一般来说，加工质量高、表面较光洁的薄片会降低矿物的糙面显著程度。假若矿片表面绝对平整，光线通过矿片与树胶的界面时，也不会发生聚敛和分散，就不会产生糙面(图 3-9D)。但绝对平整是达不到的，只要折射率有差值，总会产生糙面。

视域的亮度对糙面观察也有影响。亮视域使矿片表面的暗区域也变亮，则糙面显著程度降低；暗视域突出了暗区域，加强了明暗对比度，则糙面明显。观察糙面时，要采用中等亮度，而且对不同矿物、不同切面要采用同等亮度，以便于糙面显著程度对比。

有色矿物会使糙面显著程度提高。对有色矿物的鉴定要依据其他更特征的光性。矿物的微细包裹体、蚀变矿物的存在，会误认为是糙面显著。对这类矿物要选其较“干净”的部位进行糙面观察。

二、突起及突起等级

突起(Relief) 是指矿物表面“高出”薄片平面，类似于“正地形”的现象。在薄片中，有的矿物看起来像高高地漂浮于其他矿物之上，有的矿物则像平平地躺在薄片平面上。突起就是用于表征矿物这种“高低不平”的现象的。突起也是光线通过矿片后产生的一种光学效应，是人对矿物边缘和糙面的一种综合视觉，并不代表矿物表面的实际高低，因为同一薄片中的矿片厚度基本一致，矿物表面基本上位于同一高度上。

突起的高低主要取决于矿物边缘的粗黑程度和糙面的显著程度。边缘越粗黑、糙面越显著，突起越高(图 3-10)。因为边缘和糙面的显著程度取决于 $N_{矿}$ 和 $N_{胶}$ 的差值，所以实际上突起的高低主要取决于 $N_{矿}$ 与 $N_{胶}$ 的差值，差值愈大，突起愈高；差值愈小，突起愈低。

根据 $N_{矿}$、$N_{胶}$ 的相对大小，突起分为正突起和负突起：$N_{矿}>N_{胶}$，为正突起；$N_{矿}<N_{胶}$，为负突起。即负突起矿物，折射率小于 1.54；正突起矿物，折射率大于 1.54。负突起并不是向下凹陷的，它同样给人一种向上突起的感觉。如橄榄石折射率大于树胶，为正突起，薄片中给人

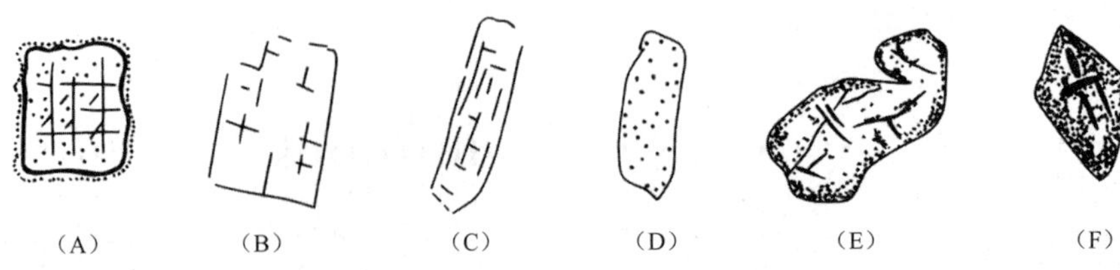

图 3-10　突起等级示意图

(A)负高突起;(B)负低突起;(C)正低突起;(D)正中突起;(E)正高突起;(F)正极高突起

一种向上突起的感觉。萤石折射率小于树胶,为负突起,但薄片中仍然是给人一种向上突起的感觉。"正、负"是指矿物折射率是"大于"还是"小于"树胶的折射率,并不是指突起是向上还是向下。

自然界中折射率大于 1.54 的矿物居多,其突起的高低分为四级:正低突起、正中突起、正高突起、正极高突起。低突起的特征是边缘宽度很窄,色调较淡,糙面不显。高突起的特征是边缘粗黑,糙面很显著。中突起的特征介于上述二者之间。极高突起的特征是边缘很宽、很黑,如果矿物颗粒细小,几乎整个颗粒变黑,类似于不透明矿物,糙面极为显著。自然界负突起的矿物较少,突起等级仅分为负低突起和负高突起两级。负低、负高两级突起的边缘和糙面的特征类似于上述正低、正高两级突起的边缘和糙面特征,区别仅在于贝克线的移动方向相反。这样,矿物的**突起等级**(Relief grade)共分为六级,六个等级的简要特征列于表 3-1 中,仅供初学者参考,因为突起是人们对矿物表面高低的视觉,简单的文字语言难以全面准确地描述清楚,要求鉴定者多作观察比较,才能逐步具有较高的感性鉴别能力。六个突起等级有各自的折射率范围,知道突起等级后就可大致确定矿物折射率的大小,因此掌握突起等级特征是很重要的。突起等级是无色透明矿物在单偏光显微镜下研究描述的重点光性。

表 3-1　突起等级及其特征

突起等级	折射率	特　征	矿物实例
负高突起	<1.48	边缘粗黑,糙面显著;下降物台,贝克线移向树胶	萤　石
负低突起	1.48～1.54	边缘很细,糙面不显著;下降物台,贝克线移向树胶 折射率较接近 1.54 的矿物,边缘不显著,表面光滑;贝克线色散,提升镜筒,蓝带移向树胶	白榴石 钾长石
正低突起	1.54～1.60	边缘很细,糙面不显著;下降物台,贝克线移向矿物 折射率接近 1.54 的矿物,边缘不清,表面光滑;贝克线色散,提升镜筒,蓝带移向矿物	基性斜长石 石　英
正中突起	1.60～1.66	边缘较粗,糙面较显著;下降物台,贝克线移向矿物	磷灰石
正高突起	1.66～1.78	边缘粗黑,糙面显著;下降物台,贝克线移向矿物	橄榄石
正极高突起	>1.78	边缘很宽、很黑,糙面极显著;下降物台,贝克线移向矿物	石榴石

三、闪突起及其能见度

闪突起(Twinkling) 是指旋转物台时,矿物(一般是无色矿物)切面的突起时高时低,发生闪动变化。突起高时,边缘、糙面较明显,矿物表面灰度深;突起低时,矿物边缘、糙面不显,表面亮度大。这种现象类似于颜色的吸收性(后述)变化,因此又将闪突起称为假吸收。

非均质体矿物的折射率是随入射光波振动方向不同而发生变化的,当旋转物台时,相当于入射光波的振动方向发生了变化,矿物折射率一定会发生改变,因而突起的高低也应该随之发生变化。但是大部分造岩矿物的双折射率都小于0.06,没有超过一个突起等级的折射率变化范围,突起等级在同一级中变化,肉眼难以觉察。而有些矿物双折射率较大,当光率体椭圆长短半径分别平行 PP 时,矿物的突起等级由一级变到另一级,从而产生了闪突起,如方解石平行光轴切面:当 $No(1.658) /\!/ PP$ 时,很接近正高突起,边缘和解理纹粗黑,糙面显著(图3-11A,图版Ⅱ-6);当 $Ne(1.486) /\!/ PP$ 时,为负低突起,边缘和解理纹不明显,糙面不显著(图3-11B,图版Ⅱ-5);旋转物台时突起等级由高突起变为低突起,突起等级发生闪动变化。除了方解石,其他碳酸盐矿物如白云石、铁白云石、菱镁矿、菱铁矿等都有这种性质。

闪突起是快速鉴定碳酸盐矿物的重要特征之一。又如白云母垂直(001)切面,解理纹方向为 Ng' 方向,$Ng' \approx Ng \approx Nm \approx 1.60 \sim 1.62$;垂直解理纹方向为 Np 方向,$Np = 1.55 \sim 1.57$;当解理纹平行 PP 时,为正中突起,边缘和解理纹较粗,糙面较显著(图3-12A);当解理纹垂直 PP 时,为正低突起,边缘和解理纹很细,糙面不显著(图3-12B);旋转物台时,矿物突起等级发生中突起、低突起的交替变化,同时灰度也发生较亮和较暗的交替变化,类似于黑云母的吸收性变化。

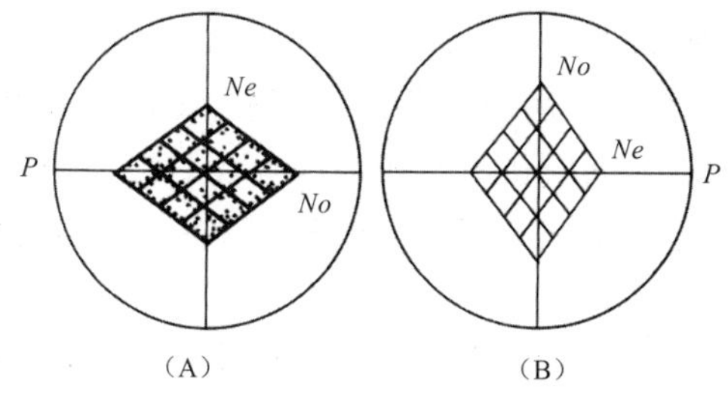

图3-11 方解石 $/\!/$ OA 切面的闪突起

(A) $No /\!/ PP$;(B) $Ne /\!/ PP$

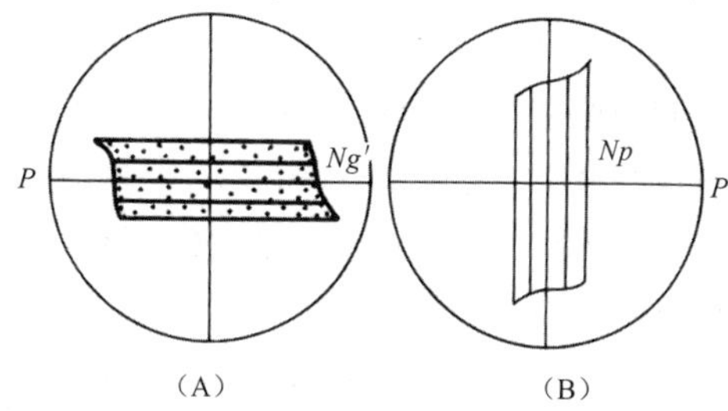

图3-12 白云母⊥(001)切面的闪突起

(A) $Ng' /\!/ PP$;(B) $Np /\!/ PP$

闪突起的能见度首先取决于矿物的最大双折射率,只有那些最大双折射率较大的,而且最大最小折射率分别属于两个不同突起等级的折射率范围的矿物才可能有闪突起。如方解石的 $Ne /\!/ PP$ 时为负低突起,$No /\!/ PP$ 时为正中—正高突起;白云石 $Ne /\!/ PP$ 时为负低突起,$No /\!/ PP$ 时为正高突起;菱铁矿 $Ne /\!/ PP$ 时为正中突起,$No /\!/ PP$ 时为正极高突起;等等。这些碳酸盐矿物的最大双折射率很大,两个方向的突起等级相差两级,不仅在平行 OA 切面上能见到明显的闪突起,而且在与 OA 有一定交角的切面上也能见到闪突起。另一些矿物,如含 Fe^{3+} 的白云母,其 $Np /\!/ PP$ 时为正低突起,$Ng /\!/ PP$ 时为正中突起;铁滑石 $Np /\!/ PP$ 时为正低突起,$Ng /\!/ PP$ 时为中突起;孔雀石 $Np /\!/ PP$ 时为正中—正高突起,$Ng /\!/ PP$ 时为正极高突起;

等等。这些矿物最大双折射率不是很大，两个方向的突起等级只相差一级，只有在平行(或接近平行)*OA* 或平行(或接近平行)*OAP* 的切面上才能见到闪突起。见到了闪突起，则该矿物的最大双折射率一定较大。然而，当矿物的最大双折射率很大，但最大最小折射率属于同一突起等级的折射率范围时，则不一定能见到闪突起。如榍石的最大双折射率高达 0.192，金红石、合成金红石的最大双折射率高达 0.298，但由于榍石的三个主折射率均大于 1.843，金红石、合成金红石的折射率均大于 2.616，两个方向的突起等级均在正极高以上，突起即使有些变化，肉眼也难以觉察。

闪突起是否出现还与矿物的切面方位有关。不是最大双折射率很大的矿物的所有切面都能见到闪突起：垂直 *OA* 切面，双折射率为零，旋转物台时突起高低不变化；平行 *OA* 或平行 *OAP* 切面，双折射率最大，闪突起最显著。对于最大双折射率不太高的矿物，如白云母、铁橄榄石、滑石等，只有在平行 *OAP* 或接近平行 *OAP* 切面上才能见到闪突起。

矿物的颜色和吸收性变化会严重干扰闪突起的观察。如黑云母的最大双折射率比白云母大，其闪突起理应比白云母强，但黑云母颜色、吸收性变化大(后述)，掩盖了闪突起现象，使闪突起现象难以觉察出来。因此闪突起是无色或极淡色调透明矿物的鉴定特征之一。

第五节　解理和解理夹角的测定

一、解理纹及其能见度

解理(Cleavage)　是指矿物受外力作用后沿一定结晶学方向裂成光滑平面的性质，是鉴定矿物的特征之一。在显微镜下见到的不是解理面本身，而是解理面与薄片平面的交线，这条交线一般为一条明显的黑线(图版Ⅲ-1、2)，称为**解理纹**(Trace of cleavage)。

解理纹的成因与边缘的成因类似。磨制薄片时，由于受机械力作用，矿物沿解理面裂开，其间充填树胶，一般情况下，由于 $N_{矿}$ 与 $N_{胶}$ 有差值，光线通过矿物与树胶的界面时发生折射、反射，致使光线发生聚敛和分散，光线聚敛的一侧形成亮线，即贝克线，光线亏损的一侧形成暗带，即解理纹。

在薄片中：根据能否见到解理纹来确定矿物是否具有解理；根据解理纹的平直、连续性来确定解理的完善程度；根据解理纹的多向性来确定解理的组数；在定向切面上根据解理纹的夹角来确定解理的夹角。在岩石薄片中比在手标本上观测解理更为容易和准确。

解理是矿物的力学性质，而不是光学性质，但解理纹的显示是一种光学效应，解理纹的明显程度与矿物的光学性质(折射率)有关。像晶形一样，通常也把解理列为光性矿物学的研究、描述内容之一。

解理纹的能见度主要取决于以下三个因素。

(1)矿物的解理性质。只有具解理的矿物才可能见到解理纹，只有具多组解理的矿物才可能见到多组解理纹，只有具极完全解理的矿物才可能见到平直、连续、密度大的解理纹。

(2)矿物的切面方向。切面方向不同，解理纹的清晰程度、宽度、组数都有可能不同。令切面法线与解理面的交角为 α，则 α 决定解理纹的可见性、解理纹的宽度和清晰程度。

α 决定解理纹的可见性　当 $\alpha=0°$时，即切面垂直解理面时，自然能见到解理纹，如云母切面⊥(001)，解理纹清晰可见。当 $\alpha=90°$，即切面平行解理面时，切面与解理面不相交，自然见不到解理纹，如云母切面//(001)，则见不到解理纹。当切面与解理面斜交时，解理面与切面有交线，理论上会见到解理纹，但由于光学原理，α 增大到某一极限值时，显微镜下就见不到它了，α 这个极限值就叫作解理纹可见**临界角**(Critical angle)，即当 α 小于临界角时才能见到解理纹。解理纹可见临界角取决于 $N_{矿}$ 与 $N_{胶}$ 的差值，差值愈大，临界角愈大；差值愈小，临界角愈小。一些最常见矿物的解理纹可见临界角($\alpha_{临}$)如下：

十字石、绿帘石等，$N>1.70$，$\alpha_{临}$ 可达 40°；

黑云母、红柱石、角闪石、辉石等，$N=1.60\sim1.70$，$\alpha_{临}$ 为 25°～35°；

中基性斜长石、方柱石等，$N=1.55\sim1.60$，$\alpha_{临}$ 为 15°～25°；

钾长石，$N=1.51\sim1.53$，$\alpha_{临}$ 约为 15°；

萤石，$N=1.43$，$\alpha_{临}$ 约为 25°。

$\alpha_{临}$ 较大，则解理纹出现的概率就较大，就容易观察到解理纹。如辉石和斜长石都是具有两组完全解理，但显微镜下辉石常容易见到解理纹，而斜长石则往往难以见到解理纹，原因之一就是辉石的 $\alpha_{临}$ 比斜长石的 $\alpha_{临}$ 大，辉石解理纹出现的概率较大。

α 决定解理纹的宽度　设解理缝的真宽度为 d，解理纹在切面上的出露宽度(即解理缝的视宽度)为 d'(图 3-13)，则 $d/d'=\sin(90°-\alpha)$，$d'=d/\cos\alpha$。当 $\alpha=0°$时，$d'=d$，解理纹宽度最小；当 α 增大，$\cos\alpha$ 变小，d'增大；当 α 接近临界角时解理纹最宽。

α 决定解理纹的清晰度　当 $\alpha=0°$时，即切面垂直解理面，解理纹最清晰，即使在高倍镜下升降物台，解理纹也不左右移动(图 3-14A)。当 α 增大时，解理纹变模糊，升降物台，解理纹左右平移(图 3-14B)；当 α 接近解理纹可见临界角时，解理纹最模糊，升降物台，解理纹平移幅度和速度最大。

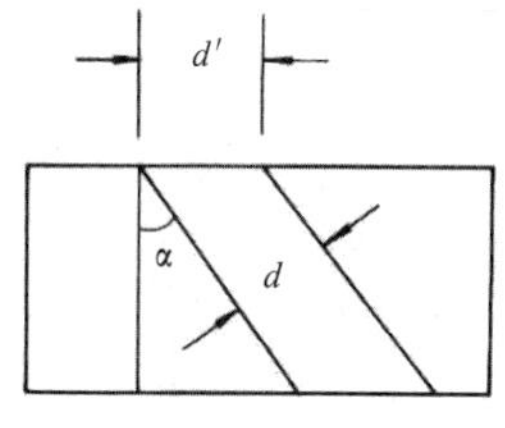

图 3-13　解理纹宽度与解理缝宽度的关系

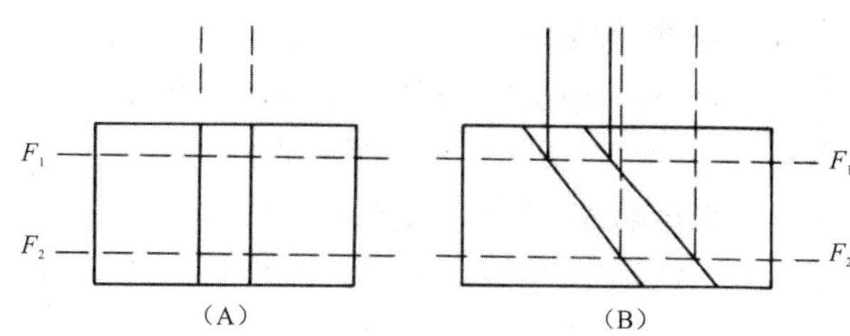

图 3-14　解理纹清晰度示意图

以普通角闪石为例：垂直 c 轴的切面，切面同时垂直两组解理面，两组解理面与切面法线的交角 $\alpha=0°$，可见到两个方向的解理纹，解理纹最细、最清晰(图版Ⅲ-5)；切面//(010)，两组解理面与切面法线的交角 $\alpha=28°$，接近解理纹可见临界角(25°～35°)，两组解理纹都可见到，但比较模糊，又因为两组解理面与(010)面的交线是互相平行的，因此只能见到一个方向的解理纹(图版Ⅳ-2、3)；切面//(100)，两组解理面与(100)面法线的交角 $\alpha=62°$，大大超过了解理纹可见临界角，因此在此面上见不到解理纹(图 3-15)。

(3) $N_{矿}$ 与 $N_{胶}$ 的差值。如前所述，$N_{矿}$ 与 $N_{胶}$ 的差值，不仅决定解理纹可见临界角的大小，而且影响解理纹的粗黑程度：差值愈大，临界角愈大，解理纹愈粗黑，也就是说折射率与树胶折射率差愈大的矿物，其解理纹出现的概率愈大、灰度愈黑，更容易见到解理纹。如辉石和斜长石都具有两组完全解理，但显微镜下辉石比斜长石容易见到解理纹，其原因除了前述的辉

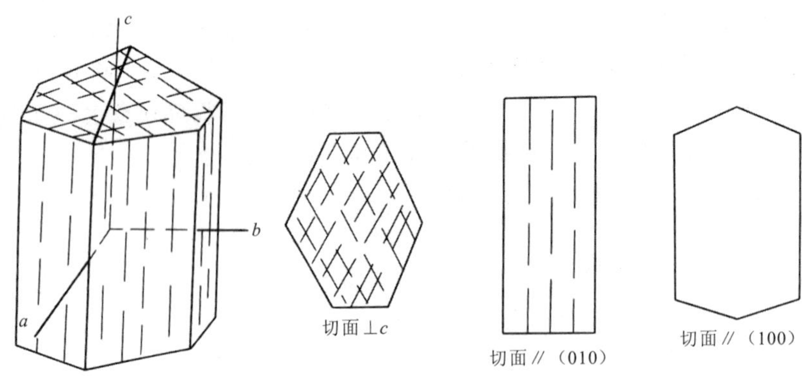

图 3-15 解理纹可见度与切面方向的关系

石的 $\alpha_{临}$ 比斜长石的 $\alpha_{临}$ 大之外，另一个原因就是辉石的折射率与树胶折射率差值较大，解理纹较粗黑而显目，而斜长石的折射率与树胶的折射率接近，解理纹细淡而不易被觉察出来。若要观察斜长石的解理纹，需适当缩小锁光圈，在暗视域中进行。由上可知，若宝石具有解理、裂理，需用合成树胶、液态塑料充填它们以改善宝石质量时，应尽量选用折射率与宝石折射率相近的填充材料。

二、解理的等级及其特征

解理的完善程度一般分为三级：极完全解理、完全解理和不完全解理。解理的等级，在显微镜下只能通过对解理纹的观察进行确定。

(1)**极完全解理**(Eminent cleavage) 解理纹均匀平直，连续而贯通整个晶体，密度大。如黑云母的解理(图 3-16A，图版Ⅲ-2)。

(2)**完全解理**(Perfect cleavage) 解理纹均匀平直，但不完全连续，有的解理纹断开，解理纹之间的间距较大。如角闪石、辉石、斜长石、钾长石等矿物的解理(图 3-16B，图版Ⅲ-4)。

(3)**不完全解理**(Imperfect cleavage) 解理纹断断续续，其断开区的两端有像跟踪张性断裂那样的雁行状错开，解理纹总体上显得不平直，解理纹之间的间距很宽。如磷灰石、橄榄石类矿物的解理(图 3-16C，图版Ⅱ-3)。

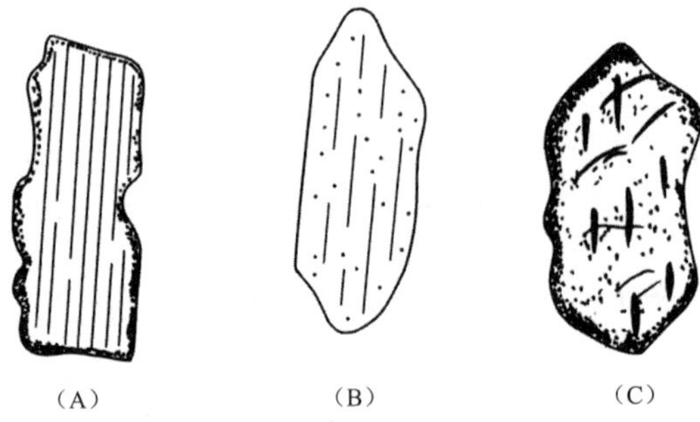

图 3-16 解理的等级示意图

(A)黑云母的极完全解理；(B)角闪石的完全解理；(C)橄榄石的不完全解理

解理纹的粗细虽然与解理完善程度有关(如极完全解理容易裂开，其间充填树胶较厚，解理纹较粗)，但如前所述，主要还是取决于 $N_{矿}$ 与 $N_{胶}$ 的差值和 α 角，差值愈大，α 愈大，解理纹愈粗黑。对解理等级的确定，最好都依据垂直解理面切面上的解理纹特征，以便有一个统一的对照标准，依据其他切面上解理纹的特征会降低解理的等级。

三、解理夹角的测定

当矿物具有多组解理时，要测定解理夹角。不同的矿物，解理夹角不同。如辉石两组解理的夹角为93°和87°（图版Ⅲ-4），角闪石两组解理的夹角为124°和56°（图版Ⅲ-5）。解理夹角也是矿物的重要鉴定特征之一。

解理夹角即两个解理面的夹角。按立体几何定义，要求出两个平面的夹角，必须作第三个平面，且第三个平面同时垂直两个平面，两个平面与第三个平面的交线的夹角即为两个平面的夹角。因此，测定解理夹角，必须选择同时垂直两组解理面的切面，在此切面上测量两组解理纹的夹角。如测量角闪石和辉石两组解理的夹角，必须选择垂直 c 轴的切面，在此切面上测量两组解理纹的夹角即可。

测量解理夹角的操作步骤如下。

（1）选择同时垂直两组解理面的切面，其特征是：两组解理纹同时最细、最清晰，且两组解理纹宽度、清晰度相同，升降镜筒，两组解理纹都不平行移动。

（2）将选好的切面置于视域中心，并使其中的任意两条解理纹的交点（最好靠矿物中心）与十字丝交点重合。

（3）旋转物台，使一条解理纹与纵丝（或横丝）一致，记录物台读数 x_1（图3-17A）。

（4）旋转物台，使另一条解理纹与纵丝（或横丝）一致，记录物台读数 x_2（图3-17B）。

（5）计算解理夹角 $\beta=|x_2-x_1|$，记录为解理1∧解理2＝β。如角闪石两组解理面分别为(110)和$(1\bar{1}0)$，夹角为56°，记录为$(110)\wedge(1\bar{1}0)=56°$。

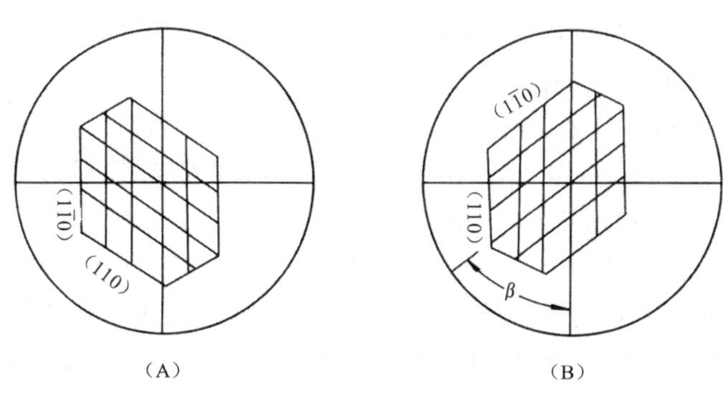

图3-17　解理夹角测定步骤示意图

第六节　颜色、多色性和吸收性

一、矿物的颜色及其成因

晶体光学中所指的矿物的**颜色**（Colour）是以白光作光源，矿物在单偏光镜下（或薄片中）的色泽（或色彩），严格地说应称为矿物的镜下颜色，以区别矿物在手标本上的颜色。矿物的镜下颜色是矿物对白光中不同波长单色光选择性吸收的结果。白光透过矿片时，矿片对白光中某段波长的单色光部分地或全部吸收，未被吸收的单色光透出矿片混合而成所见的颜色，即矿物的镜下颜色。

矿物对光波选择性吸收表现为两个方面：一是对吸收光波的波长有选择，不同的矿物吸收的光波波长不同，造成矿物颜色色彩（即白、灰、黑色以外的其他颜色）不同；二是不同的矿物吸收光波的强度（量）不同，造成矿物颜色的深浅不同。

图 3-18　色光的互补原理示意图

矿物的颜色遵从色光混合互补原理。白光主要由红、橙、黄、绿、蓝、青、紫七种单色光组成，红、黄、蓝为三原色，三原色按不同比例混合形成介于其中间的混合色。图 3-18 中对顶的两色为互补色，如红与绿，黄与青、蓝与橙等均为互补色。生活中见到互补色的实例有彩色底片（负片）与照片（正片）上的颜色为互补色。更有趣的是，任何强度的颜色，如果在自然环境中看它一会儿，然后把视线移到白色表面上，该表面上就会出现互补色。互补两色混合即成为白色。如果晶体对红光完全吸收，而对其他色光少量的等量吸收，则透出晶体的光混合而成绿色。如果矿物对白光中各种色光均等量的吸收，则透出矿片的光混合仍为白光，仅亮度有所减弱，这类矿物称为无色矿物。

不同的矿物对光波的吸收强度不同，表现为矿物颜色的深浅程度不同：吸收强度愈大，透出矿物的光量愈少，则矿物颜色愈暗（深）；吸收强度愈小，透出光量愈大，则矿物愈亮，颜色愈浅。

矿物的颜色主要取决于矿物的本性，即取决于矿物的化学成分、晶体的结构特点、晶体缺陷、杂质及超显微包裹体等。

矿物的化学成分，尤其是过渡族金属元素 Fe、Mn、Cr、Ni、Co、Cu、Zn 等变价元素或镧系元素的存在是影响矿物颜色的主要因素，这些元素称为色素离子。如含 Fe^{2+} 常呈绿色（铁辉石、绿泥石、蓝宝石等）；含 Fe^{3+} 呈褐、红色（玄武闪石、褐铁矿等）；含 Ti^{4+} 呈褐、褐红色（榍石）、蓝色（蓝宝石）；含 Cr^{3+} 呈翠绿色（铬透辉石、祖母绿、翡翠）、红色（红宝石、尖晶石）；含 Mn^{2+} 呈玫瑰色（蔷薇辉石）、桔色（锰铝榴石）；含 Mn^{3+} 呈红色（红帘石）；含 Ni^{2+} 呈绿色（镍华）；含 Cu^{2+} 呈蓝色（蓝铜矿、绿松石、硅孔雀石）、绿色（孔雀石）；含 V^{2+} 呈绿色（绿柱石、钙铝榴石）。除色素离子外，其他成分也影响矿物的颜色，而且化学成分对颜色是起综合性影响的。如同样是含 Fe^{2+}，其他成分不同，则矿物的颜色不同：普通角闪石、普通辉石、海蓝宝石、金绿宝石都含有 Fe^{2+}，但普通角闪石（含 OH^-）呈蓝色、绿色，普通辉石（无 OH^-）近于无色，海蓝宝石（含较多的碱金属离子）呈湖绿色，金绿宝石呈黄、橘黄、黄绿色等。

晶体缺陷也能致色。引起颜色的晶体缺陷叫色心。阴离子缺位造成的晶体缺陷叫 F 心，F 心能捕获电子，又叫电子色心。如有的萤石具 F 心，捕获电子时吸收了黄绿色光而呈紫色（紫萤石）。电子缺位造成的晶体缺陷叫 V 心，又称空穴色心。如紫晶的紫色就是 Fe^{3+} 置换 Si^{4+} 时形成的 V 心而致色的。晶体受辐射和受热可以引起色心的产生和消失。如紫晶和烟晶受日光长期照射，引起色心消失而退色，退色的紫晶和烟晶受高能辐射又能再现色心而再度呈色。薄片中见黑云母的微细锆石包裹体周围具多色性晕圈，也是因为受锆石中的放射性元素辐射所产生的。在宝石人工优化处理中，常用辐射法对宝石改色。海南碱性玄武岩中的宝石级暗红色锆英石巨晶，在 1 000℃条件下灼烧 30 分钟，变为极淡的玫瑰色，在 1 200℃条件下恒温半小时，变为无色。这在宝石加工时是应值得注意的。

由外来带色杂质元素、气-液包裹体引起的晶体颜色实际上是他色。如 Cr^{3+} 使刚玉呈红色(红宝石),Ni^{2+} 使玉髓呈绿色(绿玉髓)等。现在制造人工宝石时,适当加入杂质元素,可以获得所希望的颜色,其鲜艳程度有时超过天然宝石。

矿物的镜下颜色和手标本上的颜色是有差异的。矿物的镜下颜色是偏光透过矿片后引起的视觉效应,而手标本颜色是反射光下的吸收、散射等引起的视觉效应。手标本上有色的矿物,薄片中不一定是有色的;手标本上矿物颜色较深,薄片中一般较浅;手标本上矿物是一种颜色,薄片中可呈现多种颜色。薄片中的颜色除了与矿物的本性有关外,还与矿物的切片方位、矿片厚度、矿片光率体半径同偏光振动方向的交角有关。

二、非均质体矿物的多色性、吸收性

均质体矿物,光性上表现为各向同性,对光波的选择性吸收不随方向的改变而改变。因此,旋转物台,均质体矿物的颜色色彩和浓度不会发生改变。非均质体矿物光性上表现为各向异性,对光波的选择性吸收随方向的不同而改变。因此,在显微镜下旋转物台时,非均质体矿物的颜色色彩和浓度一般情况下都会发生改变。非均质体矿物颜色色彩发生改变、呈现多种色彩的现象称为**多色性**(Pleochroism),颜色深浅发生改变的现象称为**吸收性**(Absorption)。非均质体矿物,若在偏光显微镜下能见到颜色,一般都能观察到多色性和吸收性,只是多色性和吸收性的明显程度不同而已。

多色性明显,是指矿物颜色色彩变化明显。如紫苏辉石平行 *OAP* 切面的颜色为淡红色—淡绿色,色彩由红变到绿(图版Ⅷ-1、2);普通角闪石平行 *OAP* 切面的颜色为深蓝绿色—浅黄绿色,色彩由蓝绿变到黄绿(图版Ⅳ-2、3)。普通角闪石和紫苏辉石的多色性都较强。吸收性强是指颜色的深浅(或明暗)程度变化大,如煌斑岩中的黑云母斑晶(高温型褐云母),垂直解理面切面的颜色为暗褐—淡褐(图版Ⅲ-1、2),虽然颜色色彩变化不大,都为褐色,但深浅变化大,由暗变到很淡,即吸收性强。有的矿物多色性很明显,吸收性也强,如普通角闪石;有的矿物多色性明显,但吸收性不强,如紫苏辉石;而有的矿物多色性不是很明显,但吸收性很强,如黑云母。

影响矿物多色性、吸收性的根本因素是矿物的本性,不同的矿物有不同的多色性和吸收性。多色性和吸收性是鉴定有色非均质体矿物的重要特征,是单偏光显微镜下研究、描述的重点光性。此外,矿物的切片方位、矿片的厚度、视域亮度等也影响矿物的多色性和吸收性。

同种矿物的不同切面,所表现出的多色性和吸收性不同:垂直 *OA* 切面,无多色性和吸收性;一轴晶平行 *OA* 切面和二轴晶平行 *OAP* 切面,多色性和吸收性最强;其他方向的切面,其多色性和吸收性介于上述二者之间。矿片厚度愈大,则总的吸收率愈大,颜色愈深;反之颜色愈浅。视域愈暗,多色性和吸收性的微弱变化愈易观察到。因此,观察研究多色性和吸收性,要在标准厚度的薄片、中等亮度条件下,选择定向切面进行。

三、多色性、吸收性的表征

对矿物的多色性进行描述,首先要对其特征性的颜色进行描述。颜色色彩一般用原色和混合色名称来称呼,如紫红、橙红、品红、绿、黄绿、青绿等,但在岩矿鉴定和宝玉石鉴定中有时也用品名色,如橄榄绿、苹果绿、柠檬黄、威尼斯红、天蓝等。宝石色彩的深浅变化分很暗、暗、中等、浅、很浅五个级别。岩矿鉴定中分三个级别:一般用深、浅或暗、淡来描述色彩的深浅;不带字头即表示中等程度。“很淡”或“极淡”的色彩表示有颜色的感觉，但观察不出多色性，可作无色对待，用“带××色调”“××色调”术语加以描述。

前面已述，矿物的镜下颜色不仅受矿物的本性、而且也受矿物切片方位的影响；不仅不同切面的颜色不同，而且同一切面中，当切面椭圆半径与 PP 交角不同时，其颜色也不同。正常人的眼睛，从紫到红可分辨出 120 多种色彩，加上人工合成宝石增加的 22 种色彩，一共能分辨出 150 多种色彩。这样，对矿物镜下颜色的描述和记录，就必须规定只描述某几个方向的特征颜色，否则，描述的颜色过多，不仅工作量过大，而且不利于对比和鉴定。

对一轴晶矿物，只描述和记录 Ne 和 No 方向的颜色。以前认为一轴晶只有两个主要颜色，并把这种性质称为二色性，这是不全面的。现在仍习惯把观察多色性的仪器叫二色镜。当 Ne 与 PP 平行，在 Ne 方向上振动的光波振幅最大、光强度最强（No 方向的振幅为零），矿片显示的是吸收 Ne 方向振动的光波之后的颜色。同理，当 $No /\!/ PP$ 时，Ne 方向的振幅为零，矿片显示的是吸收 No 方向振动的光波之后的颜色。当矿片处于上述两个位置之间时，则矿片显示上述两种颜色之间的过渡色。因此一轴晶有色矿物的颜色不只是两种，而是多种。由于 Ne、No 在偏光显微镜下容易定位，而中间过渡位置一般无法定位，因此对于一轴晶矿物只观察和描述 Ne、No 两个方向的颜色。如黑色电气石（蓝碧玺）晶体平行 c 轴（即 Ne 或 OA 方向）的切面为长方形，其长边方向为 Ne 方向，与之垂直的方向为 No 方向：当切面长边方向与 PP 一致时，即 $Ne /\!/ PP$ 时，矿片呈现浅紫色（图 3－19A，图版Ⅲ－6）；旋转物台 90°，即 $No /\!/ PP$ 时，矿片呈现深蓝色（图 3－19B，图版Ⅳ－1）；当切面长边与 PP 斜交时，矿片呈现浅紫到深蓝之间的过渡色（图 3－19C）。则黑色电气石（蓝碧玺）的多色性记录为：Ne＝浅紫色，No＝深蓝色。“Ne＝浅紫色，No＝深蓝色”即为黑色电气石的**多色性公式**（Pleochroic formula）。一轴晶的多色性公式的通式是“Ne＝××色，No＝××色”，它是一轴晶多色性的文字符号表达式或记录方式。

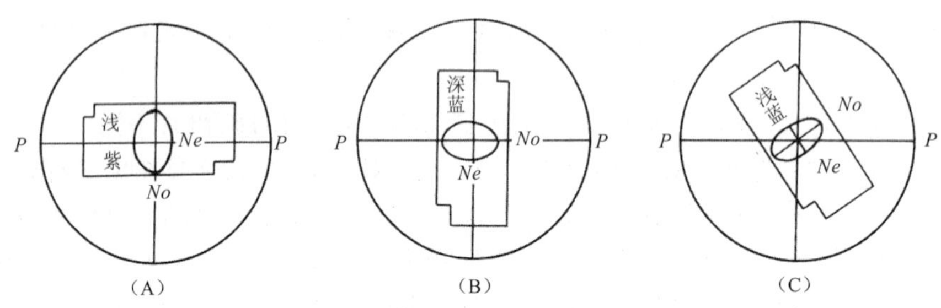

图 3－19　黑色电气石平行 c 轴切面的多色性

黑色电气石 No 方向的颜色很深，表现 No 方向吸收强度较大（吸收光波量大，透出光波量少，颜色发暗）；Ne 方向颜色浅，表明 Ne 方向吸收强度较小（吸收光波量少，透出光波量大，矿片发亮而色浅）。因此黑色电气石的吸收性记作：$No > Ne$。“$No > Ne$”称作黑色电气石的**吸收性公式**（Absorption formula）。一轴晶的吸收性公式是“$No >$（或$<$）Ne”，它是一轴晶矿物吸收性的文字符号表达式或记录方式。

同理，对二轴晶主要描述 Ng、Nm、Np 三个方向的颜色。观察描述二轴晶矿物的多色性、吸收性至少要选择两个切面，多数情况下最简易的方式是选择平行 OAP 和垂直 OA 的两个切面。在垂直 OA 的切面上，观察到的是 Nm 的颜色，无多色性。平行 OAP 的切面，多色性强：当 Ng∥PP 时，显示 Ng 方向的颜色；当 Np∥PP 时，显示 Np 方向的颜色；当 Ng、Np 与 PP 斜交时，显示 Ng、Np 两种颜色之间的过渡色。有时根据晶体的光性方位，也可选择其他切面。现以普通角闪石为例说明二轴晶矿物多色性、吸收性的观测和表征。普通角闪石晶体垂直 c 轴的切面，形态为近菱形的六边形，两组解理纹最细，且交角为 56°、124°，其解理纹交角的锐角等分线即为 Nm 方向，当此方向平行 PP 时，矿片显示绿色，记作 Nm＝绿色（图 3－20A）。普通角闪石平行 OAP 的切面，一般为不规则长方形，有不清晰的解理纹，当 Ng∥PP 时（PP 与解理纹成小于 25°的交角，且正交偏光镜下矿片黑暗，后述），矿片颜色最暗，为深绿色，记作 Ng＝深绿色（图 3－20B，图版Ⅳ－2）；当 Np∥PP 时（即从上述位置旋转物台 90°，此时解理纹方向与目镜纵丝成小于 25°的交角，且正交镜下矿片黑暗，后述），矿片颜色最淡，为浅黄绿色，记作 Np＝浅黄绿色（图 3－20C，图版Ⅳ－3）。

因此，普通角闪石的多色性为：Ng＝深绿色，Nm＝绿色，Np＝浅黄绿色，这三个式子称作普通角闪石的多色性公式。二轴晶矿物多色性公式用“Ng＝××色，Nm＝××色，Np＝××色”三个式子表示，它们是二轴晶矿物多色性的文字符号表达式或记录方式。

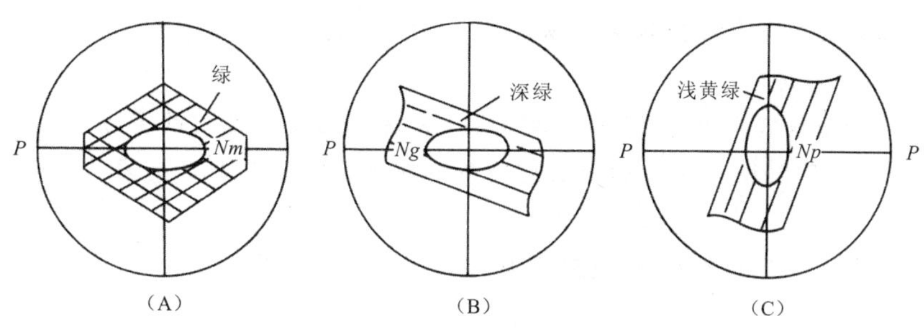

图 3－20　普通角闪石的多色性

从普通角闪石的多色性可以看出，Ng 方向颜色最深，吸收强度最大；Np 方向颜色最浅，吸收强度最小；Nm 方向吸收强度介于二者之间。因此，普通角闪石的吸收性记作：Ng＞Nm＞Np。“Ng＞Nm＞Np”称作普通角闪石的吸收性公式。二轴晶矿物的吸收性公式包含三个光率体主轴符号，其间用大于号或小于号或等于号相联。Ng＞Nm＞Np 的吸收性称为**正吸收**（Positive absorpation），Ng＜Nm＜Np 的吸收性称为**反吸收**（Negative absorpation）。正、反吸收性也是鉴定非均质有色矿物的重要特征之一。如钠铁闪石的多色性公式为：Ng＝浅黄绿，Nm＝黄绿，Np＝深蓝绿；吸收性为 Ng＜Nm＜Np，为反吸收。反吸收是碱性角闪石、碱性辉石的鉴定特征之一。

复习思考题

1. 单偏光镜下观察晶体的哪些光学性质？

2. 为什么镜下能见到晶体的轮廓？为什么有的矿物（如橄榄石）边缘明显，有的矿物（如石英）轮廓看不清楚？

3. 什么叫贝克线？贝克线的移动规律是什么？

4. 偏光显微镜下是否能见矿物的单体形态，偏光显微镜下如何研究矿物的单体形态？

5. 在岩石薄片中如何确定矿物是自形晶、半自形晶、他形晶？

6. 岩石薄片中各种矿物颗粒的厚度基本一致，为什么在偏光显微镜下给人一种突起高低不同的感觉？

7. 如何规定(定义)突起的正负？正突起是否向上突起？负突起是否向下凹陷？在薄片中怎样确定正突起和负突起？

8. 突起一般划分几级？各个等级的折射率范围和镜下鉴定特征是什么？

9. 什么叫洛多奇尼科夫色散效应？如何解释洛多奇尼科夫色散效应？该色散效应有何应用意义？

10. 什么是闪突起？什么样的矿物具有闪突起？具有闪突起的晶体是否无论在任何切面都能见到闪突起？什么样的切面闪突起最明显？

11. 什么叫糙面？糙面明显程度与哪些因素有关？如何表征糙面？

12. 合成金红石 $No=2.616$，$Ne=2.903$，问平行 OA 切面是否能见到闪突起？为什么？

13. 铁黑云母 $Np=1.630$，$Ng=1.690$，Np＝黄红色，Ng＝暗红棕色，问平行 OAP 切面上是否能见到闪突起？为什么？

14. 解理纹的可见度与哪些因素有关。

15. 辉石和斜长石都具有两组完全解理，在薄片中，为什么辉石的解理纹容易见到，而斜长石的解理纹却难见到？

16. 角闪石两组解理交角为 56°和 124°，为什么有的切面上见到两个方向解理纹，有的切面只见到一个方向解理纹，而有的切面上见不到解理纹呢？测量解理夹角应在什么切面上进行？

17. 在一块含黑云母的薄片中，见到大部分黑云母颗粒不具解理纹，能说这种黑云母不具解理吗？为什么？

18. 什么叫矿物的颜色？矿物的颜色与哪些因素有关？

19. 什么叫多色性？为什么矿物会具有多色性？多色性明显程度与哪些因素有关？

20. 什么叫吸收性和吸收性公式？

21. 多色性明显和吸收性强是否有必然的联系？举例说明。

22. 一轴晶、二轴晶的多色性和吸收性如何表征？

23. 有色一轴晶矿物垂直 OA 切面、平行 OA 切面、斜交 OA 切面的多色性、吸收性有何区别？

24. 有色二轴晶矿物垂直 OA 切面、平行 OAP 切面，垂直 Bxa 切面的多色性、吸收性有何特征？

25. 一方解石切面，在单偏光镜下旋转物台，有时能清楚地见到两组解理纹，有时解理纹消失，为什么会出现这种现象？

26. 什么叫假吸收？假吸收与吸收性有什么区别？

27. 某辉石 $Ng-Nm=0.003$，$Nm-Np=0.010$，$Np\parallel b$，$Ng\parallel c$，Ng＝浅绿色，Nm＝红棕色，Np＝红黄色。试求：①晶系与光性符号；②光轴面的结晶学方位和最大双折射率；③垂直 Bxa 切面结晶学方位及其多色性；④要看到红黄色应找何切面？该切面能见到几个方向的解理纹？

第四章　透明造岩矿物及宝石在正交偏光镜下的晶体光学性质

第一节　正交偏光镜的装置及特点

正交偏光镜是正交偏光显微镜的简称，是同时使用上、下两个偏光镜的显微镜，而且上、下偏光镜的振动方向互相垂直即正交，故称为正交偏光镜。

正交偏光镜的装置操作非常简单，在显微镜调节校正好后，只要在单偏光镜的基础上，推入上偏光镜即成为正交偏光镜。正交偏光镜的下偏光振动方向 *PP* 一般平行十字丝横丝方向，即位于东西或左右方向；上偏光振动方向 *AA* 一般平行十字丝纵丝方向，即位于南北或前后方向。

物台上不放矿片时，正交偏光镜的视域完全黑暗，因为自然光通过下偏光镜后变成振动方向平行 *PP* 的偏光，该偏光振动方向与 *AA* 垂直而不能透出上偏光镜。物台上放置均质体矿片时，矿片也呈现黑暗，因为来自下偏光镜的偏光透出矿片后，仍为振动方向平行 *PP* 的偏光，它同样不能透出上偏光镜。

物台上放置非均质体斜交 *OA* 的切片，旋转物台时：有时只有振动方向平行 *PP* 的一种偏光透出矿片，它不能透出上偏光镜，矿片呈现黑暗；有时有振动方向分别平行光率体椭圆两半径方向的两种偏光透出矿片（见第三章第一节）。这两种偏光的振动方向与 *AA* 斜交，一部分可透出上偏光镜，矿片变亮。非均质体斜交 *OA* 的切片，在正交偏光镜下旋转物台时，时而变暗时而变亮的现象就是下面要介绍的消光现象和干涉现象。

第二节　正交偏光镜下矿片的消光现象和消光位

非均质体矿物斜交 *OA* 切面，在正交偏光镜下旋转物台时，有时变黑暗，有时变亮（出现干涉色，后述）。正交偏光镜下透明矿物矿片呈现黑暗的现象称为**消光**（Extinction）。消光的切面有下列三种类型。

第一种为均质体任意切面。由于偏光进入均质体不发生双折射，透出矿片的偏光，其振动方向仍然平行 *PP* 而与 *AA* 垂直，不能透出上偏光镜，矿片呈现黑暗，即消光。

第二种为非均质体矿物垂直 *OA* 的切面，即圆切面。由于光波在这种切面中是沿 *OA* 方向传播的，也不发生双折射，透出矿片的偏光，其振动方向也仍然平行 *PP* 且与 *AA* 垂直，同样不能透出上偏光镜，矿片呈现黑暗，即消光（图 4－1A）。

以上两种切面，其消光不会因为旋转物台而发生改变，即旋转物台 360°，矿片始终保持黑暗，这种现象称为**全消光**（Complete extintion）。因此，正交偏光镜下全消光的切面，要么是均质体的任意切面，要么是非均质体垂直 *OA* 的切面。

第三种为非均质体斜交 OA 切面，但其光率体椭圆半径分别平行 PP、AA。当光率体椭圆半径 $N_1 /\!/ PP$ 时，不发生双折射，只有振动方向平行 N_1 方向（也平行 PP）的偏光透出矿片（见第三章第一节），该偏光因振动方向与 AA 垂直，不能透出上偏光镜，矿片消光（图 4－1B）。当光率体椭圆半径 $N_2 /\!/ PP$ 时，只有振动方向平行 N_2 方向（也平行 PP）的偏光透出矿片（见第三章第一节），它同样不能透出上偏光镜，矿片也消光（图 4－1C）。旋转物台 360°，矿片光率体椭圆长短半径分别有两次机会与 PP 平行，矿片共有四次消光。偏离消光位置，来自下偏光镜的偏光进入矿片后发生双折射，形成两种偏光（见第三章第一节），这两种偏光的振动方向与 AA 斜交，一部分会透出上偏光镜，矿片变亮。因此，旋转物台 360°，非均质体的斜交 OA 切面会出现“四明四暗”的现象。反推理，出现“四明四暗”现象的切面，一定是非均质体的斜交 OA 的切面，即该矿物一定是非均质体矿物。

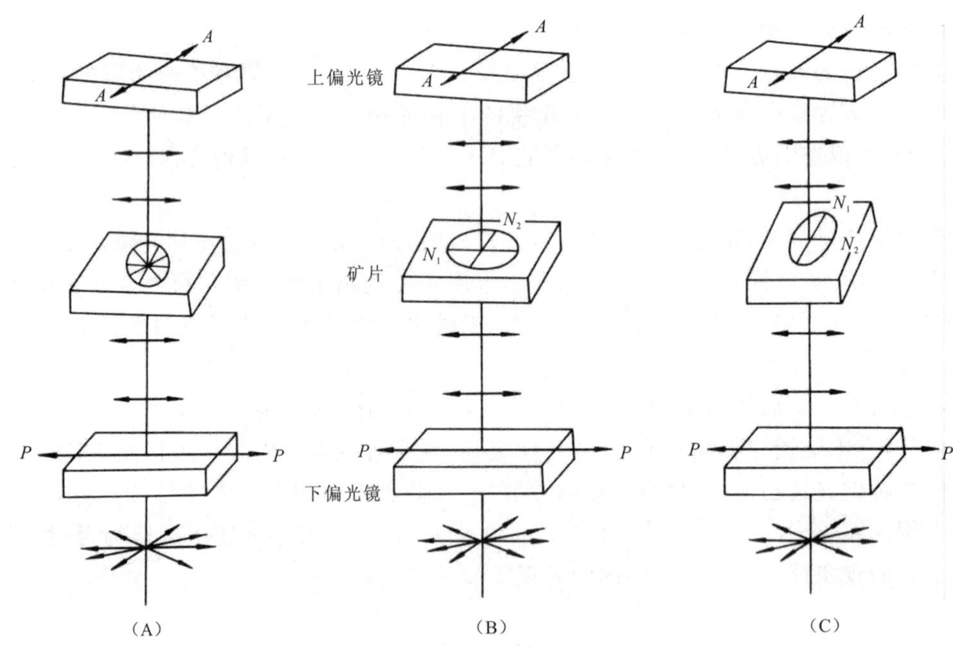

图 4－1　矿片在正交偏光镜下的消光现象

非均质体矿物的斜交 OA 切面，在正交偏光镜下处于消光时的位置，称为**消光位**（Extinction position）。这类切面处在消光位时，其光率体椭圆长短半径分别平行 PP、AA。偏光显微镜的 PP、AA 一般是调节到与目镜十字丝方向一致的。因此，非均质体矿物的斜交 OA 切面处于消光位时，目镜十字丝方向即代表切面光率体椭圆半径的方向。

某些色散较强的单斜晶系和三斜晶系矿物，发生光率体色散，各色光的光率体不重叠在一起，其切面上各色光的光率体椭圆半径方向各不相同，切面对不同的色光有不同的消光位。当切面的紫光光率体椭圆半径与 PP、AA 一致时，矿片对紫光消光而呈现暗褐红色，当红光光率体椭圆半径与 PP、AA 一致时，矿片对红光消光而呈现暗蓝紫色，即矿片出现“不消光现象”。这种“不消光现象”在色散较强矿物的垂直 OA 的切面上更为明显。如橄榄石，由于光率体色散，不存在同时垂直所有色光光轴的切面。当切面垂直黄光光轴时，则与红、橙、绿、青、蓝、紫光光轴是斜交的，旋转物台时，切面色调（干涉色）由暗蓝紫色过渡到暗红褐色，不仅没有全消光现象，而且也没有消光现象。因此，寻找色散较强矿物的垂直 OA 的切面时，找不到完全黑暗的全消光切面。

第三节 正交偏光镜下矿片的干涉现象

一、光波的相干性

两个相干波在空间上相遇，在某些处，振动始终加强，在某些处，振动始终减弱或完全抵消，从而出现亮度的明暗变化或出现色彩，这种现象称为干涉现象。

物理光学指出，两相干波必须具备三个条件：频率相同，振动方向相同，周相差相等。如果为单色光，当周相差($\Delta\theta$)为 $2n\pi(n=0,1,2,3\cdots)$时，干涉增强，振幅增大，亮度加强；当 $\Delta\theta=(2n+1)\pi$ 时，干涉减弱，振幅相抵，亮度变暗。

周相差可用光程差(R)来表示，其关系式是 $\Delta\theta=(R/\lambda)\cdot 2\pi$。光的干涉也可用光程差来表述。据关系式 $\Delta\theta=(R/\lambda)\cdot 2\pi$，$\Delta\theta=2n\pi$ 相当于 $R=2n\cdot(\lambda/2)$，$\Delta\theta=(2n+1)\pi$ 与 $R=(2n+1)\cdot(\lambda/2)$等价，所以光的干涉可表述为：当两相干波的光程差为半波长的偶数倍时，干涉结果是合振动加强；当光程差为半波长的奇数倍时，干涉结果是合振动减弱。

二、正交偏光镜下通过矿片的光波产生干涉现象的条件

如图 4-2 所示，透出下偏光镜振幅为 A_0 的偏光(简称 A_0 偏光或偏光 A_0，其他类同)，进入光率体椭圆半径(N_1、N_2)与 PP、AA 斜交的非均质体矿物切面时，发生双折射，分解形成振动方向分别平行 N_1、N_2 方向的偏光 A_1 和 A_2。由于 $N_1>N_2$，A_1 为慢光(在晶体中的传播速度慢)，后透出矿片，A_2 为快光(在晶体中的传播速度快)，先透出矿片，即透出矿片后，两平面偏光必然产生光程差(R)。又由于 A_1、A_2 两束偏光在空气中的传播速度相同，因此透出矿片后其 R 是固定不变的。

A_1、A_2 两束偏光的振动方向与 AA 斜交，不能全部透出上偏光镜，只有振动方向平行 AA 的两个分量 A_{11}、A_{21}才能透出上偏光镜，振动方向垂直 AA 的两个分量 A_{12}和 A_{22}不能透出上偏光镜。

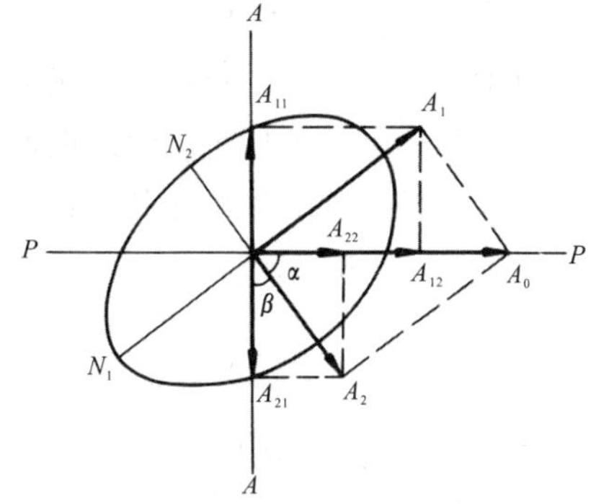

图 4-2 正交偏光镜间偏光矢量分解示意图

透出上偏光镜的两束偏光 A_{11}和 A_{21}是由同一束偏光 A_0 经两次矢量分解而成的，其频率必然相同；它们分别是 A_1 和 A_2 的分振动，也必然像 A_1 和 A_2 一样具有固定的光程差；而且它们都沿 AA 这同一方向振动。因此，它们满足相干波的三个必备条件，必然发生干涉作用。

三、正交偏光镜下矿片的干涉现象

由图 4-2 可知，偏光 A_{11}、A_{21}的初始位相(θ)就相差 π，因此其干涉加强的条件是 $\Delta\theta=(R/\lambda)\cdot 2\pi+\pi=2n\pi$，即 $R=(2n-1)\cdot(\lambda/2)$，其干涉减弱的条件是 $\Delta\theta=(R/\lambda)\cdot 2\pi+\pi=(2n+1)\pi$，即 $R=2n\cdot(\lambda/2)$。由上可知，正交偏光镜下两相干波，是当光程差为半波长的奇数

倍时相干涉而加强,光程差为半波长的偶数倍时相干涉而减弱。

从图 4-2 还可以看出,A_{11}、A_{21}的振幅大小跟光率体椭圆半径与 PP 的夹角有关:

$$\begin{cases} A_1 = A_0 \sin\alpha \\ A_2 = A_0 \cos\alpha \end{cases}$$

$$\begin{cases} A_{11} = A_1 \cos\alpha = A_0 \sin\alpha \cdot \cos\alpha \\ A_{21} = A_2 \sin\alpha = A_0 \sin\alpha \cdot \cos\alpha \end{cases}$$

由上列表达式可以看出:

(1)A_{11}和 A_{21}两束偏光的振幅大小决定于 $\sin\alpha \cdot \cos\alpha$ 值:当 α 由 0°变到 45°时,$\sin\alpha \cdot \cos\alpha$ 值由 0 变到 0.5;当 α 由 45°变到 90°时,$\sin\alpha \cdot \cos\alpha$ 值由 0.5 变到 0;当 $\alpha=45°$时,$\sin\alpha \cdot \cos\alpha$ 值最大(0.5),即 A_{11}、A_{21}两束偏光的振幅最大,干涉加强时,合振动最强,矿片最亮。因此,观察干涉色时要使切面光率体椭圆半径与 PP 相交成 45°(45°位)。根据干涉色升降(补色法则,后述)确定光率体椭圆半径名称时需要用试板,因此试板孔的方向也要设置在与 PP 成 45°交角方向上。

(2)当 $\alpha=0°$或 90°时,即光率体椭圆半径分别与 PP、AA 一致时,$\sin\alpha \cdot \cos\alpha$ 值为零,即 A_{11}、A_{21}两束偏光的振幅为零,没有光波透出上偏光镜,矿片黑暗而消光。

(3)α 为 0°至 90°之间的任何角度,A_{11}和 A_{21}两束偏光的振幅是相等的。当两光波因干涉而加强时,合振幅是两分振幅之和,振幅增加一倍;当两光波因干涉而减弱时,两分振幅互相抵消,合振幅为零。因此,0°至 90°之间任何位置,矿片干涉色色彩是一样的,只是干涉色明亮程度不同而已。

决定 A_{11}、A_{21}两束偏光相干涉后是加强还是抵消的重要因素是光程差,现在看看影响光程差的因素有哪些。

设偏光 A_1、A_2 在晶体中的传播速度分别为 V_1、V_2,它们通过厚度为 d 的薄片所用的时间分别为 t_1、t_2,则

$$t_1 = d/V_1$$
$$t_2 = d/V_2$$

A_2 为快光,先透出矿片;A_1 为慢光,后透出矿片,两束偏光透出矿片后产生的时间差为(t_1-t_2)。透出矿片存在时间差的两束偏光在空气中传播必然产生距离差。光束 c 与(t_1-t_2)的乘积即是这两束偏光在真空中传播的光程差 R:

$$\begin{aligned} R &= c(t_1-t_2) \\ &= (c/V_1)\cdot d-(c/V_2)\cdot d \\ &= (N_1-N_2)\cdot d \\ &= \Delta N \cdot d \end{aligned}$$

由此可见,矿物切面产生的光程差 R 大小取决于矿物切面的双折射率 ΔN 和切片厚度 d,切面双折射率和切片厚度大,其产生的光程差大。切面双折射率 ΔN 值取决于矿物的最大双折射率和切面方位。同一方位的切面,最大双折射率大的矿物,其双折射率大。同一矿物:二轴晶平行 OAP 或一轴晶平行 OA 的切面,其双折射率最大,为 $\Delta N_{最大}$;垂直 OA 切面双折射率最小,为零;即 $\Delta N_{最大} > \Delta N > 0$。

偏光 A_1、A_2在晶体中传播的距离差与光程差接近,在进入上偏光之前都是恒定的。

第四节　干涉色及正常干涉色级序

一、单色光的干涉

为了获得不同的光程差 R 以观察干涉现象，常利用显微镜的重要附件**石英楔**（Ouartz wedge）。平行石英（水晶）OA（c 轴）方向切下一薄片，磨制成一端薄、一端厚的楔形（坡度约 0.5°）矿片，其长边为 No 方向，短边为 $Ne(OA)$ 方向（图 4－3A），然后将该矿片镶入特制的金属框中，即成为石英楔（图 4－3B）。

石英的双折射率色散很弱，其 Ne、No 的色散线近于平行（图 4－4）。石英对红光、黄光、蓝光的双折射率分别为 0.009 03、0.009 11、0.009 30，差值很小，因此，石英楔对各单色光的双折射率可视作常数（0.009）。石英楔的厚度 d 是由薄至厚逐渐增大的，其光程差 $R=d(Ne-No)$ 也是连续增大的。

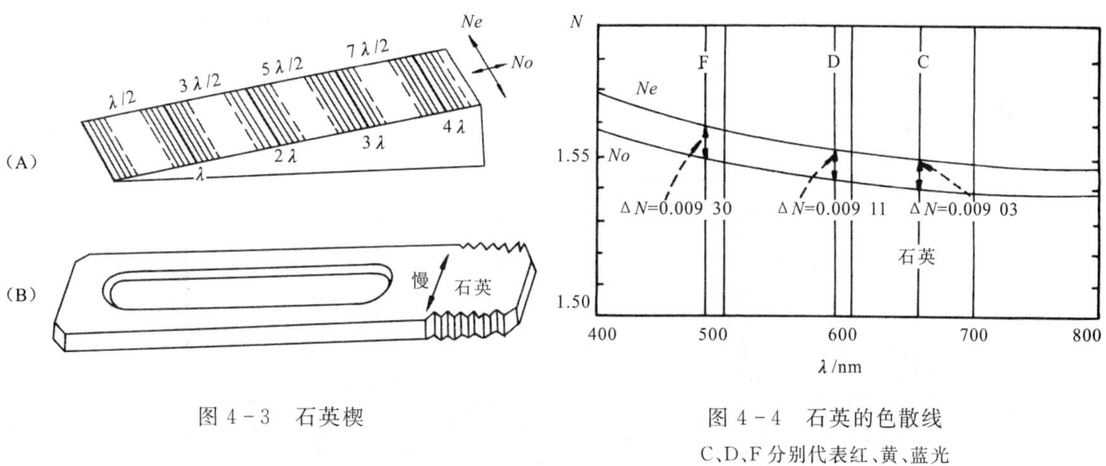

图 4－3　石英楔

图 4－4　石英的色散线
C、D、F 分别代表红、黄、蓝光

如果用单色光作光源，沿试板孔徐徐推入石英楔，就见到明暗相间的干涉条带依次出现。当 $R=0\lambda, 1\lambda, 2\lambda, \cdots 2n(\lambda/2)$ 处，呈现暗带；当 $R=\lambda/2, 3\lambda/2, 5\lambda/2, \cdots (2n+1)(\lambda/2)$ 处，呈现亮带；最亮与最暗之间，色调逐渐过渡。如：用黄光作光源，会见到“暗、黄、暗、黄……”的条带相间出现；用红光作光源，会见到“暗、红、暗、红……”的条带相间出现。由于红光波长较大，紫光波长较短，红光作光源出现的明暗条带相对较稀，紫光作光源出现的明暗条带相对较密（图 4－5）。

二、白光的干涉及干涉色

用白光作光源，沿试板孔徐徐推入石英楔，出现的不是明暗条带，而是有一定规律的彩色色带。

白光主要由七种不同波长的色光组成，除光程差 $R=0$ 时外，任何一个光程差值都不可能同时是各色光半波长的偶数倍或奇数倍，也就是说，不可能使七种色光同时抵消，也不可能使七种色光同时加强。某一个光程差，它可能等于或接近等于一部分色光半波长的偶数倍，使这部分色光抵消或减弱；同时该光程差又可能等于或接近等于另一部分色光半波长的奇数倍，使这部分色光振幅加倍或部分加强。这些未被抵消（部分色光振幅加倍或振幅被不同程度加强）

的色光混合而形成的色彩(图版Ⅳ-4),就称为**干涉色**(Interference color)。干涉色和颜色在许多方面都不同:①干涉色是光波的干涉作用造成的;而颜色是由于矿物的选择性吸收作用造成的。②干涉色是干涉作用中未被抵消的单色光的混合色,其中一部分色光的振幅被加强一倍或被部分加强,不完全是被抵消色光的补色;而颜色是白光中一部分色光被吸收后剩下的色光混合而成的,是被吸收色光的补色,剩下色光的振幅并没有被加强。③干涉色是反映矿片光程差的大小;而颜色是反映矿物对光波选择性吸收的不同。④干涉色是正交偏光镜下矿片呈现的色彩,旋转物台,干涉色亮度发生变化,但色彩不发生变化;而颜色是单偏光镜下矿片呈现的色彩,旋转物台,除个别切面外,颜色的深浅和色彩都发生变化。

三、正常干涉色的色序和级序

用白光作光源,沿试板孔徐徐推入石英楔,随着光程差 R 的逐渐增大,视域中依次出现干涉色条带,构成干涉色谱系(图版Ⅰ)。在该谱系中,不仅干涉色色彩有严格的顺序,而且根据色序的规律性,还可把它们分成若干个等级(图 4-5)。

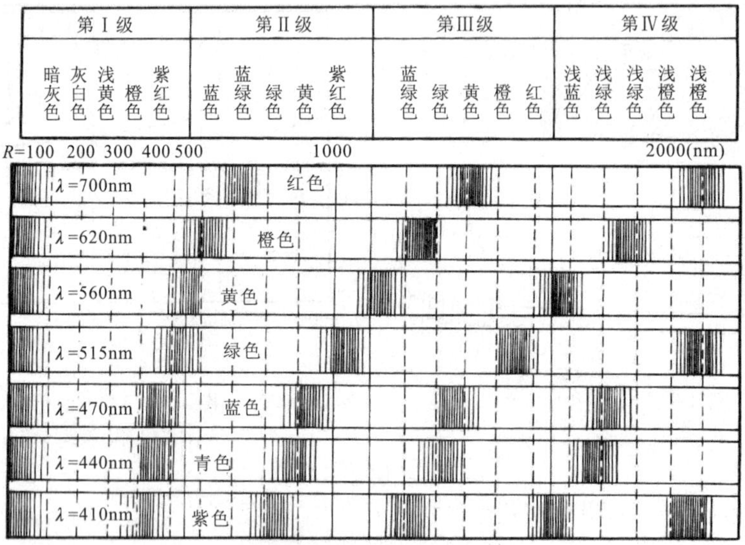

第Ⅰ级	第Ⅱ级	第Ⅲ级	第Ⅳ级
暗灰色 灰白色 浅黄色 橙色 紫红色	蓝色 蓝绿色 绿色 黄色 紫红色	蓝绿色 绿色 黄色 橙色 红色	浅蓝色 浅绿色 浅绿色 浅橙色 浅橙色

R=100 200 300 400 500 1000 2000(nm)

λ=700nm 红色
λ=620nm 橙色
λ=560nm 黄色
λ=515nm 绿色
λ=470nm 蓝色
λ=440nm 青色
λ=410nm 紫色

图 4-5 干涉色成因及干涉色级序

当 R 在 100～150nm 以下时,各色光不同程度地减弱,呈现不同程度的灰色,由暗色到蓝灰色;当 R=200～250nm 时,接近各色光的半波长,各色光都不同程度的加强,混合而成白色;当 R=300～350nm 时,黄光最强,红、橙光较强,紫、青光微弱,混合色为浅(亮)黄色;当 R=400～450nm 时,青、紫光近于抵消,蓝、绿光微弱,红、黄光较强,混合色为橙色;当 R=550nm ±时,黄、绿光抵消,橙光近于抵消,紫、青、蓝、红光混合而成紫红色;当 R=560～660nm 时,紫、青、蓝光较强,其余色光较弱,混合而成紫到深蓝的干涉色;当 R=660～810nm 时,绿光最强,其余色光较弱,呈现绿色;当 R=850～950nm,呈现黄橙色;当 R=1 000～1 120nm 时又呈现紫红色;……这样,干涉色出现的顺序为暗灰、灰白、浅黄、橙、紫红、蓝、蓝绿、绿、黄、橙、紫红、蓝绿、绿、黄、橙、红、浅蓝、浅绿……(图 4-5)构成一个干涉色谱系。该谱系中干涉色色彩排列的顺序称为干涉色的**色序**(Color sequence)。相邻两干涉色的改变称为一个色序的改变。

增加 140nm 的光程差,可以使干涉色增加一个色序;减少 140nm 的光程差,可以降低一个干涉色序。在上述的干涉色谱系中,以紫红色为界可以将干涉色分成若干个等级:第一次紫红色以下的干涉色构成第Ⅰ级;第一次紫红色之后的蓝色开始到第二次紫红为止为第Ⅱ级;第二次紫红之后的蓝色开始到第三次紫红为止为第Ⅲ级。干涉色第Ⅰ级、第Ⅱ级、第Ⅲ级的这种排列顺序称为干涉色的**级序**(Gradation sequence)。

各级干涉色有不同的特点。第Ⅰ级:色调灰暗,有独特的灰色、灰白色,缺少蓝色、绿色,也就是说,灰色、灰白色干涉色一定属于第Ⅰ级,而蓝色、绿色干涉色一定不是第Ⅰ级的。第Ⅱ级:色调鲜艳、较纯,各色带之间的界线较清晰,蓝色带宽,使后面与绿色带的过渡带变为蓝绿色。第Ⅲ级:色调浅淡,各色带之间的界线不清晰,绿色带宽,影响到前面的蓝色带,使蓝色带变为蓝绿色,并使后面的黄色变为黄绿色。第Ⅳ级:色调更淡,色泽不纯,色带之间的界线模糊,色彩的种类也没有第Ⅲ、Ⅱ级那样齐全。第五级以上的干涉色称为高级白色,因为光程差很大,几乎同时接近各色光半波长的奇数倍,又同时接近于各色光半波长的偶数倍,各色光都有不同程度的出现,混合而成"白色"。但这种白色不像一级灰白那样纯净,而总是不同程度地带有珍珠表面或贝壳表面那样的晕彩。因此也有人将高级白色称为珍珠白色。大部分非均质造岩矿物和宝石,其干涉色都在第Ⅲ级以下,只有少数者为高级白色。

干涉色的表述和记录要采用"×级××色"的形式,为了简便起见,"色"字可以省略。如Ⅰ级黄、Ⅰ级橙、Ⅱ级蓝、Ⅲ级紫红等,尽量不用"蓝色""橙色"等形式,以免与颜色混淆。一级干涉色通常由五个色序组成,开始两个色序可称为"底部"或"低部"干涉色,最后两个可称为"顶部"或"高部"干涉色,中间一个称为"中部"干涉色。

四、干涉色色谱表

(一) 干涉色色谱表的构成

干涉色色谱表是光程差公式 $R=\Delta N\cdot d$ 的图示形式,是表示干涉色级序、双折射率和矿片厚度之间关系的图表(图 4-6,图版Ⅰ)。

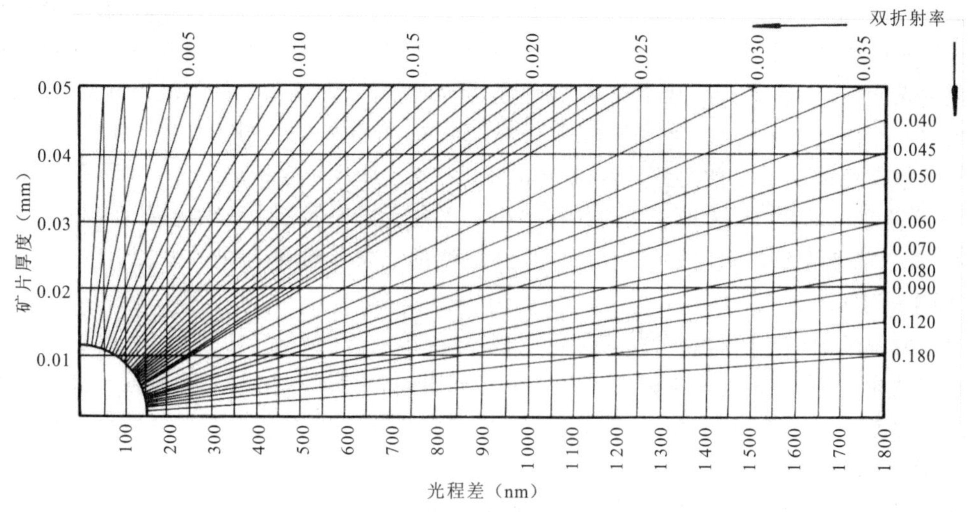

图 4-6　干涉色色谱表

干涉色色谱表的横坐标为光程差，若为彩色图，可在光程差的位置上填上对应的干涉色（图版Ⅰ）；纵坐标为矿片厚度；斜线表示双折射率，其数值标于发散端的端点。已知光程差（或干涉色级序）、双折射率、矿片厚度三者之中任何两个数据，利用干涉色色谱表，可求出第三个数据。

（二）干涉色色谱表的用途

干涉色色谱表的第一个主要用途是测出矿物的最高干涉色后，利用该表查出矿物的最大双折射率。如：在标准厚度（d=0.03mm）的薄片中测得某橄榄石的最高干涉色为Ⅱ级紫红，相当于光程差为1 100nm，从干涉色色谱表上查得R=1 100nm和d=0.03mm两条直线交点的斜线对应的数值（标在上边框和右边框上）为0.037，即该矿物的最大双折射率为0.037。再查有关光性矿物图表，可得知该橄榄石为镁橄榄石。

干涉色色谱表的第二个主要用途是根据已知矿物的双折射率和干涉色，控制薄片的厚度。例如，已知石英的最大双折射率为0.009，从干涉色色谱表中可知，当$\Delta N=0.009$、$d=$0.03mm时，干涉色应为Ⅰ级黄白。因此，磨片时，如果薄片中大部分石英切面的干涉色都低于Ⅰ级黄白，只有极少数切面干涉色为Ⅰ级黄白，且没有高于Ⅰ级黄白的切面，则表示矿片厚度为0.03mm。如果薄片中干涉色为Ⅰ级黄白的石英切面很多，最高干涉色可达Ⅰ级橙黄，表明薄片厚度约0.045mm，应再磨薄一些。

五、异常干涉色及其观察要点

在正交偏光镜下，有些矿物呈现前述正常干涉色级序中没有的干涉色，这类干涉色称为异常干涉色。例如，绿泥石的Ⅰ级柏林蓝、Ⅰ级铁锈褐、Ⅰ级古铜红，红柱石的Ⅰ级墨水蓝，黝帘石的Ⅰ级靛蓝、Ⅰ级铁褐、Ⅰ级古铜红，黄长石的Ⅰ级蓝，硬绿泥石的Ⅰ级灰绿、Ⅰ级古铜红，符山石的Ⅰ级铁锈褐，水镁石的Ⅰ级红褐等。

产生异常干涉色的最主要原因是由于这些矿物的双折射率色散较强，矿物对白光中各色光的双折射率有明显的差异，对不同的色光产生不同的光程差。正常干涉色是各色光光程差相同的条件下干涉结果的叠加，而异常干涉色是各色光光程差明显不同时干涉结果的叠加。

双折射率色散的第一种类型是对红光双折射率小，对紫光双折射率大，因而在薄片厚度相同时对红光产生的光程差小，对紫光产生的光程差大。当各色光光程差均较小时，干涉结果使红、橙、黄光较弱，而使紫、青、蓝光较强，各色光混合而呈蓝、绿色调。如Ⅰ级柏林蓝、Ⅰ级墨水蓝、Ⅰ级灰绿等（图4-7A）。

双折射率色散的第二种类型是对红光双折射率大，对紫光双折射率小，因而在d值相同时，红光产生的光程差大，紫光产生的光程差小。当各色光光程差均不大时，干涉结果使红、橙光较强，紫、青、蓝光较强，各色光混合而成带红色调的异常干涉色。如Ⅰ级古铜红、Ⅰ级铁锈褐等（图4-7B）。

双折射率色散的第三种类型是交叉色散型，对中等波长的色光（如绿光）双折射率为零，而对两端的红光、紫光双折射率都较大。在d值相同时，黄、绿光产生的光程差近于零，红、紫光产生的光程差大。干涉结果，使黄、绿光抵消，红、紫光加强，出现带不同程度紫红色调的异常干涉色（图4-7C）。

双折射率色散较强的矿物，虽然会出现异常干涉色，但不一定每个切面上都能观察得到。双折射率色散最强的切面是一轴晶平行OA切面和二轴晶平行OAP切面，但这两种切面的干

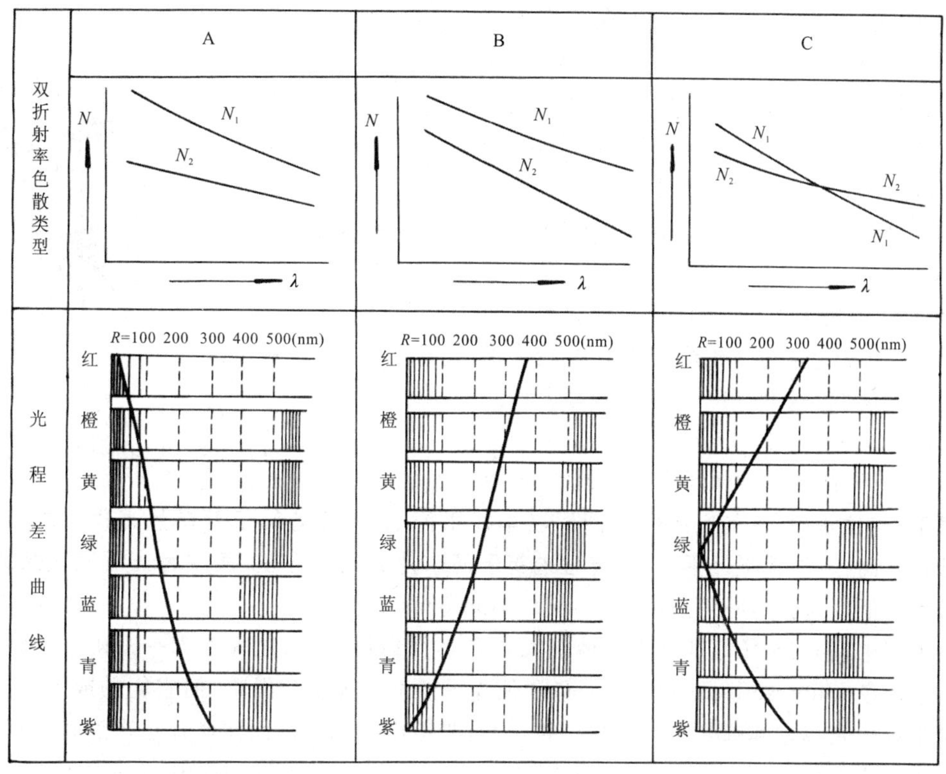

图 4-7　异常干涉色的成因

涉色最高，如果干涉色高于Ⅰ级黄，干涉色稍为发生异常难以观察出来。只有双折射率色散强、最高干涉色又不高于Ⅰ级黄色的矿物才能够显示异常干涉色。如绿泥石、红柱石、黝帘石、黄长石、符山石，它们的双折射率色散强，最高干涉色为Ⅰ级灰—Ⅰ级黄白，经常显示异常干涉色。双折射率色散强、最高干涉色较高的矿物，则只有在干涉色较低的切面上显示异常干涉色。如绿帘石、硬绿泥石、水镁石的双折射率色散较强，但它们的最高干涉色都高于Ⅰ级黄，则这些矿物不是在所有的切面上都能见到异常干涉色，只有在干涉色低于Ⅰ级黄色的切面上才能见到异常干涉色。在垂直 OA 切面上，虽然干涉色很低，但双折射率色散也很小，不产生明显异常干涉色，干涉色仍为正常的Ⅰ级灰黑色。

矿物的颜色较深，会掩盖干涉色和异常干涉色，异常干涉色难以显示出来。如角闪石、黑云母也有异常干涉色，但它们的颜色深，异常干涉色被掩盖而显示不出来。

异常干涉色是某些矿物很重要的鉴定特征之一。

第五节　补色法则和补色器

一、补色法则

设一非均质体斜交 OA 的切面，其光率体椭圆半径分别为 Ng^1 和 Np^1，厚度为 d_1，产生的光程差为 R_1，设另一非均质体斜交 OA 的切面，其光率体椭圆半径分别为 Ng^2 和 Np^2，厚度为

d_2，产生的光程差为 R_2，将两矿片在正交偏光镜下（光率体椭圆半径与 PP 斜交，一般在 45°位）重叠：若 $Ng^1 // Ng^2$，$Np^1 // Np^2$，则光波通过两矿片后，总光程差 $R=R_1+R_2$，R 比 R_1 或 R_2 都大，表现为干涉色升高（比两个矿片原来各自的干涉色都高）（图 4－8A）；若 $Ng^1 // Np^2$，$Ng^2 // Np^1$，总光程差 $R=|R_1-R_2|$，R 小于 R_1、R_2 中的较大者（但不一定小于较小者），表现为干涉色降低（比原来光程差较大的矿片的干涉色低，但不一定比原来光程差较小的矿片的干涉色低）（图 4－8B）。

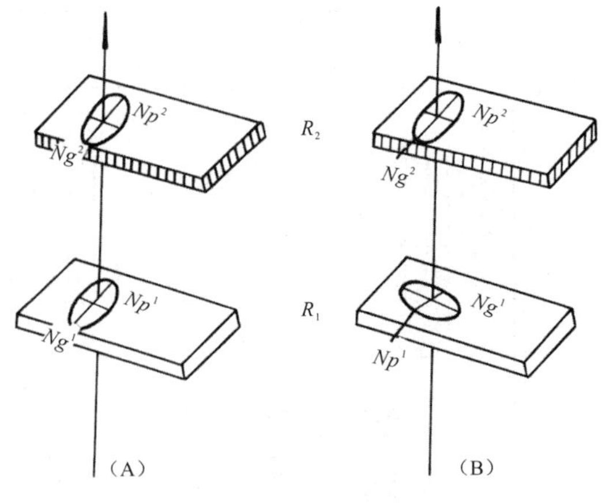

图 4－8　补色法则示意图

由此可见，**两非均质体斜交 OA 的切面，在正交镜下 45°位重叠：若其光率体椭圆同名半径平行，总光程差等于两矿片光程差之和，表现为干涉色升高；若异名半径平行，总光程差等于两矿片光程差之差，表现为光程差较大的切片的干涉色降低**。这就是**补色法则**（Compensation principle）。

在上例中，若 $R_1=R_2$，则当光率体椭圆异名半径平行时，总光程差 $R=0$，矿片黑暗，这种现象称为**消色**（Subtractive color）。消色和消光虽然都是表现为黑暗，但它们的成因不同。消光是由于矿片光率体椭圆半径与 PP 一致，没有光透出上偏光镜而使矿片呈现黑暗；而消色是由于两矿片产生的干涉色正好抵消而使矿片呈现黑暗。消光说明矿片光率体椭圆半径与 PP、AA 一致；消色说明两矿片光程差相等，而且它们的光率体椭圆异名半径平行。

若有一个矿片的光率体椭圆半径的方位、名称及其光程差已知，就可以根据补色法则确定另一个未知矿物切面的光率体椭圆半径方位、名称和光程差。把这种已知光率体椭圆半径方位、名称和光程差的矿片用特制的金属框架镶嵌起来，称之为**补色器**（Compensator）。

二、几种常用的补色器

补色器又称试板（Accessory plate）、检板、补偿器、消色器。最常用的补色器有云母试板（Mica plate）、石膏试板（Gypsum plate）和石英楔，它们是偏光显微镜的重要附件。

（一）云母试板

云母试板（图 4－9）以前多用白云母片制成，故名之，但现在多用水晶晶片制成。不同时代生产的试板，其光率体椭圆半径有不同的标记，如长半径标记为 Ng、慢光、γ 等，短半径标记为 Np、快光、α 等。但一般情况下，试板的长边为短半径方向，其短边为长半径方向（下同）。

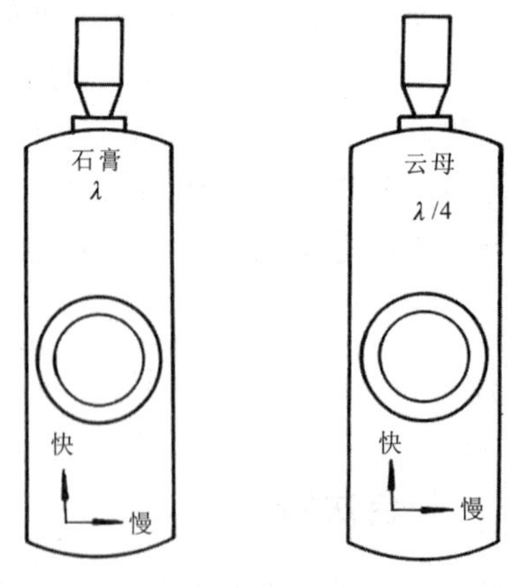

图 4－9　石膏试板和云母试板

云母试板的光程差为 147nm，相当于黄光的四分之一波长，又称 λ/4 试板。云母试板在正交偏光镜下呈现出Ⅰ级亮灰干涉色。矿片位于 45°位时，从试板孔中加入云母试板可使矿片干涉色改变一个色序；若二者同名半径平行，增高一个色序；若二者异名半径平行，降低一个色序。例如，矿片干涉色为Ⅱ级黄，加入云母试板后，升高一个色序变为Ⅱ级紫红，降低一个色序变为Ⅱ级绿。云母试板多用于干涉色为Ⅱ级黄以上的矿片观察，因为这类矿片在加入云母试板后，干涉色的升高与降低在色彩上差别明显，容易区别。

（二）石膏试板

石膏试板（图 4-9）以前多用透石膏晶片制成，故名之，现在多用水晶晶片制作，但仍习惯按原名称呼。早先制作的石膏试板的光程差为 550nm，与汞绿光波长（546nm）相近，又称为 1λ 试板。现今制作的石膏试板光程差也有 530nm 左右者。石膏试板在正交偏光镜下呈现Ⅰ级紫红干涉色，加入石膏试板可以使矿片干涉色升高或降低一个级序。

石膏试板适用于干涉色为Ⅱ级黄以下的矿片，因为干涉色为Ⅱ级黄以上的矿片加入石膏试板后，干涉色的升降难以判别，而干涉色为Ⅱ级黄以下的矿片加入石膏试板后，干涉色的升高和降低在色彩上相差明显，容易判别。例如，干涉色为Ⅱ级黄的矿片加入石膏试板后：同名半径平行，干涉色升高变为Ⅲ级黄；异名半径平行，干涉色降低变为Ⅰ级黄；两个方向都是黄色彩，难以判定哪个方向是干涉色升高了，哪个方向是降低了。若矿片的干涉色为Ⅱ级蓝，加入石膏试板后，干涉色升高变为Ⅲ级黄绿，降低变为Ⅰ级灰。又如干涉色为Ⅰ级紫红的矿片加入石膏试板后，干涉色升高变为Ⅱ级紫红，降低变为Ⅰ级暗灰（消色）。这样，两个方向的干涉色色彩差别明显，很容易判定哪个方向是干涉色升高，哪个方向是干涉色降低。

上述两种试板的使用范围，只是对初学者的建议。实际操作时，应该是哪种试板易于判别干涉色的升降就用哪种试板。无论使用哪种试板，判别结果应该是相同的。

有趣的是，当矿片光程差 $R<250$nm（对应干涉色为Ⅰ级黄白）时，加入石膏试板后，当异名半径平行时，对应总光程差（$R=550\text{nm}-250\text{nm}=300\text{nm}$）的干涉色（Ⅰ级黄）相对矿片的原干涉色不是降低，而是升高了，这对初学者是难以理解的。例如，干涉色为Ⅰ级灰白的矿片，其光程差为 150nm，加入石膏试板后：同名半径平行时，总光程差 $R=150\text{nm}+550\text{nm}=700\text{nm}$，对应总光程差的干涉色为Ⅱ级蓝绿，相对试板和矿片的干涉色都是升高了；异名半径平行时，总光程差 $R=550\text{nm}-150\text{nm}=400\text{nm}$，对应总光程差的干涉色为Ⅰ级橙，Ⅰ级橙相对于试板的原干涉色Ⅰ级紫红是降低了，但相对矿片原干涉色Ⅰ级灰白却是升高了。因此，补色法则中“干涉色降低”是指光程差较大的矿片的干涉色降低，强调干涉色的总效应与总光程差减小的对应性。

干涉色Ⅰ级灰白的矿片，加入石膏试板后，干涉色升高变为（Ⅱ级）蓝绿，干涉色降低变为（Ⅰ级）橙黄，这一判别法则在以后借助干涉色判别矿物光性符号和确定石英、斜长石、钾长石等矿物的光率体椭圆半径名称时经常应用，初学者应熟记之。

干涉色为高级白的矿片，加入石膏试板后：光率体椭圆同名半径平行，干涉色升高一级仍为高级白；异名半径平行，干涉色降低一级也仍为高级白；两个方向都是高级白，肉眼觉察不出有什么变化，这就是高级白干涉色的重要特征，凭借它可与Ⅰ级白相区别。

（三）石英楔

石英楔的结构和制作如前所述（图 4-3）。石英楔可连续产生 0～1 680nm 的光程差，有的可达 2 240nm，对应的干涉色为Ⅰ级灰至Ⅲ级紫红，有的可达Ⅳ级浅橙红。非均质体斜交 *OA* 切面位于正交偏光镜下 45°位，石英楔从试板孔缓缓插入，干涉色会连续变化：当同名半径平行时，以矿片原干涉色为起始干涉色，按干涉色级序依次升高；异名半径平行时，以矿片原干涉色为起始干涉色，按干涉色级序依次降低，直至矿片黑暗（消色），然后又依次升高。如果矿片有楔形边，在矿片主体表面干涉色升高的同时，矿片边缘的色圈向外扩散，干涉色降低时，色圈向内消失。干涉色的变化和色圈的移动给人一种动感，很容易判定干涉色是升高还是降低。

三、专用补色器

除了上述三种作为偏光显微镜附件的试板外，还有贝瑞克(Berek)消色器、倾斜消色器(Tilting compensator)、谢纳蒙特(Senarment)椭圆补色器、布雷斯-科勒(Brece - Köhler)椭圆补色器、中村试板(Nakamura half - shadow plate)等。由于这些补色器不常用，在此只简介贝瑞克消色器和中村试板。

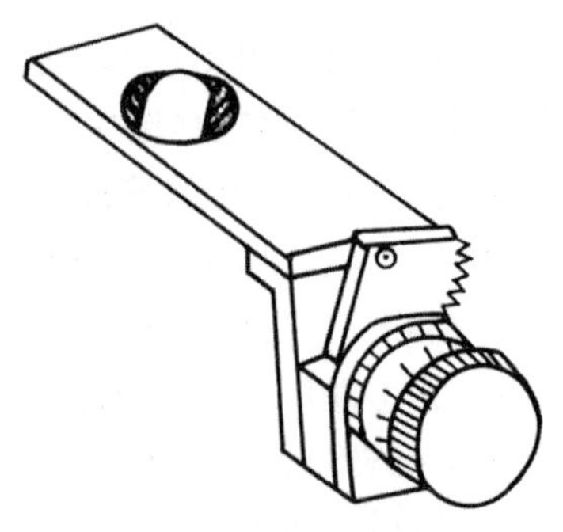

图 4-10　贝瑞克消色器

（一）贝瑞克消色器

贝瑞克消色器的基本结构是：一个垂直 c 轴(OA)的冰洲石圆片，厚约 0.1mm，镶嵌在一个金属圆环中；金属圆环安装在长方形金属板的圆孔中；消色器一端装有带刻度的鼓轮，金属圆环以小柄与鼓轮相连，转动鼓轮，金属圆环以金属板长边为轴随之转动（图 4-10）。当鼓轮上的 30°对准测微尺上的 0°时，冰洲石晶片处于水平位置，OA 直立，矿片光率体切面为圆切面，双折射率为零，光程差为零，物台上无矿片时，视域黑暗。旋转鼓轮，矿片倾斜，OA 也倾斜，光率体切面为椭圆切面，试板长边方向为 No（长半径），试板短边方向为 Ne'（短半径）。鼓轮转角(i)愈大，OA 愈倾斜，双折射率 $No-Ne'$ 愈大，同时光波通过晶片的距离 d'($d'>d$)愈大，光程差愈大，干涉色愈高，干涉色从Ⅰ级升高到Ⅳ级。

正交偏光镜下，物台上放置矿片，试板孔中插入贝瑞克消色器，转动鼓轮：当矿片与消色器光率体椭圆同名半径平行，干涉色依序升高，不会出现消色；当异名半径平行，干涉色逐渐降低直至消色，再继续转动鼓轮，干涉色又依序升高。

贝瑞克消色器用于干涉色较高的矿片光率体椭圆半径名称的确定及光程差的精确测定：若矿片消色时，鼓轮的转角为 i，利用公式 $R=c\cdot f(i)$ 可计算出 R。式中的 c、$f(i)$ 可从消色器的说明书中查出。求出的 R 值精度可达 2～4nm。

（二）中村试板

中村试板又称双石英试板，是用厚度相同、光率体椭圆半径对称、光程差完全相等的两片石英片制成的，两石英片将视域等分为两半（图 4-11）。

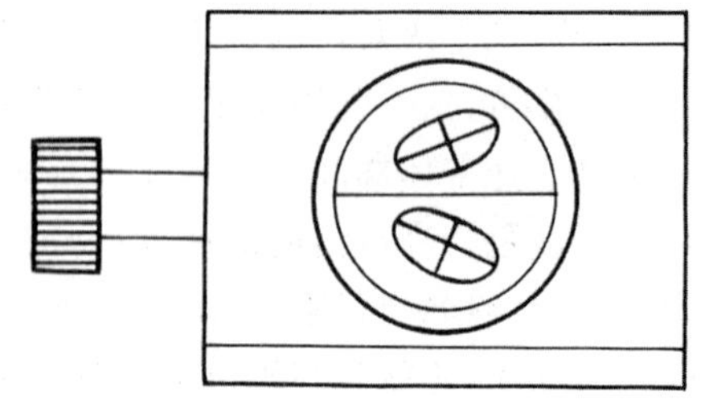

图 4-11　中村试板

中村试板比一般的补色器宽，不能从显微镜的试板孔插入，必须与莱特目镜(Wright eyepiece)配合使用。莱特目镜上有可供中村试板插入的孔，可安装在显微镜的镜筒上，以任何角度固定。由于中村试板提高到显微镜的上偏光镜上方，原有上偏光镜不能使用，莱特目镜上另配有上偏光镜（顶偏光镜）。

在正交偏光镜下，物台上无矿片时，中村试板两石英片的干涉色亮度一致，尤如一片石英。

当物台有矿片时，只有矿片的光率体椭圆半径严格与目镜十字丝（即 PP、AA）方向一致时，即严格处于消光位时，试板两石英片的干涉色亮度才完全一致。矿片光率体椭圆半径哪怕是与十字丝有微小的交角（0.1°～0.3°），试板两石英片的干涉色亮度也会不一致，将视域分成明暗不同的两半。中村试板的主要用途就是用来判别矿片是否准确处于消光位。在测试操作中使矿片光率体椭圆半径严格与十字丝一致，这对于消光角的精确测定、费德洛夫法测试中的光率体轴准确定位以及旋转针台法中消光曲线的测制是非常重要的。

第六节　非均质体斜交 OA 切面光率体椭圆半径方位和名称的测定

光率体椭圆半径的方位是指光率体椭圆半径与矿物结晶轴、晶面、解理纹、双晶纹等结晶方向之间的关系，可用光率体椭圆半径与上述结晶方向成多少交角来描述和记录，其测定和记录将在消光角测定一节中介绍。这里所指的方位，是指光率体椭圆半径的位置，与十字丝是什么关系。光率体椭圆半径的名称即指 No、Ne、Ne'、Ng、Nm、Np、Ng'、Np'等。要具体确定半径是 No 还是 Ne，是 Ng、Nm 还是 Np 等，需要知道矿物的轴性、光性符号、切面方位，这要在锥偏光镜下才能确定，这方面内容将在下一章中介绍。这里所说的半径名称是指它是长半径还是短半径。

非均质体矿物的许多光学性质的测定和描述，都需要确定光率体椭圆半径的方位和名称。其确定的步骤如下。

（1）将选好的矿片移至视域中心，转物台使矿片消光。此时矿片光率体椭圆半径的方向与目镜十字丝方向一致（图 4－12A）。

（2）转物台 45°，矿片干涉色最亮。此时矿片光率体椭圆半径方向与十字丝成 45°交角，即与将插入的试板光率体椭圆半径的方向一致（图 4－12B）。

（3）插入试板，确定干涉色是升高还是降低。若干涉色降低，说明矿片与试板光率体椭圆异名半径平行：平行试板长边方向的矿片光率体椭圆半径为长半径，另一方向为短半径（图 4－12C）。

（4）插入试板后，若干涉色升高，说明矿片与试板光率体椭圆同名半径平行：平行试板长边方向的矿片光率体椭圆半径为短半径，另一方向为长半径（图 4－12D）。

测定光率体椭圆半径的名称，关键在于干涉色升降判定要正确。为了保证判断准确，需注意以下几点。①选择合适的试板，干涉色Ⅱ级黄以下选用石膏试板，Ⅱ级黄以上选用云母试

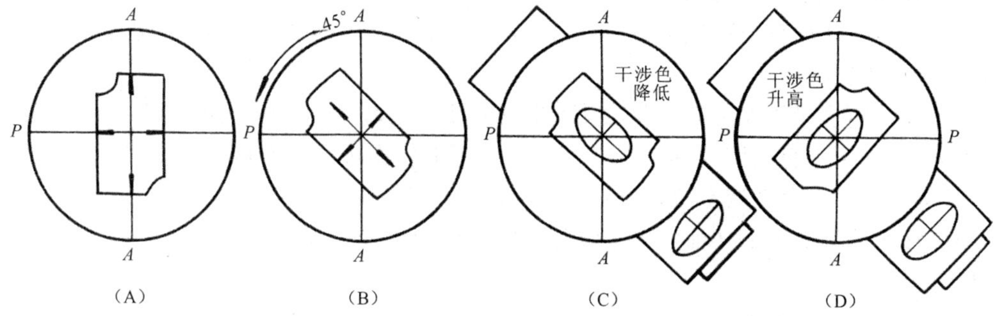

图 4－12　光率体椭圆半径方位和名称测定示意图

板，Ⅲ级以上选用石英楔；②用一种试板难以准确判断时，可以轮换用多种试板，多种试板的判定结果应该是一致的；③可以从消光位顺转物台45°和反转物台45°的两个位置上先后进行观察，互相验证，如果一个位置上干涉色是升高的，那么另一个位置上干涉色应是降低的。测定完毕后，从试板孔中抽出试板。

第七节 矿物最高干涉色和最大双折射率的测定

正交偏光镜下的非均质体斜交 OA 切面，当光率体椭圆半径与 PP、AA 斜交时，呈现干涉色，干涉色的高低取决于光程差 R 的大小。由光程差公式 $R=\Delta N\cdot d$ 可知：①不仅不同的矿物有不同的干涉色，而且同种矿物的不同切面也有不同的干涉色；②不同矿物的不同切面，只要 R 相同，它们的干涉色就会相同。因此，任意切面的干涉色一般不具有鉴别意义，只有最大双折射率和对应的最高干涉色才是矿物的鉴定特征。非均质体矿物许多光学性质的测定，要在一轴晶平行 OA 和二轴晶平行 OAP 切面上进行。这类切面的重要特征之一是正交偏光镜下干涉色最高（即矿物的最高干涉色）。因此，测定矿物的最高干涉色和最大双折射率在透明造岩矿物的鉴定中尤显重要。常用的测定方法如下。

（一）楔形边法

由于矿物晶形的多面体性和矿物在岩石中的不定向性，薄片中的矿物切片边缘一般都呈坡度不等的楔形，至少某一段会呈楔形。具楔形边的部位，从边缘向中心，厚度由零连续增大到薄片的厚度（0.03mm），对应的干涉色从Ⅰ级暗灰连续增高到切面主体具有的干涉色。如果切面周边都呈楔形，矿物颗粒周边的干涉色呈圈层状分布（图4-13，图版Ⅳ-4）。如果楔形边只有矿物切面边缘的某一段明显，则干涉色只在该段呈明显的条带状。楔形坡度愈缓，干涉色带宽度愈大，愈容易观察；楔形坡度愈陡，干涉色带愈窄，愈难观察。

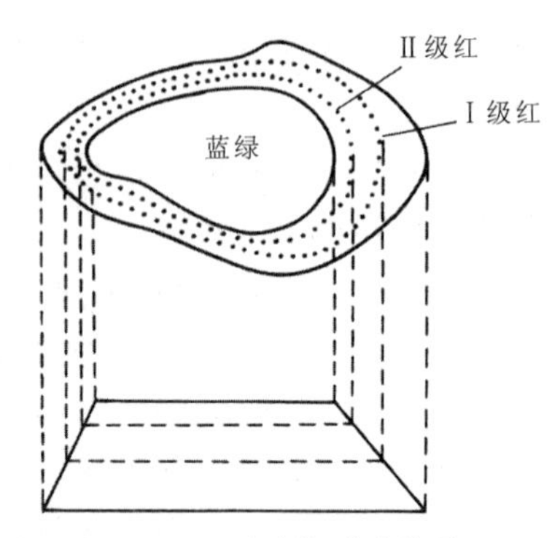

图4-13 矿片楔形边缘及对应的干涉色圈

楔形边法测定矿物最高干涉色和最大双折射率的步骤如下。

（1）选择切面。一轴晶应为平行 OA 切面，二轴晶应为平行 OAP 切面，若为有色矿物，此类切面的多色性最明显。总的原则是：首先要选择边缘色圈较多者（起始干涉色要在Ⅰ级白以下），其次要选择切面主体表面干涉色较高者。若矿物的族名、光性方位已知，自形度高，则切面形态、解理纹方向也可作为选切面的依据。

（2）将选定的切面移至视域中心，从消光位转物台45°，观察切面主体干涉色彩。图4-13中主体干涉色为蓝绿。

（3）选择切面边缘干涉色圈条带较宽（即楔形坡度较缓）的区段，查明其中红色条带的数量，若为 n 条，则干涉色级别为 $(n+1)$ 级。图4-13中矿物边缘具有两圈红干涉色，则矿片干涉色为Ⅲ级。当干涉色带较窄时，可用高倍物镜进行观察。

（4）干涉色的级数加上切面主体干涉色彩即为切面干涉色级序。图4-13中，该切面干涉色为Ⅲ级蓝绿。

（5）为了确保测定准确，重复（1）至（4）步，多测几个切面，从中选取最高的干涉色作为矿物的最高干涉色。

(6)根据最高干涉色,查干涉色色谱表,求出矿物最大双折射率(一般情况下,取 $d=0.03nm$,下同)。如对应Ⅲ级蓝绿的双折射率为 0.038。

(二) 石膏试板和云母试板法

加入石膏试板或云母试板后,矿片在+45°位(从消光位顺时针旋转物台 45°)和−45°位(从消光位逆时针旋转物台 45°)干涉色在多数情况下会有明显的差别(表 4-1),根据这种差别就可确定矿片干涉色级序。用石膏试板和云母试板测定矿片最高干涉色和最大双折射率的步骤如下。

表 4-1　不同干涉色加试板后的变化情况

矿片干涉色		Ⅰ级灰	Ⅰ级白	Ⅰ级浅黄	Ⅰ级橙	Ⅰ级紫红	Ⅱ级蓝	Ⅱ级蓝绿	Ⅱ级黄	Ⅱ级橙	Ⅱ极紫红	Ⅲ级蓝绿	Ⅲ级绿	Ⅲ级黄	Ⅲ级橙	Ⅲ极红
加石膏试板	升高	蓝	蓝绿	绿	黄	紫红	蓝绿	绿	黄	橙	红	粉红	浅绿	浅绿	浅橙	浅橙
	降低	橙	浅黄	灰白	灰	暗灰	灰	灰白	浅黄	橙	紫红	蓝	蓝绿	黄	橙	紫红
加云母试板	升高	灰白	浅黄	橙	紫红	蓝	蓝绿	黄	橙	紫红	蓝绿	绿	黄	橙	红	粉红
	降低	暗灰	灰	灰白	浅黄	橙	紫红	蓝	蓝绿	绿	黄	紫红	蓝绿	绿	黄	橙

(1)选择切面。切面的种类及其特征如楔形边法中所述。

(2)将选好的切面移至视域中心,先后在+45°位和−45°位分别加入石膏试板和云母试板,观察矿片干涉色的升降变化,对照表 4-1,确定矿片的干涉色级序。如某矿片主体干涉色为蓝色:加入石膏试板后,+45°位和−45°位的干涉色分别为蓝绿和灰,对照表 4-1 可知,该矿片原干涉色应为Ⅱ级蓝;加入云母试板后,+45°位和−45°位的干涉色分别为蓝绿和紫红,对照表 4-1,该矿片原干涉色也应为Ⅱ级蓝。若两种试板判别结果一致,矿片干涉色测定结果正确。

(3)重复第(1)(2)步,观察多个切面,选取其中最高的干涉色作为矿物的最高干涉色。

(4)根据最高干涉色,查干涉色色谱表,求出矿物的最大双折射率。

(三) 石英楔法

用石英楔测定矿物最高干涉色和最大双折射率的步骤如下。

(1)选择切面。对切面的要求和选择同楔形边法。

(2)将选好的切面移至视域中心,并转至+45°位,记录矿物主体表面的干涉色彩。

(3)从试板孔中缓缓插入石英楔,观察干涉色的变化情况:若干涉色一直连续升高,矿片达不到消色位,表明矿片同试板光率体椭圆同名半径平行,必须改在−45°位继续测定;若干涉色开始时逐渐降低,过了消色位后又逐渐升高,表明矿片与试板光率体椭圆异名半径平行,测定操作可继续往下进行。

(4)缓缓插入石英楔直至矿片消色,然后从消色位缓缓抽出石英楔,干涉色逐渐升高,直升至矿物主体表面原有的干涉色为止。在缓缓抽出石英楔的同时要注意记住紫红色出现的次数,若出现 n 次,则干涉色为 $(n+1)$ 级。

(5)干涉色级别($n+1$)级加上矿片主体表面的干涉色彩即为矿片的干涉色级序,记作“($n+1$)级 ××色”。

(6)重复(1)至(5)步,多测几个切面,选取干涉色级序的最高者,作为矿物的最高干涉色。

(7)用矿物的最高干涉色,查干涉色色谱表,求出矿物的最大双折射率。

(四) 贝瑞克消色器法

用贝瑞克消色器测定矿物的最高干涉色,其测定步骤与石英楔法类似。但贝瑞克消色器主要是用于精确测定矿物的最大双折射率,其测定步骤如下:

(1)选择平行 OA(一轴晶)或平行 OAP(二轴晶)切面,切面特征同楔形边法所述。

(2)将选好的切面移至视域中心,转物台使之处于 45°位,并观察记录矿物主体表面干涉色彩。

(3)将贝瑞克消色器鼓轮上的 30°对准测微尺上的 0°(镶有冰洲石晶片的金属环应处于水平位),然后将贝瑞克消色器插入试板孔中。

(4)转动鼓轮,观察干涉色的变化:若干涉色一直逐渐升高,矿片达不到消色位,表明冰洲石片与所测矿片光率体椭圆同名半径平行,必须转物台 90°后再继续测定;若干涉色开始逐渐降低,过了消色位后又逐渐升高,表明为异名半径平行,测定工作可继续下去。

(5)缓缓转动消色器,直至矿片消色,记录鼓轮转角读数 x_1。

(6)从上述消色位开始,反向缓慢转动鼓轮,干涉色开始逐渐升高,一直升到矿片原来的干涉色彩。观察干涉色从消色到矿片最高干涉色的变化过程中紫红色出现的次数,若为 n 次,则矿片的干涉色级别为($n+1$)级,类似于石英楔法所述,矿物最高干涉色为“($n+1$)级××色”。继续转动鼓轮,干涉色又开始逐渐降低,直转到矿片消色为止,记录鼓轮转角读数 x_2。

(7)求出鼓轮正、反转角的平均值 $i=|x_1-x_2|/2$。

(8)按公式 $R=c\cdot f(i)$,求出矿片的光程差 R。式中 c 和 $f(i)$值可在消色器说明书中查出,R 精度可达 2~4nm。

(9)用贝瑞克消色器测出已知双折射率的矿片(如石英平行 OA 切面的双折射率 $Ne-No=0.009$)的光程差,然后利用光程差公式求出薄片的准确厚度 d。

(10)用求出的 R 和 d,按光程差公式计算出矿片的双折射率,则该双折射率为矿物的最大双折射率。

由上述几种方法可知,不同的方法有各自的优点:楔形边法最适用而且简便;石膏试板法和云母试板法可用以检验楔形边法的结果;石英楔法测定最高干涉色级序较准确,适用于最高干涉色较高的矿物;贝瑞克消色器法测出的光程差精度最高,且能测最高干涉色为Ⅴ、Ⅵ级的矿物。

第八节　矿物多色性公式和吸收性公式的测定

颜色是矿物的重要鉴定特征。对于有色的非均质体矿物,一定要测定其多色性公式和吸收性公式。多色性公式和吸收性公式的测定要在正交偏光镜下和单偏光镜下交替进行:在正交偏光镜下测定光率体椭圆半径的方位和名称,并使欲测的光率体椭圆半径方向与 PP 一致;在单偏光镜下观察欲测方向的颜色。一轴晶矿物要测定 Ne、No 的颜色,至少要选择一个切面进行测定。二轴晶矿物要测定 Ng、Nm、Np 的颜色,至少要选择两个切面进行测定。二者的测定步骤各有差异，现分别简述如下。

（一）一轴晶矿物多色性公式和吸收性公式的测定

以黑色电气石（蓝碧玺，一轴负晶）为例，介绍其测定步骤如下。

（1）选择切面。选择平行 OA 切面，该切面光率体椭圆半径分别为 Ne、No。一轴晶平行 OA 切面的共同特征是：①单偏光镜下多色性变化最明显；②正交偏光镜下干涉色最高；③锥偏光镜下干涉图为闪图（后述）。对于黑色电气石，该切面的特征是：①切面形态为长方形或长条形；②单偏光镜下为浅紫色—深蓝色，是电气石所有切面中颜色色彩和深浅变化最明显的切面；③正交偏光镜下干涉色Ⅱ—Ⅲ级，是电气石所有切面中干涉色最高的切面；④锥偏光镜下为闪图。

（2）将选好的切面置于视域中心，按第四章第六节所述测定切面光率体椭圆半径的方位和名称：正光性矿物，长半径为 Ne，短半径为 No；负光性矿物长半径为 No，短半径为 Ne。初学者在测定时最好作切面素描图，标明半径的方向和名称（图 4 - 14A），以免测定过程中出错。

（3）使 Ne∥PP（正交镜下消光），单偏光镜下观察矿片颜色，记录 Ne＝××色。图 4 - 14B 中 Ne＝浅紫色（图版Ⅲ-6）。

（4）使 No∥PP（即从 Ne∥PP 的位置上转物台 90°，正交偏光镜下消光），单偏光镜下观察矿片颜色，记录 No＝××色。图 4 - 14C 中 No＝深蓝色（图版Ⅳ-1）。

（5）对比 No、Ne 颜色深浅程度，写出吸收性公式。如该例为 No＞Ne。

这样，该例的多色性公式为 Ne＝浅紫色，No＝深蓝色；吸收性公式为 No＞Ne。测定过程中，第（3）（4）步可以互换，即可先测 No 的颜色。

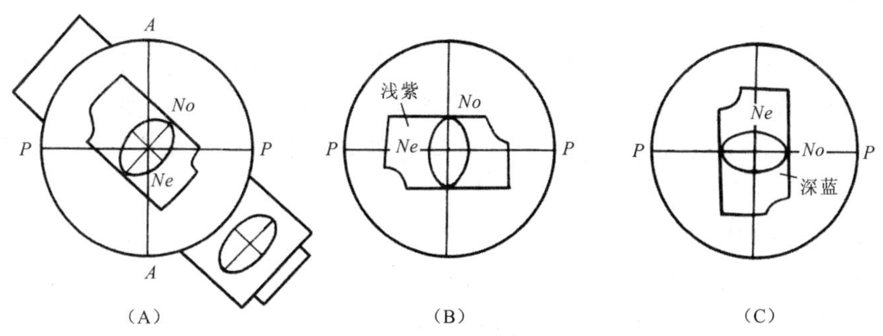

图 4 - 14　一轴晶矿物多色性公式和吸收性公式的测定

（二）二轴晶矿物多色性公式和吸收性公式的测定

二轴晶矿物多色性公式、吸收性公式的测定，至少要选择两个切面，比较通用和简便的做法是选择垂直 OA 和平行 OAP 两个切面。现以普通角闪石为例，说明其测定步骤如下。

（1）选择垂直 OA 切面，该切面为光率体的圆切面，半径为 Nm。二轴晶垂直 OA 切面的共同特征是：①单偏光镜下无多色性；②正交偏光镜下全消光；③锥偏光镜下为二轴晶垂直 OA 切面干涉图（后述）。对于普通角闪石，该切面的特征是：①形态为短长方形，见不到解理纹；②单偏光镜下为绿色，转物台时其颜色色彩和深浅不发生变化，若切面不是严格地垂直 OA，而是接近垂直 OA，则切面颜色色彩和深浅稍有变化、变化幅度极低；③正交偏光镜下全消光，若切面不是严格地垂直 OA，而是接近垂直 OA，则切面干涉色为Ⅰ级灰，叠加颜色后为

Ⅰ级灰绿；④正交偏光镜下为二轴晶垂直 OA 切面干涉图。

(2)将选择的垂直 OA 切面移至视域中心，单偏光镜下(任意方向)观察矿片颜色，记录 Nm=××色。图 4-15A 中 Nm=绿色。

(3)选择平行 OAP 切面，该切面的光率体椭圆半径分别为 Ng、Np。二轴晶有色矿物平行 OAP 切面的共同特征是：①单偏光镜下多色性、吸收性最明显；②正交偏光镜下干涉色最高；③锥偏光镜下干涉图为闪图(后述)。对于普通角闪石，该切面的特征是：①形态为规则或不规则长方形，见有较粗的、间距较宽的、不十分连续的、互相平行的一向解理纹；②单偏光镜下为浅黄绿色—深绿色，转物台时其颜色色彩和深浅变化最明显，是普通角闪石所有切面中颜色色彩和深浅变化最明显的切面；③正交偏光镜下干涉色为Ⅱ级蓝绿，是普通角闪石所有切面中干涉色最高的切面；④锥偏光镜下为闪图(后述)。

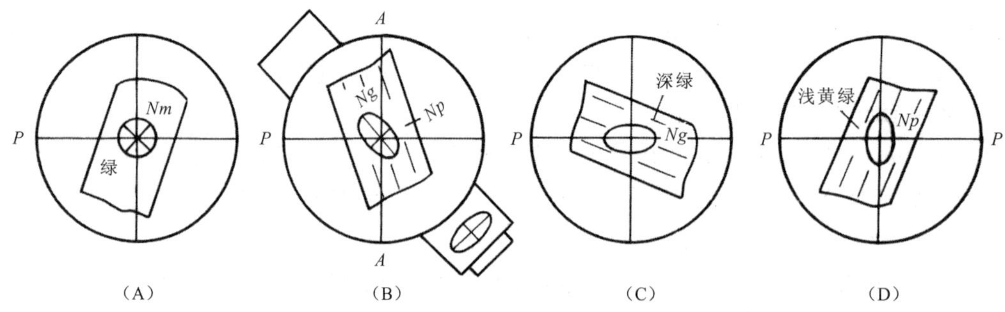

图 4-15　二轴晶矿物多色性公式和吸收性公式的测定

(4)将平行 OAP 切面移至视域中心，按第四章第六节所述，测定切面光率体椭圆半径的方向和名称，并绘制切面形态素描图，标以光率体椭圆半径方位和名称(图 4-15B)。

(5) 使 $Ng/\!/PP$(正交偏光镜下消光)，单偏光镜下观察矿片的颜色，记录 Ng=××色。如普通角闪石，Ng=深绿色(图 4-15C，图版Ⅳ-2)。

(6)使 $Np/\!/PP$(从 $Ng/\!/PP$ 位转物台 90°，正交偏光镜下消光)，单偏光镜下观察矿片的颜色，记录 Np=××色。如普通角闪石的 Np=浅黄绿色(图 4-15D，图版Ⅳ-3)。

(7)对比 Ng、Nm、Np 颜色深浅程度，写出吸收性公式。如普通角闪石的吸收性公式为 $Ng>Nm>Np$。

这样，二轴晶矿物的多色性公式和吸收性公式全部测出。测定步骤中，第(1)(2)步可放到第(6)步以后做，第(5)(6)步次序也可以交换。对某些矿物，根据结晶特点也可选用其他切面。如普通角闪石，垂直 c 轴切面非常特征：多为近菱形的长六边形，两组解理纹同时最细、最清晰，交角为 56°、124°。该切面上两组解理纹所交锐角等分线即为 Nm 方向，当目镜横丝(PP)平分锐角时(正交偏光镜下消光)，单偏光镜下观察到的颜色即为 Nm 的颜色。若薄片中难以找到垂直 OA 切面，而垂直 c 轴切面又容易找到，则可改用垂直 c 轴切面测定 Nm 颜色。

这里要强调的是，选一轴晶平行 OA 切面和二轴晶平行 OAP 切面时，最好用锥偏光镜下的闪图验证，但这要在下一章中介绍。若凭正交偏光镜下的干涉色进行选择，应多测几个干涉色较高的切面，从中选出干涉色最高的切面，才能确保它是应选的切面。

第九节　矿物的消光类型及消光角的测定

一、消光类型

消光类型(Types of extinction)　是指矿物斜交 OA 切面消光时，目镜十字丝(即切面光率体椭圆半径方向)与矿物解理纹、双晶纹、晶面纹(晶面与切面的交线)等之间关系的类型。消光类型有如下三种(图 4－16)。

(1)**平行消光**(Parallel extinction)　矿片在消光位时，矿物的解理纹、双晶纹、晶面纹等与目镜十字丝之一平行。

(2)**斜消光**(Inclined extinction)　矿片在消光位时，矿物的解理纹、双晶纹、晶面纹等与目镜十字丝斜交(不垂直也不平行)。

(3)**对称消光**(Symmetrical extinction)　矿片在消光位时，切面上的两组解理纹，或两组双晶纹，或两个方向的晶面纹的夹角等分线与十字丝方向一致。

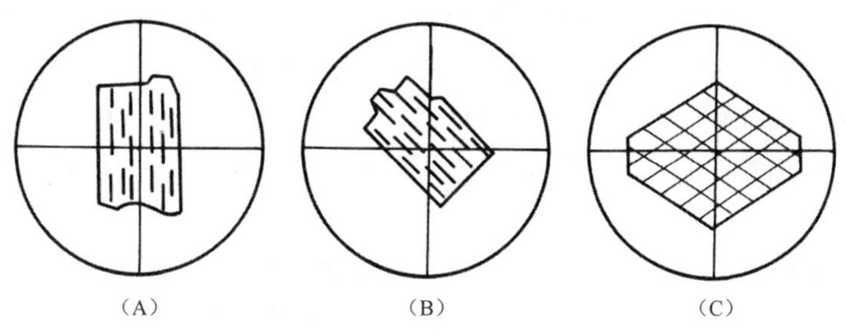

图 4－16　消光类型

A. 平行消光；B. 斜消光；C. 对称消光

消光类型主要取决于矿物的对称程度，不同的晶系，其三种消光类型出现的概率不同：对称程度愈高，平行消光、对称消光的切面愈多；对称程度愈低，斜消光的切面愈多。其次取决于切面方位，同种矿物不同方向的切面，其消光类型不同。消光类型实际上就是矿物光性方位类型。

中级晶族矿物，其光性方位为 $Ne /\!/ c$，b、c 与 No 一致。平行任一结晶轴的切面以及虽然与三结晶轴相交但与 a、b 交角相等的切面，多数呈平行消光，有时呈对称消光。只有切面与 a、b、c 三轴斜交且交角彼此不相等时，才呈斜消光。

斜方晶系矿物，其光性方位是三个光率体轴与三个结晶轴一致。平行任一结晶轴的切面都呈平行消光，有时为对称消光。斜交三结晶轴的切面才呈斜消光。

单斜晶系矿物的光性方位为：b 轴与三个光率体轴之一重合，其他两个结晶轴与另两个光率体主轴斜交(图 4－17A)。单斜晶系矿物各切面的消光类型与晶体形态、解理的组数、解理的方位有关，对具体的矿物要作具体分析。下面以普通角闪石为例分析单斜晶系角闪石、单斜晶系辉石类矿物不同方向切面的消光类型。

平行 b 轴的切面　当垂直 c 轴时，切面与(001)交角小、但非平行(001)面，切面具两个方向的解理纹，夹角为 56°、124°，其锐角等分线为 Nm 方向，钝角等分线为 Np' 方向，切面表现为对称消光(图 4－17B)。当切面方位向前或向后偏离垂直 c 轴方向时(但平行 b 轴)，两向解理

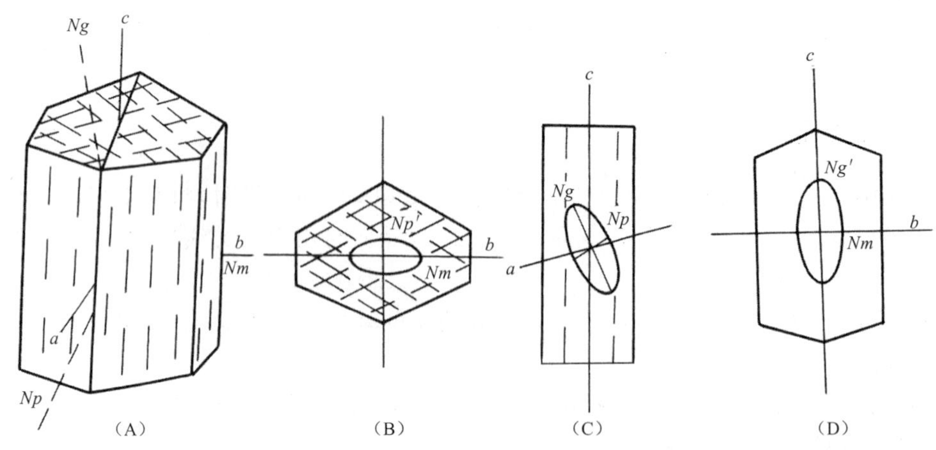

图 4-17 普通角闪石不同切面的消光类型

纹同时变粗、变模糊,直到不见,解理纹交角的锐角变大,钝角变小。由于平行 b 轴的切面(也即垂直(010)面的切面)上,Nm 始终垂直柱面纹,另一方向的光率体椭圆半径(大小由 Np 变到 Ng)始终平行柱面纹,因此这些切面不是对称消光就是平行消光。这里要指出的是,平行(100)的切面具平行消光(图 4-17D),但平行消光的切面不一定是平行(100)切面。平行 b 轴的切面中,有许多切面都为长方形,无解理纹,平行消光,很难从这些切面中分辨出平行(100)切面。

平行 a 轴的切面 由于 a 与 c 不垂直,在平行 a 轴的切面中没有垂直 c 轴的切面,但有接近垂直 c 轴的切面。接近垂直 c 轴的切面也具有两向解理纹,除了平行(001)切面外,均为非对称消光。(001)切面虽然是平行 a 轴的切面,但同时也是平行 b 轴的切面,因此它具有对称消光,但该切面的解理纹夹角不是 56°、124°。在平行 a 轴的切面中,由平行 b 轴切面到垂直 b 轴切面,两向解理纹所夹锐角变小,所夹钝角变大,解理纹由两向变为一向,消光类型除平行 b 轴切面外均为斜消光。其中垂直 b 轴切面,即垂直 Nm 切面,光率体椭圆半径分别为 Ng、Np,解理纹方向为 c 轴方向,该切面在偏光显微镜下能准确找到,其 Ng 与 c 轴的夹角具有鉴定意义(图 4-17C)。因此,平行 a 轴的切面中,只有平行 b 轴切面是对称消光,其他的都是斜消光。

平行 c 轴的切面 由于普通角闪石多为长柱状半自形晶,柱面完好,平行 c 轴的切面多为长条形,长边(即柱面纹)平直。平行 c 轴的切面,虽然与两组解理面都相交,但交线是彼此平行的,在显微镜下只能见到一个方向的解理纹,且都平行柱面纹。当两组解理面与切面法线的交角都小于解理纹可见临界角时,切面上的两组解理纹都可见(互相平行),解理纹较密。当一组解理面与切面法线的交角小于临界角而另一组大于临界角时,显微镜下切面上只能见到一组解理纹,解理纹较稀。当两组解理面与切面法线的交角都大于临界角时,切面上两组解理纹都见不到,即无解理纹。在平行 c 轴的切面中,只有平行(100)切面(既是平行 c 轴的切面,也是平行 b 轴的切面)是平行消光,其他切面都是斜消光,消光角以垂直 b 轴切面(既是平行 c 轴的切面,也是平行 a 轴的切面)上的最大,具有鉴定意义。

与 a、b、c 轴都斜交的切面 这些切面有的具有两向解理纹,有的具有一向解理纹,有的不具解理纹。在这些切面上，解理纹、晶面纹不代表结晶轴方向，光率体椭圆半径也不代表主轴方向，因此二者的交角一般不具有鉴定意义。

综上所述，普通角闪石只有平行 b 轴的切面具有对称消光或平行消光，其他切面都为斜消光。因此，单斜晶系矿物，多数切面是斜消光，少数切面是平行消光和对称消光。

三斜晶系矿物的光性方位是三个结晶轴与光率体三个主轴均斜交，其任何切面都是斜消光。三斜晶系矿物有些切面，如斜长石垂直(010)切面和同时垂直(010)、(001)面的切面，在显微镜下是可以定位的，这些切面上的消光角大小与成分有关系，具有鉴定意义。

二、消光角及消光角公式的测定

（一）消光角及消光角公式

消光角(Extinction angle)　是指矿片在消光位时，目镜十字丝与结晶方向(晶轴、解理纹、晶面纹等)之间的夹角，即切面光率体椭圆半径方向与结晶方向之间的夹角。消光角一般要用消光角公式表示。**消光角公式**包括三个要素：光率体椭圆半径名称、结晶方向名称、二者之间的夹角(α)数值，一般表示形式为“光率体椭圆半径名称∧结晶方向名称$=\alpha$”。例如，普通角闪石平行(010)切面的消光角为$Ng \wedge c=25°$，中长石垂直(010)的切面上最大消光角为 $Np' \wedge (010)=27°$，等等。消光角公式是切面消光类型和光性方位的表示形式。例如，普通角闪石垂直 c 轴切面为对称消光，光性方位为 $Nm \wedge (110)=28°$(或 $Np' \wedge (110)=62°$)；平行(010)切面为斜消光，光性方位为 $Ng \wedge c=25°$(或 $Np \wedge c=65°$)；平行(100)切面为平行消光，光性方位为 $Ng' \wedge c=0°$(或 $Nm \wedge c=90°$)等。

不是所有斜消光的切面都要测定消光角公式，只有特定的切面才进行测定。这些特定的切面具有如下两个条件：一是切面可以在显微镜下定位(找到)，其光率体椭圆半径名称和结晶方向名称都可以确定；二是消光角大小与成分有明显关系，即具有鉴定意义。例如，单斜晶系角闪石平行(010)的切面在偏光显微镜下能准确定位，其消光角大小随矿物种属不同而不同，因此研究单斜晶系角闪石一定要测定平行(010)切面上的消光角公式。角闪石垂直 c 轴的切面虽然在偏光显微镜下能准确定位，但其消光角大小不随种属而变，不仅所有的单斜角闪石，而且所有的角闪石都为 $Nm \wedge (110)=28°$，该切面的消光角不必精确测定。角闪石还有一类切面，如平行(210)的切面，虽然其消光角大小也随种属不同而变，但切面无法在偏光显微镜下定位，其消光角也没有必要测定。因此对斜消光的一般切面，无需测定其消光角。

（二）消光角公式的测定

消光角公式的测定步骤如下：

(1)选择符合要求的切面，将切面移至视域中心，在单偏光镜下使已知结晶方向平行纵丝(或横丝)，记录物台读数 x_1。例如，单斜角闪石选择平行(010)切面，解理纹方向为 c 轴方向，使解理纹平行纵丝(图 4－18A)。

(2)旋转物台使矿片消光，则切面光率体椭圆半径与十字丝方向一致，记录物台读数 x_2，算出 $\alpha=|x_1-x_2|$。作素描图，标出光率体椭圆半径方向及其与结晶方向的夹角 α(图 4－18B)。

(3)转物台 45°，矿片干涉色最亮。从试板孔中插入试板，根据干涉色升降确定光率体椭圆半径名称(图 4－18C)。如单斜角闪石平行(010)切面的光率体椭圆长半径为 Ng，短半径为 Np。

(4)写出消光角公式。如单斜角闪石的消光角公式为 $Ng \wedge c=\alpha$。

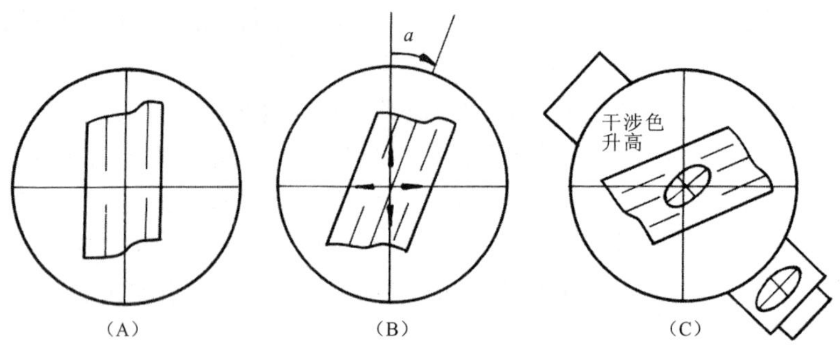

图 4-18　消光角公式测定步骤示意图

为了使测定结果准确，必须做到选择切面准确，矿片消光准确，物台读数准确，插入试板后干涉色升降判断准确。

第十节　矿物的延性及延性符号的测定

（一）延性及延性符号

不同的矿物具有不同的结晶习性。一些矿物晶体呈一向延长，如柱状、棒状、针状、纤维状等；另一些矿物晶体呈二向延长，如板状、片状等。矿物晶体沿着某一个或某两个光率体椭圆半径方向延长的习性就称为矿物的**延性**(Elongation)。要查明矿物的延性，首先要查明其不同方向切面的延性。如果切面方向平行或近于平行柱状、棒状、针状、纤维状矿物的延长方向，或垂直、近于垂直板状、片状矿物板面和片理面，切面形态都是一向延长。一般规定：切面延长方向与其光率体椭圆长半径（Ng 或 Ng'）平行或交角小于 45°，称为**正延性**(Positive elongation)；延长方向与短半径（Np 或 Np'）平行或交角小于 45°，称为**负延性**(Negative elongation)。切面延性的"正""负"称为**延性符号**(Sign of elongation)。切面延长方向与光率体椭圆半径成 45°夹角，延性不分正负。对于等轴形切面，也不测定其延性。

矿物的延性既与光性方位有关，也与晶体形态有关。对于一轴晶：当晶体沿 c 轴方向延长时，正光性符号者延性符号为正，负光性符号者延性符号为负，延性符号与光性符号相同（图4-19A）；当晶体垂直 c 轴呈板状、片状时，其延性符号与光性符号相反（图 4-19B）。有的矿物有时为柱状，有时为板状，因此它的延性有时为正，有时为负。例如，刚玉为一轴负晶，呈

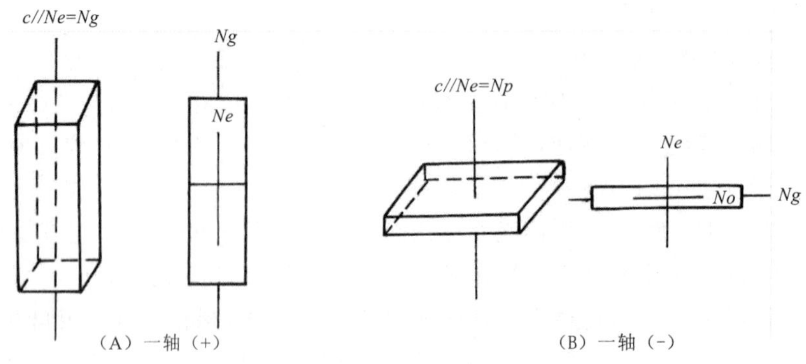

图 4-19　一轴晶矿物延性符号与光性符号、晶形之间的关系

柱状、桶状时为负延性，呈板状时为正延性。

对于二轴晶，当晶体延长方向与 Ng 一致时，多数切面为正延性；当延长方向与 Np 一致时，多数切面为负延性；当延长方向与 Nm 一致时，有的切面为正延性，有的切面为负延性（图 4-20）。

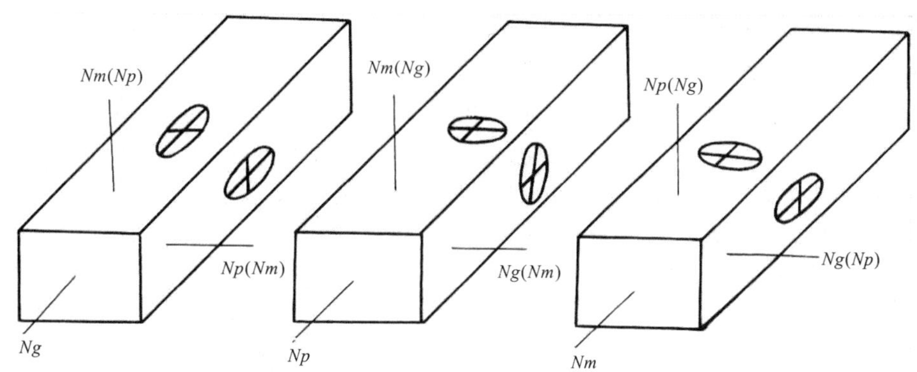

图 4-20 二轴晶矿物延性符号与光性方位、切面方位的关系

（二）延性符号的测定

延性符号的测定类似于消光角公式的测定，其测定步骤如下。

(1)将欲测切面置于视域中心，使延长方向与目镜十字丝纵丝方向一致。

(2)观察消光类型。若为平行消光，接第(3)步骤操作；若为斜消光，转物台小于 45°(若顺转物台大于 45°，则逆转物台小于 45°)使矿物消光。作好素描图，标出光率体椭圆半径方位(类似于图 4-18B)。

(3)从消光位转物台 45°，插入试板，根据干涉色升降确定光率体椭圆半径名称。若延长方向与长半径平行或交角小于 45°，延性符号为正；若延长方向与短半径平行或交角小于 45°，延性符号为负。

第十一节 矿物双晶的观察

正交偏光镜下之所以能见到**双晶**(Twin)，是因为构成双晶的两个或两个以上的单体，其光性方位不同，除了少数几个特定的方向外，双晶单体不同时消光，具有不同的干涉色。有些矿物虽然具有双晶，但构成双晶两单体的光性方位相同，在正交偏光镜下具有完全相同的干涉色，不显示双晶。例如，石英的道芬双晶和巴西双晶，双晶轴为 c 轴，两单体的光性方位完全一样，在正交偏光镜下无法观察到双晶。但石英的日本双晶，双晶面为$(11\bar{2}2)$，两个单体的 L^3 轴(Ne 方向)的交角为 84°34′，因而光性方位不同，在正交偏光镜下的干涉色调不同，故能观察到双晶(图 4-21)。因此，尽管石英具有双晶，但在显微镜下一般见不到双晶，只有极少数情况下才能见到。

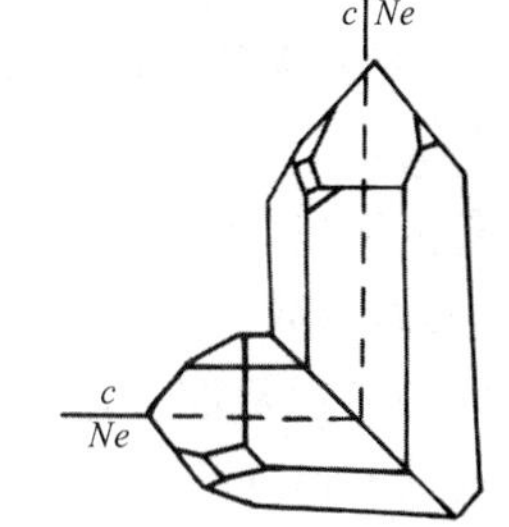

图 4-21 石英的日本双晶

双晶面(Twin plane)与切面的交线，称为**双晶纹**(Trarce of twin plane)。正交偏光镜下之所以能见到双晶纹，是由于双晶相邻两单体干涉色不同，两种干涉色的界线即双晶纹。双晶纹的可见度主要取决于切面方位：当双晶面与切面垂直时，双晶两单体的干涉色截然分开，双晶纹最细、最清晰，升降物台双晶纹不平行移动(图 4－22A)；当双晶面与切面斜交时，双晶纹变粗、变模糊，升降物台，双晶纹平行移动(图 4－22B)；当双晶面与切面法线交角较大，且两单体干涉色较高时，双晶面附近两单体干涉色重叠形成中间干涉色条带平行双晶纹分布，原来的一条双晶纹变成了两条模糊的双晶纹，外貌像聚片双晶(图 4－22C)，辉石和角闪石常见这种现象；当双晶面与切面法线的交角大到一定程度时，双晶纹就看不见了。双晶纹的可见度还取决于双晶纹与 *PP*、*AA* 的相对位置。虽然在一般情况下双晶纹清晰可见，但当物台旋转到一定位置时，双晶两单体干涉色调完全一样，双晶纹随之消失，犹如没有双晶一般。例如，斜长石钠长律双晶，当切面垂直双晶面时，一般位置上双晶可见，双晶纹细而清晰，但当双晶纹平行目镜十字丝和与十字丝相交成 45°时，两单体干涉色灰度一致，犹如单晶一般，双晶纹消失。

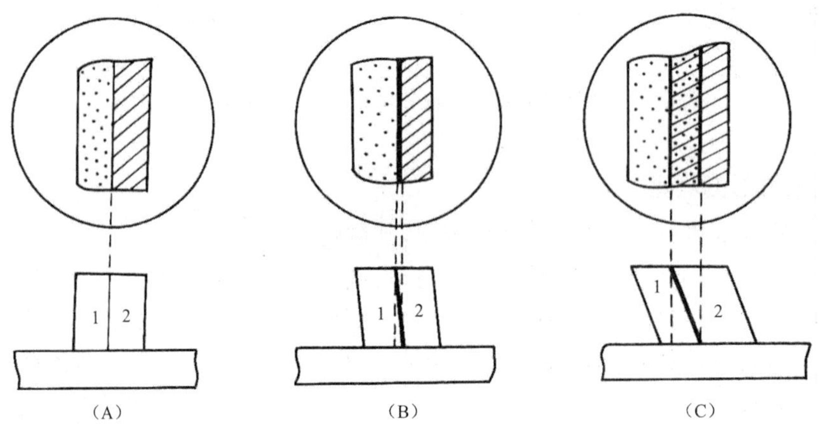

图 4－22 双晶纹可见度与切面方位的关系

1、2 为双晶的两单体

双晶也是某些矿物的重要鉴定特征之一。对双晶的观察主要有两个方面：是否具有双晶和具有什么类型的双晶。这里讲的双晶类型是按双晶单体数目和双晶面之间的关系划分的，常见有如下几种。

(1)**简单双晶**(Simple twin) 仅由两个单体组成，在正交偏光镜下，一个单体消光时，另一个单体明亮，转物台时，两单体明暗互相变换(图 4－23A)。如钾长石、辉石、角闪石的简单双晶(图版Ⅳ－5)。

(2)**复式双晶**(Combined twin) 由两个以上单体互相连生组成。根据双晶面之间的关系又可分为：

聚片双晶(Polysynthetic twin) 双晶面彼此平行，在正交偏光镜下，奇数单体干涉色及消光位一致，偶数单体干涉色及消光位相同，旋转物台时奇数单体和偶数单体轮换消光，呈现明暗相间的平行条带(图 4－23B，图版Ⅳ－6)。

轮式双晶(Cyclic twin) 亦称环状双晶、双晶面不平行，依次成等角度相交。按单体数目，轮式双晶又可分为三连晶(图 4－23C)、四连晶(图 4－23D)、六连晶(图 4－23E，图版Ⅴ－2)，双晶的形状犹如车轮状，故名之，如堇青石、钙镁橄榄石的六连晶。

格子双晶(Tartan twinning)　两组聚片双晶互相垂直，在正交偏光镜下呈交织的方格网状(图 4 - 23F，图版Ⅴ - 1)，如微斜长石、歪长石的格子双晶，有时斜长石也见有格子双晶。

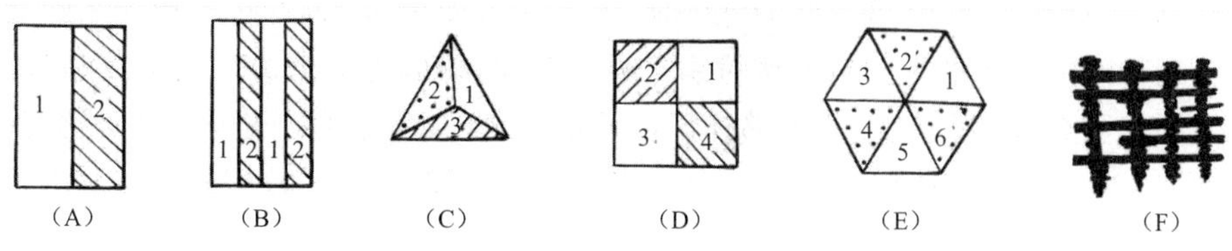

图 4 - 23　双晶的几种主要类型

图中数字代表双晶单体

此外，还可按双晶律对双晶进行分类，如斜长石按双晶律可划分出十几种双晶。此种分类需确定双晶面和双晶轴的方向和名称，必须借助旋转台才能确定，在此不加赘述。

第十二节　平行偏光镜下晶体光学性质

平行偏光镜是上、下偏光的振动方向互相平行的显微镜，它与单偏光镜不同，除使用了下偏光镜外还使用了上偏光镜，也与正交偏光镜不同，虽然使用了上偏光镜，但上偏光的振动方向与 PP 平行而不是与 PP 正交，因此平行偏光镜是介于单偏光镜和正交偏光镜之间的装置。

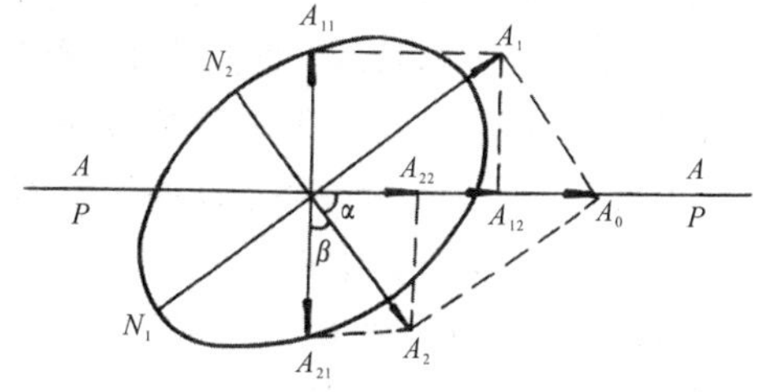

图 4 - 24　平行偏光镜间偏光矢量分解示意图

如图 4 - 24 所示，当来自下偏光镜、振幅为 A_0 的偏光(简称 A_0 偏光)，进入光率体椭圆半径方向与 PP 斜交的矿片后，分解为振动方向互相垂直的两束偏光，其振幅分别为 A_1、A_2(简称 A_1、A_2 偏光，其他类同)。它们与上偏光镜振动方向斜交，不能全部透出上偏光镜，其振动方向垂直 $AA(PP)$ 的两个分量 A_{11}、A_{21}(A_{11}、A_{21} 偏光)不能透出上偏光镜，只有振动方向平行 $AA(PP)$ 的两个分量 A_{12}、A_{22}(A_{12}、A_{22} 偏光)才能透出上偏光镜。A_{12}、A_{22} 偏光像 A_{11}、A_{21} 偏光一样，是由 A_0 偏光两度分解而来的两束偏光，具有相同的频率、固定的光程差和相同的振动方向，满足光波干涉的三个必备条件，必然会发生干涉。因此平行偏光镜下也像正交偏光镜下一样能看到矿片的干涉色。

平行偏光镜与正交偏光镜有以下几点区别：

(1)正交偏光镜不允许 A_{12}、A_{22} 偏光透出上偏光镜，而只允许 A_{11}、A_{21} 偏光透出上偏光镜，看到的是 A_{11}、A_{21} 偏光的干涉结果；而平行偏光镜正好相反，不允许 A_{11}、A_{21} 偏光透出上偏光镜，而只允许 A_{12}、A_{22} 偏光透出上偏光镜，看到的是 A_{12}、A_{22} 偏光的干涉结果。

(2)A_{11}、A_{21} 偏光的初始位相具有半波长光程差的差值，而 A_{12}、A_{22} 偏光初始位相相同。因此，平行偏光显微镜下的干涉结果与正交偏光镜下的干涉结果不同：当光程差为半波长的偶数倍时，干涉结果合振动加强；当光程差为半波长的奇数倍时，干涉结果合振动减弱。平行偏光镜下看到的是正交偏光镜下干涉色的补色。

(3)α 为 0°～90°之间任何角度，A_{11}、A_{21} 始终是相等的，但 A_{12}、A_{22} 是不相等的：

$$\begin{cases} A_{12} = A_0 \sin^2\alpha \\ A_{22} = A_0 \cos^2\alpha \end{cases}$$

当 $\alpha=0°$ 时，$A_{12}=0$，$A_{22}=A_0$；当 $\alpha=90°$ 时，$A_{12}=A_0$，$A_{22}=0$，即当矿片光率体椭圆半径分别平行 $PP(AA)$ 时，只有平行 PP 振动的偏光透出矿片，该偏光振动方向与 AA 一致，能直接透出上偏光镜。此时不像正交偏光镜那样矿片显示消光，而是像单偏光镜那样，看到的是矿片的颜色。因此，当矿片光率体椭圆半径方向与 PP 一致时，矿片在平行偏光镜下显示单偏光镜下的晶体光学性质。

当 $0°<\alpha<90°$ 时，A_{12} 由 0 变到 A_0（最大），A_{22} 由 A_0 变到 0，其中当 $\alpha=0°\sim15°$ 时，A_{12} 很小（$<0.07A_0$），A_{22} 很大（$>0.93A_0$），合振动以 A_{22} 起主导作用，因此偏光显微镜下主要看到的是 A_{22} 偏光通过矿片显示的光学性质，即看到振动方向与矿片光率体椭圆半径 N_2（短半径）方向一致的偏光通过矿片时的性质，如颜色、突起等，看到的光学性质与单偏光镜下看到的相近。当 $\alpha=75°\sim90°$ 时，A_{12} 很大（$>0.93A_0$），A_{22} 很小（$<0.07A_0$），合振动以 A_{12} 起主导作用，因此偏光显微镜下主要看到的是 A_{12} 偏光通过矿片显示的光学性质，即看到的是偏光沿 N_1（长半径）方向振动时矿物的颜色、突起等，平行偏光镜类似于单偏光镜。

当 $\alpha=45°$ 时，$A_{12}=A_{22}=0.5A_0$，此时的干涉作用显示最为明显，用白光源时，干涉色最为鲜艳，平行偏光镜下的晶体光学性质与正交偏光镜下的相似。当矿片偏离 45°位时，干涉色变淡，至 $\alpha=15°\sim18°$ 时，干涉色基本不显，而显示单偏光镜下的晶体光学性质。上面已述，平行偏光镜下看到的是正交偏光镜下干涉色的补色。平行偏光镜下的干涉色级序为，第Ⅰ级：白、黄、橙、紫红、蓝绿、黄绿；第Ⅱ级：橙、橙红、紫红、蓝、绿；第Ⅲ级：橙、紫红……平行偏光镜下干涉色级序比正交偏光镜下干涉色级序起点提高两个色序。但无论 α 等于多少度，$A_{12}+A_{22}=A_0(\sin^2\alpha+\cos^2\alpha)=A_0$，合振动的振幅不变，旋转物台 360°，矿片不仅不消光，而且亮度不变。

由于平行偏光镜下矿物的干涉色仅当矿片光率体椭圆半径方向与 PP 成 45°交角时最为明显，矿物的颜色仅当矿片光率体椭圆半径方向与 PP 平行或垂直时最为明显，而且平行偏光镜下无消光位，也难以确定光率体椭圆半径与 PP 的交角，因此，一般情况下既不用平行偏光镜测定矿物的双折射率，也不用它测定矿物的折射率（突起等级）、颜色、多色性等。只有在以下两种情况下才用平行偏光镜进行观察。第一种情况是用以区分Ⅰ级白和高级白干涉色：Ⅰ级白干涉色在平行偏光镜下为Ⅰ级黄橙，并带点褐色调；而高级白仍为高级白。第二种情况是用以较准确测定正交偏光镜下干涉色较低（Ⅰ级低部）矿片的双折射率：正交偏交镜下Ⅰ级低部干涉色较为灰暗，难以定准色序；而在平行偏光镜下，干涉色较为鲜艳，容易定准色序。如正交偏光镜下为Ⅰ级铁灰（R=40nm），在平行偏光镜下则为Ⅰ级亮白；正交偏光镜下为Ⅰ级灰白（R=150nm），平行偏光镜下则为Ⅰ级黄白；正交偏光镜下为Ⅰ级亮白（R=250nm），平行偏光镜下则为Ⅰ级黄橙。此外，鉴定宝石制品的偏光仪，当上偏光振动方向与下偏光振动方向平行时，也相当于平行偏光镜。因宝石制品厚度大，在偏光仪下的干涉色为高级白，而高级白干涉色掩盖不住矿物的颜色，因此偏光仪可用于观测宝石制品的多色性，这将在第八章中加以介绍。

复习思考题

1. 当入射光波为偏光，如果其振动方向与光率体椭圆切面半径斜交，光波进入晶体后是如何传播的？如果其振动方向与光率体椭圆切面半径之一平行，光波进入晶体后又是如何传播的？

2. 什么叫消光？什么叫消光位？

3. 什么叫全消光？哪些类型的切面可以呈全消光？

4. 用黑云母确定下偏光振动方向时，当黑云母颜色最深，但难以看清解理纹是否平行十字丝横丝时，如何用正交偏光镜确定 PP？

5. 什么叫干涉色？简述干涉色的成因。

6. 写出Ⅰ—Ⅲ级干涉色色序名称。

7. 简述Ⅰ、Ⅱ、Ⅲ级干涉色的特点。

8. 写出云母试板、石膏试板的光程差、干涉色及光率体椭圆半径的方位和名称。云母试板、石膏试板是否一定由白云母、石膏制成？用水晶平行 OA 切面制作 $\lambda/4$ 和 1λ 试板，应分别磨制多厚的矿片？

9. 什么叫补色法则？什么叫消色？消色和消光有什么区别？

10. 云母试板置物台上，石膏试板插入试板孔中，旋转物台一周，干涉色如何变化？为什么？并辅以示意图说明之。

11. 干涉色与哪些因素有关？什么样的干涉色具有鉴定意义？应在哪种切面上测定这种干涉色？

12. Ⅰ级白和高级白的特点是什么？如何鉴别？

13. 简述非均质体矿片上光率体椭圆半径方位和名称的测定步骤。

14. 简述楔形边法测定矿物最高干涉色级序的步骤。

15. 简述用云母试板、石膏试板测定矿物最高干涉色级序的步骤 。二者分别适用于什么样的切面？

16. 橄榄石的最高干涉色可达Ⅲ级底部，为什么在岩石薄片中见到许多橄榄石颗粒为Ⅰ级红、橙、黄，甚至Ⅰ级灰？

17. 金红石的 $No=2.609$，$Ne=2.889$，No＝褐色，Ne＝红褐色，干涉色可达高级白，为什么正交偏光镜下所有切面的干涉色仍然是褐色、红褐色？

18. 简述异常干涉色的成因，举出常见异常干涉色的矿物及它们的异常干涉色。

19. 消光类型分哪几种？各种消光类型的特点是什么？

20. 消光角公式有哪三要素？消光角应在什么样的切面上测定？举例说明。

21. 以普通角闪石为例，试述消光角的测定步骤。

22. 什么叫延性、正延性、负延性？延性对什么样的矿物具鉴定意义？

23. 一轴晶柱状结晶习性的矿物，延性符号和光性符号是否一致？一轴晶板状(平行底面)结晶习性的矿物，其延性符号和光性符号是否一致？为什么？

24. 二轴晶矿物 Nm 与晶体延长方向一致，其延性符号有何特征？

25. 桶状晶形的蓝宝石平行 OA 切面是什么延性？板状晶形的蓝宝石平行 OA 切面是什么延性？

26. 已知普通角闪石属单斜晶系，$Nm /\!/ b$，试述(001)、(100)、(010)切面分别是什么消光类型？要测定最高干涉色、消光角应选择什么切面？

27. 已知矿片厚度为 0.03mm，如果已知某矿物最大双折射率为 0.027，其最高干涉色是什么？如果测得某矿物最高干涉色为Ⅱ级橙，其最大双折射率是多少？

28. 设某矿物 Np(平行 b)＝1.636，Nm(平行 c)＝1.650，Ng(平行 a)＝1.669，指出(100)、(010)、(001)面的干涉色级序。

29. 按双晶单体数目和双晶面之间的关系，双晶有哪些类型？

第五章　透明造岩矿物及宝石在锥偏光镜下的晶体光学性质

第一节　锥偏光镜的装置特点

锥偏光镜是锥偏光显微镜的简称。在正交偏光镜的基础上，旋上聚光镜、换上高倍物镜、加上勃氏镜（或去掉目镜）即完成了锥偏光镜的装置。

加入聚光镜的目的，是使透出下偏光镜的平行偏光束高度聚敛，形成锥形偏光束，并使锥形的顶点正好在薄片的底面，以倒锥形光束进入矿片。从锥形光束的纵切面（平行光锥对称轴的切面）上看，外倾斜角度愈大的光束，经过矿片的距离（s）愈大；从横切面（垂直光锥对称轴的切面）上看，光束呈同心圈层状（图 5-1），除中央一束光波是垂直入射矿片外，其余各光波都是倾斜入射矿片的，且各圈层距中心距离相等，则光束倾角相等。但无论如何倾斜，其振动方向在薄片平面上的投影方向总是与 PP 平行的。

偏光显微镜下观察到的矿物光学性质，是垂直光波传播方向的切面所显示的光学性质。由于锥形偏光从不同的方向入射矿片，就会在同一矿片中同时观察到不同方向切面的光学性质。如在锥偏光镜下就能同时观察到不同方向切面的消光和干涉现象。这些方向不同，且方向连续过渡变化的所有切面的消光和干涉现象形成的整体图形就称为**干涉图**（Interference figure）。换用高倍物镜就是为了接纳较大范围的锥形光波，以观察到范围较大、图形较完整的干涉图（图 5-2）。

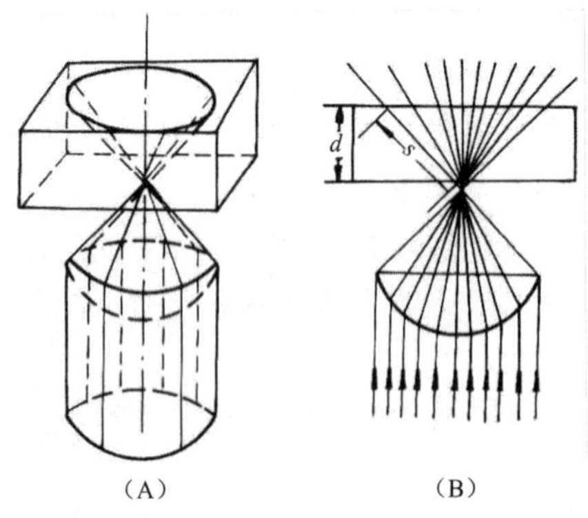

图 5-1　聚光镜形成的锥形聚敛光束
（引自李德惠，1993）
（A）立体图；（B）剖面图
d. 薄片厚度；s. 光在薄片中通过的距离

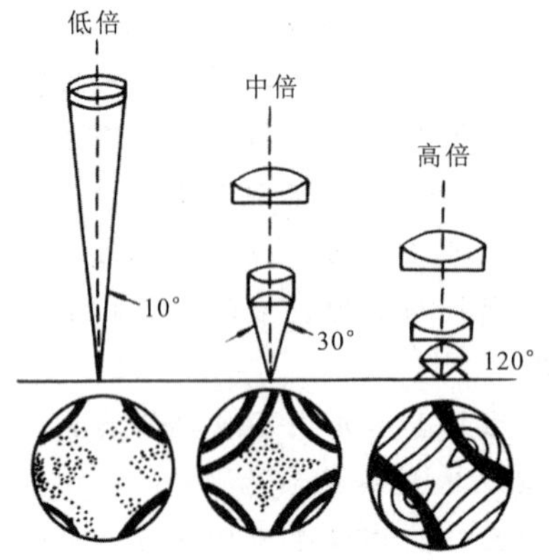

图 5-2　不同放大倍数的物镜观察到的不同范围干涉图
（引自李德惠，1993，修改）

如第四章第三节所述，光波干涉作用的发生是由于透出上偏光镜的偏光符合相干波的必备条件，因此干涉图形成于上偏光镜的表面（上方）。由于上偏光镜距目镜较远，干涉图位于目镜两倍焦距之外，装上目镜只能在目镜上方看到一个缩小的实像（非常小！看不清图像结构），既看不到放大的虚像，也看不到上偏光镜表面的干涉图实像。要想看到上偏光镜表面的干涉图实像，就得去掉目镜。看到的干涉图实像虽小，但非常清晰，足以满足鉴定的需要。不过，卸、装目镜较麻烦，对初学者不提倡。要想在不去掉目镜的情况下看到干涉图像，必须在目镜一倍焦距之内有一个干涉图实像。一般的做法是在上偏光镜和目镜之间设置一个凸透镜，通过该透镜将上偏光镜表面的干涉图实像成像到目镜一倍焦距之内，这样通过目镜就可以看到一个放大的干涉图虚像。上偏光镜上方设置的这个透镜就叫**勃氏镜**（Bertrand lens）。由此可见，加入勃氏镜的目的，是为了将干涉图实像成像到目镜一倍焦距之内，以在不去掉目镜的情况下看到一个放大的干涉图虚像。

这里要指出的是，国内外出版的一些晶体光学书中，将干涉图实像画在物镜之上、上偏光镜之下的位置上，这是不正确的，因为：①干涉图是光波干涉结果产生的，而光波的干涉作用发生于上偏光镜之上，在其下方不可能形成干涉图；②如果在上偏光镜下方有干涉图像，则去掉上偏光镜也应能看到它，但实际上，去掉上偏光镜，干涉图随之消失，说明其下方并没有干涉图实像。

观察干涉图的操作中应注意下列事项：

（1）寻找切面之前要校正好显微镜，不仅要校正好中、低倍物镜中心，而且要校正好高倍物镜中心，还要校正好聚光系统中心。

（2）换用高倍物镜之前，用中、低倍物镜寻找切面，将选定的切面置于视域中心。

（3）物镜转盘上的不同放大倍数的物镜，其准焦位基本上是一致的，换上高倍物镜之前不必下降物台，换上之后只要稍微微调物台即可看清切面物像。但换上高倍物镜之前一定要检查薄片的盖玻片是否朝上。若盖玻片朝下，因高倍物镜工作距离很短，换上高倍物镜时，高倍物镜镜头会触及载玻片，强行换上会冲破薄片、磨损镜头！

（4）应在较低处旋上聚光镜，待旋上后再缓缓升高，使它尽量靠近薄片底面，但勿与薄片相碰。

（5）推入勃氏镜时动作要轻，以免移动薄片。

（6）看完干涉图后要及时换回中倍或低倍物镜，去掉勃氏镜。

第二节　一轴晶干涉图的特征、成因及其应用

一轴晶干涉图，按图像的变化特征有三种类型，分别为垂直 *OA* 切面干涉图、平行 *OA* 切面干涉图及斜交 *OA* 切面干涉图。

一、垂直 *OA* 切面的干涉图

（一）图像特征

垂直 *OA* 切面干涉图由一个**黑十字**（Dark cross）和同心环状**干涉色圈**（Interference color circles）组成。组成黑十字的两个黑带分别平行 *PP*、*AA*，即与目镜十字丝方向一致。黑十字的交点为 *OA* 出露点（*OA* 与切面的交点），与目镜十字丝交点一致。黑带近交点处较窄，远离

交点处变宽。干涉色圈以黑十字交点为中心呈同心环状，从近交点的Ⅰ级灰开始，向外按干涉色级序的顺序依次升高，而且愈往外色圈愈密。干涉色圈的多少主要取决于矿物的最大双折射率，最大双折射率愈大，色圈愈多（图 5－3A，图版Ⅴ－5）。最大双折射率低的矿物，不出现红色色圈，有的只能出现灰、灰白干涉色圈（图 5－3B，图版Ⅴ－3）。此外，干涉色圈的多少还与薄片厚度有关，厚度愈大，干涉色圈愈多。旋转物台 360°，干涉图像不发生变化。

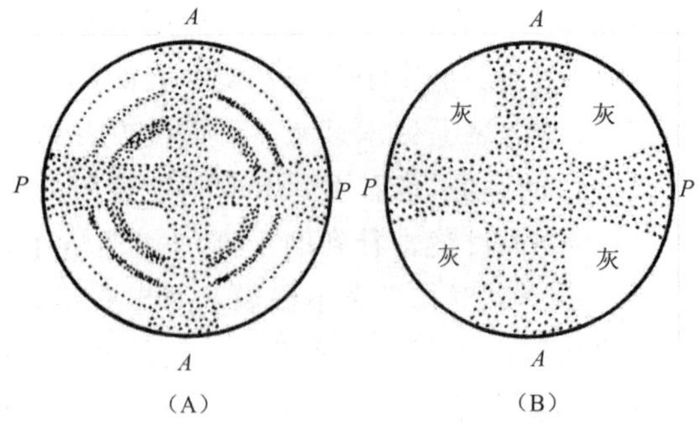

图 5－3　一轴晶垂直 *OA* 切面干涉图
（引自李德惠，1993）
矿片厚度相同：(A)双折射率很大；(B)双折射率很小

（二）图像的成因

为了解释干涉图像的成因，要引入**波向图**（Skiodrome）的概念。波向图是贝克（Becke，1905）提出，后经约翰逊（Johannsen，1918）完善。波向图的作法是：首先把光率体放在一个投影球之内，并使二者中心重合；然后把光率体不同方向的椭圆切面半径（即双折射分解后的两束偏光的振动方向）按星射球面投影方法投影到球面上（图 5－4A），得出了不同方向光率体椭圆半径在投影球面上的立体图；最后把投影半球上的投影结果，按直射投影法投影到水平大圆上，即得出波向图。波向图即是以不同方向入射晶体的光波所分解的两束偏光的振动方向在水平面上的投影图。一轴晶垂直 *OA* 切面波向图（图 5－4B），由同心圆和放射线组成，同心圆线与放射线的交点为锥形光束在矿片的出露点，放射线方向为 *e* 光振动方向（*Ne'* 方向），同心圆线的切线方向为 *o* 光振动方向（*No* 方向），圆心为 *OA* 出露点。有了波向图就很容易解释干涉图像的成因。

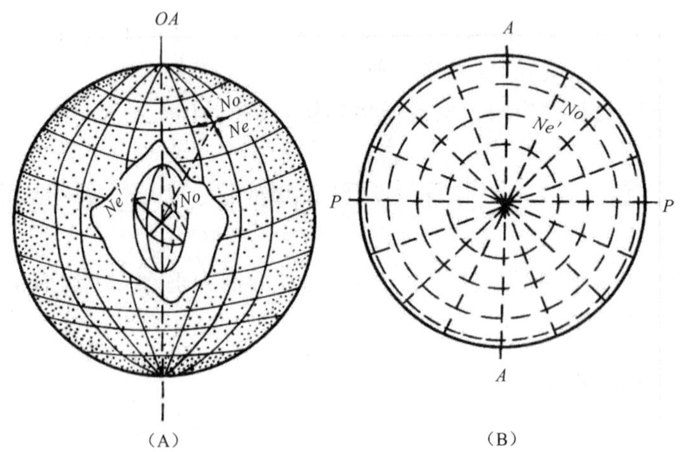

图 5－4　一轴晶光率体椭圆半径的星射球面投影(A)和垂直 *OA* 切面波向图(B)
（引自李德惠，1993）

1. 黑十字的成因

从垂直 OA 切面的波向图可知，目镜十字丝位置（也即 PP、AA），光率体椭圆半径与 PP、AA 一致，矿片消光，在靠近十字丝附近，光率体椭圆半径接近与 PP、AA 一致，干涉色灰暗，从而形成有一定宽度的黑十字或十字消光带（图 5－5）。最大双折率愈低的矿物，最高干涉色愈低，距十字丝较远的地方干涉色仍然昏暗，因而消光带愈宽。由于 Ne' 呈放射状分布，当 Ne' 与 PP、AA 夹角相等时，中心部位 Ne' 距 PP、AA 较近，边缘部位距 PP、AA 较远，造成消光带近中心部位较窄，向边缘变宽。旋转物台 360°，波向图与 PP、AA 的相对关系不发生变化，因此消光带的位置和特征不发生改变。

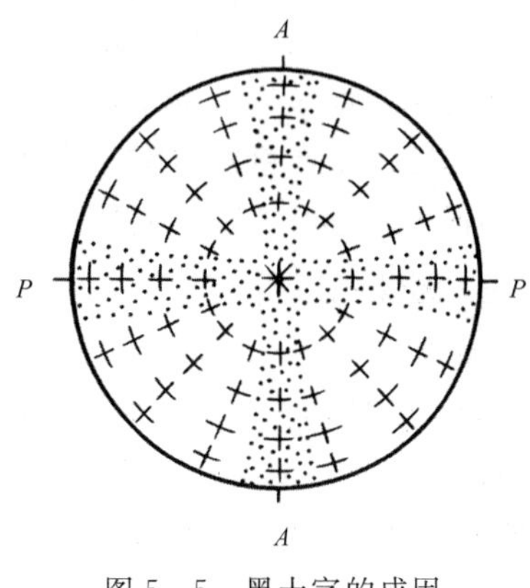

图 5－5　黑十字的成因

（引自李德惠，1993）

2. 干涉色圈的成因

除了目镜十字丝位置外，光率体椭圆半径与 PP、AA 斜交，会呈现干涉色，近十字丝部位干涉色暗，远离十字丝干涉色变亮，与十字丝成 45°的方向上干涉色最亮。

由图 5－6 可知，中央一束光线垂直薄片平面，光率体椭圆切面为圆切面，双折射率为零。其他光线斜交薄片平面，光率体椭圆切面与 OA 斜交，双折射率为 $\Delta N=|No-Ne'|$。愈往外，光率体椭圆切面法线与 OA 交角愈大，双折射率 $|No-Ne'|$ 愈接近矿物最大双折射率 $|No-Ne|$，即从中心向边缘，双折射率 ΔN 是逐渐增高的。同时，愈往外，光线愈倾斜，光线穿过矿

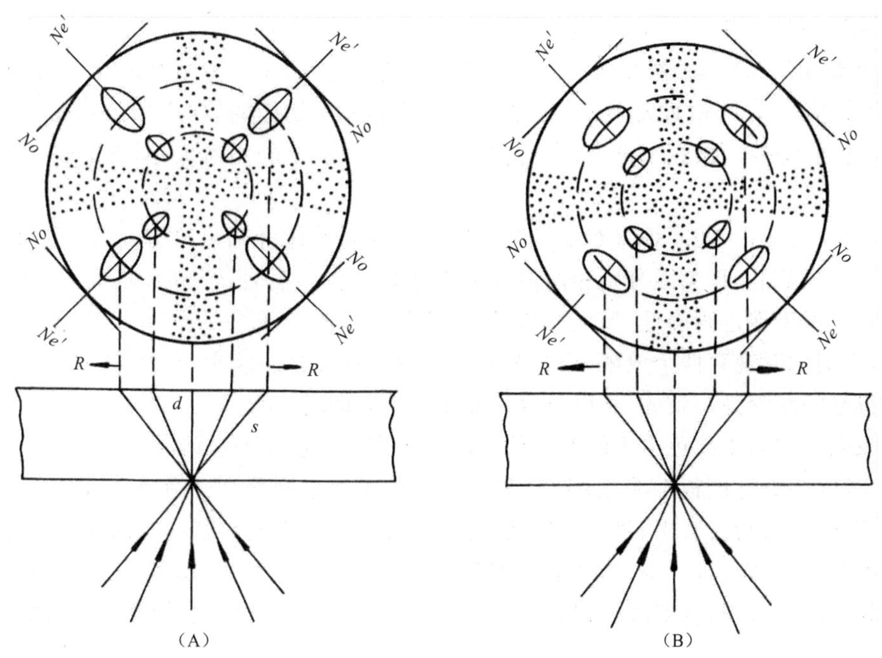

图 5－6　干涉色圈的成因

（A）一轴（＋）；（B）一轴（－）；→R 示 R 增大方向

片的距离由 d 变为 s,也是逐渐增大的。因此,从中心向边缘,光程差 $R=d\cdot\Delta N$ 是逐渐增大的,干涉色逐渐升高。与中心距离相等的部位,ΔN 相等,光线穿过薄片的距离相等,因而 R 相等,干涉色相同而呈同心圈层状。s 和 ΔN 的变化都不是等差变化,愈往外,变化速率愈大,R 增大愈快,因而干涉色圈愈密。旋转物台,光率体椭圆半径的分布与 PP、AA 相对关系不发生改变,因而干涉色圈的特征同样不发生变化。

(三) 图像的应用

1. 确定轴性

见到一轴晶垂直 OA 切面干涉图,即可确定该矿物属于一轴晶。

一轴晶垂直 OA 切面干涉图与二轴晶垂直 Bxa 切面干涉图有相似之处:在正交偏光镜下处于消光位时,二者都具有黑十字。但二者的相异性更大:①一轴晶垂直 OA 切面干涉图色圈为以十字丝交点为中心的同心圈状,而二轴晶垂直 Bxa 切面干涉图的色圈为"∞"字形;②旋转物台,一轴晶垂直 OA 切面干涉图图像特征不变,而二轴晶垂直 Bxa 切面干涉图的黑十字要发生分裂—合并变化,干涉色圈要随之发生旋转。

2. 确定切面方位

见到一轴晶垂直 OA 切面干涉图,即可确定该切面方位是垂直 OA 的。

一轴晶垂直 OA 切面干涉图与一轴晶斜交 OA 且 OA 出露点仍在视域内的干涉图有些类似,都有黑十字和同心色圈,且色圈与黑十字的相对关系不变。但斜交 OA 切面干涉图的黑十字交点与目镜十字丝交点不重合,且旋转物台时,黑十字连同干涉色圈绕十字丝交点旋转,黑十字交点与十字丝交点愈接近,表示切面愈接近垂直 OA。

3. 确定矿物光性符号

一轴晶矿物的光性符号是根据 Ne、No 的相对大小确定的:$No<Ne$,光性符号为正;$No>Ne$,光性符号为负。正光性矿物,No 为最小折射率,即 $No<Ne'<Ne$。负光性矿物,Ne 为最小折射率,即 $No>Ne'>Ne$。因此,确定矿物光性符号,不一定要比较 No、Ne 的相对大小,只要比较 No、Ne'的相对大小即可。在一轴晶垂直 OA 切面的波向图中,No、Ne'的方向是已知的,只要插入试板,根据干涉色的升降即可判定 No、Ne'的相对大小,矿物的光性符号随之可知。

从图 5-6 可知,一轴晶垂直 OA 切面干涉图中的光率体椭圆半径方向、大小的分布是对称的,Ⅰ、Ⅲ象限和Ⅱ、Ⅳ象限分别相同但方位正好相反。当插入试板后,若Ⅰ、Ⅲ象限干涉色升高,Ⅱ、Ⅳ象限干涉色则降低,反之亦然,即干涉色不是整个统一的升降。因此,观察干涉色的升降时,不能同时观察四个象限,而是要四个象限分别观察。因为四个象限分别观察所得出矿物光性符号的结论是一致的,所以只要观察任一象限即可。

四个象限的最高干涉色为Ⅰ级灰白的一轴晶垂直 OA 切面的干涉图,插入石膏试板后,黑十字变成紫红(为石膏试板干涉色)十字,四个象限的干涉色则分别升高或降低一个级序,而变成(Ⅰ级)黄或(Ⅱ级)蓝:若Ⅰ、Ⅲ象限为蓝,Ⅱ、Ⅳ象限为黄,表明放射线方向为长半径(指光率体椭圆切面半径,下同),即 $Ne'>No$,矿物光性符号为正(图 5-7A,图版Ⅴ-4);若Ⅰ、Ⅲ象限为黄,Ⅱ、Ⅳ象限为蓝,则放射线方向为短半径,即 $Ne'<No$,矿物光性符号为负(图 5-7B,图版Ⅴ-6)。

四个象限最高干涉色为Ⅰ级灰白的一轴晶垂直 OA 切面干涉图,插入云母试板后,黑十字变成灰白(为云母试板干涉色)十字,四个象限的干涉色分别升高或降低一个色序,而变成Ⅰ级暗灰或Ⅰ级黄白:若Ⅰ、Ⅲ象限为Ⅰ级黄白,Ⅱ、Ⅳ象限为Ⅰ级暗灰,则放射线方向为长半径,即 $Ne' > No$,矿物光性符号为正;若Ⅰ、Ⅲ象限为暗灰,Ⅱ、Ⅳ象限为黄白,则放射线方向为短半径,即 $Ne' < No$,矿物光性符号为负。

最大双折射率较大的矿物,垂直 *OA* 切面干涉图会出现多级干涉色圈,插入云母试板、石膏试板、石英楔后,干涉色变化各有其特征。

加入云母试板后,原来的黑十字变成灰白十字,Ⅰ、Ⅲ象限干涉色圈相对Ⅱ、Ⅳ象限干涉色圈发生错断:若Ⅰ、Ⅲ象限干涉色圈向内错动,Ⅰ、Ⅲ象限以黄白干涉色(近灰白十字处)开始,Ⅱ、Ⅳ象限以暗灰(有两黑暗区)干涉色开始,表明放射线方向为长半径,即 $Ne' > No$,矿物光性符号为正(图 5-8A);若Ⅱ、Ⅳ象限干涉色圈向内错动,Ⅰ、Ⅲ象限近灰白十字处有两黑暗区,表明Ⅰ、Ⅲ象限干涉色降低,Ⅱ、Ⅳ象限干涉色升高,矿物光性符号为负(图 5-8B)。

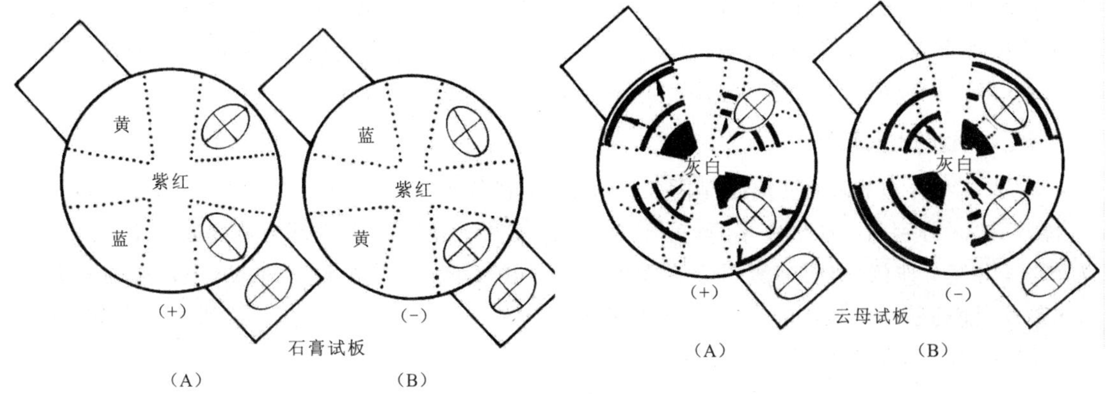

图 5-7 四个象限最高干涉色为Ⅰ级灰白的一轴晶垂直 *OA* 切面干涉图加入石膏试板后干涉色的变化及光性符号的测定

图 5-8 具有多级干涉色圈的一轴晶垂直 *OA* 切面干涉图加入云母试板后干涉色的变化及光性符号的测定

加入石膏试板后,黑十字变成紫红十字,虽然Ⅰ、Ⅲ象限和Ⅱ、Ⅳ象限的干涉色分别升高或降低了一个级序,但干涉色圈是不错开的,除了近十字部位外,其他部位的干涉色也难以判定是升高了还是降低了。这时要重点观察近十字部位的干涉色变化。若近十字部位的Ⅰ级灰白变成了Ⅱ级蓝,则表明干涉色升高了,若变成了Ⅰ级黄,则表明干涉色是降低了,据此可判定矿物的光性符号。

加入石英楔时,干涉色圈的变化给人一种运动的感觉:干涉色圈向外扩散,表明干涉色在逐步降低;干涉色圈向内消亡,表明干涉色在逐渐升高。抽出石英楔时,干涉色圈运动方向与插入时相反。根据干涉色圈的移动规律,很容易判定干涉色的升降和矿物的光性符号。如插入石英楔时,Ⅰ、Ⅲ象限干涉色圈向内移动,Ⅱ、Ⅳ象限干涉色圈向外扩散,则矿物光性符号为正。

二、平行 *OA* 切面的干涉图

(一) 图像特征

切面处于 0°位(即正交偏光镜下的消光位,*No*、*Ne* 分别与 *PP*、*AA* 一致)时的干涉图为一个粗大的黑十字,当矿物最大双折射率较小时,黑十字几乎占满整个视域,当矿物最大双折射率较大时,四个象限的边缘会出现干涉色圈,干涉色从Ⅰ级灰开始(图 5-9A)。稍微转动物台

(转 10°～15°)，黑十字从中心开始分裂，迅速退出视域。45°位(即从 0°位转物台 45°，No、Ne 分别与 PP、AA 相交成 45°)，视域最亮，干涉色对称分布：原粗大黑十字的部位(即视域中心部位)，干涉色与正交偏光镜下的干涉色相同；Ⅰ、Ⅲ象限和Ⅱ、Ⅳ象限干涉色相对中央部位分别依次降低和升高，若Ⅰ、Ⅲ象限相对中央部位依次升高，则Ⅱ、Ⅳ象限相对中央部位降低(图 5-9B)，反之亦然；但升降幅度不大，一般为 1～3 个色序，矿物最大双折射率大者，色序升降幅度大。90°位时，干涉图又呈一个粗大黑十字。从 90°位到 180°位，干涉图又如上所述出现重复。旋转物台 360°，干涉图四暗四亮，由暗到亮变化迅速，因此又称此类干涉图为**闪图**(Flash figure)或**瞬变干涉图**(Transient axial figure)。

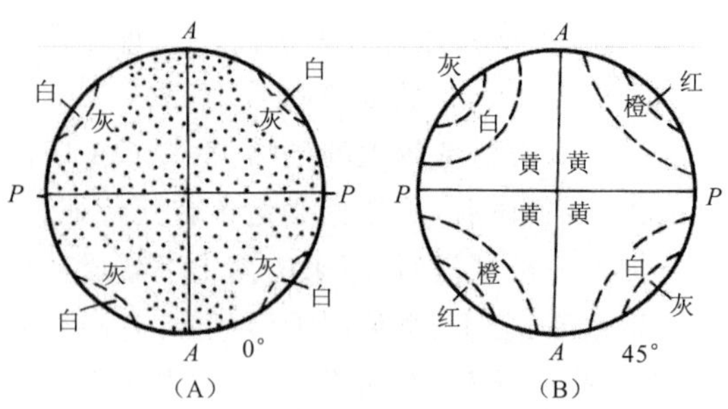

图 5-9 一轴晶平行 OA 切面干涉图

(二) 干涉图的成因

一轴晶平行 OA 切面波向图见图 5-10A。当矿片处于 0°位和 90°位时，视域绝大部分区域的 No、Ne' 分别与 PP、AA 平行，处于消光位，仅四个象限的边缘部分的 Ne' 与 PP、AA 略为斜交，出现干涉色，因而干涉图为粗大黑十字。稍转物台，中央部位的 No、Ne' 立即与 PP、AA 斜交，随即所有区域的光率体椭圆半径都与 PP、AA 斜交，因而黑十字从中心分裂，迅速退出视域，整个视域变亮，出现干涉色。

当矿片处于 45°位时，锥偏光镜下光率体椭圆分布如图 5-10B、C 所示。在 OA 方向上，由中心向外，双折射率由 $|Ne-No|$ 变为 $|Ne'-No|$，因为 $|Ne-No|>|Ne'-No|$，所以双折射率逐渐变小，使干涉色逐渐降低。同时，由中心向外，光线通过矿片的距离逐渐增加，会使干涉色逐渐升高。但由于矿片的厚度(0.03mm)不大，光线通过矿片的距离增加的幅度很小，不足以抵消双折射率变小引起的干涉色降低。总的结果，干涉色仍然是逐渐降低，而且因为抵消了一部分，干涉色降低的幅度不大。

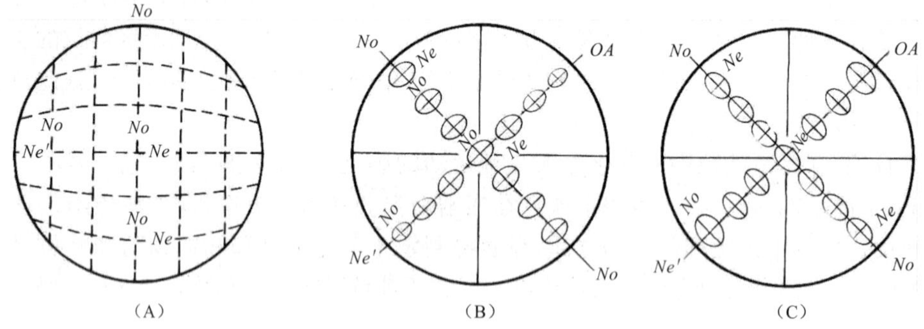

图 5-10 一轴晶平行 OA 切面波向图及其在锥偏光镜下的光率体椭圆分布情况

(A)波向图；(B)正光性矿物；(C)负光性矿物

在 No 方向上，由中心向外，虽然双折射率 $|Ne-No|$ 不变化，但光线通过矿片的距离是增大的，会使干涉色逐渐升高，但由于光线通过矿片的距离增加的幅度不大，因而干涉色升高的幅度也不大。

（三）干涉图的应用

一轴晶平行 *OA* 切面干涉图与二轴晶平行 *OAP* 切面干涉图特征相似，难以区分。因此，不能用该类型干涉图来确定矿物的轴性。但如果用其他切面干涉图确定轴性后，或已知矿物的轴性，一轴晶平行 *OA* 切面干涉图有下列用途。

1. 确定切面方位

如果干涉图为闪图，0°位为粗大黑十字，45°位干涉色完全对称，则该切面即为平行 *OA* 的切面，如果 0°位的粗大黑十字和 45°位的干涉色不完全对称，则说明切面不完全平行 *OA*。根据平行 *OA* 切面干涉图特征，可以磨制一轴晶平行 *OA* 定向教学切面和在薄片中寻找平行 *OA* 的切面，以测定一轴晶重要光学性质。

2. 确定矿物光性符号

矿物光性符号的确定必须在 45°位或 135°位干涉图上进行。

首先在干涉图上确定 *No*、*Ne* 的位置或方向。确定 *No*、*Ne* 的位置或方向有两种方法，一种是根据干涉图中干涉色的对称性确定，当矿物最高干涉色较高，干涉图中干涉色出现数个色序时采用该法。

前面已述，一轴晶平行 *OA* 切面 45°位干涉图干涉色是对称的。干涉色由中心向外逐渐升高的方向是 *No* 方向，逐渐降低的方向是 *Ne*(或 *Ne'*)的方向。根据 45°位干涉色的分布特征即可确定 *Ne*、*No* 的方向。在 45°位干涉图上加上试板时，要么干涉色整体都升高，要么干涉色整体都降低。观察干涉色升降时，只要注视视域某一部分(如视域的中部)即可。判断出 *No*、*Ne* 的方向，又确定了干涉色的升降，*No*、*Ne*(*Ne'*)的相对大小即可确定，矿物的光性符号随即可知(图 5－11A)。如果根据 45°位干涉图判断出 *No*、*Ne* 的方向后，退出勃氏镜，在正交偏光镜下更容易判断干涉色的升降和矿物的光性符号(图 5－11B)。

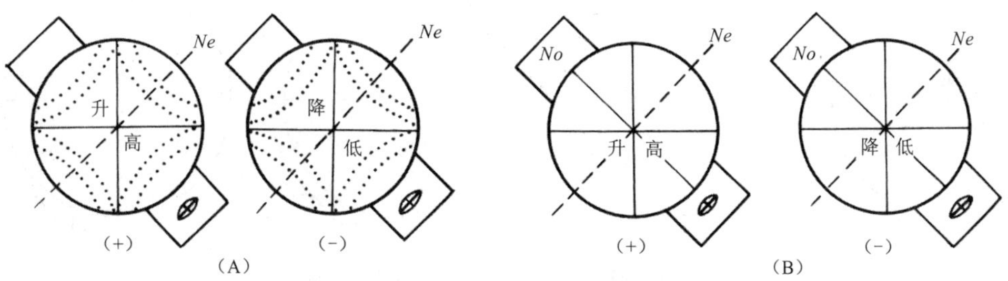

图 5－11　锥偏光镜下确定矿物光性符号(A)和正交偏光镜下确定矿物光性符号(B)

确定 *No*、*Ne* 的位置或方向的另一种方法，是根据 0°位干涉图中粗大黑十字分开、逃出视域的方向确定。当矿物最高干涉色较低，干涉图中干涉色色序数低于 2 个色序时采用此法。另外，采用上述根据干涉图中干涉色的对称性确定 *No*、*Ne* 的位置或方向的方法时，也最好再用此法进行验证。

前面已述，0°位干涉图为粗大黑十字，几乎占满整个视域。稍转物台，黑十字从中心开始分裂、逃出视域。转物台 12°～15°，黑十字完全退出视域，黑十字退出的方向即 *Ne* 方向。转物台 45°，*Ne* 方向与十字丝成 45°交角(图 5－12)。

确定 *No*、*Ne* 的位置或方向后，再仿照图 5－11 所示，加入试板，根据干涉色升降判断 *No*、

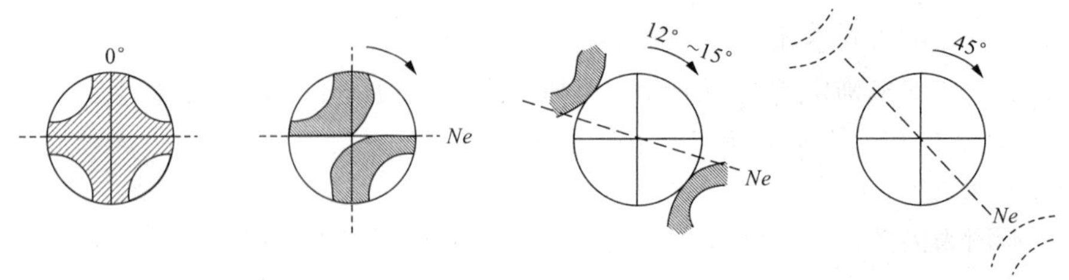

图 5-12 根据粗大黑十字分开、逃出视域的方向确定 *No*、*Ne* 的位置或方向

Ne 相对大小，再根据 *No*、*Ne* 相对大小确定矿物光性符号。

三、斜交 *OA* 切面的干涉图

除了垂直 *OA* 切面和平行 *OA* 切面，其他切面都属于斜交 *OA* 的切面，薄片中主要是后一种类型的切面。这类切面又可分为两大类型，一类是近于垂直 *OA* 和近于平行 *OA* 的切面，另一类是与 *OA* 交角较大的切面。

（一）近于垂直 *OA* 切面的干涉图

该种切面斜交 *OA*，但切面法线与 *OA* 交角不大。干涉图中 *OA* 出露点虽与十字丝交点不重合，但仍在视域内，其干涉图是一个不对称的垂直 *OA* 切面干涉图。旋转物台，黑十字交点绕十字丝交点作圆周运动，干涉色圈随之转动（图 5-13）。该类干涉图，类似于垂直 *OA* 切面的干涉图，可用以确定矿物的轴性和光性符号，但不能准确确定切面的方位。

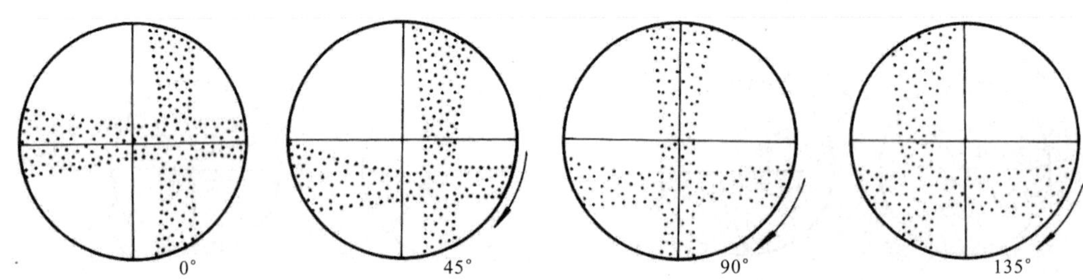

图 5-13 一轴晶近于垂直 *OA* 切面的干涉图

（二）近于平行 *OA* 切面的干涉图

切面与 *OA* 交角很小，但不平行 *OA*。干涉图仍为闪图，但闪动速度稍慢，0°位粗大黑十字和 45°位的干涉色分布都不相对十字丝中心对称。在轴性已知时，仍能利用此图确定矿物的光性符号，但不能在此切面上测定矿物最大双折射率和最高干涉色。

（三）与 *OA* 交角较小的切面的干涉图

切面与 *OA* 交角较小，*OA* 出露点不在视域内，视域内见不到黑十字交点，最多只能见到一个黑带。旋转物台，黑十字交点之外的四段黑带轮流在视域内上下、左右平行移动（图 5-14 上图），干涉色圈随之转动。

如果切面与 *OA* 交角更小，光轴出露点远离视域，视域内仅见到黑带的尾部。旋转物台时，四段黑带的尾部轮流在视域内上下、左右移动，而且黑带在通过十字丝位置时平直，进入和退出视域时发生弯曲(图 5－14 下图)。

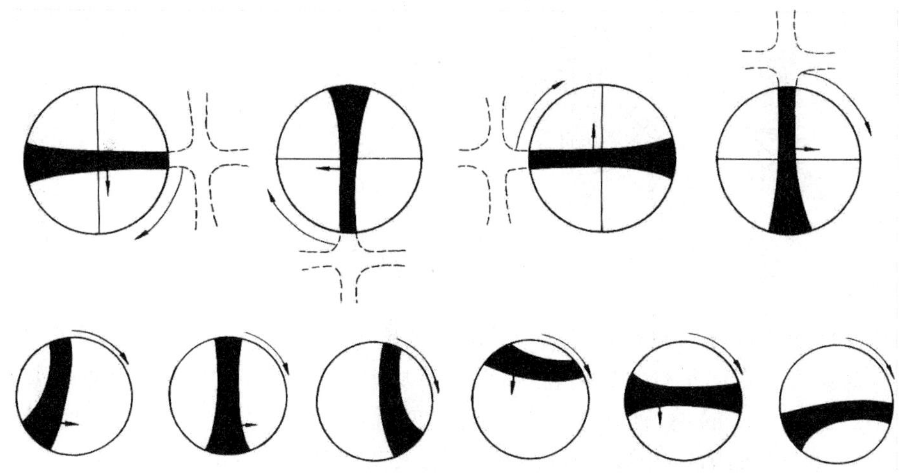

图 5－14　一轴晶斜交 *OA* 切面的干涉图
上图：*OA* 出露点离视域较近；下图：*OA* 出露点远离视域

该类切面干涉图虽然不能用于准确判定切面的方位，但仍可用于判定矿物的轴性和光性符号。一轴晶斜交 *OA* 切面干涉图和二轴晶垂直 *OA* 切面干涉图虽然有些位置相似，但前者是不同的黑带在视域内轮换平行移动，而且黑带要退出视域；而后者是同一黑带在视域内伸直、弯曲、旋转变化，不退出视域。

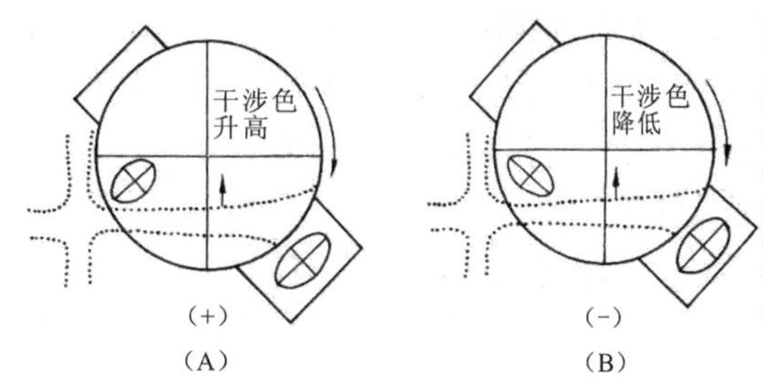

图 5－15　在一轴晶斜交 *OA* 切面的干涉图上确定矿物光性符号

利用一轴晶斜交 *OA* 切面干涉图测定矿物光性符号时，首先要通过旋转物台确定视域出现的干涉图部分是属于垂直 *OA* 切面干涉图的哪一个象限，然后再加入试板，根据干涉色的升降判定 Ne'、No 的相对大小，随之即可确定矿物的光性符号(图 5－15)。

第三节　二轴晶干涉图的特征、成因及其应用

二轴晶光率体要素比一轴晶多，其干涉图的种类也比一轴晶多，主要有下列五种类型。

一、垂直 *Bxa* 切面的干涉图

(一) 图像特征

0°位时，干涉图由黑十字和“∞”形干涉色圈组成(图 5－16A，图版Ⅵ－1、4)。黑十字交点与十字丝交点重合，并代表 *Bxa* 出露点。黑十字两个黑带一粗一细。当光轴角较小($2V<45°$)时，在 10×40 倍的锥偏光镜下，两个 *OA* 出露点位于视域内，并位于较细的黑带上，且 *OA* 出露点处更细。当矿物最大双折射率较大时，干涉色分别以两个 *OA* 出露点为中心呈圈层状

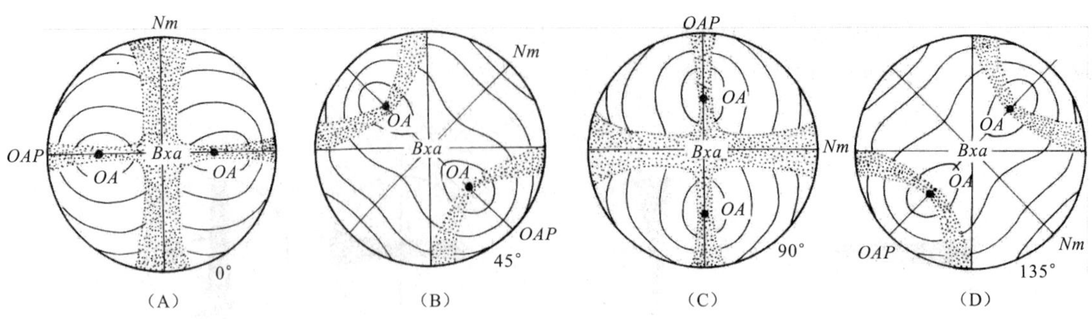

图 5-16 二轴晶垂直 *Bxa* 切面的干涉图

分布。由于干涉色圈向外较密，向内较疏，色圈呈椭圆状，外层干涉色圈相连呈“∞”字形，“∞”字形的走向与细黑带走向平行。旋转物台，黑十字从中心开始分裂成两个弯曲的黑带。“∞”字形色圈随之旋转。45°位时，两个黑带呈对称的双曲线，相距最远，两条黑带的顶点即为两 *OA* 的出露点，黑带凸向 *Bxa* 出露点(十字丝交点)。两 *OA* 出露点的连线为 *OAP* 与切面的交线(光轴面迹线)，与 *AA*、*PP* 相交成 45°。“∞”字形干涉色圈的走向与光轴面迹线走向一致(图 5-16B，图版Ⅵ-2、5)。90°位时干涉图与 0°位干涉图相似，仅方位旋转了 90°(图 5-16C)。135°位干涉图与 45°位者相似，也是方位相差 90°(图 5-16D)。180°位干涉图又与 0°位干涉图相同。

矿物的最大双折射率较大时，“∞”干涉色圈较多；较小时，干涉色圈较少。2*V* 较大时，两个 *OA* 出露点相距较远；2*V* 较小时则相距较近。两个 *OA* 出露点的距离还与物镜的放大倍数有关，放大倍数愈大，距离愈近。如果 2*V* 较大(物镜的放大倍数不是很大)，两 *OA* 出露点就会位于视域之外，旋转物台，黑十字分裂、退出视域，干涉图特征与以后要介绍的垂直 *Bxo* 切面干涉图类似。

(二) 干涉图的成因

1. 消光带的成因

垂直 *Bxa* 切面波向图见图 5-17。0°位时，十字丝附近区域，光率体椭圆半径与 *PP*、*AA* 一致或近于一致，矿物消光而形成黑十字消光带。光轴面迹线方向，光率体椭圆半径与 *PP*、*AA* 一致的范围较窄，故消光带较细；与之垂直的方向(即 *Nm* 方向)一致的范围较宽，故消光带较粗(图 5-18A)。45°位时，光率体椭圆半径与 *PP*、*AA* 一致的范围呈对称的双曲线状，故

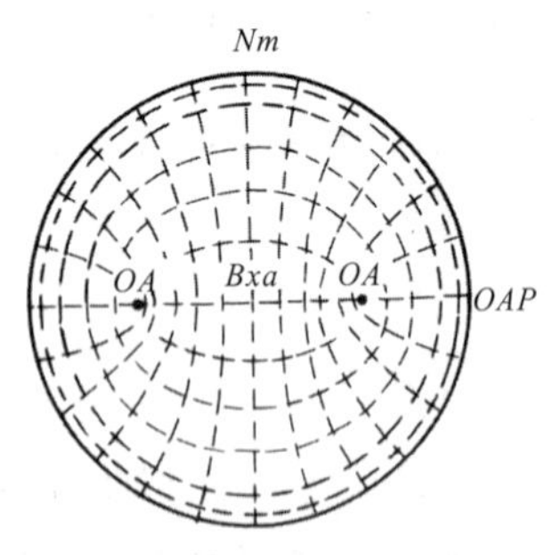

图 5-17 垂直 *Bxa* 切面波向图

(引自李德惠，1993)

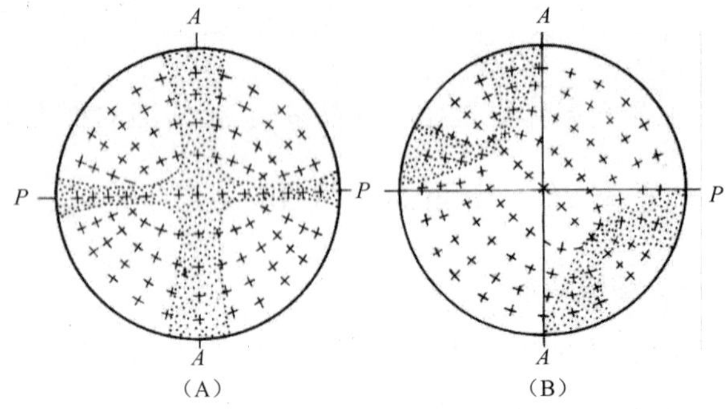

图 5-18 垂直 *Bxa* 切面干涉图中消光带的成因

(引自李德惠，1993)

消光黑带也呈对称的双曲线状(图 5－18B)。

2. 干涉色圈的成因

二轴晶有两根光轴,像一轴晶一样,干涉色分别以两 OA 出露点为中心呈圈层状分布。二轴晶垂直 Bxa 切面的光率体椭圆半径分布如图 5－19 所示。正光性矿物(图 5－19A),$Bxa=Ng$,Bxa 出露点(十字丝交点)的双折射率为 $Nm-Np$。OA 出露点的双折射率为零。从 OA 出露点向 Bxa 出露点(向内方向),双折射率由零增大到 $Nm-Np$。由 OA 出露点向外(向垂直 Bxo 方向),双折射率变化为:0→$(Ng'-Nm)$→$(Ng-Nm)$。由于正光性矿物当 $2V$ 与 90°相差较大时,$(Ng-Nm)>(Nm-Np)$,即由 OA 出露点向外,双折射率增加较快,向内增加较慢。负光性矿物(图 5－19B),$Bxa=Np$,Bxa 出露点的双折射率为 $Ng-Nm$,由 OA 出露点向内,双折射率由零增加到 $Ng-Nm$,向外双折射率也逐渐增加,增加的顺序为 0→$(Nm-Np')$→$(Nm-Np)$。由于负光性矿物当 $2V$ 与 90°相差较大时,$(Ng-Nm)<(Nm-Np)$,也是由 OA 出露点向外,双折射率增加较快,向内增加较慢。同时,由 OA 出露点向外,光线通过矿片的距离是逐渐增加的,向内是逐渐减小的。因此,由 OA 出露点向外,R 增加较快,表现为干涉色升高较快,干涉色圈较密;由 OA 向内,干涉色升高较慢,干涉色圈较疏。干涉色圈呈蛋形,小头朝 Bxa 出露点。外圈相连呈"∞"字形(图 5－16)。

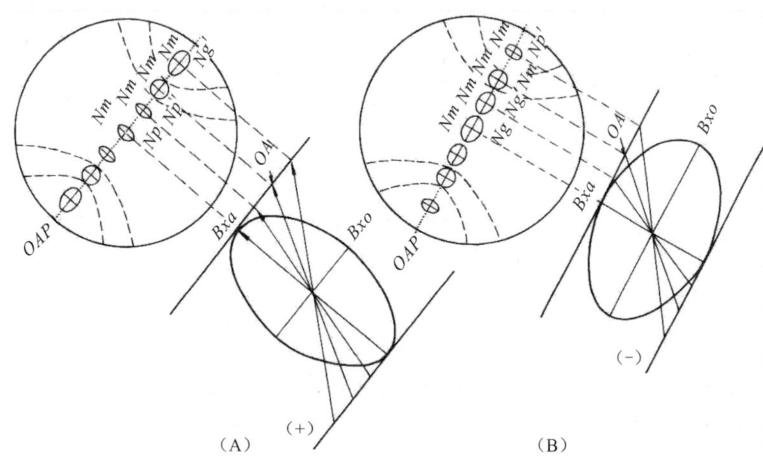

图 5－19　二轴晶垂直 Bxa 切面干涉图中双折射率变化及光线通过矿片的距离变化

(引自李德惠,1993)

椭圆上、下两平行线示矿片顶底面

(三) 干涉图的应用

1. 确定轴性及切面方位

二轴晶垂直 Bxa 切面的干涉图很特别,无论是一轴晶还是二轴晶都没有另外一种干涉图与它完全相同。虽然最高双折射率较低(不出现干涉色圈)的一轴晶垂直 OA 切面的干涉图和二轴晶垂直 Bxa 切面的干涉图在 0°位时都表现为与十字丝一致的黑十字,但旋转物台时前者黑十字不变,而后者黑十字分裂成双曲线。最大双折射率较大的矿物,即使在 0°位,两种干涉图也容易区分:前者干涉色圈以黑十字(或十字丝)交点为中心;而后者干涉色圈分别以两个 OA 出露点为中心,相连成"∞"字形。见到二轴晶垂直 Bxa 切面干涉图,即可确定矿物为二轴晶,切面方位为垂直 Bxa。

2. 确定矿物的光性符号

确定矿物的光性符号，必须利用 45°位或 135°位干涉图。首先要弄清光率体要素在干涉图中的分布方向。如图 5－20A 所示，两条黑带的顶点为 OA 出露点，黑带突向 Bxa 出露点（十字丝交点），Bxa 垂直图（纸）面。两个 OA 出露点的连线为光轴面迹线，垂直光轴面迹线方向为 Nm 方向。然后加入试板，根据视域中部（即 Bxa 出露点附近）干涉色的升降，判断 Nm 是光率体椭圆的长半径还是短半径，随之矿物光性符号即可确定。如果 Bxa 出露点附近的 Nm 是光率体椭圆的长半径，则垂直 Nm 方向（OAP 迹线方向）为短半径 Np，因为垂直 $NmNp$ 面的主轴为 Ng，所以 $Bxa=Ng$，矿物光性符号为正（图 5－20B，图版Ⅵ－6）。如果 Bxa 出露点附近的 Nm 是光率体椭圆的短半径，则垂直 Nm 方向为长半径 Ng，因为垂直 $NmNg$ 面的主轴为 Np，所以 $Bxa=Np$，矿物光性符号为负（图 5－20C，图版Ⅵ－3）。

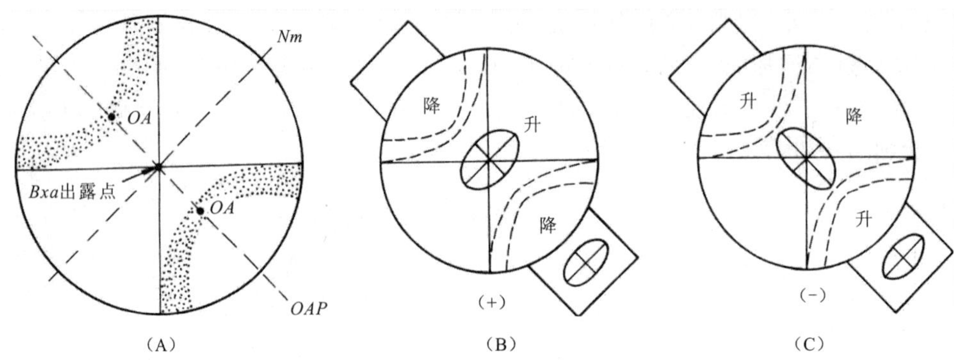

图 5－20 二轴晶垂直 Bxa 切面干涉图中光率体要素的分布（A）及矿物光性符号的测定（B、C）

3. 测定光轴角大小

1）马拉德（Mallard）法

马拉德认为，垂直 Bxa 切面的干涉图中，两光轴出露点之间的距离 $2D$ 与 $2V$ 的大小是成正比的，$2D$ 可用目镜微尺测得（图 5－21A）。在显微镜下只能见到视光轴角 $2E$。$2D$ 与 $2E$ 的关系为：

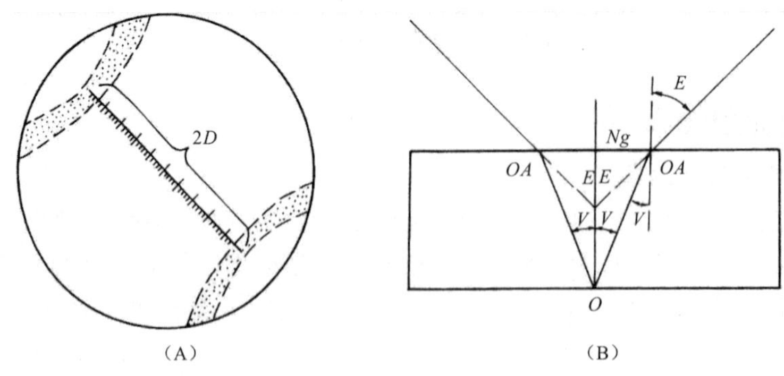

图 5－21 在垂直 Bxa 切面的干涉图上测定 $2D$ 及 $2V$ 与 $2E$ 的关系示意图

$$D=K\cdot \sin E \tag{5-1}$$

式中：K 为马拉德常数，不同的显微镜有不同的 K 值。由图 5－21B 所示，据折射率（取二轴晶的平均折射率为 Nm）：

$$Nm=\sin E/\sin V$$

即

$$\sin E=Nm\cdot \sin V \tag{5-2}$$

将式（5－2）代入式（5－1），得

$$D=K\cdot Nm\cdot \sin V \tag{5-3}$$

由式（5－3）可得

$$K=D/(Nm\cdot \sin V) \tag{5-4}$$

$$\sin V=D/(K\cdot Nm) \tag{5-5}$$

用马拉德法测定矿物 2V 时，首先要将已知矿物（Nm、2V 已知）磨制成垂直 Bxa 的定向切面（一般用黑云母垂直 Bxa 的切面），测定 2D，根据公式（5－4）求出测试所用透镜系统的 K 值。然后选择待测矿物垂直 Bxa 定向切面测定 2D，再根据公式（5－5）计算出矿物的 2V。待测矿物的 Nm 有两种方法获得：一是用突起确定；二是已知它是属哪个矿物族后，取该矿物族的平均 Nm 值。无论用哪种方法，Nm 取值误差均大，会导致 2V 的误差大。此外，定向切面不严格合乎要求，2D 误差大也会严重影响 2V 的误差。因此，建议尽可能使用费德洛夫法测定矿物的 2V。费氏台是一种常规仪器，用它测定 2V，操作既简便，测定又准确。

2）托比（Tobi）法

该法是改正的马拉德法。已知视域直径 2D 大小与光孔角 2θ 是成正比的，设物镜与矿片之间的介质折射率为 N，视域半径为 R（图 5－22），有下式：

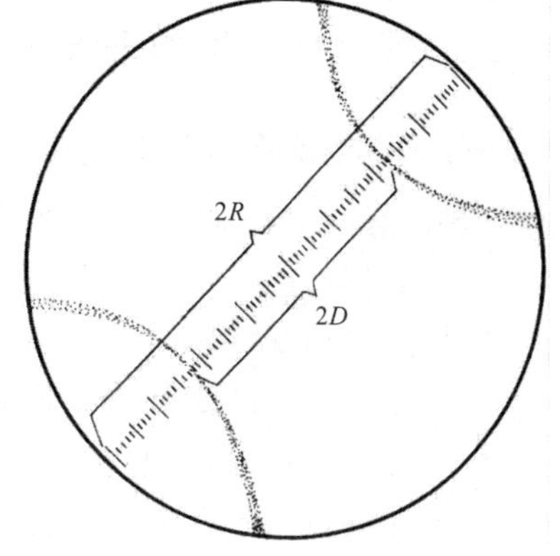

图 5－22　2R 和 2D 测量示意图

$$R=K\cdot N\cdot \sin\theta \tag{5-6}$$

式中：$N\cdot \sin\theta$ 即物镜的数值孔径 $N\cdot A$，在每个物镜上都标有 $N\cdot A$ 值。则

$$R=K\cdot N\cdot A \tag{5-7}$$

将式（5－3）除以式（5－7），得

$$D/R=(Nm\cdot \sin V)/(N\cdot A)$$

即

$$\sin V=(D\cdot N\cdot A)/(R\cdot Nm) \tag{5-8}$$

只要测得视域直径 2R 和两光轴出露点之间的距离 2D，根据公式（5－8）即可计算出矿物的 2V 值。

托比法虽然避免了马拉德常数 K 的测定，但仍然有 D 和 Nm 的取值准确度和精度问题，如果二者误差较大和准确度差，则计算出的 2V 值误差更大，准确度也更差。

普通偏光显微镜测定矿物 2V 的方法还有其他几种，都要求切面严格的定向和 Nm 取值精确，都不如费氏台法操作简便、测定准确。因此，如果要用 2V 值来确定矿物的种属和结构状态等，建议最好用费氏台法测定 2V。

在一般晶体光学鉴定中，可根据两 OA 出露点之间的距离大致估计出 2V 的大小。在一般鉴定中，通常是用数值孔径 $N\cdot A$ 为 0.65 的物镜（40×）观察干涉图，绝大多数造岩矿物和

宝石的 Nm 都在 1.50～1.80 之间，根据托比法中的公式(5－8)计算，$2V$ 与 $2D/2R$、Nm 之间的关系如表 5－1 所列。从表中可以看出，当垂直 Bxa 切面干涉图中两 OA 出露点之间的距离占视域直径 1/4 时，$2V=10°\sim12°$，即 11°左右；占 1/2 时，$2V=21°\sim25°$，即 23°左右；占 3/4 时，$2V=31°\sim38°$，即 35°左右；当两 OA 出露点紧靠视域边缘时，$2V=43°\sim51°$，即 45°左右。如果粗略估计：正高突起以下矿物，两光轴出露点之间的距离占视域直径 3/5 以上，$2V$ 中等；占 3/5 以下，$2V$ 小；正高突起以上矿物，两 OA 出露点之间距离占视域直径 3/4 以上，$2V$ 中等；占 3/4 以下，$2V$ 小。

表 5－1　N·A＝0.65 时，2V 与 2D/2R、Nm 之间的关系

$2D/2R$	Nm			
	1.50	1.60	1.70	1.80
1.00	51°	48°	45°	43°
0.75	38°	35°	33°	31°
0.60	30°	28°	26°	25°
0.50	25°	23°	22°	21°
0.25	12°	12°	11°	10°

二、垂直 OA 切面的干涉图

（一）干涉图的类型及其特点

二轴晶有两根光轴，当切面垂直一根光轴时，自然与另一根光轴斜交。二轴晶垂直 OA 切面的干涉图是垂直 Bxa 切面干涉图的一部分，主要有三种类型。

二轴晶垂直 OA 切面干涉图的第一种类型是视域中只有一个 OA 出露点并与十字丝交点重合，另一个 OA 出露点和 Bxa 出露点都位于视域之外($2V$ 中等偏大至大)。0°位时，视域中只见有一个直的黑带和以十字丝交点为中心的卵形干涉色圈(图版Ⅶ－3)，矿物最大双折射率很小时，不出现红干涉色圈。旋转物台，黑带由直变弯，45°位时黑带弯曲度最大，顶点与十字丝交点重合，曲线突向 Bxa 出露点，光轴面迹线与 PP、AA 呈 45°交角(图版Ⅶ－1、4)。90°位时，黑带又变直，与 0°位不同的是黑带与另一十字丝重合。135°位时黑带又变得最弯，干涉色与 45°位时类似，仅方位相差 90°。黑带弯、直变化始终以十字丝交点(OA 出露点)为旋转中心(图 5－23 上)。

二轴晶垂直 OA 切面干涉图的第二种类型也是视域内只有一个 OA 出露点(与十字丝交点重合)，另一个 OA 出露点在视域外，但 Bxa 出露点在视域内($2V$ 中等偏小)。过 OA 出露点(十字丝交点)的黑带的弯、直变化规律同上所述。0°、90°位时，另一个黑带进入视域与变直的黑带组成黑十字，黑十字交点即 Bxa 出露点(图 5－23 中)。

二轴晶垂直 OA 切面干涉图的第三种类型是两个 OA 出露点和 Bxa 出露点都在视域内，其中一个 OA 出露点与十字丝交点重合($2V$ 较小时)。这种干涉图相当于切面法线与 Bxa 交角很小的切面干涉图，其干涉图特征类似于垂直 Bxa 切面干涉图，只是不像垂直 Bxa 切面干涉图那样对称而已(图 5－23 下)。

（二）干涉图的应用

1. 确定轴性和切面方位

二轴晶垂直 OA 切面干涉图的第一种类型在 0°位与一轴晶斜交 OA 切面(交角较大，OA 出露点在视域外)干涉图有相似之处，都有平行十字丝的黑带，区别在于旋转物台时前者黑带以十字丝交点为旋转中心发生弯曲，并不退出视域，而后者黑带平移退出视域。

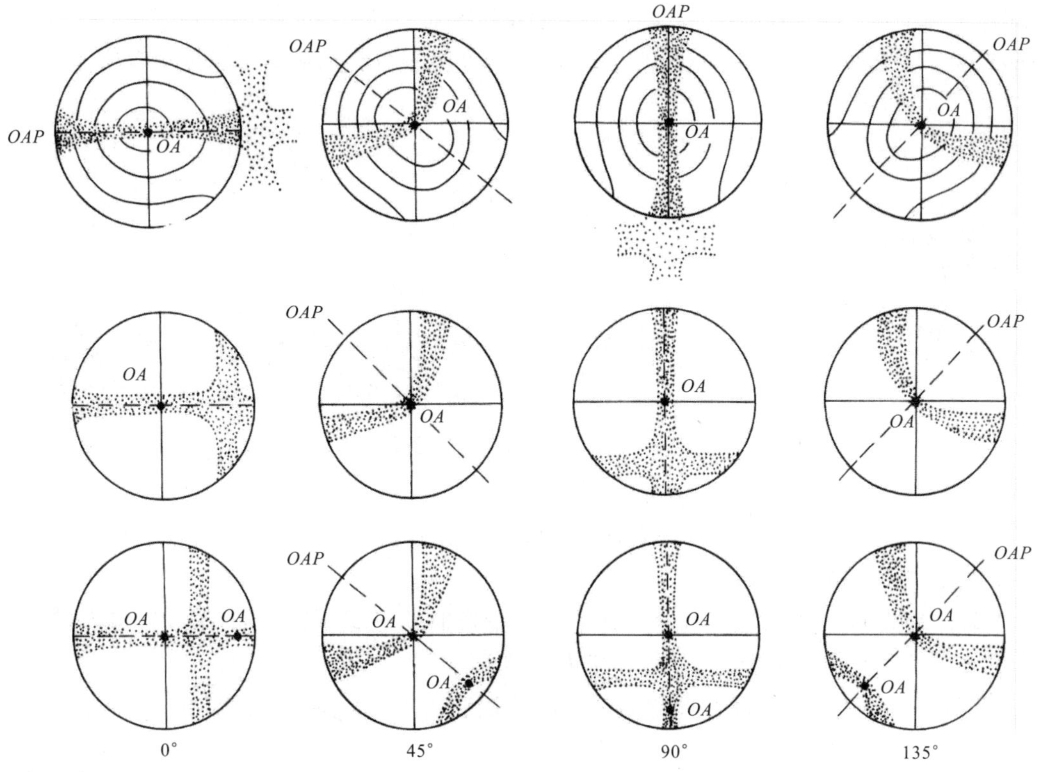

图 5-23　二轴晶垂直 OA 切面的干涉图

上图：2V 中等偏大至大；中图：2V 中等偏小；下图：2V 较小

二轴晶垂直 OA 切面干涉图的第二种类型在 0°位、90°位时与一轴晶斜交 OA 切面、交角较小、OA 出露点在视域内的干涉图有相似之处，都有一个黑十字。其区别在于：旋转物台时，前者黑十字发生分裂，一条黑带退出视域，另一条黑带以十字丝交点为旋转点变弯曲；而后者黑十字不发生分裂，绕十字丝交点作圆周运动。

二轴晶垂直 OA 切面干涉图的第三种类型，与二轴晶斜交 Bxa 但法线与 Bxa 交角不大的切面的干涉图有类似之处。其区别在于：前者有一个 OA 出露点与十字丝交点重合；而后者两个 OA 出露点都不与十字丝交点重合。

见到二轴晶垂直 OA 切面干涉图的任一种类型，即可确定该矿物属二轴晶，切面方位为垂直一个 OA。

2. 测定矿物光性符号

利用二轴晶垂直 OA 切面的干涉图测定矿物光性符号，必须在 45°位或 135°位干涉图上进行。首先要弄清光率体要素在干涉图中的分布方向。45°位时，黑带弯曲度最大，黑带的顶点即 OA 出露点，它与十字丝交点重合；过 OA 的 45°线即光轴面的迹线，与之垂直的方向为 Nm 方向；由于黑带是凸向 Bxa 出露方向的，则在 OAP 迹线上，黑带凹方为 Bxa 投影方向，黑带凸方为 Bxo 投影方向(图 5-24A)。然后插入试板，根据干涉色升降判断 Bxa 方向是 Ng 还是 Np，即可确定矿物的光性符号。如图 5-24B 所示，插入试板后：原消光带凸方干涉色升高，表明 Nm 方向为长半径，Bxo 方向为短半径，即为 Np；原消光带凹方干涉色降低，表明

Nm 方向为短半径，Bxa 方向为长半径，即为 Ng。由上可知，矿物光性符号为正(图版Ⅶ-2)。而如图 5-24C 所示，插入试板后，干涉色升降结果与图 5-24B 相反，即原消光带凹方干涉色升高，凸方干涉色降低，表明 Bxa 方向为 Np，Bxo 方向为 Ng，则矿物光性符号为负。

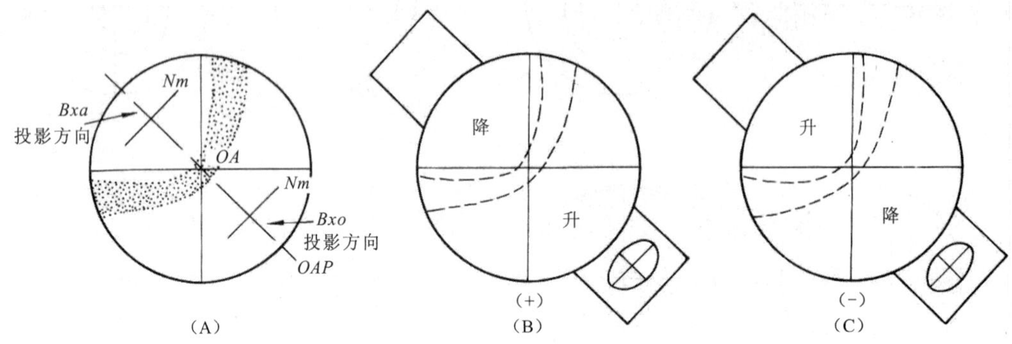

图 5-24 二轴晶垂直 OA 切面干涉图上光率体要素的分布(A)及矿物光性符号的测定(B、C)

3. 估计 $2V$ 值的大小

二轴晶垂直 OA 切面的 45°位干涉图中的黑带弯曲度与 $2V$ 的大小有关，$2V$ 愈大，黑带弯曲度愈小。$2V=90°$时，黑带为一直带，与 PP、AA 成 45°交角。$2V=0°$时，黑带弯曲成直角，实际上就是一轴晶，即两条黑带相交成黑十字(图 5-25)。理论上，0°到 90°之间可分成 90 等份，每一等份即相当 1°，能根据黑带的弯曲度估计出 $2V$ 在 0°～90°之间的任何值。但实际上，在八分之一圆周的一小段圆弧上，肉眼难以划分出 90 等份。而且，严格垂直 OA 的切面极少见，因而用斜交 OA 切面干涉图中黑带的弯曲度估计 $2V$ 值会造成很大误差。因此，一般情况下只估计出光轴角小($2V=0°～30°$)、光轴角中等(30°～60°)、光轴角大(60°～90°)即可。当 $2V$ 较小时，另一条黑带也进入视域内，但一定要根据有 OA 出露点且与十字丝交点重合的黑带弯曲度进行 $2V$ 值估计。

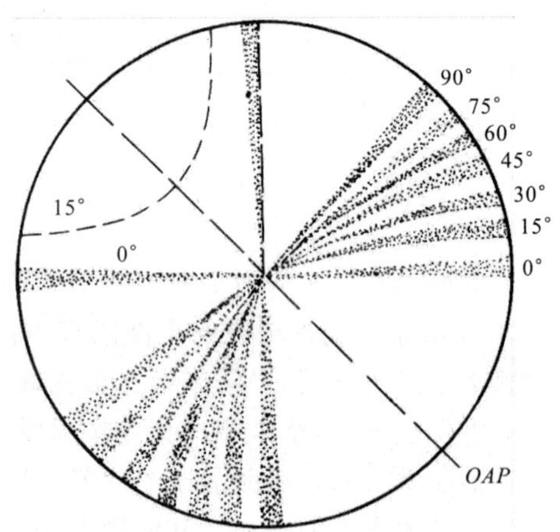

图 5-25 二轴晶垂直 OA 切面的干涉图中消光黑带弯曲度与 $2V$ 大小的关系

三、平行 OAP 切面的干涉图

(一) 图像特征

二轴晶平行 OAP 切面的干涉图与一轴晶平行 OA 切面的干涉图类似，也为闪图或瞬变干涉图。0°位为粗大模糊的黑十字，稍转物台，黑十字即从中心开始分裂成两条弯曲的黑带，转物台 10°左右，黑带完全退出视域。45°位干涉色最亮，且呈对称分布：一对对顶象限，由中部向外，干涉色降低，另一对对顶象限，由中部向外，干涉色升高，干涉色升降幅度不大，一般边缘相对中部升降一至两个色序(图 5-26)。

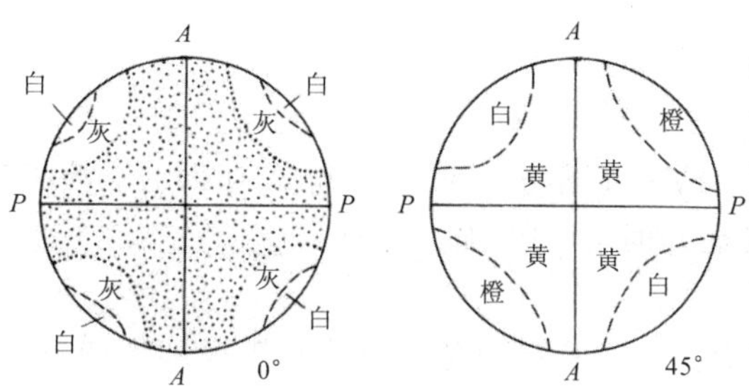

图 5-26　二轴晶平行 OA 切面的干涉图

（二）干涉图的成因

二轴晶平行 OAP 切面波向图见图 5-27A。0°位时，即 Bxa、Bxo 分别与 PP、AA 一致时，大部分区域处于消光位和近于消光位，形成粗大黑十字，仅四个象限的边缘区域，光率体椭圆半径与 PP、AA 稍微斜交，出现灰干涉色。45°位时，整个视域光率体椭圆半径与 PP、AA 成 45°交角或近 45°交角，干涉色最亮。如图 5-27B 所示，正光性光率体：沿 Bxa 方向由中心到边缘，双折射率的变化趋势是$(Ng-Np)\rightarrow(Ng'-Np)\rightarrow(Nm-Np)$；沿 Bxo 方向，由中心到边缘，双折射率的变化趋势是$(Ng-Np)\rightarrow(Ng-Np')\rightarrow(Ng-Nm)$；无论是沿 Bxa 方向还是沿 Bxo 方向，从中心到边缘双折射率都是变小的。但由于二轴晶正光性矿物当 $2V$ 不接近 90°时，$(Ng-Nm)>(Nm-Np)$，沿 Bxa 方向的双折射率降低幅度$(Ng-Nm)$大，而沿 Bxo 方向的双折射率降低幅度$(Nm-Np)$小。而负光性矿物（图 5-27C）：沿 Bxa 方向由中心向外，双折射率的变化趋势是$(Ng-Np)\rightarrow(Ng-Np')\rightarrow(Ng-Nm)$；沿 Bxo 方向由中心向外，双折射率的变化趋势是$(Ng-Np)\rightarrow(Ng'-Np)\rightarrow(Nm-Np)$。由于负光性矿物当 $2V$ 不接近 90°时，一般是$(Ng-Nm)<(Nm-Np)$，同样是沿 Bxa 方向的双折射率降低幅度$(Nm-Np)$大，沿 Bxo 方向双折射率降低幅度$(Ng-Nm)$小。同时，由中心向外，光线通过矿片的距离是逐渐增加的。沿 Bxa 方向双折射率降低幅度大，通过矿片距离的增大引起的干涉色升高不足以抵消双折射率减低而引起的干涉色降低，因此干涉色仍然是降低的，但由于抵消了一部分，干涉色降低的幅度不大。沿 Bxo 方向，双折射率降低的幅度小，通过矿片距离的加

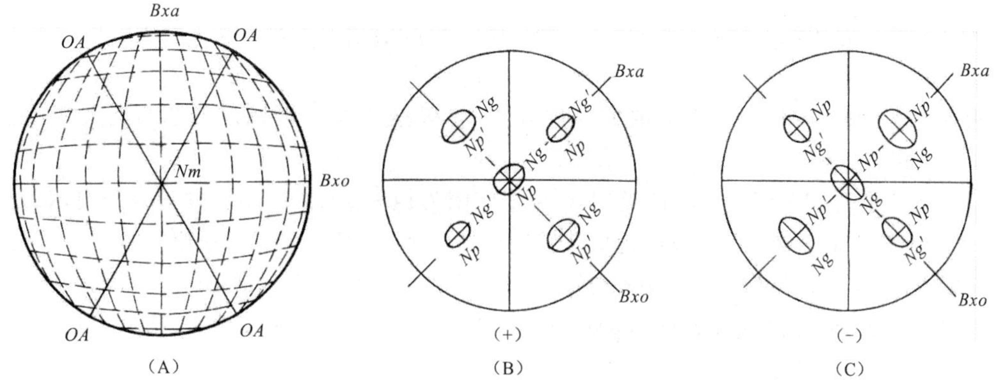

图 5-27　二轴晶平行 OAP 切面波向图(A)及其干涉图中光率体椭圆半径的变化(B、C)

大引起的干涉色升高超过了双折射率降低引起干涉色降低，使总的干涉色逐渐升高，但由于被双折射率的降低抵消了一部分，干涉色升高的幅度也不大。

（三）干涉图的应用

二轴晶平行 *OAP* 切面的干涉图与一轴晶平行 *OA* 切面的干涉图都是闪图，单凭这种干涉图不能区分轴性。当轴性已知时，闪图有如下用途。

1. *确定切面方向*

二轴晶平行 *OAP* 切面在矿物鉴定中是一个非常重要的切面，许多光学性质要在该切面上测定。判断切面是否平行 *OAP*，除了单偏光镜和正交偏光镜下的特征外，锥偏光镜下的重要特征就是干涉图为闪图。闪图闪得愈快，即黑十字分裂成的两条黑带退出视域所需旋转物台的角度愈小，45°位干涉色分布愈对称，则表示切面愈接近平行 *OAP*。

2. *测定矿物光性符号*

矿物光性符号的测定必须在 45°位（或 135°位）的干涉图上进行。首先要确定 *Bxa*、*Bxo* 的位置或方向。确定 *Bxa*、*Bxo* 的位置或方向有两种方法，一种是根据干涉图中干涉色的对称性确定，当矿物最高干涉色较高，干涉图中干涉色出现数个色序时采用该法。确定的方法是：干涉色由中部向外降低的两个象限的连线为 *Bxa* 方向；干涉色由中部向外升高的两个象限的连线为 *Bxo* 方向（图 5－28A）。然后加入试板，根据干涉色的升降判断 *Bxa* 方向是光率体椭圆的长半径还是短半径。因为平行 *OAP* 切面的光率体椭圆半径是 *Ng* 和 *Np*，若 *Bxa* 方向是长半径，即 *Bxa*＝*Ng*，则矿物光性符号为正（图 5－28B）；若 *Bxa* 方向是短半径，即 *Bxa*＝*Np*，则矿物光性符号为负（图 5－28C）。

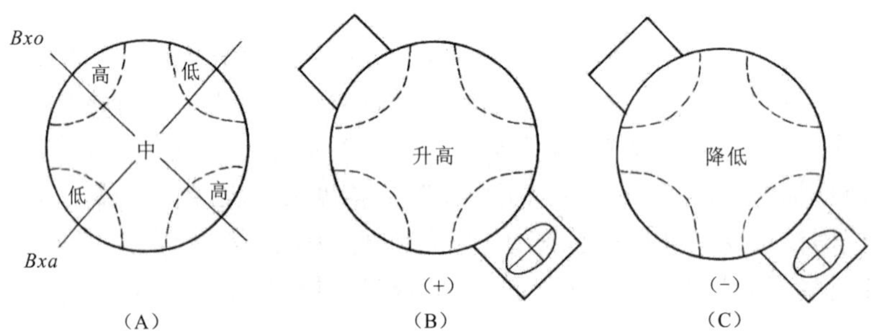

图 5－28 利用二轴晶平行 *OAP* 切面 45°位干涉图测定矿物光性符号

确定 *Bxa*、*Bxo* 的位置或方向的另一种方法，是根据 0°位干涉图旋转物台时黑十字退出视域的方向确定。

与一轴晶平行 OA 切面干涉图类似，0°位干涉图为粗大黑十字，几乎占满整个视域。稍转物台，黑十字从中心开始分裂、逃出视域。转物台 12°～15°，黑十字完全退出视域，黑十字退出的方向即 *Bxa* 方向。转物台 45°，*Bxa* 方向与十字丝成 45°交角。

确定 *Bxa*、*Bxo* 的位置或方向后，加入试板，根据干涉色升降判断 *Bxa*、*Bxo* 相对大小，再根据 *Bxa*、*Bxo* 相对大小确定矿物光性符号。

四、垂直 *Bxo* 切面的干涉图

（一）图像特征及成因

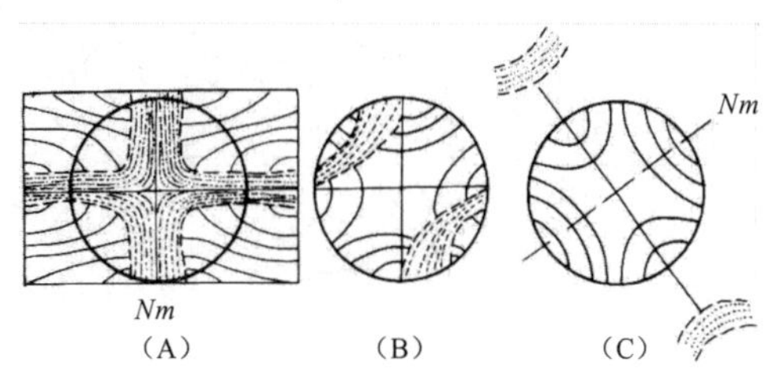

图 5-29　二轴晶垂直 *Bxo* 切面的干涉图
（引自陈芸菁，1987）

垂直 *Bxo* 切面的干涉图与垂直 *Bxa* 切面的干涉图无论在图像特征上还是在成因上都有相似之处。垂直 *Bxo* 切面的干涉图中，两个 *OA* 出露点相距较远，位于视域之外，因此垂直 *Bxo* 切面的干涉图相当于垂直 *Bxa* 切面干涉图的中心部分（图 5-29A）。

垂直 *Bxo* 切面的干涉图，0°位时为一较粗大黑十字，与垂直 *Bxa* 切面 0°位干涉图相比，其黑十字更粗大模糊些，但比闪图 0°位的黑十字要瘦小。该黑十字一粗一细，四个象限的边缘出现灰白干涉色，矿物最大双折射率较大时，还可出现稀疏、不封闭的干涉色圈（图 5-29A）。

旋转物台，黑十字从中心分裂成两条弯曲黑带，退出视域（图 5-29B）。45°位时干涉色最亮，干涉图相当于垂直 *Bxa* 切面的干涉图 45°位的中心部分。矿物最大双折射率较小时，干涉色圈少而不明显，难以分辨 *Nm* 和 *OAP* 迹线方向。矿物最大双折射率较大时，出现明显的不封闭干涉色圈，干涉色对称分布：在 *OAP* 迹线方向，由中心向外干涉色逐渐降低；沿 *Nm* 方向，由中心向外干涉色逐渐升高。由于 *Nm* 方向垂直"∞"字型干涉色圈的腰部，因此干涉色圈沿 *Nm* 方向较密（图 5-29C）。

矿物 2*V* 较大时，2*V* 与两个光轴所夹钝角相近，无论是垂直 *Bxo* 切面的干涉图，还是垂直 *Bxa* 切面的干涉图，两 *OA* 出露点都位于视域之外，两种干涉图特征相似而难以区分。矿物 2*V* 很小时，垂直 *Bxo* 切面干涉图中，两个 *OA* 出露点相距很远，远离视域，0°位黑十字更粗大，旋转物台时黑十字分裂成两条黑带退出视域的速度更快，该干涉图与闪图难以区分。

（二）干涉图的应用

1. 确定矿物的轴性

矿物 2*V* 不是很小时，垂直 *Bxo* 切面干涉图与一轴晶垂直 *OA* 切面干涉图的区别是旋转物台时，前者黑十字分裂，后者黑十字不分裂；与闪图的区别是前者 0°位时黑十字一粗一细，而闪图的两个黑带都较粗，几乎占满整个视域。矿物 2*V* 很小时，垂直 *Bxo* 切面干涉图与闪图难以区分，不能用以确定轴性。

2. 确定切面方向

2*V* 很大时，垂直 *Bxo* 切面的干涉图与垂直 *Bxa* 切面的干涉图难以区分，2*V* 很小时又与闪图难以区分，这两种情况下都难以确定切面方向。2*V* 中等时，垂直 *Bxo* 切面的干涉图与一轴晶垂直 *OA* 切面的干涉图、二轴晶垂直 *Bxa* 切面的干涉图及与闪图都有明显区别。

3. 确定矿物的光性符号

当矿物最大双折射率较大时，垂直 *Bxo* 切面干涉图可用于测定矿物光性符号。45°位干涉图，干涉色对称分布，干涉色由中部向外降低的两象限连线即 *OAP* 迹线，亦即 *Bxa* 方向，与之垂直的方向为 *Nm* 方向（图 5-30A）。加入试板，根据干涉色的升降判断 *Bxa* 方向是 *Ng* 还是 *Np*，随即可确定出矿物的光性符号。如图 5-30B 所示，加入试板后，根据中部干涉色升高判断出 *Nm* 为长半径，*Bxa* 为短半径，即 *Bxa*＝*Np*，所以矿物光性符号为负。图 5-30C 所

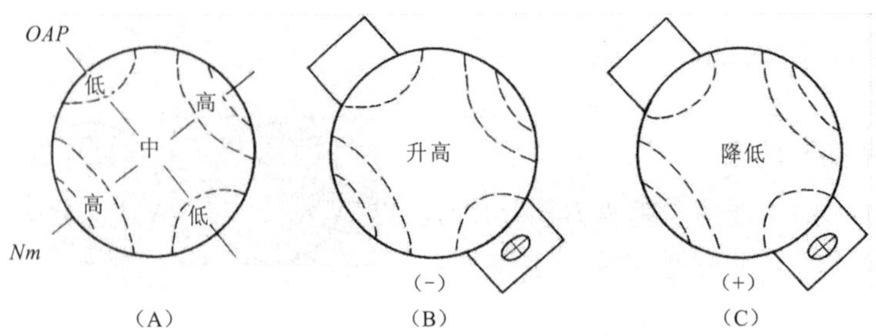

图 5-30 利用二轴晶垂直 Bxo 切面 45°位干涉图测定矿物光性符号

示 $Bxa=Ng$，矿物光性符号为正。

矿物最大双折射率较低时，45°位干涉图的干涉色圈不明显，难以判别 Nm、Bxa 方向，只能用两个黑带退出视域的方向来确定 Bxa 方向，而黑带退出视域的方向又难以观察准确，因此，在这种情况下最好改用其他方向的切面测定矿物的光性符号。

五、平行一个主轴切面的干涉图

以上所述切面，除垂直 OA 切面外，均为垂直主轴的切面，如垂直 Bxa、Bxo 的切面为垂直 Ng（或 Np）的切面，平行 OAP 的切面为垂直 Nm 的切面。

平行一个主轴的切面，在晶体光学中也是有重要鉴定意义的切面。如上述垂直 OA 切面，是平行 Nm 且垂直 OA 的特殊切面。垂直 Bxa 切面，对于正光性矿物，是垂直 Ng 且平行 Nm（也平行 Np）的特殊切面；对于负光性矿物，是垂直 Np 且平行 Nm（也平行 Ng）的特殊切面。这些切面在晶体光学中都具有非常重要的鉴定意义。这里所说的平行一个主轴的切面，是指除上述切面以外的其他切面，这类切面比上述切面出现的概率更大。

平行一个主轴的切面的干涉图，其重要特征是当该主轴与十字丝之一的方向一致时（正交偏光镜下消光），视域中出现一条平直的黑带，该黑带与另一十字丝一致。旋转物台，黑带弯曲，黑带退出视域或不退出视域。如图 5-31 上图，为平行 Nm 且切面法线与 Bxa 交角不大的切面的干涉图。当一个黑带与十字丝一致时，则垂直该黑带的另一十字丝方向即为 Nm 方向。图 5-31 中图，为平行 Nm 且切面法线与 OA 交角不大的切面的干涉图，旋转物台，黑带由直变弯，但不退出视域。图 5-31 下图，为平行 Nm 且切面法线与 OA 交角较大的切面的干涉图，OA 出露点在视域之外，旋转物台，黑带由直变弯并退出视域。上述三者的共同特点是，当黑带与十字丝之一一致时，垂直黑带的另一十字丝方向即为 Nm 方向。同样，平行 Ng 或平行 Np 切面的干涉图中，当黑带与十字丝之一一致时，另一十字丝方向即为 Ng 或 Np 方向。

平行一个主轴的切面有三个用途：一是用以确定轴性，它们与一轴晶干涉图有明显不同的特征；二是用以确定矿物的光性符号，尤其是近于垂直 OA 和近于垂直 Bxa 切面的干涉图，OA、Bxa 出露点位于视域内，像应用垂直 OA、垂直 Bxa 切面干涉图一样方便；三是用以确定某一主轴的方向，以便测定该方向的光学性质，在油浸法中测定主折射率值时尤显重要。

六、斜交主轴切面的干涉图

斜交主轴的切面是指既不垂直任何主轴，也不平行任何主轴的切面，是上述五类切面以外的切面。该类切面出现的概率最大。

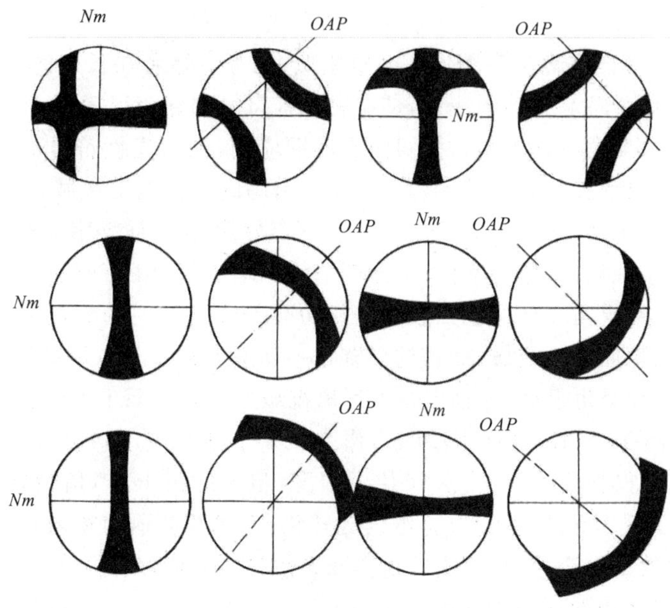

图 5-31　二轴晶平行 Nm 切面干涉图

上图：切面近于垂直 Bxa，Bxa 出露点在视域内；中图：切面近于垂直 OA，OA 出露点在视域内；下图：切面法线与 OA 交角较大，OA 出露点在视域外

斜交主轴切面的干涉图特征，是随切面的方位不同而异的。其中，一部分切面近于垂直 Bxa、近于垂直 OA(图 5-32)和近于平行 OAP，其干涉图也分别相应类似于垂直 Bxa、垂直 OA 及平行 OAP 切面的干涉图，这类切面干涉图也可用于确定矿物轴性和测定矿物光性符号。其余的切面，其干涉图特征难以辨别，但只要不属于前述五类切面干涉图及近于垂直 OA、近于垂直 Bxa、近于平行 OAP 的切面干涉图，即可大致判断它们是属于斜交主轴切面的干涉图，这类切面在矿物鉴定中没有重要意义，对这类干涉图，初学者没有必要花很多精力去掌握它。

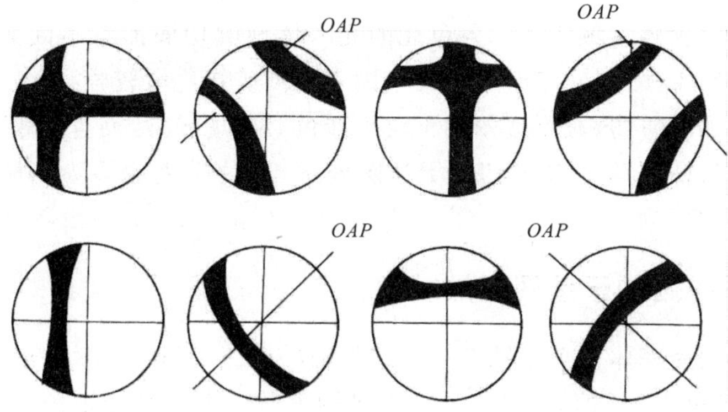

图 5-32　二轴晶斜交一个主轴切面的干涉图

上图：近于垂直 Bxa 切面的干涉图；下图：近于垂直 OA 切面的干涉图

一轴晶、二轴晶干涉图有一些共性。如一轴晶//OA 切面干涉图与二轴晶平行 OAP 切面干涉图完全一样；二轴晶⊥Bxa 切面 0°位干涉图和当 $2V$ 很小的二轴晶⊥Bxa 切面干涉图与一轴晶⊥OA 切面干涉图在黑十字图像上非常相似，等等。笔者在长期的岩矿鉴定中，摸索出把二轴晶干涉图当作一轴晶干涉图应用，使矿物光性符号判别变得简单、容易。如把二轴晶⊥Bxa 切面 0°位干涉图当作一轴晶⊥OA 切面干涉图应用，判别光性符号的结果是一样的。长石类矿物，最大双折射率较小，$2V$ 较大，其 45°位干涉图的黑臂退出视域，干涉色对称分布不明显，难以判别出 Nm、OAP 迹线方向，45°位干涉图不好利用。而改用 0°位干涉图效果极佳。又如把二轴晶斜交主轴切面(任意切面)干涉图当作一轴晶斜交 OA 切面(任意切面)干涉图使用，判别光性符号的结果是一样的。二轴晶任意切面干涉图与一轴晶任意切面干涉图的区别在于：前者的黑臂是弯曲退出视域，后者的黑臂是平移退出视域。二轴晶任意切面干涉图与一轴晶斜交 OA 切面、且交角很小、光轴出露点远离视域的任意切面干涉图较相似。再如把一轴晶平行 OA、二轴晶平行 OAP 切面干涉图当作⊥Bxa 干涉图应用，判别出的光性符号与矿物光性符号相反。实际操作是这样的：从 0°位干涉图(粗大的黑十字)稍微旋转物台，会出现类似于⊥Bxa 切面 45°位干涉图的图像(再继续旋转物台，黑臂会退出视域，干涉图难以利用!)，若按此图像判别出的光性符号为正，则矿物实际光性符号为负，反之亦然。或者把一轴晶平行 OA、二轴晶平行 OAP 切面 0°位干涉图当作一轴晶垂直 OA 切面干涉图使用，判别出的光性符号与矿物实际光性符号也是相反的。一轴晶平行 OA、二轴晶平行 OAP 切面 0°位干涉图与一轴晶垂直 OA 切面干涉图的区别在于：前者黑十字特别粗大，四个象限边缘亮干涉色区域很小，但加石膏试板后干涉色升降变化是明显的；后者黑十字一般较瘦小，四个象限亮干涉色区域较大，加试板后干涉色升降变化更为明显。这些经验对于鉴定石英和不发育双晶(或切面上见到双晶)的长石是行之有效的。请广大岩矿鉴定工作者在实践中应用。其原理不再详述。

第四节　干涉图色散观察

折射率色散，会引起光率体色散。一轴晶矿物光性方位 $Ne(OA)$ 与高次对称轴一致。一轴晶的光率体色散只改变光率体的形态，而矿物的光性方位和各色光的 OA 方向并不发生改变。色散较强的一轴晶矿物，垂直 OA 切面的干涉图中，黑十字仍然是黑十字，不会出现色边，但四个象限的干涉色会因锥偏光下的各色光的光率体椭圆切面形态不同而出现异常。因此，若四个象限出现异常干涉色的一轴晶干涉图，则表明该矿物色散较强。

色散较强的二轴晶矿物，其干涉图中不仅干涉色会出现异常，而且原来的消光黑带会呈彩色带。干涉图色散特征在垂直 Bxa 切面干涉图处于 45°位时表现最为明显，且随矿物的对称类型而异。现简述如下。

一、斜方晶系矿物的干涉图色散

斜方晶系矿物的光率体三个主轴与三个结晶轴(a、b、c)一致，光率体色散不会影响矿物的光性方位，只影响各色光 $2V$ 值，这种色散称为光轴色散。当红光光轴角($2r$)大于紫光光轴角($2v$)时，色散公式记为 $r>v$，反之记为 $v>r$。

图 5-33 为 $r>v$ 时斜方晶系矿物的干涉图特征。由于 $2r>2v$，两红光光轴(OA_r)出露点相距较远，两紫光光轴(OA_v)出露点相距较近。垂直 Bxa 切面干涉图在 45°位上：OA_r 出露点

位于消光带的凹侧边(简称凹侧)，OA_r 出露点及其附近，红光被消除，紫、蓝光相对加强，形成一条蓝边；OA_v 出露点位于消光带的凸侧边(简称凸侧)，OA_v 出露点及其附近，紫光被消除，红、橙光相对加强，产生一条红边。这些色边无论是相对 OAP 迹线、Nm，还是相对 Bxa 出露点(十字丝交点)，都是对称的，这就是光轴色散的最大特点。同时干涉色圈也会出现异常。若色散为 $v>r$，则凹侧为红边，凸侧为蓝边。

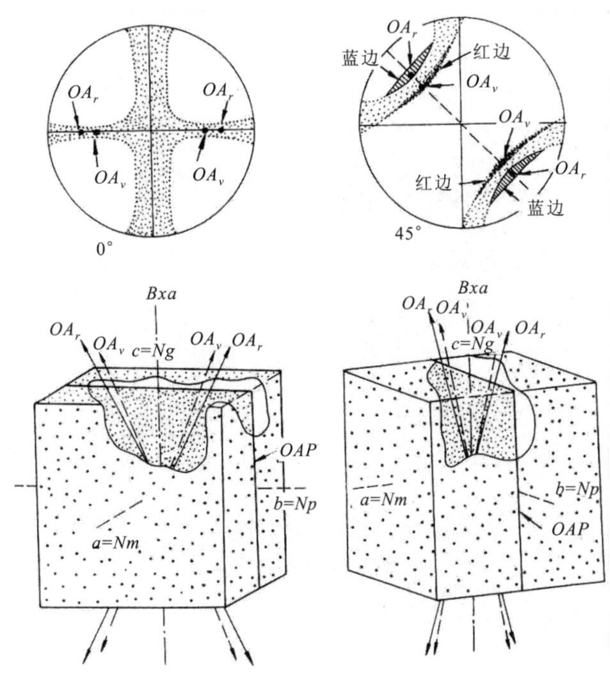

图 5-33　斜方晶系矿物的光轴色散($r>v$)

(据 Wahlstrom，1979)

二、单斜晶系矿物的干涉图色散

单斜晶系矿物的光性方位为光率体三主轴之一与结晶轴 b 一致，其他两主轴与另两结晶轴斜交。单斜晶系矿物的光率体色散，不仅导致各色光的光轴角不同，而且还导致矿物对各色光的光性方位也不同。按与结晶轴 b 一致的光率体主轴不同，单斜晶系矿物的干涉图色散有如下三种类型。

(一) 平行色散

矿物的光性方位为各色光光率体的 Bxo 与 b 轴一致，OAP 平行 b 轴且相交于 b 轴。各色光的 OAP 迹线互相分离而处于平行状态。若 $r>v$，垂直 Bxa 切面干涉图在 0°位上(图 5-34 左图)：蓝边位于消光黑十字细带的同一侧，OA_r 出露点相距较远，即蓝边相距较远；红边位于另一侧，两 OA_v 出露点相距较近，即红边相距较近；两红边与两蓝边平行分布。干涉图在 45°位上(图 5-34 右图)：蓝边位于凹侧，红边位于凸侧。若 $v>r$，红、蓝边平行分布于消光黑十字细带的两侧，但两红边相距较远，两蓝边相距较近。无论是 $r>v$，还是 $v>r$，干涉色圈都会出现异常。

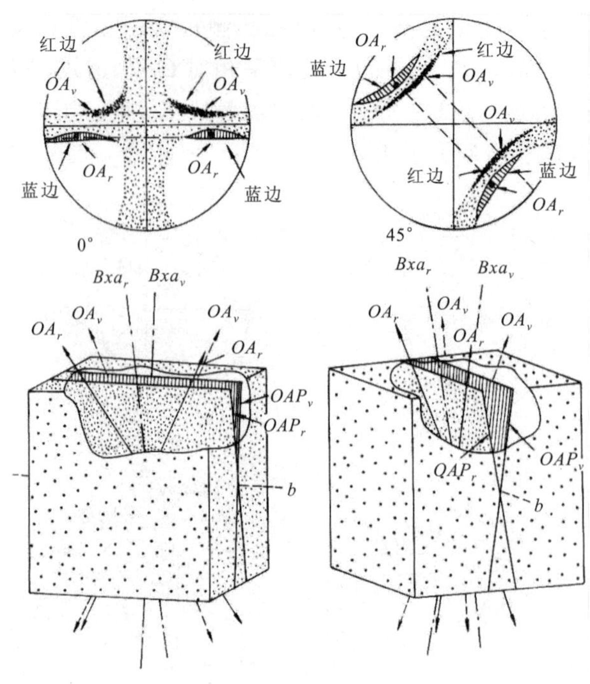

图 5-34 平行色散($r>v$)

(据 Wahlstrom,1979)

(二) 交叉色散

矿物光性方位为各单色光光率体的 Bxa 与 b 轴一致,OAP 平行 Bxa 且相交于 Bxa(b 轴)。在垂直 Bxa 切面的干涉图中,各单色光的 OAP 迹线相交于 Bxa 出露点,明显可见 OA_r 和 OA_v,以及对应的蓝、红色边呈交叉状分布。干涉图在 45°位上:若 $r>v$,蓝边位于凹侧,红边位于凸侧,即两 OA_r 出露点相距较远(图 5-35);若 $v>r$,则蓝边位于凸侧,红边位于凹侧,即两 OA_v 出露点相距较远。同样,无论是 $v>r$,还是 $r>v$,干涉色圈都会显示异常。

(三) 倾斜色散

矿物的光性方位为各单色光光率体主轴 Nm 与结晶轴 b 一致,其余两主轴与另两晶轴斜交。光率体色散没有改变 OAP 的方向,即各单色光的 OAP 方向一致,但各单色光的 Bxa 以 Nm 为旋转轴向一个方向转动(倾斜)了一定角度。垂直 Bxa 切面干涉图在 0°位上,与无色散的干涉图相比,黑十字没有什么区别,因为所有单色光光轴出露点都位于同一 OAP 迹线上,不出现色边,仅干涉色圈显示异常。垂直 Bxa 切面干涉图在 45°位上,各色光两 OA 出露点,若其中之一在一消光带的凸侧,则另一 OA 出露点在另一消光带的凹侧。如 $r>v$:一消光带凸侧为蓝边,凹侧为红边,则另一消光带凸侧为红边,凹侧为蓝边;一消光带上的红、蓝色边较长,则另一消光带上的红、蓝色边较短;一消光带上的 OA_r 与 OA_v 出露点相距较远(消光带较宽),则另一消光带上的 OA_r 与 OA_v 出露点相距较近(消光带较窄)。干涉图相对 Nm 方向是不对称的,但相对 OAP 迹线(两 OA 的连线)是对称的(图 5-36)。同时,干涉色圈显示异常。

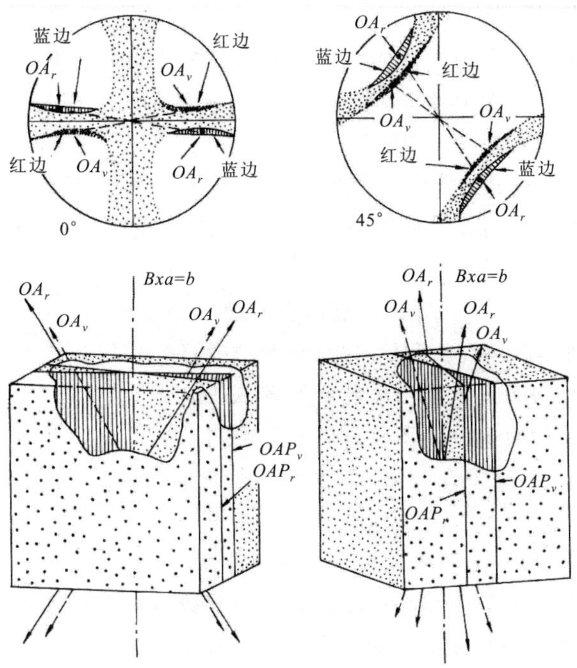

图 5－35　交叉色散($r>v$)

(据 Wahlstrom,1979)

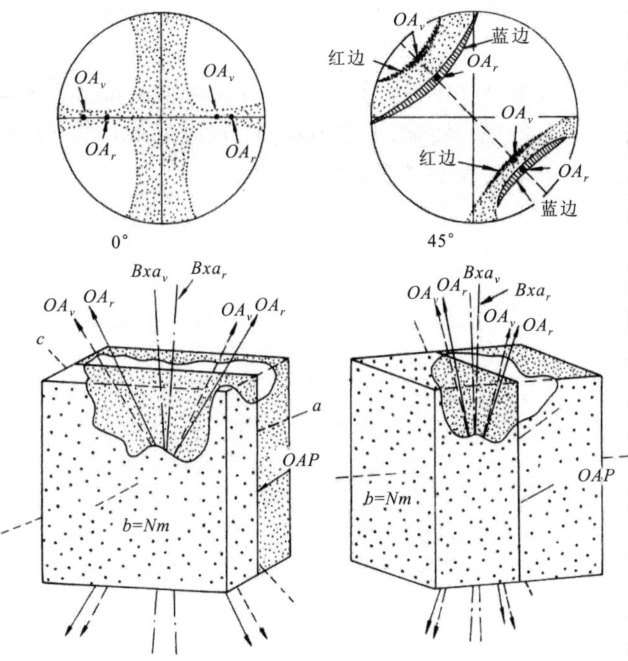

图 5－36　倾斜色散($r>v$)

(据 Wahlstrom,1979)

三、三斜晶系矿物的干涉图色散

三斜晶系矿物的光性方位为光率体三个主轴与三个结晶轴均不一致。三斜晶系矿物的光率体色散造成干涉图的色散更为复杂，色边的形态、分布均无对称特点。但在垂直 Bxa 切面干涉图上可以测定色散公式是 $r>v$ 还是 $v>r$。

斜方晶系矿物的色散公式，既可在垂直 Bxa 切面干涉图上测定，也可在垂直 OA 切面干涉图上测定。单斜晶系和三斜晶系矿物的色散公式只能在垂直 Bxa 切面干涉图上进行测定。

复习思考题

1. 简述锥偏光镜中聚光镜、勃氏镜、高倍镜的作用。
2. 一轴晶垂直 OA 切面干涉图图像特征及其应用。
3. 一轴晶平行 OA 切面干涉图图像特征及其应用。
4. 一轴晶任意切面(斜交 OA 切面)干涉图图像特征及其应用。
5. 二轴晶垂直 OA 切面干涉图图像特征及其应用。
6. 二轴晶垂直 Bxa 切面干涉图图像特征及其应用。
7. 二轴晶垂直 OA 切面干涉图与一轴晶斜交 OA 切面干涉图异同点是什么？
8. 晶体光学鉴定中有哪些方法可测定和估计光轴角大小？
9. 二轴晶垂直 Bxa 切面干涉图与一轴晶垂直 OA 切面干涉图的异同点是什么？
10. 如何利用二轴晶垂直 OA 切面干涉图 45°位图像特征确定光率体要素的分布？画图说明。
11. 如何利用二轴晶垂直 Bxa 切面干涉图 45°位图像特征确定光率体要素的分布？画图说明。
12. 锥偏光镜下如何区分均质体任意切面与非均质体的垂直 OA 切面？
13. 二轴晶矿物除了垂直 OA 切面、垂直 Bxa 切面、垂直 Bxo 切面含有 Nm 外，哪些切面还含有 Nm？这些切面的干涉图特征是什么？

第六章　透明造岩矿物及宝石的晶体光学系统鉴定

透明矿物的晶体光学系统鉴定是指在不同光路系统的偏光显微镜下，按一定程序对矿物进行全面系统的光学性质(包括某些非光学性质，如形态、解理、双晶等)测定，并加以总结和描述，找出矿物的鉴定特征，以确定矿物的种属名称或亚种名称。透明矿物的晶体光学系统鉴定是透明造岩矿物和透明宝玉石矿物鉴定的最基本方法。

第一节　不同光路系统偏光显微镜下透明矿物晶体光学系统鉴定的内容

不同的光学性质需要在不同光路系统的偏光显微镜下进行测定。有些光学性质必须在定向切面上进行测定，需要用不同光路系统的显微镜选择切面，但光学性质的测定最终要在某一种光路系统偏光显微镜下进行。不同光路系统偏光显微镜测试的内容如下。

(一) 单偏光镜下测试内容

晶形　观察不同方向切面的形态，以查明矿物的单体形态、自形程度和矿物的集合体形态。

解理　观察不同方向的切面，查明矿物是否有解理、有几组解理以及每组解理的完善程度。如果有两组以上解理，需要测定各组解理之间的夹角。

突起等级　根据切面边缘、糙面特征以及贝克线移动规律，确定矿物的突起等级，以估计出矿物折射率大小范围。如果是非均质体，观察是否有闪突起及闪突起的明显程度。

颜色、多色性　对有色的均质体矿物，要查明其颜色的色彩和浓淡；对有色的非均体矿物，要测定其多色性公式和吸收性公式。

(二) 正交偏光镜下测试内容

最高干涉色级序　选择一轴晶平行 OA 的切面、二轴晶平行 OAP 的切面测定矿物的最高干涉色。观察矿物有无异常干涉色，如果有，则要测定异常干涉色级序。

最大双折射率　用最高干涉色查干涉色色谱表，求出矿物最大双折射率。

消光类型及消光角　观察不同方向切面的消光类型，大致确定矿物所属晶系。若矿物具斜消光，要选择定向切面测定消光角并写出消光角公式。

延性符号　对一向和二向延长的矿物，要选择不同方向的切面测定其延性符号。

双晶　观察矿物是否具有双晶。对具双晶的矿物，要确定双晶是简单双晶还是复式双晶；在有定向切面的情况下，尽可能确定出双晶律。

(三) 锥偏光镜下测试内容

均质体和非均质体　对正交偏光镜下全消光的切面，在锥偏光镜下看是否有干涉图，有者为非均质体，无者为均质体。

轴性 据干涉图像特征，确定矿物是一轴晶还是二轴晶。

光性符号 无论是一轴晶还是二轴晶，都要测定光性符号。一轴晶测定光性符号可利用的切面顺序为：垂直 *OA* 切面，近于垂直 *OA* 切面，平行 *OA* 切面，近于平行 *OA* 切面，斜交 *OA* 切面。二轴晶测定光性符号可利用的切面顺序为：垂直 *OA* 切面，近于垂直 *OA* 切面，平行 *OAP* 切面，垂直 *Bxa* 切面，近于垂直 *Bxa* 切面。

光轴角 若为二轴晶，利用垂直 *Bxa* 切面干涉图和垂直 *OA* 切面干涉图测定或估计出 $2V$ 大小。

不是所有的矿物都要全部测定上述光性，鉴定内容的多少要视具体矿物而定。例如，无色矿物就不测定多色性、吸收性公式；无解理的矿物就没有观察解理的内容；平行消光者就不需测消光角；等等。

晶形既可在单偏光镜下，也可在正交偏光镜下观察。尤其是极低突起的无色矿物，边缘不显，在单偏光镜下其形态难以看清楚，最好改到正交偏光镜下观察。因为在正交偏光镜下，不同的切面其干涉色一般情况下是不一样的，不同的干涉色调将切面形态清楚地显示出来。

多色性、吸收性公式要用单偏光镜、正交偏光镜、锥偏光镜联合起来测定：单偏光镜、正交偏光镜、锥偏光镜下选择切面；正交偏光镜下测定光率体椭圆半径名称；单偏光镜下观察颜色。

第二节 定向切面的用途及其出现的概率

以上所述光学性质，大多数要在定向切面上进行测定，因此，定向切面在矿物光学性质测定中具有重要的作用。

一、定向切面的种类及其用途

定向切面有两大类型：一类是垂直或平行某一光率体主轴的切面；另一类是垂直或平行某一结晶方向的切面。前一类切面有一轴晶垂直 *OA* 切面、平行 *OA* 切面，二轴晶垂直 *OA* 切面、垂直 *Bxa* 切面、垂直 *Bxo* 切面、平行 *OAP* 切面及平行某一光率体主轴的切面。后一类切面有垂直解理面、平行解理面和垂直某一结晶轴的切面。不同切面的用途如下。

(1)一轴晶垂直 *OA* 切面。测定 *No* 的大小、*No* 方向的颜色，确定矿物的轴性和光性符号。

(2)一轴晶平行 *OA* 切面。测定 *No*、*Ne* 的大小，观察 *No*、*Ne* 方向的颜色，测定矿物的多色性公式、吸收性公式及光性符号，测定最高干涉色、最大双折射率，对某些矿物还可观察闪突起。

(3)二轴晶垂直 *Bxa* 切面。正光性矿物测定 *Nm*、*Np* 大小和 *Nm*、*Np* 方向的颜色，负光性矿物测定 *Nm*、*Ng* 大小和 *Nm*、*Ng* 方向的颜色。确定矿物的轴性、光性符号和 $2V$ 的大小。

(4)二轴晶垂直 *OA* 切面。测定 *Nm* 大小和 *Nm* 方向的颜色，确定矿物的轴性和光性符号，估计 $2V$ 大小。

(5)二轴晶垂直 *Bxo* 切面。正光性矿物测定 *Nm*、*Ng* 的大小和 *Nm*、*Ng* 方向的颜色，负光性矿物测定 *Nm*、*Np* 的大小和 *Nm*、*Np* 方向的颜色。确定矿物的轴性和光性符号。

(6)二轴晶平行 *OAP* 切面。测定 *Ng*、*Np* 的大小和 *Ng*、*Np* 方向的颜色，观察二轴晶的闪突起程度，测定矿物的最高干涉色、最大双折射率和光性符号。对某些矿物，在此面上可测定消光角。

(7)二轴晶平行一个光率体主轴的切面。测定该主轴方向的折射率大小和颜色。有时能确定矿物的轴性和光性符号。

(8)垂直解理面的切面。确定解理的完善程度，若为同时垂直两组解理面的切面，能测定解理夹角。对某些矿物(如斜长石)，能测定消光角。

(9)垂直 c 轴切面。如普通角闪石垂直 c 轴切面，能测定解理夹角、Nm 大小和 Nm 方向的颜色。

(10)平行解理面的切面。如斜长石、单斜辉石、单斜角闪石，测定其解理面上的 Ng'、Np' 大小，据有关光性鉴定表能确定矿物的端元组分和种属名称。

对前述第一类定向切面的选择，主要根据其光学性质特征。如垂直 OA 的切面，单偏光镜下无多色性，正交偏光镜下全消光，锥偏光镜下为垂直 OA 切面干涉图；一轴晶平行 OA 切面和二轴晶平行 OAP 切面，单偏光镜下多色性最明显，正交偏光镜下干涉色最高，锥偏光镜下干涉图为闪图；等等。对后一类定向切面的选择，主要依据结晶学特点和某些光学性质。如角闪石垂直 c 轴切面为近菱形的六边形，两组解理面同时垂直切面，解理夹角为 56°、124°；垂直解理面的切面，解理纹最细、最清晰，升降镜筒时解理纹不平行移动；等等。对具体矿物，最好是根据它们的光性方位，同时考虑光学性质特征和结晶形态特征，准确选择定向切面。

二、定向切面出现的概率

定向切面在矿物的光学性质鉴定中具有非常重要的意义，但是否能找到它们呢？第一章在讲述光率体时说，一轴晶垂直 OA 的切面只有一个，二轴晶垂直 OA 的切面有两个，一轴晶平行 OA 切面有 n 个(或无数个)，二轴晶垂直 Bxa 的切面有一个，二轴晶平行 OAP 的切面有一个，等等，那么这样的切面出现的概率究竟有多大呢？

一个切面的方向可以用它的法线方向来表示，法线方向又可以用极平投影半球上的一个点来表示，即一个切面可用极平投影半球上的一个点来表示(图 6-1)。全部切面的投影点，一定会均匀地布满整个投影半球，即全部切面可用极平投影半球的面积表示。因而，一个切面出现的概率 P_1 为：

$$P_1 = \text{切面法线在极平投影半球上投影点的面积/投影半球的面积}$$

数学上，点的面积为零，即 $P_1=0$。也就是说，严格地垂直某一方向的定向切面出现的概率为零，在鉴定中要找到这种切面是不实际和不可能的。

平行某一方向(OA 或光率体主轴)的切面有无数个，它们的法线与极平投影半球的交点组成赤道大圆线(图 6-2)，它们出现的概率 P_2 为；

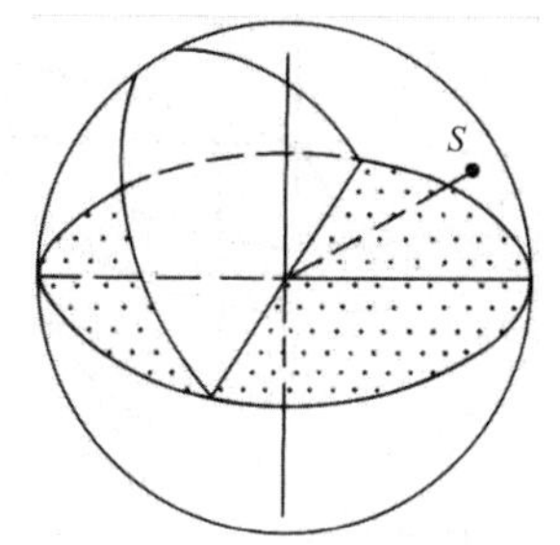

图 6-1 一个切面可用它的法线与投影半球的交点(S)表示①

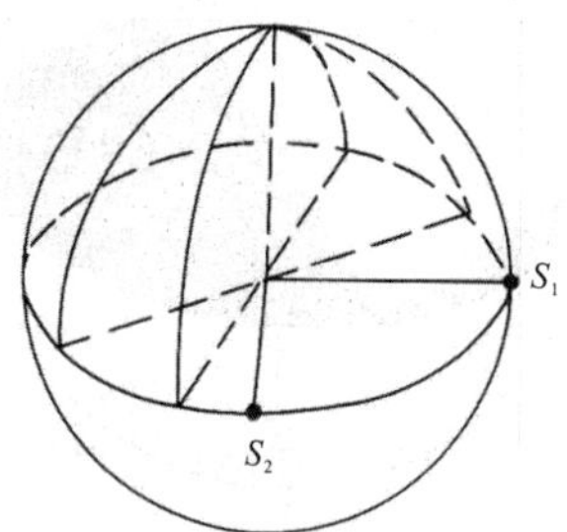

图 6-2 平行 OA 或平行某一光率体主轴的所有切面的极点轨迹为赤道大圆

S_1、S_2 为其中两个面的极点

① 叶大年，油浸法技术训练的合理程序，岩矿鉴定参考材料，河北省地质局实验情报网，1979

$$P_2 = 赤道大圆轨迹线的面积/投影半球的面积$$

数学上，线的面积也为零，即 $P_2=0$。也就是说，平行 OA 或平行某一光率体主轴的切面，尽管数量很多，但它们出现的概率仍然为零。

定向切面的选择只是一种手段，目的是测定矿物的光学性质。当切面的方向偏差在一定范围之内时，这些切面仍然显示某一方向切面的光学性质，并不影响光学性质测定结果，如折射率大小、多色性公式、吸收性公式、最高干涉色、最大双折射率等的测定结果，至于轴性、光性符号的判别更不会受到影响。

数学上可以证明①，当切面方向偏差 10°时，对主折射率值的测量造成的误差不会超过 0.002。0.002 是油浸法测定折射率值的精度，折射率值偏差小于 0.002，则颜色、干涉色及其他光学性质的变化肉眼觉察不出来。如果定向切面方向偏差允许 10°，则其出现的概率大大提高。

垂直一个方向的定向切面，若方向允许偏差为 α，则这些切面的法线与投影半球的交点组成一个小球面冠(图 6-3)。这些切面出现的概率 P_3 为：

$$\begin{aligned} P_3 &= 小球面冠面积/投影半球面积 = 2\pi R \cdot h/2\pi R^2 \\ &= 2\pi R(1-\cos\alpha)/2\pi R^2 = (1-\cos\alpha)/R \end{aligned}$$

当 $R=1$，$\alpha=10°$时，则 $P_3=1-\cos 10°=0.015$。即垂直一个方向的切面，如一轴晶垂直 OA 切面，二轴晶垂直 Bxa 切面、垂直 Bxo 切面和平行 OAP(垂直 Nm)切面出现的概率为 1.5%，二轴晶垂直 OA 切面出现的概率为 3%。一个薄片中的矿物颗粒，一般都有数十个到数百个，众多的薄片中，矿物的颗粒数量更多，要寻找其出现概率为 2%～3%的切面并不是一件难事。

如果切面允许偏差 10°，平行一个方向的定向切面出现的概率会更大。切面方向允许偏差 α，则这些切面法线与投影半球的交点组成一个高为 h 的赤道球带(图 6-4)。这些切面出现的概率 P_4 为：

$$\begin{aligned} P_4 &= 赤道球带面积/投影半球面积 = 2\pi R \cdot h/2\pi R^2 \\ &= 2\pi R \cdot R\sin\alpha/2\pi R^2 = \sin\alpha \end{aligned}$$

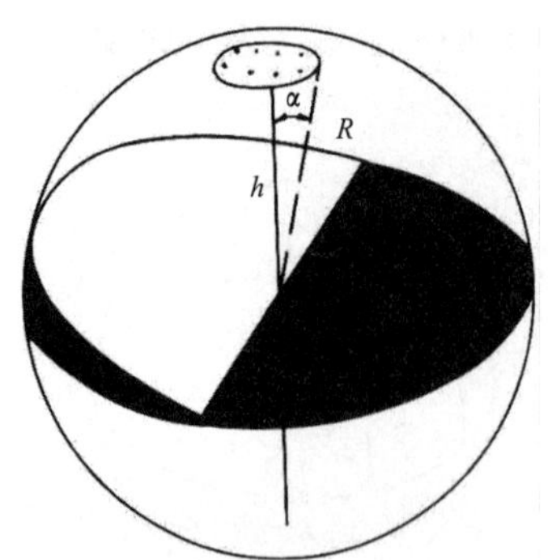

图 6-3 与垂直光率体轴切面夹角为 α 的切面的极点轨迹

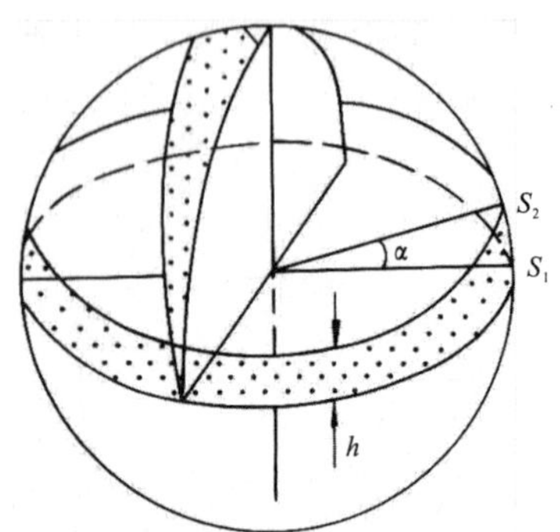

图 6-4 与光率体轴夹角为 α 的切面的极点轨迹

S_1、S_2 为其中两个切面的极点

---

① 叶大年，油浸法技术训练的合理程序，岩矿鉴定参考材料，河北省地质局实验情报网，1979

当 $\alpha=10^{\circ}$，则 $P_4=0.175$。这意味着一轴晶平行 OA、二轴晶平行一个主轴的切面，其出现的概率为 17.5%。因此，定向切面虽然很少，但在允许误差范围内还是容易找到的。

第三节 矿物晶体光学系统鉴定的程序

矿物晶体光学系统鉴定的操作，虽然没有固定不变的模式，但在鉴定中采用合理的程序往往能起到事半功倍的作用。一般情况下，建议采用如下程序。首先在单偏光镜下区分透明矿物和不透明矿物，然后在正交偏光镜下和锥偏光镜下确定透明矿物是均质体还是非均质体，最后采用不同的程序进行鉴定。

一、均质体矿物的鉴定

均质体矿物的特征是在正交偏光镜下所有的切面都全消光，锥偏光镜下无干涉图。对无色的晶质均质体矿物，只需在单偏光镜下观测其晶形、解理等级、突起等级即可，因为晶质均质体矿物都属于等轴晶系，即使具有两组以上解理，也不必测定解理交角（均为 90°）。对有色的均质体矿物，需观测其颜色。除了晶形要观察多个切面的形态和观测解理的等级需要在垂直解理面的切面上进行外，其他光学性质，在任意一个切面上均可测定。

二、非均质体矿物的鉴定程序

（1）在偏光显微镜下，对整个岩石薄片，按从左到右、从上到下的顺序对所要鉴定的矿物扫描一遍（图 6-5），初步了解矿物的晶形、解理、颜色、多色性、干涉色、消光类型、双晶、轴性等特征，以确定需鉴定描述的内容。

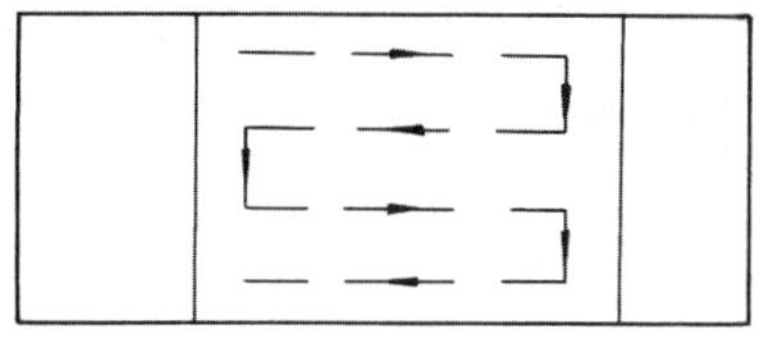
图 6-5 扫描薄片顺序示意图

在扫描过程中，要根据需要更换显微镜的放大倍数和光路系统。不同光路系统显微镜下能鉴定的矿物光学性质很多，但对一个具体矿物并不是所有这些光性都需要测定。如矿物没有解理，就无需测定解理夹角和对解理进行描述；没有颜色，就没有必要测定多色性公式和吸收性公式；平行消光，就不必测定消光角公式；等轴粒状，就免去了测定延性；一轴晶，就不必估计 $2V$ 大小；等等。

对薄片进行扫描，目的是确定需要鉴定的内容和拟定鉴定的方案。如对于解理，只需了解矿物是否具有解理、有几组解理、能否测到解理夹角以及能观察到解理等级和能测定解理夹角的切面位于薄片什么位置；对于颜色，要了解多色性的强弱、各主轴方向的大致颜色、测定多色性公式选择什么样的切面以及这种切面在薄片哪些部位可以找到；对于干涉色，要了解矿物最高干涉色大致有多高、用什么方法测定、选择什么样的切面测定，以及这种切面位于薄片哪个部位；等等。

有些性质，如晶形，在扫描过程中即可求得。大多数光学性质，需在选择的定向切面上进行测定。但如果在扫描过程中发现了难以寻找的定向切面，也可当即完成在该切面上的鉴定操作。如解理夹角，需要在同时垂直两组解理面的切面上进行测定，如果在扫描过程中发现了这种切面，而且这种切面又很少，应暂停扫描，完成解理夹角的测定工作。

（2）选择垂直 OA 切面，该切面的特征是单偏光镜下无多色性，即使是有色矿物也无多色性，正交偏光镜下全消光，锥偏光镜下为垂直 OA 切面干涉图。选好切面后，首先在锥偏光镜下确定矿物的轴性和光性符号，若为二轴晶，估计出 $2V$ 大小；然后在单偏光镜下观测 No（一轴晶）或 Nm（二轴晶）的突起等级以确定折射率大小范围，若为有色矿物，再测定 No 或 Nm 的颜色。

(3)选择平行 OA（一轴晶）或平行 OAP（二轴晶）切面，此种切面的特征是单偏光镜下无色矿物闪突起最明显，有色矿物多色性最强，正交偏光镜下干涉色最高，锥偏光镜下为闪图。选好切面后，在轴性已知时，首先在锥偏光镜下测定光性符号，然后退出锥偏光系统，在相应的光路系统下测定其他光学性质。如在正交偏光镜下测定干涉色和双折射率，即求得矿物的最高干涉色和最大双折射率；在单偏光镜下观测 No、Ne 或 Ng、Np 的突起等级以求得折射率的大小范围；若为有色矿物，可分别测定出 No、Ne 或 Ng、Np 的颜色和吸收性。具有闪突起的矿物，可在此种切面上观察闪突起的明显程度。单斜晶系矿物可在此种切面上测定消光角公式。

(4)选择垂直解理面的切面，确定解理的完善程度。若具有两组解理，选择同时垂直两组解理面的切面，测定解理夹角。

(5)选择其他定向切面，测定消光角公式。单斜晶系矿物一般选择平行 OAP 切面进行测定，三斜晶系矿物要看具体矿物而定。如斜长石一般选择垂直(010)切面，测定 $Np' \wedge (010)$ 的大小。

(6)对一向延长或二向延长的矿物，要选择一向延长的切面，测定延性符号。

(7)若矿物具有双晶，要确定其双晶类型。在矿物颗粒较多的情况下，选择垂直双晶结合面的切面，尽量确定出双晶面、双晶轴的名称和双晶律。

(8)观察其他特征，如矿物所含包裹体特征、次生变化产物等。

(9)归纳鉴定结果，查有关光性鉴定图表，尽可能定出矿物种属和亚种名称，画出光性方位图，写出鉴定报告。

三、不透明矿物的鉴定

不透明矿物不能采用透明矿物的鉴定方法，一般只能在单偏光镜下观察其晶形。不透明矿物要在反射偏光显微镜下观察其反射色、反射率、均质体性或非均质体性等进行鉴定，这属于矿相学的内容，即不透明矿物晶体光学的内容。反射偏光显微镜下鉴定不透明矿物需要制备光片或光薄片。薄片一般加盖了盖玻片，不能用于反射偏光显微镜下进行鉴定。

第四节　矿物光学性质的描述内容和格式

矿物光学性质的描述顺序和鉴定顺序不同。鉴定顺序一般是在锥偏光镜下选好定向切面后，先测定锥偏光镜下的光学性质，然后返回到正交偏光镜下和单偏光镜下测定其他光学性质；而光学性质的描述一般是按单偏光镜下光性、正交偏光镜下光性、锥偏光镜下光性的顺序进行。应描述的内容和顺序如下。

单偏光镜下光学性质：晶形、解理（等级、夹角）、裂理；突起等级；多色性、吸收性。

正交偏光镜下光学性质：最高干涉色（最大双折射率）；消光类型、消光角；延长符号；双晶。

锥偏光镜下光学性质：轴性、光性符号、二轴晶的 $2V$ 大小。

其他特征：如所含包裹体特征及次生变化程度、产物等。

例如，对某岩石中紫苏辉石的光学性质描述如下：

紫苏辉石　自形—半自形短柱状。见(110)、$(1\bar{1}0)$两组完全解理，交角87°。正高突起。多色性显著，Np=淡红，Nm=淡黄，Ng=淡绿。最高干涉色为Ⅰ级紫红。横断面上对称消光，柱面、轴面上平行消光。正延性。可见简单双晶。二轴负晶，2V中等。细小磁铁矿包裹体沿解理纹定向排列，形成所谓席列结构或闪烁结构。矿物较新鲜，仅沿矿物边缘和裂纹有轻微蛇纹石化。

复习思考题

1. 正交偏光镜下可观察到透明造岩矿物和宝石的哪些光学性质？
2. 锥偏光镜下可观察到透明矿物哪些光学性质？
3. 垂直OA切面、一轴晶平行OA切面和二轴晶平行OAP切面上能测定哪些光学性质？
4. 偏光显微镜下如何确定一轴晶垂直OA切面、平行OA切面和二轴晶垂直OA切面、平行OAP切面？
5. 定向切面有哪些类型？一轴晶垂直OA切面、平行OA切面和二轴晶垂直OA切面、平行OAP切面出现的概率各有多大？
6. 以蓝碧玺(黑电气石)为例，试述一轴晶多色性公式和吸收性公式的测定步骤。
7. 以普通角闪石为例，简述二轴晶多色性公式和吸收性公式的测定步骤。
8. 简述非均质体矿物在偏光显微镜下的鉴定程序。
9. 简述透明矿物光学性质的描述内容和顺序，简明描述普通角闪石的光学性质。

第七章　透明造岩矿物及宝石的油浸法研究

透明矿物最基本和最重要的光学常数是折射率。精确测定矿物折射率的最常用和简便的方法是油浸法。

油浸法(Immersion method)是将欲测矿物碎屑浸没在已知折射率的介质中,通过二者折射率相对大小的对比、更换介质,使介质的折射率与矿物折射率相等或尽可能相近,从而测出矿物折射率的一种方法。由于使用的介质多为液体(只有极少数情况下才使用固体),这种液体通常称为油浸液(Immersion liquid)或浸油(Immersion oil),故此法叫作油浸法。

油浸法不仅能测出矿物对黄光的折射率 N_D,而且还可测出矿物对蓝光的折射率 N_F 与矿物对红光的折射率 N_C 的差值 N_F-N_C。N_F-N_C 能表征矿物的色散强弱,称为矿物的**中部色散值**或简称为矿物的**色散值**。色散值是透明矿物,尤其是宝石的一个重要鉴定参数。此外,用碎屑油浸片也可对透明矿物进行系统的晶体光学鉴定。

第一节　浸　油

一、浸油的种类及对浸油的要求

(一) 浸油的种类

浸油即油浸法中使用的介质,通常为液体,只有测定折射率很高的矿物才使用固体介质,后者一般称为“固体浸油”。

许多液体都可作为浸油,如水、糖水溶液、煤油、甘油、润滑油、各种食用植物油等。按不同的划分标准,浸油可分为不同的类型。

(1)按成分可分为原油和混合浸油。

原油　是用以配制成套浸油的原材料,由化工厂生产出来未与其他浸油混合的单成分浸油,也称基本油。

混合浸油　是用两种原油按比例混合的浸油,简称混合油或浸油。

(2)按用途可分为一般浸油、色变法浸油、温变法浸油、双变法浸油。

一般浸油　普通油浸法所用浸油,不包括温变法、色变法、双变法所用浸油。

色变法浸油　色变法所用浸油。**色变法**是利用液体比固体色散强的性质,选用色散强且浸油折射率 $N_{油}$ 与矿物折射率 $N_{矿}$ 相近的浸油,通过改变光源波长使 $N_{油}$ 与 $N_{矿}$ 相等,以快速测定 $N_{矿}$ 的方法。

温变法浸油　温变法所用浸油。**温变法**是利用浸油**温度系数**(温度改变 1℃所引起折射率的改变值)比固体大的性质,选用折射率比矿物略高的浸油,通过升高温度使 $N_{油}=N_{矿}$,以快速测定 $N_{矿}$ 的方法。

双变法浸油 双变法所用浸油。**双变法**是选用折射率与 $N_{矿}$ 相近的浸油，同时改变温度和光源波长，使 $N_{油}=N_{矿}$，以快速测定 $N_{矿}$ 的方法。

(3)按 $N_{油}$ 高低分为低折射率浸油、中折射率浸油、高折射率浸油。

低折射率浸油 $N_{油}<1.47$，用以测定蛋白石、萤石、硅孔雀石、冰晶石、磷石英等低折射率的矿物。

中折射率浸油 $N_{油}=1.47\sim1.74$，用以测定绝大多数透明造岩矿物、宝石、合成有机化合物、合成无机化合物等。

高折射率浸油 $N_{油}>1.74$，用于测定钻石、立方氧化锆、刚玉(红、蓝宝石)、石榴石、尖晶石、独居石、锆石、榍石、锡石及部分绿帘石、符山石、蓝晶石、橄榄石、辉石等高折射率的透明造岩矿物、宝石及合成宝石。

(4)按物态分为液态浸油和固态浸油。

液态浸油 简称浸油，为低、中折射率浸油和部分高折射率浸油。

固态浸油 是固体与固体混合的固溶体，为高折射率浸油。

(二) 对浸油的要求

对浸油一般有下列要求：

(1)尽可能无色，以免影响 $N_{油}$ 与 $N_{矿}$ 相对大小的判别。

(2)挥发分尽可能少，以保证其折射率稳定和测试过程能进行下去。

(3)是不良溶剂，不与矿物起反应，不腐蚀仪器。

(4)化学性质稳定，不易分解、沉淀，以免改变其折射率值。

(5)无剧毒，无恶臭，不影响人体健康。

(6)黏度适宜，以利于测定操作。

(7)一般浸油，要求温度系数小，色散弱，一种原油与另一种原油能无限混溶且挥发性尽可能一致；温变法浸油，要求温度系数大，沸点高；色变法浸油，要求色散强；双变法浸油，要求同时具有温变法、色变法浸油的优点。

(8)成套浸油要求相邻两瓶浸油的折射率差值小于 0.004。

二、成套浸油的配制

要快速精确测定矿物折射率，必须有一套折射率间隔小于 0.004 的成套浸油。成套浸油可以在市场上购买，也可以自己配制。

(一) 配制浸油的仪器、设备、材料

(1)仪器。配制低折射率浸油需阿贝折射仪，配制高折射率浸油需 V 棱镜折射仪。

(2)设备。带活塞的滴定管两支，盛浸油的玻璃瓶、玻璃杯数个，搅拌浸油的玻璃棒数根，浸油瓶、浸油瓶盒(箱)按需准备。

(3)材料。配制浸油的原油，清洗浸油的有机溶剂(二甲苯、酒精、乙醚等)，擦镜头纸、脱脂棉若干。

(二) 浸油的配制方法

配制成套浸油，一般选择数种合乎要求的原油分几段进行配制，每小段的两种原油折射率之差不应大于 0.2，混合油的体积不应小于 10ml。把每小段的两种原油按不同比例混合，即可

得到一套有均匀折射率间隔的从低折射率(原油 1)到高折射率(原油 2)的混合浸油。原油的选择有不同的方案,常见混合油的配方(邱家骧和郃道乾,1981)如表 7-1～表 7-3 所列。

表 7-1 低折射率浸油配方

原油名称	折射率范围	原油名称	折射率范围
全氟代三丁胺+氯三氟乙烯	1.292～1.411	乙酸乙酯+醋酸戊酯	1.372～1.396
甘油+水*	1.333～1.462	丁醇+煤油	1.399～1.446
糖水溶液	1.333～1.531	丁醇+medium government	1.399～1.466
石油蒸馏物*	1.350～1.450	萘烷+煤油*	1.411～1.446
乙基+戊醇	1.362～1.404	萘烷+medium government	1.411～1.466
		煤油+松节油	1.459～1.472

注:"*"表示常用的配方。

表 7-2 中折射率浸油配方

原 油 名 称	折射率范围
高沸点(224～236℃)煤油蒸馏物+α-氯代萘*	1.450～1.630
液体石蜡+α-溴代萘*	1.467～1.658
丁香油+α-溴代萘	1.552～1.658
溴仿+α-溴代萘	1.598～1.658
α-氯代萘+二碘甲烷*	1.633～1.742
α-溴代萘+二碘甲烷*	1.658～1.742

注:"*"表示常用的配方。

表 7-3 高折射率浸油配方

原油名称	折射率范围	原油(料)名称	折射率范围
二碘甲烷+硫	1.74～1.78	二碘甲烷+三硫化砷	1.74～2.28
二碘甲烷+磷+硫	1.74～2.06	三碘化锑+三碘化砷	1.68～2.10*
三溴化砷+二硫化砷+硫+二碘甲烷	1.74～2.0	硫+硒	2.05～2.72*
α-溴代萘+三硫化砷+硫	1.66～1.81	TlBr+TlI	2.4～2.8*

注:"*"为固溶体(即固体浸油)的折射率。

第二节 折射仪

测定浸油和固体折射率的仪器叫**折射仪**(Refratometer)。常用的折射仪有阿贝折射仪(Abbe refratometer)、吉里折射仪(Jeliey refratometer)、V 棱镜折射仪(V-prism refratometer)、宝石折射仪(Gem refratometer)。除吉里折射仪外,其他折射仪既能测定液体折射率,也能测定固体折射率,但对固体的块度和制样有一定要求。在此仅介绍最常用和最普及的国产阿贝折射仪和吉里折射仪。宝石折射仪在第八章中介绍。

一、阿贝折射仪

（一）折射仪的结构构造和工作原理

国产 WZS－1 型阿贝折射仪的外形及结构构造见图7－1，主要部件有折射棱镜、消色棱镜、度盘及瞄准、读数望远镜筒等组成。折射棱镜一般用高折射率的铅玻璃制成。

阿贝折射仪是根据透明物质的全反射临界角（简称临界角）大小与其折射率有关这一原理制成的，只要测出被测物质的临界角，即可根据折射棱镜的折射率及其锐角大小计算出被测物质的折射率，其工作原理见图7－2和图7－3。当使用透射光时，入射光从被测物质（光疏介质）左（上）方射到折射棱镜（光密介质）的抛光面（被测物质与折射棱镜的接触界面）上，光线发生折射，折射角小于入射角。当入射角等于 90°时，即入射线平行界面（如图7－2中的光线 1）时，其折射线（光线 1′）偏离界面法线的程度最大，折射角最大，此角即为被测物质的临界角。1′线之上再无折射线，为暗区，1′线之下有折射线，为明区，形成明暗分界面。将明暗分界面界线的位置用被测物质的折射率表示，标定在望远镜转动度盘上，用望远镜瞄准明暗分界线，即可在度盘上直接读出被测物质的折射率。

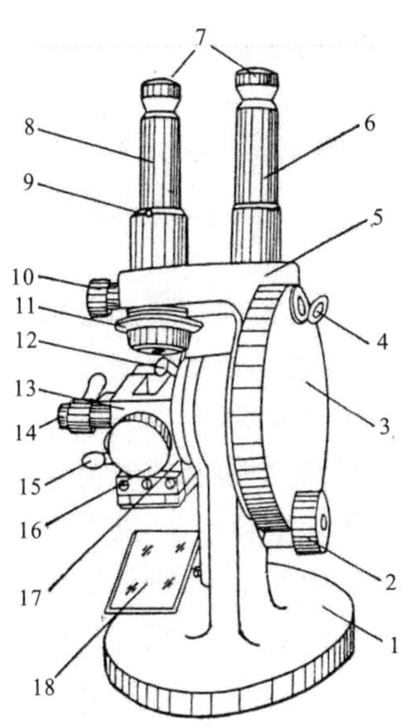

图 7－1　国产双筒 WZS－1 型阿贝折射仪外貌图

1. 基座；2. 棱镜转动鼓轮；3. 度盘组；4. 小反光镜；5. 支架；6. 折射率读数镜筒；7. 目镜；8. 望远镜筒；9. 校正螺丝；10. 消色棱镜螺丝；11. 消色刻度环；12. 遮光板；13. 棱镜组；14. 温度计座；15. 温水循环接头；16. 保护罩；17. 主轴；18. 反光镜

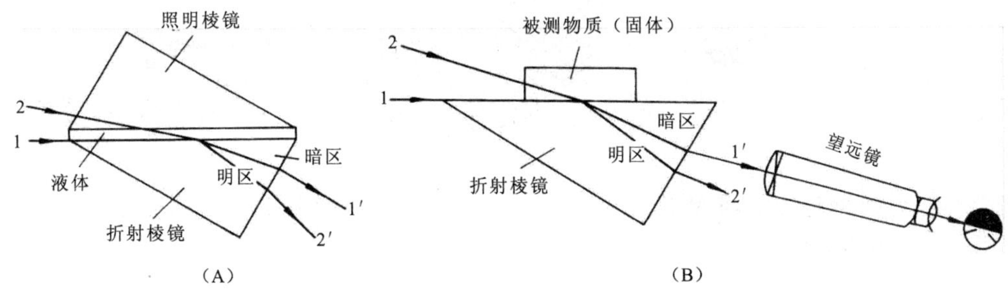

图 7－2　阿贝折射仪的工作原理

A. 测浸油（液体）；B. 测固体

（二）折射仪的校正

新仪器或旧仪器长期不使用，或怀疑仪器有误差时，在测试之前都要用已知折射率的标准玻璃块对折射仪进行校正标定。校正折射仪就是用折射仪测定标准玻璃块的折射率，看其是否与标准玻璃块标示值相同，其测定方法与测定固体折射率的方法相同，其依据是全反射原理。当入射线从折射棱镜（光密介质）左下方射到标准玻璃块的抛光面上时，若入射角小于临界角，在界面上发生折射，光线进入玻璃块，若入射线稍大于临界角，发生全反射，光线按反射定律全部返回折射棱镜的右下方，这样，以临界角边线为界将棱镜分为成明区和暗区（图 7-3）。用望远镜瞄准明暗分界线，就可以在度盘上读出标准玻璃块的折射率。校正折射仪的操作步骤如下：

（1）打开照明棱镜，用清洗剂（二甲苯、酒精、乙醚等）清洗折射棱镜工作台面和标准玻璃块。

（2）滴一滴浸油于工作台面中部。浸油折射率应小于折射棱镜的折射率而稍大于标准玻璃块的折射率。

（3）将标准玻璃块抛光面朝下，放在浸油滴上，轻推玻璃块使其与工作台面接触良好。

（4）打开折射棱镜底部的遮光板，将反光镜对准折射棱镜底部的入光孔，调节反光镜使左望远镜筒视域最亮。

（5）旋转棱镜转动鼓轮，使明暗分界线进入视域。若使用白光源（太阳光、日光灯等），明暗分界线附近为彩色带，应转动消色棱镜螺旋使彩色带消失，出现清晰明暗分界线为止。同时旋转棱镜转动鼓轮，使明暗分界线过十字丝交点（图 7-4A）。若使用单色光源，明暗分界线附近不出现色散带。将消色棱镜刻度转至 30°位置处，此时消色棱镜不起作用。

（6）调节鼓轮小反光镜，使右望远镜筒视域最亮。视域中有两列数字，一列为折射率，另一列为百分数，后者用于测糖溶液的含糖量（图 7-4B）。读折射率值（如图中读数为 1.4410）。若折射率值与标准玻璃块上所标值（$N_{玻}$）一致，表明仪器正常；若不一致，则仪器需校正。校正的方法是：旋转棱镜转动鼓轮，使折射率读数与 $N_{玻}$ 一致，此时明暗分界线不过十字丝交点；转动校正螺丝，使明暗分界线过十字丝交点。有时上述两步需轮换做多次才能校正好仪器。

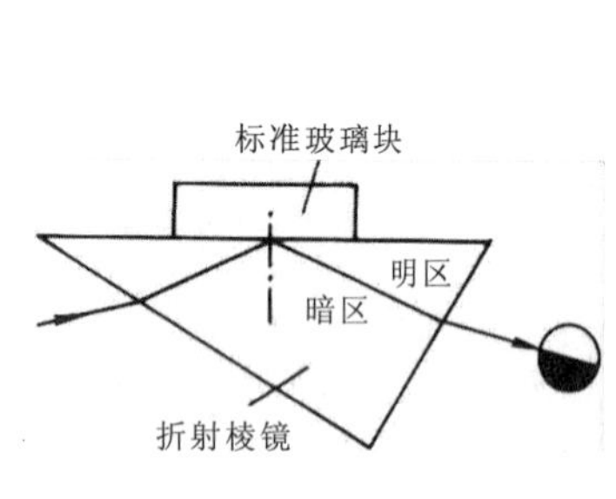

图 7-3 用反射光测定固体折射率（校正仪器）

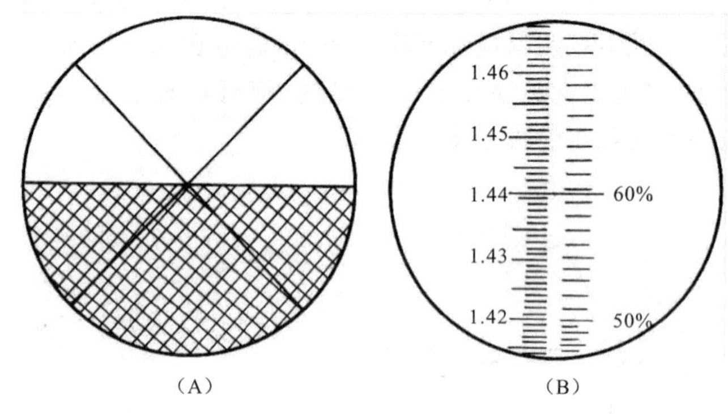

图 7-4 双筒阿贝折射仪的视域

（三）浸油（液体）折射率的测定

测定浸油及其他液体折射率，一般用透射光，其操作步骤如下：

（1）清洗折射棱镜及照明棱镜。

（2）在折射棱镜工作台上滴上一滴待测浸油。

（3）盖上并锁住照明棱镜，将反光镜对准照明棱镜入光孔，使左望远镜筒视域最亮。

（4）旋转棱镜转动鼓轮，使明暗分界线进入视域。使用白光源时应同时转动消色棱镜螺旋，使色带消失直到出现清晰的明暗分界线，并使明暗分界线过十字丝交点。在瞄准明暗分界线的过程中，如果视域变得不清楚，须再次调节反光镜使视域变亮。

(5)调节鼓轮小反光镜，使右望远镜筒视域最亮，读折射率值，此值即为所测浸油对黄光的折射率(N_D)。

(四) 固体(宝石)折射率的测定

被测固体要符合一定条件：①透明的单晶；②有一定的块度；③至少有一个抛光面。多数刻面宝石和弧(凸)面宝石都符合这些条件。

固体若为均质体，其折射率的测定方法与上述标准玻璃块折射率的测定方法完全相同。若为非均质体，左望远镜视域中会有两条明暗分界线，分别代表两个折射率值：双折射率较小时两条明暗分界线相隔较近，在同一视域内，双折射率较大时两条明暗分界线不在同一视域内。

在左望远镜筒上套上偏光片，不仅能快速测定宝石的折射率，而且还能测定双折射率，确定轴性、光性符号等其他晶体光学性质。测定方法详见第八章第五节。

(五) 浸油(液体)N_F-N_C 值的测定

在用白光源测定浸油 N_D 的同时，还可测出其 N_F-N_C 值，其方法如下。

(1)测出浸油折射率的同时，读出消色棱镜螺旋的数值 Z。为了测准，应将消色棱镜螺旋正、反轮换旋转多测几次，求出折射率和 Z 值的平均值。

(2)每一折射仪都附有一张色散表，表中列有不同 N_D 的 A、B 值和不同 Z 值的 σ 值。按测定的 N_D 和 Z 值从表中查出 A、B、σ 值。

(3)按公式 $N_F-N_C=A+B\cdot\sigma$ 计算出 N_F-N_C 值。

若用单色光源，则分别用蓝光和红光测出 N_F 和 N_C，二者差值即为 N_F-N_C。

使用阿贝折射仪测定浸油折射率时，勿将矿物碎屑连同浸油一起倒在棱镜工作台面上，测定刻面宝石时要轻放轻取，以免磨损、划坏棱镜磨光面。每次测试完毕后，立即擦净浸油，以免浸油腐蚀棱镜。

二、吉里折射仪

吉里折射仪是测量浸油(液体)折射率的简单仪器，其优点是结构简单，操作简便，测量折射率范围大(1.30～2.10)，用油量少(0.000 5 ml 即可)；其缺点是精度较差(0.001～0.002)，不能测定固体折射率。

吉里折射仪是根据折射原理制成的，主要由架身、载油玻璃片、折射率刻度尺和光源灯等部件组成。国产 GBZ-1 型吉里折射仪(也称标尺折射仪)的外形及其工作原理见图 7-5。

刻度尺上有两列读数，上首标有 A、B 字母：使用 A 载油玻璃片时读 A 列数值，折射率为1.30～1.80；使用 B 载油玻璃片时，读 B 列数值，折射率从 1.60～2.10。两列刻度每小格代表0.005，目估可读到 0.001～0.002(图中未画全)。刻度尺背面装有光源灯，光源通过刻度尺上的狭缝垂直入射载油玻璃片。

载油玻璃片由一块长方形玻璃片 C_1 和一块楔形玻璃片 C_2 粘合而成，C_1 和 C_2 形成的三角形空隙用于盛放待测浸油。由于从光源狭缝来的光线与 C_2 斜面(浸油与 C_2 的界面)斜交，当 $N_{油}$ 与 C_2 折射率有差异时，光线发生折射，折射线从 C_2 后面透出。当人眼从 C_2 后面观察，接受到折射线后，在沿折射线相反方向的刻度尺上会见到光源狭缝的虚像，虚像位置的读数即为所测浸油的折射率。

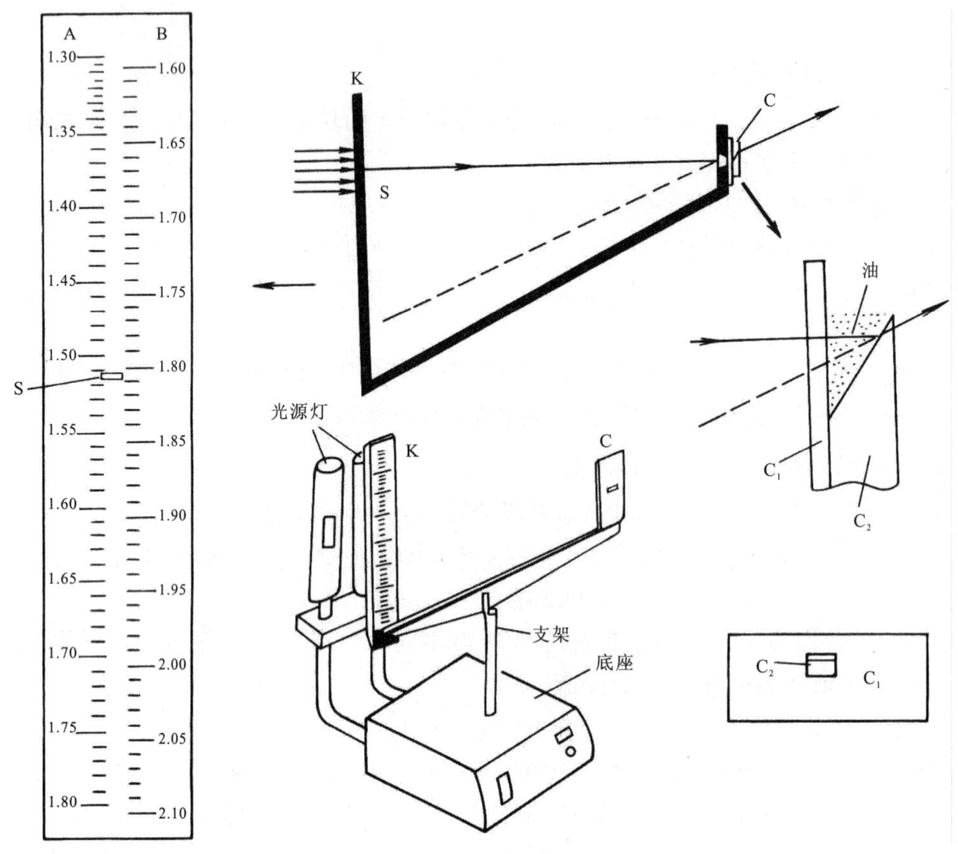

图 7-5 国产 GBZ-1 标尺折光仪(吉里折射仪)的仪器外观示意图及其工作原理

K. 折射率刻度尺;S. 光源狭缝;C. 载油玻璃片(C_1 为长方形大玻璃片,C_2 为带斜边的小玻璃片)

测定浸油折射率的步骤如下:

(1)清洗擦干载油玻璃片,在其三角形凹槽中滴上一小滴待测浸油(不要太多,以免沾污槽外玻璃片,使光源虚像看不清楚)。

(2)将载油玻璃片夹放在刻度尺对面小竖尺上的金属片夹上,观察者头部上下移动,眼睛通过片夹上的小圆孔进行观察,同时双手上下、左右移动载油玻璃片,直到在刻度尺上见到两条光亮的狭缝为止:其中一条为光源狭缝,另一条为光源狭缝的虚像(眼睛离开载油玻璃片后面折射线透出的位置就看不见它)。

(3)移动刻度尺上的游标尺,使游标尺上的横线位于光源狭缝虚像的中部。

(4)眼睛离开观察小圆孔,读出游标尺横线指示的折射率数值,该值即为所测浸油的折射率。

测试时,若使用钠光源,测出的折射率即为浸油的 N_D。若使用白光源,狭缝像将出现彩色带,黄色带位置的刻度尺读数才是浸油的 N_D。若分别使用氢灯的单色蓝光源($\lambda=486.1$nm)和红光源($\lambda=656.3$nm),可分别测出浸油的 N_F 和 N_C,从而求出浸油的 N_F-N_C 值。

第三节　比较矿物和浸油折射率相对大小的常用方法

一、直照法

直照法(Normal illumination method)的装置是：偏光显微镜不加高倍聚光镜，适当缩小锁光圈，使矿物边缘置于视域中心，使光线直射矿物边缘。

(一) 贝克线法(Becke line method)

如果使用白光源，当矿物折射率($N_{矿}$)与浸油折射率($N_{油}$)相差较大，或浸油色散较弱时，矿物边缘只出现贝克线而不出现彩色带。如果使用单色光源，即使 $N_{油}$ 与 $N_{矿}$ 相差很小(达0.000 5)，也只出现贝克线而不出现彩色带。

判断 $N_{矿}$ 与 $N_{油}$ 相对大小，是根据贝克线的移动规律：提升镜筒，贝克线向折射率较大的一方移动，即：贝克线移向矿物，则 $N_{矿}>N_{油}$；贝克线移向浸油，则 $N_{矿}<N_{油}$。

(二) 色散线法(Dispersion method)

由于浸油和矿物在色散程度上存在差异，当 $N_{油}$ 与 $N_{矿}$ 在可见光范围内相等时，贝克线色散形成彩色色带，尤其是浸油和矿物色散程度相差较大时，彩色带更为明显。色带的颜色、移动方向和速度与 $N_{矿}$、$N_{油}$ 间的差值大小有关。色散线法就是根据色带的这些特征来判断 $N_{矿}$ 和 $N_{油}$ 的相对大小的。

1. $N_{矿}>N_{油}$

浸油的色散一般都比矿物的强。若对于黄光，$N_{矿}>N_{油}$，则对于橙、红光，$N_{矿}$ 更大于 $N_{油}$，而对于黄光和紫光间某一光，$N_{矿}$ 可能等于 $N_{油}$。设对于蓝光，$N_{矿}=N_{油}$，则蓝光不发生折射，青、紫光折向浸油，绿光、黄光微折向矿物，橙光、红光强烈折向矿物。提升镜筒(焦平面由 F_1 升到 F_2)，蓝色带不移动(或紫蓝色带缓缓移向浸油)，而橙红色带快速向矿物移动(图 7-6)。

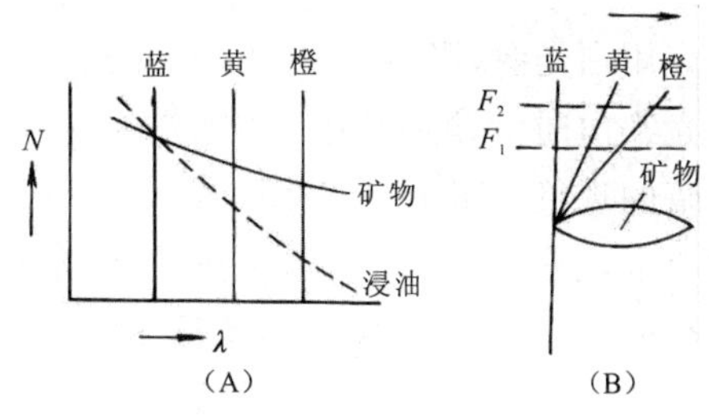

图 7-6　$N_{矿}>N_{油}$时矿物边部色带的成因及其移动规律
(据邱家骧和郃道乾，1981，修改)

2. $N_{矿}<N_{油}$

对于黄光，$N_{矿}<N_{油}$，则对波长小于黄光波长的绿、蓝、青、紫光，$N_{矿}$ 更小于 $N_{油}$，而对黄光至红光之间某波长的光波，$N_{矿}$ 可能等于 $N_{油}$。设对橙光，$N_{矿}=N_{油}$，则橙光不发生折射，红光折向矿物，黄光微折向浸油，而绿、蓝、青、紫光强烈折向浸油。提升镜筒，橙色带不移动(或橙红色带缓缓移向矿物)，蓝色带快速向浸油移动(图 7-7)。

3. $N_{矿}=N_{油}$

对黄光 $N_{矿}=N_{油}$，则对红、橙光 $N_{矿}>N_{油}$，对绿、蓝、青、紫光 $N_{矿}<N_{油}$(图 7-8A)。黄光不发生折射，橙、红光折向矿物，绿、蓝、青、紫光折向浸油。提升镜筒，蓝色带移向浸油，橙色带移向矿物，两种色带移动的速度基本相同(图 7-8B)。

因此，按矿物边缘彩色带判断 $N_{矿}$ 与 $N_{油}$ 相对大小的基本原则是：①升降镜筒，橙色带移动速度快、距离大，说明 $N_{矿}>N_{油}$，蓝色带移动速度快、距离大，说明 $N_{矿}<N_{油}$；②橙色带暗、

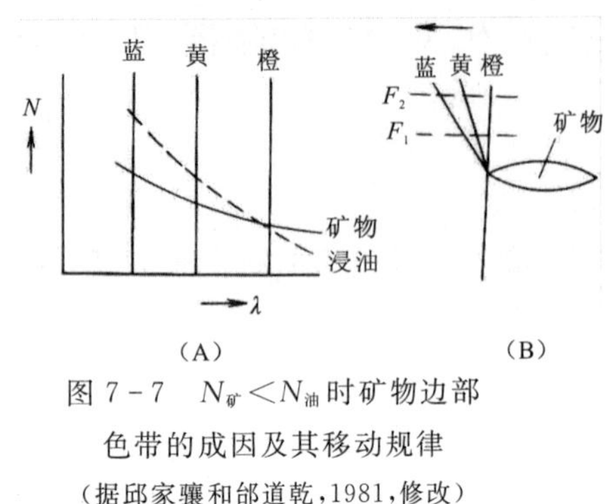

图 7-7 $N_{矿}<N_{油}$时矿物边部色带的成因及其移动规律
（据邱家骧和郜道乾，1981，修改）

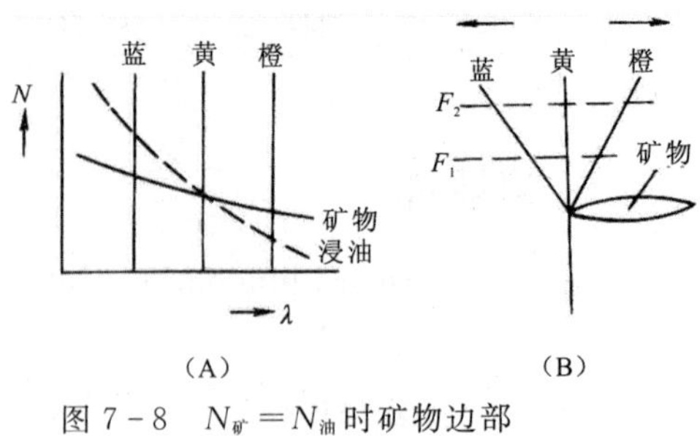

图 7-8 $N_{矿}=N_{油}$时矿物边部色带的成因及其移动规律
（据邱家骧和郜道乾，1981，修改）

蓝色带亮，说明 $N_{矿}>N_{油}$，蓝色带暗、橙色带亮，表明 $N_{矿}<N_{油}$。可记忆为：“**橙带快，矿高；蓝带快，矿低。橙带暗，矿高；蓝带暗，矿低。**”这里所说橙带、蓝带是指几种单色光的综合色，其中橙带为橙、红光之和，以橙色为主；蓝带为紫、青、蓝、绿光之和，以蓝色为代表。

二、斜照法

斜照法(Oblique illumination method)的装置是：偏光显微镜使用聚光镜（使光线斜照矿物）、强光源（光圈不缩小），用挡板（如试板或上偏光镜不透明边框）挡去折射光的一半。

（一）明暗边法

用白光源，当 $N_{矿}$ 与 $N_{油}$ 相差较大时，即在可见光范围内 $N_{矿}$ 不等于 $N_{油}$ 时，白光中所有色光都向同一方向折射。当挡板从一方插入，会挡去矿物一边的光线，使矿物出现一边亮、一边暗的现象。图 7-9 左图，当 $N_{矿}>N_{油}$ 时，矿物像凸透镜一样聚敛光线，当挡板（试板、不透明边框，下同）沿试板孔从左方插入，来自矿物右边的光线被挡住，矿物变成左明右暗。由于显微镜中见到的是倒像，矿物像显示左暗右明，即挡板同侧一边矿物变暗。图 7-9 右图为 $N_{矿}<N_{油}$，矿物像凹透镜一样分散光线，当挡板从左边插入，挡住了来自矿物左边光线时，矿物变成左暗右亮。同样由于显微镜中所见是倒像，矿物像显示左明右暗，即挡板同侧边明亮，挡板异侧变暗。如果用单色光源，即使 $N_{油}$ 与 $N_{矿}$ 相差很小，也只能出现明暗边现象，而不会出现彩色边，明暗边的成因及分布规律与上述用白光源时类似。

因此，斜照法中用矿物明暗边判断 $N_{矿}$ 与 $N_{油}$ 相对大小的原则是：挡板同侧变暗，$N_{矿}>N_{油}$；挡板异侧变暗，$N_{矿}<N_{油}$。简单记忆为“**同侧暗，矿高**”。

（二）彩色边法

用白光源，当 $N_{矿}$ 与 $N_{油}$ 在可见光范围内相等时，白光发生色散。用挡板挡去折射光的一半时，矿物颗粒像不再是显示简单的明暗边现象，而是显示明暗边与色彩边的复合现象。

1. $N_{矿}>N_{油}$

对于黄光 $N_{矿}>N_{油}$，则对橙、红光，$N_{矿}$ 更大于 $N_{油}$（图 7-6 左图），使 $N_{矿}=N_{油}$ 的色光位于黄光与紫光之间。设对于蓝光 $N_{矿}=N_{油}$，则蓝光不发生折射，紫光微折向浸油，橙、红光强烈折向矿物。挡板从左方插入，来自矿物颗粒右边的橙、红光被挡，矿物右边显示蓝色（简称蓝边）；左边的紫（蓝）光被挡，显示橙红色（简称橙边）。而且来自右边的光线挡去的较多，因而右

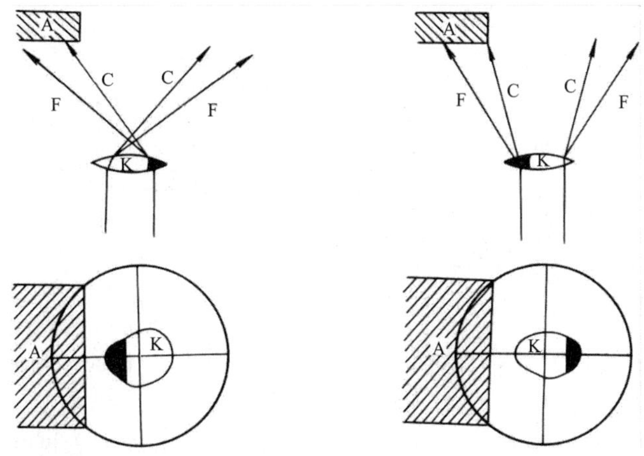

图 7-9 斜照法中矿物明暗边的成因及其分布规律

左图，$N_{矿}>N_{油}$；右图，$N_{矿}<N_{油}$；A. 挡板；K. 矿物；C. 红光；F. 蓝光

边呈暗蓝色；来自左边的光线挡去的较少，左边呈亮橙色。由于显微镜中见到的是倒像，因而见到：矿物颗粒像左边（挡板同侧）为暗蓝色；右边（挡板异侧）为亮橙色（图 7-10）。

2. $N_{矿}<N_{油}$

对黄光 $N_{矿}<N_{油}$，则对蓝、紫光 $N_{矿}$ 更小于 $N_{油}$（图 7-7 左图），对黄光至红光之间某一波长的光波，$N_{矿}$ 可能等于 $N_{油}$。设对橙光 $N_{矿}=N_{油}$，则橙光不发生折射，红光略折向矿物，黄光略折向浸油，绿、蓝、紫光强烈折向浸油。当挡板从左边插入，来自矿物右边的红光被挡，右边显蓝色，左边的绿、蓝、紫光被挡住，左边显橙红色。左边挡去的光线较多，为暗橙色；右边挡去的光线较少，为亮蓝色。显微镜下见到矿物颗粒像左边（挡板同侧）为亮蓝色，右边（挡板异侧）为暗橙（红）色（图 7-11）。

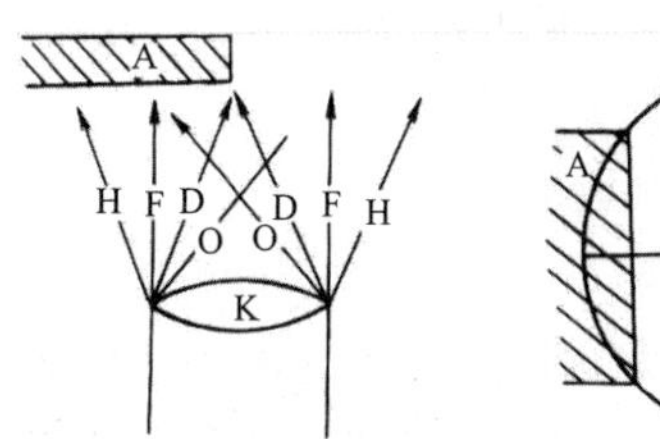

暗蓝 亮橙 A K

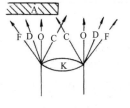

图 7-10 斜照法中彩色边的成因及其分布规律（$N_{矿}>N_{油}$）

A. 挡板；K. 矿物；O、D、F、H 分别为橙、黄、蓝、紫光

A F D O C C O D F K

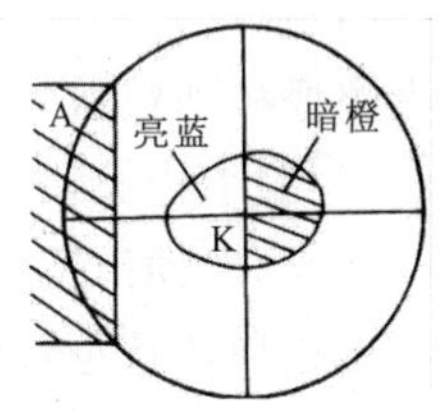

图 7-11 斜照法中彩色边的成因及其分布规律（$N_{矿}<N_{油}$）

C. 红光；其他符号同图 7-10

3. $N_{矿}=N_{油}$

对于黄光，$N_{矿}=N_{油}$，则对绿、蓝、紫光，$N_{矿}<N_{油}$，对于橙、红光，$N_{矿}>N_{油}$（图 7-8 左）。用白光源，黄光不发生折射，绿、蓝、紫光折向浸油，橙、红光折向矿物 。当挡板从左边插入，来自矿物右边的橙、红光被挡，右边显天蓝色，来自左边的绿、蓝、紫光被挡，左边显橙红色，左、右两边被挡去的光线量差不多，两边的亮度相近。因此显微镜下见到矿物颗粒像左边（挡板同侧）为天蓝色，右边（挡板异侧）为橙红色，两边明亮度无明显差异（图 7-12）。

综上所述，斜照法中由于用白光源，矿物颗粒(像)表面出现彩色边，此时判断 $N_{矿}$、$N_{油}$ 相对大小的原则是：挡板同侧一边为暗蓝色(异侧为亮橙色)，$N_{矿}>N_{油}$；挡板同侧一边为亮蓝色(异侧为暗橙色)，$N_{矿}<N_{油}$；蓝边与橙边亮度相当，$N_{矿}=N_{油}$。可简单记忆为**“橙边亮，矿高；橙边暗，油高；**(橙、蓝边)**亮度相当，正好**($N_{油}=N_{矿}$)”。

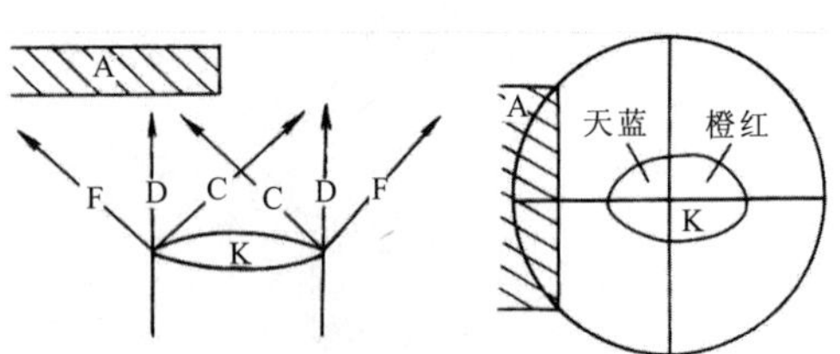

图 7－12　斜照法中彩色边的成因及其分布规律($N_{矿}=N_{油}$)
符号意义同图 7－11

斜照法比直照法的精度低，但斜照法有利于用统计法测定矿物主折射率，因为斜照法可以同时比较视域中所有矿物颗粒的折射率与 $N_{油}$ 的相对大小，可快速测出矿物的最大、最小折射率。此外，斜照法观察时无需升降镜筒，易于操作和观察，不易使眼睛疲劳。

三、环形屏蔽法及其应用

环形屏蔽法(Annular screening method)是焦点屏蔽法中的一种方法，其装置是在偏光显微镜上换上后焦平面上装有锁光圈的特殊物镜，当锁光圈全部打开时，像普通物镜一样可用于直照法和斜照法；若将锁光圈缩小，仅留一小孔，则只能使不发生折射的光波(即对该光波 $N_{矿}=N_{油}$)通过，挡住了发生折射的光波(对于这些光波，$N_{矿}$ 不等于 $N_{油}$)(图 7－13)。结果，在矿物颗粒边缘显示不发生折射光波的颜色，从而确定出对于黄光 $N_{矿}$ 是大于还是小于 $N_{油}$。

(一) 环形屏蔽法的装置步骤

(1)装上带锁光圈的物镜。

(2)推出上偏光镜，不使用聚光镜，用强光源照明。

(3)加入勃氏镜，缩小照明器或物台下面的锁光圈，使光源成为一个亮点。

(4)观察光源像(亮点)。若像不在视域中心(图 7－14A)，转动照明系统的中心调节螺丝，使光源像移到视域中心(图 7－14B)。

(5)缩小物镜锁光圈，使物镜锁光圈像略大于光源像(图 7－14C)。

(6)退出勃氏镜，装置完毕。

用这种装置进行观察时，矿物颗粒具有环形边缘，该边缘的宽度同物镜锁光圈缩小的大小有关，而视域的亮度与光源亮点的大小有关。调节两个锁光圈的大小，使视域亮度和矿物颗粒边缘环宽度合适后再进行观察。此外，用于环形屏蔽法的碎屑油浸片一定要加盖玻片，且盖玻片下要充满浸油。

(二) 环形屏蔽法比较 $N_{矿}$ 与 $N_{油}$ 相对大小的原则

在环形屏蔽法装置下见到矿物颗粒边缘有两种现象：一种是暗色边缘(暗环)；一种是彩色边缘(彩环)。

暗色边缘表示 $N_{矿}$ 与 $N_{油}$ 相差较大，在可见光范围内对所有单色光 $N_{矿}$ 都不等于 $N_{油}$，所有单色光或者都折向矿物，或者都折向浸油。此时，不能用环形屏蔽法，而只能用直照法和斜照法判断 $N_{矿}$ 与 $N_{油}$ 的相对大小。

彩色边缘表示 $N_{矿}$ 与 $N_{油}$ 在可见光范围内相等，色环的颜色即是使 $N_{矿}=N_{油}$ 的光波颜

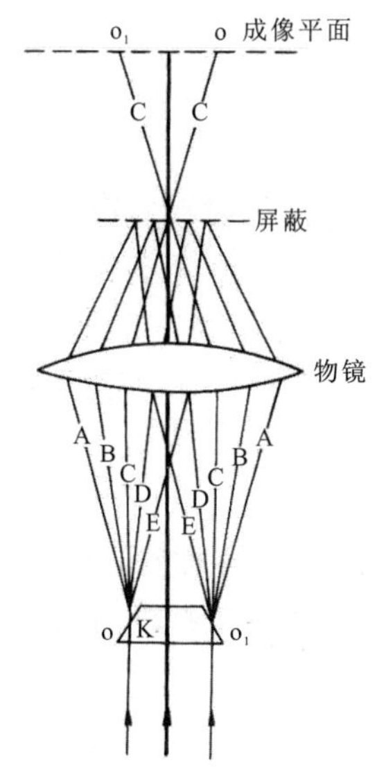

图 7-13　环形屏蔽法中色边形成示意图
K. 矿物；A—E. 示不同光波

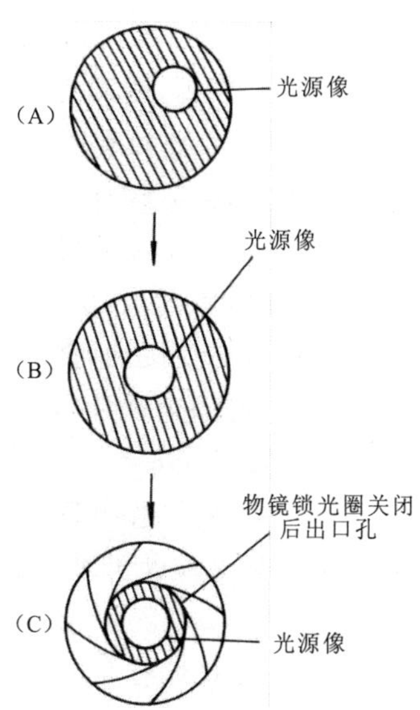

图 7-14　环形屏蔽的装置步骤

色，如矿物颗粒具有绿色环边，即表明对绿光 $N_{矿}=N_{油}$。由于浸油的色散远比矿物的色散强，当对紫、青、蓝、绿光 $N_{矿}=N_{油}$ 时，则对黄光 $N_{矿}$ 一定大于 $N_{油}$，即矿物具绿、蓝、紫色环边时，$N_{矿}>N_{油}$；当对橙、红光 $N_{矿}=N_{油}$ 时，则对黄光 $N_{矿}$ 一定小于 $N_{油}$，即矿物颗粒具有橙、红色环边时，$N_{矿}<N_{油}$；只有矿物颗粒具有黄色环边时，才表示 $N_{矿}=N_{油}$。

综上所述，环形屏蔽法中据矿物颗粒彩色环边判断 $N_{矿}$ 与 $N_{油}$ 相对大小的原则可简单记忆为：**“红橙油高黄相等，绿蓝青紫油便低”**。

（三）用环形屏蔽法对透明造岩矿物和宝石进行晶体光学鉴定

将待测的透明造岩矿物或宝石制成碎屑油浸片，首先用直照法或斜照法比较 $N_{矿}$ 与 $N_{油}$ 相对大小，当 $N_{油}$ 与 $N_{矿}$ 在可见光范围内相等时，矿物在环形屏蔽装置下出现彩色边环，可根据环边颜色进行以下系统晶体光学鉴定。

1. 区分均质体与非均质体

若多个颗粒具有相同的颜色，即为均质体，若具有两种以上的颜色，即为非均质体。

2. 确定轴性

旋转物台，观察 3～5 个矿物颗粒的两个消光位的环边颜色，若都具有一个共同色（No），矿物即为一轴晶，否则为二轴晶。

3. 确定光性符号

将红、橙、黄、绿、蓝、青、紫颜色顺序中红色一端称为低色（相应折射率较低），紫色一端称为高色（相应折射率较高）。若一轴晶中的共同色为低色（$No<Ne'$），矿物光性符号为正；若共同色为高色（$No>Ne'$），矿物光性符号为负。

对于二轴晶矿物要观察多（5～10）个颗粒，首先要找出环边颜色的最高色（Ng）和最低色（Np），然后找一个全消光或近于全消光的颗粒，取它的环边颜色为中间色（Nm）。若中间色接近最高色，表明$(Ng-Nm)<(Nm-Np)$，矿物光性符号为负；若中间色接近最低色，表明$(Ng-Nm)$明显大于$(Nm-Np)$，光性符号为正。当$(Ng-Nm)$与$(Nm-Np)$相近时，颜色的相对相近程度难以判断，因而光性正负也无法判断。

4. 快速测定矿物主折射率

见到色散效应后，按矿物环边最高色更换浸油（或改变浸油折射率），使最高色变为黄色，且为少数颗粒（15%±）所具有，其他颗粒为橙、红、暗红、暗环边等（轻动盖玻片，翻动矿物颗粒，仍然是这种情况），则此时的 $N_{油}$ 为二轴晶的 Ng，或一轴正晶的 Ne，或一轴负晶的 No。若按矿物环边最低色更换浸油，使最低色为黄色，且为少数颗粒所具有，其他颗粒具绿、蓝、青、紫、暗紫、黑等环边（轻动盖玻片，仍然是这种情况），则此时的 $N_{油}$ 为二轴晶的 Np，或一轴正晶的 No，或一轴负晶的 Ne。

测二轴晶的 Nm，最好选择垂直 OA 的颗粒，该种颗粒在正交偏光镜下全消光。如果颗粒少，可轻动盖片，使某颗粒处于垂直 OA 位置。按该种颗粒环边颜色换油，使环边的颜色为黄色，则此时的 $N_{油}$ 为 Nm。

5. 求矿物的最大双折射率和二轴晶的 2V 值

测出一轴晶的主折射率后，即可计算出矿物的最大双折射率$|Ne-No|$，验证光符正负。

测出二轴晶的主折射率后，不仅可计算出矿物的最大双折射率 $Ng-Np$，还可按光轴角公式计算出 2V 值，确定光性符号。环形屏蔽法测定折射率的精度达 0.001～0.002，计算出的 2V 值较准确。

6. 求矿物的 N_F-N_C 值（图 7-15）

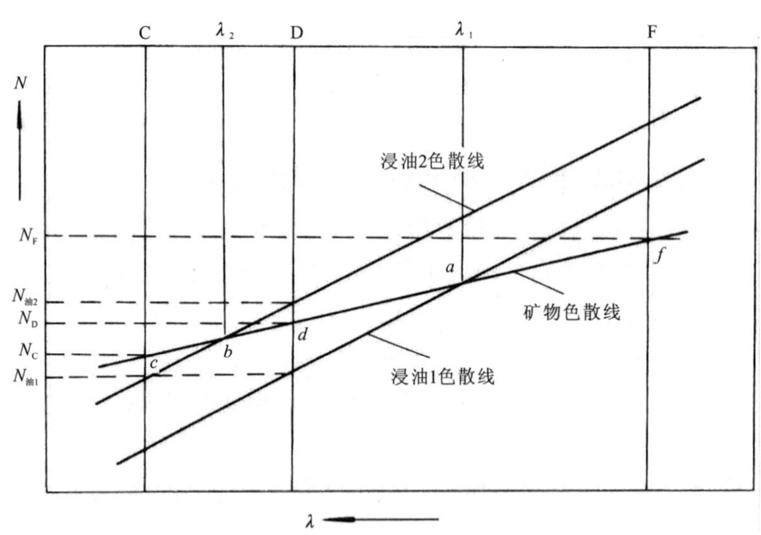

图 7-15 用两种浸油的色散线求矿物 N_D 及 N_F-N_C 值

设测某矿物 Ng 时，加浸油 1($N_{油1}$)时矿物环边最高色为颜色 1(λ_1)，加浸油 2($N_{油2}$)时矿物环边最高色为颜色 2(λ_2)，用哈特曼网（Hartmann’s dispersion net）作图不仅可求出 Ng，还可求出 Ng 的 N_F-N_C 值。作图步骤如下：

(1)把两种浸油的色散率线绘制在哈特曼网上。

(2)在 $\lambda=\lambda_D$ 的线上找到 $N=N_{油1}$、$N=N_{油2}$ 的两点，过此两点分别作浸油1、浸油2色散率线的平行线，即为两种浸油的色散线。

(3)找到浸油1色散线与 $\lambda=\lambda_1$ 的交点 a 和浸油2色散线与 $\lambda=\lambda_2$ 的交点 b，过 a、b 作直线，则该直线即为矿物 Ng 的色散线。

(4)找到矿物色散线与C、D、F谱线的交点 c、d、f，读出 c、d、f 三点的纵坐标值 N_C、N_D、N_F，则 $Ng=N_D$，(N_F-N_C) 即为矿物 Ng 方向的中部色散值。

第四节　碎屑油浸法测定矿物折射率的程序

油浸法是一种方法性很强的矿物鉴定技术，应该有一个合理的工作程序，才能使操作有条不紊，提高测试效率。通常油浸法测试按下列程序进行。

(一) 准备仪器、设备、材料

油浸法只要有下列简单装备即可进行工作：①偏光显微镜一台；②折射仪一台；③浸油一套；④新载玻片10～20片；⑤盖玻片若干，切成0.6cm×0.6cm小块；⑥大号缝衣钢针和镊子各一个；⑦镜头纸、脱脂棉和剪成小片的过滤纸若干；⑧二甲苯一小瓶、酒精灯一盏；⑨特制的碎样小铁臼、铁棒、套筒一套。

(二) 碎样

碎屑油浸法中的矿物碎屑以0.1～0.5mm为宜，用于油浸法的矿物样品量一般很少，常用小铁臼粉碎，然后过筛。如果更少，只1～2颗，则将矿物放置两载玻片之间，轻压使其粉碎到合适粒度，去掉过大者即可用于制片。

碎样时，如果需要使矿物沿解理面裂开，则采用压、敲击的方法，而不用研磨的方法；如果要破坏解理，则采用旋转、研磨的方法，磨损解理的棱角，使碎屑成等轴粒状。

(三)制片

碎屑油浸片的制作简易迅速，其步骤如下：

(1)用脱脂棉或镜头纸醮清水或二甲苯清洗载玻片、盖玻片。

(2)用大号缝衣钢针的尖头挑起矿物碎屑放在载玻片中部，碎屑数量以10～30颗为好。如果要在同一载玻片上制3～4个油浸片，碎屑应放置在载玻片长1/3～1/4的部位。

(3)为了防止浸油腐蚀镜头和保证矿物碎屑完全浸没于浸油中，一般要加盖玻片（环形屏蔽法必须加盖玻片）。将盖玻片放置在碎屑之上，轻推盖玻片，使之水平。

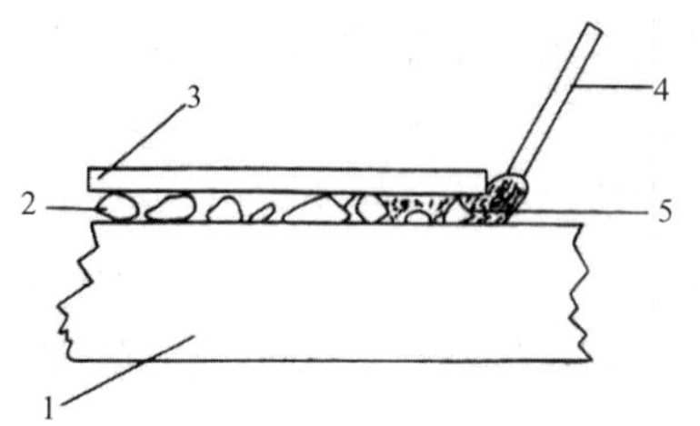

图7-16　碎屑油浸片及滴油方法示意图

1. 载玻片；2. 矿物碎屑；3. 盖玻片；4. 滴管；5. 浸油

(4)选择合适浸油，用浸油瓶中的滴管吸上浸油，接触盖玻片与载玻片之间，因毛细管作用，浸油自然被吸进盖玻片与载玻片间的空隙中，淹没矿物碎屑，碎屑油浸片即制作完毕（图7-16）。当样品很少时，或要在同一个矿物晶体的碎屑颗粒上测出主折射率时，都要重复使用碎屑（换油不换矿物碎屑），制片时在滴进浸油之前先滴进清水，用酒精灯徐徐烘干，水中的盐类会将矿物碎屑固结在载玻片上，换油时不会丢失矿物碎屑。

（四）比较矿物与浸油折射率的相对大小

第一次滴进浸油后和每换一次浸油后，要进行 $N_{油}$ 和 $N_{矿}$ 相对大小的比较。如前所述，常用的比较方法有直照法、斜照法和环形屏蔽法。用白光源，当 $N_{矿}$ 与 $N_{油}$ 相差较大时，用贝克线、明暗边法；当 $N_{矿}$ 与 $N_{油}$ 在可见光范围内相等时，用色散线法、彩色边法或环形屏蔽法。具体的比较方法和原则详见第七章第三节。

（五）选油和换油

1. 选油

选油是指第一次应选择多高折射率的浸油滴入。选油正确时可以减少换油的次数，加快测试的速度。选油一般遵循如下原则。

(1)未知矿物，选 $N_{油}=1.540$。然后判断突起等级，力求较准，以确定第一次换油的折射率。

(2)已知(折射率范围的)矿物，查矿物光性鉴定表，按折射率范围选油，选 $N_{油}$ 等于折射率范围的低限或高限，使 $N_{油}$ 较接近 $N_{矿}$。如测定橄榄石的 Np，常见橄榄石为镁橄榄石、贵橄榄石、透铁橄榄石，其 $Np=1.635\sim1.730$，选 $N_{油}=1.630$ 或 $N_{油}=1.735$。

(3)已测出非均质体某一主折射率，测另一主折射率时，按双折射率范围选油。如测出橄榄石的 $Np=1.660$，则该橄榄石应为贵橄榄石，最大双折射率为 $0.037\sim0.041$，需测 Ng 时，应选 $N_{油}=1.660+0.037=1.697$ 或 $N_{油}=1.660+0.041=1.701$。

2. 换油

第一次选的浸油，其折射率很难恰好等于 $N_{矿}$ 或非常接近 $N_{矿}$，往往需要经过一次或数次更换浸油才能使 $N_{油}=N_{矿}$ 或使 $N_{油}$ 与 $N_{矿}$ 的差值小于 0.002。常用的换油方法有中值法和连续滴进法。

(1)中值法。①第一次选浸油(第一瓶油)按上述的选油原则进行。②第一次换浸油(第二瓶油)，其折射率与第一瓶浸油折射率的间距一定要卡住矿物折射率的范围，原则是**宁可间距宽些，能卡住范围，不可窄了卡不住范围**。③第二次换浸油(第三瓶油)，其折射率为第一、二瓶浸油折射率的平均值(中值)；第四瓶浸油，其折射率为第二、三瓶浸油折射率的平均值……依此类推，直至 $N_{矿}$ 与 $N_{油}$ 的差值小于 0.002。

矿物样品多时，每次换油时，重新制一个碎屑油浸片，油浸片载玻片上标上 $N_{油}$ 值，顺序排列以便复查。如果矿物样品少，只够制一个油浸片，则换油时用滤纸吸干旧油后在原片上加入新油。

中值法换油能快速测出 $N_{矿}$，其换油次数少则 1～2 次，最多不超过 8 次①，因为常见透明矿物的折射率在 1.450～1.800 之间，与 1.540 的差值为 0.260。白光下测定矿物折射率允许误差为 0.002，设换油次数为 n，中值法换油是按 1/2 的等比级数缩小折射率值的范围，数学式如下：

$$0.260\cdot\left(\frac{1}{2}\right)^{n-1}=0.002$$

---

① 叶大年，油浸法技术训练的合理程序，岩矿鉴定参考材料，河北省地质局实验情报网，1979

解上列方程，得 $n=8$，即换油次数最多为 8。

(2)连续滴入法。当 $N_{矿}$ 与 $N_{油}$ 在可见光范围内相等时，即 $N_{矿}$ 与 $N_{油}$ 差值较小时，为了使 $N_{油}$ 恰好等于 $N_{矿}$，换油的方式采用在不更换油浸片和吸干旧油的情况下滴入新油。新油滴入的原则是：当 $N_{矿}>N_{油}$ 时，滴入折射率较高的浸油；当 $N_{矿}<N_{油}$ 时，滴入折射率较低的浸油；滴入浸油的折射率高低和滴入浸油量的多少，要视 $N_{油}$ 与 $N_{矿}$ 的差值大小而定，而且要逐渐滴入，使 $N_{油}$ 逐步逼近 $N_{矿}$。滴入新油后，用钢针轻轻搅拌，使新、旧浸油均匀混合。如果油浸片中的浸油量太多了，可用滤纸吸出一部分后再滴入新油。

（六）确定矿物折射率的大小及其精度

1. 中值换油法测定矿物的 N_D

如果用中值换油法把矿物折射率控制在相邻两瓶浸油的折射率之间，则矿物折射率取两瓶浸油折射率的平均值，误差取两瓶浸油折射率差值的一半。如测某矿物的 Ng，最后比较到 $N_{油1}(1.674\ 5)>Ng>N_{油2}(1.670\ 3)$，则 $Ng=(1.674\ 5+1.670\ 3)\div 2=1.672\ 4\approx 1.672$，误差 $=(1.674\ 5-1.670\ 3)\div 2=0.002\ 1\approx 0.002$，即该矿物的 $Ng=1.672\pm 0.002$。

2. 连续滴入换油法直接测定矿物的 N_D

用连续滴入换油法使浸油折射率等于矿物折射率后，再用折射仪测定油浸片中混合浸油的折射率，则 $N_{矿}=N_{混油}$。例如，在显微镜下观察到矿物折射率等于浸油折射率的现象后，用折射仪测得 $N_{混油}=1.683\ 2$，则 $N_{矿}=1.683$。若白光作光源，取误差为 0.002，即 $N_{矿}=1.683\pm 0.002$。

3. 作图法确定矿物的 N_D 和 N_F-N_C 值

用环形屏蔽法（或色变法）比较 $N_{矿}$、$N_{油}$ 的相对大小，若更换到某一折射率的浸油，对可见光范围内某一色光 $N_{矿}$ 已等于 $N_{油}$ 了，此时，尽管对黄光 $N_{矿}$ 不等于 $N_{油}$，但可用哈特曼网作图，求出矿物的 N_D，有时还可求出矿物的 N_F-N_C 值。

(1)两种浸油分别在两种光波下的折射率与矿物折射率相等，而且两种浸油的 N_F-N_C 值可知，用作图法可画出矿物的色散线，从而可求得矿物的 N_D 和 N_F-N_C 值。作图方法详见第七章第三节(图 7-15)。

(2)两种浸油分别在两种光波下的折射率与矿物折射率相等，但两种浸油的 N_F-N_C 值未知，可用作图法画出矿物的差异色散线，求出矿物的 N_D。

例如，测某矿物的 Nm 值时，当 $\lambda=\lambda_1$ 时，$N_{油1}=N_{矿}$；当 $\lambda=\lambda_2$ 时，$N_{油2}=N_{矿}$，求矿物 N_D 的作图步骤如下(图 7-17)：①找到 $a(\lambda_1, N_{油1})$、$b(\lambda_2、N_{油2})$两点。②过 a、b 两点作直线，该直线为矿物的差异色散线。③找到 ab 线与 $\lambda=\lambda_D$ 的交点 d。④读出 d 点的纵坐标值 N_D，则 $Nm=N_D$。

(3)一种浸油在某一光波下的折射率与矿物折射率相等，且浸油和矿物的 N_F-N_C 值都已知，用作图法求矿物 N_D 的步骤如下(图 7-18)：①作出浸油和矿物的色散率线。②过 $a(\lambda_D, N_{油})$点作浸油色散率线的平行线，该线为浸油的色散线。③找到浸油色散线与 $\lambda=\lambda_1$ 线的交点 b，过 b 点作矿物色散率线的平行线，则该线为矿物的色散线。④找到矿物色散线与 $\lambda=\lambda_D$线的交点 d，读出 d 点的纵坐标值 N_D，则 N_D 即为所求的矿物折射率。

无论是中值法换油，还是连续滴入法换油，当浸油与矿物折射率对于黄光或其他某一色光相等时，最好立即用折射仪测定浸油折射率，否则要用温度系数对 $N_{油}$ 进行校正。由于仪器、

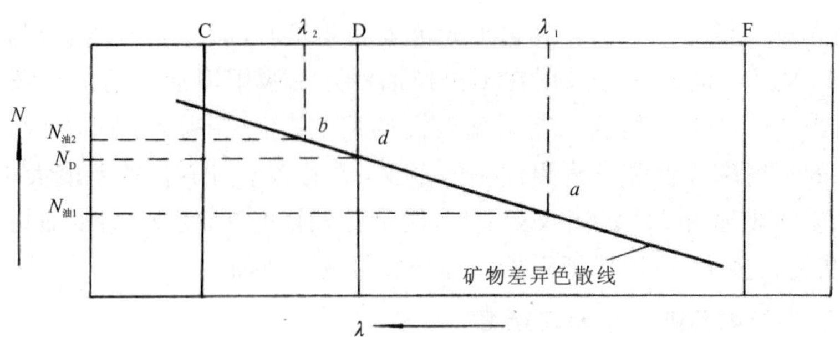

图 7-17 用矿物的差异色散线求矿物的 N_D

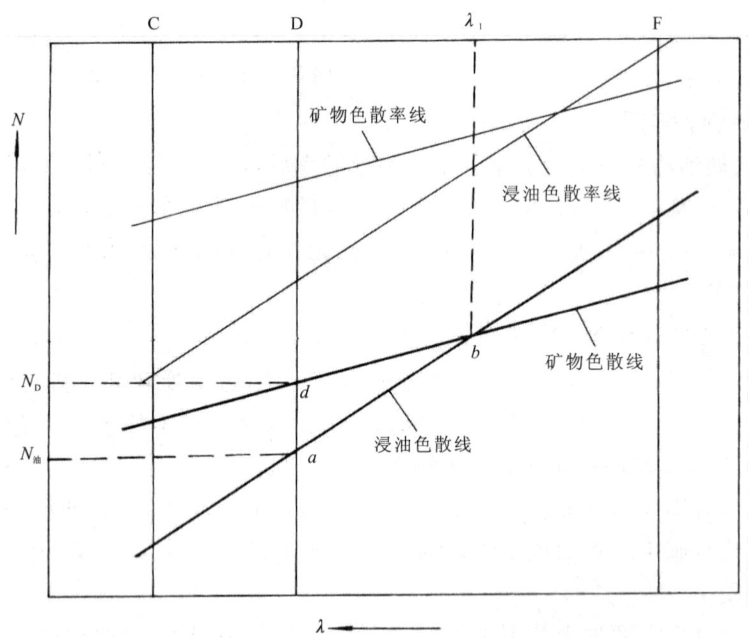

图 7-18 已知浸油和矿物的 $N_F - N_C$ 值，用一种浸油求 $N_矿$

操作人员观察等误差，用白光源时，测定矿物折射率的准确度取 0.001，精确度取 0.002。即测得的矿物折射率值取到小数点后第三位，误差为 0.002。

第五节 非均质体矿物主折射率的测定方法

均质体只有一个主折射率，不随方向变化，可以在任意颗粒、任意方向上测定，测定时操作最为方便 。

非均质体矿物除少数定向切面外，一般切面上都测不到主折射率，测定主折射率的方法主要有统计法、定向切面法和旋转针台法等。

一、统计法

统计法(Statistical method)的作法是测定10个以上的矿物颗粒,把其中最大的折射率当作是二轴晶的 Ng、一轴正晶的 Ne 和一轴负晶的 No,把其中最小的折射率当作是二轴晶的 Np、一轴正晶的 No 和一轴负晶的 Ne。第六章第二节中已述,平行一个主轴的切面出现的概率为17.5%,10个颗粒中一般至少会有一个颗粒,其主轴之一会平行载物台平面,从而能测到主折射率。因此,统计法实际上是不用锥偏光镜确定方位的定向切面法。

斜照法和环形屏蔽法最有利于用统计法测定主折射率。斜照法和环形屏蔽法可以同时观察视域中所有矿物颗粒,不必逐个地比较 $N_{矿}$ 与 $N_{油}$ 的相对大小,一眼就可以看出哪个颗粒的哪个方向折射率最高或最低,测定起来最为方便 。

环形屏蔽法测定主折射率时,首先用直照法或斜照法比较 $N_{矿}$ 与 $N_{油}$ 相对大小,通过换油使 $N_{油}$ 与 $N_{矿}$ 在可见光范围内相等,出现色散效应后,再用环形屏蔽法进行观察。环形屏蔽法测定矿物主折射率的操作详见第七章第三节。

用斜照法测定矿物主折射率时,如果用白光源,首先用明暗边法比较 $N_{矿}$ 与 $N_{油}$ 相对大小,通过换油出现色散效应后再用彩色边法进行观察。更换浸油,使少数(10%~15%)矿物颗粒出现橙红边、天蓝边各半,且亮度相等,其他颗粒呈现挡板同侧暗蓝、全暗等,挡板异侧亮橙、白亮等(轻动盖玻片,使矿物颗粒翻动,仍然是该种情况),则此时 $N_{油}$ 等于矿物的最小折射率。然后更换高折射率浸油,使少数颗粒呈现橙红边、天蓝边且亮度相当,其他颗粒呈现挡板同侧亮蓝、白亮等,异侧暗橙、全暗等(翻动矿物颗粒,仍然保持该种情形),则此时 $N_{油}$ 等于矿物的最大折射率。矿物的最大、最小折射率测出后,即测出了一轴晶的 Ne、No 或二轴晶的 Ng、Np。

二轴晶的 Nm 最好还是在垂直 OA 的定向切面上进行测定。在正交偏光镜下选择全消光颗粒(如果没有,轻动盖玻片,使视域中出现这种颗粒为止)。单偏光镜下用斜照法观察矿物表面的彩色边,据色边效应换油,直到垂直 OA 矿物颗粒表面呈现挡板同侧天蓝,异侧橙红,且两边亮度相当为止,则此时的 $N_{油}=Nm$。矿物 Nm 的测定实际上仍是用定向切面法。

二、定向切面法

定向切面法(Oriented section)是选择含主轴半径的定向切面测定主折射率。用定向切面法测定主折射率时,矿物颗粒可以适当粗些,以便观察干涉图。定向切面类型及其干涉图特征如第五章所述,测试时,根据所测主折射率的名称选择合适的切面类型。

定向切面法测定主折射率的操作步骤是:首先在锥偏光镜下找到所需要的定向切面,如果没有,可轻动盖片,改变矿物颗粒的方位,直到出现所需要的切面为止;然后把需测的主轴半径平行 PP;再后,在单偏光镜下比较 $N_{矿}$、$N_{油}$ 的相对大小;换油后重复以上操作,直到测出全部主折射率为止。

定向切面法误差较小,但每次换油后要通过干涉图选切面,操作繁琐。

三、旋转针台法

旋转针台法(Spindle stage)是利用旋转针台对矿物进行定向,然后测定主折射率。其优点是用矿物碎屑少(少到1颗即可),定向准确,可在同一矿物碎屑上测定二轴晶的三个主折射率,因而可提高测试结果的准确度和精确度。

一轴晶矿物的定向和主折射率的测定，相对二轴晶的较为容易，在此不加介绍。以下仅简单介绍旋转针台的使用及二轴晶矿物的定向。

（一）旋转针台的结构构造

旋转针台有各种类型。国内常用的是原成都地质学院研制的旋转针台，其结构构造见图7-19，主要部件有旋转针、读数鼓轮、油槽、针台底板等。

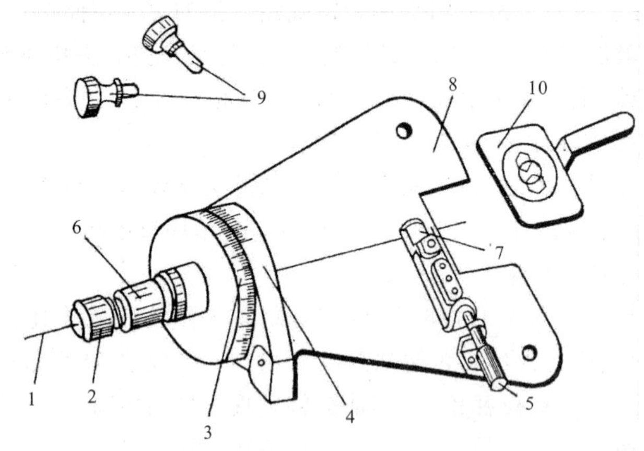

图 7-19 CDX-1 旋转针台结构图

1. 转针；2. 转针固紧螺丝；3. 读数鼓轮；4. 游标刻度盘；5. 中心校正横向微动螺丝；6. 中心校正纵向微动螺丝；7. 转针压簧片；8. 针台底板；9. 旋转针台固紧螺丝；10. 油槽

旋转针 简称转针，为一根细直的金属针，头部可根据需要磨成尖形，用于粘接矿物碎屑，尾部通过转针固紧螺丝与鼓轮相连，旋转鼓轮即可带动转针旋转。

读数鼓轮 简称鼓轮，上有刻度，与游标刻度盘配合可读出转针的转角。

油槽 圆形凹槽，底面为无色玻璃片，槽边两小块固定金属块用以托放盖片。油槽安放在旋转针台底板前端缺口处，槽内盛放浸油后可使转针前端矿物碎屑淹没其中，换油时取下油槽，以免碰落矿物碎屑。

针台底板 用于安放转针、鼓轮及其他部件，测试时固定在显微镜物台上。

（二）旋转针台的安装调节

(1)校正好偏光显微镜。

(2)粘矿物。先在转针尖上蘸上少许乳胶(或其他胶)。为了避免粘上的胶过多使胶液全部覆盖矿物碎屑，可在载玻片上涂上少许(薄层)胶液，用转针尖垂直载玻片触及胶液。然后在双目立体镜下，使转针尽量垂直载玻片，轻轻触及载玻片上的矿物碎屑，即可粘上矿物碎屑(图7-20A)。如果没有双目镜，头部放低，眼睛从旁侧平视载玻片，使转针垂直载玻片并轻轻触及载玻片上的矿物碎屑，即可粘上矿物碎屑。然后小心提起转针，轻轻向转针尖上的矿物碎屑吹气，以使胶液变干，使矿物碎屑粘牢在转针尖上。待胶半干后，在双目镜或放大镜下检查，粘上的矿物碎屑应在转针的轴线上(图7-20B)，如果偏离太大，可用另一转针尖轻拨扶正(图7-20C)。旋转针台备有数根转针，可以事先粘好数个矿物颗粒，以便测试时换用。

(3)装台。将针台底板固紧在显微镜物台上，使鼓轮位于物台右方(东方)。

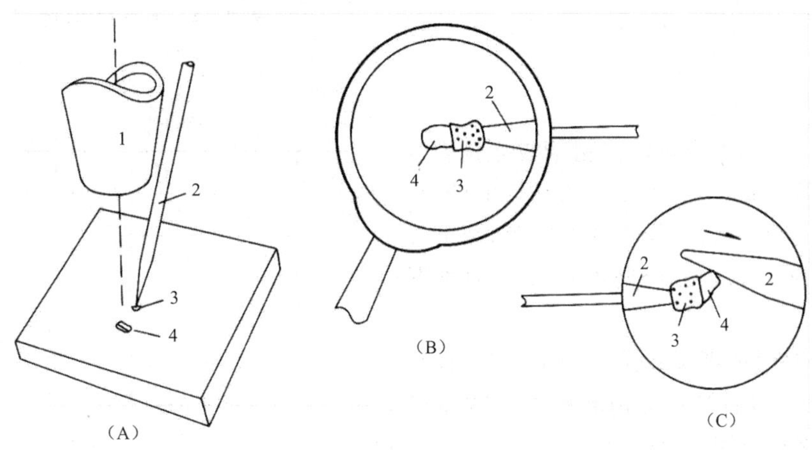

图 7-20　把矿物碎屑粘在转针尖上

1. 双目立体镜物镜；2. 转针；3. 粘胶；4. 矿物碎屑

(4)装转针。一手压住针台底板，另一手向上扳动鼓轮使鼓轮离开底板。松开转针固紧螺丝，将转针插入鼓轮针孔并从转针固紧螺丝针孔透出，使针尖端矿物碎屑大致位于油槽中心位置。旋开转针压簧片，小心合上鼓轮，用转针压簧片压上转针，适当调整针尖端位置后，固紧转针。

(5)装油槽。将选好的浸油用滴管滴于油槽中，加上盖片，用钢针轻挑浸油使浸油与盖片相连。小心将油槽沿物台推送到针台底板缺口处，注意切勿将矿物碎屑碰落。

(6)校正旋转针台中心。显微镜下观察矿物碎屑是否位于视域中心，若偏离中心，转动中心校正横向微动螺丝和纵向微动螺丝(转针固紧螺丝制动后使用)，使矿物碎屑位于视域中心。旋转物台检查旋转针台与物台中心是否重合，若不重合，转动上述两个中心校正螺丝，直至两个中心重合为止。

(7)确定旋转针台零位 M_R。使转针的轴向平行东西向(平行 PP)，记录大致的零位～M_R。使转针读数为 0°，从零位顺转物台使晶体消光，记录物台读数 M_0，再使转针转角 $S=180°$，从零位逆转物台使晶体消光，记录物台读数 M_{180}，则 $M_R=(M_0+M_{180})\div 2$。

(8)进行 40°试验。分别置物台于 $M=M_R+40°$ 和 $M=M_R+140°$，在每一位置上从 0°至 180°转转针，观察晶体总消光次数，确定所粘矿物方位是否合适：①不出现消光和出现一次消光，为方位不合适，必须重新粘矿物，或更换粘好矿物的转针；②出现两次消光，特别是两次消光 S 的读数相隔较大时，为方位合适；③出现四次消光为方位很好。

(三) 二轴晶矿物主轴的定向、2V 的计算和光性符号的确定

1. 测定消光角

使 $M=M_R$，$S=0°$，顺转物台，使晶体消光，记录物台读数 M_0，

$S=10°$，顺转物台，使晶体消光，记录物台读数 M_{10}，

……

$S=170°$，……

测满 18 组数据，填写表 7-4 形式的表格。

表中的 $E_S=M_S-M_R(S=0°,10°,\cdots,170°)$。为了使 $0°\leqslant E_S\leqslant 180°$，计算 E_S 时，若 $E_S<$

0°，则 E_S 加 180°；若 E_S>180°，则 E_S 减 180°。$E'_S=E_S\pm90°$：若 $E_S<90°$，则 $E'_S=E_S+90°$；若 $E_S>90°$，则 $E'_S=E_S-90°$。

表 7-4 消光数据（度）表

样品______ 矿物______

光源 λ= $N_{油}$=

M_R= 测试者：

S	V		V′		2E_S
	M_S	E_S	M'_S	E'_S	
0°	148.4	65.6		155.6	131.2
10°	…	…		…	…
…	…	…		…	…
170°	…	…		…	…

2. 投绘消光曲线

采用专门适用于旋转针台测试数据投影的 S、E 坐标系统（Bloss，1981）。S 为转针的转角，用吴氏网的大圆表示；E 为物台的转角，用吴氏网的直立小圆表示。吴氏网的摆放方向见图 7-21。

投影时，将透明纸蒙在吴氏网上，描下投影基圆和圆心位置，右极点标以转针符号表示坐标零点位。然后将测试数据（S_0，E_0）、（S_0，E'_0），（S_{10}、E_{10}）、（S_{10}，E'_{10}）……依次投影在吴氏网上，如 a 点坐标为 $S=30°$，$E=60°$；b 点坐标为 $S=150°$，$E=90°$。投影时吴氏网和透明纸二者不相对移动。所有点投影完毕后，将消光位 V 各投影点（S，E_S）和消光位 V′各投影点（S，E'_S）分别相连（或边投影点边连线），得两条线——**消光曲线**（Extinction curve）。消光曲线应为圆滑的曲线，如果为折线，应复查消光位测试是否准确。

两条消光曲线中，一条通过极点，称为**极点消光曲线**（Polar extinction curve）；另一条通过赤道，称为**赤道消光曲线**（Equatorial extinction curve）（图 7-21）。极点消光曲线有时分为两段，分别通过东、西两个极点（图 7-22）。

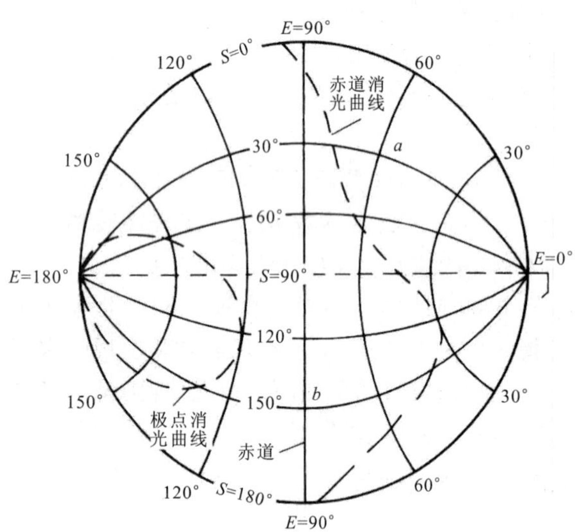

图 7-21 S、E 坐标系及消光曲线

说明见正文

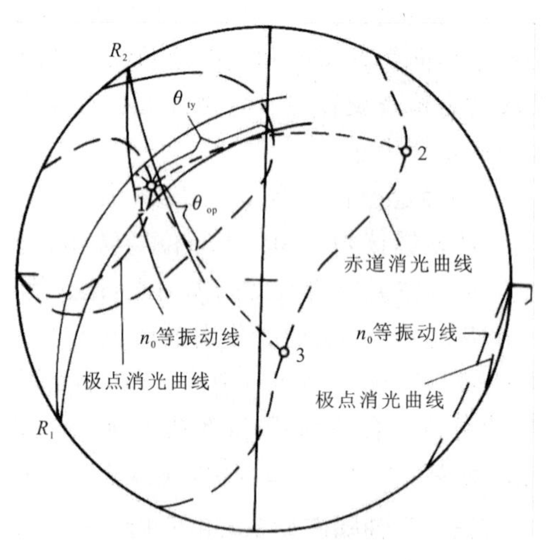

图 7-22 主轴点位、名称的确定及 2V 的图解

说明见正文

3. 图解法求主轴投影点位

极点消光曲线含有一个主轴，但非 Nm 投影点，赤道消光曲线上含有主轴 Nm 和另一主轴（Ng 或 Np）投影点。图解法求主轴投影点位的步骤如下：

(1)绘制 n_0 等振动线。依次投影(S,$2E_S$)各点,连接各点得一曲线即为 n_0 **等振动曲线**(Equivibration curve)。

(2)确定极点消光曲线上的主轴投影点。在投影基圆上任取一点 R_1,过 R_1 点作一系列大圆与 n_0 等振动曲线相交,被 n_0 等振动曲线截取弧段的中点连线与极点消光曲线的交点(图 7-22 中的 1 点),即为主轴之一的投影点。为了提高定位准确度,可选择 2～3 个 R 点作大圆进行定位。

(3)以极点消光曲线上的主轴投影点为极点作大圆,与赤道消光曲线相交 2～3 个点,从中找出相距 90°的两个点,即为另两个主轴的投影点(图 7-22 中的 2、3 点)。

(4)透明纸放回原位,读出三个主轴投影点的 S、E 坐标,并计算出物台读数 M_S(E_S+M_R),用表 7-5 的形式记录下来(表中主轴名称、N_D、2V 等以后逐步记录)。如图 7-22 所测为某橄榄石的消光曲线,表 7-5 中所列即为它的三个主轴投影点坐标。

表 7-5 主轴坐标、名称及 N_D、2V

	S	E_S	M_S	名　称	N_D
1	41°	133.5°	216.5°	Np	1.645
2	20°	45°	127.8°	Nm	1.663
3	121°	79°	161.8°	Ng	1.682
θ_{op}=30.5°,θ_{ty}=48°;V_{Np}=46.9°,(+)2V=86.2°					

4. 确定主轴名称

过极点消光曲线上主轴投点分别与赤道消光曲线上两主轴投影点作大圆,两大圆与 n_0 等振动曲线相交得两个交点。从极点消光曲线上主轴投影点到 n_0 等振动曲线上两交点之间的两段弧,称为 n_0 等振动曲线的半径,其短半径弧度记作 θ_{op},长半径弧度记作 θ_{ty}。长半径是指向 Nm 的,即图 7-22 中的 2 点为 Nm 投影点。

使转针、物台读数置于其他两主轴之一的 S、M_S 读数,如置于 1 点的读数:S=41°,M_S=216.5°,则该主轴平行物台平面并与 PP 平行,借助石英楔,即可确定其名称,如图 7-22 中的 1 点为 Np 投影点。剩下一主轴的名称显然可知。为了确保正确,最好也用上述方法对第三个主轴名称进行确定。把主轴名称填写到表 7-5 中。

5. 计算 2V 值并确定光性符号

分别把 n_0 等振动曲线的长、短半径转到同一大圆上,读出它的弧度,如图 7-22 中的 θ_{op}=30.5°,θ_{ty}=48°。再按下列公式计算 V_{Np} 或 V_{Ng}:

$$\cos V_{Np或Ng}=\sin\theta_{op}/\sin\theta_{ty}$$

式中:$V_{Np或Ng}$ 表示光轴与极点消光曲线上主轴 Np 或 Ng 的夹角。如果极点消光曲线上的主轴为 Np,则计算出的夹角为 V_{Np};如果极点曲线上的主轴为 Ng,则计算出的夹角为 V_{Ng}。

矿物的光性符号和 2V 按下列原则确定:

V_{Np}<45°,则矿物光性符号为负,2V=2V_{Np};

V_{Np}>45°,则矿物光性符号为正,2V=(180°−2V_{Np});

V_{Ng}<45°,则矿物光性符号为正,2V=2V_{Ng};

$V_{Ng}>45°$，则矿物光性符号为负，$2V=(180°-2V_{Ng})$。

如图 7－22 中，极点消光曲线上为 Np，则 $\cos V_{Np}=\sin 30.5°/\sin 48°=0.682\ 96$，$V_{Np}=46.9°$，即矿物光性符号为正。$2V=86.2°$，记作(＋)$2V=86.2°$。

(四) 主折射率的测定

依次使转针、物台置于各主轴的 S、M_S 读数，则各主轴依次平卧于物台平面上，且与 PP 一致。按前述矿物折射率的测定方法，即可依次测出矿物各主折射率值。如图 7－22 中所测橄榄石，经测定：$Np=1.645$，$Nm=1.663$，$Ng=1.682$；按光轴角公式计算：(＋)$2V=86.2°$；查光性鉴定表，为镁橄榄石。

复习思考题

1. 什么叫油浸法？浸油有哪些种类？

2. 简述用阿贝折射仪测定浸油 N_D 的操作步骤。

3. 简述用阿贝折射仪测定浸油 N_F-N_C 的方法。

4. 什么叫直照法？简述色散线法根据色带的移动规律比较 $N_矿$、$N_油$ 相对大小的原则。

5. 什么叫斜照法？简述明暗边法中明暗边的分布规律和彩色边法中彩色边的特征及其分布规律。

6. 简述环形屏蔽法的装置。

7. 说出环形屏蔽法中根据矿物碎屑环边颜色比较 $N_油$、$N_矿$ 相对大小的原则。

8. 简述透明造岩矿物和宝石碎屑油浸片的制作方法、选油原则。

9. 将某一解理不太发育的透明宝石矿物制成碎屑油浸片，在环形屏蔽法下观察多个颗粒的两个消光位的环边颜色，记录如下，指出该矿物的轴性和光性符号，说明理由。

黄—绿　黄绿—黄　黄—蓝　绿—黄　绿黄—黄　黄—蓝绿　黄—黄绿　蓝绿—黄

10. 简述碎屑油浸法测定透明造岩矿物和宝石折射率的程序。

11. 什么叫中值换油法？什么叫连续滴入(渐近)换油法？

12. 非均质透明矿物主折射率测定的常用方法有哪些？评述它们的优缺点。

13. 测定某橄榄石的 Nm 时，测得第一种浸油的 $N_D=1.665\ 9$、$N_F-N_C=0.031\ 6$，用环形屏蔽法确定 $N_矿$ 和 $N_油$ 对 $\lambda=550$nm 的光波相等；测得第二种浸油的 $N_D=1.674\ 1$，$N_F-N_C=0.032\ 1$，用环形屏蔽法确定 $N_矿$ 和 $N_油$ 对 $\lambda=632$nm 的光波相等。用哈特曼网作图，求出 Nm 和 Nm 的 N_F-N_C 值。

第八章　宝玉石晶体光学鉴定的其他方法

大多数宝石是透明单晶矿物，而且其粒度比一般透明造岩矿物大得多，因此，无论是在薄片中还是在手标本上，鉴定起来比透明造岩矿物容易得多。玉石多由透明矿物集合体组成，实际上就是一种岩石，晶体光学鉴定对它是一种有效的方法。如果是有一定块度的宝玉石原料，可以将它制成薄片进行鉴定；如果是宝玉石边角废料、碎屑，可将它制成薄片或碎屑油浸片进行鉴定；如果是宝玉石制品，不允许对它进行破坏性鉴定，可以整件进行鉴定。

第一节　宝玉石薄片晶体光学鉴定的重点

如果宝玉石原料较多，或边角废料块度较大，可按岩石薄片的规格制成薄片对它进行鉴定。鉴定的内容、方法、程序与一般透明造岩矿物基本相同。宝玉石的晶体光学鉴定重点要解决两个问题：第一，是真宝玉石还是相似宝玉石；第二，是天然宝玉石还是合成宝玉石。

宝石市场上有用非宝玉石原料（玻璃、塑料）经过人工磨蚀仿制天然宝玉石——料制品仿宝玉石，或用低档宝玉石充当高档宝玉石——低档宝玉石仿宝玉石或相似宝玉石。如用玻璃、铯绿柱石、黄玉、电气石、尖晶石、镁铝榴石、锆石充当红宝石；用钴玻璃、堇青石、海蓝宝石、蓝色电气石、黝帘石、蓝晶石、蓝色尖晶石、蓝锥矿、锆石充当蓝宝石；用半透明绿色玻璃、葡萄石岩、绿玉髓、符山石岩、坦桑石（黝帘石集合体）、钙铝榴石块体、染色石英岩充当翡翠；用染色碧石、尖晶石集合体、方钠石、玻璃充当青金石；用天然宝石原料（碧玺、海蓝宝石、绿柱石等）熔融成玻璃，再加工成相应的宝石或充当高档宝石（王顺金，1991、1995）；等等。

要区分是真宝玉石还是仿宝玉石或相似宝玉石，只要将鉴定材料制成薄片，按前述透明矿物光学性质系统鉴定的内容和程序进行鉴定，查有关光性鉴定图表，定出鉴定材料的矿物名称或岩石（矿物集合体）名称，问题即迎刃而解。对于料制宝玉石，重点注意它们的光学均质性：单偏光镜下无多色性，无闪突起；正交偏光镜下全消光；锥偏光镜下无干涉图。对于相似宝石要注意它们在折射率、颜色、多色性、干涉色、轴性、光性符号等光学性质上与真宝石的不同或差异。对于相似玉石主要注意其矿物组成不同。对于矿物熔融玻璃仿宝石，同样要注意它们的均质体性，虽然它们的化学成分与相应宝石相同，但晶体结构无序化，光学性质上表现为玻璃质的均质体性。

除了用仿宝玉石或相似宝玉石充当真宝玉石外，宝石市场上还用合成宝玉石冒充天然优质宝玉石。现今人工合成的宝玉石有合成红宝石、合成蓝宝石、合成祖母绿、合成石榴石、合成金红石、合成尖晶石、合成水晶、合成绿松石、合成孔雀石等。合成宝石与天然宝石不仅化学成分相似，而且晶体结构和光学性质也很相似，仅凭偏光显微镜下一般光学性质难以区分，有的在折射率、色散上有小的差异，但需用油浸法精确测定后才能加以区分。

对合成宝石的显微镜鉴定，主要抓住以下两个方面的特征：

（1）**生长纹**。天然宝石的生长纹是平直的，而合成宝石的生长纹是弯曲的。如天然红宝石、蓝宝石的生长纹平直，交角为 60°，为六边形环带；而合成红宝石、蓝宝石的生长纹有的呈弧形，有的呈锯齿状、波浪状、圣诞树枝状等。

(2)**包裹体**。合成宝石与天然宝石中的包裹体，无论在成分上还是在形态及分布特征上都有差别。天然宝石中的包裹体，气、液、固相并存，固相为天然矿物；合成宝石中的包裹体以气相为主，固相成分与合成时的用料和炉体成分有关。如天然红宝石、蓝宝石中包裹体为锆石、尖晶石、黄铁矿、黄铜矿等天然矿物；合成红宝石、蓝宝石中的包裹体为气泡(未燃烧的氢气)、未熔融的粉末、助熔剂残余、铂的针状体和晶片、以 Cu 为主的 Cu-(Fe、Ni、Ti)合金和 Cu-I-S 化合物等。天然祖母绿中包裹体为黄铁矿、方解石等；助熔剂法合成祖母绿中的包裹体为形态各异的助熔剂残余，结晶的立方体铂，棱角状、絮状、圆锥状的硅铍石；等等。天然宝石中包裹体的分布一般与晶体方位有一定关系；而合成宝石的包裹体分布不均匀，沿弯曲生长线分布。因此，区分天然宝石和合成宝石，重点要对包裹体进行系统晶体光学鉴定，确定其矿物名称；其次要注意包裹体的分布特征。

另外，有些合成宝石的特殊光学性质，也是它们的鉴定特征。如维尔纳叶法合成红宝石、蓝宝石的颜色不均匀，呈弧形带状；自然界中没有蓝色水晶和少见绿色的水晶，则蓝水晶和绿水晶多半是合成的；天然红宝石、蓝宝石与合成红宝石、蓝宝石的双晶类型不同，前者具以(0001)和$(10\bar{1}1)$为双晶面的接触双晶，后者具以[0001]为双晶轴的穿插双晶和以$(10\bar{1}0)$、$(11\bar{2}0)$柱面为双晶面的接触双晶。

第二节 宝玉石碎屑油浸片的偏光显微镜法晶体光学鉴定

如果宝玉石原料很少，或者是一些碎屑、碎末，或者不想破坏原石整体，只想刻取微量粉末鉴定，或者为了避免磨制薄片的烦琐，想快速得到鉴定结果，都可制成碎屑油浸片鉴定。

制碎屑油浸片用料很少，少到一个 0.1～0.05mm 的颗粒即可。碎屑太粗时要粉碎到 0.1～0.05mm 为宜：如果鉴定样品不是太硬，将碎屑夹于两载玻片之间，手压使其粉碎，剔去大者，留下 0.1～0.05mm 者用于制片；如果样品太硬，手压难以粉碎，则用牛皮纸包裹，用小锤击之使其粉碎。如果样品是从原料上刻下来的粉末，则不必再碎样。制片的方法是：将样品碎屑放置载玻片的中心部位，盖上盖玻片，滴进折射率值为 1.54 的浸油，轻推盖片使碎屑颗粒分散，则碎屑油浸片即已制成。

用碎屑油浸片，也像用薄片进行鉴定一样，可以获得样品单偏光镜下、正交偏光镜下、锥偏光镜下的系统光学性质，而且由于碎屑油浸片中浸油的折射率与薄片中树胶的折射率相同，两种样片中观察到的许多光学性质有相似之处。但由于碎屑油浸片中碎屑的粒度比薄片厚度大，两种样片中所获得的光学性质有些有差异。就同种宝石而言，油浸片与薄片相比，前者单偏光镜下颜色更深更浓，多色性和吸收性更明显；正交偏光镜下干涉色更高；锥偏光镜下，干涉图中的消光黑带更细、干涉色圈更多。光学性质的这些差异，除了干涉色更高这一点外，其他的不仅不影响鉴定，反而更有利于矿物名称的确定。碎屑油浸片的另一个优点是：当轻推盖玻片时，碎屑颗粒会翻动，相当于改变了切片方向，即用少数几个颗粒可获得无数多个切面，更有利于定向切面的寻找。碎屑油浸片的缺点是：颗粒的横截面积较小，看干涉图时较困难。如果要看干涉图，可改用粒度较大的颗粒制片。

如果大致知道宝石的折射率，可滴进折射率与宝石折射率相近的浸油，在环形屏蔽装置下进行观察，矿物碎屑具有彩色环边，根据环边的颜色可迅速查明宝石是均质体还是非均质体、宝石的轴性、光性符号等，鉴定方法详见第七章第三节。

第三节　宝玉石制品的偏光显微镜法晶体光学鉴定

在很多情况下，鉴定的样品是宝玉石制品，如戒面、珠子、坠子等。对宝玉石制品，不允许进行破坏性鉴定，只能整件放在宝石显微镜或岩矿偏光显微镜下鉴定。玉石制品，一般所含矿物晶体细小，许多矿物重叠在一起，透光性差，不利于对整件进行系统晶体光学鉴定。大多数宝石透明度好，对宝石制品，尤其是戒面、珠子等小件制品，整件进行晶体光学鉴定不会遇到很大困难。用偏光显微镜对宝石制品整件进行鉴定时要注意如下事项：①将宝石制品放在较薄(1～1.2mm)的载玻片上，不要直接放在物台上，以免摔碎；②适当使用强光源，增加视域的亮度；③物镜尽量对准宝石制品的边缘或透光率最高的部位，使测定的光学性质尽可能与从薄片中测定的一致；④观察干涉图时不必用高倍物镜，一般用 4 倍或 10 倍的物镜就可见清晰的干涉图。

由于宝石制品的厚度比薄片厚度大得多，宝石制品的直接介质是空气，而薄片中宝石晶片的直接介质是树胶，在宝石制品上和宝石薄片中测定的某些光学性质有显著的差异。如在宝石制品上观察到的突起较高，颜色较深，干涉色高得多(如水晶制品，若刻面 $/\!/ OA$，厚度为 0.3mm，干涉色即可达到高级白)，干涉图中的消光带近 OA 出露点细而远离 OA 出露点变粗的现象更加明显，干涉色圈多而密。其他光学性质与薄片中测定的相似。因此，对宝石制品进行鉴定，着重确定是均质体还是非均质体，重点观察多色性、轴性、光性符号等特征。鉴定时，在观察的宝石制品部位上滴上一滴水或浸油，可以减少样品表面折射和内反射。如果做一个用薄(1～1.2mm)玻璃板为底的浸油槽，把测试样品放在槽中，槽内充满水或对样品无腐蚀作用且折射率近 1.54 的浸油，则观测到的光学性质与薄片中观察到的更加相似。

此外，对宝石制品进行鉴定，除了要确定出它的矿物名称外，还要尽可能鉴定出它是否为粘合宝石和是否经过人工优化处理。

鉴定粘合(或组合)宝石，主要从边部观察是否有拼合的迹象。粘合缝平直，缝内充填粘合胶，胶与宝石折射率一般不一致，会有边缘、贝克线效应。鉴定粘合宝石时，不宜与折光油、二甲苯、酒精等有机溶剂接触，以免粘合胶被溶解而损坏宝石。

观察宝石表面的裂隙处是否有充填物，如果有，则宝石是经过充填优化处理的。现在有的用石蜡、油、合成树胶、液态塑料等充填宝石裂隙，以掩盖裂隙，提高宝石净度。一般充填物与被充填物的折射率不一致，在单偏光显微镜下，裂隙处会出现边缘、贝克线效应。

观察颜色时，要注意颜色是否均匀，如果不均匀，则宝石可能经过人工优化处理。如有的红宝石、蓝宝石，只在裂隙边缘颜色较深、浓而鲜艳，偏离裂隙后颜色较淡而均匀(宝石的原色)，则它们是经过染色处理或扩散处理的。

第四节　宝玉石制品的偏光仪法晶体光学鉴定

偏光仪的结构构造如第二章第二节所述。借助偏光仪可区分均质体宝石、非均质体宝石和玉石，观察宝石的多色性，确定宝石的轴性和光性符号。

（一）区分均质体宝石、非均质宝石及玉石

打开照明灯，转动上偏光镜，使视域全黑，此时上、下偏光振动方向互相垂直。将待鉴定的样品放置于下偏光镜上面的玻璃片上（样品台），转动样品台（相当于水平转动样品）360°，观察样品的消光特点。

(1)若样品全消光，应翻动样品。若改变样品三个方向，水平转动360°，样品均全消光（视域全黑），则样品为均质体，为等轴晶系矿物或非晶质。

(2)若样品有四明（干涉色）四暗（消光）的变化，则表明样品为非均质体。

(3)若样品始终是亮的，不出现消光现象，则为隐晶质或微晶质的玉石，如玉髓、翡翠等。因为玉石为微小晶体集合体，且各晶体多为无序排列，样品处于任何方向，总有许多晶体处于非消光（干涉色）位置，因此，样品始终是亮的，这种现象也叫**集合偏光**（Aggregate polarization）。需要指出的是，如果样品具细密聚片双晶，转动样品时，两组双晶片不同时消光，样品也始终是亮的。如果怀疑不消光是聚片双晶造成，应在偏光显微镜下放大进一步观察。

(4)如果出现弯曲蛇纹状、不规则黑十字状、网格状、斑纹状消光现象，则为异常消光或异常干涉色，样品可能是均质体，也可能是非均质体，需进一步鉴定。鉴定的方法是，将样品转至最亮的位置，再迅速将上偏光镜转至亮视域位置（即使上偏光振动方向与下偏光振动方向平行）：若样品明显变亮，则为均质体；如果样品亮度保持不变或变暗，则为非均质体。均质体的异常消光或显示异常干涉色是由于它们受应力作用而非均质体化所造成的。非均质体显示异常干涉色是由于它们的双折射率色散较强所造成的。

（二）观察多色性

旋转上偏光镜使视域最亮，此时上、下偏光振动方向一致，即相当于平行偏光镜的偏光仪：既可见到宝石的颜色，又可看到宝石的干涉色（见第四章第十二节）。因宝石制品厚度大，干涉色为高级白，而高级白干涉色掩盖不住颜色，因此偏光仪可用于观测有色宝石的多色性。具体操作是，将待测样品放在样品台上，转动样品台，观察样品（有色宝石）的颜色。

(1)如果颜色不变，应翻动样品，若在三个不同方向上水平转动360°，样品均不改变颜色，则为均质体。

(2)如果颜色改变，则为非均质体。在三个方向上水平转动样品360°：若样品只有两种主要颜色（二色性），为一轴晶；若样品有三个主要颜色（三色性），则为二轴晶。

（三）观察干涉图，确定样品的轴性及光性符号

用偏光仪观察干涉图必须有一定条件：①样品为透明的非均质单晶；②偏光仪附有高倍聚光透镜，以产生锥形偏光和起放大作用；③如果没有高倍聚光镜，将样品放在充满液体的玻璃球（穆尔球）中，将玻璃球放在上、下偏光镜间，转动球体寻找理想的干涉图（董振信，1995）；④小面型宝石，可直接在宝石上滴一滴粘胶液，粘胶液的球面也可起到产生聚光和放大的作用；⑤弧面宝石，也可起到聚光作用，观察时弧面大致水平对着视线。

寻找干涉图时，要改变宝石方位，可以手持宝石转动，也可把宝石放在样品台上转动，为了转动方便，要把高倍聚光镜放在适当的高度。当干涉图出现后，再水平转动宝石，据干涉图像的变化特征确定宝石的轴性，借助石英楔确定宝石的光性符号。

对于初学者，最好寻找垂直 OA 切面干涉图和垂直 Bxa 切面干涉图。宝石切磨加工时常选取一定的方向，图8-1A、B所示有利于垂直 OA 切面干涉图的寻找，将 OA 直立即可见到垂

直 OA 切面干涉图。寻找干涉图时，可利用消光带的帚状特征：切面斜交 OA 时，消光带为帚状，近 OA 出露点一端为细端，远离 OA 出露点一端为宽端（图 8-1C）。转动宝石，使消光带细端向视域中心移动，即可见到垂直 OA 切面干涉图。对于有经验者，任何切面干涉图都可用于确定轴性和光性符号（见第五章第三节之六）。

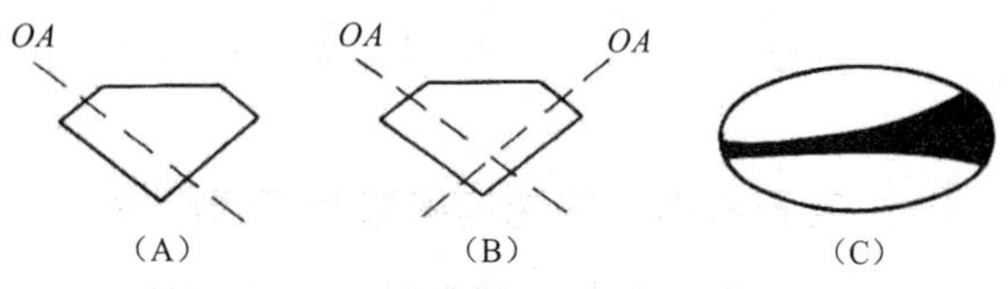

图 8-1　宝石制品上的 OA 方向

（A）一轴晶；（B）二轴晶；（C）斜交 OA 切面干涉图

第五节　宝玉石制品的二色镜法晶体光学鉴定

二色镜的结构构造如第二章第四节所述。用二色镜观察多色性的前提是：样品是透明的单晶，而且为有色的非均质体。

将二色镜窗口对准光源，眼睛对准目镜，可以看到二色镜视域中有两个平行的长方形亮块（图 8-1B）。光源选择要合适：白天最好对着南方发白的天空；明亮的室内对着洁净的白墙或桌上的白纸；晚上对着白炽灯下的白纸；勿对着直射的阳光、聚光的电筒和洁净的蓝天。观察多色性时，将待测的样品置于距二色镜窗口 2～3cm 处，眼睛距二色镜目镜 2～3cm 处，缓缓转动二色镜进行观察（图 8-2A）。

（1）如果视域中两个亮块颜色相同，应转动宝石。在几次变换宝石方位后，视域中两亮块的颜色都相同时，则宝石不具多色性，为均质体。

（2）如果视域中两亮块颜色不同（图 8-2C），则样品具多色性，为非均质体。二色镜转动 90°，两边的颜色应互换。几次变换宝石方位后，若只观察到两种主要颜色（二色性），样品为一轴晶；若观察到三种主要颜色（三色性），则样品为二轴晶。记录多色性特征。

（3）玉石为细小矿物晶体集合体，其组成矿物即使有多色性，但由于互相干扰、抵消，无法进行多色性观察。

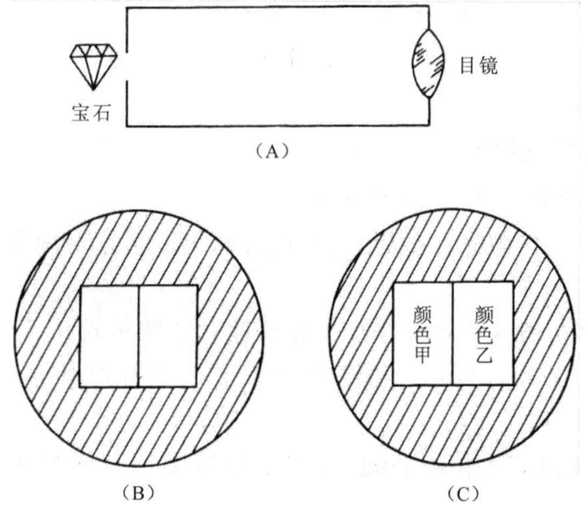

图 8-2　用二色镜观察宝石的多色性

第六节 宝玉石制品的折射仪法晶体光学鉴定

（一）宝石折射仪的结构构造和工作原理

宝石折射仪主要由玻璃半球工作台、刻度尺、目镜和套在目镜上的偏光片组成，其外观见图 8-3B。玻璃半球主要由折射率为 1.81 的铅玻璃制成。宝石折射仪的工作原理见图 8-3A。当光线由光密介质铅玻璃半球射到光疏介质宝石磨光平面上，入射角小于临界角的光线在界面处发生折射进入宝石；入射角大于临界角的光线都发生全反射，光线按反射定律返回玻璃半球内，在玻璃半球的右侧形成明区和暗区，在刻度尺相当于临界角的位置上可看到明暗的分界线。临界角的大小与宝石和玻璃半球的折射率有关，因玻璃半球的折射率是已知的，将临界角大小换算成宝石折射率值标定在刻度上，再通过目镜放大，可直接在刻度尺上读出宝石的折射率。

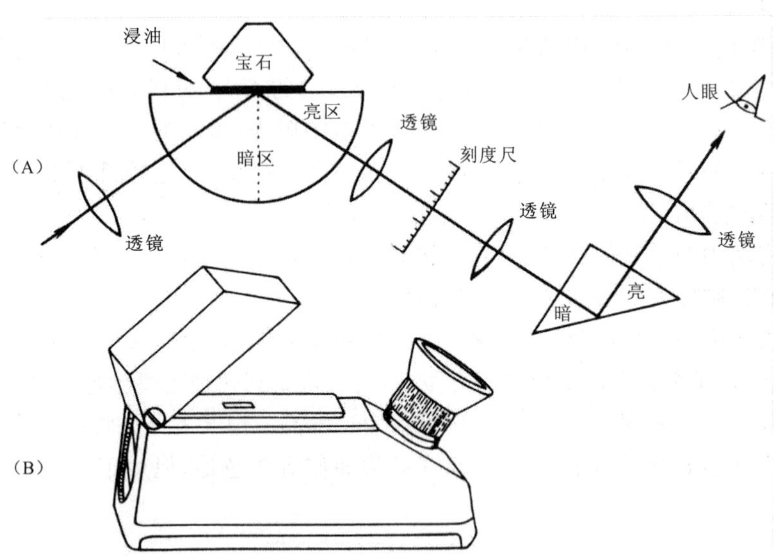

图 8-3 宝石折射仪的工作原理(A)及仪器外形(B)

（二）宝石折射率的测定方法

1. 大刻面宝石折射率的测定方法(近视法)

大刻面是指测试的刻面(抛光的平面)边长比玻璃半球工作台面宽度大。大刻面宝石折射率测定操作步骤如下：

(1)调节、校正好仪器，清洗好玻璃半球工作台面和待测宝石。

(2)在折射仪金属工作台上滴上一滴浸油($N_{油}$ 大于宝石折射率而小于玻璃半球折射率，直径约 1.5mm)。

(3)将宝石待测刻面朝下放在浸油滴上，用手指将宝石缓缓推入工作台中部，盖上折射仪盖。

(4)眼睛靠近目镜(因而称为近视法)，垂直视域平面观察，需要时移动宝石，变换光源位置，直到视域中出现清晰的明暗分界线为止。

(5)读出宝石折射率。若使用单色钠光源，明暗分界线截然，分界线指示数值即为宝石折射率。若使用白光源，明暗交接处出现彩色色散带，色带的中间读数或色带中黄色线的读数即为宝石折射率。若宝石为均质体或玉石(如翡翠)，视域中只有一条明暗分界线(图 8－4A)；若为非均质体，视域中一般有两条明暗分界线，其中一条为灰域与黑暗域的分界线，另一条为最亮域与灰域的分界线(图 8－4B)，两条分界线分别代表宝石的两个折射率值。

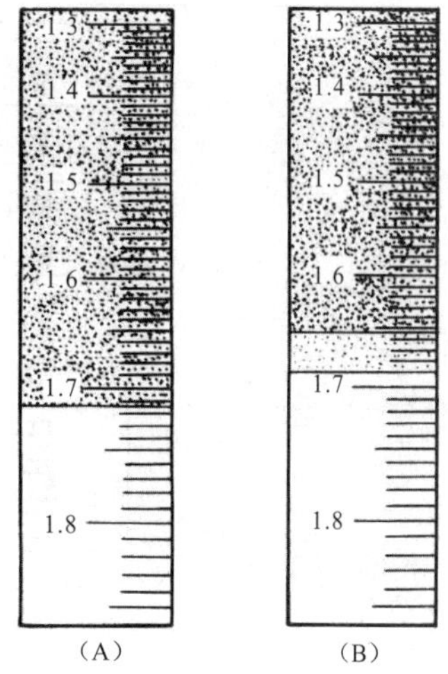

图 8－4　折光仪视域内的读数
(A)均质宝石，只有一个折射率值，为 1.715；(B)非均质宝石，有两个折射率值，为 1.655 及 1.690

(6)测试完毕，将宝石轻推至金属台上并小心取下，将工作台洗净擦干待用。

2．小刻面宝石折射率的测定方法(远视法)

小刻面是指测试宝石的刻面(抛光平面)的直径小于棱镜工作台的宽度。其测试操作步骤如下：

(1)清洗好棱镜工作台面和待测宝石，校正调整好仪器。

(2)在折射仪工作台面中滴一小滴(直径约 1mm)浸油，将选好的待测刻面朝下小心放在浸油滴上。

(3)眼睛离目镜 30～45cm(因而称为远视法)处，上下移动头部进行观察。在刻度尺上一般会显现与宝石刻面形状一致的影像(刻面太小时，影像为圆形或椭圆形)。寻找有明暗分界线的影像，分界线指示的刻度数值即为宝石折射率(图 8－5)。

(4)测试完毕，小心取下宝石，清洗擦干仪器、宝石。

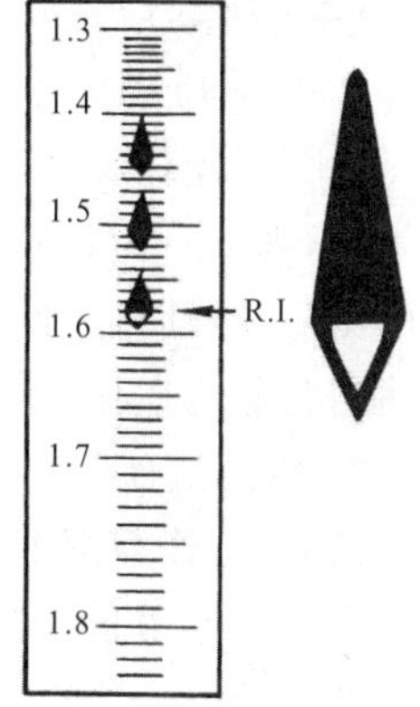

图 8－5　远视法的折射率读数

3．弧面宝石折射率的测定方法(斑点法)

弧面是指测试用的宝石抛光面为弧形面，其测试操作步骤如下：

(1)清洗好仪器和待测宝石。

(2)在玻璃半球工作台面中央滴一小滴(直径约 0.5mm)浸油，将选好的弧面顶端朝下放在浸油滴上，若弧面为椭球面，使其长轴与工作台长边一致。

(3)眼睛距目镜 30～45cm 处，上、下移动头部进行观察。在刻度尺上只见到宝石弧面与仪器工作台面接触点的圆形或椭圆形斑点影像(因而称斑点法)。若弧面抛光度高，在刻度尺上可见到具半明半暗的斑点(图 8－6A)，其明暗分界线处的刻度数即为宝石的折射率(精度最高)；若弧面抛光度一般，刻度尺上无半明半暗的斑点，则取相邻亮点与暗点的中间数值(图 8－6B)作为宝石折射率(精度较差)；若弧面抛光度差，斑点明暗从亮到暗是逐渐过渡的，则取全亮点与全暗点读数平均值或全亮点与全暗点的中间数值(图 8－6C)作为宝石折射率(精度最差)。

(4)测试完毕，取下宝石，清洗擦干仪器、宝石 。

测试时要注意如下事项：①浸油折射率应尽量与玻璃半球折射率一致，若使用二碘甲烷(N=1.74)，勿把刻度尺 1.74 处的浸油折射线当作是宝石的折射线；②浸油量要适当，过多会使宝石漂起，使明暗分界线发生弯曲，斑点法中的影像产生粗黑暗色环，过少会使宝石与工作

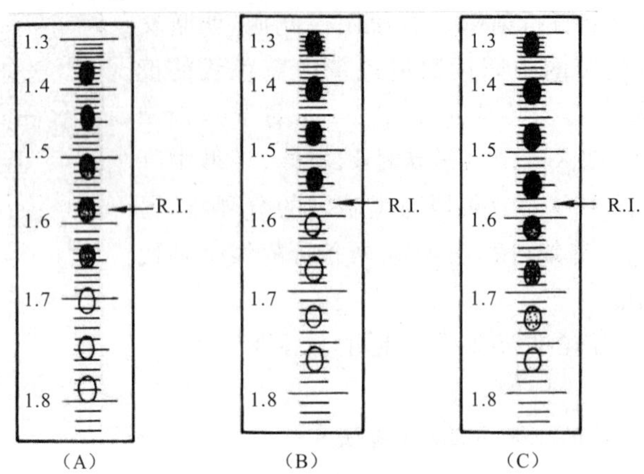

图 8-6 斑点法的折射率读数

台面光学接触不良，二者都会影响测试结果；③放、取、移动宝石时动作要轻，以免划伤玻璃半球工作台面；④尽量选用抛光的大刻面用近视法进行测定；⑤尽量用单色钠光源进行测定；⑥若排除了样品位置不对、眼睛观察方位不对、浸油量不宜等对测试结果的影响后，视域中仍无宝石影像，则可能是宝石折射率大于玻璃半球的折射率。

（三）用宝石折射仪对宝石进行晶体光学鉴定

1. 区分均质体与非均质体

按上述操作程序将宝石大刻面放在仪器工作台面上进行观察。若刻度尺上出现两条明暗分界线，则宝石为非均质体；若只有一条明暗分界线，且水平转动宝石 180°、调换宝石另一方位的刻面、转动目镜偏光片，仍只有一条明暗分界线，且折射率值不变，则宝石为均质体。

若为非均质体，还可以继续测定以下晶体光学性质。

2. 确定轴性和光性符号

(1)在工作台面上水平转动宝石时，若刻度尺见到一条明暗分界线不动(No)，另一条上、下移动(Ne')，并能见到两条有时重合为一的现象，则宝石为一轴晶。

若移动的分界线在不动的明暗分界线下面($Ne'>No$)，则宝石光性符号为正，若移动的明暗分界线在不动的明暗分界线的上面($Ne'<No$)，则宝石光性符号为负。

(2)在工作台面上水平转动宝石时，若刻度尺上的两条明暗分界线都上、下移动，且不重合，则宝石为二轴晶。

若上面的明暗分界线移动的幅度较大，表明($Nm-Np$)>($Ng-Nm$)，宝石光性符号为负；若下面的明暗分界线移动的幅度较大，表明($Ng-Nm$)明显地比($Nm-Np$)大，宝石光性符号一般为正。

(3)在工作台面上水平转动宝石时，若刻度尺上的两条明暗分界线都不动，或其中一条变动，但始终不与另一条不动的重合，则轴性和光符都难以确定，需要更换另一刻面进行测定。

3. 测定宝石的最大、最小折射率和最大双折射率

将宝石在仪器工作台面上水平旋转 360°(至少转动 180°)，每转动 15°都要来回 90°转动目镜上的偏光片，记录最大、最小两个折射率值，然后从测试的所有数值中选出最大、最小值，则

该最大、最小值分别相当于一轴晶的 Ne、No（正光性符号）或 No、Ne（负光性符号），二者之差为一轴晶的最大双折射率 $|Ne-No|$。有时该最大、最小值也分别相当于二轴晶的 Ng、Np，二者之差为二轴晶的最大双折射率（$Ng-Np$）。

若为二轴晶，最好再选另一方位的刻面进行测定，从两个刻面的测试数值中，选取最大、最小值，则它们分别相当于二轴晶的 Ng、Np，二者之差为二轴晶的最大双折射率（$Ng-Np$）。

4. 确定二轴晶的 Nm 和 $2V$ 大小

将上述第 3 项的测试结果，以折射率为纵坐标，以宝石水平转动角度为横坐标作图（图 8-7）。图中上面的线为 Np' 变化线，折射率变化于 Np、Nm 之间，下面的线为 Ng' 变化线，折射率变化于 Nm、Ng 之间。作一条与上述两条线都有交点的水平线，该水平线的纵坐标值即为 Nm。从图中同时还可求出 Ng、Np，然后根据光轴角公式计算出宝石的 $2V$ 值。虽然计算的 $2V$ 值精度不高，但可据此值大致了解宝石光轴角的大小等级。

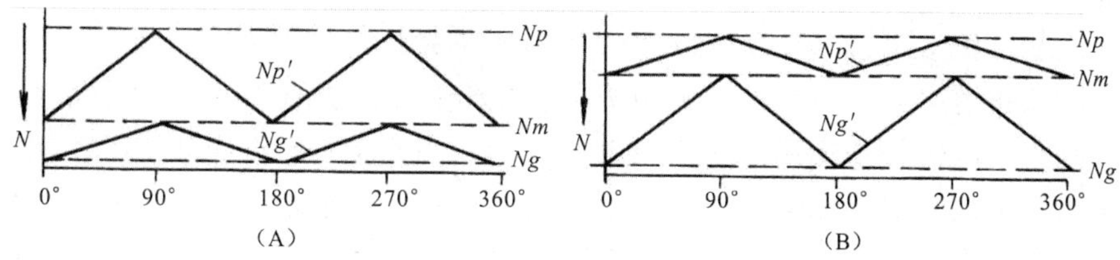

图 8-7　二轴晶折射率变化图式

（A）负光性矿物；（B）正光性矿物

复习思考题

1. 宝石薄片晶体光学鉴定的重点是什么？要查明是天然宝石还是合成宝石，鉴定中要注意哪些方面？要查明宝石是否经过优化处理，鉴定中要注意哪些方面？

2. 宝石制品和宝石薄片在偏光显微镜下的晶体光学性质有哪些异同点？为什么？

3. 在偏光显微镜下如何识别粘合（组合）宝石？如何识别填充法优化处理的宝石？

4. 比较宝石在碎屑油浸片和在薄片中晶体光学性质的异同点。

5. 将宝石制成碎屑油浸片，在环形屏蔽装置下进行观察，简述区分均质体与非均质体、一轴晶与二轴晶、正光性符号与负光性符号的原则。

6. 用偏光仪能测定宝石哪些晶体光学性质？如何区分宝石和玉石？

7. 简述宝石折射仪的主要部件和工作原理。

8. 用宝石折射仪测定宝石折射率有哪些方法？哪种方法精度最高？

9. 如何用宝石折射仪确定宝石的均质体性与非均质体性、轴性和光性符号？

第九章　显微镜下矿片厚度、矿物粒度与含量的测定

第一节　矿片厚度的测定

（一）光程差法

从光程差公式 $R=d(N_1-N_2)$ 中不难看出，如果已知矿物的双折射率和光程差，即可求出矿片厚度。在实际测量中，常用的已知矿物主要有石英和长石。

石英最大双折射率为 0.009，在矿片中选一个石英平行光轴的切面（干涉色最高），在锥偏光镜下检查是否为闪图，是闪图则为平行光轴的切面。当确定为平行光轴切面后，用贝瑞克补色器或石英楔等准确测定其光程差，或根据干涉色级序在干涉色色谱表上查出光程差。

利用所测得光程差及已知的最大双折射率，即可求出薄片厚度 d。其计算公式为：

$$d=R/(N_1-N_2)$$

（二）直接测量法

在单偏光镜下准焦矿物上表面上一质点，记下微动螺旋上的刻度值，然后将矿片移出视域，转动微动螺旋在载玻片表面上准焦一点，再记下此时微动螺旋上的刻度值，两刻度值之差乘以每刻度代表镜筒升降的距离即为矿片厚度 d。

用此法测量矿片厚度，首先应知道微动螺旋每一格所代表的值（镜筒升降的距离）。微动螺旋圆轴一般分为 50 格或 100 格，微动螺旋转动一圈，物台或镜筒升降 0.1mm。因此，当转动一格时，物台或镜筒升降（0.1mm/50 或 0.1mm/100）0.002mm 或 0.001mm。

该法得到的只是一个近似值，这是因为：①由于载玻片、物台并不完全平滑，移动矿片会影响测量精度；②从矿物表面到载玻片表面，其中还包括一层树胶厚度。

（三）视厚度法

当光波从空气进入矿物时，要产生折射（图 9－1）。根据折射原理。

$$\tan i=oF/D,\tan r=oF/d$$

故 $d/D=\tan i/\tan r$

式中：i 为入射角，r 为折射角，d 为矿片厚度，D 为视厚度。当 i 与 r 较小时，$\tan i/\tan r$ 近似等于 $\sin i/\sin r$，而 $\sin i/\sin r=N$，所以上式又可写成

$$d=N\cdot D$$

即矿片的厚度与矿物的折射率有关。

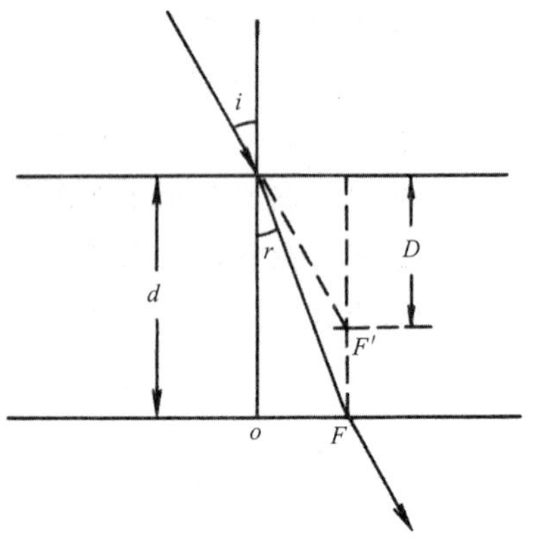

图 9－1　视厚度法示意图

测量时，首先在镜下准焦矿物上表面上一质点，记下微动螺旋上的刻度值，然后转动微动螺旋，在矿物的下表面上准焦一质点，再记下此时微动螺旋上的刻度值，由于光发生了折射，虽准焦在矿物下表面上 F 点，而实际上物台或镜筒只移动了 D 所代表的距离（图 9-1），因此两刻度值差值，实为矿片视厚度 D。根据矿物的折射率，代入公式 $d=N\cdot D$，即可求出矿片真厚度 d。

由于非均质体不同方向折射率不同，故此法的关键在于确定矿片中矿物的切面方向，选用合适的折射率。

第二节　矿物粒度的测定

（一）视域直径法

根据显微镜视域直径，将矿物与十字丝长度相比，估计其长度。此法求得的是近似值，当测量精度要求不高时，可用此法。

测量视域直径，可用有刻度的透明尺直接测定。测量时，将尺子刻度边与十字丝之一平行，准焦后，观察视域直径的长度值，记录该数值以备后查。

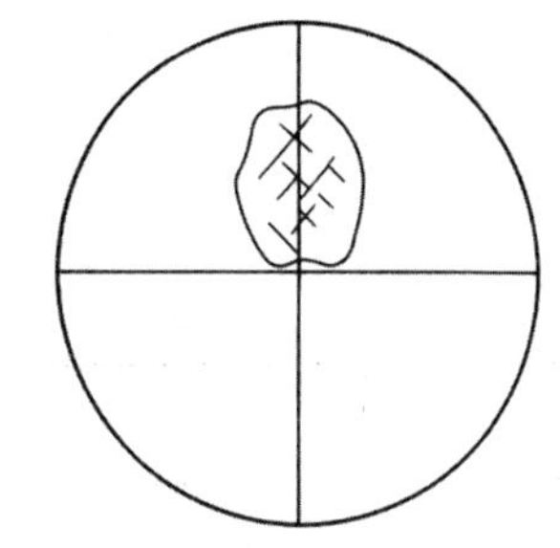

图 9-2　估计矿物粒度示意图

已知视域直径，即十字丝的长度，将欲测矿物颗粒置于视域中心，与十字丝长度比较，估计它的长度占十字丝长度的百分比，即可求出矿物的粒度值。图 9-2 中，假设已知视域直径为 6mm，将辉石颗粒置于视域中，其长度约为十字丝长度的 1/3，则矿物的长度约为 2mm。

（二）目镜微尺法

目镜微尺是一块圆玻璃片，中心刻有一微型刻度尺（图 9-3），长 5mm 或 10mm，分成 50 格或 100 格。把微尺装在目镜的成像平面内，即构成一微尺目镜。当显微镜准焦时，使用这种目镜在视域中可同时看见薄片中的矿物影像和目镜微尺，故可以用来测量矿物的粒度。

观察时使用的物镜放大倍数不同，目镜微尺每一小格代表的真正长度也是不同的，目镜微尺每小格代表的实际长度要用物台微尺来标定。物台微尺（图 9-4）嵌在一个玻璃片的圆圈中，一般长度为 1mm 或 2mm，分成 100 格或 200 格，每格实长 0.01mm。用物台微尺标定目镜微尺的步骤为：

（1）装上某一放大倍数的物镜，将物台微尺置于物台上并准焦，这时视域中出现两个微尺（图 9-3），一个为目镜微尺，位于视域中央，为完整的 100 格，另一个为物台微尺。

（2）观察视域中目镜微尺刻度与物台微尺刻度重合处之间的格数，若目镜微尺的为 G，物台微尺的为 g，则用下式可算出目镜微尺每小格代表的真正长度 L：

$$L=g\cdot 0.01/G$$

图 9-3 中目镜微尺 100 格与物台微尺 50 格重合，故：

$$L=50\times 0.01/100=0.005(\mathrm{mm})$$

即目镜微尺每小格代表的实际长度为 0.005mm。

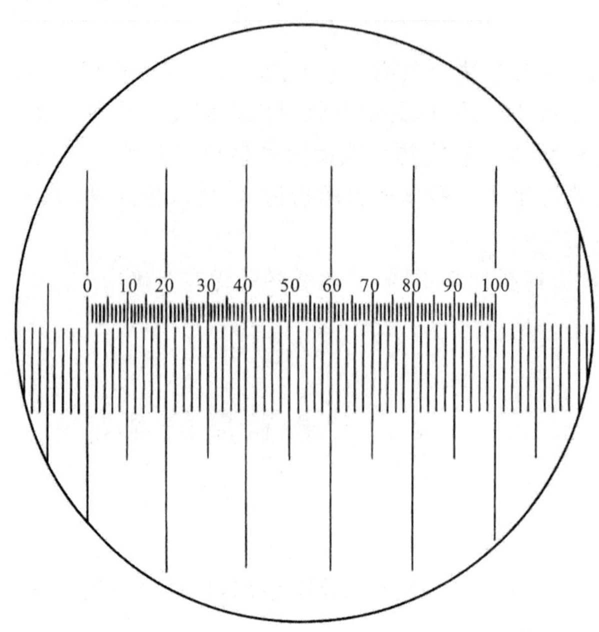

图 9-3 测定目镜微尺每小格实长图解

图中上方为目镜微尺，下方为物台微尺，可以看出目镜微尺 100 格等于物台微尺 50 格

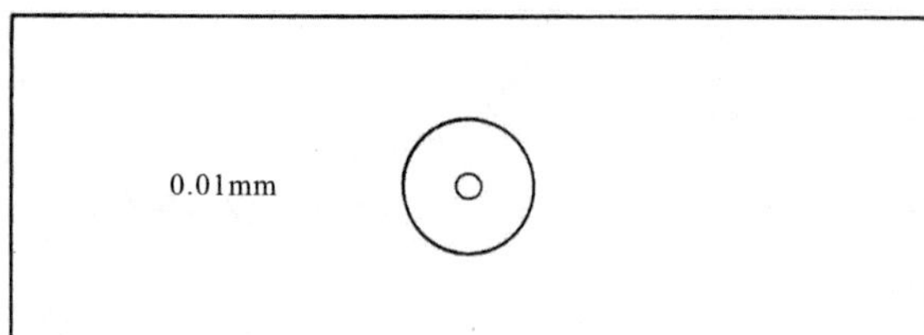

图 9-4 物台微尺外观

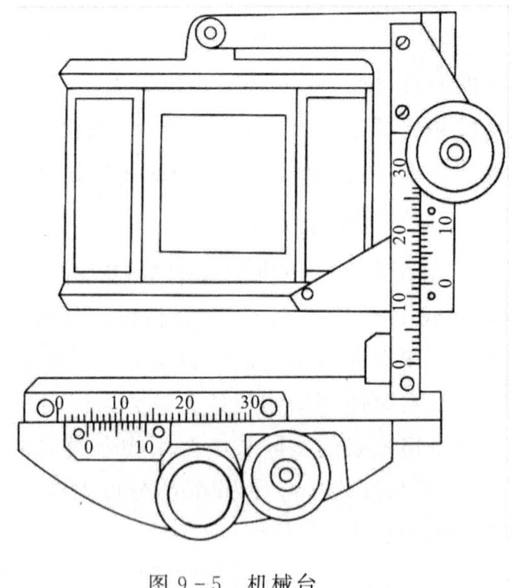

图 9-5 机械台

(3)换用另一放大倍率的物镜，可以测出与另一物镜组合时，目镜微尺每小格所代表的实际长度。依此类推，可以测出目镜分别与所有物镜组合时，目镜微尺每小格所代表的实际长度，将它们制表备案，以便鉴定中使用。

知道了目镜微尺每小格所代表的实际长度，在镜下读出矿物颗粒相当的微尺格数，再乘以微尺每小格的实际长度，即可得出矿物的粒度。

(三) 机械台法

机械台由一个薄片夹及一组使薄片前后移动，另一组使薄片左右移动的机械组成(图 9-5)。机械台上附有游标刻度尺，能读出薄片移动的距离，可精确至 0.1mm，全部移动范围一般为 20mm×20mm 左右。

使用机械台时，使矿物切面长轴平行于横丝（或纵丝），转动机械台左右（或前后）移动螺丝，读出矿物长轴两端分别位于十字丝中心时的机械台刻度尺读数，两读数差值，即为矿物的长度。同理使矿物切面短轴平行纵丝（或横丝），移动前后（或左右）移动螺旋，使矿物短轴两端分别位于十字丝中心，并分别记下移动螺旋上的刻度值，两刻度值之差即为矿物的宽度。

对于等轴状矿物，只测其平均直径。对于板状、长条状、柱状的矿物颗粒，则需测量最长直径和最短直径。

除上述手动测量方法外，还可用自动的数字显示显微粒度分布测定仪及图像分析仪等测量。

薄片中测量矿物粒度实际上是测量矿物颗粒切面的直径，用以近似地代表矿物粒度。由于薄片中矿物的切面大多数都不是最大粒径，因此测量的矿物切面粒径往往比实际矿物粒度偏小。

第三节　矿物含量的测定

（一）面积法

此法的依据是薄片中各矿物切面所占百分比，近似等于矿物在岩石中所占体积百分比。显然，测量的面积愈大，二者的百分比愈接近。测量时利用目镜方格网（图 9－6）与机械台配合进行。目镜方格网是在目镜成像平面上安置的一块圆玻璃片。其上刻有方格网，方格网边长为 1cm，分为 20 等分，因此方格网总共有 400 个小方格。

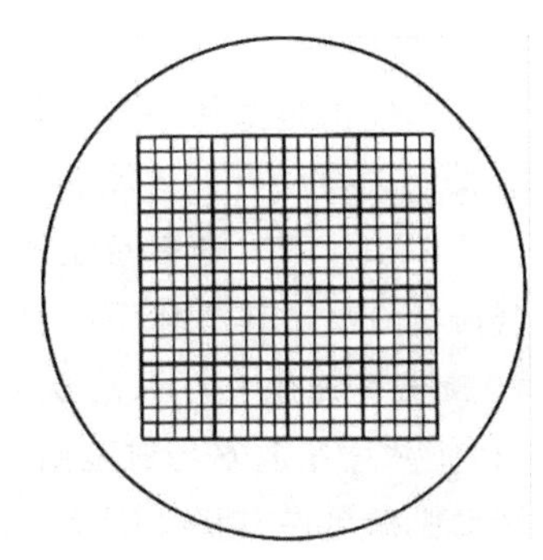

图 9－6　目镜方格网

其测定步骤如下：

（1）把目镜方格网置于目镜中，将机械台安装在物台上，固定物台，把岩石薄片夹在机械台上。

（2）准焦后轻轻转动机械台移动螺旋，使岩石薄片左上边缘与目镜方格网的左上边部一致。

（3）计算整个视域中每种矿物所占的小方格数。矿物的边缘部分，往往只占小方格的一部分，此时可将所有不满的小方格折合成整的小方格数，把各种矿物所占小方格数记录于表 9－1 中。

（4）第一视域计算完后，转动机械台的左右移动螺旋，使薄片向左移至第二视域，按上述方法计算各矿物所占的方格数，记录于表 9－1 中。

（5）每一条测区计算完后，移动机械台的前后移动螺旋，使薄片向上移至第二条测区，按上述方法测定第二条测区的各个视域。

如此连续测定整个薄片，分别计算每一种矿物所占方格数之和。以所有矿物所占总方格数为 100%，计算出每种矿物所占的面积百分比，即矿物含量。

岩石的粒度、结构、构造会影响计算的准确度。一般粒度愈大，结构愈不均匀，测量的薄片数目应当愈多。粗粒或结构不均匀的岩石，至少测 2～3 块薄片。结构、构造不均匀的岩石，还应选择合适的切片方向。如具片状构造的岩石，应选择垂直片理的方向。

此法的缺点是：计算繁杂，花时间多，易使眼睛疲劳。

表 9-1 面积法测定矿物含量记录表

视　域	矿物所占的小方格数目			
	第一种矿物	第二种矿物	第三种矿物	第四种矿物
1				
2				
3				
4				
⋮				
总和				
矿物含量(%)				

（二）直线法

此法的依据是薄片中各矿物切面直径长度之比约相当于各矿物体积之比。显然，所取直线的总长度必须相当长才能达到一定的精确度，也就是说所测直线总长度愈长，矿物长度比值愈接近于体积比值。通常总长度至少为岩石中矿物颗粒平均粒度的 100 倍以上。

其测定方法大体有以下几种。

1. 使用目镜微尺与机械台配合的测定方法

(1)使薄片左上方与目镜微尺左端重合，分别计算各矿物所占刻度值，记录于表 9-2 中。然后转动机械台左右移动螺旋，使薄片向左移动至第二视域，用同法计算各矿物所占刻度数。用此法继续操作，直至第一线计算完成，并分别将各矿物所占刻度数记录于表 9-2 中。

(2)用机械台前后移动螺旋，向上移动薄片至第二测线。线与线间的距离视岩石粒度大小而定，一般线距约相当于岩石中矿物的平均粒度。在第二测线上仍按上法测定各矿物所占的刻度数，将所测结果记录于表 9-2 中。

表 9-2 直线法测定矿物含量记录表

测　线	各矿物所占长度			
	第一种矿物	第二种矿物	第三种矿物	第四种矿物
第一线				
第二线				
第三线				
第四线				
⋮				
总　和				
矿物含量(%)				

如此继续测定第三、第四……线上各矿物的长度，直至测完整个薄片为止。

分别计算各矿物在所有测线上的总长度，以全部矿物所占总长度之和为 100%，计算出每种矿物所占的百分比，即矿物含量。

用此法测量花时间多，计算复杂。

2. 用六轴积分台的测定方法

六轴积分台是在机械台的基础上增加了六个可旋转的轴。除有前后、左右移动螺旋可使薄片移动外，旋转六个轴中任意一轴，均可使薄片向左移动，每个轴上均有刻度，可以记录薄片移动的距离。

测定时，转动螺旋使薄片左上缘与目镜十字丝重合。以六个轴中每一轴代表一种矿物。遇不同矿物即转动不同的轴。如开始为石英，则扭转代表石英的旋转轴。直至石英颗粒的另一端到达十字丝交点。紧接着为另一矿物，则扭转代表该矿物的旋转轴。如此逐个矿物移动，直至第一线测完。移动前后移动螺旋，使薄片向上移动一定间距(间距约为岩石中矿物平均粒度)，按上述方法开始第二线的测定。如此连续测定第三、第四……线，直到薄片测完。

记个各个轴上的累积读数，即可计算出各矿物所占百分比。

该方法花时间少，计算简单。

3. 用电动计积仪的测定方法

电动计积仪由两个主要部分组成：一部分为机械台，可装在显微镜物台上；另一部分为自动记录器，其上有 6～12 个键。机械台与自动记录器间有电路相连。薄片夹在机械台上，按任一个键，都可使薄片移动，并把移动距离自动记录在记录器上。测定时，以每一个键分别代表一种矿物。当某矿物一边缘位于十字丝交点时，按代表该矿物的键使该矿物另一边缘移至十字丝交点，移动距离已记录在记录器上。遇第二种矿物则按代表第二种矿物的键。依次测定每种矿物至第一线测完。转动机械台上前后移动螺旋，使薄片向上移至第二线，按上述方法继续测定。如此第三线、第四线……依次测定，直至测完整个薄片，矿物含量计算与前两法相同。

(三) 光电扫描自动计积法

该法使用自动定量图像分析仪来测定，它是一套全自动化的在显微镜下定量测定不同灰度矿物百分含量的仪器，包括一套电视监视系统和一套电子计算机系统。被测定的薄片中不同矿物必须要有不同的灰度，同样的矿物必须要有相同的灰度。电视系统能有选择地将灰度相同的矿物集中分析后进入计算机计算。在电视荧光屏上可显示出所选择灰度级别矿物的形态。在显微镜物台上安装专用的扫描台，就可以全自动地将整个薄片一个视域接一个视域地测定。将电视系统与计算机连接，并预先编好程序，可求出和打印出不同矿物的百分含量。

(四) 目估法

上述各方法虽较为精确，但其中有的方法耗时多，计算复杂，有的方法需要较贵重的仪器设备。如果工作精度要求不高，可以采用目估法，粗略估计岩石薄片中矿物的含量。

为了进行估测，事先最好准备一套供对比用的含量图，图 9 - 7 基本上是按一定含量间隔制成的一套图。制备这种图，间隔可以自己选定：在白纸上画上视域图，另用黑纸剪成同样大小的圆片，把圆片分成按间隔需要的份数，例如将圆对折剪下半圆，即为 50%，再对折剪下 1/4，即为 25%……然后将上述不同百分数的黑纸片剪成碎屑状，分散粘贴在白纸视域圆内，注明百分数即可。按一定间隔制作一套图，随时备用。

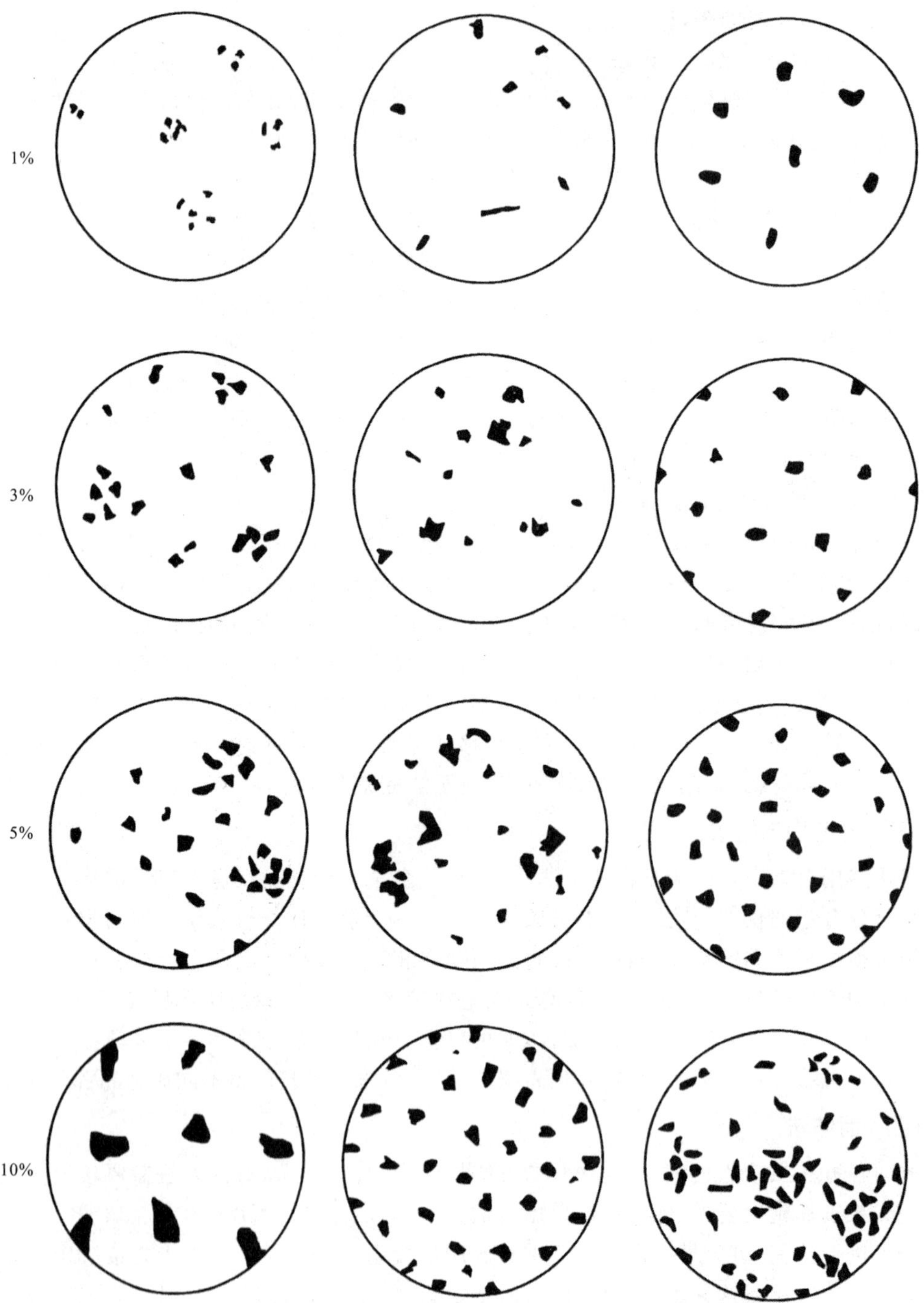

图 9-7 矿物含量(%)估计图(一)

图 9－7 矿物含量(%)估计图(二)

图 9-7 矿物含量(%)估计图(三)

在显微镜下，观察某种矿物所有颗粒，同时与标准图对比，估计其百分含量，然后同法估计视域中其他矿物的百分含量。一个视域估测完后，移动薄片，在另一视域再进行同样的估测。当矿物分布较均匀时，只用少数几个视域即可，若矿物分布不均匀，则须多统计几个视域，甚至几个薄片，最后计算各种矿物的平均含量。目估法虽较为粗略，但应用却很广泛。在实际工作中，只有勤学多练，经过多次实践后，目估矿物含量也可达到一定精度。

复习思考题

1. 矿片厚度的测定有哪几种方法？评述它们的精度和适用性。
2. 矿物粒度测量方法有哪几种？评述它们的精度和适用性。
3. 岩石和玉石矿物含量测定方法有哪几种？评述它们的精度和适用性。

第二篇

光性矿物学

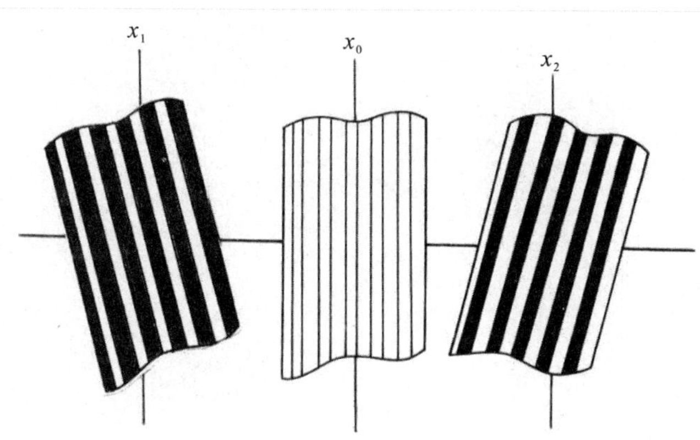

第十章 结晶岩中最常见的六族矿物

第一节 橄榄石族

橄榄石(Olivine,Оливин)的英文名称源于拉丁词 Oliva(橄榄),因为该矿物常呈橄榄绿色。中文名称为 Olivine 的意译词。橄榄石的另一个英文名称为 Peridot(Перидот),源自法语词,而法语词又源自阿拉伯词,原词意为“宝石”。橄榄石的俄语名称常用 Перидот。橄榄石的宝石名称也叫橄榄石,与玛瑙并列为八月生辰石。

橄榄石属岛状硅酸盐,其晶体化学式为 $R_2[SiO_4]$,R=Mg、Fe^{2+}、Mn、Ca、Zn。按化学式中的阳离子种类,橄榄石族可分为三个类质同象系列:

• 镁橄榄石 $Mg_2[SiO_4]$-铁橄榄石 $Fe_2[SiO_4]$系列;

• 锰橄榄石 $Mn_2[SiO_4]$-铁橄榄石 $Fe_2[SiO_4]$系列;

• 钙镁橄榄石 $CaMg[SiO_4]$-钙铁橄榄石 $CaFe[SiO_4]$系列。

在自然界分布最广的是第一个系列。按其中的镁橄榄石(Fo)分子和铁橄榄石(Fa)分子含量,该系列可划分为六个种属(表 10-1)。

表 10-1 橄榄石的种属

种 属	镁橄榄石	贵橄榄石	透铁橄榄石	镁铁橄榄石	铁镁铁橄榄石	铁橄榄石
Fo(%)	100~90	90~70	70~50	50~30	30~10	10~0
Fa(%)	0~10	10~30	30~50	50~70	70~90	90~100
端元组分式	$Fo_{100\sim90}Fa_{0\sim10}$	$Fo_{90\sim70}Fa_{10\sim30}$	$Fo_{70\sim50}Fa_{30\sim50}$	$Fo_{50\sim30}Fa_{50\sim70}$	$Fo_{30\sim10}Fa_{70\sim90}$	$Fo_{10\sim0}Fa_{90\sim100}$

铁橄榄石、镁铁橄榄石、铁镁铁橄榄石较为少见。常见者为镁橄榄石、贵橄榄石和透铁橄榄石,它们共同的鉴定特征如下:

(1)属斜方晶系,晶体常呈等轴粒状,仅作为火山岩斑晶时才具有较好的晶形,呈短柱状,纵切面呈近菱形的长六边形(图版Ⅶ-5)。解理不发育或仅见{010}一组不完全解理(图版Ⅱ-3),常见不规则裂纹。

(2)薄片中无色,含 Fe 高时略呈淡黄色。折射率随着含 Fe 量增高而增大,正高—正极高突起,边缘粗黑,糙面显著。

(3)最大双折射率随含 Fe 量增多而增大,为 0.035~0.046。最高干涉色为Ⅱ级橙—Ⅲ级蓝绿。平行消光。一般不见双晶。幔源包体中的橄榄石具扭折带结构(图版Ⅶ-6)。

(4)OAP//(001),光轴角较大,为 75°~90°。镁橄榄石光性符号为正,透铁橄榄石光性符号为负,贵橄榄石光性符号有正有负。

(5)产于超镁铁岩和镁铁岩中,一般不与石英共生。镁橄榄石、贵橄榄石常蚀变为蛇纹石、透绿泥石、绿泥石。透铁橄榄石常蚀变为伊丁石、皂石、包林皂石。

镁橄榄石-铁橄榄石系列的光性与成分的关系见图 10-1。

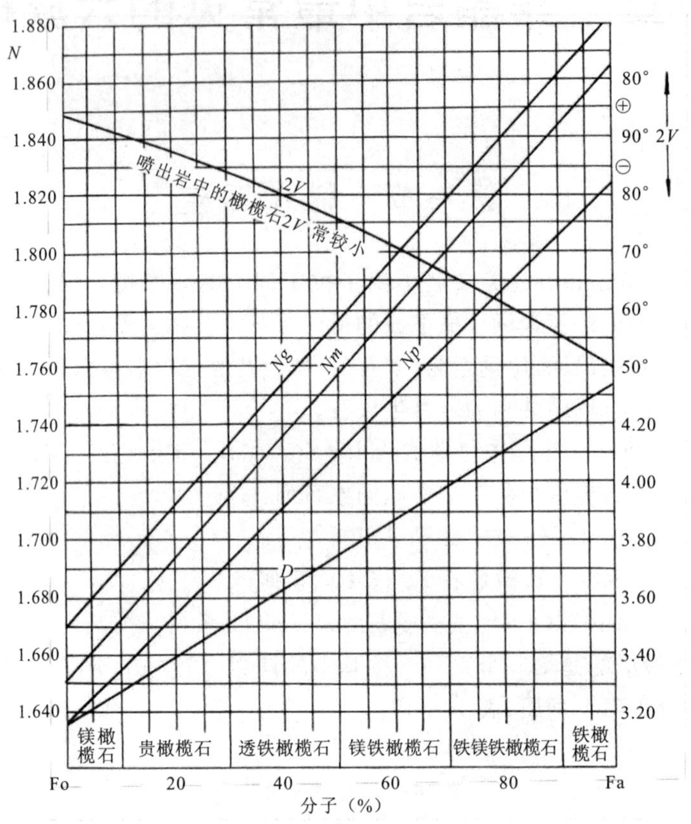

图 10-1 镁橄榄石-铁橄榄石系列的光性与成分的关系

（特吕格，1971）

镁橄榄石 Forsterite Форстерит

镁橄榄石英文名称源以矿物学家 J. Forster 的名字命名，中文译名是据其化学成分而来。镁橄榄石是宝石级橄榄石的主要种属。

成分 晶体化学式为 $Mg_{2.0\sim1.8}Fe_{0.0\sim0.2}[SiO_4]$，可含少量 Na、K、Al 等杂质。

形态 通常呈他形等轴粒状，自形晶少见。具{010}不完全解理。

光性 手标本上多呈柠檬黄、淡黄绿等色；薄片中无色。常见不规则裂纹。边缘粗黑，糙面显著。正高突起。$Np=1.635\sim1.640$，$Nm=1.651\sim1.660$，$Ng=1.670\sim1.680$，$Ng-Np=0.035\sim0.040$。最高干涉色Ⅱ级橙—Ⅲ级蓝。呈平行消光，延性可正可负。一般不见双晶，有时可见扭折带结构，二轴(+)，$2V=82°\sim90°$。光性方位见图 10-2。

变化 常变为蛇纹石。

产状 产于纯橄榄岩、二辉橄榄岩、镁质大理岩及陨石中，与富镁矿物共生。

鉴定 橄榄石与共生的斜方辉石有些相似，其区别是：橄榄石突起较高，不见解理或只见一组不完全解理，其干涉色比斜方辉石的高得多，$OAP\perp$解理纹，而斜方辉石突起较低，具两组完全解理，干涉色不高于Ⅰ级，*OAP*//解理纹。橄榄石与单斜辉石的区别：除解理和 *OAP* 方向不同外，橄榄石为平行消光，2*V* 较大，而单斜辉石多为斜消光，2*V* 中等。变质岩中的镁橄榄石与粒硅镁石也有些相似，其区别是粒硅镁石具多色性，*OAP*//解理纹。区别镁橄榄石与其他橄榄石，要根据产状以及精确的折射率和 2*V* 值。

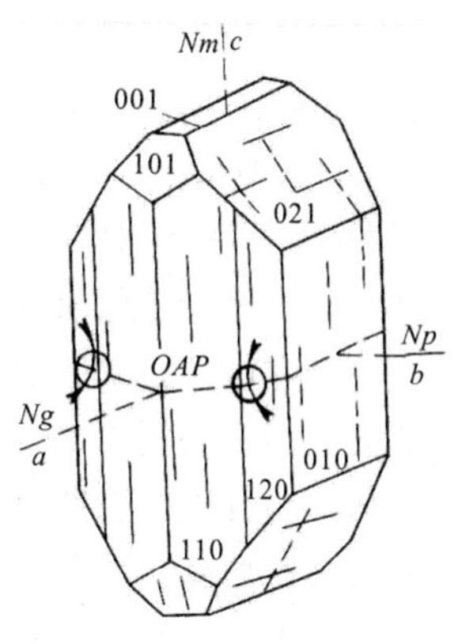

图 10-2 镁橄榄石光性方位①

贵橄榄石 Chrysolite Хризолит

贵橄榄石英文名称源自希腊词 Chrysolite(黄色的石头)，其端元组成接近镁橄榄石者也是宝石级橄榄石的主要种属，其中文译名则反映了它常作为贵重宝石之意。

成分 晶体化学式为 $Mg_{1.8\sim1.4}Fe_{0.2\sim0.6}[SiO_4]$，含少量其他元素。

形态 通常为不规则等轴粒状，火山岩及煌斑岩中的贵橄榄石斑晶较自形。具{010}不完全解理

光性 手标本上多为橄榄绿色；薄片中无色透明。正高突起。糙面比镁橄榄石更显著。$Np=1.657\sim1.694$，$Nm=1.674\sim1.715$，$Ng=1.692\sim1.732$，$Ng-Np=0.037\sim0.041$。最高干涉色比镁橄榄石稍高，为Ⅱ级紫红—Ⅱ级蓝绿。光性符号有正有负。其他光学性质与镁橄榄石大致相同。

变化 侵入岩中的贵橄榄石易变为蛇纹石、透绿泥石、绿泥石、透闪石、滑石等。火山岩中者易变为伊丁石。

产状 贵橄榄石是最常见的橄榄石，是橄榄岩类、金伯利岩类的主要组分，也是辉长岩、玄武岩的重要组分。在火山岩中，贵橄榄石既可以以斑晶产出，也可呈基质出现。幔源二辉橄榄岩中的橄榄石，按成分相当于 Fo 分子为 10%左右的镁橄榄石、贵橄榄石，是宝石级橄榄石的主要来源。

鉴定 与斜方辉石、透辉石的区别如前所述。贵橄榄石与普通辉石往往共生在一起，其区别是：前者无色，后者往往带点淡绿、淡褐色调；前者只见一组不完全解理，尤其是橄榄石微晶，基本上不见解理，而后者具二组完全解理；前者为平行消光，后者为斜消光；前者干涉色较高，后者干涉色较低；前者 *OAP*⊥解理纹，光轴角大，而后者 *OAP*//解理纹，光轴角中等。

透铁橄榄石 Hyalosiderite Гиалосидерит

透铁橄榄石英文由透明的(hyalo-)和菱铁矿(Siderite)两词组成，中文译名按外文词意译成。

成分 晶体化学式为 $Mg_{1.4\sim1.0}Fe_{0.6\sim1.0}[SiO_4]$，含少量其他元素。

形态 火山岩中的斑晶较自形，基质中者多为不规则粒状。具{010}不完全解理。

---

① 此图引自 Трегер(1980)的《Оптическое определение породообрзазующих минералов》，仅对图中符号略作修改。本书中未注明出处的其他光性方位图均引自该书

光性　手标本上黄绿、淡黄褐色；薄片中无色，含铁较多者带极淡黄褐色调，不显多色性。边缘、裂纹粗黑，糙面显著，正高突起。$Np=1.694\sim1.730$，$Nm=1.714\sim1.746$，$Ng=1.734\sim1.776$，$Ng-Np=0.040\sim0.046$。最高干涉色Ⅲ级蓝绿—Ⅲ级橙。平行消光。二轴(－)。$2V=75°\sim85°$。不见双晶。

变化　易变为铁的氧化物、伊丁石、绿泥石、绿鳞石等。

产状　在石英拉斑玄武岩中以斑晶产出，在橄榄拉斑玄武岩中呈基质出现。

鉴定　透铁橄榄石常与普通辉石共生，二者的区别与贵橄榄石同普通辉石的区别类似。透铁橄榄石与贵橄榄石的区别：前者可带极淡的黄褐色调，突起，最高干涉色较高，2V 较小，风化时易形成铁的氧化物、伊丁石，产于石英拉斑玄武岩的斑晶中；后者无色，突起干涉色较低，2V 较大，风化时只有较富铁者才形成铁的氧化物、伊丁石，产于较基性、碱性的玄武岩中及橄榄拉斑玄武岩的斑晶中。

铁橄榄石　Fayalite　Фаялит

铁橄榄石的英文名称以亚速尔群岛中的法亚尔(Fayal)岛的岛名命名，因为在那里的火山岩中发现了该矿物。中文译名则反映了它的化学成分。

成分　晶体化学式为 $Mg_{0.2\sim0.0}Fe_{1.8\sim2.0}[SiO_4]$，含少量 Mn、$Fe^{3+}$、Zn。

形态　晶体呈短柱状或呈平行(100)的厚板状，颗粒细小。可见{010}不完全解理。

光性　手标本上呈绿黄、琥珀黄色，氧化后呈褐黄—黑色；薄片中呈淡色色调。多色性：Ng=浅黄，Nm=橙黄，Np=浅黄。吸收性为 $Nm>Np>Ng$。具正极高突起。$Np=1.805\sim1.835$，$Nm=1.838\sim1.877$，$Ng=1.847\sim1.886$，$Ng-Np=0.042\sim0.051$。最高干涉色为Ⅲ级绿—Ⅲ级橙红。呈平行消光。延性可正可负。二轴(－)，$2V=47°\sim54°$。光性方位见图10-3。

变化　可变成赤铁矿、褐铁矿、伊丁石、铁闪石及蛇纹石、绿泥石等。

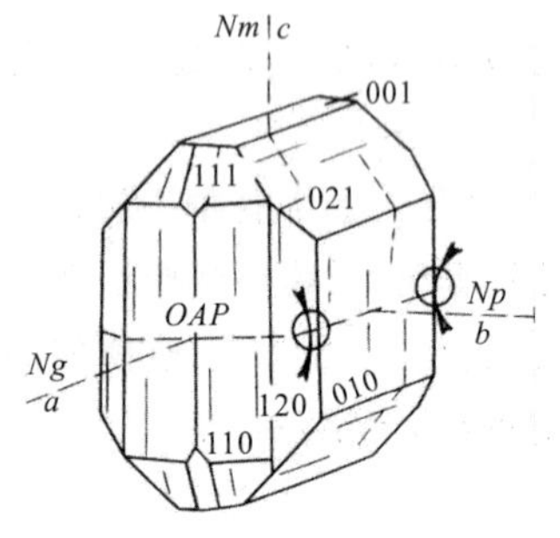

图 10-3　铁橄榄石光性方位

产状　铁橄榄石较少见，可作为斑晶产于英安岩、流纹岩及粗面岩中，有时在英安岩、流纹岩的气孔中和伟晶岩的晶洞中也有产出，还见于硅质岩、铁矿床及炉渣中。可与石英共生。我国鞍山群角闪斜长片麻岩及混合岩中发现有莱河矿(Laihunite，Лайхунит)，按化学成分和结晶特点属高铁铁橄榄石；成分为 $Fe^{2+}Fe^{3+}[SiO_4]_2$，黑色，半金属光泽，{100}解理中等，{010}解理不完全，接近不透明，折射率达 2.03。

鉴定　以其在薄片中一般不见解理、干涉色较高、平行消光区别于辉石；以其多色性、突起较高、干涉色较高、光性符号为负、光轴角中等及特殊的产状区别于其他橄榄石。铁橄榄石与绿帘石有些相似，其区别是：绿帘石具明显的黄绿多色性，解理完全，斜消光，2V 较大，产状也与铁橄榄石不同。

钙镁橄榄石　Monticellite　Монтицеллит

钙镁橄榄石的英文名称源自意大利矿物学家 T. Monticelli 的名字。中文名称据其化学成分。

成分　$CaMg[SiO_4]$

形态　属斜方晶系。晶体可呈短柱状、厚板状，通常呈不规则粒状。具{010}不完全解理。

光性　薄片中无色。正中—正高突起。Np=1.641～1.651，Nm=1.646～1.662，Ng=1.655～1.669，$Ng-Np$=0.014～0.018。最高干涉色为Ⅰ级橙红。呈平行消光。延性可正可负。可见六角星状三连晶(图10-4)。(—)$2V$=70°～82°。光性方位见图10-5。

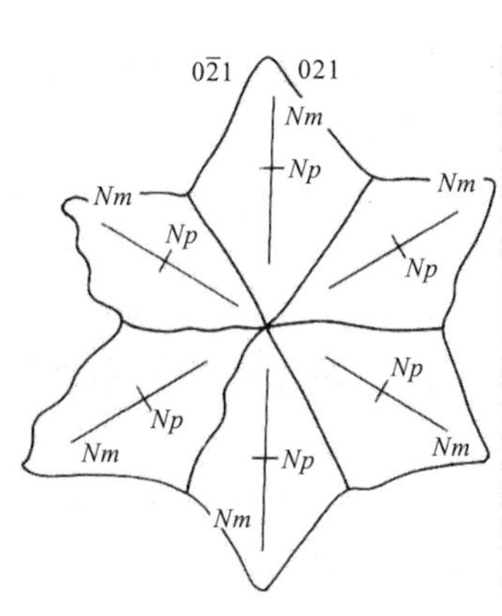

图10-4　钙镁橄榄石的三连晶

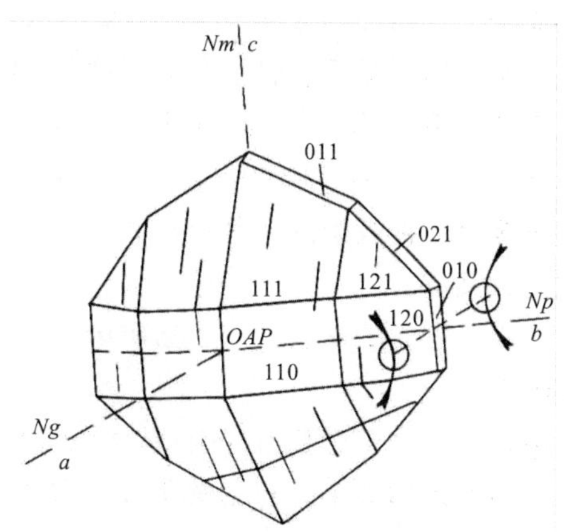

图10-5　钙镁橄榄石光性方位

变化　可变为蛇纹石、辉石、符山石。

产状　产于橄榄大理岩中，为透辉石、镁橄榄石的进变质产物；产于橄榄辉长岩与灰岩的接触变质带中，与钙铝黄长石、尖晶石、镁蔷薇辉石、方解石等共生；产于白云岩同花岗岩接触变质的矽卡岩中；少见于方解黑云橄榄黄长岩及霞石玄武岩。

鉴定　与镁橄榄石区别：突起和干涉色较低，是干涉色最低的橄榄石；光性符号为负；$2V$较小；具有特殊的双晶。

锰橄榄石　Tephroite　Тефроит

锰橄榄石英文名称源于希腊词 Tephros(浅灰色)。中文名称据其化学成分。

成分　$Mn_2[SiO_4]$，含少量Fe。

形态　斜方晶系。自形晶为短柱状，少见；多为不规则粒状。常见{010}一组不完全解理。

光性　手标本上灰色、橄榄绿、蓝绿色。薄片中多色性不显或微弱：Np=褐红，Nm=淡红，Ng=淡绿、淡蓝。正极高突起。Np=1.770～1.788，Nm=1.807～1.810，Ng=1.817～1.825，$Ng-Np$=0.040～0.045。最高干涉色为Ⅲ级蓝—Ⅲ级橙。平行消光。偶见以{011}为结合面的双晶。二轴(—)，$2V$=60°～70°。光性方位见图10-6。

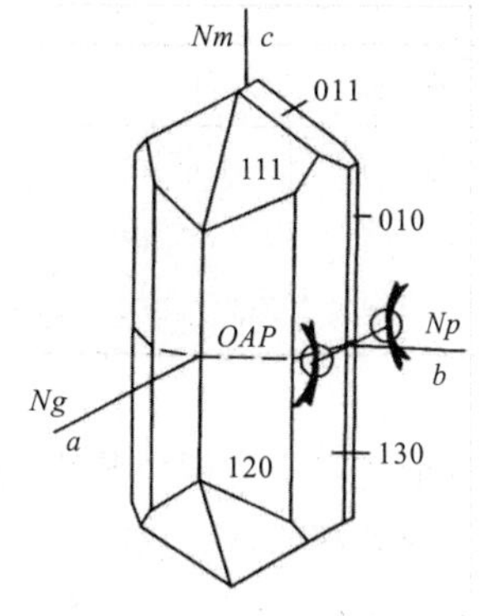

图10-6　锰橄榄石光性方位

产状　是稀少的矿物。产于接触变质的锰矿床和富锰的变质岩中，与蔷薇辉石共生。

鉴定　与镁质橄榄石区别：具微弱多色性，突起、最高干涉色较高，$2V$较小，产状特殊，与富锰矿物共生。

铁锰橄榄石 Knebelite Кнебелит

铁锰橄榄石以首次发现该矿物的 Knebel 的名字命名。中文译名据其化学成分。

成分 $(Mn,Fe)_2[SiO_4]$

形态 斜方晶系。自形晶为短柱状,少见;多为不规则粒状。常见{010}一组不完全解理。

光性 手标本上褐黑、灰黑色。薄片中无色—微弱淡黄多色性。正极高突起。$Np=1.775\sim1.815$,$Nm=1.810\sim1.813$,$Ng=1.826\sim1.867$,$Ng-Np=0.046\sim0.051$。最高干涉色Ⅲ级橙—Ⅲ级紫红。平行消光。一般不见双晶。二轴(—),$2V=44°\sim61°$。光性方位与锰橄榄石类似。

产状 少见的矿物。产于锰矿床、富锰的矽卡岩、富锰的高级区域变质岩中,与蔷薇辉石、镁铁闪石共生。

鉴定 与镁质橄榄石区别:具微弱多色性,突起、干涉色较高,2V 较小,产于锰矿床、富锰岩石中与锰矿物共生。与锰橄榄石区别:突起、最高干涉色更高,2V 更小。

第二节 辉石族

辉石 Pyroxene 一词来源于希腊词 Pyro(火)和 Xenos(外来者),意为含(包裹)于火山熔岩中的矿物。辉石的中文名称来源没有考证,有可能是因为该矿物具有两组完全解理,解理面上光泽夺目、熠熠生辉所致。

辉石的晶体化学式为 $M_2M_1[Z_2O_6]$,M_2 = Ca、Na、Mg、Fe^{2+}、Mn、Li,M_1 = Mg、Fe^{2+}、Mn、Ni、Al、Fe^{3+},Z = Si、Al。

根据结晶特点,辉石族分为斜方辉石、单斜辉石两个亚族。

斜方辉石亚族是顽辉石 $Mg_2[Si_2O_6]$-斜方铁辉石 $Fe_2[Si_2O_6]$的类质同象系列。根据其中顽辉石(En)、斜方铁辉石(Fs)分子的含量,又将该亚族细分为六个种属(表 10-2),其光性与成分关系见图 10-7。自然界中常见的辉石是顽辉石、古铜辉石和紫苏辉石。

表 10-2 斜方辉石的种属

种 属	顽辉石	古铜辉石	紫苏辉石	铁紫苏辉石	易溶石	斜方铁辉石
En(%)	100~90	90~70	70~50	50~30	30~10	10~0
Fs(%)	0~10	10~30	30~50	50~70	70~90	90~100
端元组分式	$En_{100\sim90}Fs_{0\sim10}$	$En_{90\sim70}Fs_{10\sim30}$	$En_{70\sim50}Fs_{30\sim50}$	$En_{50\sim30}Fs_{50\sim70}$	$En_{30\sim10}Fs_{70\sim90}$	$En_{10\sim0}Fs_{90\sim100}$

按阳离子类质同象替代,单斜辉石亚族分为三个系列:

- 斜顽辉石 $Mg_2[Si_2O_6]$-透辉石 $CaMg[Si_2O_6]$系列,常见种属有斜顽辉石、易变辉石。
- 透辉石 $Ca(Mg,Fe)[Si_2O_6]$-钙铁辉石 $CaFe[Si_2O_6]$系列,常见种属有透辉石、钙铁辉石。
- 普通辉石 $Ca(Mg,Fe,Al)[(Si,Al)_2O_6]$-霓石 $NaFe[Si_2O_6]$系列,主要种属有普通辉石、霓辉石、霓石、硬玉、锂辉石。

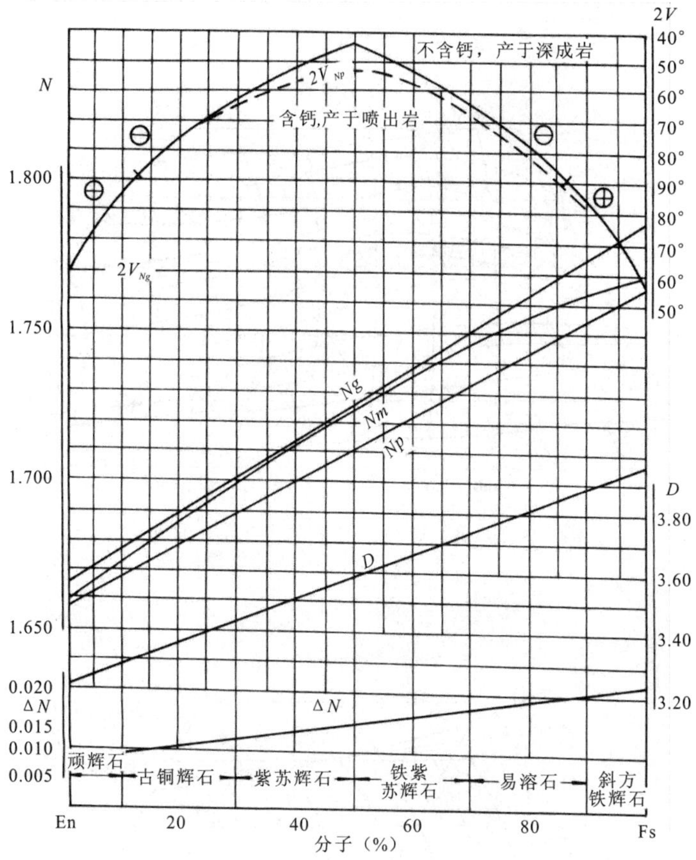

图 10－7　斜方辉石成分与光性的关系

（赫斯，1952）

霓辉石、霓石、硬玉、锂辉石以外的单斜辉石，若已知化学成分，一般根据 Poldervaart 和 Hess 的命名图（图 10－8）进行命名；若测出折射率、光轴角、消光角等，可先用图 10－9、图 10－10 确定端元组分，尔后再根据图 10－8 确定种属名称。

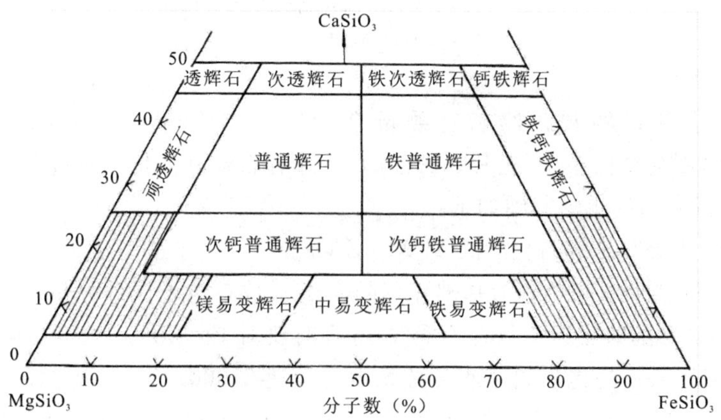

图 10－8　$CaSiO_3$ － $MgSiO_3$ － $FeSiO_3$ 系统单斜辉石命名图

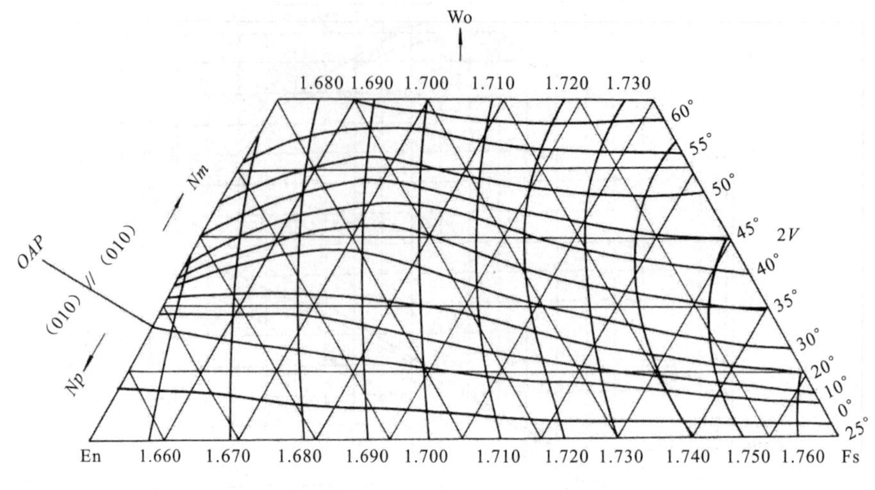

图 10-9 单斜辉石折射率、2V 与成分的关系

(Muir,1951)

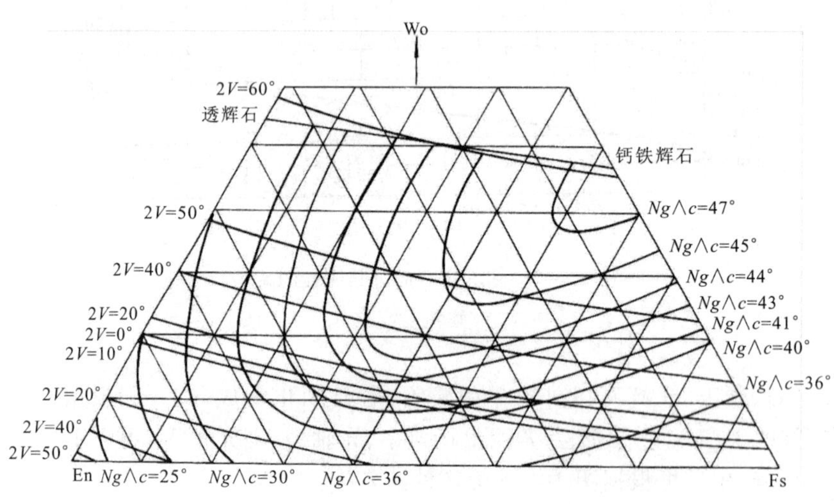

图 10-10 单斜辉石消光角、2V 与成分的关系

(Tomita,1934)

国际矿物学会新矿物和矿物名称委员会(IMA-CNMMN)批准的辉石命名方案(Morimoto,1988)更为全面系统,尤其是碱性辉石、绿辉石及其他特殊辉石更要依据该方案。

该方案对辉石命名的步骤归纳如下:

Ⅰ.根据化学成分写出辉石化学式 $M_2M_1[Z_2O_6]$。

(1)湿化学分析结果以 6 个氧为基础计算阳离子系数。电子探针分析结果按 4 个阳离子(总电价为+12 价)为基础计算各阳离子系数,计算时要对 Fe^{2+}/Fe^{3+} 值进行调整。

(2)按 Si→Al→Fe^{3+} 的先后顺序使 Z 位系数总和达 2.000。

(3)用填满 Z 位后剩下的 Al、Fe^{3+} 和按 Ti^{4+}→Cr→Mg→Fe^{2+}→Mn 的先后顺序使 M_1 位系数总和达到 1.000。

(4)将第(3)步骤后剩下的元素放到 Ca、Na、Li 等占据的 M_2 位,其系数总和应为或接近 1.000,如果与 1.000 偏离较大,则说明分析结果有问题。

Ⅱ. 按图 10-11 将辉石分成 4 个组:①Ca-Mg-Fe 辉石组;②Na-Ca 辉石组;③钠辉石组;④其他辉石组。图中矿物代号:En、Fs 意义同前;Di 为透辉石 $CaMg[Si_2O_6]$;Hd 为钙铁辉石 $CaFe^{2+}[SiO_6]$;Wo 为硅辉(灰)石 $Ca_2[Si_2O_6]$;Jd 为硬玉 $NaAl[Si_2O_6]$;Ae 为霓石 $NaFe^{3+}[Si_2O_6]$;Ko 为钠铬辉石 $NaCr^{3+}[Si_2O_6]$;Je 为钪辉石 $NaSc^{3+}[Si_2O_6]$;其他代号见第 5 步。

Ⅲ. Ca-Mg-Fe 辉石组按图 10-12 进行种属命名。该图的种属名称没有图 10-8 中的详细。建议还是按图 10-8 进行种属命名。

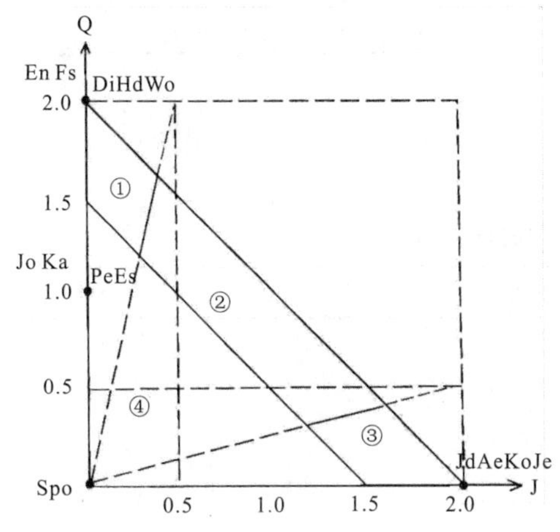

图 10-11　辉石的分组图

$Q=Ca+Mg+Fe^{2+}$;$J=2Na$;分组号及矿物代号见正文

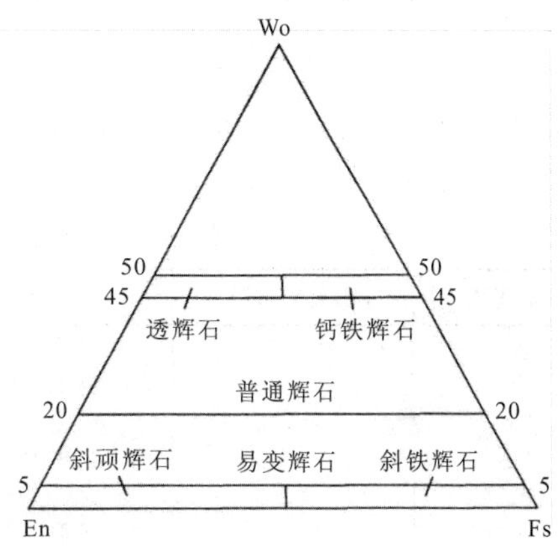

图 10-12　Ca-Mg-Fe 辉石组命名图

矿物代号见正文

Ⅳ. Na-Ca 辉石组和 Na 辉石组按图 10-13 进行种属命名,其中 Na-Ca 辉石组有绿辉石、霓辉石两个种属,Na 辉石主要有硬玉和霓石两个种属。

Ⅴ. 其他辉石有:

钙锰辉石	Johannsenite(Jo)	Джоханнсенит	$CaMn[Si_2O_6]$
钙锌辉石	Petedunnite(Pe)	Петедунит	$CaZn[Si_2O_6]$
钙高铁辉石	Essenite(Es)	Ессенит	$CaFe^{3+}[AlSiO_6]$
锰辉石	Kanoite(Ka)	Канонит	$MnMg[Si_2O_6]$
锂辉石	Spodumene(Spo)	Сподутене	$LiAl[Si_2O_6]$

它们在图中的投影位置见图 10-11。

Ⅵ. 八种特殊(异常)辉石的投影位置见图 10-14,它们的化学成分及化学式请参见原文,其种属名称如下(序号与图中投影号一致):

1. 次硅钛铁质透辉石　　2. 次硅铝铁质透辉石
3. 次硅铝铁质透辉石　　4. 次硅亚钛铝质辉石
5. 钛镁亚铁质霓石　　6. 钙亚铁质霓石
7. 钛质霓辉石　　8. 钛亚铁质绿辉石

Ⅶ. 次要元素以形容词修饰语加在种属名称之前(表 10-3)。

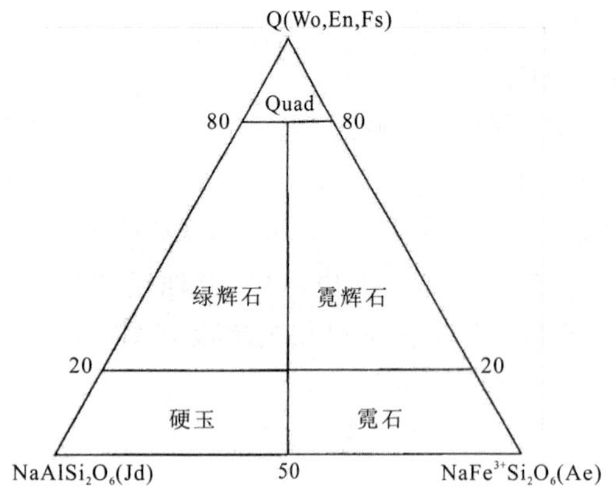

图 10-13　Na-Ca 辉石及 Na 辉石组种属命名图

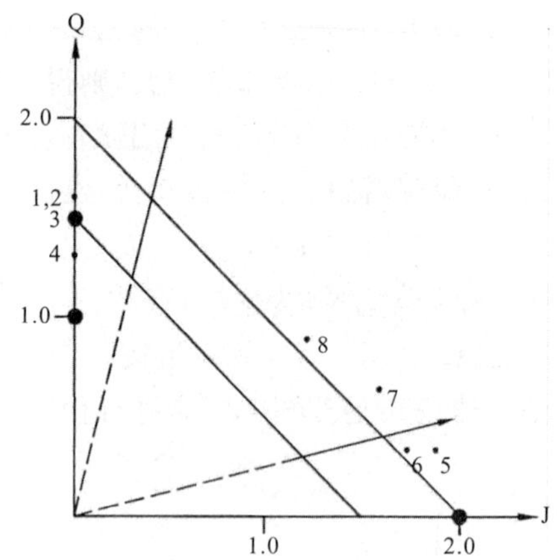

图 10-14　八种异常(特殊)辉石

表 10-3　用作辉石矿物名称的形容词修饰语

阳离子	阳离子系数	形容词修饰语	阳离子	阳离子系数	形容词修饰语
Al^{3+}	>0.10	铝质	Mn^{3+}	>0.01	锰质*
Ca^{2+}	>0.10	钙质	Na^{+}	>0.10	钠质
Cr^{3+}	>0.01	铬质	Ni^{2+}	>0.01	镍质
Fe^{2+}	>0.10	亚铁质	Si^{4+}	<1.75	次硅质
Fe^{3+}	>0.10	铁质	Ti^{3+}	>0.01	亚钛质*
Li^{+}	>0.01	锂质	Ti^{4+}	>0.10	钛质
Mg^{2+}	>0.10	镁质	Zn^{2+}	>0.01	锌质
Mn^{2+}	>0.10	亚锰质			

辉石族的总特征如下：

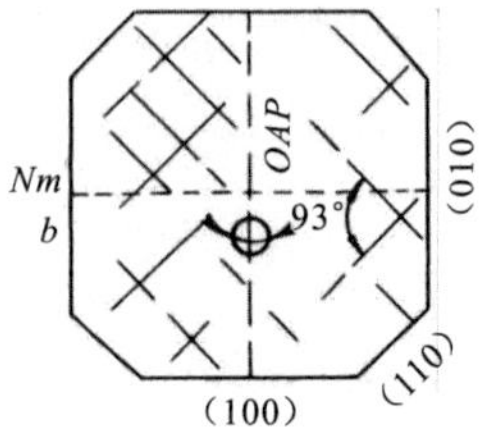

图 10-15　单斜辉石垂直 c 轴的切面

(1)除霓石外，一般为短柱状，横断面为近正方形的八边形，少数为略扁的板状。

(2)具{110}完全解理，两组解理交角为 87°、93°(图 10-15)，在岩矿鉴定中可简称为辉石式解理。有时可见{100}、{010}、{001}裂理。

(3) 在薄片中，除少数碱性辉石(霓石、霓辉石、钛辉石)和紫苏辉石外，通常无色或略带极淡的色调，不显多色性。少数有多色性者，其多色性也不及角闪石明显。

(4)正高突起，糙面显著。

(5)斜方辉石的柱面为平行消光，垂直 c 轴和近于垂直 c 轴切面为对称消光，极少数斜切面为斜消光，这种消光类型简称为斜方辉石式消光类型。单斜辉石垂直 c 轴和近于垂直 c 轴切面为对称消光，平行 b 轴切面为平行消光，其他切面为斜消光，多数单斜辉石的消光角($Ng \wedge c$)为 30°～54°，比单斜角闪石的消光角大，这种消光类型在岩矿鉴定中可简称为单斜辉石式消光类型。

(6)除碱性辉石外，大多数为正延性。

(7)常见以(100)为结合面的简单双晶、聚片双晶和类似于聚片双晶的出溶条纹(页理)。

(8)大部分辉石为二轴正晶，光轴角中等至较大(一般均大于 50°)，仅易变辉石 2V 很小(小于 30°)。紫苏辉石、霓石、部分古铜辉石、霓辉石等光性符号为负。

顽辉石 Enstatite Энстатит

顽辉石也称顽火辉石。顽辉石英文名称来源于希腊词 Enstates(对抗),意指矿物具有耐(顽抗)火的特性。中文名称按英文词意译成。

成分 化学式为 $Mg_{2.0\sim1.8}Fe_{0.0\sim0.2}[Si_2O_6]$,含少量 Ti、Al、$Fe^{3+}$、Mn、Ni 等杂质。

形态 属斜方晶系。晶体呈半自形短柱状、板状、不规则粒状。两组完全解理交角为 87°、93°。

光性 薄片中无色。正中—正高突起。$Np=1.657\sim1.667$,$Nm=1.659\sim1.672$,$Ng=1.665\sim1.677$,$Ng-Np=0.008\sim0.010$。最高干涉色为Ⅰ级淡黄。呈平行消光。正延性。具简单双晶、聚片双晶和出溶页理。二轴(+),$2V=60°\sim90°$。光性方位见图 10-16。

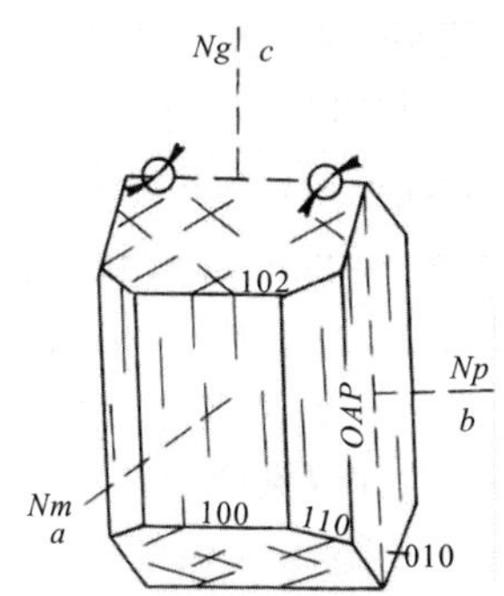

图 10-16 顽辉石光性方位

变化 易变为蛇纹石和纤维角闪石(假象纤闪石)。当被叶蛇纹石集合体置换并保留顽辉石假象时,称为绢石。

产状 主要产于超镁铁质的橄榄岩类、麻粒岩和某些陨石中,与镁质橄榄石和其他富镁矿物共生。

鉴定 以其干涉色低、平行消光区别于单斜辉石;以其无色、无多色性、光性符号为正区别于紫苏辉石;以其干涉色稍低区别于古铜辉石。

美丽优质者用以加工凸圆宝石。

古铜辉石 Bronzite Бронзит

古铜辉石英文名称由 Bronze(古铜)一词构成,因该矿物有时含较多的金属包裹体而呈现类似古铜色的半金属光泽。中文名称按英文词意译成。

成分 化学式为 $Mg_{1.8\sim1.4}Fe_{0.2\sim0.6}[Si_2O_6]$,含少量其他元素。

形态 属斜方晶系。晶体主要呈短柱状、粒状,呈斑晶时较自形。具辉石式解理。

光性 手标本上为灰绿、褐绿色、古铜色。薄片中无色,或呈极淡的黄绿色调。正高突起。$Np=1.667\sim1.689$,$Nm=1.672\sim1.698$,$Ng=1.677\sim1.702$,$Ng-Np=0.010\sim0.013$。最高干涉色为Ⅰ级黄。呈平行消光。正延性。具简单双晶、聚片双晶和出溶页理。为二轴晶。光性方位为:$Np/\!/b$,$Nm/\!/a$,$Ng/\!/c$,$OAP/\!/(100)$。光性符号有正有负,$2V=60°\sim85°$。

变化 易变为蛇纹石(绢石)。

产状 产于超镁铁岩、镁铁岩(如橄榄岩、辉石岩、辉长岩)中,与贵橄榄石共生。在石英拉斑玄武岩中以斑晶产出。还产于麻粒岩、结晶片岩及某些陨石中。

鉴定 以其无色、无多色性、$OAP/\!/(100)$区别于紫苏辉石;以其干涉色较低、平行消光区别于单斜辉石。

宝石级古铜辉石通常也是加工成凸圆宝石。

紫苏辉石 Hypersthene Гсперстен

紫苏辉石英文名称来源于希腊词 Huper(超过)和 Sthenos(强度),意为硬度大于原先曾与其混淆的普通角闪石。因其多色性(下述)与植物紫苏的叶子颜色很相似:表面(向阳面)为绿色;背面(背阳面)为紫红、玫瑰红色;该矿物中文名称为紫苏辉石。"紫苏辉石"是脱离外文词意、创新性的中国名称。

成分　化学式为 $Mg_{1.6\sim1.0}Fe_{0.4\sim1.0}[Si_2O_6]$,含 Al、Ca、$Fe^{3+}$、Ti、Mn 等杂质。

形态　与古铜辉石类似。

光性　通常具多色性:Np=淡红(图版Ⅷ-2),Nm=淡黄,Ng=淡绿(图版Ⅷ-1);多色性随含 Fe^{2+} 量的增加而更加显著(紫苏辉石的颜色并不是很浓,为粉红色调、淡绿色调,但色调变化明显)。正高突起。Np=1.687~1.711,Nm=1.698~1.724;Ng=1.702~1.727,$Ng-Np$=0.010~0.016。最高干涉色一般低于Ⅰ级紫红,但有的较高(最大双折射率可达 0.020)。斜方辉石式消光类型,但斜消光切面(斜切面)比顽辉石、古铜辉石更为多见。正延性。二轴(-),$2V$=65°~45°。光性方位见图 10-17。

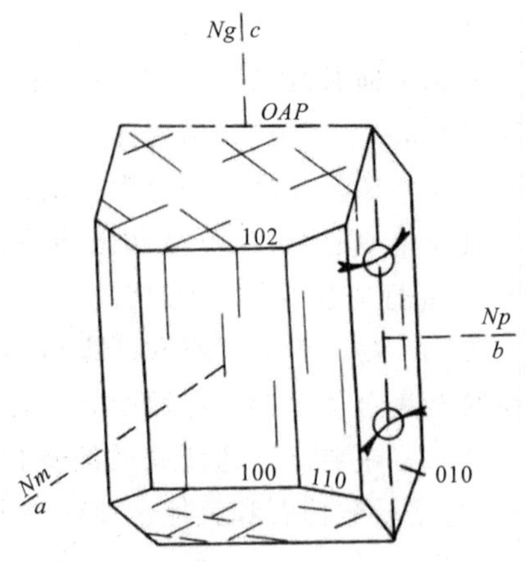

图 10-17　紫苏辉石光性方位

变化　易变为蛇纹石(**绢石**),也可变为滑石、假象纤闪石、黑云母等。

产状　主要产于苏长岩、辉长苏长岩、紫苏花岗岩、紫苏粒变岩、紫苏榴辉石、紫苏角岩及某些陨石中,某些闪长岩、二长岩、安山岩、英安岩中也有产出。

鉴定　以其较明显的特征多色性区别于顽辉石、古铜辉石。紫苏辉石在多色性上与红柱石易相混,但前者为正延性,后者为负延性,且两者的产状及次生变化也不同。紫苏辉石的斜切面出现斜消光时,易被误认为单斜辉石,其区别是:①前者具多色性,后者无色;②前者干涉色较低,多低于Ⅰ级紫红,而后者除斜顽辉石外都高于Ⅰ级紫红;③前者光性符号为负,后者光性符号为正;④前者消光角小,一般不超过 35°,而后者,除斜顽辉石外,都大于 35°。

宝石名称与矿物同名,与顽辉石、古铜辉石一样是一种罕见的宝石。

透辉石　Diopside Диопсид

透辉石英文名称源自拉丁词 Di(二)和希腊词 Opsis(外貌),意指它具有不同的习性。中文名称有可能是有些透辉石比较透明,尤其是宝石级透辉石晶莹透亮。

成分　简略化学式为 $Ca(Mg,Fe)[Si_2O_6]$,含 Fs 少于 10%,并含有 Al、Fe^{3+}、Cr、Mn、V、Ti、Na 等。含 Cr_2O_3 为 0.3%~1%者,可称为**含铬透辉石**;含 Cr_2O_3>1%者,称为**铬透辉石**。

形态　属单斜晶系。晶体多呈短柱状、粒状,集合体有时呈放射状。具辉石式解理。可见{100}和{001}裂理(洛多奇尼科夫和穆尔豪斯将具有{100}裂理的辉石称为**异剥石**,将具有{001}裂理的透辉石叫**白透辉石**,现在把它们统称为异剥石)。

光性　手标本上多呈淡绿、暗绿色,铬透辉石呈翠绿色,达宝石级者可制作绿宝石。薄片中无色透明,铬透辉石淡翠绿色,多色性微。正高突起。Np=1.665~1.678,Nm=1.672~1.693,Ng=1.696~1.709,$Ng-Np$=0.031。最高干涉色为Ⅱ级橙。单斜辉石式消光类型,$Ng\wedge c$=38°~41°。可见简单双晶、聚片双晶和出溶页理。二轴(+),$2V$=50°~59°。光性方位见图 10－18。成分与光性之间的关系见图 10－19。

变化　易变为纤闪石、绿泥石，也常变为蛇纹石、滑石、黑云母及碳酸盐等。

产状　作为变质矿物产于矽卡岩、不纯的镁质大理岩、辉石角岩及某些区域变质岩中。作为岩浆岩矿物：①产于橄榄岩、金伯利岩和钾镁煌斑岩中常为含铬透辉石或铬透辉石；②产于碱性的玄武岩中，如碱性橄榄玄武岩、碧玄岩、苦橄玄武岩、白榴玄武岩等，并多呈斑晶产出；③产于辉石煌斑岩中。

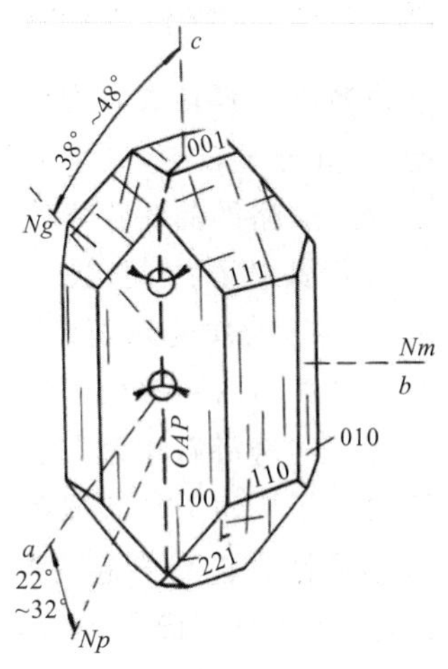

图 10－18　透辉石光性方位

鉴定　透辉石与普通辉石很相似，在玄武岩中二者常共生在一起，容易混淆，可以从以下几个方面加以区别：①透辉石轴面比柱面发育，横断面为近正方形的八边形，而普通辉石轴、柱面同等发育，横断面为近正八边形。②透辉石消光角多小于 40°，而普通辉石的多大于 40°；前者消光角较小。③透辉石最大双折射率大于 0.029，普通辉石的小于 0.029；前者干涉色较高。④两者的产状也有差异：透辉石既可以是变质矿物，也可以是岩浆岩矿物，而普通辉石多为岩浆岩矿物；在岩浆岩中，透辉石多产于碱性岩中，两者共生时，透辉石多呈斑晶产出。

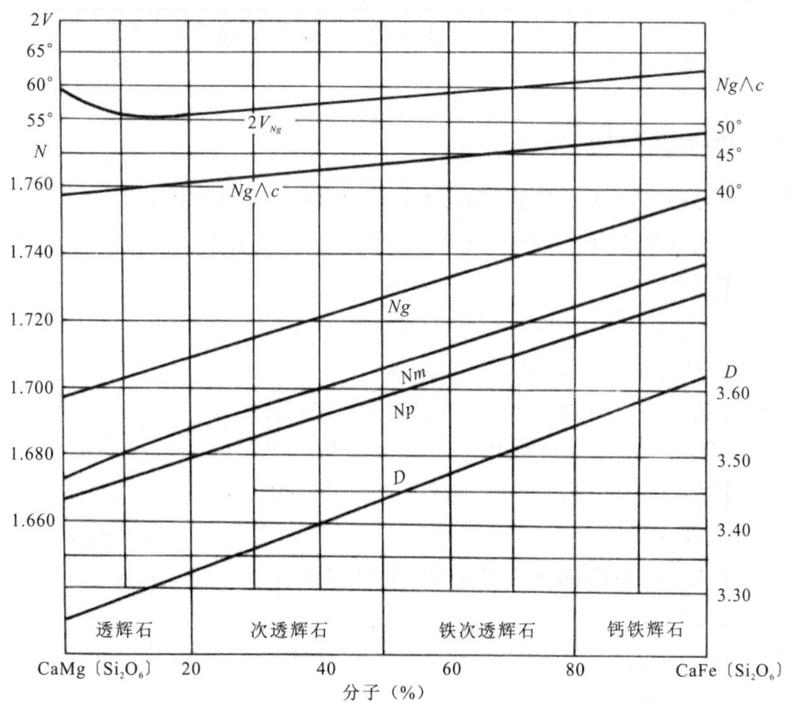

图 10－19　透辉石-钙铁辉石系列成分同光性的关系

（赫斯，1949）

次透辉石 Salite Салит

次透辉石以其首次发现地——瑞典西曼兰省的萨拉(Sala)命名。其中文名称则是指它含Mg或含En分子较少,次于透辉石(含Wo分子与透辉石相当)。

成分 简略的晶体化学式为Ca(Mg,Fe)[Si_2O_6],含Fe量比透辉石多,其化学成分介于透辉石和钙铁辉石之间(图10-19);含Fs=10%~25%。可根据TiO_2含量进一步命名:TiO_2<1%者,为**次透辉石**;TiO_2=1%~3%者,为**含钛次透辉石**;TiO_2>3%者,为**钛次透辉石**。比次透辉石含更多(25%~40%)Fs者,称为**铁次透辉石**。铁次透辉石在自然界中少见。

形态 与透辉石相似,火山岩、煌斑岩中的斑晶较为自形。具两组完全解理。

光性 手标本上呈暗绿色。薄片中淡色调、多色性不显;含铁较多者为淡绿—淡褐色调,具微弱多色性。正高突起。Np=1.678~1.696,Nm=1.693~1.706,Ng=1.709~1.727,$Ng-Np$=0.031。最高干涉色Ⅱ级橙。斜消光,$Ng\wedge c$=41°~43°。二轴(+),2V=51°~54°。铁次透辉石的折射率较高:Np=1.696~1.715,Nm=1.706~1.724,Ng=1.727~1.746,$Ng-Np$=0.031。最高干涉色Ⅱ级橙—Ⅱ级橙红。斜消光,$Ng\wedge c$=43°~47°。二轴(+),2V=54°~61°。次透辉石、铁次透辉石成分同光性的关系见图10-19。

变化 易变为纤闪石、绿泥石、绿帘石及碳酸盐等。

产状 产于碱性橄榄玄武岩、橄榄玄武岩、苦橄玄武岩及拉斑玄武岩中,多呈斑晶产出;也产于辉石岩、辉长岩、辉石煌斑岩、安山玄武岩、碱性粗面岩以及矽卡岩中。

鉴定 次透辉石的结晶形态和光学性质与透辉石很相似,其区别是:次透辉石的突起稍高,2V稍大;含钛较多时,显淡紫色。若要准确地鉴别,需精确地测定其折射率、2V,并且需要借助化学分析。

普通辉石 Augite Авгит

普通辉石英文名称来源于希腊词Auge(明亮、光泽),因为该矿物具两组完全解理,解理面上闪耀着强烈的黑色玻璃光泽。该矿物广泛产于各种岩浆岩中,是最常见、最普通的辉石,故中文名称为普通辉石。

成分 化学式为Ca(Mg,Fe^{2+},Fe^{3+},Ti,Al)[$(Si,Al)_2O_6$],有时含有Mn、Na、Cr等杂质。

形态 属单斜晶系。在火山岩中呈斑晶时,为较自形的短柱状,横断面近正八边形;在火山岩基质中和侵入岩中,多为半自形短柱状——他形粒状。具辉石式解理,有时发育有{100}、{010}裂理。

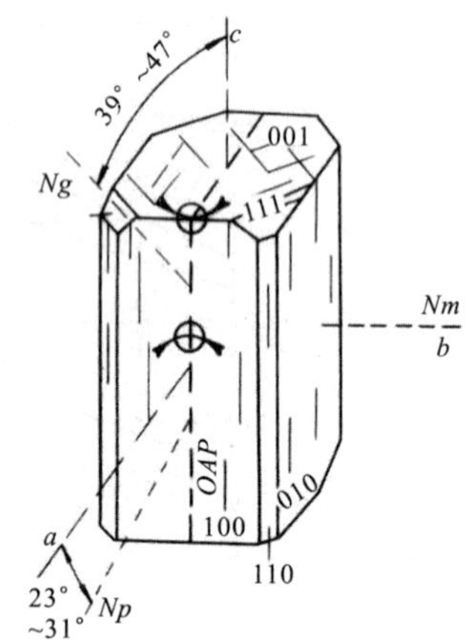

图10-20 普通辉石光性方位

光性 薄片中显很淡的淡褐或淡绿色调,不显多色性。正高突起。Np=1.670~1.743,Nm=1.676~1.750,Ng=1.694~1.772,$Ng-Np$=0.024~0.029。最高干涉色为Ⅱ级蓝—Ⅱ级绿。单斜辉石消光类型。在斑晶和较大的晶体上,可以见到环带结构、简单双晶、聚片双晶和出溶页理。二轴(+),2V=42°~60°。光性方位见图10-20。

变化 常变为绿泥石、假象纤闪石等。

产状　普通辉石是岩浆岩中分布最广的造岩矿物，从超基性岩到酸性岩，从钙碱性岩到碱性岩中都有产出。在火山岩中，它既可呈斑晶产出，也可呈微晶产出，微晶比斑晶贫 Si、Ca、Cr 而富 Al、Fe、Ti。普通辉石还产于某些暗色的深变质岩和陨石中。

鉴定　易与贵橄榄石、透辉石相混淆，其区别见前面两种矿物的鉴定特征。

钛普通辉石（钛辉石）　Titanaugite　Титанавгит

成分　基本上与普通辉石相同，但 TiO_2 含量较高，通常大于 3%。含 TiO_2 = 1%～3% 者，称为**含钛普通辉石**。矿物名称反映了它的化学成分。

形态　与普通辉石相似。

光性　薄片中显淡紫色。具弱多色性：Ng = 淡紫褐，Nm = 淡紫，Np = 淡黄褐。正高突起。Np = 1.695～1.741，Nm = 1.700～1.746，Ng = 1.728～1.762，$Ng - Np$ = 0.021～0.033，最高干涉色为Ⅱ级蓝—Ⅱ级橙。常见砂钟结构（图 10－21，图版Ⅷ－4），有时可见环带结构。单斜辉石式消光类型。简单双晶常见。二轴（＋），$2V$ = 42°～65°。光性方位见图 10－22。

产状　多产于碱性的超镁铁岩、镁铁岩中。在火山岩中，钛普通辉石既可呈斑晶产出，也可呈微晶产出。

鉴定　以其淡紫色多色性和砂钟结构明显区别于其他辉石。

图 10－21　钛普通辉石的砂钟结构

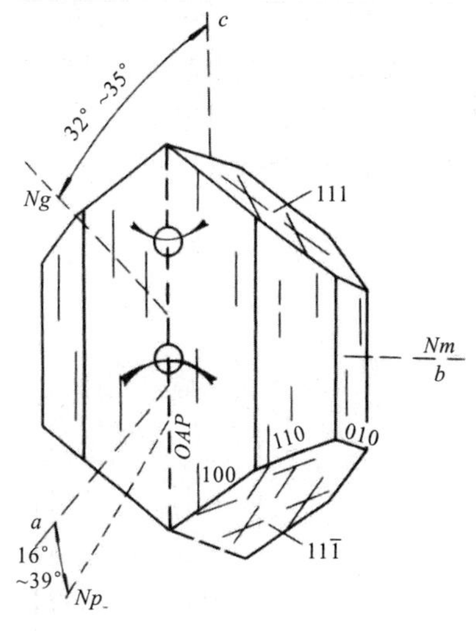

图 10－22　钛普通辉石光性方位

斜顽辉石　Clinoenstatite　Клиноэнстатит

成分　与顽辉石相近，比顽辉石含有稍多的 CaO 和 FeO。

形态　与普通辉石相似。

光性　薄片中无色或稍微带点淡绿、淡褐色调。不显多色性。正中—正高突起。Np = 1.651～1.680，Nm = 1.653～1.682，Ng = 1.660～1.703，$Ng - Np$ = 0.009～0.023。最高干涉色多为Ⅰ级黄白。单斜辉石式消光类型，消光角（$Ng \wedge c$）多小于 30°。正延性。二轴（＋），$OAP \perp (101)$，$2V$ = 50°～53°。光性方位见图 10－23。

产状 产于拉斑玄武岩的基质中，也见于石质陨石、金伯利岩及炉渣中。

鉴定 以其斜消光区别于斜方辉石；以其干涉色低、消光角较小区别于其他单斜辉石。另外，产状也是其识别特征之一。

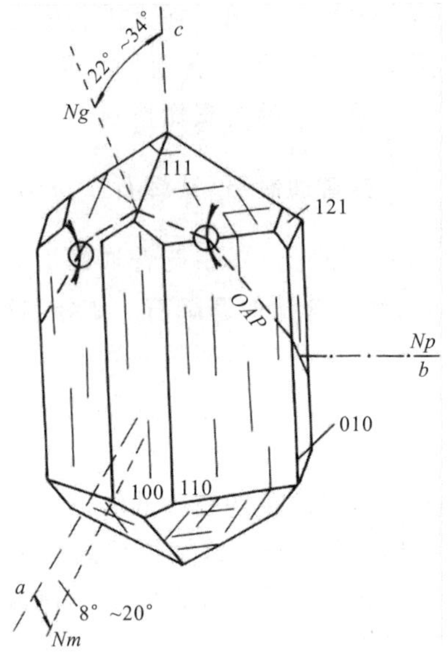

图 10-23 斜顽辉石光性方位

易变辉石 Pigeonite Пижонит

易变辉石是 A. N. 温契尔按其首次发现地——美国明尼苏达州的 Pigeon Point 命名的。中文名称有可能是因其产于火山岩的基质中，粒度细小，容易蚀变变化而得名。

成分 成分介于次钙普通辉石和斜顽辉石之间。含硅灰石(Wo)分子小于 15%，属于贫钙单斜辉石。自然界常见者为镁易变辉石和成分上接近镁易变辉石的过渡易变辉石。

形态 半自形短柱状—他形粒状。具辉石式解理。

光性 薄片中呈淡褐、淡绿色调。不显多色性，正高突起。$Np = 1.682 \sim 1.722$，$Nm = 1.684 \sim 1.722$，$Ng = 1.705 \sim 1.751$，$Ng - Np = 0.023 \sim 0.029$。最高干涉色为Ⅱ级蓝—Ⅱ级黄。单斜辉石式消光类型。正延性。可见简单双晶。二轴(+)，光轴角很小，通常 $2V = 0° \sim 10°$，最大不超过 30°，当 CaO = 7% 时，$2V = 0°$；当 CaO < 7%(贫钙)时，$OAP \perp (010)$，$2V$ 由 0°逐渐增大；当 CaO > 7%(富钙)时，$OAP // (010)$，$2V$ 也由 0°逐渐增大。光性方位见图 10-24。

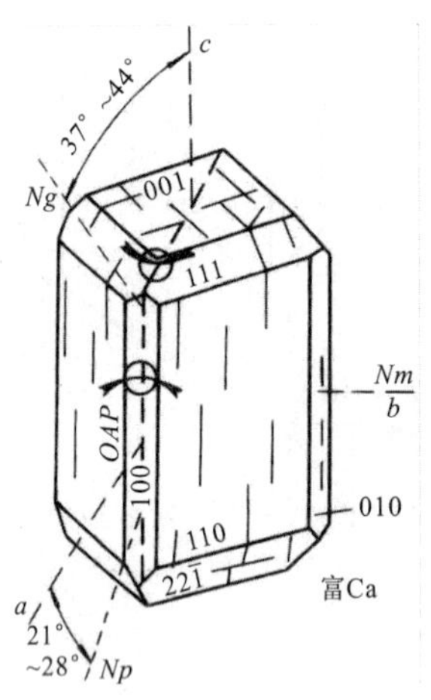

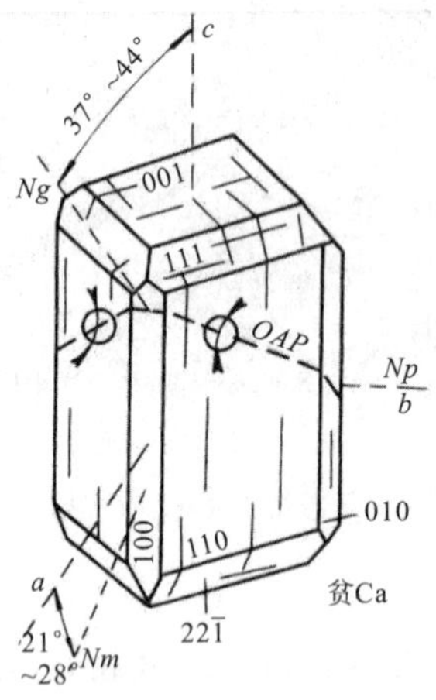

图 10-24 易变辉石光性方位

变化 易变为绿泥石、蛇纹石等。

产状 主要产于拉斑玄武岩的基质中，也见于辉绿岩、玄武安山岩的基质及某些陨石中。极少数情况下，在安山岩中可呈斑晶产出。

鉴定 易变辉石在单偏光镜及正交偏光镜下的光性与普通辉石极为相似。其主要的区别是：在锥偏光镜下，易变辉石的光轴角很小，常接近 0°；显近似一轴晶干涉图；通常不呈斑晶产出。易变辉石与斜顽辉石的区别是：前者突起较高、干涉色较高、消光角较大、2V 明显较小。

霓石 Aegirine Эгирин

霓石首次发现于挪威，以斯堪的纳维亚的海神艾吉尔(Aegir)命名。中文名称则是与其明显的多色性——类似于霓彩有关。

成分 化学式为 $NaFe^{3+}[Si_2O_6]$，常含有 Ca、Mg、Fe^{2+} 及 Ti、Mn、K、Be、Zr 等，比普通辉石含有较多的 Na_2O 和 Fe_2O_3。可将它看作是 Na、Fe^{3+} 成对置换透辉石中 Ca、Mg 的产物。

形态 属单斜晶系。晶体多呈柱状和针状，也呈不规则粒状。(100)、(010)晶面不发育，横切面有时呈类似角闪石式的六边形。有时柱状晶体端面相交成钝角。故又称**钝钠辉石**；当端面相交呈尖锥时，也称**锥辉石**(Acmite)，锥辉石英文名称来自希腊词 Acme(尖之意)，指其晶体呈尖角(锥)状。具辉石式解理。颜色呈暗绿至黑绿。

光性 薄片中多色性显著：Np=暗草绿、蓝绿，Nm=黄绿，Ng=淡绿、淡褐绿。吸收性为 $Np>Nm>Ng$。正高—正极高突起。$Np=1.750\sim1.776$，$Nm=1.780\sim1.820$，$Ng=1.795\sim1.836$，$Ng-Np=0.045\sim0.060$。最高干涉色为Ⅲ级蓝—Ⅳ级绿。近于平行消光，$Np\wedge c=0°\sim8°$。负延性。常见简单双晶。二轴(-)，$2V=60°\sim70°$。光性方位见图 10-25。

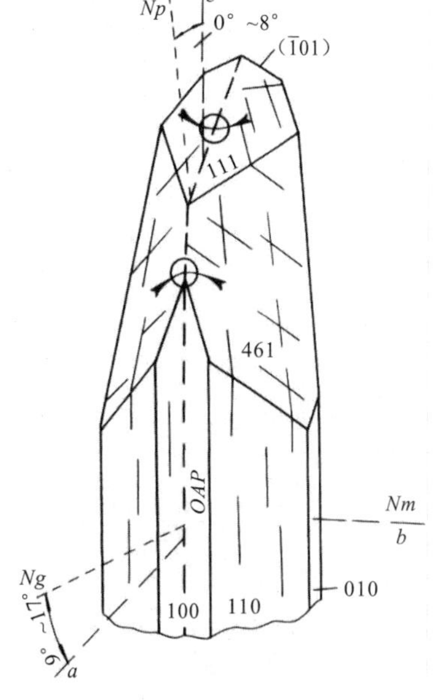

图 10-25 霓石光性方位

变化 可变为绿泥石、纤闪石、褐铁矿等。

产状 主要产于碱性岩，如碱性正长岩、碱性粗面岩、霞石正长岩、响岩、钠质流纹岩、碱性花岗岩等。还见于碱性岩与围岩的接触带中，是长霓岩化的主要组分。

鉴定 以其明显的多色性、负延性、负光性符号与其他单斜辉石相区别；以其辉石式解理、正极高突起、反吸收性、干涉色高及负延性区别于普通角闪石。产于碱性岩中，并与碱性矿物共生，也是霓石的鉴别特征之一。

霓辉石 Aegirine-augite Эгирин-Авгит

霓辉石名称意为霓石和普通辉石之间的过渡种属。

成分 晶体化学式为$(Na,Ca)(Fe^{3+},Fe^{2+},Mg,Al)[Si_2O_6]$。化学成分介于霓石和普通辉石之间，含霓石分子为 20%～80%。

光性 与霓石有些相似，霓辉石不同于霓石的地方有：①颜色比霓石稍微淡些，有时呈环带状，多为核部(含霓石分子少的透辉石或普通辉石)颜色淡，边部(含霓石分子多的霓辉石)颜色深；②突起和干涉色比霓石稍低，$Np=1.700\sim1.760$，$Nm=1.710\sim1.800$，$Ng=1.730\sim1.813$，$Ng-Np=0.030\sim0.053$，突起随含霓石分子减少而降低；③消光角稍大($Np\wedge c=0°\sim30°$)，且随含霓石分子减少而增大；④光性符号有正有负，一般含霓石分子小于 30%者为正光性符号，其他为负光性符号，$2V=70°\sim90°$。成分与光性之间的关系见图 10-26，光性方位见图 10-27。

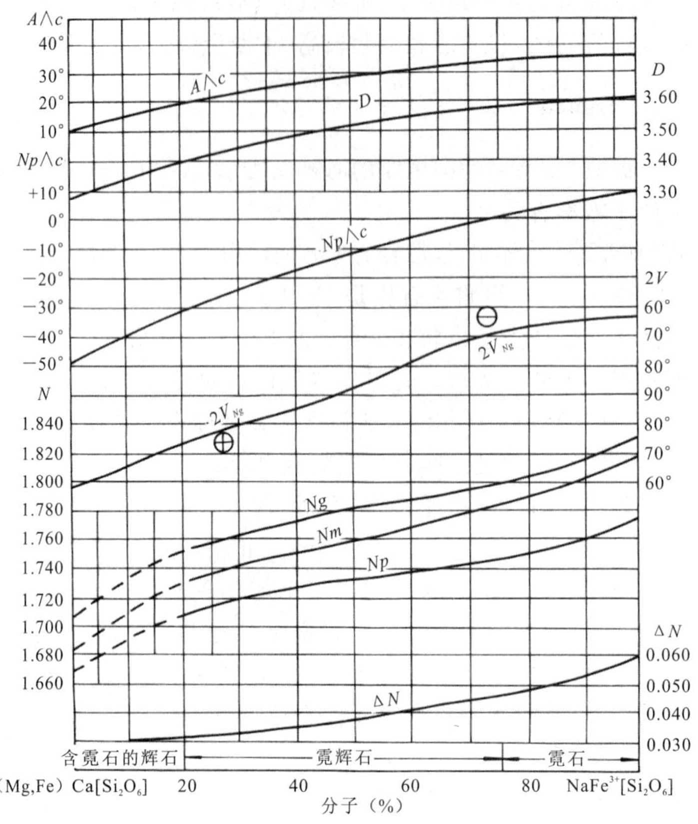

图 10-26　霓辉石-霓石系列成分与光性的关系

（特吕格，1971）

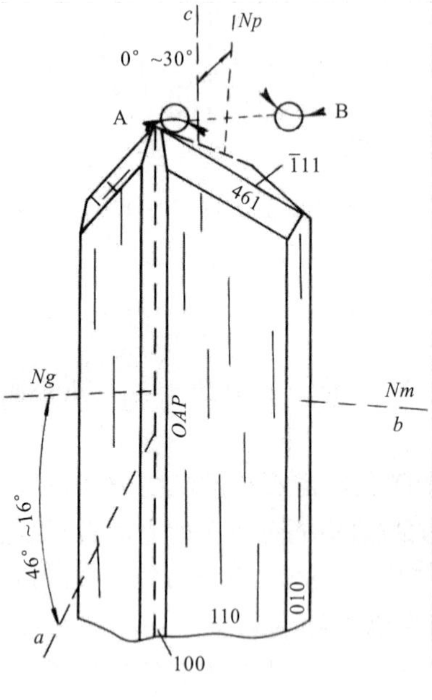

图 10-27　霓辉石光性方位

钙铁辉石　Hedenbergite　Геденбергит

钙铁辉石英文名称是以发现和描述这一矿物的瑞典化学家 M. A. Ludwig Hedenberg 的名字命名的。中文译名则反映了矿物的化学成分。

成分　晶体化学式为 $CaFe[Si_2O_6]$，含有少量 Mg、Al、Fe^{3+} 及 Na、Ti、Mn 等。

形态　属单斜晶系。晶体呈柱状，集合体呈束状、放射状。具辉石式解理。

光性　手标本上呈褐绿、暗绿、黑色；薄片中呈绿色。多色性为：Np=淡绿、蓝绿，Nm=绿、淡蓝绿，Ng=绿、黄绿。正高突起。$Np=1.717\sim1.726$，$Nm=1.723\sim1.730$，$Ng=1.741\sim1.755$，$Ng-Np=0.024\sim0.029$。最高干涉色为Ⅱ级绿。单斜辉石式消光类型，$Ng\wedge c=47°\sim48°$。简单双晶常见，有时可见聚片双晶。二轴(+)，$2V=52°\sim64°$。光性方位与透辉石类似。

变化　常变为绿高岭石。

产状　主要产于接触交代变质岩中，与石榴石共生。

鉴定　以其较深的颜色、弱多色性、有时具异常干涉色区别于透辉石、普通辉石。以其干涉色较低、消光角较大区别于碱性辉石。常产于矽卡岩中也是其鉴定特征之一。

绿辉石　Omphacite　Омфацит

绿辉石英文名称来自希腊词 Omphax（未熟的葡萄），因为该矿物常呈葡萄绿色。其中文名称是根据外文词意和矿物的颜色译成。

成分　与透辉石相近，但含有较多（5%～9%）的 Al_2O_3。

形态　属单斜晶系。晶体呈短柱状、他形粒状。具辉石式解理。

光性　薄片中无色—浅绿色。具微弱多色性：Np = 无色，Nm、Ng = 微绿。$Np = 1.662 \sim 1.701$，$Nm = 1.670 \sim 1.712$，$Ng = 1.685 \sim 1.723$，$Ng - Np = 0.012 \sim 0.028$。最高干涉色为Ⅰ级橙—Ⅱ级绿。二轴（+），$2V = 56° \sim 84°$。光性方位见图 10－28。

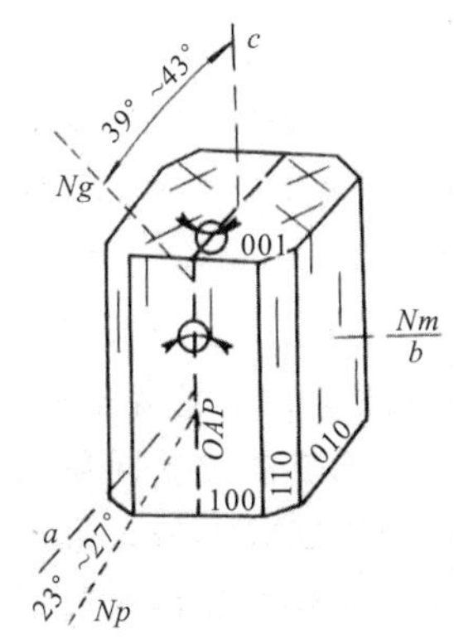

图 10－28　绿辉石光性方位

产状　是榴辉岩的典型矿物，与镁铝榴石、贵榴石等共生。

鉴定　以其较大的光轴角区别于透辉石和透辉石质普通辉石；以其颜色较深，折射率、双折射率和消光角较大区别于硬玉。在绿辉石与普通角闪石共生时，可根据绿辉石具有较淡的颜色、微弱的多色性以及辉石式解理区别于角闪石。

硬玉　Jadeite　Жадеит

硬玉一词来自西班牙语 Piedra de jada（腹痛石），指它可以抑制肾腹痛。法国矿物学家 Damour 发现中国古代所称翡翠的主要矿物就是 Jadeite。这种辉石类玉石比我国另一种闪石类玉石（和田玉）硬度要大，日本学者将其译为硬玉（袁心强，2004）。因而我国把翡翠（硬玉）的主要造岩矿物辉石称作硬玉。

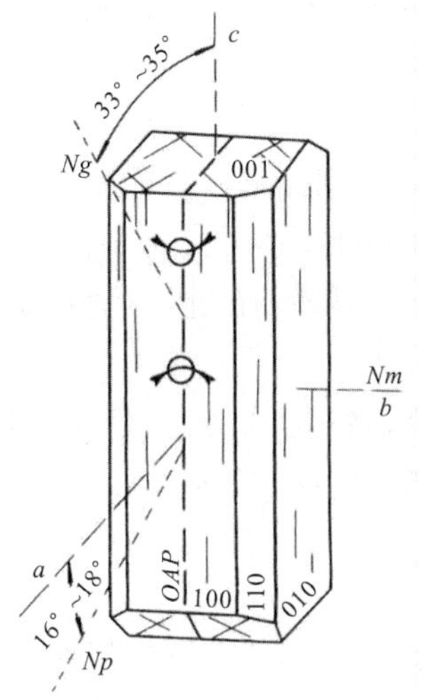

图 10－29　硬玉光性方位

成分　$NaAl[Si_2O_6]$，含有少量 Ca、Mg、Fe^{2+}、Fe^{3+} 等。

形态　属单斜晶系。晶体多呈粒状、片状、纤维状，有时见无数纤维状晶体纵横交织成毡状。

光性　薄片中无色。正中—正高突起。$Np = 1.640 \sim 1.681$，$Nm = 1.645 \sim 1.684$，$Ng = 1.652 \sim 1.692$，$Ng - Np = 0.006 \sim 0.021$。最高干涉色通常为Ⅰ级橙。消光角较大。二轴（+），$2V = 60° \sim 90°$。光性方位见图 10－29。

产状　多产于榴辉岩、角闪岩、蓝闪片岩等岩石中，是典型的高压矿物。但它在低级变质岩中也可作为一种稳定相产出。硬玉是翡翠的最主要造岩矿物，此外硬玉还可产于碱性岩浆岩，如碱性正长岩中。硬玉经次生变化，常变为透闪石、假象纤闪石。

鉴定 除锂辉石以外，硬玉是突起最低的辉石。以其突起和干涉色较低区别于绿辉石；以其无色、突起和干涉色较低、消光角较大区别于霓石和霓辉石；以其无色、具辉石式解理、消光角较大区别于阳起石。

第三节 角闪石族

角闪石的化学成分可用下列角闪石标准化学式表示：$A_{0\sim1}B_2C_5^{Ⅵ}T_8^{Ⅳ}O_{22}(OH,F,Cl)_2$，式中，A＝Na、Ca、K，B＝Na、Li、K、Ca、Mg、Fe^{2+}、Mn，C＝Mg、Fe^{2+}、Mn、Al、Cr、Fe^{3+}、Ti，T＝Si、Al、Cr、Fe^{3+}、Ti。

角闪石 Amphibole(Амфиболы)一词源自希腊词 Amphbolos，意为模糊不清的，反映了该族矿物的化学成分和外貌形态的多种多样性。角闪石还有另一个来自德语的矿工术语 Hornblende，它由 Horn(角)和 Blende(伪装，欺骗)两词组成，意思为该矿物具有类似牛角的黑褐色，解理面上闪烁着金属光泽(实际为强烈的黑色玻璃光泽)，貌似金属矿物，但实际上不能提炼出有用的金属。中文名称“角闪石”即按 Hornblende 一词原意译成。俄文按其词意译成 Роговая обманка(意为角状颜色的蒙骗石)。

角闪石族的类质同象现象很普遍，种属很多。国际矿物学会新矿物和矿物名称委员会(IMA－CNMMN)建议采用以晶体化学为基础的命名法(Leake，1978)。

该分类法首先根据角闪石标准化学式 B 位置中 Ca、Na 原子系数之和$(Ca+Na)_B$和 B 位置中的 Na 原子系数$(Na)_B$，分为四个基本闪石组：

- 铁镁锰质闪石组$(Ca+Na)_B<1.34$；
- 钙质闪石组$(Ca+Na)_B\geq1.34$，$(Na)_B<0.67$；
- 钠钙质闪石组$(Ca+Na)_B\geq1.34$，$0.67\leq(Na)_B<1.34$；
- 碱质闪石组$(Na)_B\geq1.34$。

其中铁镁锰质闪石组又分为斜方角闪石和单斜角闪石两个亚族。其他三个组均属单斜角闪石亚族。

然后，再根据 Si 原子数和 $M[Mg/(Mg+Fe^{2+})]$值以及$(Na+K)_A$、Ti、Fe^{3+}值等细分为许多种属(图 10－30)。

角闪石族有如下一些共同的鉴定特征：

(1)除直闪石、铝直闪石属于斜方晶系外，绝大多数角闪石属于单斜晶系。晶体通常呈沿 *c* 轴延伸的长柱状、针状，有时为纤维状，晶体的横切面为菱形或六边形(图 10－31，图版Ⅲ－5)。

(2)具{110}完全解理，两组解理交角为 56°、124°(图 10－31)。这种类型解理，在岩矿鉴定中简称为角闪石式解理。

(3)薄片中，低温角闪石为绿色，高温角闪石为褐色(图版Ⅲ－5、Ⅷ－3)，二者多色性明显，吸收性强，吸收性为 $Ng>Nm>Np$；碱性角闪石为蓝、紫色，吸收性为 $Np>Nm>Ng$；仅少数不含 Fe 的角闪石为无色或浅色调。

(4)正中突起，但由于颜色较深，给人一种高突起的感觉。

(5)斜方角闪石消光类型：具一向解理纹的切面多为平行消光，具两向解理纹的切面多为对称消光。单斜角闪石消光类型：平行 *b* 轴、与 *c* 轴交角较小的长方形切面为平行消光，垂直 *c* 轴、近于垂直 *c* 轴的切面为对称消光，其他切面为斜消光。多数单斜角闪石 $Ng\wedge c<25°$，正延

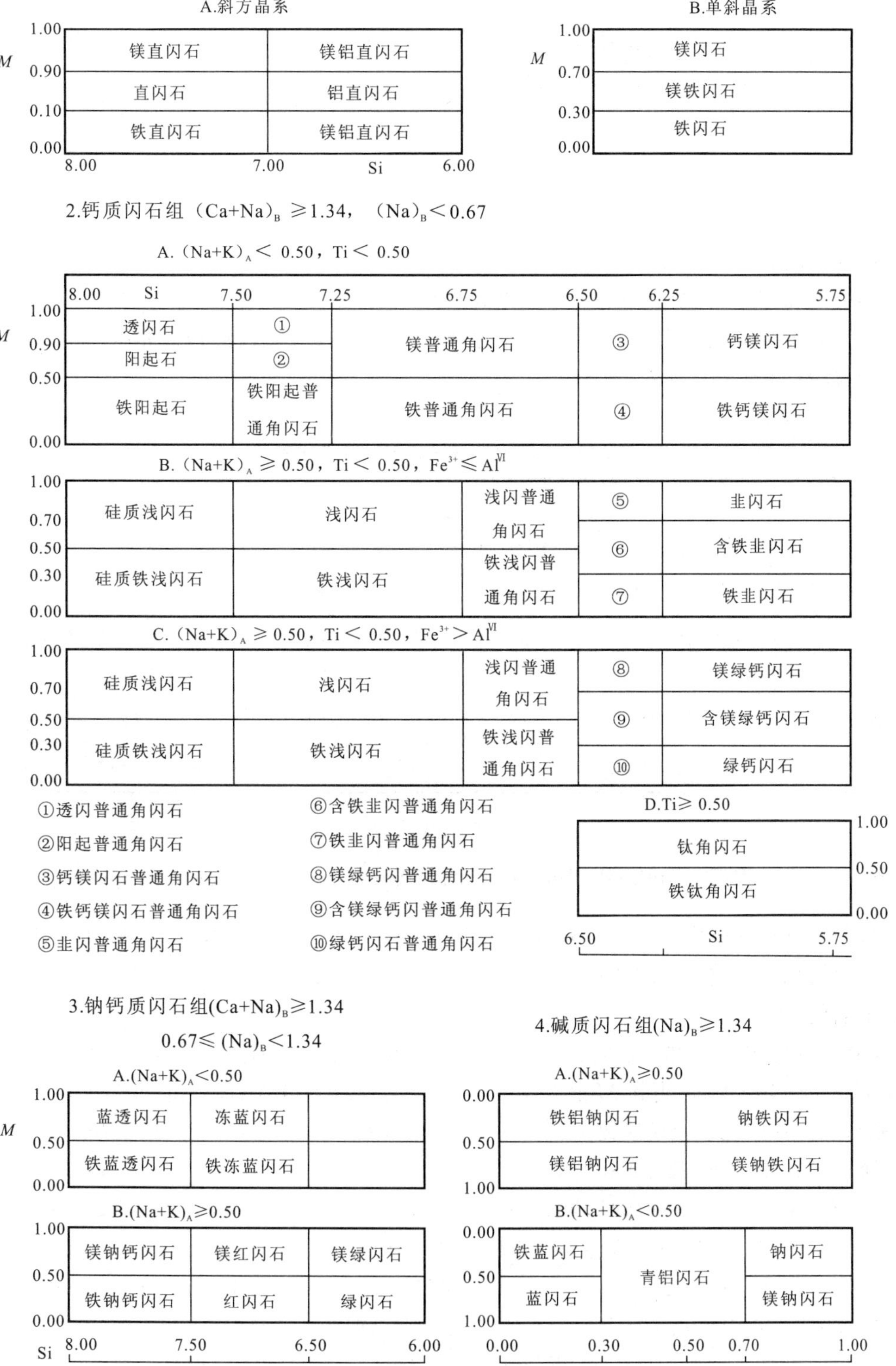

图 10－30　角闪石命名图

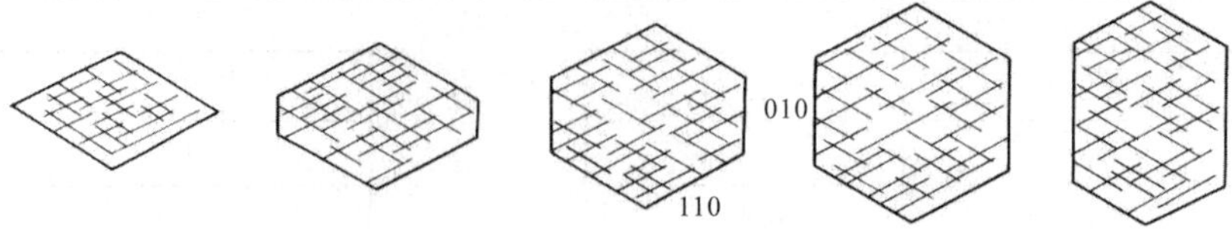

图 10－31　角闪石横切面解理图

性，仅碱性角闪石为负延性。

(6)可见以(100)为结合面的简单双晶和聚片双晶。

(7)绝大多数角闪石为二轴(－)，光轴角较大。仅镁铁闪石、浅闪石、韭闪石为二轴(＋)。角闪石与辉石的主要区别见表 10－4。

表 10－4　角闪石与辉石的主要区别

	角　闪　石	辉　　石
晶　　形	长柱状，横切面为菱形或近菱形的六边形	短柱状，横切面为正方形或正方形的八边形
解　　理	夹角为 56°与 124°	夹角为 87°与 93°
颜　　色	除少数不含铁者外，多数具较深的颜色和明显的多色性	除碱性辉石具多色性外，多数无色或呈极淡色调，无多色性
消　　光	除碱性角闪石外，多数的消光角($Ng\wedge c$)小于 25°	除碱性辉石外，多数的 $Ng\wedge c>25°$
光性符号及 2V	大多数光性符号为负，2V 较大	大多数光性符号为正，2V 中等

直闪石-铝直闪石　Anthophyllite－Gedrite　Антофиллит－Гедрит(　едрит)

直闪石 Anthophyllite 源自希腊 Anthophyllum，意为石竹(康乃馨)，反映了该矿物具有类似石竹的褐色、褐绿色。铝直闪石 Gedrite 是根据其首次发现地——法国比利牛斯山脉的 Gedre命名的。

成分　参见图 10－30。直闪石为含铝较少的铁镁质闪石，铝直闪石为含铝较多的(Al_2O_3 达 23.79%)铁镁质闪石，当其 M 值大于 0.9 或小于 0.1 时，分别冠以“镁”或“铁”前缀。

光性　薄片中无色或呈淡褐黄、淡绿色。铝直闪石具多色性：Ng＝黄、淡绿，Nm＝淡褐，Np＝淡褐。吸收性为 $Ng>Nm\geqslant Np$。

直闪石：$Np=1.598\sim1.647$，$Nm=1.616\sim1.651$，$Ng=1.623\sim1.664$，$Ng-Np=0.017\sim0.025$。正中突起。最高干涉色为Ⅰ级橙—Ⅱ级绿。

铝直闪石：$Np=1.642\sim1.674$，$Nm=1.651\sim1.681$，$Ng=1.658\sim1.691$，$Ng-Np=0.016\sim0.017$。正中—正高突起。最高干涉色为Ⅰ级橙。

直闪石-铝直闪石为平行消光，正延性。双晶少见。富镁者为二轴(－)，$2V=65°\sim90°$；富铁者为二轴(＋)，$2V=60°\sim90°$。光性方位见图 10－32。

变化　易变为蛇纹石和滑石。

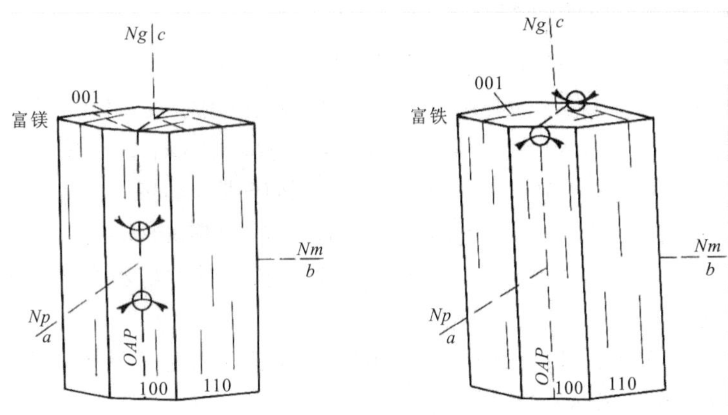

图 10－32　直闪石-铝直闪石光性方位

产状　直闪石-铝直闪石产于富镁的结晶片岩、片麻岩、蛇纹岩及白云岩同岩浆岩的接触带中，与镁铁闪石共生。此外，也可作为橄榄石的分解物包裹橄榄石。

鉴定　直闪石-铝直闪石以平行消光区别于单斜闪石；以干涉色较高、长柱状晶形、角闪石式解理区别于斜方辉石。

镁铁闪石　Cummingtonite　Куммингтонит

镁铁闪石 Cummingtonite 是据美国马萨诸塞州（麻省）的库明格东（Cummington）地名命名的。俄文按字母转译或按音译成 Куммигтонит。中文名称则是反映了它的化学成分。

成分　化学式为$(Mg,Fe^{2+})_7[Si_4O_{11}]_2(OH)_2$。成分与直闪石-铝直闪石有些相似，也属于铁镁质闪石，但二者的晶体形态不同。自然界中尚未发现铁闪石分子数小于 25％的镁闪石。

形态　属单斜晶系。晶体呈板状、柱状、针状、纤维状，集合体有时呈放射状。

光性　薄片中无色或呈淡色色调。含铁多时，微弱的多色性：Np、Nm＝无色或淡黄，Ng＝淡褐或淡绿。正中—正高突起。$Np=1.635\sim1.665$，$Nm=1.644\sim1.675$，$Ng=1.655\sim1.698$，$Ng-Np=0.020\sim0.030$。最高干涉色为Ⅰ级紫红—Ⅱ级黄。单斜角闪石式消光类型，$Ng\wedge c=15^\circ\sim20^\circ$。简单双晶和聚片双晶常见。二轴（＋），$2V=65^\circ\sim90^\circ$。光性方位见图 10－33。

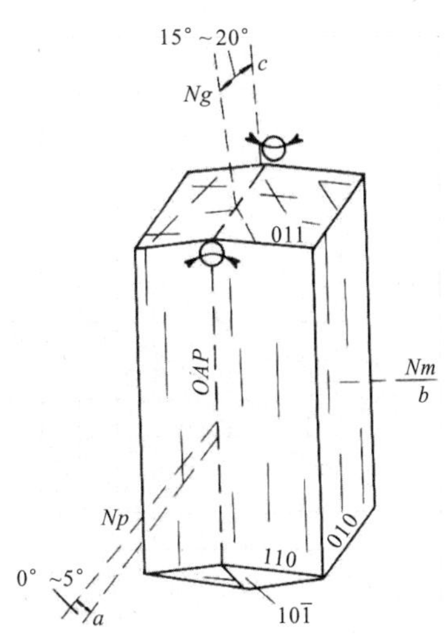

图 10－33　镁铁闪石光性方位

产状　镁铁闪石属变质矿物，主要产于与铁铜矿床有关的接触变质岩和某些结晶片岩中。

鉴定　以其斜消光和常见双晶区别于斜方角闪石；以其极淡色调、多色性不显著、正光性符号和特殊的产状区别于其他单斜角闪石。

铁闪石 Grunerite Грюнерит

铁闪石 Grunerite 以美国明尼苏达大学 E

. L. Gruner 的名字命名，以纪念他首次分析出铁闪石的化学成分。纤维状铁闪石形成的石棉叫铁石棉，铁石棉 Amosite 一词是由 Asbest Mains of South Africa（南非美因斯的石棉）一句话中各词的第一个字母组成的复合词或缩略词，俄文转译成 Амазит。高质量铁石棉的商业名称 Montasite 则与南非德兰士瓦省、美国匹兹堡的蒙大拿（Montana）矿山有关，俄文转译成 Монтазит。中文名称“铁闪石”则反映了其化学成分，“铁石棉”既反映了矿物的化学成分，也反映了矿物的形态。

成分 化学式为$(Fe^{2+},Mg)_7[Si_4O_{11}]_2(OH)_2$。含铁闪石分子数大于 70%，小于 70%者则过渡为镁铁闪石（图 10－34）。

形态 属单斜晶系。晶形与镁铁闪石相似。

光性 薄片中呈浅黄褐色。具多色性：Ng＝褐黄、绿，Nm＝浅黄、浅褐，Np＝浅黄、无色。吸收性为 $Ng>Nm\geqslant Np$。正高突起。$Np=1.665\sim1.696$，$Nm=1.675\sim1.709$，$Ng=1.698\sim1.729$，$Ng-Np=0.030\sim0.045$。最高干涉色为Ⅱ级黄—Ⅲ级绿。折射率和双折射率随含铁量增多而增大（图 10－34）。单斜角闪石式消光类型，$Ng\wedge c=10°\sim15°$。正延性。简单双晶和聚片双晶很常见。二轴（－），$2V=84°\sim90°$。光性方位见图 10－35。

变化 可变为褐铁矿。

产状 铁闪石是一种变质矿物，主要产于角闪片岩和铁矿附近的铁闪石片岩中。

鉴定 以其突起高、干涉色高、消光角较小及二轴（－）区别于镁铁闪石；以其突起和干涉色较高区别于阳起石。与普通角闪石的区别是，铁闪石的突起及干涉色较高，消光角较小，颜色较淡。

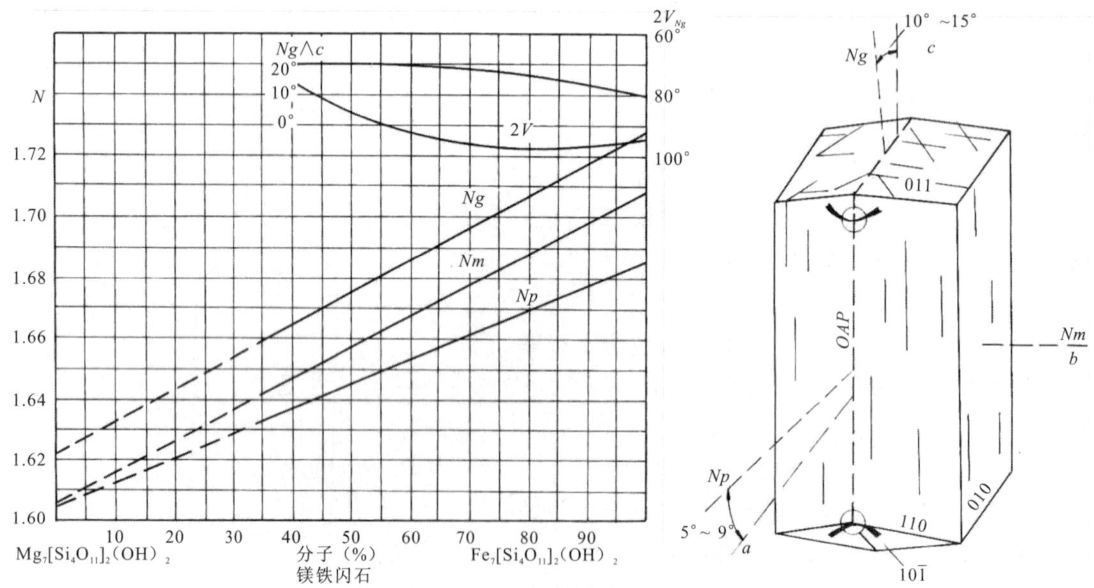

图 10－34 镁铁闪石-铁闪石的光性变化与成分的关系

（据 Bowen 和 Schairer，转引自穆斯豪斯，1986）

图 10－35 铁闪石光性方位

透闪石 Tremolite Тримолит

透闪石英文名称以瑞士圣哥达山系的一个叫 Temo 的地名命名。

成分 晶体化学式为 $Ca_2Mg_5[Si_4O_{11}]_2(OH,F)_2$。常含少量 Fe^{2+}，含铁闪石分子小于 10%，大于 10%则过渡为阳起石(图 10-30)。

形态 属单斜晶系。晶体呈长柱状、针状，常呈放射状、纤维状集合体。有时透闪石可代替辉石并呈其假象，此时，称其为**假象纤闪石**。

光性 薄片中无色。正中突起，$Np=1.600\sim1.619$，$Nm=1.613\sim1.630$，$Ng=1.624\sim1.640$，折射率随含铁量增多而增大，$Ng-Np=0.021\sim0.023$。最高干涉色为Ⅱ级蓝。单斜角闪石式消光类型，$Ng\wedge c=16°\sim21°$。正延性。简单双晶、聚片双晶常见。二轴(－)，$2V=83°\sim86°$。透闪石光性方位见图 10-36，透闪石成分与光性的关系见图 10-37。

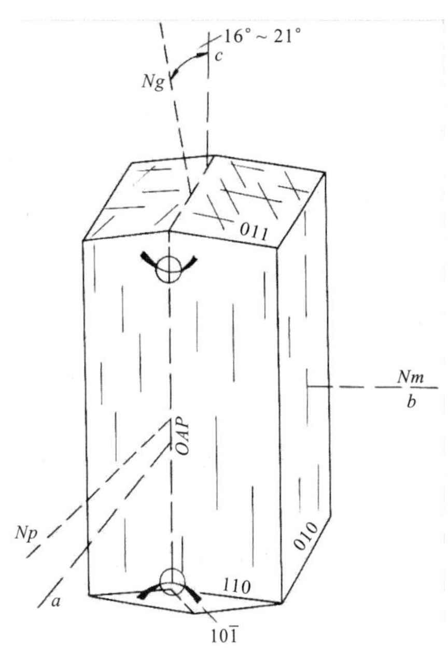

图 10-36 透闪石光性方位

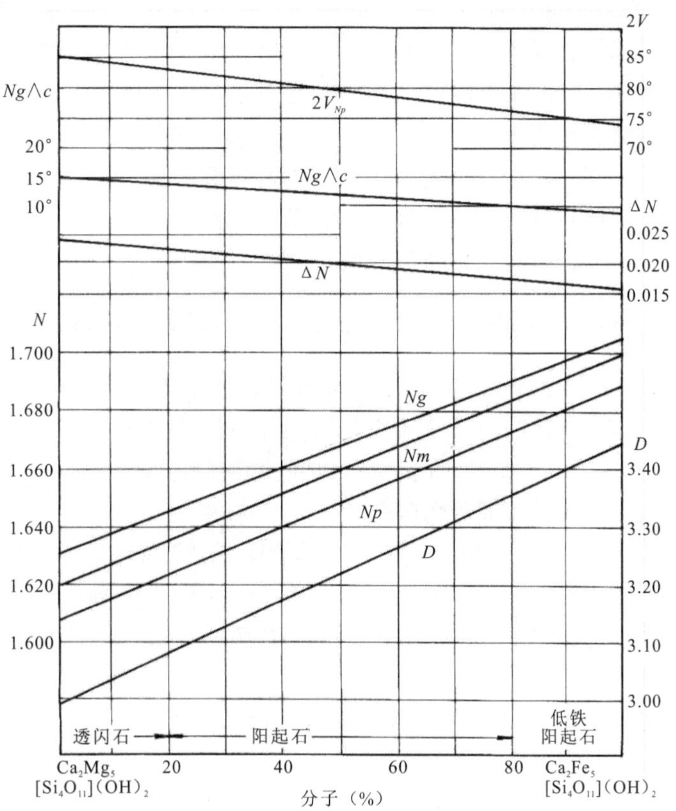

图 10-37 透闪石-阳起石系列成分与光性的关系

(特吕格，1971)

变化　易变为滑石。

产状　透闪石属变质矿物，主要产于透闪石大理岩和某些富镁的结晶片岩中，也是和田玉的主要造岩矿物。假象纤闪石产于超基性、基性岩中，是由辉石蚀变而成的。

鉴定　透闪石以其负光性符号区别于镁铁闪石；以其无色、突起较低、消光角大于15°区别于阳起石。

阳起石　Actinolite　Актинолит

阳起石英文名称源于希腊词Aktis（辐射、放射），以强调这种矿物常呈束状、放射状集合体。中文名称强调了该矿物的温肾壮阳功效，是我国古老中医药中的一味矿石药物，至今仍在应用。

成分　化学式为$Ca_2(Mg,Fe^{2+})_5[Si_4O_{11}]_2(OH,F)_2$，阳起石比透闪石含较多的$Fe^{2+}$，$M$值为0.9～0.5。$M$小于0.5者，为铁阳起石。

形态　属单斜晶系。晶体呈长柱状、针状，集合体呈放射状、纤维状。

光性　手标本上为鲜绿、褐绿、黄等色，一般不呈黑色、绿黑色；薄片中呈浅绿色。微弱多色性：Ng＝绿、浅绿，Nm＝浅黄绿，Np＝浅黄。正中突起。$Np=1.619\sim1.688$，$Nm=1.630\sim1.697$，$Ng=1.640\sim1.705$。随着含铁量的增高，多色性变得愈加明显，折射率也随之增大。$Ng-Np=0.023\sim0.027$。最高干涉色为Ⅱ级蓝—Ⅱ级绿。单斜角闪石式消光类型，$Ng\wedge c=10°\sim15°$。常见简单双晶和聚片双晶。二轴（－），$2V=65°\sim83°$。光性方位与透闪石类似。

产状　常产于金属矿脉附近，是早期矽卡岩和基性、中性岩浆岩中的普通辉石和透辉石经高温热液蚀变而成的，常与绿帘石伴生。此外，阳起石也产于绿片岩相的结晶片岩中。阳起石也是和田玉最主要的造岩矿物。

鉴定　以其浅绿色、弱多色性、消光角小区别于透闪石。

隐晶致密块状的阳起石岩或透闪石岩叫作**和田玉**。在显微镜下可以看出，和田玉是由无数交织成毡状的阳起石或透闪石晶体所组成的。

普通角闪石　Common hornblende　Обыкновенная роговая обманка

Hornblende（Роговая обманка）曾译为普通角闪石。但Hornblende一词包括普通角闪石、浅闪石—低铁浅闪石、钙镁闪石—铁钙镁闪石、韭闪石—铁韭闪石等，因此，中文名称“普通角闪石”应对应于英文的Common hornblende和俄文的Обыкновенная обманка，意指该矿物是岩浆岩、变质岩中最常见、最普通的角闪石。

成分　化学式为$(Ca,Na)_{2\sim3}(Mg,Fe^{2+},Fe^{3+},Al)_5[(Al,Si)_4O_{11}](OH)_2$，化学成分变化范围大。按IMA－CNMMN命名法，普通角闪石不是一个独立的种属，它包含许多亚种。使用此命名法时，要在普通角闪石（Hornblende）之前冠以前缀。自然界多见镁普通角闪石（Magnesiohornblende）。

形态　属单斜晶系。晶体多呈长柱状、杆状、针状，偶呈短柱状、纤维状。具角闪石式解理。

光性　手标本上多呈暗绿色、暗褐—黑色；薄片中呈绿色、褐色。中性、酸性侵入岩中的普通角闪石（低温型）多为绿色，多色性为：Ng＝深绿、蓝绿，Nm＝绿、黄绿，Np＝淡绿、淡黄绿。基性、超基性侵入岩及火山岩中的角闪石（高温型）多为褐色，多色性为：Ng＝暗褐、红褐，Nm

=褐，Np=浅褐；吸收性为 $Ng>Nm>Np$。正中—正高突起。$Np=1.620\sim1.618$，$Nm=1.630\sim1.691$，$Ng=1.638\sim1.701$，$Ng-Np=0.018\sim0.020$。最高干涉色为Ⅰ级橙红—Ⅱ级蓝，由于颜色的叠加，致使干涉色不鲜艳。单斜角闪石式消光类型，$Ng\wedge c=12°\sim24°$，但通常在20°左右。结合面为(100)的简单双晶和聚片双晶常见。二轴(−)，$2V=52°\sim89°$，但多数为66°～85°。光性方位见图10-38。

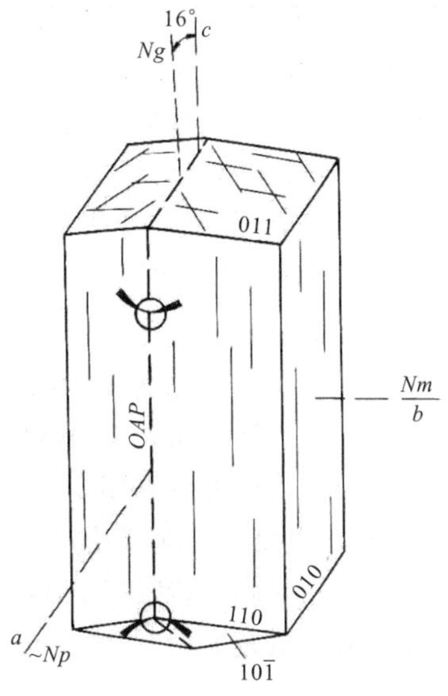

图10-38　普通角闪石光性方位

变化　易变为绿泥石、绿帘石、碳酸盐、纤维状阳起石、黑云母、绢云母、石英、磁铁矿等。

产状　普通角闪石分布很广：①各类岩浆岩中均有产出，但最常见于中性、中酸性岩中，如闪长岩、正长岩、花岗闪长岩及其相应的火山岩等，在火山岩中多以斑晶产出；②普遍产于角闪片麻岩、角闪片岩、斜长角闪岩以及变粒岩、角闪大理岩等变质岩中；③沉积重砂中也有普通角闪石碎屑。

鉴定　普通角闪石以其长柱状晶形、角闪石式解理、多色性明显、消光角一般小于25°、负光性符号等区别于普通辉石。普通角闪石与阳起石的区别：①手标本上，前者为黑色、绿黑色，后者不呈黑色，而呈绿、黄、褐等色；②在薄片中，前者呈褐色或绿色，颜色较深，多色性明显，而后者呈淡绿色，多色性微弱，从不呈褐色，即呈褐色者一定不是阳起石；③前者干涉色比后者略低；④前者为岩浆岩矿物或中高级变质矿物，而后者为热液蚀变矿物或浅变质矿物。

浅闪石　Edenite　Эденит

浅闪石英文名称源自纽约的Edenvill(地名)。中文名称有可能是因其薄片中的颜色比普通角闪石较浅(淡色调—无色)的缘故。

成分　化学式为 $NaCa_2(Mg,Fe^{2+})_5[(Si_7Al)O_{22}](OH)_2$，$M>0.5$。$M<0.5$ 者称铁浅闪石(图10-30)。

形态　属单斜晶系。晶体呈柱状。

光性　手标本上多呈褐色；薄片中无色。正中突起。$Np=1.606\sim1.649$，$Nm=1.617\sim1.660$，$Ng=1.631\sim1.672$，$Ng-Np=0.016\sim0.023$。最高干涉色为Ⅰ级橙—Ⅱ级蓝。斜消光。$Ng\wedge c=17°\sim27°$，通常为20°左右。二轴(+)，$2V=52°\sim83°$，$2V$ 通常小于75°。

产状　产于含硬玉的钠长岩和其他富钠的岩浆岩中，也产于白云质灰岩与岩浆岩的接触带中。

鉴定　以其正光性符号区别于透闪石；以其角闪石式解理、干涉色较低、消光角较小区别于单斜辉石。

韭闪石　Pargasite　Паргасит

韭闪石英文名称是以其首次发现地——芬兰的Pargas(地名)命名。中文名称则是因为它常呈韭绿色。

成分 化学式为 $NaCa_2Mg_4Al[(Si_6Al_2)O_{22}](OH)_2$，化学成分中含有 Fe^{2+}，$M \geqslant 0.70$。$0.70 > M \geqslant 0.30$ 者，称含铁韭闪石；$M < 0.30$ 者称铁韭闪石(图 10-30)。

形态 属单斜晶系。晶体呈长柱状。

光性 手标本上呈韭绿色、褐色；薄片中多为无色，有时具淡绿色调和弱多色性。正中突起。$Np = 1.613 \sim 1.662$，$Nm = 1.618 \sim 1.668$，$Ng = 1.635 \sim 1.677$，$Ng - Np = 0.015 \sim 0.022$。最高干涉色为Ⅱ级蓝。单斜角闪石式消光类型，$Ng \wedge c = 25° \sim 30°$。可见简单双晶和聚片双晶。二轴(+)，$2V = 60° \pm$。光性方位见图 10-39。

产状 主要产于白云质灰岩与岩浆岩的接触带中。

鉴定 韭闪石与浅闪石相似，但韭闪石具淡颜色和微弱多色性，消光角较大。韭闪石与镁铁闪石也很相似，可根据其折射率和产状加以区分。

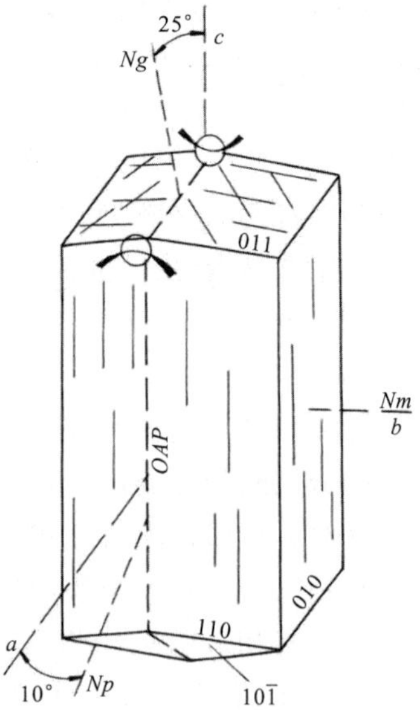

图 10-39 韭闪石光性方位

氧角闪石 Oxyhornblende Оксироговообманка

成分 为含 TiO_2 和 Fe_2O_3 较多的钙质闪石，旧称**玄武闪石**，相当于 IMA-CNMMN 的镁绿钙闪石或含镁绿钙闪石。当含 TiO_2 高时，便过渡到钛角闪石。

形态 属单斜晶系。晶体呈较自形的长柱状。薄片中常见熔蚀现象和暗化边。

光性 薄片中多呈褐色(图版Ⅷ-3)。多色性、吸收性都明显，Np＝黄色，Nm＝深褐，Ng＝深红褐。正高突起。$Np = 1.667 \sim 1.693$，$Nm = 1.679 \sim 1.730$，$Ng = 1.688 \sim 1.760$，$Ng - Np = 0.019 \sim 0.068$。最高干涉色为Ⅲ—Ⅳ级。单斜角闪石式消光类型。消光角较小，$Ng \wedge c = 0° \sim 18°$，通常小于 10°。二轴(−)，$2V = 65° \sim 85°$。光性方位与钛角闪石相似。

产状 主要产于安山岩、安山玄武岩、粗面岩中，多以斑晶产出。

鉴定 以其较浓的褐红色多色性、较高的干涉色及较小的消光角区别于普通角闪石。

钛角闪石 Kaersutite Ķерсутит

钛角闪石的英语名称源自北格陵兰的 Kaersute(地名)。中文名称反映了矿物的化学成分富含钛。

成分 化学式为 $NaCa_2Mg_4Ti[(Si_6Al_2)O_{22}](O,OH)_2$，含有少量 Fe^{2+}、Fe^{3+} 等，比氧角闪石含有更多的(7%～10%)TiO_2，$Ti \geqslant 0.50$，$M \geqslant 0.50$。$M < 0.50$ 者称铁钛角闪石。

形态 属单斜晶系。晶体多呈自形短柱状。角闪石式解理和{100}、{001}裂理。

光性 薄片中呈褐色，常带蓝色色调。多色性：Np＝浅黄褐，Nm＝红褐，Ng＝暗红褐。正高突起。$Np = 1.667 \sim 1.689$，$Nm = 1.680 \sim 1.741$，$Ng = 1.691 \sim 1.772$，$Ng - Np = 0.024 \sim 0.083$。最高干涉色为Ⅱ级—Ⅳ级。单斜角闪石式消光类型，消光角 $Ng \wedge c = 10°$。二轴(−)，$2V = 75° \sim 85°$。光性方位如图 10-40。

产状 主要产于碱性的中基性岩中，如碧玄岩、沸煌岩、粗面玄武岩、粗面安山岩等，与钛辉石、钛黑云母、钛铁矿等富钛的矿物共生。

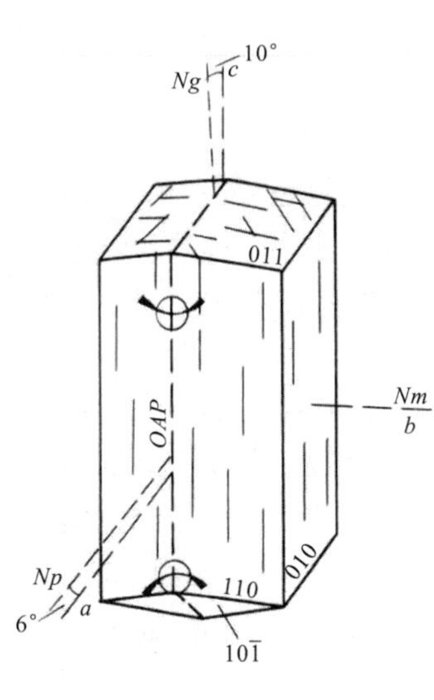

图 10-40 钛角闪石光性方位

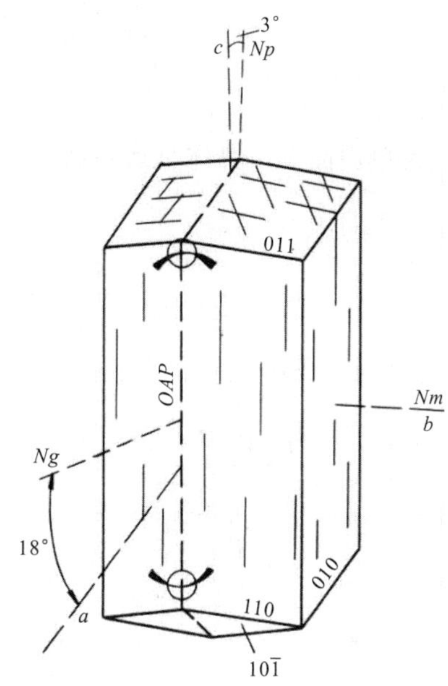

图 10-41 钠闪石光性方位

钠闪石 Riebeckite Рибекит

钠闪石的英文名称 Riebeckite 是以 I. Riebeck 的名字命名的。中文名称强调其化学成分富含钠。

成分 化学式为 $Na_2Fe_3^{2+}Fe_2^{3+}[Si_4O_{11}]_2(OH)_2$，含少量 Mg、Ca、Al 等，是富 Na、$Fe^{3+}$ 的碱性角闪石。

形态 属单斜晶系。晶体常呈长柱状、针状、纤维状。纤维状变种又称**青石棉**。

光性 薄片中呈蓝色。多色性：Np=深蓝，Nm=蓝，Ng=浅黄绿。吸收性为 $Np>Nm>Ng$，为明显的反吸收。正高突起。$Np=1.685\sim1.695$，$Nm=1.687\sim1.697$，$Ng=1.689\sim1.699$，$Ng-Np=0.004$。最高干涉色多为Ⅰ级灰，由于本身颜色较深，看起来也呈蓝色调。消光角($Np\wedge c$)很小，多在 5°左右，一般不超过 10°。负延性。简单双晶少见。二轴(－)，$2V=80°\sim90°$。光性方位见图 10-41。

变化 常变为褐铁矿和磁铁矿。

产状 主要产于富钠的碱性正长岩、霞石正长岩、碱性花岗岩及相应的火山岩中，在某些碱性的变质岩中也有产出。

鉴定 以其特征的蓝色、反吸收性、负延性区别于非碱质角闪石；以其负延性区别于蓝闪石。细小针状、柱状钠长石，其解理纹难以看清，易与电气石混淆。二者的相同点：均为负延性，多色性相似；二者的不同点：钠闪石针状、柱状长轴与 $PP(/\!/Np)$ 一致时为深色调，而电气石针状、柱状长轴与 $PP(/\!/Ne)$ 一致时为浅色调。

钠铁闪石 Arfvedsonite Арфведсонит

钠铁闪石的英文名称 Arfvedsonite 是以瑞典化学家 Arfvedson 教授的名字命名的。其中文名称则反映了矿物的化学成分。Arfvedsonite 后来也译作亚铁钠闪石，但没有“钠铁闪石”

上口，且以前文献中大多以“钠铁闪石”相称，故本书仍采用此名称。

成分　化学式为 $Na_3Fe_4^{2+}Fe^{3+}[Si_4O_{11}]_2(OH)$，含少量 Ca、Mg、Al 等，比钠闪石更富含 Na、Fe^{2+}、Al，而少 Fe^{3+}。

形态　属单斜晶系。晶体呈短柱状、板状。

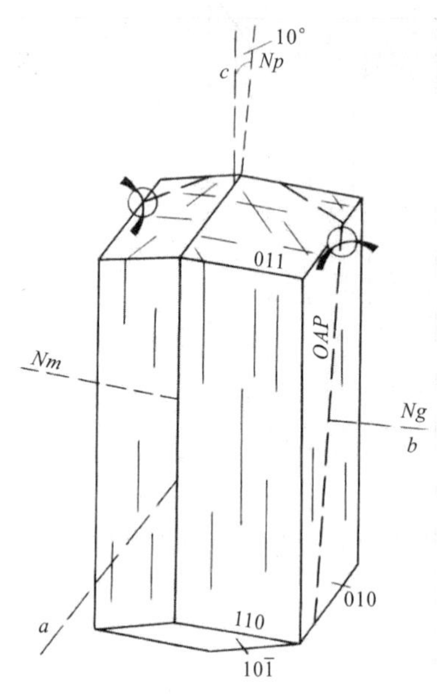

图 10-42　钠铁闪石光性方位

光性　薄片中呈黄绿色、灰紫色。多色性显著：Np＝深绿、深蓝绿，Nm＝蓝绿、灰紫，Ng＝黄绿、灰蓝。多数为反吸收，少数为正吸收。正高突起。$Np=1.702$，$Nm=1.705$，$Ng=1.707$，$Ng-Np=0.005$。最高干涉色为Ⅰ级灰白，有时较高，可达Ⅰ级黄，但往往被本身颜色所掩盖。多数为斜消光。消光角 $Np \wedge c=5°\sim20°$，多数大于 10°。负延性。简单双晶少见。二轴(－)，$2V=30°\sim70°$。光性方位见图 10-42。

产状　主要产于碱性花岗岩、正长岩和霞石正长岩中。

鉴定　钠铁闪石在光性、次生变化和产状上都与钠闪石很相似，其区别是：钠铁闪石消光角较大，干涉色较高，沿 Np 方向有时呈绿色，而钠闪石沿 Np 方向只能显蓝色。绿色钠铁闪石与霓石的区别是：①它们的解理夹角不同；②钠铁闪石的突起较低，消光角略大。钠铁闪石的光性方位也很特别，为 $Ng /\!/ b$，$OAP \perp (010)$。

蓝闪石　Glaucophane　Глаукофан

蓝闪石英文名称源于希腊词 Graukos（天蓝—绿色）和 Phainesthai（呈现），意为该矿物呈现特征的天蓝色。其中文名称按英文词意译而成。

成分　化学式为 $Na_2Mg_3Al_2[Si_4O_{11}]_2(OH)_2$，富含 Al。

形态　属单斜晶系。晶体呈柱状、粒状、纤维状。

光性　薄片中呈蓝色或紫色。多色性显著：Np＝淡黄绿、淡蓝，Nm＝蓝、红紫，Ng＝深天蓝。正吸收性明显。正中突起。$Np=1.595$，$Nm=1.614$，$Ng=1.620$，$Ng-Np=0.025$。最高干涉色为Ⅰ级黄—Ⅱ级蓝，由于本身颜色叠加，总显蓝紫色调。消光角 $Ng \wedge c=4°\sim14°$，多数为 4°～6°；近于平行消光。正延性。二轴(－)，光轴角变化范围大，多数在 45°左右。光性方位见图 10-43。

变化　可变为阳起石、绿泥石等。

产状　属高压矿物，主要产于蓝闪片岩、片麻岩、榴辉岩及其他结晶片岩中，常与绿辉石、硬柱石、多硅白云母等共生。

鉴定　以特征的天蓝色、较低的突起区别于普通角闪石类。以其正延性区别于钠闪石、钠铁闪石。以较低的突起、明显的多色性、角闪石式解理、与高压变质矿物共生区别于碱性辉石。

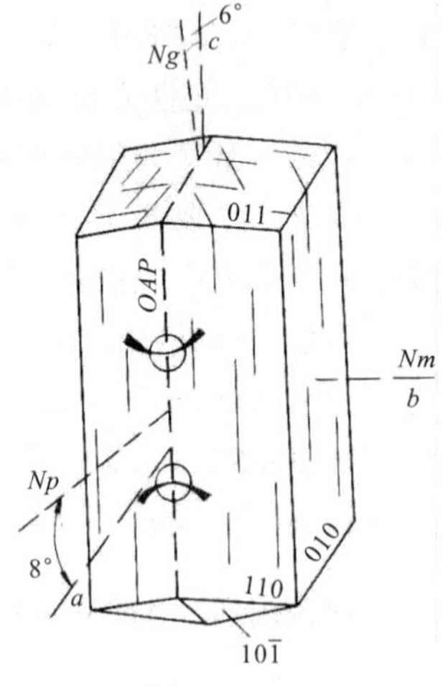

图 10-43　蓝闪石光性方位

青铝闪石　Crossite　Кроссит

青铝闪石 Crossite 以美国地矿局克劳斯(Cross)的名字命名。中文名称则反映了该矿物在手标本上多为青色、化学成分上较富含铝。

成分　化学式为 $Na_2(Mg,Fe)_3(Al,Fe)_2[Si_8O_{22}](OH)_2$，比蓝闪石含较多的 Fe 和较少的 Al，成分上介于蓝闪石与镁钠闪石之间(图 10－30)。

形态　单斜晶系，形态与蓝闪石类似。

光性　具较明显的多色性，无色、淡绿色—紫蓝色。正中—正高突起。$Np=1.642$，$Nm=1.656$，$Ng=1.657$，$Ng-Np=0.004\sim0.015$。最高干涉色Ⅰ级橙。延性有正有负。光性方位为 $Ng /\!/ b$，$Nm \wedge c=5°\sim9°$，$OAP \perp (010)$。二轴(－)，$2V=0\sim40°$。

产状　与蓝闪石类似，产于高压、超高压变质岩中，是蓝闪片岩的主要造岩矿物、与其他高压变质矿物共生，也产于硬玉岩或翡翠中。

第四节　云母族

云母属于层状硅酸盐，其化学成分通式为 $R_1R_2[AlSi_3O_{10}](OH,F)_2$，$R_1$＝K、Na、Li 以及 Rb 等，$R_2$＝Mg、$Fe^{2+}$、Al 以及 Mn、$Fe^{3+}$、Cr、V 等。

云母 Mica 一词源自拉丁语 Micare(闪光)，因为云母解理面上呈现强烈的珍珠光泽。中文名称“云母”出自《荆南志》：华容方台山出云母，土人候云所出之所，于下掘取，无不大获……据此，则此石乃云之根，故得云母之名[①]。

按化学成分和光性方位，将云母族划分为三个亚族：

• 白云母亚族。阳离子主要为 K、Na 和 Al。光性方位为 $Ng /\!/ b$，$OAP \perp (010)$。(－)$2V=35°\sim40°$。主要种属有：

白云母　$KAl_2[AlSi_3O_{10}](OH)_2$

钠云母　$NaAl_2[AlSi_3O_{10}](OH)_2$

• 黑云母亚族。阳离子主要为 K 和 Mg、Fe^{2+}。光性方位为 $Nm /\!/ b$，$OAP /\!/ (010)$。(－)$2V=0°\sim10°$。主要种属有：

金云母　$KMg_3[AlSi_3O_{10}](OH)_2$

黑云母　$K(Mg,Fe)_3[AlSi_3O_{10}](OH)_2$

铁云母　$KFe_3[AlSi_3O_{10}](OH)_2$

• 锂云母亚族。阳离子主要为 K、Li、Al 和 Fe^{2+}。光性方位与黑云母亚族类似，大多数为 Nm 近于平行 b，$OAP /\!/ (010)$。主要种属有：

锂云母　$KLi_{1.5}Al_{1.5}[AlSi_3O_{10}](F,OH)_2$

铁锂云母　$KLiFe^{2+}Al[AlSi_3O_{10}](F,OH)_2$

云母族矿物具有如下一些共同特征：

(1)属单斜晶系。晶体呈假六方形板状、柱状，集合体呈鳞片状、叶片状。{001}解理极完全，沿解理可分裂成极薄的叶片，叶片可弯曲并具弹性。解理面上具珍珠光泽。

① 北京大学地质数字博物馆

(2)在薄片中,常见云母为长条形的,少见近正六方形等轴状者。近正六方形切面上,见不到解理纹,无多色性,无闪突起。长条形切面上,可见细、密、直而长的极完全解理纹,有色云母在该切面上的多色性、吸收性极为明显,无色云母则表现出明显的闪突起。

(3)长条形切面近于平行消光,正延性。

(4)均属二轴(－),$Bxa \perp (001)$。在(001)面上,可见完整的垂直 Bxa 干涉图。

各种云母,主要是根据颜色、突起(折射率)和 $2V$ 加以区分(图 10－44)。

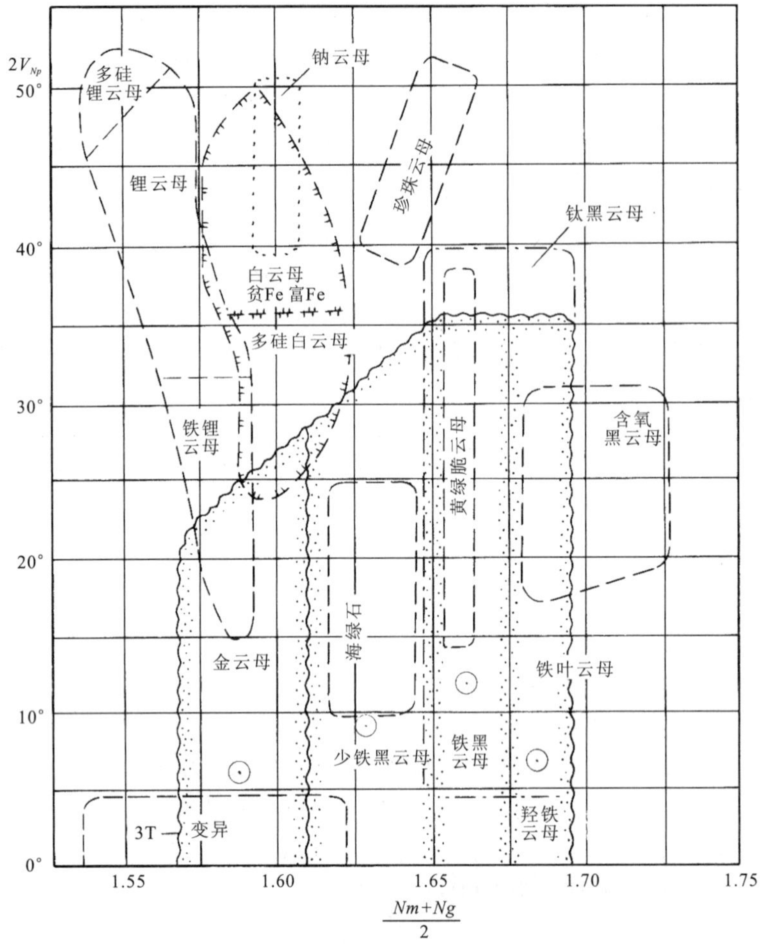

图 10－44 云母族矿物的光性和种属

(据特吕格,1971)

白云母 Muscovite Мусковит

白云母 Muscovite 一词直译为"莫斯科石"。古俄罗斯时乌拉尔一带盛产大片的白云母,用以当窗户玻璃并出口到西欧。西欧人把古俄罗斯称为莫斯科国,从而把来自俄罗斯的白云母称为"莫斯科石"。因矿物颜色为无色、白色或淡色,中文名称为"白云母"。

成分 常含有 Na、Mg、Fe、Cr 和 V 等。

形态 属单斜晶系。晶体呈假六方形或菱形板状、柱状,集合体呈鳞片状。

光性 手标本上多为无色、白色,有时为浅褐、浅绿色;薄片中多为无色,有时显淡褐(含

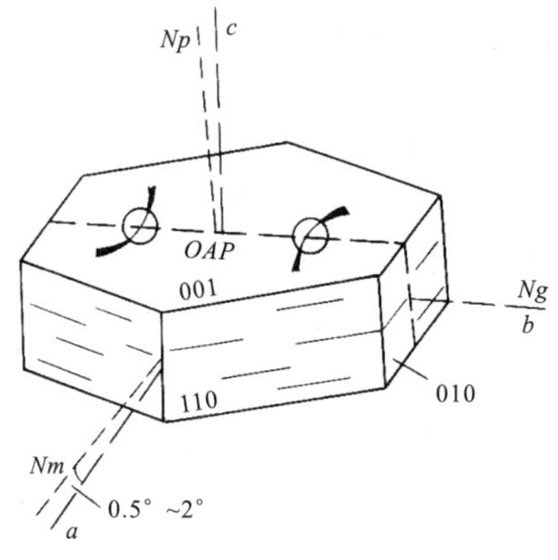

图 10-45 白云母光性方位

铁)、淡绿(含铬)、淡褐绿(含钒)。正低—正中突起。$Np=1.552\sim1.570$，$Nm=1.582\sim1.619$，$Ng=1.588\sim1.624$，$Ng-Np=0.036\sim0.054$。平行(001)切面:不见解理纹,正中突起。干涉色为Ⅰ级灰—Ⅰ级黄,可见垂直 *Bxa* 干涉图。垂直(001)切面:切面呈长方形,其上可见一组解理纹,当解理纹平行下偏光振动方向时,糙面显著;当解理纹垂直下偏光振动方向时,糙面消失,从而表现出明显的闪突起;最高干涉色为Ⅱ级顶部—Ⅲ级,鲜艳夺目;近于平行消光。二轴(−),$2V=30°\sim45°$。光性方位见图10-45。若在平行解理面的切面上测出 *Ng* 和 2*V*,并将其投到图10-46上,便可确定出白云母的端元组分。

产状 白云母是云母片岩、云英岩、千枚岩及片麻岩的主要造岩矿物。作为岩浆岩矿物,它主要产于酸性岩中,如白云母花岗岩、二云母花岗岩、花岗伟晶岩、花岗细晶岩等。也可在砂岩中呈碎屑产出。

鉴定 白云母与滑石、叶蜡石有些相似。与滑石的区别是:①白云母 2*V* 中等,而滑石 2*V* 极小;②白云母与石英、长石共生,而滑石是富镁矿物的蚀变产物,常与橄榄石、辉石、蛇纹石等富镁矿物伴生。白云母以其 2*V* 较小区别于叶蜡石。与透闪石的区别在于白云母仅具一组解理,突起较低,平行消光,2*V* 较小。

白云母还有下列亚种(或变种),对于岩矿鉴定和宝玉石鉴定是比较重要的。

绢云母 Sericite Серицит

绢云母是一种细小鳞片状的白云母,化学成分可能比白云母含 K_2O 略少,而含 H_2O 略多。

绢云母的形态和光性与白云母很相似。集合体呈鳞片状。手标本上呈灰、浅黄、浅绿色,具丝绢光泽。干涉色比白云母略低,2*V* 可能略小。由于无数的鳞片方位不同,造成干涉色各异,蓝、绿、黄、橙、红干涉色交织在一起,争鲜夺艳,十分美观——这是正交镜下识别绢云母的重要特征。

绢云母是一种分布很广的蚀变矿物,主要由原生铝硅酸盐矿物,如斜长石、钾长石、霞石、堇青石、蓝晶石、红柱石、黄晶、刚玉以及电气石、绿柱石、锂辉石、方柱石等经绢云母化而成。其次,风化作用也能形成绢云母。

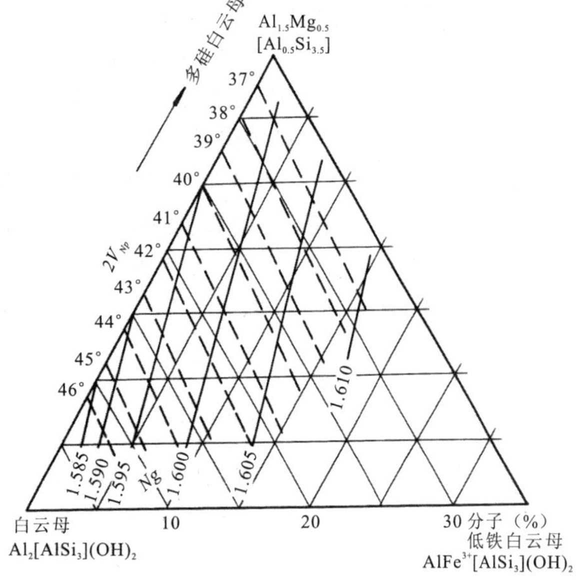

图 10-46 白云母系列成分与光性的关系
(Volk,1939)

多硅白云母 Phengite Фенгит

多硅白云母是一种富 Si 的白云母亚

种。白云母分子式中的四次配位的硅原子数增加而大于 3，四次配位的 Al 减少；相应地引起六次配位的 Al 也部分被 Fe^{2+}、Mg 代替，从而形成多硅白云母。多硅白云母的晶体结构式为 $K(Al_{2-x}(Mg,Fe)_x)[Al_{1-x}Si_{3+x}O_{10}](OH)_2$。

多硅白云母与白云母、钠云母在形态、光性上较相似，区别是：多硅白云母的折射率略小、突起略低，$Np=1.547\sim1.571$，$Nm=1.584\sim1.610$，$Ng=1.587\sim1.612$；干涉色略高，$Ng-Np=0.040\sim0.041$（前面白云母所列的 $Ng-Np$ 包括部分多硅白云母）；2V 较小，(－)$2V<35°$，有的（3T 型白云母）接近 0°，而白云母的 2V 一般都大于 35°，这是显微镜下鉴定的重要依据；属高压变质矿物，与其他高压变质矿物共生。

X 光粉晶衍射法是鉴定多硅白云母的有效方法，白云母的 b 轴长度（$b=6\cdot d_{060}$）随变质压力的增大而增长，是变质压力计。①

铬白云母或铬云母 Fuchsite Фуксит

铬白云母或铬云母和铬硅云母或铬多硅白云母（Mariposite Марипозит）是一种含 Cr 的白云母亚种。含铬白云母亚种的特征光性是具有无色、淡绿色—深蓝绿色多色性，其他光性与白云母类似。铬云母产于橄榄岩类变质的菱镁岩、石英菱镁岩中，与菱镁矿、滑石、白云石、方解石等共生，铬云母在手标本上呈翠绿色，即使含量不多也会使整个岩石变成翠绿色—淡翠绿色。铬云母也少见于白云石大理岩、云母片岩、刚玉片岩中。一些玉石（如绿独玉、东陵玉）中也含有铬云母。

钠云母 Paragonite Парагонит

钠云母英文名称源自希腊词 Paragon（被骗），因为它开始被错误地认成滑石。中文名称则是因化学成分富钠。

成分　含少量 K、Ti、Ca 及 Fe^{3+}。

形态　单斜晶系。晶体呈假六方形板状、柱状；集合体呈鳞片状。

光性　手标本上为无色、淡黄、淡绿色；薄片中多为无色。正低突起—接近正中突起，闪突起不如白云母明显。$Np=1.564\sim1.580$，$Nm=1.594\sim1.609$，$Ng=1.600\sim1.609$，$Ng-Np=0.029\sim0.036$。最高干涉色为Ⅱ级黄—Ⅱ级紫红。平行消光，正延性。二轴（－），$2V=40°\sim50°$。光性方位与白云母类似。

产状　产于钠质碱性岩的蚀变岩中及钠质交代形成的蚀变岩中，也产于云母片岩中。以前认为钠云母是一种稀少的矿物，但很多情况下可能把它当成了白云母，因为二者光性很相似。

鉴定　与白云母极为相似，二者的区别是：闪突起比白云母稍弱；干涉色比白云母略低；产于钠质岩石中、与富钠矿物共生。若初步鉴定为钠云母，最好进一步做染色试验和电子探针分析准确确定。

黑云母 Biotite Биотит

黑云母 Biotite 是以 19 世纪时法国物理学家、化学家让·比奥特（Biot）的名字命名的。因该矿物在手标本上多呈黑色、褐黑色，我国称其为黑云母。

① 叶大年，造岩矿物概论，河北省地质局科技情报室，1977

成分　含有少量 Ca、Na、Ti、Mn 及微量 Ba、Sr、V、Cr、Li、Cs 等。

形态　属单斜晶系。晶体呈假六方形板状(图版Ⅲ-3)、短柱状,集合体呈叶片状、鳞片状。

光性　按薄片中的颜色,有两类黑云母:一类是绿色、褐绿色黑云母,产于中性、酸性侵入岩中和低温变质岩中,结晶温度较低,为低温型黑云母,简称黑云母;另一类为褐色、褐红色黑云母,产于超基性、基性侵入岩中和火山岩、超浅成岩、高温变质岩中,结晶温度较高,为高温型黑云母,最好冠以“褐色”字头,称为褐色黑云母。绿色黑云母的颜色为:Np=浅黄绿色,Nm、Ng=深草绿色、深褐绿色。褐色黑云母的颜色为:Np=浅黄褐色,Nm、Ng=深褐色、深红褐色。绿色黑云母和褐色黑云母的多色性和吸收性都很明显,吸收性为 $Ng \geqslant Nm > Np$。正中—正高突起。$Np=1.571\sim1.616$,$Nm=1.609\sim1.696$,$Ng=1.610\sim1.697$,$Ng-Np=0.039\sim0.081$。最高干涉色可达Ⅲ级以上,但由于本身颜色较深,干涉色调不鲜艳。近于平行消光。正延性。二轴(−),$2V$ 很小($0°\sim30°$),多数近于 0°。光性方位见图 10-47。

黑云母的折射率随着含铁量增多而增大。若测出其 Ng,可通过图 10-48 确定出黑云母的 $FeO+2(Fe_2O_3+TiO_2)$ 含量。如果能同时测出 Ng、Np,算出双折射率(ΔN),通过图 10-49 可确定出黑云母系列的端元组分和种属名称。

变化　常变为绿泥石、绢云母和绿帘石。含钛黑云母蚀变时,可析出金红石、磁铁矿、细粒钛铁矿和榍石。火山岩中黑云母斑晶常具暗化边。

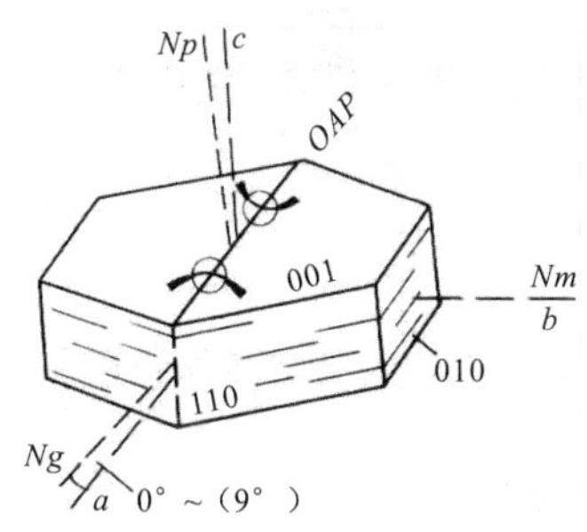

图 10-47　黑云母光性方位

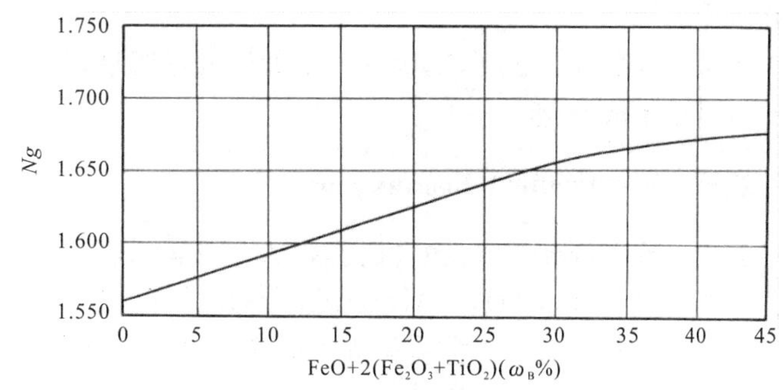

图 10-48　黑云母的 Ng 与成分的关系

(海因里希,1965)

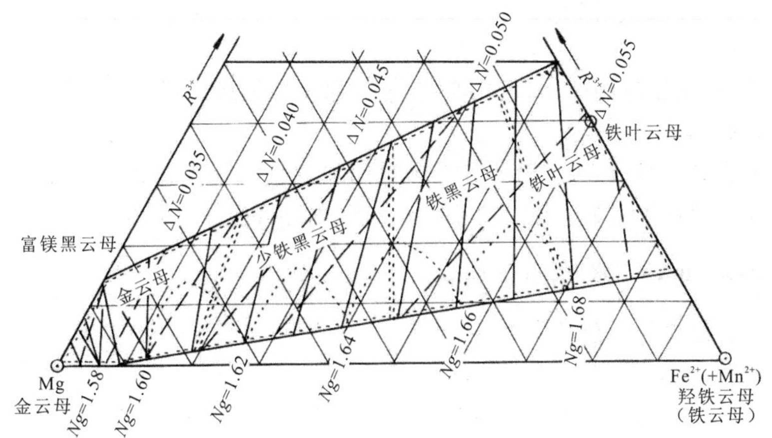

图 10-49　黑云母系列的成分与光性的关系

(特吕格,1971)

产状　常见于花岗岩、正长岩、花岗闪长岩、云母煌斑岩等岩石中，也产于其他岩浆岩中，还广泛产于云母片岩、片麻岩等变质岩中。

鉴定　片状、一组极完全解理、多色性明显、吸收性很强、平行消光，$2V$ 很小，是该矿物的鉴定特征。黑云母与普通角闪石有些相似，其区别是：①前者为片状，具一组解理，后者为柱状，具两组解理，夹角为 56°、124°；②前者多色性明显，尤其是吸收性比后者明显得多；③前者为平行消光，而后者为斜消光；④前者最高干涉色在Ⅲ级以上，而后者最高干涉色在Ⅱ级低部；⑤前者 $2V$ 极小，近于一轴晶，而后者 $2V$ 较大。

水黑云母　Hydrobiotite　Гидробиотит

成分　$K_{1-x}(H_2O)_x\{(Mg,Fe^{3+})_3\}[AlSi_3O_{10}](OH)_{2-x}(H_2O)x\}$，是黑云母与蛭石的无序混层物。

形态　单斜晶系。晶体呈假立方板状、片状。一组极完全解理。

光性　手标本上褐色、浅褐色，显微镜下无色—浅褐色、浅黄褐色，$Ng=Nm=$浅褐色、浅黄褐色，$Np=$无色，吸收性为 $Ng \geqslant Nm > Np$。正低突起，$Ng=Nm=1.582$，$Np=1.545$，$Ng-Np=0.037$。最高干涉色达Ⅱ级顶部。(－)$2V$ 近于 0°。

产状　黑云母蚀变、风化的第一阶段产物，继续变化，则变成蛭石。产于热液蚀变岩、低级风化岩中。

鉴定　颜色比黑云母浅，吸收性不如黑云母明显，突起、干涉色比黑云母低，交代黑云母、与黑云母交生或互生。

蛭石　Vermiculite　Вермикулит

英文名称 Vermiculite 源自拉丁文 Vermiculare，意为蠕虫。中文名称则为英文名称的意译。

成分　$(Mg,Fe,Al)_3[(Al,Si)_4O_{10}](OH)_2 \cdot 4H_2O$

形态　单斜晶系。晶体呈假立方板状、片状。一组极完全解理。

光性　手标本上为浅褐色、黄褐色、金黄色，显微镜下无色—浅褐色、浅黄褐色，$Ng=Nm=$浅褐色、浅黄褐色或褐绿色，$Np=$浅褐色、无色，吸收性为 $Ng \geqslant Nm > Np$。正低突起，$Ng=1.545 \sim 1.585$，$Nm=1.540 \sim 1.580$，$Np=1.525 \sim 1.560$，$Ng-Np=0.020 \sim 0.025$。最高干涉色达Ⅱ级蓝绿。(－)$2V$ 极小。

产状　黑云母、金云母的蚀变、风化产物，是水黑云母的进一步蚀变产物。产于含黑云母、金云母的风化岩石中。

鉴定　颜色比黑云母浅，吸收性不如黑云母明显，突起、干涉色比黑云母低，交代黑云母、呈黑云母的假像。手标本上蛭石细片具挠性，灼烧后变白色、体积膨胀。

铁云母　Iron－mica　Железная слюда

颜色比黑云母更深。多色性为 $Np=$黄色，Nm、$Ng=$棕、红棕、绿棕或深绿。正中—正高突起。$Np=1.630$，$Nm=1.690$，$Ng=1.690$，$Ng-Np=0.060$。最高干涉色可达Ⅳ级。产于碱性花岗岩、碱性正长岩、霞石正长岩等碱性岩中，与碱性辉石、碱性角闪石共生。

金云母　Phlogopite　Флогопит

金云母 Phlogopite 名称源于希腊词 Phlogopos(像火一样)，意指该矿物手标本上常呈淡红色、火红色。中文名称“金云母”也是取自该矿物手标本颜色为金黄色、金黄褐色(即上述的淡红、火红色)。

成分　含少量 Fe^{2+} 和微量 Mn、Na、Cr、Ba、Sr 等。

形态　与黑云母相同,但往往较粗大。

光性　手标本上为金黄、褐色,有时为银白色或无色;薄片中无色—淡黄褐色。多色性较弱:Np=无色或淡黄,Ng、Nm=淡黄褐。正低—正中突起。Np=1.522～1.568,Nm=1.548～1.609,Ng=1.549～1.613,$Ng-Np$=0.027～0.045。最高干涉色为Ⅱ级绿—Ⅲ级绿,比黑云母鲜艳。近于平行消光。正延性。二轴(－),2V 极小,多为0°～10°。光性方位见图10-50。

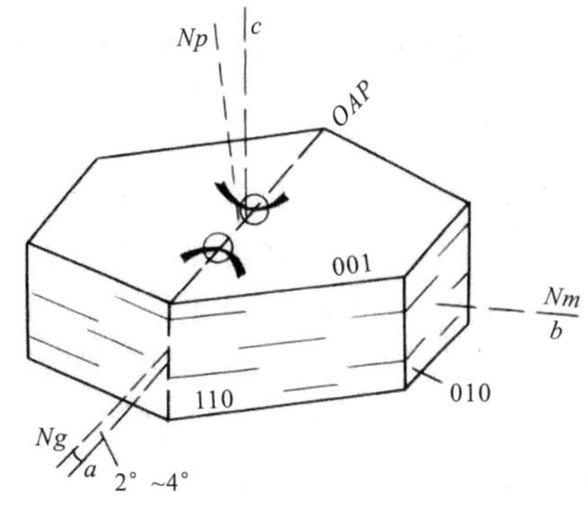

图10-50　金云母光性方位

产状　①产于金伯利岩、橄榄岩、蛇纹岩、白榴玄武岩、辉长岩中;②产于白云质大理岩中,与粒硅镁石、镁橄榄石、透辉石、透闪石、滑石等共生;③产于碱性岩浆岩中;④产于其他某些变质岩中。

鉴定　以其多色性、2V 小、产状不同区别于白云母。与黑云母的区别是,金云母的颜色较淡,多色性、吸收性较弱,主要产于富镁的岩石中。

锂云母　Lepidolite　Лепидолит

锂云母 Lepidolite 一词源于希腊词 Lepidos(鳞片),意指该矿物常呈鳞片状集合体产出。中文名称则是因为矿物化学成分含锂。

成分　常含有少量 Mg、Fe、Mn、Na、Rb、Cs 等。

形态　与其他云母相似,常呈不规则叶片状。

光性　手标本上多为浅紫色,有时也呈桃红色、白色;薄片中多数为无色,仅极少数带淡紫色、淡玫瑰色。显弱多色性:Ng、Nm=淡紫、淡玫瑰色,Np=无色。负低—正低突起。Np=1.524～1.537,Nm=1.543～1.563,Ng=1.545～1.566,$Ng-Np$=0.021～0.029。最高干涉色为Ⅰ级顶部—Ⅱ级顶部。近于平行消光。正延性。二轴(－),2V=23°～63°,多数在40°左右,偶见2V=0°者。光性方位见图10-51。

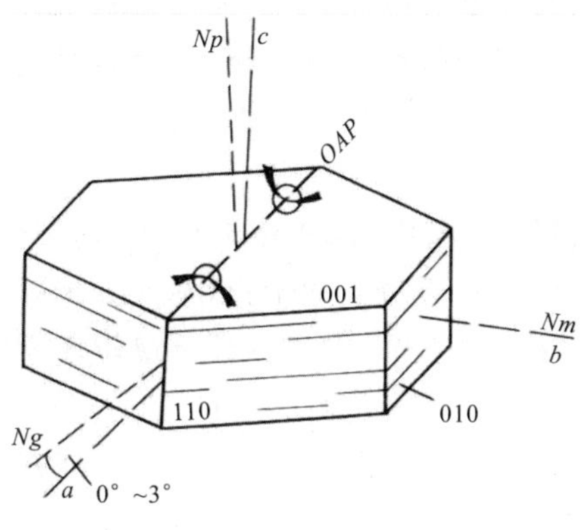

图10-51　锂云母光性方位

产状　产于含锂的花岗伟晶岩及高温热液矿脉中,与锂辉石、黄玉、萤石、电气石、绿柱石等共生。

鉴定　锂云母与白云母有些相似。当锂云母在手标本上或薄片中具有特征的颜色时,不难与白云母相区别;若为无色者,其区别在于锂云母的折射率、双折射率略低,消光角略大;若根据产状和共生矿物推测某矿物可能是锂云母时,可通过焰色反应(试锂)或X光分析加以验证。

铁锂云母 Zinnwaldite Цинвальдит

铁锂云母 Zinnwaldite 以捷克斯洛伐克的 Zinnwald 矿床命名，因为该矿物首次发现于该矿床的含锡石的石英脉中。中文名称则是反映了该矿物为含铁较多的锂云母。

成分　比锂云母含有较少的 Li_2O 和较多的 FeO。

形态　与其他云母相似。

光性　手标本上多为灰、褐色，少数为暗绿色；薄片中为无色、褐色。有时具弱多色性：Ng、Nm=灰褐，Np=淡黄、无色。吸收性为 $Ng \geq Nm > Np$。正低突起。Np=1.541～1.551，Nm=1.571～1.578，Ng=1.573～1.581，$Ng-Np$=0.030～0.032。最高干涉色达Ⅱ级顶部。近于平行消光。正延性。二轴(－)，$2V$=32°～75°，多数在 20°左右。光性方位与锂云母相似。

产状　主要产于含锡花岗岩及云英岩中。

鉴定　与白云母的区别：铁锂云母具弱多色性，折射率、双折射率略低，$2V$ 较小。与金云母的区别：铁锂云母的 $2V$ 较大。与锂云母的区别：铁锂云母的折射率、双折射率、$2V$ 都略大。

第五节　长石族

长石 Feldtspat(Полевой шпат)一词首次被 Tilas(1740)使用。该词的来源同花岗岩区耕地(瑞典语为 Feldt 或 Fält)中常见长石的长条形碎块(德语为 Spath)有关。后在各种文献中出现有形式略有不同的词：Feldspat、Feldspath、Felt - spat、Feld - spar、Felt - spar、Feldspar 等。中文名称应取自德语“长方形或长条形石块”之意。

长石就体积而言，约占大陆地壳的 60%，广泛分布于岩浆岩、变质岩以及某些沉积岩中，是一种最普遍的造岩矿物。

自然界中的长石主要是以钾长石 $KAlSi_3O_8$(Or)、钠长石 $NaAlSi_3O_8$(Ab)和钙长石 $CaAl_2Si_2O_8$(An)为端元组分的固溶体。长石的化学式可写作 $RAl(Al,Si)Si_2O_8$，R 主要为 K、Na、Ca，其次为 Ba。此外，还含有 Rb、Sr、Cs、Li 等微量元素。

当已知长石的化学成分时，常采用 Or - Ab - An 三角图(图 10 - 52)划分种属。一般来说，火山岩、次火山岩、部分浅成岩和某些高级接触变质岩中的长石，均属高温种属，应采用图 10 - 52 中的左图命名；用光性数据确定其端元组分和种属名称时，也应选用高温图表或高温曲线。在较低温度下结晶或在缓慢冷却条件下结晶的长石，称为低温种属，命名时应采用图 10 - 52 中的右图。

根据化学成分，长石可以分为两个亚族：

(1)斜长石亚族，是 Ab - An 的完全类质同象系列。经研究，含 An5%～22%的斜长石，是 An - Ab 超显微连生体，而不是类质同象混溶，在阳光下呈现特征的晕彩，称为**晕长石**。晕长石在光学显微镜下仍表现为均一的物相，因此，在光性矿物学中，仍将斜长石视作连续的类质同象系列。

(2)碱性长石亚族，又称钾钠长石亚族，是 Or - Ab 的类质同象混溶物。Or - Ab 在高温时呈完全类质同象，低温时为不完全类质同象。高温均一的碱性长石，当温度降低时，因固溶体离溶(亦称出溶或析离)，成为条纹长石(也有交代成因的条纹长石)。

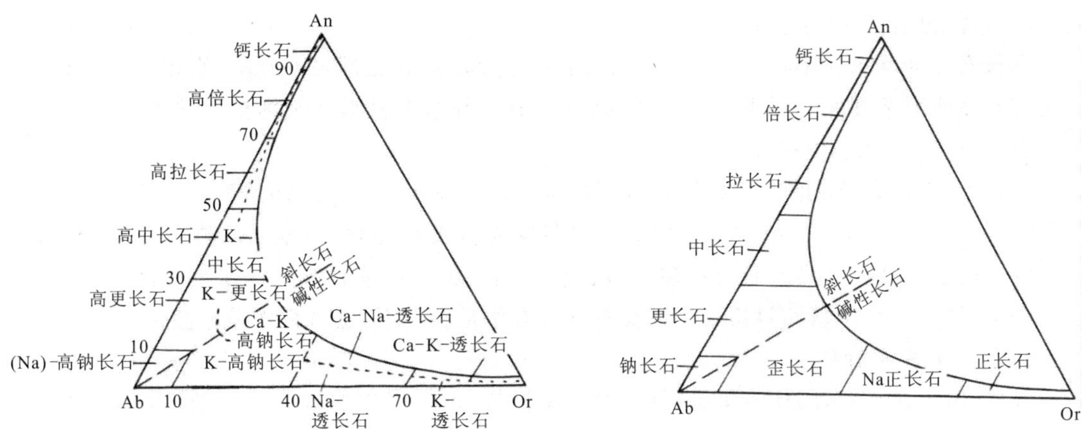

图 10－52　长石的化学成分命名图

一、斜长石亚族

1. 斜长石种属划分

根据端元组分含量，一般将斜长石划分为六个种属(表 10－5)。

表 10－5　斜长石种属

种　属	Ab(%)	An(%)	端元组分式
钠长石	100～90	0～10	$Ab_{100\sim90}An_{0\sim10}$
更(奥)长石	90～70	10～30	$Ab_{90\sim70}An_{10\sim30}$
中长石	70～50	30～50	$Ab_{70\sim50}An_{30\sim50}$
拉长石	50～30	50～70	$Ab_{50\sim30}An_{50\sim70}$
倍长石	30～10	70～90	$Ab_{30\sim10}An_{70\sim90}$
钙长石	10～0	90～100	$Ab_{10\sim0}An_{90\sim100}$

斜长石 Plagioclase(Палгиоклаз)源自希腊词 Plagios(斜的)和 Klasis(断口，解理)，意为该类长石的{010}、{001}两组解理面是互相斜交的。中文名称为英语词的意译。

钠长石 Albite(Альбит)一词源自拉丁语 Albus(白色)，意为该矿物的颜色常为白色。中文名称则表明该种斜长石最为富钠。

更长石 Oligoclase(Олигоклаз)源自希腊词 Oligos(小)和 Klasis(断口)，以前认为该矿物的解理完善程度比钠长石差些。中文译名可能有“解理比钠长石更差”之意。Oligoclase 也曾译作奥长石，此为音译。

中长石 Andesine(Андезин)一词同安弟斯山(Ando)有关，即“安山石”。在安弟斯山常见安山岩，中长石是安山岩的最主要造岩矿物。中文名称“中长石”既可理解其化学成分、端元组分是位于斜长石系列中部，也可理解它属于中性斜长石，是一个很成功的译名。

拉长石 Labradorite(Лабрадор)以圣保罗岛的拉布拉多(Labrador)海岸命名。即“拉布拉多石”。中文名称为英文词的意译。

倍长石 Bytownite(Битовнит)以现今渥太华的毕托夫(Bytown)地名命名。中文名称为英文词的音译，也有译作"培长石"的。

钙长石 Anorthite(Анортит)一词由希腊语否定前缀 an 加词根 orthos(直角、垂直)构成，指明该矿物两组解理面互不垂直，属三斜晶系。中文名称则表明该矿物在化学成分上是最富钙的斜长石。

习惯上，也将含 An 的百分数称为斜长石的号码或牌号，如将含 An55%的拉长石，称作 55 号斜长石，并记作 An_{55}。斜长石中含 SiO_2 的多少或斜长石的牌号，常反映岩浆岩的酸性、基性程度。通常把 0～30 号的斜长石称作酸性斜长石，30～50 号的斜长石称作中性斜长石，大于 50 号的斜长石称作基性斜长石。钠长石既可看作是斜长石，也可看作是碱性长石。

2. 斜长石鉴定特征

(1)均属三斜晶系，晶体多呈平行(010)的厚板状，火山岩中的微晶沿 a 轴延长呈柱状，也常见他形粒状者。

(2)具{010}、{001}两组完全解理，解理交角为 86°～87°。有时可见{110}、{1$\bar{1}$0}不完全解理。

(3)手标本上多为白色、灰白色，其他淡色调少见；薄片中无色透明，有时因含包裹体或因蚀变风化而混浊不清。

(4)突起低，糙面不显，折射率随 An 含量增多而增大。8 号以下斜长石为负低突起；8～22 号斜长石，Np'为负低突起，Ng'为正低突起；22 号以上斜长石为正低突起(图 10-53，表 10-6)。

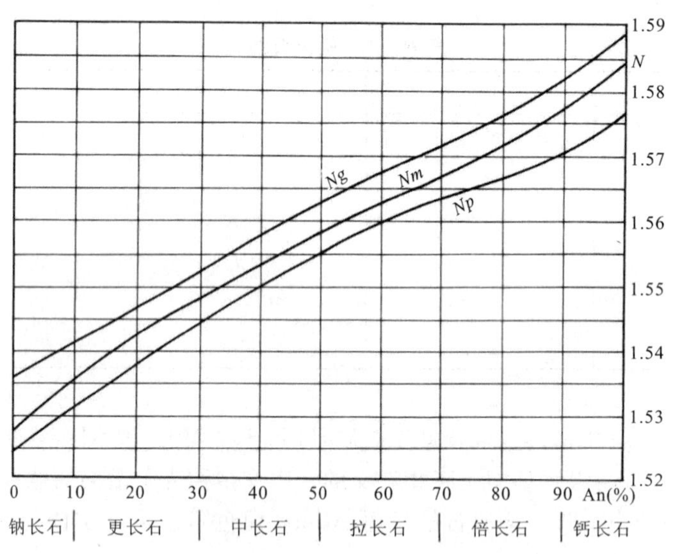

图 10-53 斜长石主折射率与成分的关系

(Chayes，1952)

(5)$Ng-Np=0.0075～0.013$。最高干涉色为Ⅰ级灰—Ⅰ级黄，常见斜长石的干涉色多为Ⅰ级灰白。

(6)除更长石近于平行消光外，其他斜长石均为斜消光。由于斜长石的光性方位是随成分的变化而有规律地改变的(图 10-54)，其消光角也是随端元组分的变化而有规律地改变的，因此测定消光角可以确定斜长石的端元组分和种属名称。

表 10-6　斜长石光性数据

种属	Np	Nm	Ng	$Ng-Np$	光性符号	2V
钠长石	1.529～1.533	1.533～1.537	1.539～1.542	0.009～0.010	－、＋	45°～83°
更长石	1.533～1.545	1.537～1.548	1.542～1.552	0.007～0.009	＋、－	82°～83°
中长石	1.545～1.555	1.548～1.558	1.552～1.562	0.007 5	－、＋	83°～77°
拉长石	1.555～1.563	1.558～1.568	1.562～1.573	0.007 5～0.009 5	＋	77°～86°
倍长石	1.563～1.572	1.568～1.578	1.573～1.584	0.009 5～0.012	＋、－	86°～79°
钙长石	1.572～1.575	1.578～1.583	1.584～1.585	0.012～0.013 5	－	79°～77°

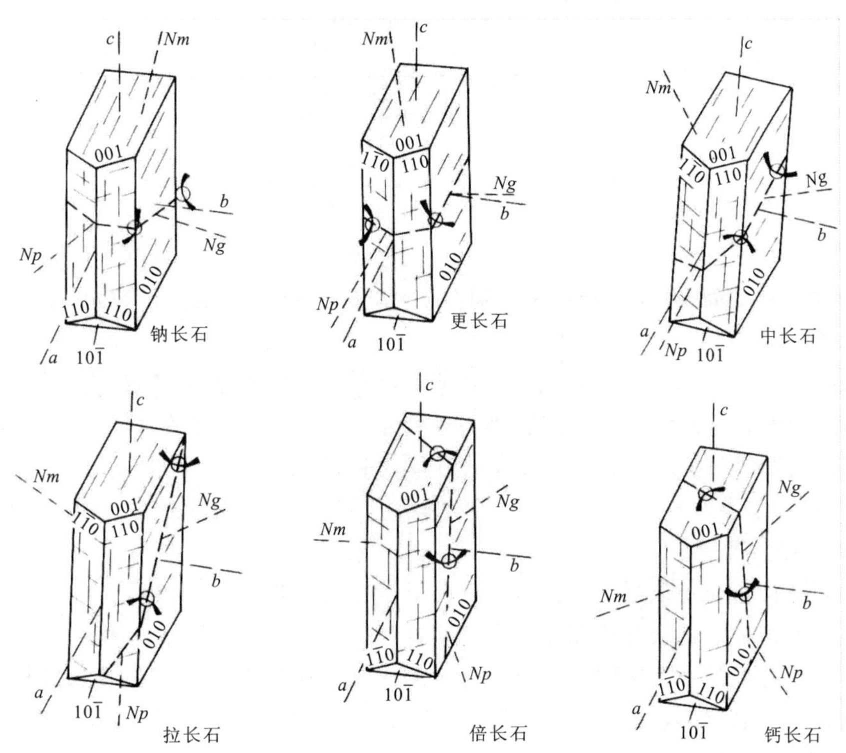

图 10-54　斜长石光性方位

(7)常见聚片双晶(图版Ⅳ-6)和环带结构(图版Ⅷ-5),基性斜长石的双晶单体较宽,酸性斜长石的双晶单体较窄。也常见聚片双晶和简单双晶的复合双晶,单独的简单双晶少见。

(8)二轴晶。低温斜长石 2V 较大。由低温钠长石到低温倍长石,光性符号正负发生波状变化。高温斜长石 2V 中等到大。43～82 号高温斜长石为正光性符号,其他高温斜长石为负光性符号。除 50 号左右的斜长石外,高、低温斜长石(尤其是酸性斜长石)的 2V 相差较大(图 10-55)。

在薄片中鉴定斜长石,主要应抓住如下特征:板状、长条状晶形,交角为 86°～87°的两组解理;突起低且多为正低突起;干涉色低;常发育聚片双晶;二轴晶;蚀变矿物为绢云母、绿帘石、黝帘石等。

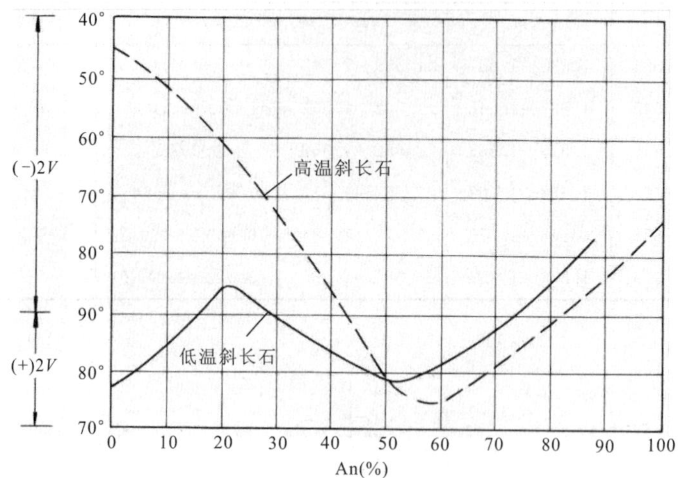

图 10－55　斜长石的成分与 2V 的关系

(Smith,1958)

斜长石在某些方面与石英相似，其区别在于：斜长石具解理、双晶，为二轴晶，而石英无解理，无双晶，为一轴晶。

斜长石在某些方面与碱性长石也有些相似，其区别在于：斜长石解理交角为 86°～87°，聚片双晶发育，除钠长石及部分更长石外，多为正突起，干涉色较高，蚀变矿物为绢云母、绿帘石、黝帘石等；碱性长石解理交角近于 90°，常见简单双晶和格子双晶，负突起，干涉色较低；蚀变矿物为高岭石，只有条纹长石中的斜长石条纹才发生泥状绢云母、绿帘石、黝帘石化。

3. 斜长石的双晶

双晶是长石的重要特征之一。长石的双晶类型很多。斜长石中最常见的，且对于斜长石鉴定至关重要的双晶是钠长聚片双晶和卡钠复合双晶。钠长双晶的结合面为(010)，双晶轴垂直(010)，常呈聚片双晶。卡钠双晶是卡斯巴双晶和钠长双晶的复合双晶，即在同一个晶体中同时发育卡斯巴双晶和钠长聚片双晶；其中卡斯巴双晶的结合面为(010)，双晶轴为[001]，为简单双晶，卡斯巴双晶两单体都发育钠长聚片双晶。这两种双晶的识别特征，详见“斜长石端元组分和种属名称的确定方法”一节。

4. 斜长石环带结构

由于某种原因，斜长石从晶体中心到边缘，成分呈环带状变化，在正交偏光镜下呈环带状消光，这种现象叫作环带结构(图 10－56，图版Ⅷ－5)。环带结构在其他矿物中也能见到，但最发育者当属斜长石，几乎所有的斜长石都能见到环带，清晰易见者要数火山岩、浅成岩中的斜长石，尤其是中性斜长石。

按照成分的变化规律，环带分为三种类型：①正环带：内环较基性，外环较酸性；②反环带：内环较酸性，外环较基性；③韵律环带：环带由基性到酸性在同一晶体上出现多次。

一般说来，岩浆岩中多出现正环带和韵律环带，变质岩中多出现反环带。

5. 斜长石端元组分和种属名称的确定方法

确定斜长石号码的方法有许多，在此仅介绍适用于普通偏光显微鉴定的四种主要方法。

1)比较折射率法

从图 10－53 可以看出，8 号以下斜长石的 Ng、Np 均小于 1.54，表现出两个消光位均为负突起；8～22 号斜长石的 Ng 大于 1.54，而 Np 小于 1.54，表现出一个消光位为正突起，另一个消光位为负突起；22 号以上斜长石的 Ng、Np 均大于 1.54，表现出两个消光位均为正突起。因此，若能确定出斜长石的突起正负，则可粗略估计出斜长石的端元组分。具体操作步骤如下：

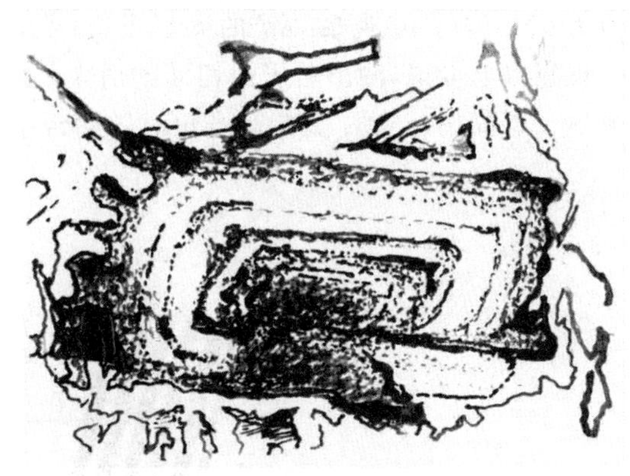

图 10－56　斜长石的环带结构

(1)选择颗粒。颗粒的干涉色最好是矿片内所有斜长石中最高的(以保证切面方位平行 OAP)，且颗粒周围或至少有一段边缘与树胶($N=1.54$)相接触，如矿片边缘、矿片内部裂隙两侧等区域的斜长石颗粒。

(2)分别确定两个消光位的突起正负。①将选好的颗粒置于视域中心，首先使它处于消光位，然后在单偏光镜下确定其突起的正负。②转物台 90°，使颗粒处于另一消光位，同样在单偏光镜下确定出该位置的突起正负。

(3)根据观测的突起正负结果，确定斜长石的端元组分。若两个消光位均为负突起，则为 8 号以下的斜长石；若两个消光位均为正突起，则为 22 号以上的斜长石；若两个消光位的突起为一正一负，则为 8～22 号之间的斜长石。

该方法的优点是简便、迅速，适用于酸性斜长石的鉴定。缺点是精确度较低，且对于中、基性斜长石不能进一步细分。

2)垂直(010)晶带最大消光角法

由图 10－54 可以看出，斜长石的光性方位是随着斜长石端元组分的不同而有规律地改变的，即在确定的切面上，对应某一固定的斜长石成分有着固定的消光角。因此，确定出某斜长石的消光角后，就能确定其端元组分和种属名称，这就是消光角法的原理。

垂直(010)晶带最大消光角法，就是测出垂直(010)的所有切面中的最大消光角，并利用有关图表查出斜长石的端元组分的一种方法。其步骤如下：

(1)选切面。要选择具有钠长聚片双晶并垂直(010)的切面，该切面具有如下特征：①能见到钠长聚片双晶，双晶纹细而清晰。当双晶纹平行十字丝或与十字丝相交成 45°时，两组单体干涉色灰度一致，犹如单晶一般。②可见到{010}解理纹。解理纹最细，升降镜筒时不发生位移。75 号以下斜长石，相对解理纹为负延性。③相邻单体消光角相等，即当一组单体对于纵丝是逆转消光时，则另一组单体对于纵丝为顺转消光，且二者消光位与纵丝之间的角度相等。

(2)测消光角。①将所选切面置于视域中心，使双晶纹平行纵丝，记录物台读数 x_0。②逆转物台小于 45°，使一组单体消光，记录物台读数 x_1。③恢复 x_0 位后，再顺转物台小于 45°，使另一组单体消光，记录物台读数 x_2。④计算消光角 $\alpha=(|x_1-x_0|+|x_2-x_0|)\div 2$。⑤检查消

光时与纵丝一致的光率体椭圆半径是否为 Np'(一般情况下应该是 Np'。如果是 Ng',则 α 赋值为 $90°-\alpha$)。⑥观察 Np' 的突起正负:若为正突起,α 取正号;反之,则取负号(图 10-57)。⑦重复以上步骤,测出若干个切面的消光角值,取其中最大值作为垂直(010)晶带最大消光角值 $Np'\wedge(010)=\alpha_{最大}$。测消光角时转物台小于 45°,是因为常见斜长石 $Np'\wedge(010)<45°$。

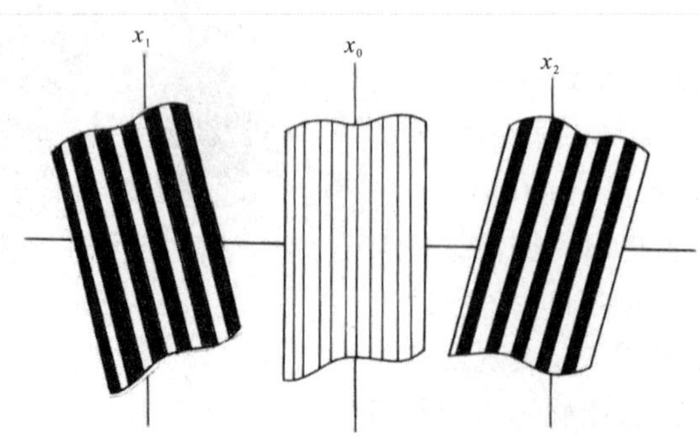

图 10-57　测定钠长双晶消光角示意图

(3)查图确定端元组分。图 10-58 是斜长石垂直(010)晶带最大消光角和成分的关系图。图的横坐标为斜长石的端元组分和种属名称,纵坐标为垂直(010)晶带上最大消光角 $Np'\wedge$(010)的数值。图中虚线为喷出岩中斜长石的消光角曲线,实线为侵入岩中斜长石的消光角曲线。

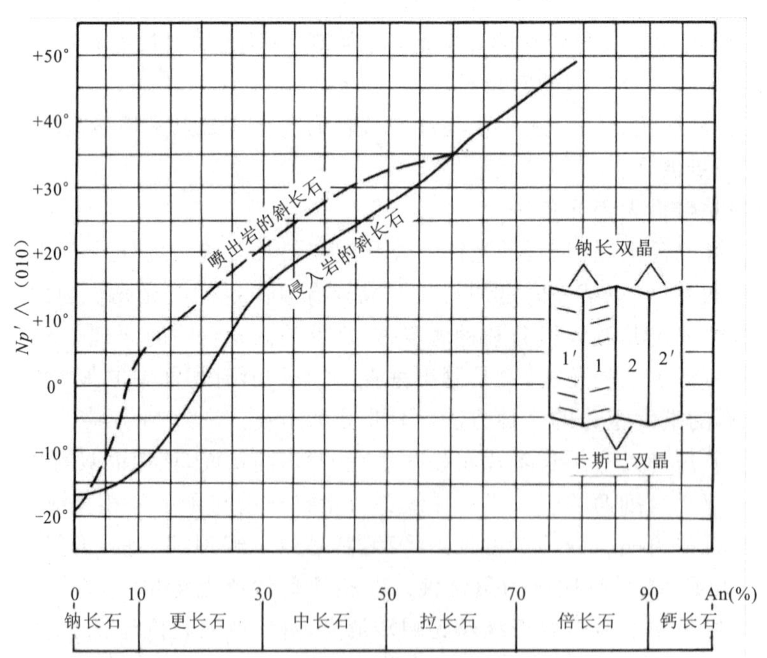

图 10-58　斜长石垂直(010)晶带最大消光角和成分的关系

(Burri,1967)

查法举例:设测得辉长岩(侵入岩)中斜长石的 $Np'\wedge(010)$ 最大值为 35°。过纵坐标 35°点作横线与图中实曲线相交一点,自该交点向下引垂线,在下方横坐标上可读出相应的 An 含量为 60%,即为 60 号的拉长石,记作 An_{60}。

该方法不足之处是,只能测得岩石中最基性斜长石的端元组分。而岩石中的斜长石,由于结晶先后关系,其成分往往有一个域值,尤其是喷出岩中斜长石成分域值更大,用这种方法一般不能测得域值。

3)卡钠复合双晶消光角法

(1)选切面。切面具有卡钠复合双晶并垂直(010),其特征如下:①双晶纹平行十字丝时,只显卡斯巴简单双晶,不显钠长聚片双晶;尤其当双晶纹与十字丝相交成 45°时,该现象更为明显;在其他位置时,一般能同时见到卡斯巴简单双晶和钠长聚片双晶,双晶纹细而清晰。②卡斯巴双晶两单体中的钠长聚片双晶的两组单体消光角相等。卡斯巴双晶两单体消光角一般不相等。

(2)测消光角(图 10－59)。仿照 2)法分别测出卡斯巴双晶左边单体消光角 $\alpha_{左}$ 和右边消光角 $\alpha_{右}$:

$$\alpha_{左}=(|x_1-x_0|+|x_2-x_0|)\div 2 \qquad \alpha_{右}=(|y_1-x_0|+|y_2-x_0|)\div 2$$

一般情况下,$\alpha_{左}\neq\alpha_{右}$,为一大一小。

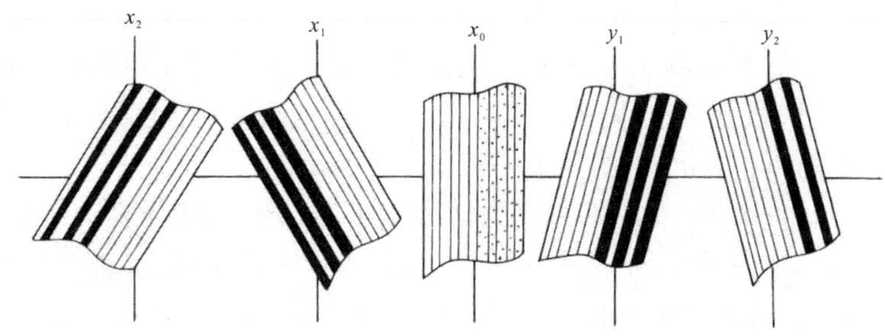

图 10－59　卡钠复合双晶法消光角测量示意图

(3)查图定成分。查图 10－60,图中纵坐标为较小消光角值,图中曲线为较大消光角曲线。查法举例:设用卡钠复合双晶法测得某斜长石的较小消光角为 20°,较大消光角为 30°,先在纵坐标上找到 20°点,过 20°点作横线与图中 30°曲线有一交点,自该交点向下引垂线,可在下方横坐标上读出相应 An 含量为 60%,即为 60 号的拉长石,记作 An_{60}。

该方法的优点是:只需一个合适的颗粒即可测出斜长石成分,比垂直(010)晶带最大消光角法更为简便;只要分别测出岩石中大小不等颗粒的成分,即可测出岩石中斜长石成分域值。缺点是切面要求严格,颗粒较少时,难以找到合适的切面。图 10－60 仅适用于侵入岩中斜长石,且资料较陈旧,建议使用图 10－62。

4)微晶法

该法适用于火山岩中的斜长石微晶,亦称平行 a 轴切面中最大消光角法。火山岩中的斜长石微晶,粒度细小,没有或难见双晶,不适用 2)、3)两种方法。但它往往呈平行 a 轴延伸的长条状,容易测得长条方向与 Np' 的夹角,可利用此夹角查有关图解定出它的号码。其操作步骤如下:

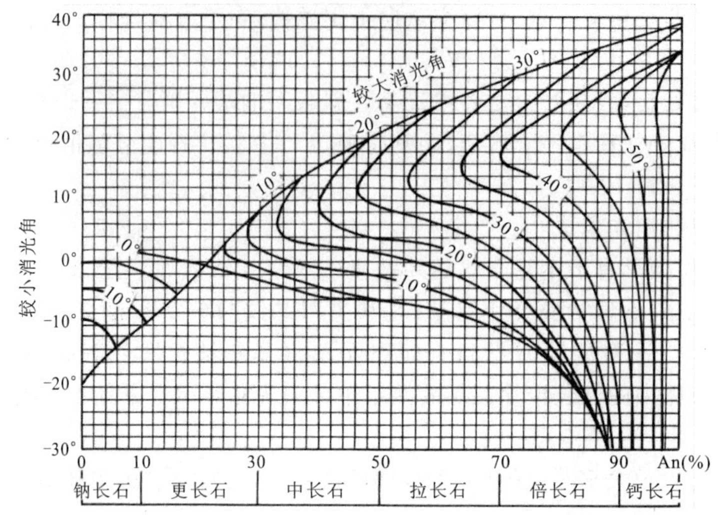

图 10-60 斜长石垂直(010)切面上卡钠复合双晶消光角 $Np' \wedge (010)$ 与成分的关系

(据莱特,转引自王德滋,1975)

(1)测消光角。①将微晶移至视域中心,使长条方向平行纵丝,记录物台读数 x_0。②转动物台使微晶消光,记录物台读数 x_1。③确定消光时与纵丝一致的椭圆半径名称。若为 Np',则 $Np' \wedge a = |x_1 - x_0|$;若为 Ng',则 $Np' \wedge a = 90° - |x_1 - x_0|$。④重复以上步骤测 10～20 个微晶,从中选出最大的 $Np' \wedge a$ 值,查图 10-61。

(2)查图定成分。查图 10-61,图中纵坐标为 $Np' \wedge a$ 数值,横坐标为斜长石号码及种属名称。当 $Np' \wedge a$ 值小于 20°时,要观测 Np' 的突起。Np' 若为负突起,查曲线最低点的左侧,即为小于 22 号的斜长石;若为正突起,则查其右侧,即为大于 22 号的斜长石。

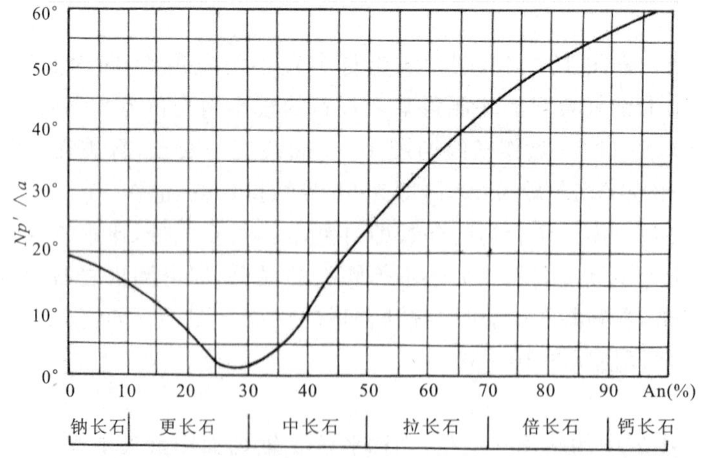

图 10-61 平行 a 轴切面中最大消光角 $Np' \wedge a$ 与成分的关系

(Heinrich,1965)

查法举例：设测得某火山岩中斜长石微晶的 $Np' \wedge a$ 最大值为 35°，自 35°水平线与曲线的交点向下引垂线，在横坐标上，读得该斜长石为 An_{60} 的拉长石。

该方法的测定结果，也仅代表斜长石微晶中最基性者，测得的成分比微晶平均号码偏高。

5）托毕（Tobi，1975）鉴定图的应用

图 10－62 是 1975 年托毕根据布里等人的数据绘制的一套较准确可靠的鉴定图，由低温斜长石光性（图 10－62A）和高温斜长石光性（图 10－62B）两张图组成。图中的曲线为消光角曲线，其值标于图的上方和右方。下方横坐标数字代表 An 的百分含量。左方纵坐标数字代表相应的各条水平线所示的切面与平行 c 轴切面之间的夹角，垂直［100］和平行［100］分别代

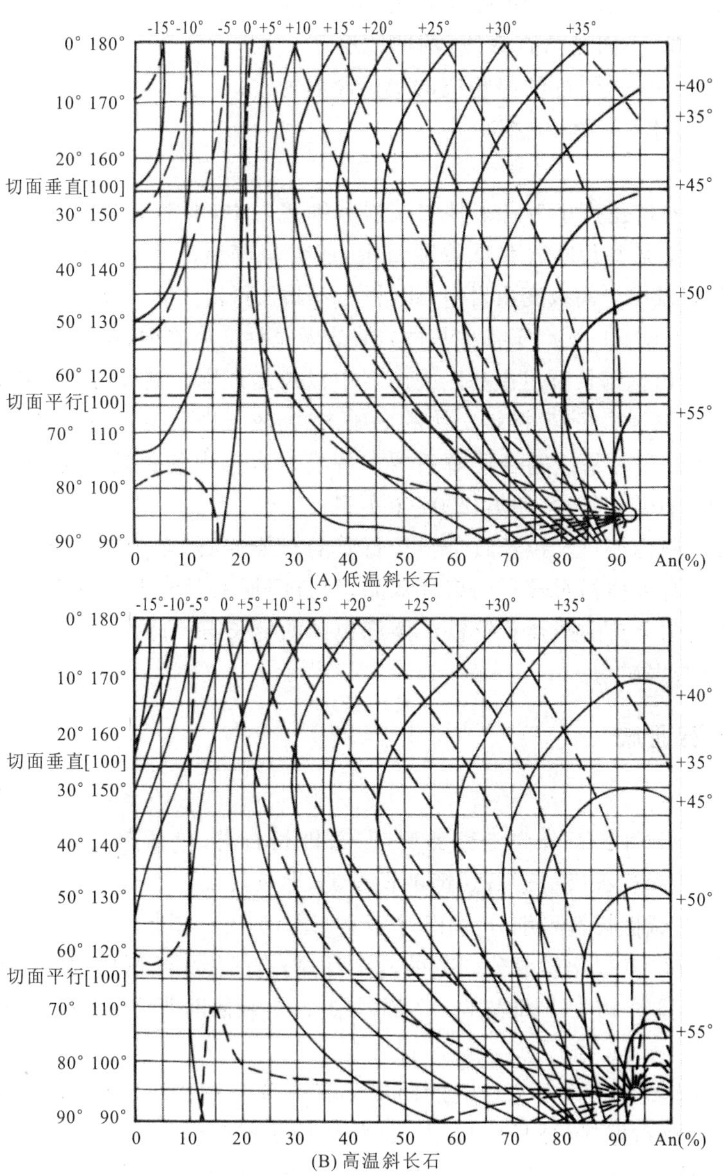

图 10－62　斜长石垂直(010)晶带消光角 $Np' \wedge (010)$ 鉴定图

（Tobi，1975）

表垂直 a 轴和平行 a 轴。这些数字和符号的用法在此不加赘述。

垂直(010)晶带最大消光角法查图 10－62 举例：设测得辉长岩中斜长石(低温斜长石)的 $Np' \wedge (010)$ 最大值为 35°，引一条与 35°曲线(必须是实线!)相切的垂线，在下方横坐标上便可读出相应的 An 含量为 61%，即为 61 号的拉长石(图 10－63)。

卡钠复合双晶法查图 10－62 举例：设测得闪长岩中某斜长石颗粒的一大、一小消光角分别为 20°和 10°，大消光角查实线，小消光角查虚线，两曲线交于一点，由此交点向下引垂线，便可读出相应的 An 含量为 38%，即为 An_{38} 的中长石(图 10－63)。

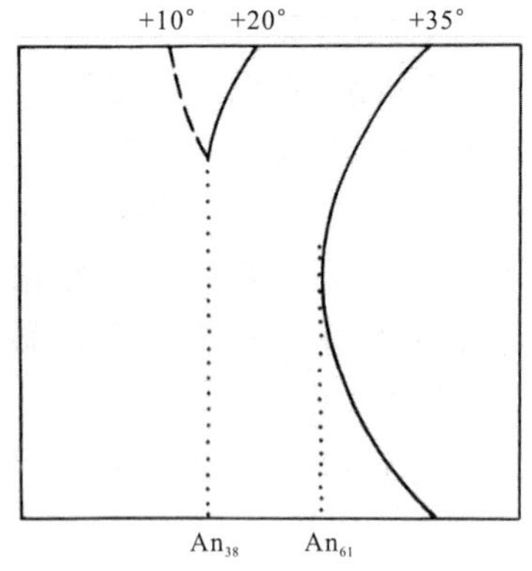

图 10－63　图 10－62 查法示意图(低温光性)

6. 产状

钠长石和更长石广泛产于各种酸性岩浆岩和细碧岩中，也常见于角岩、绿片岩等低级变质岩中。更长石也见于某些片麻岩和球粒陨石中，还可呈碎屑产于砂岩中。中长石广泛产于中性、中酸性岩浆岩以及中—高级变质岩中，如斜长角闪岩、斜长片麻岩类等；在碱性的基性火山岩基质中也有产出。拉长石广泛产于各种基性岩浆岩及基性变质岩中；在火山岩中，它既可呈斑晶产出，也可呈微晶产出。倍长石多在基性火山岩中以斑晶产出。钙长石多在钙碱性火山岩中以斑晶产出，也见于超基性岩浆岩、接触交代的变质灰岩、矽卡岩及某些陨石中。如俄罗斯伊尔库茨克技术大学黑矿村实习基地的变质辉石岩—辉长岩岩体中的钙长石是少见的非常基性，为 An_{96}—An_{99} 的钙长石(曾广策、余朝丰，2004 年实测)。

部分斜长石可制作宝石。拉长石是斜长石质的重要宝石，至少有一部分月光石是拉长石质。由于拉长石具有单体相对较宽的聚片双晶，经打磨加工后形成绚丽的拉长石色彩(变彩)。日光石则是含有均匀分布的鳞片状镜铁矿微细包体的更长石。此外，斜长石还是一些玉石(如独山玉)的最主要造岩矿物。

二、碱性长石亚族

1. 种属成分

按照化学成分，碱性长石分为三种类型：①富钾长石类，包括透长石、正长石、微斜长石；②富钠长石类，包括钠长石、歪长石；③钾钠长石类，即条纹长石。

按照光学性质，碱性长石可细分为 15 个亚种(图 10－64、图 10－65，表 10－7)。借助偏光显微镜，一般只能鉴别到按化学成分划分的六个种属，有时能大致测出 2V，可划分得稍细些(图 10－64)。但如果要像图 10－65 和表 10－7 那样细分，必须借助费氏台精确地测出光性数据。

2. 有序度

长石是架状结构硅酸盐，Si—O 四面体的 Si 有一部分被 Al 代替。如果这种代替是有规律的，即所有的 Al 都占据在相同的位置上，这种结构状态叫作完全有序或有序结构。若这种代替是无规律的，即看不出有任何位置上的 Al 优于其他位置的情形，这种结构状态叫作完全无序或无序结构。介于完全有序和完全无序之间的结构状态叫作部分有序。从完全无序结构向完全有序转化的过程叫作有序化。描述有序化(或部分有序)的量叫作有序度。有序度是一

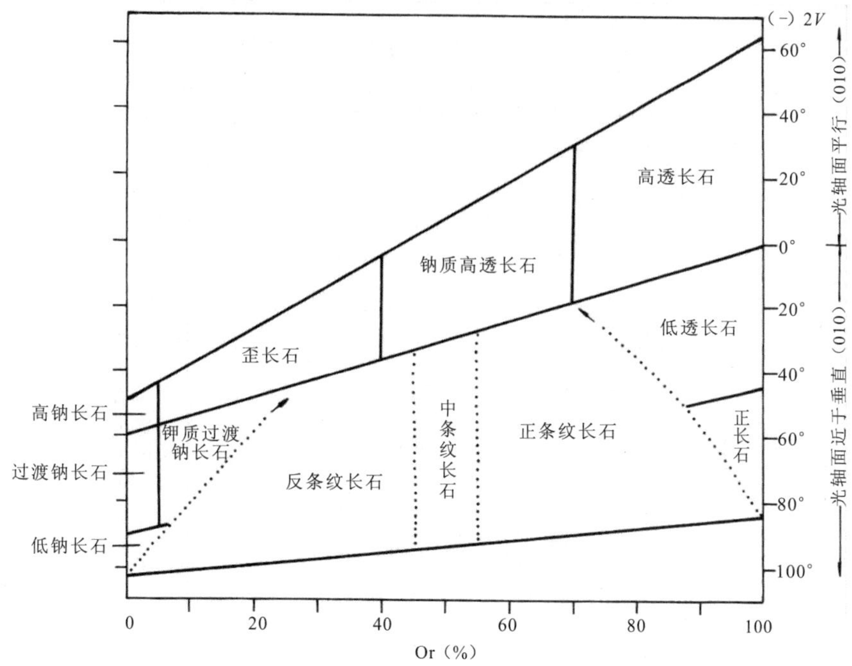

图 10-64 碱性长石亚族的成分和 2V 命名图

(苏树春,1982)

个无量纲的量。一般来说,高温长石种属有序度低,低温长石种属有序度高。

有序度不同,反映出的光学性质就不一样。例如,单斜钾长石从完全无序到完全有序,光轴面由平行(010)变到近于垂直(010),光轴角从 64°变小到 0°,再由 0°增大到 44°;三斜钾长石从完全有序到完全无序,2V 由 44°增大到 84°。因此,可利用 2V 计算出钾长石的单斜有序度 S_M 和三斜有序度 S_T:

$$当\ OAP // (010)时, S_M = (64° - 2V)/108°$$

$$当\ OAP \perp (010)时, S_M = (64° + 2V)/108°$$

$$S_T = (2V - 44°)/40°$$

斜长石和其他固溶体系列矿物都有有序度的性质,只不过是钾长石的有序度研究得比它们的详细而已。求钾长石的有序度,除了光学方法外,还有其他许多方法,在此不加赘述。

3. 三斜度

单斜钾长石完全有序后,进一步有序化就破坏了晶体的单斜对称,使晶体趋向三斜对称,这种有序化叫作三斜有序化。三斜有序化程度愈高,晶体偏离单斜对称的程度就愈大。描述三斜钾长石偏离单斜对称程度的量叫作三斜度,用符号"Δ"表示。三斜度是与有序度既有关联又有区别的另一个概念,只对单斜碱性长石过渡到三斜碱性长石的范畴而言,不适用于斜长石,因为斜长石均属三斜晶系。

单斜钾长石,$\Delta_{最小}=0$,$Ng \wedge \perp(010)=0°$,$Ng \wedge \perp(001)=90°$;最大微斜长石,$\Delta_{最大}=1$,$Ng \wedge \perp(010)=18°$,$Ng \wedge \perp(001)=80°$。因此用消光角计算 Δ 的公式为:

$$\Delta = [Ng \wedge \perp(010)]/18°$$

$$\Delta = [90° - Ng \wedge \perp(001)]/10°$$

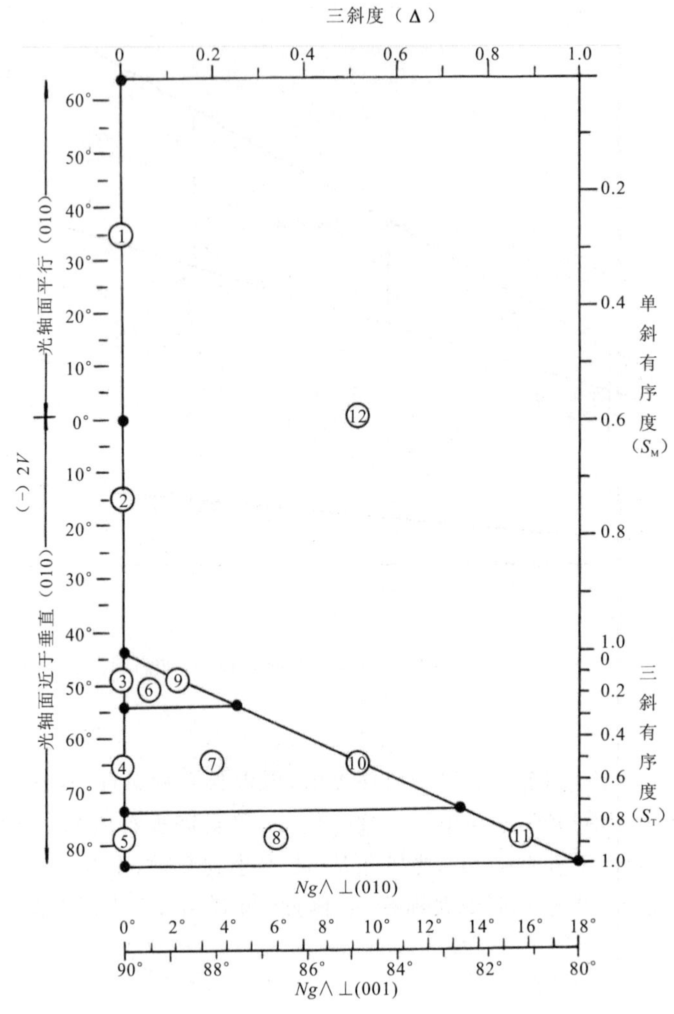

图 10-65 钾长石的结构-光性分类

（苏树春，1982）

①高透长石；②低透长石；③高正长石；④中正长石；⑤低正长石；⑥高正微长石；⑦中正微长石；⑧低正微长石；⑨高微斜长石；⑩中微斜长石；⑪低微斜长石；⑫透微长石；黑圆点代表相邻亚种之间的分界点

4. 碱性长石的一般鉴定特征

(1)透长石和正长石属单斜晶系，其他碱性长石均属三斜晶系。晶形多为厚板状，火山岩中斑晶较自形(图版Ⅳ-5)，其他为半自形板状、他形粒状。

(2)具{010}、{001}两组完全解理，除钠长石和微斜长石外，解理交角均为90°。

(3)手标本上，透长石、歪长石为无色或白色，正长石、微斜长石多为肉红色；薄片中，均无色透明，但往往因蚀变风化而浑浊不清。

(4)均为负低突起。

(5)最高干涉色为一级灰白。单斜者可见平行消光，而三斜者均为斜消光。

表 10-7 碱性长石的分类命名方案

亚类	矿物名称		晶系	光轴角(−)$2V$	光轴面	光学有序度 S		三斜度 Δ	光性方位		双晶
	种	亚种				单斜有序度 S_M	三斜有序度 S_T		$Ng\wedge\perp(010)$	$Ng\wedge\perp(001)$	
富钾长石亚类	透长石	高透长石	单斜	0°~63°	(010)	0~0.6	—	0	90°	3°~12°	简单双晶
		低透长石	单斜	0°~44°	⊥(010)	0.6~1.0	—	0	0°	90°	
	正长石	高正长石	假单斜	45°~54°	⊥(010)	—	0~0.25	0	0°	90°	简单双晶
		中正长石	假单斜	54°~74°	⊥(010)	—	0.25~0.75	0	0°	90°	
		低正长石	假单斜	74°~84°	⊥(010)	—	0.75~1.00	0	0°	90°	
	正微长石	高正微长石	三斜	44°~54°	~⊥(010)	—	0~0.25	0~0.25	0°~3.6°	90.0°~87.5°	格子双晶
		中正微长石	三斜	54°~74°	~⊥(010)	—	0.25~0.75	0~0.75	0°~14.4°	90.0°~82.5°	
		低正微长石	三斜	74°~84°	~⊥(010)	—	0.75~1.00	0~1.00	0°~18.0°	90.0°~80.0°	
	微斜长石	高微斜长石	三斜	44°~54°	~⊥(010)	—	0~0.25	0~0.25	0°~3.6°	90.0°~87.5°	格子双晶
		中微斜长石	三斜	54°~74°	~⊥(010)	—	0.25~0.75	0.25~0.75	3.6°~14.4°	87.5°~82.5°	
		低微斜长石	三斜	74°~84°	~⊥(010)	—	0.75~1.00	0.75~1.00	14.4°~18.0°	82.5°~80.0°	
富钠长石亚类	歪长石	歪长石	三斜	30°~60°	~⊥(010)	—		—	5°±	85°±	格子双晶
	钠长石	高钠长石	三斜	50°~60°	~⊥(010)	0~0.2		—	19.0°~18.5°	76.0°~76.5°	聚片双晶或简单双晶
		过渡钠长石	三斜	60°~90°	~⊥(010)	0.2~0.8		—	18.5°~17.0°	76.5°~78.0°	
		低钠长石	三斜	90°~102°	~⊥(010)	0.8~1.0		—	17.0°~16.5°	78.0°~76.5°	

(6)歪长石、微斜长石可见特征的格子双晶(图版Ⅴ-1)和聚片双晶,其他钾长石多见简单双晶(图版Ⅳ-5)。条纹长石具特征的条纹结构(图版Ⅷ-6)。

(7)皆为二轴负晶,$2V$ 变化范围较大。

(8)蚀变矿物为高岭石,只有条纹长石中的斜长石条纹才发生泥状绢云母、绿帘石、黝帘石化。

透长石 Sanidine Санидин

透长石 Sanidine 一词源自希腊词 Sanis(板状)和-idos(样子、现象),指出该矿物的典型结晶习性是板状晶体。中文名称有该矿物晶莹、透亮之意。

成分 化学式为$(K,Na)AlSi_3O_8$,含少量 Ca、Ba、Rb 等。

形态 属单斜晶系。晶体呈短柱状、厚板状、纤维状。

光性 薄片中无色透明。负低突起。$Np=1.518\sim1.525$,$Nm=1.522\sim1.530$,$Ng=1.525\sim1.532$,$Ng-Np=0.005\sim0.007$。最高干涉色为Ⅰ级灰—Ⅰ级灰白。垂直(010)切面为平行消光。其他切面为斜消光。双晶不发育或少见简单双晶。二轴(−),高透长石 $2V=0°\sim64°$,低透长石 $2V=0°\sim44°$。光性方位见图 10-66。

产状 属高温种属。常见的为低透长石。透长石一般产于火山岩中,既可呈斑晶产出,也可呈微晶产出。还产于高温接触变质岩中。

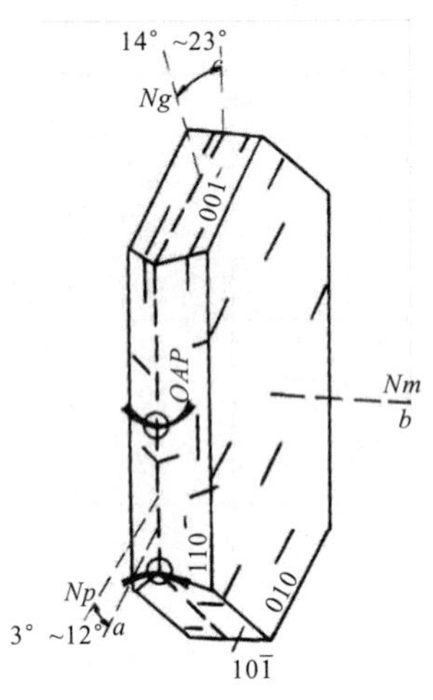

图 10－66 透长石光性方位

鉴定 以其解理、负突起、二轴(－)以及有时可见双晶区别于高温石英。

正长石 Orthoclase Ортоклаз

正长石 Orthoclase 一词是由希腊词 Orthos(直角、垂直)和 Klasis(断口)组成的，因为该矿物具有两组互相垂直的解理。由于垂直也称正交，中文名称译为正长石。

成分 与透长石相似。

形态 属单斜晶系。晶体多呈自形、半自形厚板状。

光性 薄片中无色。因蚀变和风化，表面常因有分解物而浑浊不清，但两组正交的解理纹则更为清晰可见。负低突起。$Np=1.516\sim1.529$，$Nm=1.522\sim1.553$，$Ng=1.523\sim1.539$，$Ng-Np=0.005\sim0.008$。最高干涉色为Ⅰ级灰—Ⅰ级灰白。垂直(010)切面为平行消光，其他切面为斜消光，消光角不大。负延性。简单双晶常见。二轴(－)，$2V=44°\sim84°$。光性方位见图 10－67。

变化 在风化和蚀变作用下，易变为高岭石、绢云母、沸石等。

产状 广泛产于花岗岩、花岗闪长岩、二长岩、正长岩、霞石正长岩、碱性辉长岩及相应的火山岩中，也普遍产于正长片麻岩、花岗片麻岩、混合花岗岩等变质岩中，还呈碎屑分布于长石砂岩中。

鉴定 正长石与石英的区别：正长石表面往往浑浊，具解理和双晶，负低突起，为二轴晶。正长石与霞石的区别：正长石具两组完全解理，干涉色略高，有双晶，为二轴晶；而霞石解理不完全，干涉色较低，为一轴晶。正长石与透长石的区别：正长石常见简单双晶，$2V$ 较大，而透长石双晶不发育，$2V$ 较小。

有一种正长石的低温变种叫冰长石。冰长石 Adularia(Адуляр)以瑞士阿尔卑斯的 Adula 山命名，中文译名有像冰块一样透明之意。冰长石是岩浆期后热液活动的产物，产于阿尔卑斯型脉中，也产于低级变质岩和交代岩中。正长石(尤其是具有钠长条纹的正长石)、冰长石可制作宝石。大部分月光石认为是正长石变种(正长条纹长石、冰长石)。宝石学中的月光石效应也称冰长石色彩。

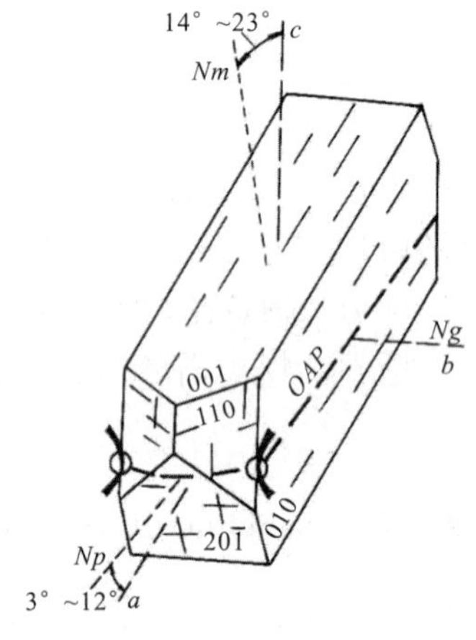

图 10－67 正长石光性方位

微斜长石 Microcline Микроклин

微斜长石 Microcline 一词源自希腊词 Mirkros(微小、稍微)和 Klinein(倾斜)，因为该种长石两组解理的夹角与 90°仅差 20′，稍微倾斜之意。中文名称为外文词的意译。

成分 与正长石相似。

形态 属三斜晶系。晶形多为半自形板状、不规则粒状。

光性 负低突起。$Np=1.516\sim1.523$，$Nm=1.522\sim1.528$，$Ng=1.523\sim1.530$，$Ng-$

Np=0.007,(—)$2V$=44°～84°。常发育格子双晶、聚片双晶。光性方位见图 10－68。

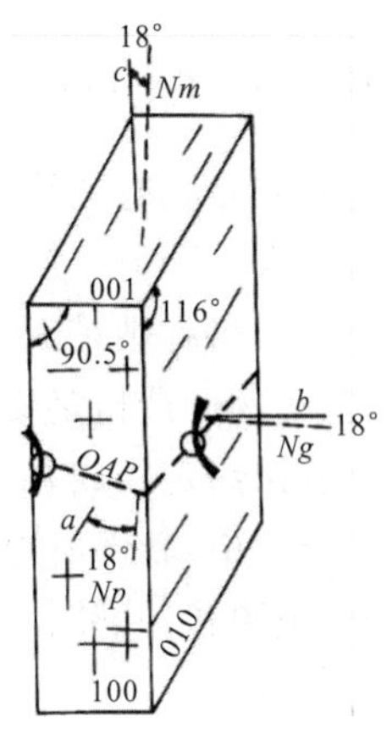

图 10－68　微斜长石光性方位

鉴定　微斜长石与正长石有许多相似之处，区别是：微斜长石为斜消光，具特征的格子双晶（有的切面只具一组聚片双晶）。微斜长石与酸性斜长石的区别是：①微斜长石两组解理夹角近 90°，而酸性斜长石的约为 87°。②微斜长石的格子双晶在近于平行(001)切面上看得最清楚，且该切面上只能见到(010)一个方向的解理纹；酸性斜长石格子双晶是在近于平行(100)切面上看得最清楚，在该切面上，能同时见到(001)、(010)两个方向的解理纹。③微斜长石的聚片双晶单体窄，单体呈纺锤状；而酸性斜长石双晶单体较宽，且双晶纹较平直。

产状　微斜长石主要产于深成的酸性、中酸性岩浆岩中。在花岗片麻岩、混合花岗岩等某些变质岩以及长石砂岩中，也是主要矿物。其次生变化与正长石相同。

微斜长石的绿色、蓝绿色变种称为**天河石**。天河石 Amazonite(Амазонит)以南美的亚马逊河(Amazon)命名，也称亚马逊石。“天河石”名称有可能是因为矿物颜色类似天蓝色，而外文名称又是来自亚马逊河的缘故。天河石用以制作宝石是因为它的绿色、蓝绿色和貌似硬玉。天河石是一种大众化宝石，我国云南、新疆所产天河石质地上乘。

歪长石　Anorthoclase　Анортоклаз

歪长石 Anorthoclase 一词由希腊词 Orthos(垂直、直角)、Klasis(断口)和否定前缀 an 构成，意思是两组解理面的夹角不是直角。中文名称为了避免与斜长石同名，将“斜”译成了同义词“歪”。

成分　$Na_2O>K_2O$，含 Ab(An)>63%，Or<37%。

形态　属三斜晶系。晶体呈柱状、板状和不规则粒状。具两组正交解理。

光性　薄片中无色透明，表面较干净。负低突起。Np=1.522～1.529，Nm=1.526～1.534，Ng=1.527～1.536，$Ng-Np$=0.005～0.007。最高干涉色为Ⅰ级灰白。斜消光。常见格子双晶和聚片双晶。二轴(—)，$2V$=30°～60°。光性方位见图 10－69。

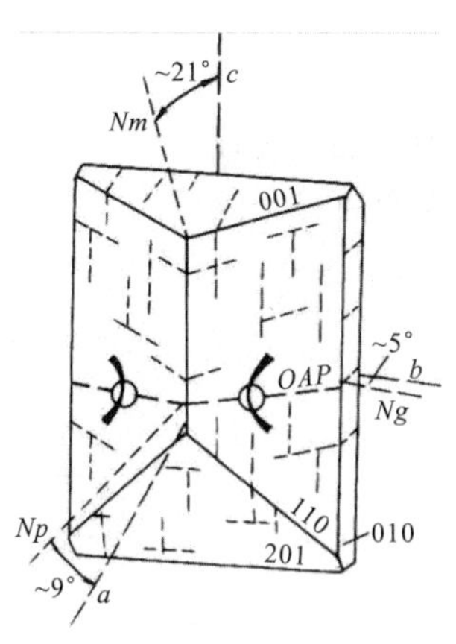

图 10－69　歪长石光性方位

产状　歪长石属高温种属，主要产于钠质的碱性火山岩、次火山岩中，如钠质粗面岩、钠质碱性流纹岩、钠质碱性玄武岩及相应的浅成岩，既可呈斑晶产出，也可呈微晶产出。

鉴定　与透长石、高温钠长石的区别是，歪长石具有格子双晶。与微斜长石的区别：①歪长石具有格子双晶的切面是近于平行(100)的切面，可见两组解理，而微斜长石具格子双晶的切面只见一组解理；②歪长石双晶纹较平直；③歪长石产于富钠的火山岩、次火山岩中，而微斜长石产于富钾的深成岩中。

条纹长石 Perthite Пертит

条纹长石是具有条纹结构的碱性长石，简称纹长石。

条纹长石 Perthite 是以其首次发现地——加拿大魁北克省的一个叫珀斯(Perth)的地名命名的。中文名称则是因为它具有条纹结构。条纹长石是富钾相碱性长石和富钠相碱性长石的连晶，按矿物的严格定义，不能称为独立的矿物相，但岩矿工作者都理解“条纹长石”的含义，对这一名称已约定俗成，故仍保留这一名称。

条纹长石中，较多的物相称为主晶，较少的物相称为嵌晶或条纹。条纹形态多样，常见的有细脉状、薄膜状、叶脉状、树枝状、火焰状、补片状等(图 10－70)。

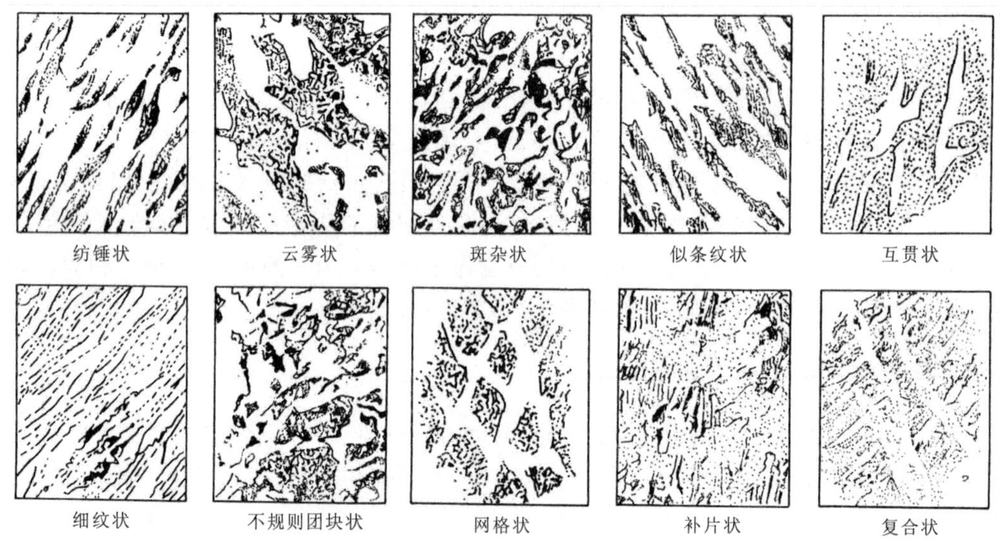

图 10－70 条纹长石中的条纹形态

Ⅰ.按条纹的大小(一般指条纹的厚度 d)，条纹长石可分为：

(1)X 射线纹长石：$d<0.001$mm，X 射线分析才能发觉条纹。

(2)隐微纹长石：$d=0.001\sim0.005$mm，镜下隐约可见条纹，但不能测光性。

(3)微纹长石：$d=0.005\sim0.1$mm，标本上不见条纹，但镜下明显可见条纹。

(4)纹长石：$d>0.1$mm，手标本上也能见到条纹。

Ⅱ.按主晶和条纹的成分，条纹长石又可分为：

(1)正条纹长石：主晶为富钾相，条纹为富钠相。

(2)反条纹长石：主晶为富钠相，条纹为富钾相。

(3)中条纹长石：富钾相和富钠相体积近于相等。

Ⅲ.正条纹长石按主晶的种属还可细分为：

(1)正长条纹长石：主晶为正长石。

(2)微斜条纹长石：主晶为微斜长石。

(3)歪长条纹长石：主晶为歪长石。

Ⅳ.按成因，条纹长石可分为：

(1)析离条纹长石，即高温均一的长石，当温度降低时，由于固溶体发生出溶作用而形成的条纹长石。

(2)交代条纹长石，系由钾长石受钠长石化或钠长石受钾长石化而成。

成因不同的两种条纹的区别如表 10－8 所列。

表 10－8　两种条纹的鉴别

	析　离　条　纹	交　代　条　纹
大　小	一般较小，较均匀	一般较大，不均匀
形　态	较规则，如细脉状、雁行状、杆状、部分叶脉状等	较粗糙、复杂，如补片状、羽毛状、树枝状、部分叶脉状等
分布方向	主要沿平行(100)方向	无一定方向
分布范围	限于晶粒内，有时核部比边部多	有的在主晶外缘，呈薄膜状；有的由外向内侵入主晶，尖端朝内
双　晶	多不显双晶，较大者有时显聚片双晶	多显钠长或肖钠聚片双晶
其　他	形成温度较高，要求以静水压力为主的构造环境	形成温度较低，要求具有以剪切应力为主的构造环境

对条纹长石的鉴定要突出以下几个方面：主晶的种属名称；条纹的种属名称；条纹的形态、含量；条纹长石的亚种名称。

条纹长石是钾钠长石的低温变种或由钾长石、钠长石经交代作用形成，一般产于花岗岩类及长英质变质岩类中，在砂岩中则以砂屑形式产出。

按周国平(1987)对月光石矿物成分的描述，至少有一部分月光石是由正长石经过固溶体分离形成的正长条纹长石。

第六节　石英族

石英族包括成分为 SiO_2 的一系列矿物。SiO_2 的同质多象变体有 10 多种，但在结晶岩中最常见的有石英、鳞石英和方石英等。

石英　Quartz　Кварц

石英 Quartz 一词有可能来自德国萨克森语 Querkluftertz(交错脉中的矿石)，以后才演变为 Quartz。中文名称是美玉的意思，因为古汉语中的英也作瑛(美玉、玉光)。

成分　很纯，SiO_2 接近 100%。

形态　低温变体 α-石英属三方晶系，晶体柱面较发育，但在岩石中多呈他形粒状。高温变体 β-石英属六方晶系，晶形呈六方双锥状，自然界见到的 β-石英都是呈 β-石英副象的 α-石英。

光性　薄片中无色透明，表面光滑，无风化物，含气液和矿物包裹体较多时，略显浑浊。无解理，常见不规则裂纹。正低突起。$No=1.544$，$Ne=1.553$，$Ne-No=0.009$。最高干涉色为Ⅰ级黄白。一轴(＋)。受应力作用时，可产生波状消光，出现光性异常，(＋)$2V=8^\circ\sim12^\circ$。

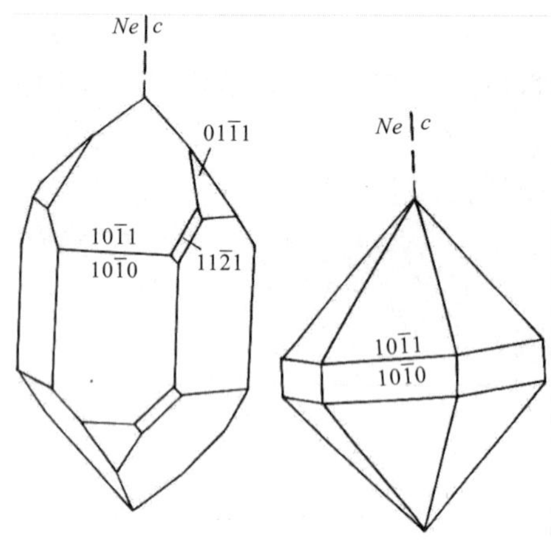

图 10－71　石英光性方位

光性方位见图 10－71。

变化　较稳定，不易风化。

产状　石英分布广，在地壳中分布量仅次于长石。除超基性岩和部分基性岩外，几乎其他的结晶岩和沉积岩中都有产出。此外，石英还是热液脉的主要矿物。

鉴定　表面光滑，无风化物，正低突起，无解理，无双晶，一轴(＋)，是石英的鉴定特征。石英与酸性斜长石、钾长石常共生在一起。与长石的区别是：①石英表面干净、光滑，长石表面往往有风化物；②石英无解理、双晶，长石常见解理和双晶；③石英为一轴晶，长石为二轴晶。石英具Ⅰ级灰白干涉色的切面与不见解理、双晶的钾长石切面的区别是，二者的轴性不同。尤其在某些砂岩和变质岩中，细粒长石与石英一样都呈等轴粒状，解理和双晶都难以看清，这时，就得凭轴性加以区别。石英与白云母平行(001)切面有些相似，其区别是：白云母突起略高，为二轴晶。

石英可制作低档、大众化宝石。宝石级石英按颜色不同分为水晶、紫晶、黄晶、烟晶等。

水晶(Rock crystal　Горный хрусталь)源自希腊语 Krystollos(洁白的冰)。18 世纪末曾用 Crystal(晶体)、Rock crystal(岩晶)来表示石英。普林尼(Plinius)认为水晶是由天空中的湿气和纯净的雪生成，是冰据神的意志变成的石头——水晶(郝用威，1997)。我国古代将水晶叫做水精，也认为是由水变成的。

紫晶(Amethyst　Аметист)英文词源自希腊词 Amethusts，意为不会醉酒，出自希腊民间传说中一位美丽少女的名字爱玛托丝(Amethyst)(郝用威，1997)。中文名称则是据其颜色命名。紫晶被宝石界定为二月生辰石。

黄晶(Citrine　Цитрин)英语词由法语词 Citron(柠檬)演化而来。中文名称也是按其颜色命名的。

烟晶(Smoky quartz　Дымчатый кварц)即烟色的石英，其中一种茶褐色者称为茶晶(Tea crystal　Чайный хрусталь)。

此外，还有作为玉石用芙蓉石、乳石英及石英质玉，一般不是石英单晶而是石英集合体或石英岩。

鳞石英　Tridymite　Тридимит

鳞石英 Tridymite 一词来自希腊词 Tridumos(三连、三重)，因为该矿物常见双晶或三连晶。

成分　含少量 Ti、Al、Fe、K、Na 等。

形态　高温变体属六方晶系。低温变体属斜方晶系，但呈高温变体假象。镜下切面形态为六边形、长条形、不规则状，或呈扇形、球粒形聚集体。

光性　薄片中无色。负高突起。$Np=1.471\sim1.482$，$Nm=1.472\sim1.483$，$Ng=1.474\sim1.488$，$Ng-Np=0.002\sim0.004$。干涉色为Ⅰ级灰—Ⅰ级灰白。长条者为负延性。常见楔状双晶，每个颗粒包括 2～3 个单体。二轴(＋)，$2V=35°\sim90°$。光性方位见图 10－72。

产状　产于较酸性火山岩的基质或气孔中，与透长石、方石英共生；产于石质陨石及月球玄武岩中；产于鳞英铁尖晶岩（周新民，1983）和莫来铁尖晶岩（曾广策等，1993）中。

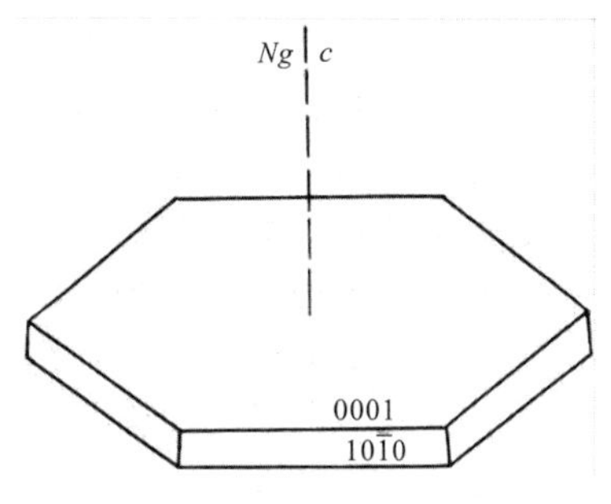

图 10－72　鳞石英光性方位

方石英　Cristobalite　Кристобалит

方石英在以前的文献中译为方英石，但既然为石英族一员，应译作方石英更好。方石英 Cristobalite 以墨西哥的一个叫克里斯托巴里（Cristobale）的地名命名。中文译名可能是强调它属于四方晶系。

成分　SiO_2。含微量 Al、Fe、Na、Ca 等。

形态　高温变体属等轴晶系，低温变体属四方晶系。常温下所见方石英多为具有高温变体副象的低温方石英。

光性　薄片中无色透明，偶带浅灰、浅黄。晶体切面多为方形或等向形。纤维状方石英常与针状的透长石互生形成球粒。负突起明显。$No=1.487$，$Ne=1.484$，$No-Ne=0.003$。干涉色为Ⅰ级暗灰，有些方石英表现为均质性。一般呈平行消光。可见聚片双晶，双晶纹可相交。一轴（－）。

产状　方石英属低压高温矿物，产于新鲜的中酸性火山岩的基质中，常与透长石形成球粒。也是火山玻璃脱玻化常见组分。还产于火山岩气孔和陨石中。

鉴定　方石英易与鳞石英相混淆，可根据方石英有时呈纤维状，具有聚片双晶，为一轴（－）；而鳞石英很少呈纤维状，具楔状双晶，为二轴（＋）加以区别。方石英与透长石微晶的区别：方石英无解理，突起较高，具聚片双晶，为一轴晶；而透长石具有解理，突起较低，常不发育双晶，为二轴晶。

柯石英　Coesite　Коэсит

成分　柯石英是石英的高压变体，成分与石英相似。

形态　属单斜晶系（呈假六方状），晶体多呈柱状，有时呈粒状，晶体细小。

光性　薄片中无色透明。正低—正中突起，突起比石英高。$Np=1.594$，$Nm=1.595\sim1.596$，$Ng=1.597\sim1.599$，$Ng-Np=0.003\sim0.005$。最高干涉色Ⅰ级白。斜消光，消光角（$Ng \wedge c$）为 $4°\sim6°$。正延性。二轴（＋），$2V=54°\sim61°$。

产状　柯石英于 1953 年人工合成，1960 年首次发现于美国阿利桑那陨石坑中，此后在德国、阿拉伯等地陨石坑中相继发现。我国大别-苏鲁超高压变质带的榴辉岩中也见有柯石英，它以包裹体的形式产于石榴石中。柯石英是一种超高压变质矿物，可与金刚石共生。

鉴定　与石英的区别：柯石英形态为柱状，粒度小，突起较高，多呈包裹体矿物产出，与高压矿物共生；而石英形态为粒状，粒度较大，突起极低或无突起，与低压矿物共生。与鳞石英的区别是：柯石英为正突起，斜消光，正延性，以包裹体形式产于其他矿物之中；而鳞石英为负突起，平行消光，负延性，以基质矿物产出。

复习思考题

1. 橄榄石族的常见种属名称及橄榄石族的镜下鉴定特征。
2. 镁橄榄石的镜下鉴定特征。
3. 辉石族的常见种属名称及辉石族的镜下鉴定特征。
4. 普通辉石的镜下鉴定特征。
5. 紫苏辉石的镜下鉴定特征。
6. 镁橄榄石与顽(火)辉石的主要区别。
7. 镁橄榄石与普通辉石的主要区别。
8. 普通辉石与紫苏辉石的主要区别。
9. 普通角闪石(绿色)的镜下鉴定特征。
10. 普通角闪石与普通辉石的主要区别。
11. 煌斑岩中黑云母(褐色)的镜下鉴定特征。
12. 花岗岩中黑云母(绿色)的镜下鉴定特征。
13. 普通角闪石(绿色)与黑云母(绿色)的主要区别。
14. 斜长石亚族的种属名称及斜长石亚族的镜下鉴定特征。
15. 比较折射率法测定斜长石端元成分的步骤。
16. ⊥(010)晶带最大消光角法测定斜长石端元成分的步骤。
17. 卡钠复合双晶法测定斜长石端元成分的步骤。
18. 碱性长石亚族的种属名称及碱性长石亚族的镜下鉴定特征。
19. 微斜长石的镜下鉴定特征。
20. 什么叫条纹长石?什么叫正条纹、中条纹、反条纹长石?
21. 如何确定条纹长石主晶和条纹的种属名称。
22. 石英的镜下鉴定特征。
23. 石英与斜长石的区别。
24. 石英与碱性长石的区别。
25. 斜长石与碱性长石的区别。

第十一章 主要常见于结晶岩中的其他造岩矿物

第一节 均质体矿物

萤石 Fluorite Флюорит

萤石 Fluorite 一词源于拉丁词 Fluo(流动),意指矿物具有易熔的性质,在冶炼中作助熔剂。同义词有 Fluorspar(Плавик)。中文名称"萤石"与该矿物在阴极射线、紫外光照射下发荧光和加热、阳光晒后发磷光现象有关。

成分 CaF_2。

形态 属等轴晶系,常呈他形,有时呈立方体。八面体解理完全。

光性 薄片中无色或带淡紫、淡绿色。可见二至三向解理纹,其交角为60°±。负高突起。$N=1.434$。显均质性。

产状 多为热液脉矿物,产于热液矿脉或蚀变交代岩石中;也产于某些花岗岩、云英岩及碱性岩中,与黄玉、电气石、方钠石、石英等共生。

萤石解理发育,硬度、闪光级别低,按要求达不到宝石。之所以把它列入宝石是因为有的萤石具有诱人的绿色、蓝色、紫色等,用以加工刻面宝石、伪造祖母绿和紫晶。此外很大一部分夜明珠是萤石质。

方沸石 Analcite Анальцит

方沸石 Analcite 一词源于希腊词 Analkis(弱的),意指该矿物受热和摩擦时带弱的电荷。按性质属于沸石族,但按结构、化学成分和矿物共生组合则同似长石族非常接近。

成分 $NaAlSi_2O_6 \cdot H_2O$。

形态 属等轴晶系。晶形为四角三八面体或四角三八面体与立方体的聚形,通常为不规则粒状。具{001}不完全解理。

光性 薄片中无色。负低突起。$N=1.487$。显均质性,有时显示二轴(－),$Ng-Np<0.001$。

产状 在中基性、基性的碱性岩中为原生矿物;也可作为次生产物产于岩浆岩的空洞、裂隙中,或交代霞石、白榴石、长石等;在砂岩中为自生矿物。

火山玻璃 Volcanic glass Вулканическое стекло

按矿物的定义,火山玻璃不属于矿物的范畴。确切地讲,它是固态岩浆,属于岩石范畴。但它在镜下显示为均一的物相,又是岩石的组成部分,为了研究方便,把它当作是一种矿物。

成分　成分较复杂，与产出的岩石化学成分相似。

形态　为非晶质，无一定外形。

光性　薄片中无色或呈淡黄、淡褐等色。常包含许多雏晶，有时具珍珠状裂纹。$N=1.48\sim1.61$，折射率随着岩石酸度增大而减小(图 11-1)。多为低突起。具均质性。

产状　火山玻璃既可以单独(或以它为主)组成火山岩，如珍珠岩、松脂岩、黑曜岩等，也常产于火山岩基质中，填隙在微晶矿物之间，还可以以碎屑产于玻屑凝灰岩中。我国海南省北部、雷州半岛地表所产的玻璃陨石(又称雷公墨)，全由火山玻璃组成，1500 倍电子探针扫描未发现任何矿物。

鉴定　火山玻璃与蛋白石、方沸石有些相似，其区别是：蛋白石折射率更低，且无解理，方沸石可见解理。

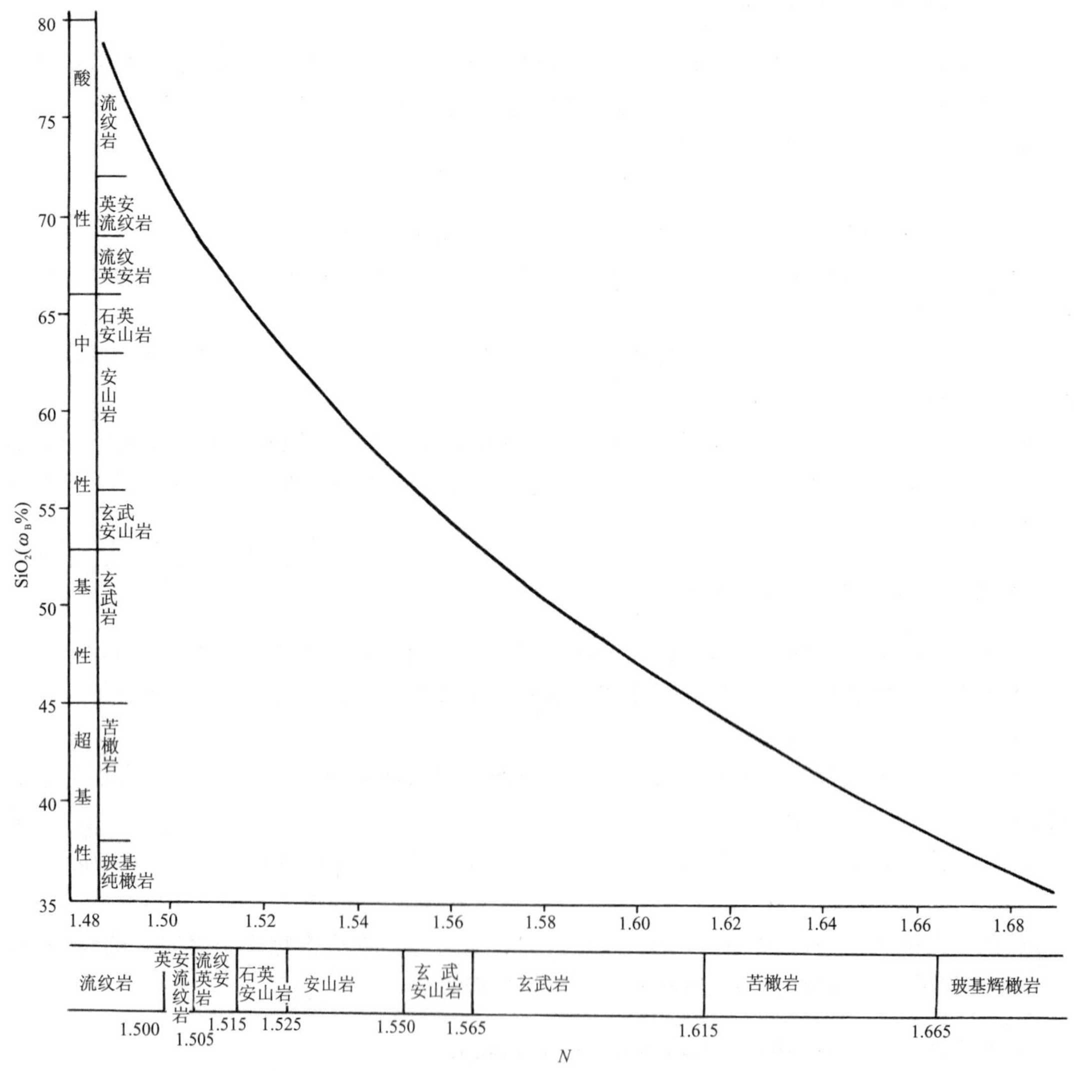

图 11-1　我国若干地区火山岩玻璃折射率与 SiO_2 含量、酸度及种属的关系

(邱家骧，1980)

火山玻璃也用作宝石，宝石中的黑曜岩实际包括黑曜岩、珍珠岩、松脂岩。黑曜岩 Obsidian(Обсидиан)是一位叫 Obsius 的罗马市民发现的，古罗马人称其为 Obsianus。中文名称则是因为其颜色为黑色，具有玻璃光泽。宝石中的莫尔道玻陨石(Moldavite Молдавит)因首先发现于捷克斯洛伐克的莫尔道河而得名，为绿色。我国的雷公墨与莫尔道玻陨石在成因上相当，但颜色为黑色。

方钠石　Sodalite　Содалит

方钠石 Sodalite 被认为是按成分命名的。英文词中有“苏打”(Soda)之意，是否早先认为它具有苏打成分不得而知。中文名称反映了其化学成分富钠和形态属立方晶系。

成分　$3NaAlSiO_4 \cdot NaCl$。

形态　属等轴晶系。晶形为菱形十二面体，通常为不规则圆粒状。{110}解理较完全，但一般难见到。

光性　淡玫瑰红、灰、黄、蓝、绿色，薄片中无色，有时带极淡的蓝色色调。负低突起。N＝1.483～1.487。具均质性。

产状　产于富钠的碱性侵入岩中，与霞石、钙霞石等共生(或伴生)，不与石英共生。

鉴定　以其解理较完全区别于方沸石。

方钠石作为宝石比较罕见，一般利用蓝色变种替代青金石。

黝方石　Nosean　Нозеан

黝方石 Nosean 以德国矿物学家诺斯(Nos)的名字命名。中文名称是否因为矿物具有黑色暗化边、内含网格状黑色包裹体、色调上显得有些黝黑不得而知。

成分　$6NaAlSiO_4 \cdot Na_2SO_4$。

形态　属等轴晶系。晶形为菱形十二面体，通常为不规则圆粒状。{110}解理不完全。

光性　薄片中呈蓝色色调。常含气、液、晶粒包裹体，包裹体常定向排列成格子状。晶体边缘易被熔蚀成港湾状，并具有黑色镶边(图 11－2)。负低突起。N＝1.480～1.495。具均质性。

变化　变为绢云母(钠云母?)、水铝氧石、沸石等；暗化边变为褐铁矿。

产状　主要以斑晶形式产于碱性火山岩中。

鉴定　斑晶较自形、具熔蚀结构；具暗化边；含网格状铁质矿物包裹体等与方钠石有明显区别。

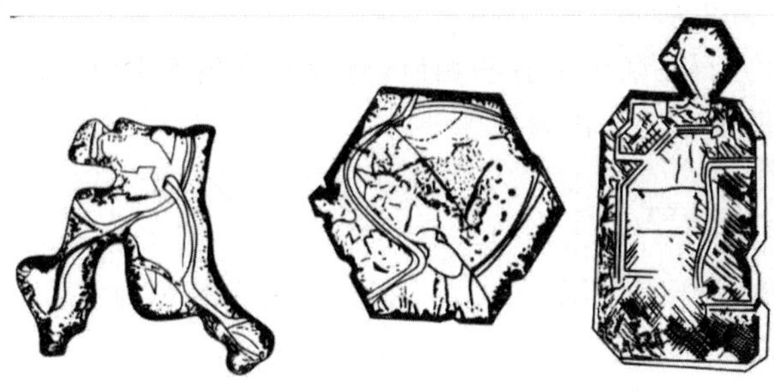

图 11－2　黝方石的晶形

蓝方石 Haüyne Гаюин

蓝方石 Haüyne 以著名结晶学家 Haüy 的名字命名。中文名称则是因为矿物呈蓝色。

成分 $6NaAlSiO_4 \cdot CaSO_4$。

形态 与方钠石相似。具{110}中等解理。

光性 手标本上呈蓝色、绿色；薄片中多为蔚蓝色。负低突起。$N=1.496 \sim 1.504$。有的含铁质矿物包裹体。具均质性。

产状 主要产于碱性火山岩中，也见于接触变质岩中。

鉴定 以较明显的蓝色和较完善的解理区别于方钠石、黝方石。

方钠石、黝方石、蓝方石等均属方钠石族。方钠石族矿物可以用简易化学试验相区别：置矿物于载玻片上，加硝酸少许。硝酸缓慢蒸发后，方钠石可析出石盐晶体；蓝方石则析出针状石膏晶体；黝方石不出现任何晶体，只有再加进少许氯化钙，才析出石盐和石膏晶体。

青金石 Lazurite Лазурит

青金石 Lazurite 一词从词形上应该源自拉丁词 Lazurius，后者又由阿拉伯词 Azul 演变而来，意为"蓝色""天空"，以表明该矿物为蓝色的宝石。同义词 Lazuli、Lapis、Blu zeolite、Lapis lazuli，最后两词多用于玉石名称。中文名称译为青金石主要原因是为了反映青金石玉的性质——具有天蓝（天青、帝青）色、金子般（黄铁矿）斑点，其次有可能是为了避免与天蓝石（Lazulite）同名。

成分 化学式为 $Na_8[AlSiO_4]_6(SO_4)$，常含有少量 K_2O、MgO、Fe_2O_3、SrO、CO_2 和 H_2O 等。

形态 自形晶为菱形十二面体，通常呈不规则粒状，菱形十二面体解理不完全。

光性 手标本上呈天蓝、深蓝、紫蓝、绿蓝色。薄片中呈青蓝色或蓝色。负低突起。$N=1.500$。具均质性，全消光。青金石的变种属斜方晶系；负低突起，$Np=1.504$，$Nm=1.510$，$Ng=1.514$，$Ng-Np=0.010$；最高干涉色可达Ⅰ级黄白，但由于颜色较深，干涉色仍显蓝色。

产地 产于碱性岩浆岩同灰岩的接触变质带中，与金云母、硅镁石、镁橄榄石、透辉石等共生。青金石是青金石玉（青金石岩）的最主要造岩矿物。青金石玉对应的英文词为 Lapis lazuli，意为蓝色的宝石。青金石玉也简称青金石，与矿物同名，同时它还有青金、金青、青碧、金碧等其他名称。青金石产于阿富汗，俄罗斯的斯柳江卡、西伯利亚，智利，缅甸及我国。青金石与绿松石并列为十二月生辰石。

鉴定 青金石与蓝方石在颜色上有些相似，但青金石颜色更浓。产状上，青金石主要产于变质岩中，而蓝方石常见于碱性火山岩中。

白榴石 Leucite Лейцит

白榴石 Leucite 一词源于希腊词 Leucos（白色）。中文名称为意译。白榴石还有另一个英文词为 Amphigene（Амфиген）。

成分 $K[AlSi_2O_6]$，含少量 Na、Ca。

形态 属假等轴晶系（低温时为四方晶系），晶体呈四角三八面体晶形，熔蚀后呈圆粒状。

光性 薄片中无色。常含有辉石、磁铁矿等包裹体，包裹体呈平行边缘的环带状（图 11 -

3左图)或放射状分布。不见解理。负低突起。$N=1.508\sim1.511$。具均质性。但较大晶体有时显非均质性,干涉色极低。具纵横交错的聚片双晶(图11-3右图)。

变化　可蚀变为方沸石、绢云母、钠长石的集合体,或转熔成霞石、正长石等组成的混合物。变化后仍保留白榴石假象者,称为假白榴石。

产状　产于碱性的富钾熔岩中,既呈斑晶产出,又呈微晶产出。

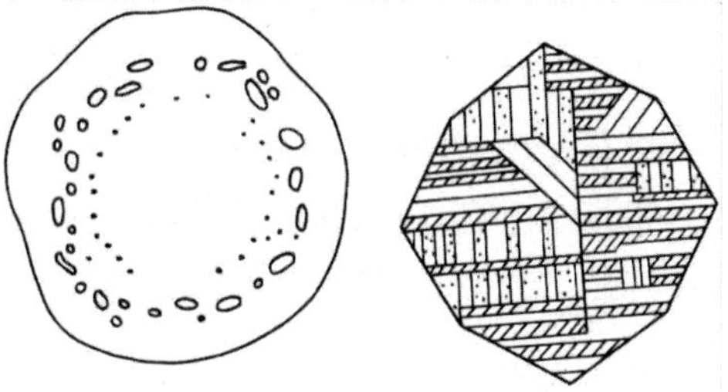

图11-3　白榴石的包裹体(左)和聚片双晶(右)

鉴定　以其无解理、呈特殊晶形、含定向包裹体、有时具聚片双晶及产状不同区别于方沸石和方钠石。

白榴石作为宝石比较罕见。

尖晶石　Spinel　Шпинель

化学通式为AB_2O_4,A=Mg、Fe^{2+}、Zn、Mn、Ni,B=Al、Fe^{3+}、Ti、Cr等。

尖晶石Spinel一词的来源不十分清楚。一种说法认为是源自拉丁词Spina或Spinella(刺、尖角),这是因为矿物的晶体形态为尖角状八面体;另一种说法认为是来自希腊词Spark,意为"红色的天然晶体"。中文译名显然是支持第一种说法。

尖晶石属等轴晶系。晶体呈八面体晶形,也呈不规则粒状。薄片中常见正方形、四角形、三角形等切面。一般无解理,可见不规则裂纹。正高突起。显均质性。

根据其所含阳离子的不同,可以分为许多种属和亚种。常见有以下几种:

镁尖晶石　Spinel　Шпинель

成分为$MgAl_2O_4$。镁尖晶石没有专门的英文词,就称为Spinel,同义词有Spinelite、Spinell、Spinelle。中文也称贵尖晶石(Noble Spinel)。

手标本上呈红色(含Cr)、蓝色(含Fe^{2+}、Zn^{2+})、草绿色(含Fe^{3+})、褐色(含Cr、Fe^{2+}、Fe^{3+});薄片中无色或淡色。正高突起,$N=1.715$。均质性,有的具极低干涉色。

产于酸性侵入岩与白云岩、白云质灰岩的接触变质带中,与镁橄榄石、透辉石等共生。也产于橄榄石、金伯利岩、镁质煌斑岩及某些结晶片岩中。

镁铁尖晶石　Magnesioferrite　Магнезиоферрит

成分为$(Mg,Fe)(Al,Fe)_2O_4$。镁铁尖晶石按化学成分命名,中文也有译作镁铁矿。

手标本呈绿、蓝、褐色,薄片中淡绿、淡蓝、淡褐色。正高—正极高突起,$N=1.77\sim1.79$。产于含镁、铁较高的岩浆岩、结晶片岩、片麻岩、接触变质岩中。

铁尖晶石　Hercynite　Герцит

成分为$FeAl_2O_4$。英文名称Hercynite源于矿物的首次发现地——捷克斯洛伐克林山的拉丁文名称Silva Hercynia,中文名称反映了矿物的化学成分。

手标本上呈黑色,薄片中呈黑绿色。正极高突起,$N=1.83$。产于鳞英铁尖晶岩、莫来铁尖晶岩、钛铁霞辉岩及某些变质岩中。

铬尖晶石 Chrome spinel Хромшпинелъ

成分为(Mg,Fe)Cr_2O_4。

手标本上呈红色、褐色、褐绿色,薄片中为相应的淡色色调。正极高突起,$N=2.00$。主要产于二辉橄榄岩、纯橄岩和蛇纹岩中。

锌尖晶石 Gahnite Ганит

化学成分为 $ZnAl_2O_4$。锌尖晶石英文词源自瑞典化学家 Gahn 的名字,中文名称则依据其化学成分。

手标本上呈蓝色、绿色、暗绿色,薄片中呈相应淡色调。正极高突起,$N=1.805$。主要产于花岗伟晶岩中,也偶见于灰岩的接触变质岩中。

锰尖晶石 Galaxite Галаксит

成分为 $MnAl_2O_4$。锰尖晶石以植物名称加腊克斯(Galax)命名,因为在加腊克斯生长茂密的地方发现了该矿物。美国弗吉尼亚州的加腊克斯城也是以该植物命名的。中文名称则据其化学成分。

手标本上呈红色、淡红色、褐色、黑色,薄片中呈相应淡色调。正极高突起,$N=1.848$。主要产于锰矿脉中。

尖晶石的宝石名称也叫尖晶石。尖晶石为较名贵的宝石,自古以来一直把它误认为是红宝石。

方镁石 Periclase Периклаз

方镁石英文词源于希腊词 Peri(到处)和 Klasi(裂隙、开裂),以表明矿物具有立方完全解理。中文名称既表明矿物具有立方解理,又反映了矿物的化学成分。

成分　MgO,含少量 Fe、Mn、Zn 等。

形态　属等轴晶系。晶形呈八面体,多呈圆粒状、不规则粒状。具立方体解理,薄片中可见一向互相平行、两向互相垂直、三向相交成三角形的解理纹。

光性　薄片中无色。正高突起。$N=1.730\sim1.739$。显均质性。

变化　易变为水镁石。

产状　方镁石较少见,产于镁质的矽卡岩、大理岩中,与镁橄榄石、镁尖晶石、蛇纹石等共生。

鉴定　以其特征的解理区别于镁尖晶石。

日光榴石 Helvite(Helvine) Гельвит(Гельвин)

英文名称源自希腊词 Helios,意为太阳。中文名称则为英文名称的意译。

成分　$Mn_4[BeSiO_4]_3S$。含少量 Fe、Zn,与铍榴石、锌日光榴石形成类质同象系列。

形态　等轴晶系。晶体呈四面体、三角三四面体,通常呈不规则粒状。{111}解理不完全。

光性　手标本上黄色、黄褐色。薄片中无色或浅褐色、浅黄色。正高突起,$N=1.728\sim1.749$。均质体性。

产状 产于含铍的花岗伟晶岩、花岗岩、云英岩、矽卡岩及气成热液矿床中。

鉴定 易被误认是石榴石。与石榴石的区别是：见三角形切面，具不完全解理，突起较低，产于含铍的岩石中。

石榴石 Granat(Garnet) Гранат(Гарнет)

化学通式为 $R_3^{2+}R_2^{3+}[SiO_4]_3$，$R^{2+}=Ca$、Mg、$Fe^{2+}$、$Mn^{2+}$，$R^{3+}=Al$、$Fe^{3+}$、$Mn^{3+}$、Ti、Cr。按化学成分，将石榴石分为铝榴石和钙榴石两个系列。铝榴石系列包括镁铝榴石、铁铝榴石、锰铝榴石；钙榴石系列包括钙铝榴石、钙铁榴石、钙铬榴石等。

石榴石英文名称源于拉丁词 Granatus（石榴），有人认为是因为该矿物的颜色像石榴果肉的颜色，其实该族矿物的晶形很像石榴子的形态，应该是两种意思皆有，中文名称译作石榴子石，更偏重于第二层意思。

石榴石属等轴晶系。晶形完好，常为菱形十二面体、四角三八面体或两者的聚形。薄片中无色或呈各种淡色色调。一般无分解物。无解理，常具不规则裂纹。正高—正极高突起，显均质性，但有的有光性异常。

各种石榴石简介如下：

镁铝榴石 Pyrope Пироп

成分为 $Mg_3Al_2[SiO_4]_3$。Pyrope 一词源于希腊词 Puropor（似火焰），因为该矿物颜色常呈火红色。中文名称据其化学成分，也曾按词意译作“红榴石”。

手标本上呈紫红色为多，也常见有紫青、玫瑰红、橙红、橙黄、粉红色者，薄片中呈各种相应的淡色。正高突起，$N=1.705\sim1.760$。显均质性。

深红色的镁铝榴石称为深红榴石(Carbuncle，Карбункул)

产于幔源包体或金伯利岩、榴辉岩、蛇纹岩等镁铁质、超镁铁质岩中。可变为绿泥石。

铁铝榴石 Almandine Альмандин

成分为 $Fe_3Al_2[SiO_4]_3$。Almandine 是一个曲意词，与小亚细亚一个叫阿拉帮德(Alaband)的地名有关，那里出产一种曾用来制作弧面宝石的红榴石，可能就是铁铝榴石。

手标本上呈褐、红、黑色。薄片中呈淡红、淡红褐色。正极高突起，$N=1.778\sim1.816$。显均质性。常因含许多矿物包裹体而呈筛状结构。显均质性。

棕红色、粉红色的铁铝榴石称为贵榴石。

主要产于片岩、片麻岩、角闪岩及榴辉岩、麻粒岩等变质岩中。可变为绿泥石、绿帘石等。

锰铝榴石 Spessartite Спессартит

成分为 $Mn_3Al_2[SiO_4]_3$。锰铝榴石的英文名称以德国巴伐利亚州西北部一个叫施佩萨特(Spessart)的地名命名。中文名称反映了它的化学成分。

手标本上呈棕红、玫瑰红、黄褐色，薄片中呈淡红、淡褐色。正极高突起，$N=1.792\sim1.820$。产于伟晶岩、花岗岩、结晶片岩及锰矿床中。可变为黑云母。

钙铝榴石 Grossular Гроссуляр

成分为 $Ca_3Al_2[SiO_4]_3$。钙铝榴石的英文名称以植物刺李(Grossularia)命名，因该矿物的某些亚种呈淡绿色，其颜色很像刺李的颜色。中文名称则是按化学成分命名。

手标本上呈白、黄、褐、红、绿色，薄片中通常无色，有时带淡黄、淡褐色。正高突起，$N=1.735$。因光性异常，常显Ⅰ级灰干涉色和双晶。产于钙质矽卡岩、富钙铝质的片岩及蛇纹岩中。可变为绿帘石、绿泥石、长石、方解石等。

含 Fe 的钙铝榴石 $Ca_3(Al,Fe)_2[SiO_4]_3$ 变种，呈黄红色、褐红色、肉桂色，称为铁钙铝榴石(Hessonite,Гессонит)或桂榴石。含水的钙铝榴石 $Ca_3Al_2[SiO_4]_{3-x}(OH)_{4x}\}$称为水钙铝榴石或水榴石。

钙铁榴石 Andradite Андрадит

成分为 $Ca_3Fe_2[SiO_4]_3$。钙铁榴石 Andradite 以首先研究和描述该矿物的葡萄牙矿物学家 Andrade 的名字命名，中文名称则是按矿物的化学成分。

手标本上为黑、褐红、黄绿色，薄片中颜色较深，为黄、红、褐色。正极高突起，$N=1.811\sim1.895$。因光性异常而显Ⅰ级灰干涉色。常具环带结构和双晶。产于矽卡岩中。

绿色透明的钙铁榴石，称为翠榴石(Demantoid,Демантоид)。

密黄色的钙铁榴石，称为黄榴石(Topozolite,Топозолит)。

含 $TiO_2=1\%\sim5\%$的钙铁榴石 $Ca_3(Fe,Ti)_2[SiO_4]_3$，薄片中呈暗褐色、暗红褐色，正极高突起(比钙铁榴石突起更高)，$N=1.872\sim1.935$，称为**黑榴石**(Melanit,Меланит)。

含 $TiO_2=5\%\sim20\%$的钙铁榴石 $Ca_3(Fe,Ti)_2[(Si,Ti)_3O_{12}]$，薄片中为黑褐色、黑红褐色，正极高突起(比黑榴石突起更高)，$N=1.935\sim2.01$，称为**钛榴石**(Schorlomite,Шорломит)。

黑榴石、钛榴石多产于碱性岩中。

钙铬榴石 Uvarovite Уваровит

成分为 $Ca_3Cr_2[SiO_4]_3$。钙铬榴石的外文名称以曾担任过俄罗斯科学院院长的 C. C. 乌瓦罗夫(Уваров)的名字(实际上是他的姓)命名。中文名称据其化学成分。

手标本上呈暗绿色、鲜绿色，薄片中呈绿色。正极高突起，$N=1.85\sim1.86$。因光性异常而显很低的干涉色，可出现环带结构。钙铬榴石是一种罕见的石榴石，产于蛇纹岩和某些接触变质岩中，可变为含铬绿泥石。

各种石榴石的端元组成，可通过精确测定折射率、相对密度和晶胞棱长然后投图 11-4(图中 1Å=0.1nm)求出。

石榴石的宝石名称叫紫牙乌。该名称相传源于古阿拉伯语“牙乌”(意为红宝石)，因矿物颜色多为暗红带紫色，故称为“紫牙乌”。紫牙乌是人们经常佩带的宝石，被定为一月生辰石。

烧绿石(黄绿石) Pyrochlore Пирохлор

Pyrochlore 一词来自古希腊文 Pur(火)和 Chlors(绿色)，故中文名称译作烧绿石，同时 pyr-也是黄铁矿的词头，因此也有译作黄绿石的。

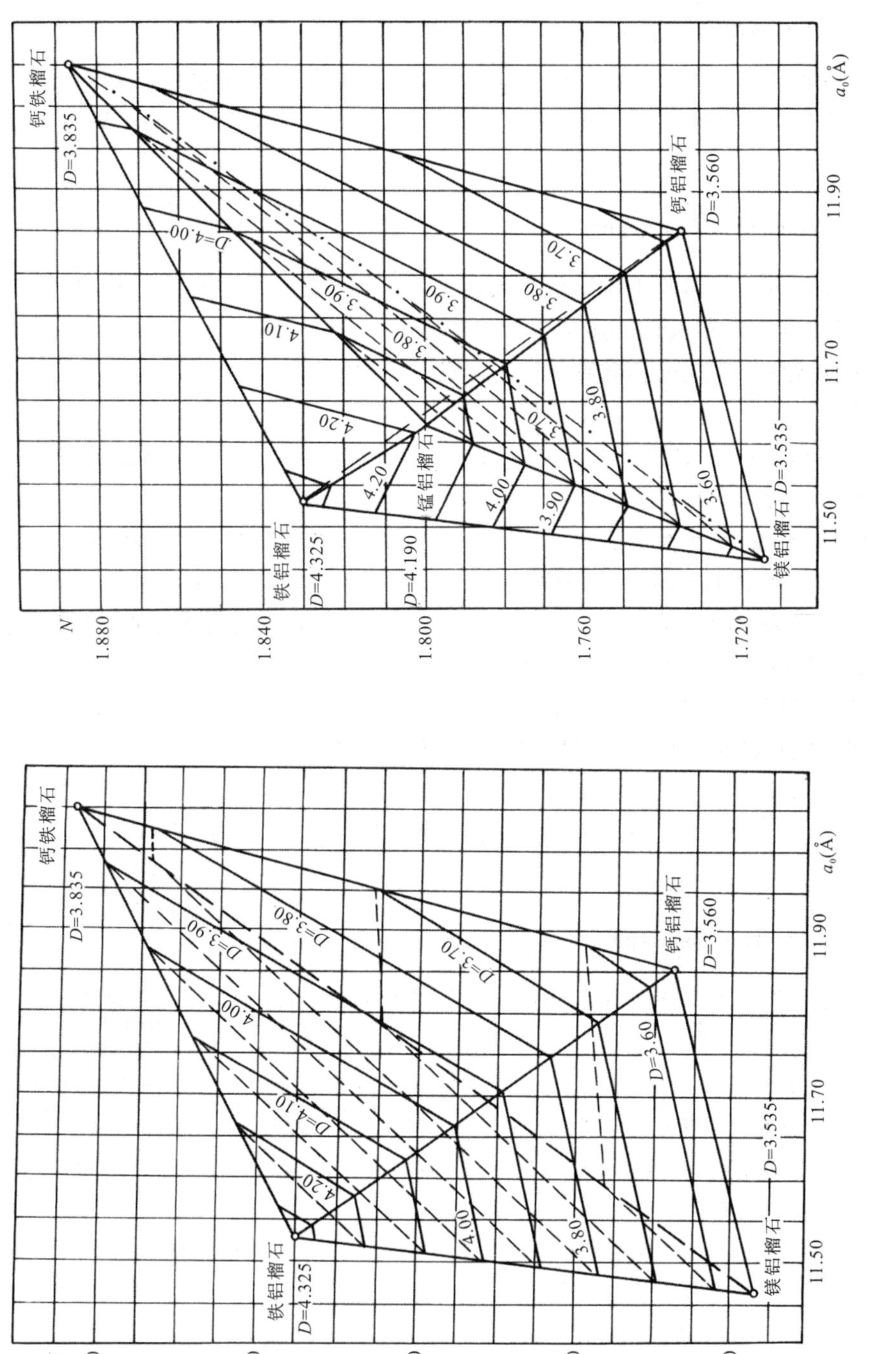

图11-4　石榴石的折射率（N）、晶胞棱长（a_0）和相对密度（D）的关系（温契尔，1958）

成分　$(Ca,Na)_2(Nb,Ta)_2O_6(F,OH,O)$，成分较复杂。

形态　属等轴晶系。多为自形的八面体晶形。

光性　薄片中多为黄、黄褐色，变生的烧绿石颜色较深。正极高突起。N=1.93～2.18。显均质性，但有时有微弱的干涉色。

产状　主要产于碱性正长岩、霞石正长岩及岩浆成因的碳酸岩中，也见于云英岩及伟晶岩中。

鉴定　与钙钛矿($CaTiO_3$)有些相似。但钙钛矿突起更高(N=2.34～2.38)，且多为立方体晶形。

闪锌矿　Sphalerite　Сфалерит

闪锌矿 Sphalerite 一词源于希腊词 Sphaleros(背信弃义、居心险恶)，因该矿物常同方铅矿混淆，但从其中又不能获取铅。还源于德语词 Blenden(光曜夺目、曜眼)，因该矿物的解理面上闪烁着金刚光泽。中文名称兼顾了德文词意和矿物的化学成分。

成分　ZnS。

形态　属等轴晶系，呈四面体晶形。具{110}完全解理。薄片中可见多组解理纹。

光性　薄片中为灰、黄、褐色。正极高突起。N=2.37～2.41。显均质性。

闪锌矿中 Fe 代替 Zr 十分普遍，最高可达25%的 Fe，相当于45%的 FeS 的端元组分。一般含 Fe 达8%以上的闪锌矿称为**铁闪锌矿**。

铁闪锌矿的突起比闪锌矿更高，N=2.41～2.48，薄片中颜色为褐红色，暗褐红色，黑褐色，风化后成褐铁矿。

产状　产于热液矿床和矽卡岩矿床中。

色美透明的闪锌矿也用作宝石，但较为罕见，多用作欣赏石。

第二节　一轴晶矿物

钙霞石　Cancrinite　Канкринит

钙霞石外文名称以曾担任过俄罗斯财政部长的坎克林(Канкрин)伯爵的名字(姓)命名。中文名称据其化学成分。

成分　$Na_6Ca_2[AlSiO_4]_6(CO_3,SO_4)(OH)_2$。通常所说的钙霞石是由钙霞石分子 $Na_6Ca_2[AlSiO_4]_6(CO_3)(OH)_2$ 和硫酸钙霞石分子 $Na_6Ca_2[AlSiO_4]_6(SO_4)(OH)_2$ 所组成的固溶体系列。其中含硫酸钙霞石分子小于30%者称钙霞石，大于70%者称**硫酸钙霞石**，介于二者之间者称含硫钙霞石。

形态　属六方晶系。晶体呈柱状，通常呈不规则粒状。{$10\bar{1}0$}柱面解理完全，{0001}解理不完全。

光性　薄片中无色。负低突起。No=1.507～1.528，Ne=1.495～1.503，$No-Ne$=0.025～0.012。最高干涉色为Ⅱ级绿—Ⅰ级橙。折射率和双折射率随硫酸钙霞石分子含量增高而降低(图11-5)。平行消光，负延性。有时见聚片双晶。为一轴(－)。光性方位见图11-6。

硫酸钙霞石(Vishnevite Вишневит)以俄罗斯乌拉尔的樱桃山(Вишневые горы)命名。硫酸钙霞石折射率和双折射率更低：No=1.488～1.493，Ne=1.488～1.490，$No-Ne$<0.002，

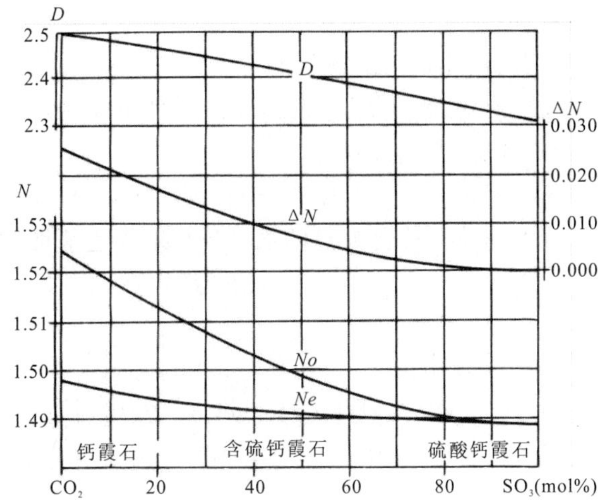

图 11-5 钙霞石类矿物成分与光性的关系
（特吕格，1971）

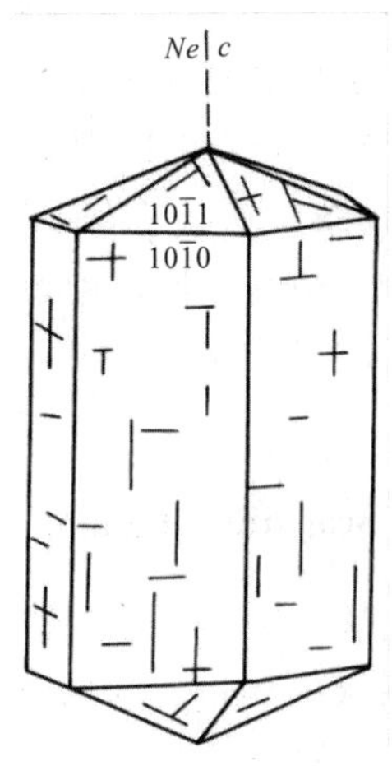

图 11-6 钙霞石光性方位

近于均质性。含硫钙霞石的突起和干涉色介于上述二者之间。

变化 可变为云母、沸石、碳酸盐、高岭土等。

产状 主要产于碱性岩中，既可以是原生矿物，也可以是霞石的次生反应矿物。它与霞石的区别是，钙霞石具有完全解理，干涉色较高。

霞石 Nepheline Нефелин

霞石 Nepheline 一词源于希腊词 Nephele（云彩），因为该矿物在强酸中加热时形成凝胶状、云彩状物质。中文名称按词意译成“霞石”，霞者，彩色的云层。

成分 Na[$AlSiO_4$]，含少量 K、Ca。霞石和钾霞石在高温下可形成连续的固溶体系列，低温时为有限混溶。常见的霞石含 5%～20%的钾霞石 $KAlSiO_4$ 分子（Ka）。

形态 属六方晶系。晶体呈短柱状，但通常呈粒状。柱面解理和底面解理均不完全。

光性 薄片中无色透明，常因风化而呈现混浊。具极低突起。No＝1.529～1.549，Ne＝1.526～1.543，$No-Ne$＝0.003～0.005，折射率随着钾霞石分子含量的增高而增大（图 11-7）。干涉色低，最高干涉色为Ⅰ级灰。一轴（－）。光性方位见图 11-8。

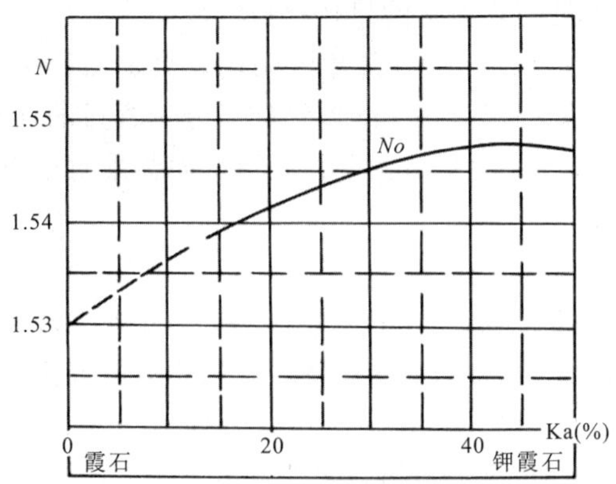

图 11-7 霞石的成分（分子百分数）与折射率的关系
（穆尔豪斯，1959）

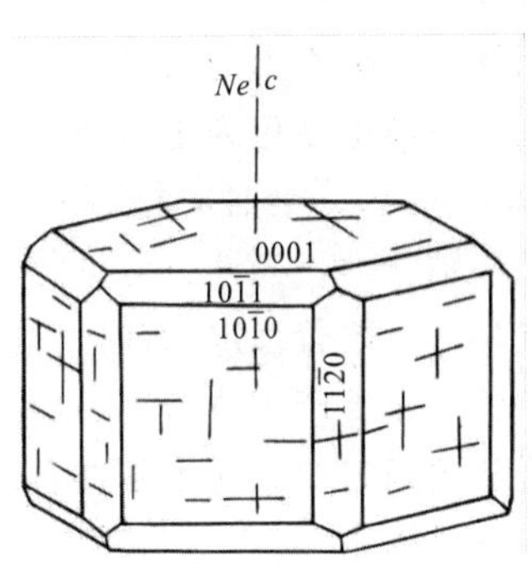

图 11-8 霞石光性方位

变化　霞石不稳定，易变为沸石、云母、钙霞石、方解石、高岭土等。

产状　产于富钠的碱性岩浆岩中，与碱性长石、碱性暗色矿物共生。

鉴定　与碱性长石的区别是：霞石突起较低且有时为正突起，无解理或解理不完全，一般无双晶，为一轴晶。霞石与堇青石有些相似，但二者的产状不同。

钾霞石(Kalsilite　Калсилит)，化学式为 K[$AlSiO_4$]，Ne=1.532～1.537，No=1.538～1.543，$No-Ne$=0.005～0.006。光性与霞石十分相似，易变为高岭石，产于钾质超基性、基性岩浆岩中。

方柱石　Scapolite　Скаполит

成分　化学式为$(Na,Ca,K)_4[Al(Al,Si)Si_2O_8]_3(Cl,F,OH,CO_3,SO_4)$。方柱石是以钠柱石 $Na_4[AlSi_3O_8]_3Cl$ 分子(Ma)和钙柱石 $Ca_4[Al_2Si_2O_8]_3(SO_4)$分子(Me)为端元组分的连续固溶体系列。按 Ma 和 Me 含量，方柱石又可细分为钠柱石、针柱石、中柱石、钙柱石(表 11-1)。自然界常见者多为针柱石和中柱石。

表 11-1　方柱石各种属的端元组成及光性

种　属	Ma(%)	Me(%)	No	Ne	$No-Ne$	D
钠柱石	100～80	0～20	1.535～1.551	1.533～1.536	0.002～0.015	2.62
针柱石	80～50	20～50	1.551～1.568	1.536～1.546	0.015～0.022	2.57～2.61
中柱石	50～20	50～80	1.568～1.595	1.546～1.560	0.022～0.035	2.61～2.72
钙柱石	20～0	80～100	1.595～1.607	1.560～1.568	0.035～0.039	2.69～2.78

方柱石 Scapolite 一词源于希腊词 Skapos(矿井、竖井)，强调该矿物通常为短柱状结晶习性，中文名称为外文词的意译。**钠柱石** Marialite(Мариалит)以格·拉特的夫人罗兹·马丽亚(Maria)的名字命名，中文名称则据化学成分。**中柱石** Mizzonite(Миццонит)一词源于希腊词 Meizon(大)，强调其 c/a 值比钙柱石大，中文名称是据化学成分，意指它接近方柱石固溶体系列的中间成分。钙柱石 Meionite(Мейонит)一词源于希腊词 Meion(小)，强调该矿物晶形的尖锥比与之共生的符山石的小，中文名称据化学成分，意为最富钙的方柱石。

形态　属四方晶系。晶形为柱状，有时发育双锥面，但常呈不规则粒状。{100}柱面解理完全，横断面见两组互相垂直的解理纹；有时还可见与之斜交的{110}解理(较完全)纹。

光性　手标本上为白色、灰色，有时带淡黄、淡绿、淡红色；薄片中无色。具负低—接近正中突起。最高干涉色为Ⅰ级暗灰—Ⅲ级蓝。折射率和双折射率随着钙柱石分子含量的增高而增大(图 11-9)。各种方柱石的折射率和双折射率见表 11-1。平行 c 轴切面为平行消光，负延性。一轴(－)。光性方位见图 11-10。

变化　一般较稳定，有时可变为云母、方解石。

产状　主要产于矽卡岩中，与石榴石、透辉石、符山石共生；也产于区域变质的大理岩、钙质片岩和角闪岩中。在中基性岩浆岩中，方柱石为斜长石的蚀变产物。在火山岩的孔隙中，可见方柱石晶簇。

鉴定　以其较低的干涉色、负延性和一轴晶区别于白云母；以其平行消光、无双晶和一轴晶区别于斜长石；以其突起较低、解理交角不同、平行消光、负延性、一轴晶区别于辉石和无色

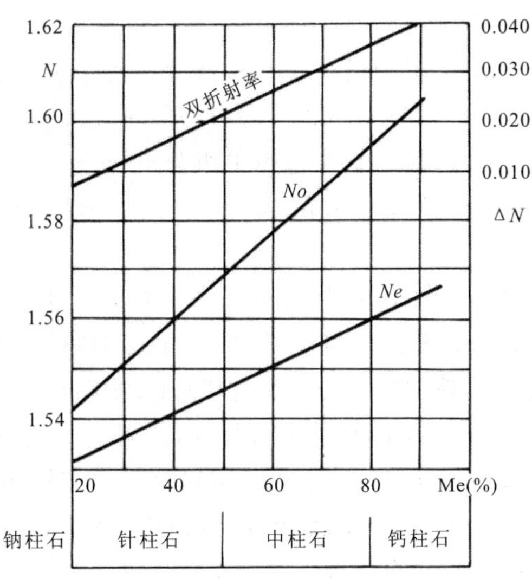

图 11－9　方柱石的折射率、双折射率与成分的关系
（穆尔豪斯，1959）

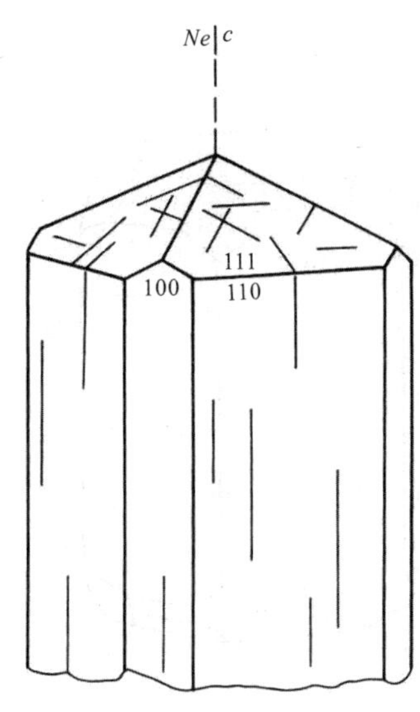

图 11－10　方柱石光性方位

角闪石；以其突起较低、一轴晶区别于红柱石和硅灰石。

方柱石的宝石名称也叫方柱石，是一种罕见的宝石。

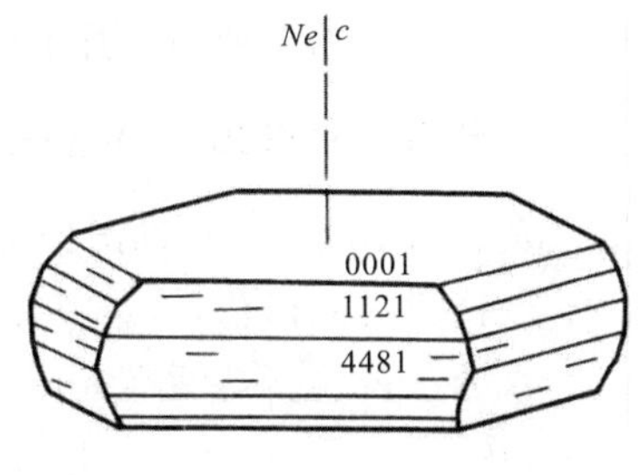

图 11－11　水镁石光性方位

水镁石(氢氧镁石)　Brucite　Брусит

水镁石以美国一位早期矿物学家布鲁斯(A. Bruce)的名字命名。中文名称则根据矿物的化学成分，也译作氢氧镁石。

成分　$Mg(OH)_2$，含少量 Fe、Mn。

形态　属三方晶系。晶体常呈厚板状、叶片状。具{0001}极完全解理。

光性　标本上呈白、绿、褐色，解理面上显珍珠光泽。薄片中无色。正低—正中突起。$No=1.559\sim1.566$，$Ne=1.580\sim1.585$，$Ne-No=0.019\sim0.021$。最高干涉色为Ⅰ级紫红，常出现红褐色调异常干涉色。呈平行消光。负延性。一轴(＋)。光性方位见图 11－11。

变化　易变为水菱镁矿和蛇纹石。

水菱镁矿$[Mg_5(CO_3)_4(OH)_2\cdot4H_2O]$在薄片中呈针状、片状、簇状，无色，正低—负低突起，干涉色为Ⅱ级蓝，斜消光，二轴(＋)。

产状　水镁石系由白云岩热变质形成的方镁石水化而成。

绿柱石　Beryl　Берилл

绿柱石 Beryl 一词起源于希腊词 Beyllos，后又转经拉丁语 Beryllus 演变而成，意为蓝绿色宝石，中文名称则是因为矿物的形态为六方柱、颜色常呈绿色。

成分　$Be_3Al_2[Si_6O_{18}]$，含 Na、K、Li、Cs、Rb 等。

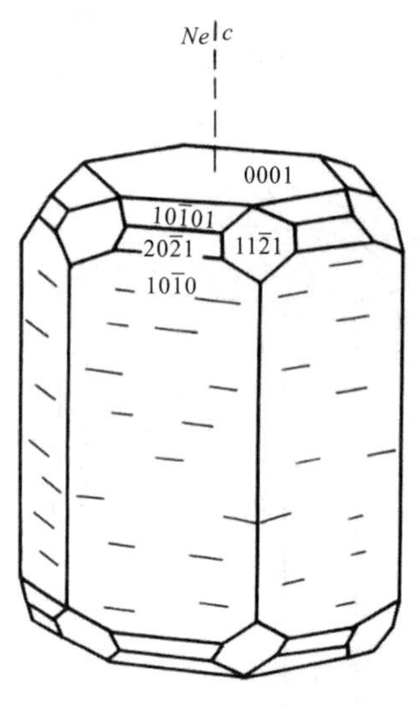

图 11-12 绿柱石光性方位

形态 属六方晶系。晶形呈六方柱状、纤维状、块状。{0001}解理不完全。

光性 标本上多为白色、绿色;薄片中无色。正低—正中突起。$No=1.568\sim1.602$,$Ne=1.564\sim1.595$,$No-Ne=0.004\sim0.008$。最高干涉色为Ⅰ级灰—灰白。呈平行消光。负延性,但板状晶体为正延性。一轴(−)。光性方位见图 11-12。

产状 主要产于伟晶岩中,也产于云母片岩中。

鉴定 以其较低的干涉色、负光符、负延性区别于石英;以其突起较高区别于霞石;以其突起较低区别于硅灰石。

绿柱石宝石最有名者当属祖母绿,它被称为绿宝石之王。祖母绿 Emerald(Изумруд)一词起源于古波斯语,后演化成拉丁语 Smaragdus,又讹传成 Esmeraude、Emeraude或 Emerade。中文名称"祖母绿"是由古波斯语 Zumurud 音译而成。祖母绿是深草绿、翠绿、亮绿色的绿柱石变种。

浅蓝色、浅蓝绿色的绿柱石变种称为海蓝宝石(Aquamarine,Аквамарин)。

透明如水的浅蓝色绿柱石称为水蓝宝石。

宝石界也有将黄色透明的用作宝石的绿柱石称为金绿宝石,但不是矿物金绿宝石(后述)。

祖母绿和翡翠列为五月生辰石。

黄长石 Melilite Мелилит

黄长石 Melilite 一词源于希腊词 Meli(蜂蜜),因为该矿物常呈蜜黄色、浅黄色、浅绿黄色(也见有浅红褐、白色者)。中文名称据其颜色。

成分 黄长石是钙铝黄长石 $Ca_2Al[AlSiO_7]$和镁黄长石 $Ca_2Mg[Si_2O_7]$的连续类质同象系列,化学式为 $Ca_2(Mg,Al)[(Si,Al)_2O_7]$,含少量 Na、Mn、$Fe^{2+}$、$Fe^{3+}$、Zn 等。

形态 属四方晶系。晶体常呈四方板状或短柱状,有时为不规则粒状。{001}解理较完全。由于常有许多极细小的裂纹和空腔垂直晶体延伸方向,从而呈现出"钉齿构造"(图 11-13)。

光性 薄片中无色,有时带淡黄色调。正中—正高突起。$No=1.632\sim1.669$,$Ne=1.639\sim1.658$,$|No-Ne|=0.000\sim0.011$,折射率随镁黄长石分子含量增多而降低(图 11-14)。最高干涉色为Ⅰ级暗灰—Ⅰ级黄,有时可见靛蓝色调的异常干涉色。呈平行消光。延性和光性符号有正有负:钙铝黄长石多为正延性,一轴(−);镁黄长石多为负延性,一轴(+);含镁黄长石分子约为55%者,则为均质性。

图 11-13 黄长石的钉齿构造

(王德滋,1975)

产状　主要产于黄长玄武岩、黄长煌斑岩及某些接触变质岩中。

鉴定　以其钉齿构造、异常干涉色、一轴晶区别于与其共生的长石。以其折射率较高区别于霞石。

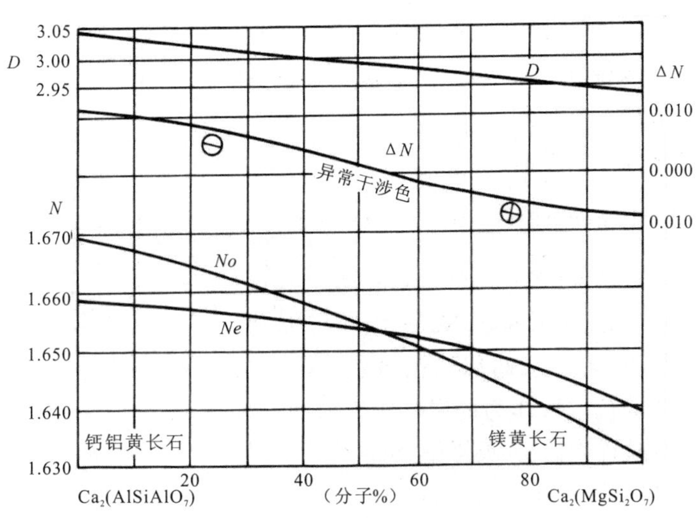

图 11-14　黄长石的成分和光性的关系

（温契尔，1927）

磷灰石　Apatite　Апатит

磷灰石 Apatite 一词源自希腊语 Apate（欺骗），因为该矿物常常同电气石、绿柱石、橄榄石相混淆。磷灰石还有另一个词为 Dahllite（Даллит），以挪威地质学家 Dall 兄弟俩的名字命名。中文名称则据其化学成分。

成分　$Ca_5[PO_4]_3$（F，Cl，OH）。

形态　属六方晶系。晶体呈六方柱状、针状、不规则粒状。解理不完全。

光性　手标本上呈灰白、浅绿、黄绿、褐红、浅紫；薄片中无色，无风化物，有时具浅色色调。正中突起。$No=1.629\sim1.667$，$Ne=1.624\sim1.666$，$No-Ne=0.001\sim0.007$。最高干涉色为Ⅰ级灰。平行消光。负延性。一轴（－）。光性方位见图 11-15。

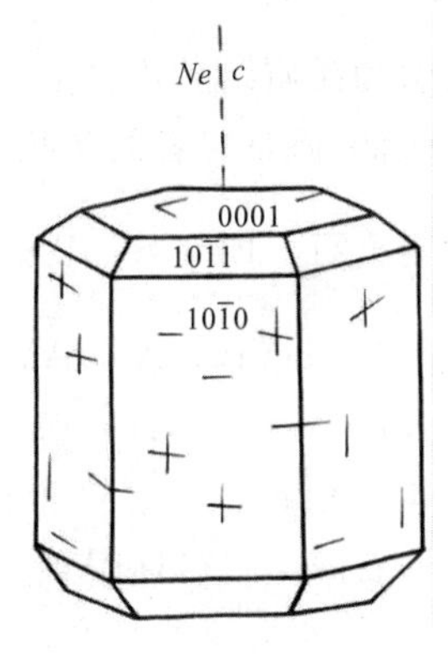

图 11-15　磷灰石光性方位

产状　磷灰石是各种岩浆岩的副矿物，在许多变质岩和沉积岩中都有产出。另外，它还是磷块岩的主要成分。

电气石　Tourmaline　Турмалин

电气石 Tourmaline 一词源自斯里兰卡僧伽罗语Turmali，意为“混合宝石”，且开始是用于表示锆石的。中文名称“电气石”主要因为它具有热电性：加热时，两端带电荷，能吸引灰尘等细小物质，又称为“吸灰石”。

成分　$Na(Mg, Fe, Mn, Li, Al)_3Al_6[Si_6O_{18}](BO_3)_3(OH,F)_4$。

形态　属三方晶系。晶体常呈柱状，柱面上有纵纹，横断面为球面三角形。无解理。

光性　多色性明显。吸收性强，吸收性公式为 $No > Ne$。最高干涉色为Ⅰ级橙红—Ⅲ级蓝。平行消光。负延性。一轴(－)。光性方位见图 11－16。

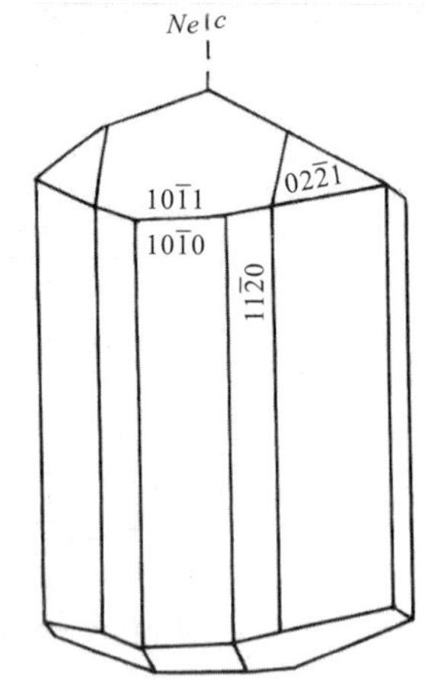

图 11－16　电气石光性方位

各种电气石的鉴定特征如下：

黑电气石　Schorl，Schorlite　Шерл，Шерлит

成分为 $NaFe^{2+}Al_6(BO_3)_3[Si_6O_{18}](OH)_4$。$No$＝1.655～1.675，$Ne$＝1.625～1.650，$No－Ne$＝0.025～0.034。多色性为：$No$＝褐、黑、暗绿、蓝、黄色，$Ne$＝浅黄、红、褐、浅绿、淡紫等色。可作为高温气成矿物产于花岗岩、花岗伟晶岩、高温石英脉、云英岩中，也可作为碎屑矿物产于砂岩中。其光性与黑云母和角闪石有些相似，可根据解理和吸收性加以区别。

镁电气石　Dravite　Дравит

成分为 $NaMg_3Al_6(BO_3)_3[Si_6O_{18}](OH)_4$。$No$＝1.635～1.661，$Ne$＝1.610～1.632，$No－Ne$＝0.021～0.026。多色性为：$Ne$＝淡黄、无色，$No$＝褐黄、淡黄色。产于变质的白云质石灰岩和镁质结晶片岩中。与黑电气石的区别是，镁电气石的多色性和吸收性较弱，突起和干涉色较低，而且二者的产状不同。

锂电气石　Elbaite　Эльбаит

成分为 $Na(Li, Al)_3Al_6(BO_3)_3[Si_6O_{18}](OH)_4$。$No$＝1.640～1.655，$Ne$＝1.615～1.620，$No－Ne$＝0.017～0.024。与其他电气石相比，其颜色最浅，吸收性也弱；Ne＝无色，No＝粉红、淡绿、淡蓝。产于花岗伟晶岩中，与含锂矿物共生。

电气石的宝石名称叫碧玺，我国历史文献中还称为砒硒、碧洗、碧霞希等，从名称不一、读音相近上看，很有可能是音译外来词。电气石种类繁多，但达到宝石级称为碧玺者常为红色、绿色、黄色、蓝色、多色电气石亚(变)种，分别称为红、绿、黄、蓝、多色碧玺，成分上多为镁电气石、锂电气石。

符山石　Vesuvianite　Везувиан

符山石 Vesuvianite 以意大利维苏威火山命名，因为在维苏威火山岩的捕虏体中首先发现了该矿物。符山石的另一个英文词为 Idocrase(Идокраз)，来源于希腊词 Eidos(外貌)和Krasis(混合物)。

成分　$Ca_{10}(Mg,Fe)_2Al_4[Si_2O_7]_2[SiO_4]_5(OH,F)_4$，含有少量其他元素。

形态　属四方晶系。晶体常呈柱状，其横断面为正方形；也呈粒状和棒状。具{110}不完全解理。

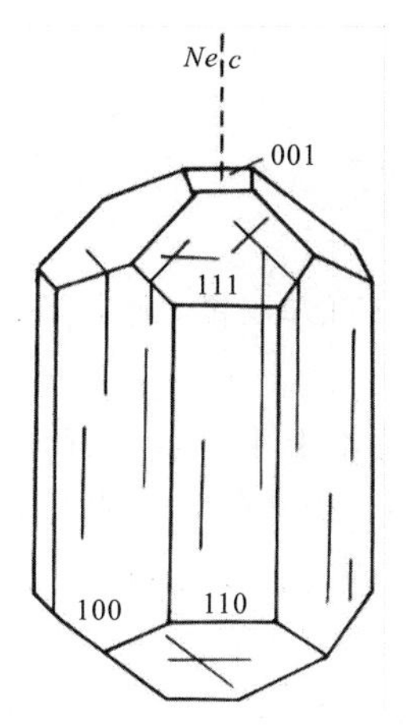

图 11-17 符山石光性方位

光性 手标本上呈黄、灰、绿、褐；薄片中无色，有时带极淡色调。多色性不显。正高突起。$No=1.705\sim1.738$，$Ne=1.701\sim1.732$，$No-Ne=0.004\sim0.006$。最高干涉色为Ⅰ级灰，但常显示灰绿、淡褐、淡紫、深蓝等异常干涉色，且干涉色不均匀。呈平行消光。负延性。一轴(－)。光性方位见图 11-17。

产状 主要产于矽卡岩中，也产于区域变质大理岩、结晶片岩和霞石正长岩中。

鉴定 与黝帘石有些相似，其区别是：符山石解理不发育，断面为正方形，为一轴晶；而黝帘石具完全解理，横断面近六边形，为二轴晶；另外，两者的产状和共生矿物也不尽相同。具环带结构的深色符山石与石榴石相似，可根据晶形相区别。

符山石属罕见的宝石。块状似玉的变种称为玉符山石。

刚玉 Corundum Корунд

刚玉 Corundum 一词源于印度泰米尔语 Kurundam 和梵文词 Kurivinda、Kurivida。中文名称则有坚硬之意。

成分 Al_2O_3，含少量 Fe、Mn、Cr、Ti。

形态 属三方晶系。晶体多呈桶状、柱状，少数呈平行(0001)面的板状。无解理。

光性 手标本上无色或呈红(含 Cr)、蓝(含 Fe^{2+}、Ti)、绿(含 Co、Ni、V)、黄(含 Ni)、黑(含 C)等色；薄片中无色透明或呈其他色。深色变种可见多色性：No=靛蓝、蓝、深紫，Ne=淡蓝、黄绿、淡黄。吸收性公式为 $No>Ne$。常见裂理。正高突起。$No=1.767\sim1.772$，$Ne=1.759\sim1.763$，$No-Ne=0.008\sim0.009$。干涉色类似于石英，但由于硬度大，其厚度常比同一薄片中其他矿物的略大，因而常显Ⅱ级蓝干涉色。相对晶体轮廓呈平行消光，而相对菱形裂理呈对称消光。负延性，但板状晶体为正延性。见聚片双晶。一轴(－)。光性方位见图 11-18。

变化 可变为白云母、尖晶石、蓝晶石、矽线石等。

产状 刚玉较少见，是某些高铝贫硅的片岩、片麻岩和正长岩、霞石正长岩的副矿物。有时也见于变质铝土矿和次生石英岩化的酸性火山岩中。在碱性玄武岩中，刚玉以巨晶形式产出。

鉴定 突起高，干涉色低，见聚片双晶，与富铝变质矿物共生是其鉴定特征。

刚玉的宝石名称叫红宝石、蓝宝石。红宝石 Ruby(Рубин)一词来源于拉丁词 Ruber(红色)，蓝宝石 Sapphire(Сапфир)一词源于拉丁词 Spphirus、希腊词 Sappheires，意为蓝色。现宝石界将红宝石之外的各色宝石级刚玉都称为蓝宝石。红宝石、蓝宝石历来被认为是比较珍贵的宝石，分别为七月、九月生辰石。

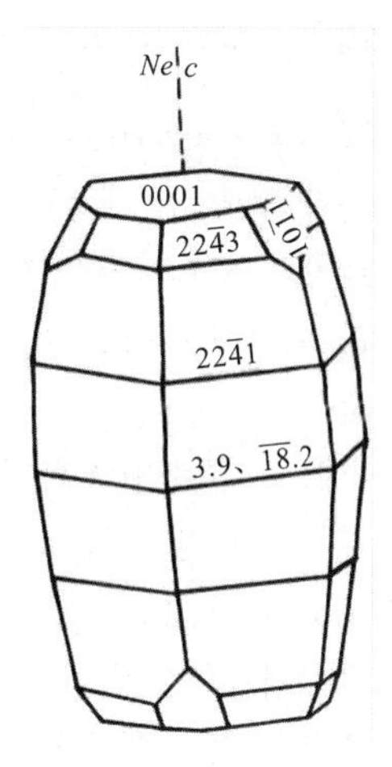

图 11-18 刚玉光性方位

锆石(锆英石) Zircon Циркон

锆石 Zircon 一词源自阿拉伯语 Zargun,而后者又源自古波斯语 Zar(金)和 Gun(颜色),意为金黄色。中文名称则是根据矿物的化学成分。

成分 $Zr[SiO_4]$,常含 Hf 及 U、Th、Nb、Ta 等。

形态 属四方晶系。晶体较自形,常为两端带锥面的四方柱和四方双锥,也呈半自形粒状。{110}解理不完全。

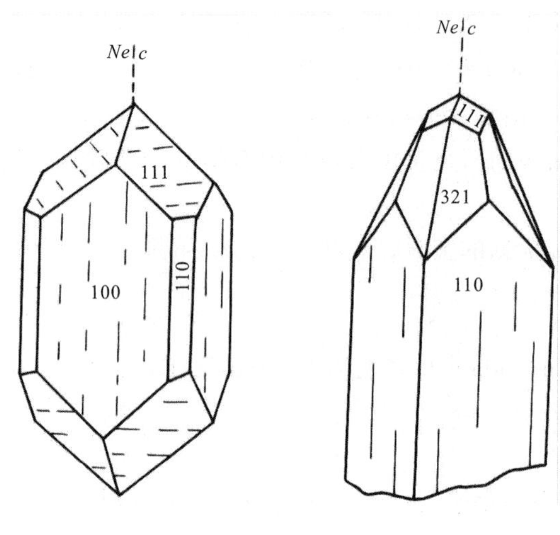

图 11-19 锆石光性方位

光性 手标本上无色或呈浅红褐、黄褐、淡黄、绿、蓝、烟灰等色。薄片中多为无色,有时具淡色调和弱多色性。正极高突起。$No=1.923\sim1.960$,$Ne=1.968\sim2.015$,$Ne-No=0.045\sim0.055$。最高干涉色为Ⅲ—Ⅳ级,呈鲜艳的红、绿、蓝色。平行消光。正延性。一轴(+),有时显二轴晶,2V 可达 10°。光性方位见图 11-19。

产状 锆石是中性—酸性岩浆岩中常见的副矿物,常呈极细粒状被包裹于其他矿物之中;也产于变质岩中;还可作为重矿物产于沉积岩(物)中,富集时可成砂矿。在碱性橄榄玄武岩中,以巨晶状产出,质好者可做宝石。

鉴定 锆石与榍石有些相似,可从晶形、干涉色、轴性上加以区别。

锆石的宝石名称仍叫锆石(或锆英石),一般在前面加上颜色名称,如红色锆石、绿色锆石、黄色锆石等。

锡石 Cassiterite Касситерит

锡石 Cassiterite 一词源自希腊词 Kassiteros(锡)。中文名称按外文词意译成,即反映了矿物的化学成分。

成分 SnO_2,常含有少量 Fe、Ta、Nb、Mn、Sc、Ti 等。

形态 属四方晶系。晶体呈双锥状或双锥柱状,通常为粒状。{100}、{110}柱状解理不完全。

光性 薄片中无色或呈淡黄、淡绿、粉红、褐等色,颜色呈带状分布。深色者有明显的多色性。正极高突起。$No=1.997\sim2.001$,$Ne=2.093\sim2.097$,$Ne-No=0.096\sim0.097$。最高干涉色为高级白。平行消光。正延性。具膝状双晶或聚片双晶。一轴(+),有的变种显二轴晶,2V 可达 38°。光性方位见图 11-20。

产状 锡石产于酸性岩浆岩、花岗伟晶岩、石英脉和某些接触变质灰岩中,也是沉积物中常见的重砂矿物。

手标本上透明、半透明且非黑色者可制作宝石,但较为罕见。

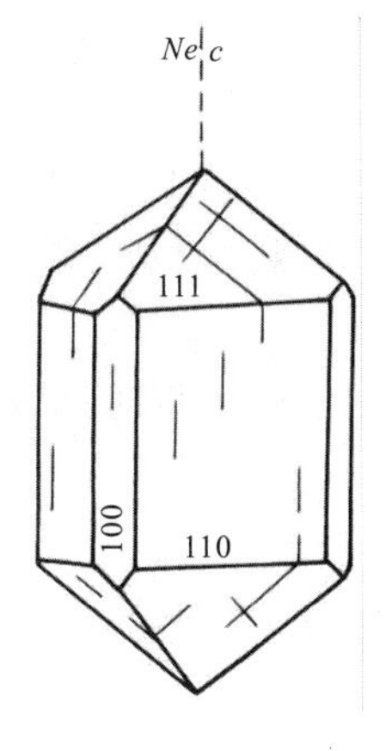

图 11-20　锡石光性方位

金红石　Rutile　Рутил

金红石 Rutile 一词源于拉丁词 Rutilus(红色)。

成分　TiO_2,常含有 Fe、Nb、Ta、Sn、Cr、V 等。

形态　属四方晶系。常呈自形的四方柱状或针状晶形。{110}和{100}解理较完全。

光性　标本上多为暗红、褐红,富铁者呈黑色;薄片中多为红褐色。多色性不显著:No=黄至褐色,Ne=褐至红褐。吸收性为 $No<Ne$。正极高突起。$No=2.609\sim2.616$,$Ne=2.889\sim2.903$,$Ne-No=0.280\sim0.287$。干涉色为高级白,但往往显矿物本身颜色。细小针状者,由于厚度极小而显鲜艳的干涉色。平行消光。正延性。一轴(+)。光性方位见图 11-21。

产状　常呈细小晶体广泛分布于变质岩,如片麻岩、结晶片岩、角闪岩、榴辉岩等。在伟晶岩中呈巨大晶体;在蚀变的岩浆岩中呈细小的针丛状;在蚀变的黑云母、绿泥石中呈三角网状(网金红石)。还可以重矿物存在于碎屑岩及砂之中。

鉴定　以其较深的颜色和较大的双折射率区别于锡石、锆石。根据颜色、消光类型、轴性可以把它与榍石分开。

金红石在手标本上透明度差,且一般粒度很小,因此金红石宝石非常罕见。但一些宝石(如水晶)中有金红石发晶包裹体。黑云母中也见有三角网状金红石发晶。

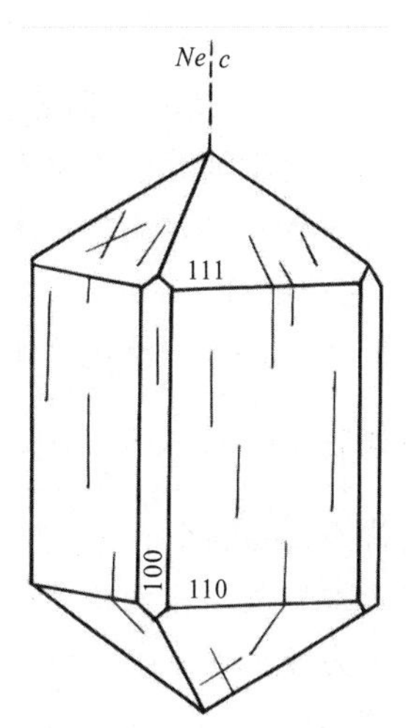

图 11-21　金红石光性方位

白钨矿(钨酸钙矿)　Scheelite　Щеелит

白钨矿 Scheelite 以 18 世纪瑞典化学家谢勒(K. W. Scheele)的名字命名。中文名称则按化学成分称为钨酸钙矿,因手标本上呈白色,常称为白钨矿。

成分　$CaWO_4$。

形态　属四方晶系。呈四方双锥和板状,通常呈不规则粒状。{111}解理完全,{101}解理不完全。

光性　手标本上多为白色、黄色;薄片中无色。正极高突起。$No=1.918$,$Ne=1.934$,$Ne-No=0.016$。最高干涉色为Ⅰ级橙。呈平行消光。柱状晶体为正延性,板状晶体为负延性。一轴(+)。

产状　白钨矿产于钨矿脉、伟晶岩及矽卡岩中。

第三节 二轴晶矿物

沸石 Zeolite Цеолит

沸石 Zeolite 一词源自希腊词 Zein(沸腾)和 Lithos(石头),因为吹管焰灼烧时,大部分沸石膨胀起泡,犹如沸腾。中文名称按词意译成。

成分 是钠和(或)钙的含水铝硅酸盐。

形状 晶体呈板状、柱状、纤维状,集合体呈放射状、束状。多具有完全解理。

光性 薄片中无色透明。负低突起。干涉色多为Ⅰ级灰。

产状 多为长石、似长石的蚀变产物,或为气孔、晶洞、裂隙中的晚期气液充填物。

各种沸石的鉴定特征如下:

钠沸石 Natrolite Натролит

钠沸石 Natrolite 一词源自拉丁词 Nitrum(希腊词 Nitron,意为钠)和希腊词 Lithos(石头),强调其化学成分。中文名称按词意译成。

成分为 $Na_2[Al_2Si_3O_{10}]\cdot 2H_2O$。属斜方晶系。晶体呈长柱状、纤维状,集合体呈放射状。具{110}完全解理。$Np=1.473\sim1.480$,$Nm=1.476\sim1.482$,$Ng=1.485\sim1.493$,$Ng-Np=0.012\sim0.013$。干涉色为Ⅰ级黄。平行消光或对称消光。正延性。二轴(+),$2V=58°$。

菱沸石 Chabazite Шабазит(Хабазит)

菱沸石 Chabazite 一词源于希腊词 Chabazios 或 Chalazios,石头的古代名称。中文名称则因其晶形常呈菱面体而得名。

成分为 $(Ca,Na_2)[AlSi_2O_6]_2\cdot 6H_2O$。属三方晶系,呈近于立方体的复杂菱面体晶形。具菱面体解理。$No=1.480\sim1.485$,$Ne=1.478\sim1.490$,$|Ne-No|=0.002\sim0.005$。干涉色为Ⅰ级灰。呈平行消光或对称消光。一轴(+)或(-),但常二轴晶化。

片沸石 Heulandite Гейландит

片沸石以英国矿物收藏家 Heuland 的名字命名。中文名称则是因为该矿物晶形常呈板状、片状。

成分为 $(Ca,Na_2)[Al_2Si_7O_{18}]\cdot 6H_2O$。属单斜晶系。晶体呈板状、片状。{010}解理完全。$Np=1.496\sim1.498$,$Nm=1.497\sim1.499$,$Ng=1.501\sim1.505$,$Ng-Np=0.005\sim0.007$。$Ng/\!/b$,$Np\wedge c=68°\sim84°$。二轴(+),$2V=0°\sim55°$。

辉沸石 Stilbite Стильбит

Stilbite 一词源于希腊词 Stilbein(反光、光泽),强调矿物具有珍珠光译和玻璃光泽。中文名称中的“辉”即光、光泽之意,可能是为了避免与丝光沸石相混淆而称为辉沸石。

成分为 $(Na_2,Ca)[Al_2Si_7O_{18}]\cdot 7H_2O$。属单斜晶系。晶体呈薄板状、片状、纤维状,集合体呈放射状、束状。{010}解理完全。$Np=1.482\sim1.497$,$Nm=1.491\sim1.499$,$Ng=1.493$

～1.502，$Ng-Np=0.011\sim0.005$。$Nm/\!/b$，$Np\wedge c=3°\sim12°$。常见穿插双晶、十字双晶。二轴(－)，$2V=30°\sim49°$。

中沸石　Mesolite　Мезолит

Mesolite 一词源于希腊词 Mesos(中间、中等)和 Lithos(石头)，强调其化学成分介于钠沸石和钙沸石之间。中文名称为意译词。

成分为 $Na_2Ca_2[Al_2Si_3O_{10}]_3\cdot8H_2O$。属单斜晶系。晶体呈针状、纤维状。柱面解理完全。$Np=1.504$，$Nm=1.505$，$Ng=1.506$，$Ng-Np=0.002$。$Nm/\!/b$，$Np\wedge c=8°$。可见双晶。二轴(＋)，$2V=80°$。

浊沸石　Laumontite　Ломонтит

浊沸石以 Laumonte 的名字命名。

成分为 $Ca[Al_2Si_2O_6]_2\cdot4H_2O$。属单斜晶系。晶体呈柱状、针状，集合体呈放射状。{010}、{110}解理完全。$Np=1.504\sim1.513$，$Nm=1.514\sim1.524$，$Ng=1.516\sim1.525$，$Ng-Np=0.012$。$Nm/\!/b$，$Ng\wedge c=28°\sim40°$。最高干涉色为Ⅰ级黄。斜消光。正延性。可见双晶。二轴(－)，$2V=32°\sim47°$。

钙沸石　Scolecite　Сколецит

Scolecite 一词源于希腊词 Skolex(蠕虫)，因为吹管焰灼烧它时，形成蠕虫状卷曲物。中文名称则是据矿物的化学成分。

成分为 $Ca[Al_2Si_3O_{10}]\cdot3H_2O$。属单斜晶系。晶体呈柱状、杆状、针状，集合体呈放射状、球粒状。{110}解理完全。$Np=1.509\sim1.514$，$Nm=1.516\sim1.520$，$Ng=1.521\sim1.525$，$Ng-Np=0.011\sim0.012$。$Ng/\!/b$，$Np\wedge c=15°\sim18°$。二轴(－)，$2V=36°\sim58°$。

丝光沸石　Mordenite　Морденит

丝光沸石以加拿大金斯新科舍的莫登(Morde)镇命名。因其集合体具丝绢光泽，中文名称译作丝光沸石。

成分为 $Na_2Ca[AlSi_5O_{12}]_4\cdot12H_2O$。斜方晶系，晶体呈长柱状、针状、丝状、发状，集合体呈似锦状、放射状。负高—负低突起。$Np=1.472\sim1.483$，$Nm=1.475\sim1.485$，$Ng=1.477\sim1.487$，$Ng-Np=0.004\sim0.005$。最高干涉色为Ⅰ级暗灰。平行消光。负延性。(±)$2V=60°\sim90°$。

钙十字沸石　Phillipsite　Филлипсит

钙十字沸石以英国矿物学家菲利普斯(Phillips)的名字命名。因矿物发育十字穿插双晶，中文名称译为钙十字沸石。

成分为$(K_2,Na_2,Ca)[AlSi_3O_8]_2\cdot6H_2O$。单斜晶系，柱状单晶少见，常呈纤维状、球粒状、放射状集合体。薄片中无色。负低突起。$Np=1.483\sim1.504$，$Nm=1.484\sim1.509$，$Ng=1.486\sim1.514$，$Ng-Np=0.003\sim0.010$。最高干涉色Ⅰ级暗灰—Ⅰ级灰白。斜消光，$Ng\wedge c=11°\sim13°$。正延性。见十字穿插双晶。二轴(＋)，$2V=60°\sim80°$。

交沸石　Harmotome　Гармотом

Harmotome 一词源自希腊词 Harmos（接缝）和 Tome（分开、交切），因它也像钙十字沸石一样形成十字穿插双晶。可能是为了不与钙十字沸石同名，中文名称译成为交沸石。

成分为 $Ba[AlSi_3O_8]_2 \cdot 6H_2O$。单斜晶系，晶体呈柱状。薄片中无色，负低突起。$Np=1.503\sim1.506$，$Nm=1.506\sim1.509$，$Ng=1.508\sim1.514$，$Ng-Np=0.005\sim0.008$。最高干涉色Ⅰ级灰—Ⅰ级灰白。斜消光，$Nm \wedge c=28°\sim32°$。延性可正可负，见十字穿插双晶。二轴（＋），$2V=79°$。

柱沸石　Epistilbite　Эпистильбит

Epistilbite 是 Stilbite（辉沸石）加词头 Epi -构成。因晶体呈柱状，中文名称译成柱沸石。

成分为 $Ca[AlSi_3O_8]_2 \cdot 5H_2O$。单斜晶系，晶体呈柱状，集合体呈束状、球粒状、放射状。薄片中无色，负低突起。$Np=1.502\sim1.505$，$Nm=1.510\sim1.515$，$Ng=1.512\sim1.519$，$Ng-Np=0.010\sim0.014$。最高干涉色Ⅰ级黄白—Ⅰ级橙。斜消光，$Ng \wedge c=10°$。正延性。见穿插双晶，二轴（＋），$2V=44°$。

杆沸石　Thomsonite　Томсонит

杆沸石以首次分析该矿物化学成分的汤姆森（Thomson）的名字命名。因晶体呈柱状，但又为了与柱沸石不同名，中文名称译为杆沸石。

成分为 $NaCa[Al_2Si_2O_8]_{2.5} \cdot 6H_2O$。斜方晶系，晶体呈柱状、纤维状，集合体呈放射状、球粒状。负低—正低突起。$Np=1.497\sim1.530$，$Nm=1.513\sim1.532$，$Ng=1.518\sim1.545$，$Ng-Np=0.015\sim0.020$。最高干涉色为Ⅰ级橙—Ⅱ级蓝紫。平行消光，延性可正可负。二轴（＋），$2V=47°\sim75°$。

钡沸石　Edingtonite　Эдигтонит

钡沸石以发现该矿物的埃丁顿（Edington）的名字命名。中文名称则据其化学成分是最富 Ba 的沸石。

成分为 $Ba[Al_2Si_3O_{10}] \cdot 4H_2O$。斜方晶系或单斜晶系，晶体呈四方柱状、纤维状。薄片中无色。正低突起。$Np=1.541$，$Nm=1.553$，$Ng=1.557$，$Ng-Np=0.016$。最高干涉色为Ⅰ级橙红。平行消光。负延性。（－）$2V=54°$。

堇青石　Cordierite　Кордиерит

堇青石以法国地质学家科迪埃（Cordier）的名字命名。其同义词有 Iolite（Иолит）和 Dichroite（Дихроит），是根据其颜色（希腊词 ion -紫色）和在薄片中的二色性（Dichroism）命名。还有两个词也是用来表示堇青石：Indialite（Индиалит），译名为印度石、六方堇青石，因其首次在印度波卡罗煤田发现；Osumi（Осуми），译名为太隅石，太隅为日本古老省名，该矿物首次在那里发现。因手标本呈紫青色，中文名称译为堇（紫）青石。

成分　$(Mg,Fe)_2Al_3[AlSi_5O_{18}]$，当 $FeO>MgO$ 时，称为铁堇青石。

形态　属斜方晶系。常呈他形粒状；因双晶常为三连晶和六连晶，也常呈假六方短柱状。

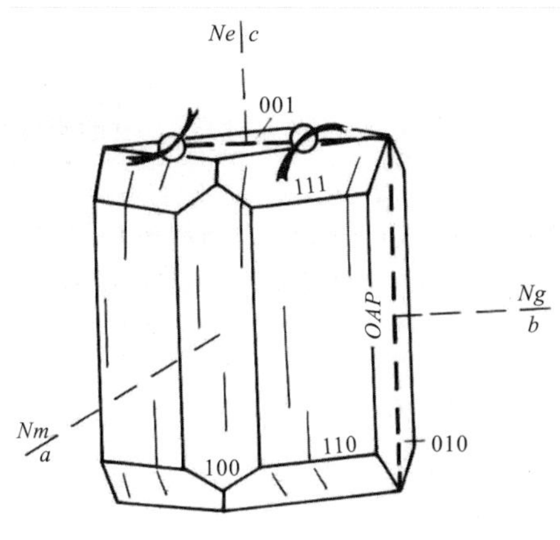

图 11-22 堇青石光性方位

{010}解理较完全，{001}、{100}裂理差。

光性 薄片中无色透明，但有时具浅蓝色调及弱的多色性。常含丰富的矿物包裹体。低突起。$Np=1.530\sim1.560$，$Nm=1.535\sim1.574$，$Ng=1.538\sim1.578$，$Ng-Np=0.008\sim0.018$。最高干涉色为Ⅰ级白—Ⅰ级橙。呈平行消光。负延性。常见对顶的三连晶和六连晶，有时见类似于斜长石的聚片双晶。多为二轴(－)，$2V=42°\sim76°$。光性方位见图 11-22。

变化 易变为绢云母、绿泥石等。

产状 堇青石属特征变质矿物，多产于角岩、斑点板岩、片麻岩中，与红柱石、镁铁闪石、矽线石等共生。也产于同化混染铝质岩的侵入岩边缘相中。

鉴定 堇青石的突起和干涉色与石英相近，可根据解理、双晶、轴性、蚀变特征相区别。有聚片双晶的堇青石常与斜长石相混淆，可根据蚀变产物、消光类型以及是否含有多色晕的包裹体、扇形三连晶和六连晶双晶相区别。

紫色和蓝色的堇青石变种，即 Iolite(Иолит)可用作宝石。但比较少见。

蛇纹石 Serpentine Серпентин

Serpentine 一词由 Serpene(蛇)一词构成，因为由该矿物组成的蛇纹岩具有蛇皮般花纹的色彩。中文名称为意译。

成分 $Mg_6[Si_4O_{10}](OH)_8$，其中部分 Mg 可被 Fe^{2+}、Ni、Cr、Ca 代替。

形态 属单斜晶系。晶体呈纤维状、叶片状、鳞片状。

光性 手标本上呈绿色；薄片中无色—淡绿。具弱多色性。正低突起。干涉色为Ⅰ级灰白—Ⅰ级黄白。

产状 蛇纹石是蛇纹岩的主要造岩矿物，也是橄榄岩、辉石、角闪石、黑云母等的蚀变产物。

主要的几种蛇纹石的鉴定特征如下：

纤维蛇纹石 Chrysotile Хризотил

纤维蛇纹石 Chrysotile 一词源于希腊词 Chrusos(金色的)和 Tilos(纤维)。因为该矿物晶体常呈纤维状。中文名称为意译词，因晶形犹如棉花纤维，又称石棉或**温石棉**。

晶体呈纤维状，易发生弯曲。集合体常呈小脉状产出。α 型纤维蛇纹石：$Np=1.532\sim1.552$，$Ng=1.545\sim1.561$，$Ng-Np=0.009\sim0.013$，(＋)$2V=10°\sim90°$。β 型纤维蛇纹石：$Np=1.538\sim1.560$，$Ng=1.546\sim1.567$，$Ng-Np=0.007\sim0.008$，最高干涉色Ⅰ级白。(－)$2V=30°\sim35°$。光性方位见图 11-23。

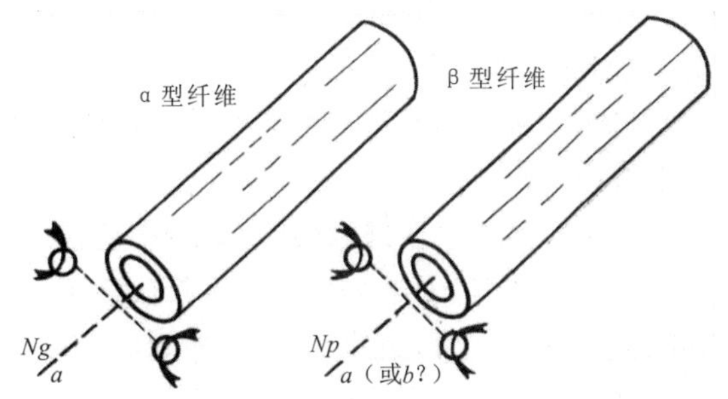

图 11-23 纤维蛇纹石光性方位

利蛇纹石 Lizardite Лизардит

利蛇纹石以英国康沃尔郡的利泽德(Lizard)镇镇名命名。中文名称为音译词。因形态呈鳞片状,亦称鳞蛇纹石。

薄片中无色。正低突起。$Np=1.538\sim1.550$,$Nm=1.546\sim1.560$,$Ng=1.546\sim1.560$,$Ng-Np=0.008\sim0.010$。最高干涉色Ⅰ级白—Ⅰ级黄白。二轴(−),$2V=0°\sim2°$。交代辉石、呈辉石假象者称为绢石。

叶蛇纹石 Antigorite Антигорит

叶蛇纹石以意大利的安蒂加里奥(Antigorio)命名。因常呈叶片状,中文名称译为叶蛇纹石或片叶蛇纹石。

成分中含 Fe^{2+}。常呈叶片状,或呈辉石、橄榄石假象。薄片中无色或呈淡绿色调。多色性不显著,Ng、Nm=淡绿,Np=淡黄绿。$Np=1.546\sim1.595$,$Nm=1.551\sim1.603$,$Ng=1.552\sim1.604$,$Ng-Np=0.006\sim0.009$。最高干涉色为Ⅰ级黄。呈近于平行消光。正延性。二轴(−),$2V=27°\sim60°$。光性方位见图 11-24。

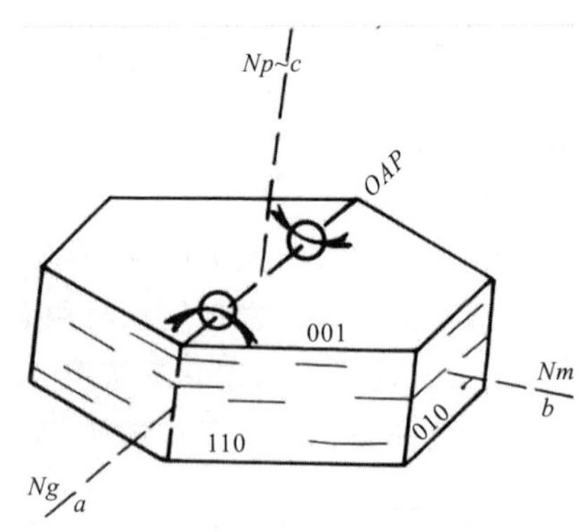

图 11-24 叶蛇纹石光性方位

鉴定 蛇纹石与绿泥石极易相混,一般可根据下列几点加以区别:①蛇纹石一般不显多色性或多色性微弱,而绿泥石多色性较明显;②绿泥石可见异常干涉色,而蛇纹石则无异常干涉色;③蛇纹石折射率比绿泥石低;④蛇纹石不含带多色性晕的矿物包裹体。

蛇纹石是蛇纹岩玉的最主要造岩矿物。我国有名的蛇纹岩玉有岫岩玉(岫玉)、信宜玉、祁连玉、酒泉玉、昆仑玉、泰山玉、陆川玉、台湾玉等。达到宝石或玉雕要求的硅化石棉岩则是有名的虎眼石或虎睛石。

绿泥石 Chlorite Хлорит

Chlorite 一词源自希腊词 Chloros(绿色)。因为该矿物最大的特征就是绿色。矿物常呈鳞片状集合体产出,硬度低,泥状外貌,中文名称译为绿泥石。

成分 较复杂,化学式为 $X_{5\sim6}Y_4O_{10}(OH)_8$,X=Li、Al、$Fe^{3+}$、$Fe^{2+}$、Mg、Mn、Cr,Y=Al、Si 及少量 Ti、Cr、Fe^{3+} 等。

形态 属单斜晶系。结晶较好时,晶体呈假六方片状,但经常呈鳞片状集合体。具{001}完全解理。

光性 薄片中淡绿、绿色。具弱多色性。干涉色低,为Ⅰ级灰—Ⅰ级灰白。但常见“柏林蓝”或“铁锈色”异常干涉色。呈平行或近于平行消光。延性有正有负,一般与光性符号相反。斜绿泥石常见(001)聚片双晶,其他绿泥石双晶少见。

产状 绿泥石在岩浆岩中常为辉石、黑云母、角闪石的蚀变产物。在片岩、板岩、泥质板岩等浅变质岩中,也常见到绿泥石,是绿片岩的主要造岩矿物。

常见绿泥石的光性及产状见表 11-2。叶绿泥石的光性方位见图 11-25。

表 11-2 绿泥石的光性及产状

种 属	Nm	$Ng-Np$	$2V$	光性符号	多 色 性	产 状
叶绿泥石	1.576～1.600	0.003	0°～小	+、-	绿—蓝	片岩
斜绿泥石	1.571～1.594	0.005～0.010	0°～40°	+	绿—黄，弱	片岩、蛇纹岩、云母变化产物
蠕绿泥石	1.575～1.593	0.008～0.015	19°～29°	+	绿—黄	片岩、蛇纹岩和角闪石、辉石、石榴石等变化产物
铁绿泥石	1.605～1.637	0.009～0.001	0°～小	+	橄榄绿—黄绿	
鲕绿泥石	1.620～1.665	0.005	很小	+、-	绿—黄	产于沉积变质铁矿中
鳞绿泥石	1.684	0.014	很小	-	褐—绿褐、暗绿—无色	产于沉积变质铁矿中

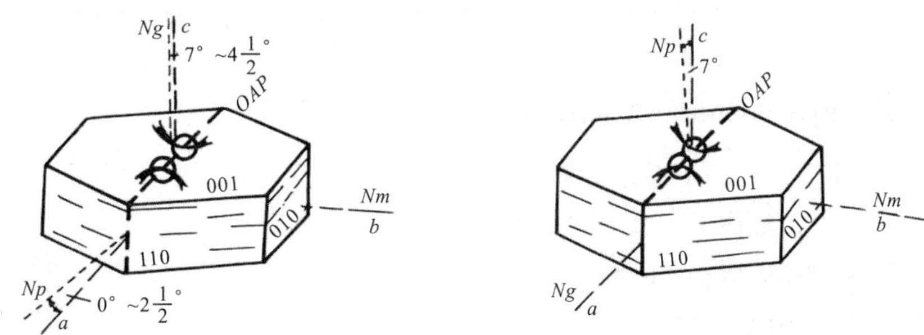

图 11-25 叶绿泥石光性方位

有一种斜绿泥石 Pseudphite(Псевдорит)，也称假绿泥石、蜡绿泥石、叶绿泥石，英文名称源自希腊语，意为“假的”“像蛇一样”，其集合体(绿泥石岩)外貌像蛇纹岩，常用作玉的代用品。

还有两种常见的无色、颜色较淡的绿泥石：淡斜绿泥石和透绿泥石。

淡斜绿泥石(Leuchtenbergite，Лейхтенбергит) 成分中不含 Fe 或含 Fe 极少。片状，一向极完全解理，薄片中无色，正低—接近正中突起，最高干涉色Ⅰ级黄白，斜消光，负延性，(+)$2V$ 很小。与斜绿泥石的区别是晶片较大，无色。常被误认为是褪色的黑云母、金云母，其区别是：淡斜绿泥石干涉色低，斜消光，负延性，正光性符号；褪色的黑云母、金云母干涉色较高，平行消光，正延性，负光性符号。常产于纯橄岩、橄榄岩、蛇纹岩等富镁的岩石中，与金云母、滑石、蛇纹石、透闪石等富镁矿物共生。

透绿泥石(Sheridanite，Шериданит) 成分中含 Fe 极少。晶形少见，常为球粒状、不规则状集合体。手标本上绿色，显微镜下近无色—淡绿色，正低—接近正中突起，最高干涉色Ⅰ级灰白—Ⅰ级白，近于平行消光，(+)$2V$ 极小。常产于蛇纹岩、滑石蛇纹岩、绿泥石片岩中，是岫岩玉的主要造岩矿物之一。

滑石 Talc Тальк

Talc 一词由法语转译自拉丁词 Talcum，而后者又来自阿拉伯语 Talq。中文名称主要反映了矿物的硬度低，有脂膏滑腻之意。

成分 $Mg_3[Si_4O_{10}](OH)_2$，含少量 Fe、Al、Ni。

形态 属单斜晶系。晶体呈假六方片状或板状，通常为细粒鳞片状集合体。具{001}极完全解理。

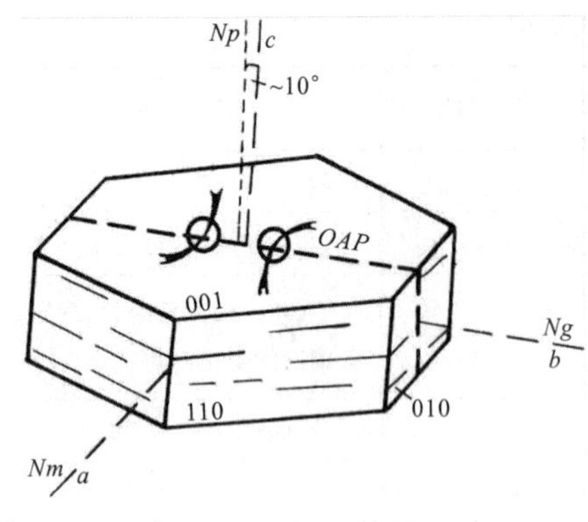

图 11-26 滑石光性方位

光性 薄片中无色透明。正低突起。$Np=1.538\sim1.550$，$Nm=1.575\sim1.594$，$Ng=1.575\sim1.600$，$Ng-Np=0.037\sim0.050$。最高干涉色为Ⅱ—Ⅲ级，非常鲜艳。近于平行消光。正延性。二轴(－)，$2V=6°\sim30°$。光性方位见图 11-26。

产状 主要见于滑石片岩和白云质大理岩中。在岩浆岩中，滑石为橄榄石、辉石的蚀变产物。

鉴定 滑石与白云母很相似，区别在于滑石的 2V 较小。如果滑石呈细粒状、鳞片状集合体，则很难与绢云母区别，可根据交代的对象推测：交代铁镁矿物者为滑石，交代硅铝矿物者则为绢云母。

叶腊石 Pyrophyllite Пирофиллит

Pyrophyllite 一词源于希腊词 Pur(火)和Phullon(页片)，原因是叶腊石(岩)在加热时，呈叶片状脱落。中文名称除了反映外文词意外，还反映了矿物质软、富于油脂(腊)感的性质。

成分 $Al_2[Si_4O_{10}](OH)_2$

形态 属单斜晶系。常呈鳞片状或隐晶致密块状。

光性 $Np=1.552$，$Nm=1.584$，$Ng=1.600$，$Ng-Np=0.048$。(－)$2V=57°$。其他光性与滑石、白云母很相似。光性方位见图11-27。

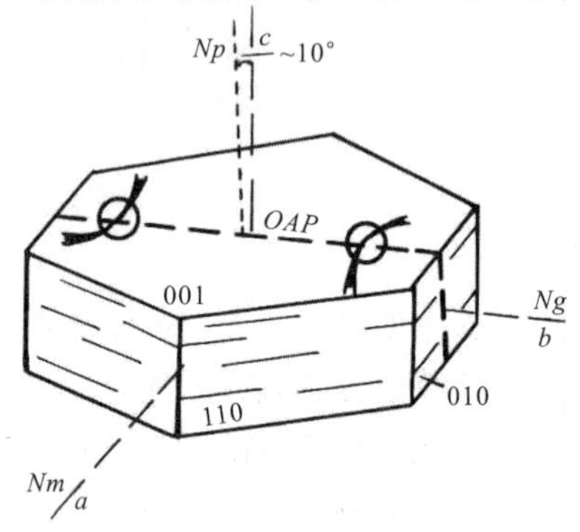

图 11-27 叶蜡石光性方位

产状 叶腊石是一种低级变质矿物，产于某些结晶片岩和千枚岩中。叶蜡石也是长石的蚀变产物。

鉴定 叶蜡石与滑石、白云母易混淆，区别在于叶腊石的 2V 较大；另外，三者的产状也有所不同。

叶腊石是叶腊石岩的最主要造岩矿物。用作玉雕的叶腊石岩有寿山石、青田石、昌化石等。

黄玉(黄晶) Topaz Топаз

Topaz 一词源自红海一个叫托帕兹岛的希腊名称 Topazios。该岛上盛产黄色的宝石(橄榄石，古代把现代的贵橄榄石当作黄玉)，但岛名本身是“寻找”的意思，因为该岛常被大雾所弥漫。也有人认为 Topaz 一词是源自梵语 Tapas(火)，取自矿物像火的颜色之意。中文名称意为黄色的宝石。

成分 $Al_2[SiO_4](F,OH)_2$。

形态 属斜方晶系。晶体呈柱状，大晶体柱面上常见纵纹。具{001}完全解理。

光性 标本上无色或呈黄、淡绿等色；薄片中无色透明。晶内常含气、液、矿物包裹体。正中突起。$Np=1.606\sim1.635$，$Nm=1.609\sim1.637$，$Ng=1.616\sim1.644$，$Ng-Np=0.008\sim0.009$。最高干涉色为Ⅰ级黄。平行消光。正延性。二轴(＋)，$2V=44°\sim66°$。光性方位见图 11-28。

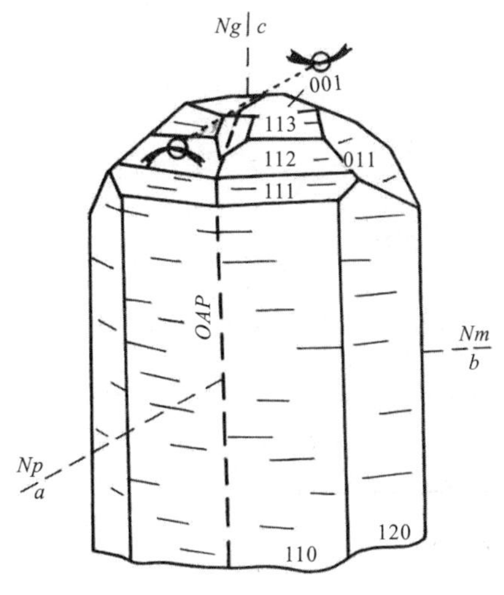

图 11-28　黄玉光性方位

变化　可变为绢云母和高岭石。

产状　为典型气成矿物，常产于花岗岩、伟晶岩及云英岩化的岩石中，与电气石、磷灰石等共生。

鉴定　黄玉与石英、磷灰石有些相似。根据解理、突起和轴性可把黄玉与石英区分开；根据解理、干涉色及轴性可把黄玉与磷灰石区别开。

黄玉的宝石名称也叫黄玉、黄晶。有时把黄色的水晶叫假黄玉、石英黄玉、黄晶(黄水晶)。外国人把黄色的刚玉叫东方黄玉，把黄绿色的钙铁榴石亚种叫作 Topazolite(Топазалит)，中文译名为黄榴石。

葡萄石　Prehnite　Пренит

葡萄石(Prehnite)以早期矿物学家普雷恩(Prehn)的名字命名，他首次在好望角发现了该矿物。因该矿物有时呈葡萄状集合体产出，中文名称译为葡萄石。

成分　$Ca_2Al[AlSi_3O_{10}](OH)_2$。

形态　属斜方晶系。柱状、板状晶体少见，常呈细粒状、放射状、葡萄状集合体。{001}解理完全，{110}解理不完全。

光性　薄片中无色透明。正中突起。$Np=1.611\sim1.630$，$Nm=1.617\sim1.641$，$Ng=1.632\sim1.669$，$Ng-Np=0.021\sim0.039$。呈Ⅱ级鲜艳干涉色。柱状晶体为正延性，板状晶体为负延性。可见细的聚片双晶，双晶有时呈格子状。(+)$2V=65°\sim69°$。光性方位见图 11-29。

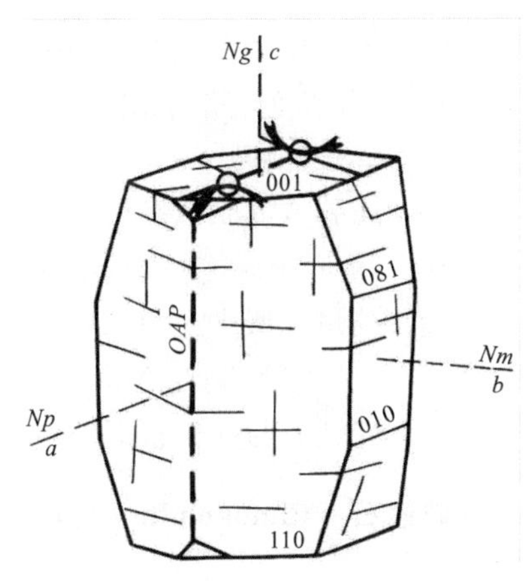

图 11-29　葡萄石光性方位

产状　葡萄石是熔岩、接触变质灰岩中最多的次生矿物，常与绿帘石、绿泥石、沸石、方解石等共生。

鉴定　葡萄石与沸石易相混淆，其区别在于葡萄石的突起和干涉色较高。葡萄石与黄玉、硅灰石、红柱石的区别是其干涉色较高；与绿帘石的区别是其突起较低，光性符号为正。

粒硅镁石　Chondrodite　Хондродит

Chondrodite 一词源于希腊词 Chondros(粒)，意为这种矿物常呈粒状集合体产出。

成分　$(Mg,Fe)_5[SiO_4]_2(OH,F)_2$。

形态　属单斜晶系。晶体呈板状或不规则粒状。

光性　薄片中无色或淡黄色。显弱多色性：Np=浅黄褐，Nm=浅黄、黄绿，Ng=无色、绿，吸收性为 $Np>Nm>Ng$。正中突起。$Np=1.601\sim1.621$，$Nm=1.619\sim1.632$，$Ng=1.637\sim1.655$，$Ng-Np=0.030\sim0.036$。干涉色为Ⅱ级。斜消光。具简单双晶或聚片双晶。二轴(+)，$2V=71°\sim89°$。光性方位见图 11-30。

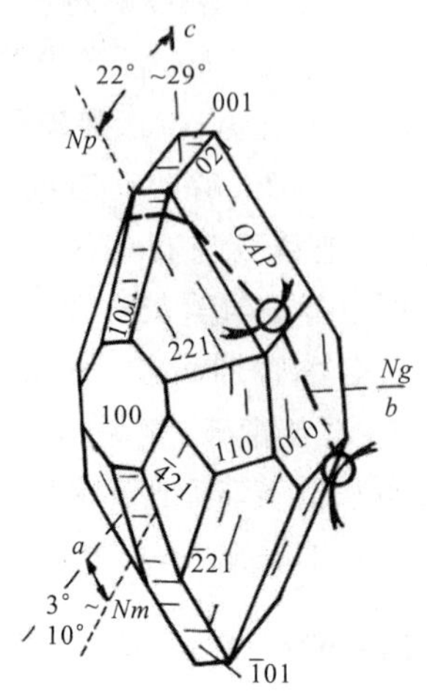

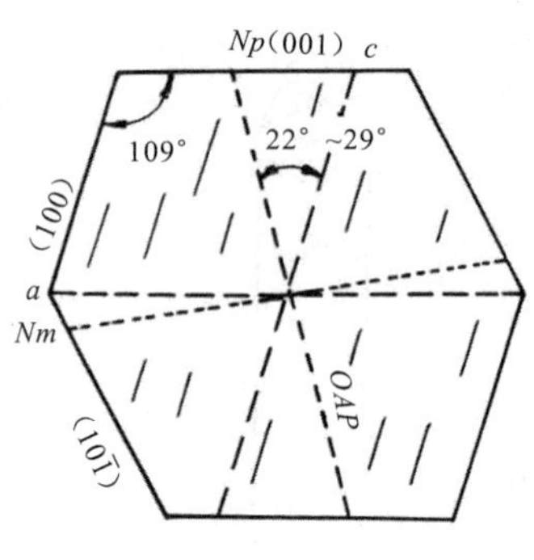

图 11-30 粒硅镁石光性方位

产状 产于镁质大理石、镁质矽卡岩中。

鉴定 易与镁橄榄石相混淆，其区别是粒硅镁石具有颜色、弱多色性和双晶。

硅镁石 Humite Гумит

硅镁石以该矿物的发现者休姆(Hume)的名字命名。中文名称则反映了矿物的化学成分，很巧的是其发音与俄语词 Гумит 的读音很相似。

成分 $(Mg,Fe)_7[SiO_4]_3(F,OH)_2$。

形态 属斜方晶系。晶体通常呈粒状。

光性 薄片中无色—浅黄褐色。显弱多色性。Np=浅黄、深黄，Nm=无色、浅黄，Ng=无色、浅黄。吸收性为 $Np>Nm>Ng$。$Np=1.607\sim1.625$，$Nm=1.623\sim1.643$，$Ng=1.643\sim1.656$，$Ng-Np=0.028\sim0.038$。$Np/\!/a$，$Nm/\!/c$，$Ng/\!/b$，$(+)2V=68°\sim81°$。

鉴定 硅镁石与粒硅镁石的区别是，硅镁石为平行消光。

斜硅镁石 Clinohumite Клиногумит

成分 $(Mg,Fe)_9[SiO_4]_4(F,OH)_2$。

形态 属单斜晶系。晶体呈短柱状，通常呈粒状。

光性 薄片中浅黄、黄色。多色性弱：Np=金黄，Nm=橙黄，Ng=浅黄。吸收性为 $Np>Nm>Ng$。$Np=1.625\sim1.658$，$Nm=1.638\sim1.678$，$Ng=1.653\sim1.700$，$Ng-Np=0.028\sim0.034$。$Ng/\!/b$，$Np\wedge a=7°\sim15°$，$(+)2V=72°\sim80°$。

鉴定 斜硅镁石与粒硅镁石的区别是，斜硅镁石的消光角较小。

硅灰石 Wollastonite Волластонит

硅灰石以英国化学家和矿物学家沃拉斯顿(W. H. Wollaston)的名字命名。中文名称则因化学成分富 Si。硅灰石与辉石结构相同，是辉石的端元组分，可称为硅辉石。

成分 $Ca[SiO_3]$，含 Mg、Fe、Mn 等。

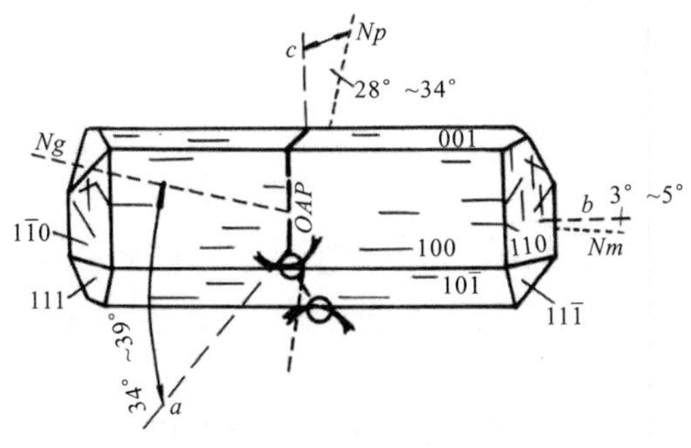

图 11-31 硅灰石光性方位

形态 属三斜晶系。晶体呈柱状、针状、纤维状。{100}、{001}解理完全，二者的交角为84°30′；{$\bar{1}$02}解理不完全。

光性 薄片中无色。正中突起。$Np=1.618\sim1.622$，$Nm=1.630\sim1.634$，$Ng=1.632\sim1.636$，$Ng-Np=0.014$。最高干涉色为Ⅰ级橙红。相对柱面为近于平行消光。延性可正可负；其他切面为斜消光。二轴(－)，$2V=36°\sim42°$。光性方位见图 11-31。

变化 可变为碳酸盐。

产状 主要产于大理岩和矽卡岩中，也见于某些富钙的结晶片岩和片麻岩中。

鉴定 硅灰石易与透闪石相混，可从解理交角、干涉色、消光类型、延性、2V 等方面加以区分。硅灰石与绿帘石有些相似，区别是：前者解理夹角为 85°∧95°，后者解理夹角为 115°∧65°；前者干涉色低，后者干涉色高；前者 2V 较小，后者 2V 较大。

红柱石 Andalusite Андалузит

红柱石以该矿物的首次发现地——西班牙的安达卢西亚(Andalusia)命名。中文名称则是因为其晶体呈柱状，颜色多呈粉红色。

成分 $Al_2[SiO_4]O$，含少量 Ca、Mg 等。

形态 属斜方晶系。晶体呈柱状，横断面近正方形。横断面上见十字形碳质包裹体者，称为空晶石。**空晶石** Chiastolite(Хиастолит)源于希腊词，意为“对角交叉”。集合体呈放射状者称为**菊花石**。{110}、{1$\bar{1}$0}解理完全，其交角为 89°；{100}解理不完全。

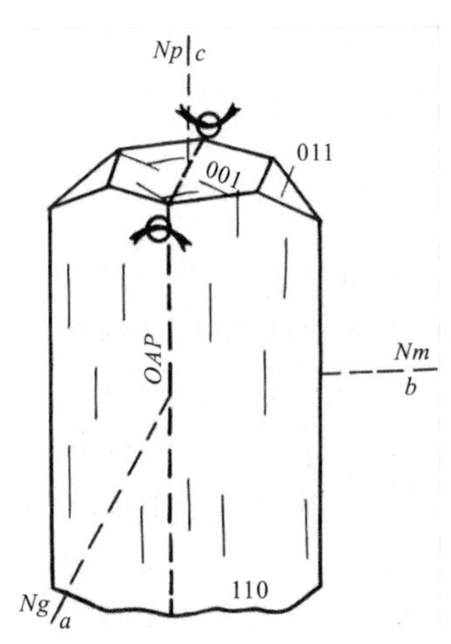

图 11-32 红柱石光性方位

光性 标本上为灰、白、黄、玫瑰色等；薄片中常为无色。有时显无色—淡玫瑰红多色性。正中突起。$Np=1.629\sim1.640$，$Nm=1.633\sim1.644$，$Ng=1.638\sim1.651$，$Ng-Np=0.009\sim0.011$。最高干涉色为Ⅰ级黄。柱面为平行消光，负延性；横断面为对称消光。二轴(－)，$2V=83°\sim85°$。光性方位见图 11-32。

变化 易变为绢云母或白云母。

产状 主要产于角岩、片岩、片麻岩中，也产于次生石英岩和同化铝质岩的岩浆岩边缘相中。空晶石见于斑点板岩和接触热变质的角岩中。

鉴定 红柱石以其较低的突起、负延性、蚀变矿物为云母等区别于顽辉石和紫苏辉石；以其较低的干涉色和二轴晶区别于方柱石；以其较低的突起、负延性、负光性符号、2V 较大区别于矽线石；以其具两组解理和负光性符号区别于黄玉。

红柱石是一种较少见的宝石。空晶石(横截面)可制成“十字”佩带物。含放射状集合体红柱石的红柱石角岩，可用作菊花石玉雕。

伊丁石 Iddingsite Иддингсит

伊丁石的英文名称以美国地质调查局岩石学家 J. P. Iddings 的名字命名。中文名称则为音译。

成分 $MgO \cdot Fe_2O_3 \cdot 3SiO_2 \cdot 4H_2O$,是多组分的混合物。其主要组分是针铁矿、赤铁矿、非晶质镁硅酸盐、黏土矿物等。由于这些组分细小,又完全继承了原橄榄石的格架,故显示单一晶体的光性。

形态 属斜方晶系。晶体呈板片状、纤维状,常呈橄榄石假象。{001}、{100}、{010}三组解理完全,近于直交。

光性 薄片中呈红褐色。显多色性:Ng=橙褐至暗红褐,Nm=橙褐至红褐,Np=淡黄褐至红褐。吸收性为 $Ng>Nm>Np$。正高突起。$Np=1.608\sim1.792$,$Nm=1.650\sim1.846$,$Ng=1.655\sim1.864$,$Ng-Np=0.035\sim0.072$。最高干涉色可达Ⅲ—Ⅳ级,但常被矿物本身颜色所掩盖。呈平行消光。二轴(+)或(−),$2V=20°\sim80°$。光性方位见图 11-33。

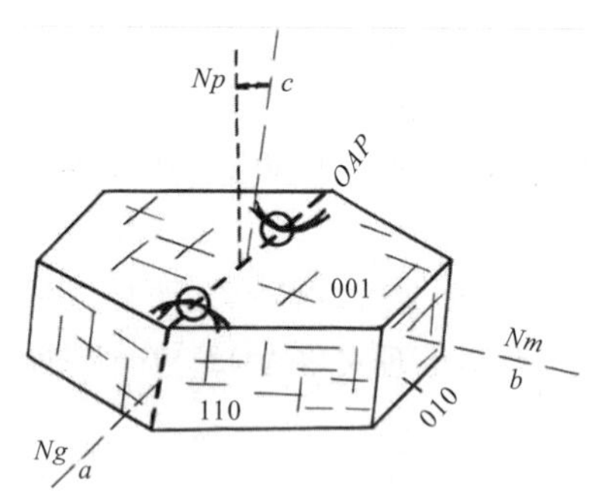

图 11-33 伊丁石光性方位

产状 伊丁石是含铁橄榄石的蚀变产物,主要产于玄武岩中,不产于深成岩和变质岩中。

鉴定 伊丁石易被误认为褐色的黑云母,其区别是:①伊丁石可见二至三组解理,而黑云母只能见到一组解理;②伊丁石的多色性、吸收性远不如黑云母明显;③伊丁石是由橄榄石蚀变而成,它既可呈"斑晶"也可呈"微晶",而褐色黑云母只能呈斑晶,且有暗化边。

天蓝石 Lazulite Лазулит

Lazulite 一词源于后期的拉丁词 Lazurius,后者又由阿拉伯词 Azul 演化而来,意为天空、天国、蓝色,与青金石(Lazurite)词源相似,为避免名称相同,仅个别字母略有差异,中文名称译为天蓝石。

成分 化学式为$(Fe,Mg)Al[PO_4]_2(OH)_2$。

形态 属单斜晶系,自形晶形态见图 11-34,通常呈粒状。具{110}、{101}两组中等解理。

光性 天蓝色。具多色性:Np=无色,Nm=天蓝色,Ng=天蓝色。吸收性为 $Ng>Nm\gg Np$。正中突起。$Np=1.609\sim1.620$,$Nm=1.633\sim1.646$,$Ng=1.643\sim1.656$,$Ng-Np=0.034\sim0.036$。最高干涉色为Ⅱ级紫红。少数切面呈平行消光和对称消光,多数切面为斜消光。二轴(−),$2V=64°\sim67°$。光性方位见图 11-34。

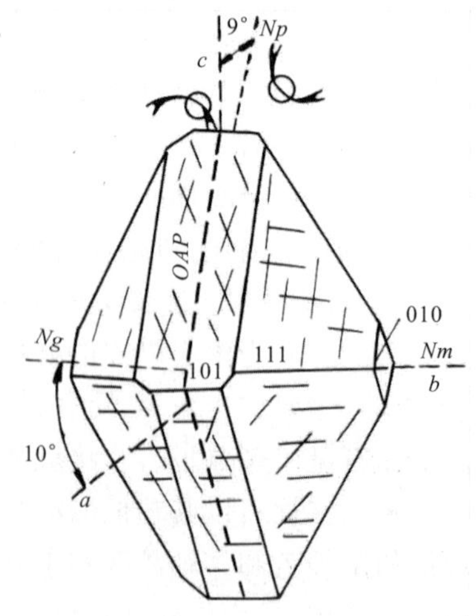

图 11-34 天蓝石光性方位

产状 产于石英岩和类似石英岩的变质岩中,还产于变质岩区的石英脉、花岗伟晶岩脉中。

鉴定 天蓝石与蓝闪石和蓝晶石有些相似。与蓝闪石的区别是天蓝石解理较差,双折射率较高。与蓝晶石的区别是天蓝石的折射率较低，双折射率高得多。天蓝石与天青石有些相似，有时称为假天青石。与天青石的区别是天蓝石折射率较高，双折射率更高得多。

天蓝石是一种较少见、但较名贵的宝石。

莫来石　Mullite　Муллит

莫来石以苏格兰的莫来岛(Mulle)命名，在该岛上侏罗纪火山岩的泥质岩捕虏体中发现了该矿物。

成分　化学式为 $Al[AlSiO_5]$，可含少量 Fe、Ti、Na 等。

形态　属斜方晶系，晶体沿 c 轴呈针状、长柱状，具{010}解理。

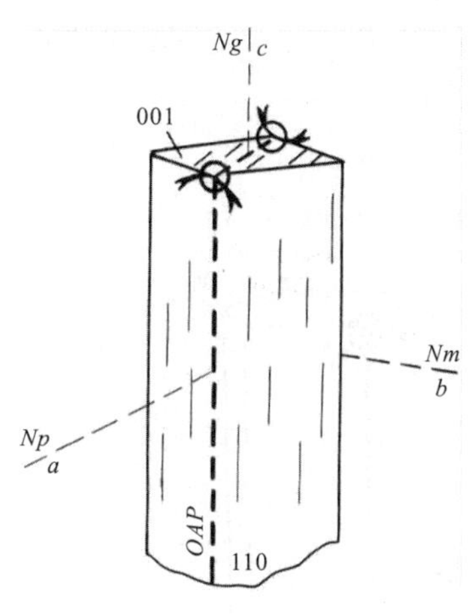

图 11-35　莫来石光性方位

光性　薄片中无色，含 Fe、Ti 者具浅颜色，Np=淡玫瑰色，Nm、Ng=无色。正中突起。折射率随 Fe、Ti 含量增多而升高，Np=1.639～1.651，Nm=1.641～1.654，Ng=1.653～1.668，$Ng-Np$=0.014～0.017。最高干涉色Ⅰ级橙至Ⅰ级紫红。平行消光。正延性。二轴(+)，$2V$=45°～50°。光性方位见图 11-35。

产状　莫来石是硅铝质耐火材料中的主要矿物，出现于烧结的耐火砖和陶瓷器中；产于富铝泥质岩的高温接触变质带中和火成岩的富铝泥质岩捕虏体中；此外，还发现于火山岩中(曾广策，1993)。

鉴定　莫来石与矽线石有些相似，其区别是矽线石折射率较高，双折射率较大。与磷灰石的区别是：磷灰石为一轴晶，负延性；莫来石为二轴晶，正延性。

蓝线石　Dumortierite　Дюмортьерит

蓝线石 Dumortierite 以 19 世纪法国古生物学家 V. E. Dumortier 的名字命名。因常呈蓝色，中文名称译为蓝线石。

成分　化学式为$(Al, Fe^{3+})_7BO_3[SiO_4]_3O_3$，含少量 Ti、Mg、P。

形态　晶体呈片状、假六方状、沿 c 轴延长的针状、纤维状，集合体呈束状、枝状。{100}解理完全，{110}、{210}解理不完全。

光性　手标本上呈蓝、蓝绿、紫、玫瑰红。薄片中显多色性：Np=深蓝、紫、绿，Nm=浅蓝、浅紫、黄，Ng=浅蓝、无色。吸收性为 $Np>Nm>Ng$。正高突起。Np=1.659～1.686，Nm=1.684～1.672，Ng=1.686～1.723，$Ng-Np$=0.027～0.037。最高干涉色可达Ⅱ级橙—Ⅲ级蓝。平行消光。负延性。可见沿(110)的三连晶。二轴(−)，$2V$=20°～40°。色散强，$r\ll v$。光性方位见图 11-36。

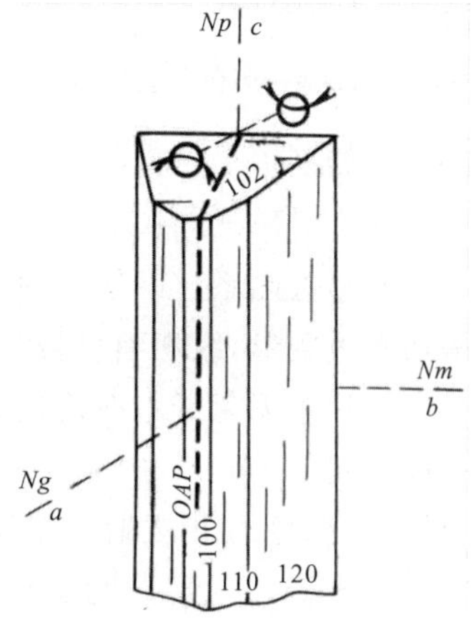

图 11-36　蓝线石光性方位

产状　产于花岗伟晶岩脉、气成岩脉中，与含 Al、B、Zr、Ce、Y 的矿物共生；还产于深熔混合岩、片麻岩、结晶片岩中，与石英、白云母、矽线石、蓝晶石、天蓝石等共生。

鉴定　与电气石有些相似，区别是：电气石为一轴晶，吸收性更强；蓝线石为二轴晶，吸收性相对较弱。无色的蓝线石与矽线石有些相似，区别是二者的延性、光性符号正好相反。蓝线石与天蓝石的区别是吸收性正好相反。

蓝线石因其颜色艳丽，多用以制作腰圆宝石，但较为罕见。

矽线石　Sillimanite　Силлиманит

矽线石 Sillimanite 以美国康涅狄格州纽黑文的西利曼(B. Silliman)教授的名字命名。老著作中的 Fibrolite(Фибролит)是矽线石的同义词，呈纤维状，中文名称译作细矽线石。另一个词 Bucholzite(Бухольцит)也是矽线石的纤维状亚种，它以德国化学家 C. F. Bucholz 的名字命名。中文名称则是因为矿物化学成分富 Si，晶形常呈线(纤维)状之故。

成分　$Al_2[SiO_4]O$。

形态　属斜方晶系。晶体呈斜方柱状、针状、纤维状、毛发状，集合体呈放射状。{010}解理完全。

光性　薄片中一般无色，有时带淡褐、淡蓝色调。正中—正高突起。$Np=1.657\sim1.660$，$Nm=1.658\sim1.661$，$Ng=1.677\sim1.682$，$Ng-Np=0.020\sim0.022$。最高干涉色为Ⅱ级蓝。呈平行消光。正延性。二轴(+)，$2V=21°\sim30°$。光性方位见图 11-37。

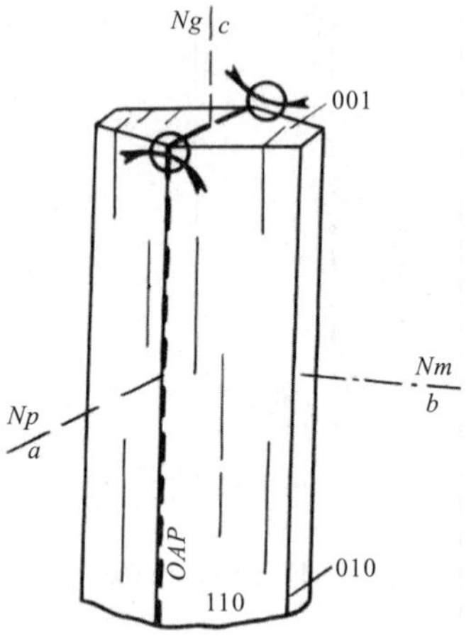

图 11-37　矽线石光性方位

变化　易蚀变为绢云母和黏土矿物。

产状　主要产于高温热接触变质的结晶片岩和片麻岩中，与堇青石、石榴石、红柱石等富铝矿物共生；也产于被泥质岩混染的侵入岩边缘相和伟晶岩中。

鉴定　矽线石与透闪石有些相似，可根据解理组数、消光类型、光性符号及 2V 大小加以区分。

矽线石用作宝石较为罕见。

硬柱石　Lawsonite　Лавсонит

硬柱石以加利福尼亚大学劳森(A. C. Lawson)教授的名字命名。

成分　$CaAl_2[Si_2O_7](OH)_2\cdot H_2O$，含少量 Fe^{3+}、Mg、Na。

形态　属斜方晶系。晶体呈柱状、板状、片状。{100}、{010}解理完全，{101}解理不完全。薄片中横切面呈菱形，纵切面呈长方形。

光性　薄片中无色或带淡蓝色调。切片较厚时，显多色性：Np=淡蓝，Nm=淡黄，Ng=无色。正高突起。$Np=1.665$，$Nm=1.673\sim1.674$，$Ng=1.684\sim1.686$，$Ng-Np=0.019\sim0.021$。最高干涉色为Ⅱ级蓝。呈平行消光。负延性。简单双晶或聚片双晶较常见。二轴(+)，$2V=79°\sim85°$。光性方位见图 11-38。

产状　硬柱石是一种少见的低温高压变质矿物，主要产于蓝闪石片岩中，也产于蚀变的辉长岩中。

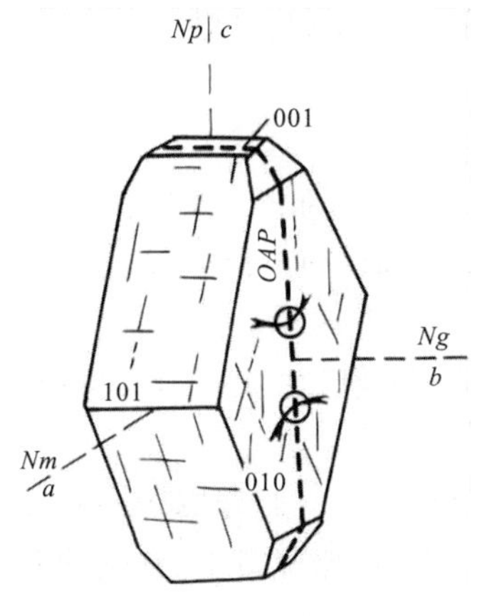

图 11-38 硬柱石光性方位

绿帘石族

绿帘石 Epidote Эпидот

该矿物名称的来源缺少公认的说法。Epidote 一词有可能是源于希腊词 Epidosis(增长),意指其晶体的一面比另一面长。中文名称则是因矿物常呈黄绿色而得名。

成分 $Ca_2(Al,Fe)_3[SiO_4][Si_2O_7]O(OH)$。

形态 属单斜晶系。晶体沿 b 轴延长呈柱状,横断面近六边形;也常呈粒状。{001}解理完全,{100}解理不完全,两组解理交角为 115°∧65°。

光性 手标本上多为黄、黄绿色。薄片中显弱多色性:Ng=淡黄,Nm=黄绿,Np=无色、柠檬黄,颜色常分布不均匀。吸收性为 $Nm>Ng>Np$。正高突起。糙面显著。$Np=1.714\sim1.728$,$Nm=1.722\sim1.758$,$Ng=1.729\sim1.776$,$Ng-Np=0.015\sim0.048$。最高干涉色可达Ⅱ—Ⅲ级,干涉色比较鲜艳明亮,但往往分布不均匀。在近于垂直光轴的切面上,可见异常干涉色。柱面为平行消光,延性可正可负,其他切面为斜消光。二轴(-),$2V=65°\sim90°$。光性方位见图 11-39。

产状 绿帘石主要作为蚀变矿物交代斜长石或铁镁矿物,广泛分布在片岩、片麻岩、钙质页岩等岩石中。

鉴定 与辉石有些相似。二者的区别是:辉石横截面两组解理纹夹角为 87°、为 $NmNp'$ 面、干涉色中等偏低、对称消光,绿帘石横截面两组解理纹夹角为 65°∧115°、为 $NgNp$ 面、干涉色最高、斜消光;辉石近于垂直 OA 切面为近等轴形、不具异常干涉色,绿帘石近于垂直 OA 切面为长条形、多具异常干涉色;辉石平行长轴切面干涉色高、垂直长轴切面干涉色低,而绿帘石正好相反。

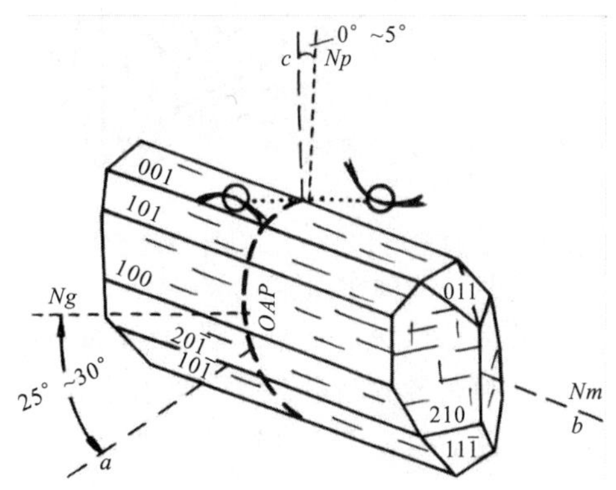

图 11-39 绿帘石光性方位

绿纤石 Pumpellyite Пумпеллиит

绿纤石以 R. Pumpelly 的名字命名,他首次研究并描述了美国基威若半岛上的绿纤石。中文名称则因其常呈绿色和呈纤维状产出而得名。

成分 $Ca_2(Al,Mg,Fe)_3[SiO_4][Si_2O_7]O(OH)\cdot H_2O$,Al 含量显著地超过 Mg、Fe 含量,含 H_2O 较多。

形态 属单斜晶系。晶体呈板状、针状、纤维状,集合体呈球粒状、玫瑰花状、放射状。

光性 薄片中无色或呈绿、黄、褐色。有色者显多色性:Np=无色、浅黄、浅黄绿、浅黄褐,Nm=浅褐黄、浅绿、蓝绿、蓝,Ng=无色、浅黄、黄、浅褐黄。吸收性为 $Np<Ng<Nm$。$Np=1.665\sim1.702$,$Nm=1.670\sim1.709$,$Ng=1.683\sim1.722$,$Ng-Np=0.018\sim0.020$。(+)$2V=10°\sim85°$(多为 40°±),$Nm\,/\!/\,b$,$Np\wedge a=11°\sim39°$,$Ng\wedge c=4°\sim32°$。

产状 绿纤石产于低级区域变质岩中,常是斜长石的蚀变产物。

鉴定 绿纤石与绿帘石有许多相似之处,其不同之处是:绿纤石 Nm 方向呈特征的绿色、绿蓝色；干涉色较低，多为Ⅰ级橙红；色散强，正交镜下很难达到完全消光；为二轴(+)。

黝帘石 Zoisite Цоизит

黝帘石 Zoisite 以该矿物的发现者——斯洛文尼亚的一名贵族 Zois 的名字命名。

成分 $Ca_2AlAl_2[SiO_4][Si_2O_7]O(OH)$，含 $Fe_2O_3<5\%$者为 α-黝帘石，含 $Fe_2O_3>5\%$者为 β-黝帘石。

形态 属斜方晶系。沿 b 轴延长的柱状自形晶偶见，常呈他形针状、粒状。{100}解理完全，{001}解理不完全。

光性 薄片中无色。正高突起。$Np=1.695\sim1.701$，$Nm=1.695\sim1.702$，$Ng=1.702\sim1.707$，$Ng-Np=0.006\sim0.007$。最高干涉色为Ⅰ级灰—Ⅰ级灰白，常显靛蓝、铁褐异常干涉色。多数切面呈平行消光。延性可正可负。无双晶。二轴(+)，$2V$ 较小，为 0°～50°。光性方位见图 11-40。

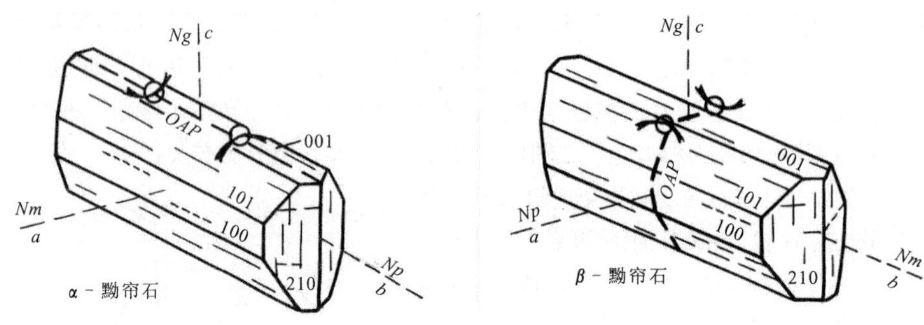

图 11-40 黝帘石光性方位

产状 同绿帘石。

鉴定 与绿帘石的区别是：黝帘石在薄片中无色，干涉色低，平行消光，正光性符号。

一种有名的黝帘石宝石叫坦桑石(Tanzanite Танзанит)，因 1967 年发现于坦桑尼亚而得名。据说是因为宝石的原矿物英文名称 Zoisite 与 Suicide(自杀)发音相近，怕人认为不吉利而改用产地命名代之。

斜黝帘石 Clinozoisite Клиноцоизит

成分 $Ca_2AlAl_2[SiO_4][Si_2O_7]O(OH)$。

形态 属单斜晶系。晶体可沿 b 轴延长呈柱状，但常呈他形粒状。{001}解理完全，{100}解理不完全。

光性 薄片中无色。正高突起。$Np=1.697\sim1.714$，$Nm=1.699\sim1.722$，$Ng=1.702\sim1.729$，$Ng-Np=0.005\sim0.015$。最高干涉色为Ⅰ级灰—Ⅰ级黄。平行 b 轴切面为平行消光，其他切面为斜消光。延性可正可负。有时可见聚片双晶。二轴(+)，$2V=65°\sim90°$。光性方位见图 11-41。

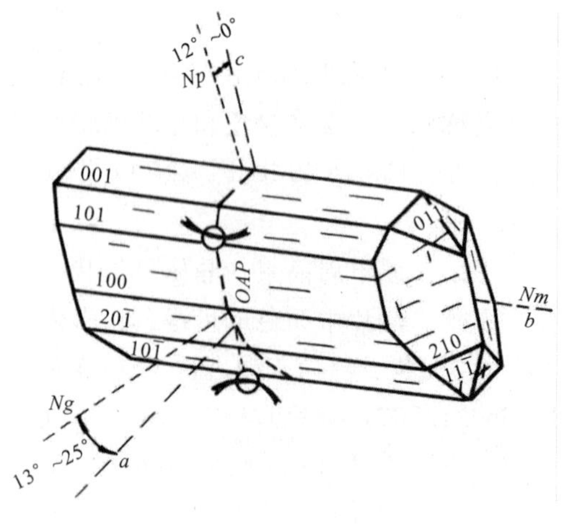

图 11-41 斜黝帘石光性方位

产状　斜黝帘石是斜长石的蚀变产物，常产于片岩和接触变质岩中。

鉴定　与黝帘石的区别是：斜黝帘石除平行 b 轴切面外，均为斜消光；$2V$ 较大。

褐帘石　Allanite　Алланит

褐帘石以矿物学家阿伦（Allen）的名字命名。但在俄罗斯文献中常用 Ортит（Orthite）一词。中文名称则是因矿物多呈褐、红褐色而得名。

成分　$(Ce,Ca,Y)_2(Al,Fe)_3[SiO_4]_3(OH)$，含有 La、Y、Th 等其他微量元素，较复杂。

形态　属单斜晶系。晶体沿 b 轴呈柱状、针状、板状，通常呈他形粒状。{001}解理完全，{100}、{110}解理不完全，且少见。

光性　多色性显著：Np＝红褐、褐红、亮褐、无色，Nm＝褐黄、红褐、褐、淡绿，Ng＝褐黑、暗红褐、褐绿、绿。吸收性为 $Ng \geq Nm > Np$ 或 $Nm \geq Ng > Np$。正高—正极高突起，$Np = 1.690 \sim 1.791$，$Nm = 1.700 \sim 1.815$，$Ng = 1.706 \sim 1.828$，$Ng - Np = 0.013 \sim 0.036$。由于放射性元素蜕变对矿物的破坏，测定该矿物的光性数据是困难的。最高干涉色达Ⅱ级，但常被矿物本身颜色所掩盖。有的因非晶质化而显均质性，干涉色很低。具有环带结构。有时可见双晶。二轴（＋）或（－），$2V = 40° \sim 90°$。光性方位见图 11－42。

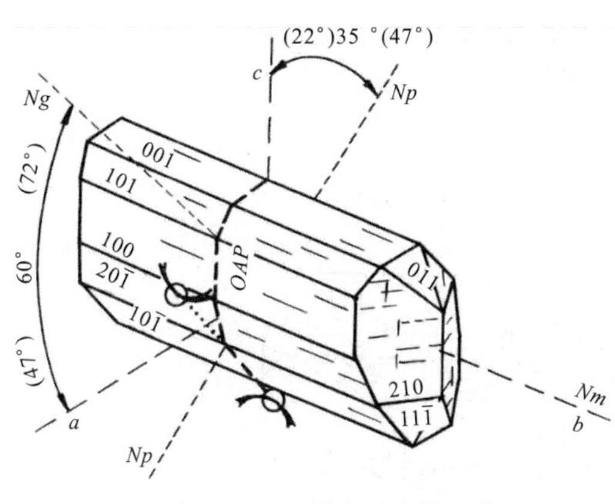

图 11－42　褐帘石光性方位

产状　与其他帘石类矿物不同，褐帘石是碱性岩、花岗岩、伟晶岩的副矿物，有时也产于矽卡岩和酸性喷出岩中。

鉴定　与绿帘石的区别是：褐帘石颜色深，干涉色较低。均质化的褐帘石与非均质化的黑榴石、钛榴石的区别是：褐帘石的突起较低。

红帘石　Piemontite　Пъемонтит

红帘石以意大利的皮埃蒙特（Piemont）区名命名，后改用过 Piedmotite（Пъедимонтит）又被废除，但词典中仍保留有此词。中文名称是因为矿物常呈红色。

成分　$Ca_2(Al,Mn^{3+},Fe^{3+})_3[SiO_4]_3(OH)$，还含有微量 Mg、$Mn^{2+}$、$Fe^{2+}$、Na、Sr、K 等。

形态　单斜晶系，晶体呈柱状、板状，常呈粒状、放射状集合体。

光性　手标本上红褐色、暗红色；薄片中多色性明显，Ne＝浅黄、橙黄，Nm＝紫、玫瑰红，Ng＝红、褐红。正高—正极高突起。$Np = 1.730 \sim 1.756$，$Nm = 1.747 \sim 1.789$，$Ng = 1.765 \sim 1.829$，$Ng - Np = 0.035 \sim 0.073$。最高干涉色Ⅱ级紫红—Ⅳ级，因本身颜色较深，干涉色不鲜艳。柱面平行消光，延性可正可负。（±）$2V = 64° \sim 85°$。光性方位见图 11－43。

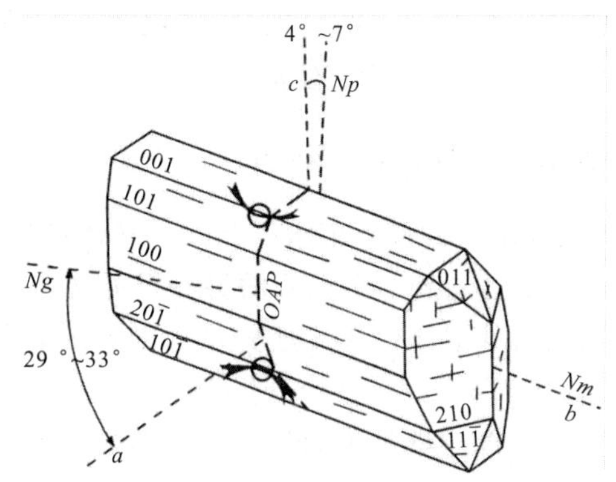

图 11－43　红帘石光性方位

产状　产于结晶片岩中，与石英、多硅白云母、蓝闪石等共生；也产于锰矿脉和蚀变的火山岩中。

鉴定　以特征的多色性、较高的干涉色和产于变质岩中与褐帘石相区别。

硬绿泥石　Chloritoid　Хлоритоид

成分　$(Fe^{2+},Mg,Mn)_2(Al,Fe^{3+})Al_2O_3[SiO_4](OH)_4$。

形态　属单斜晶系或三斜晶系。晶体呈假六方片状或板状，有时呈柱状，集合体呈鳞片状、束状、放射状。{001}解理完全，{110}解理不完全，有时具{010}裂理。

光性　薄片中无色至绿色。有色者多色性显著：Np=灰绿、绿，Nm=蓝、蓝绿，Ng=淡黄、黄绿。吸收性为 $Nm>Np>Ng$。正高突起。$Np=1.713\sim1.728$，$Nm=1.719\sim1.734$，$Ng=1.723\sim1.740$，$Ng-Np=0.010\sim0.012$。最高干涉色为Ⅰ级橙黄。多数切面为斜消光，负延性。以(001)为结合面的简单双晶和聚片双晶常见，也可见三连晶和穿插双晶。有时发育砂钟结构。二轴(+)，$2V=36°\sim70°$。光性方位见图 11-44。

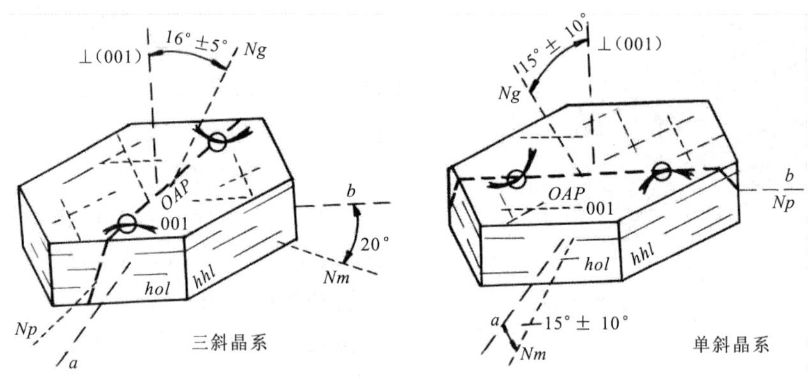

图 11-44　硬绿泥石光性方位

变化　易变为绿泥石和绢云母。

产状　产于低级至中级区域变质岩中，如千枚岩、片岩，可呈变斑晶；也产于水液变质的火山岩及其他岩石中。

鉴定　与绿泥石的区别是：硬绿泥石的解理不如绿泥石的完善，突起和干涉色比绿泥石高，消光角和 2V 比绿泥石大。

蓝晶石　Kyanite　Кианит

Kyanite 一词源于希腊词 Kuanos(蓝色)，早先拼为 Cyanite(Цианит)。中文名称则是因为其颜色常为蓝色。蓝晶石的另一个英文名称为 Disthene(Дистен)，源于希腊文"双重"和"强度"两词，因该矿物沿晶体延长方向和垂直晶体延长方向的硬度明显不同，对应的中文译名为二硬石。

成分　$Al_2[SiO_4]O$，可含 Cr^{3+}、Fe^{3+} 及少量 Ca、Mg、Fe^{2+}、Ti 等。

形态　属三斜晶系。晶体呈柱状、板状，集合体呈放射状。{100}解理完全，{010}解理不完全，具{001}裂理，{100}、{010}两组解理夹角为 101°∧79°。

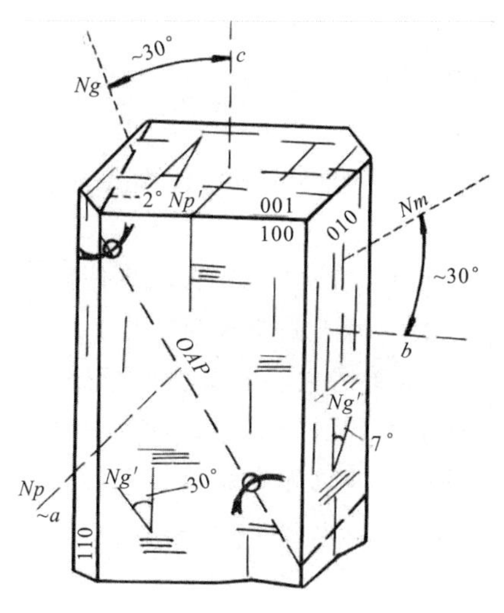

图 11-45　蓝晶石光性方位

光性　薄片中无色或呈淡蓝色调。可见弱多色性。正高突起。$Np=1.710\sim1.713$，$Nm=1.720\sim1.722$，$Ng=1.727\sim1.729$，$Ng-Np=0.012\sim0.016$。最高干涉色多为Ⅰ级橙红。斜消光，正延性。简单双晶或聚片双晶常见。二轴(－)，$2V=82°\sim83°$。光性方位见图 11-45。

变化　较稳定，有时变为白云母。

产状　蓝晶石是泥质岩的典型变质矿物，主要产于片岩、片麻岩中，与其他富 Al 变质矿物共生。

鉴定　与矽线石的区别是：蓝晶石具有三组彼此近于正交的解理、裂理，突起较高，呈斜消光，光性符号为正。与红柱石的区别是：蓝晶石突起较高，为斜消光、正延性。与辉石区别：在(001)切面上，辉石为对称消光，而蓝晶石沿{100}解理纹为平行消光。

蓝晶石是一种较罕见的宝石，因其解理发育，琢磨加工较困难。

十字石　Staurolite　Ставролит

Staurolite 一词源于希腊词 Stauros(十字)和 Lithos(石头)，意指该矿物常发育十字双晶。中文名称为意译词。

成分　$FeAl_4[SiO_4]_2O_2(OH)_2$，含少量 Mg、Mn、Zn、Co、Ni、Fe^{3+} 等。

形态　属斜方晶系。晶形呈短柱状，其横断面为六边形；也有呈不规则粒状者。具{010}不完全解理。

光性　手标本上呈褐红、黄褐色；薄片中呈淡黄色。显弱多色性：Ng=金黄，Nm=淡黄，Np=无色。吸收性为 $Ng>Nm>Np$。正高突起。$Np=1.739\sim1.747$，$Nm=1.745\sim1.753$，$Ng=1.752\sim1.762$，$Ng-Np=0.013\sim0.015$。最高干涉色为Ⅰ级橙。粒度较大的十字石，像石榴石一样，常含有许多矿物包裹体，因而构成筛状结构。呈平行消光。正延性。常见十字形或斜十字形的贯穿双晶。二轴(＋)，$2V=79°\sim90°$。光性方位见图 11-46。

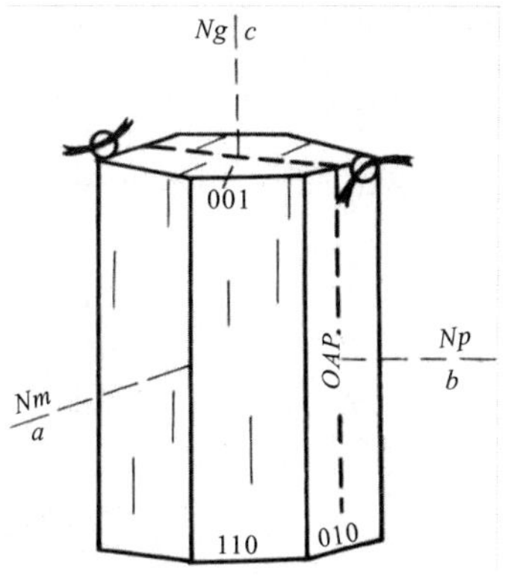

图 11-46　十字石光性方位

变化　可变为绿云母和绿泥石。

产状　十字石是中级区域变质的特征变质矿物，普遍产于片岩、片麻岩中，也产于穿切片麻岩的石英脉、伟晶岩中，还产于同化泥质岩的花岗岩中。

手标本上不透明、暗褐红—褐黑色、呈十字型(双晶)产出的十字石，常作为护身符被人们佩带。

金绿宝石 Chrysoberyl Хризоберилл

Chrysoberyl 一词源于希腊词 Chrysos(金,金色的)和 Beryuos(绿宝石)。中文名称为意译词。

成分 化学式为 $Be_2Al_2O_4$,常含有 Fe、Ti、Cr。因化学式很像尖晶石的化学式,又称为铍尖晶石。

形态 属斜方晶系,具橄榄石型结构。自形晶呈短柱状(图 11-47A)、板状和假六方三连晶、六边形偏锥状(图 11-47B),具{011}完全解理和{100}、{010}不完全解理。

光性 手标本上呈棕黄、绿黄、黄褐色。薄片中无色至淡黄绿色。显多色性:Np=无色、淡红,Nm=无色、淡黄,Ng=无色、淡绿。正高突起。Np=1.744~1.747,Nm=1.747~1.749,Ng=1.753~1.758,$Ng-Np$=0.009~0.011。最高干涉色为Ⅰ级黄。平行消光。可见三连晶(图 11-47B)。二轴(+),2V 较大,接近 90°。光性方位见图 11-47。

产状 金绿宝石属高档宝石矿物,产于阿尔卑斯型脉、花岗伟晶岩脉、气成热液铍矿床中,与黄玉、碧玺(电气石)、海蓝宝石、尖晶石、绿柱石、萤石等宝石矿物共生;也产于砂矿中,伴生矿物有刚玉、石榴石、锡石等。

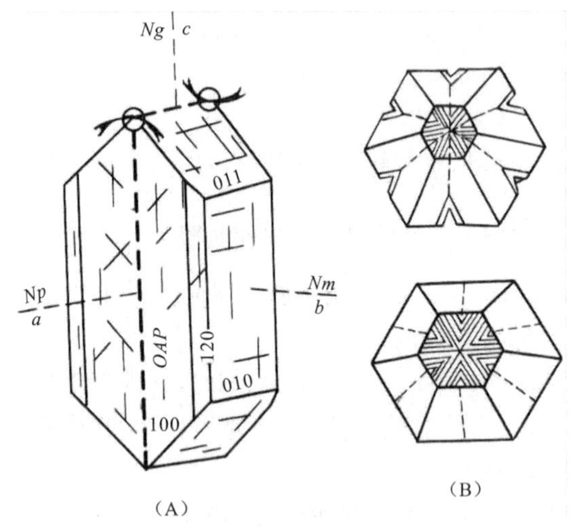

图 11-47 金绿宝石光性方位(A)和双晶(B)

鉴定 相似矿物有绿柱石和刚玉。与绿柱石的区别是:绿柱石折射率、双折射率较低,为一轴(-);金绿宝石折射率、双折射率较高,为二轴(+)。与刚玉的区别是:刚玉为一轴(-);金绿宝石为二轴(+)。

金绿宝石又称金绿玉、金绿铍,含 Cr 者称翠绿宝石,具猫眼效应者叫金绿猫眼。还有一种金绿宝石,颜色发生变化,称为变石或亚历山大石(Alexandrite,Александрит)。金绿宝石与珍珠并列为六月生辰石。

假蓝宝石 Sapphirine Сапфирин

Sapphirine 一词与 Sapphire(蓝宝石)仅词尾略有差异,意为似蓝宝石,因为该矿物具有蓝宝石的蓝色。中文名称译为假蓝宝石。

成分 化学式为 $Mg_2Al_4SiO_{10}$,含少量 Fe^{2+}。当 Fe∶Mg>1∶3 时称为铁假蓝宝石。

形态 属单斜晶系。晶形呈半平行板状、粒状。具{010}中等解理。

光性 薄片中显多色性:Np=无色、淡黄、玫瑰色,Nm=淡黄、蓝绿,Ng=蓝、暗黄。吸收性为 $Np<Nm<Ng$。正高突起。Np=1.705~1.714,Nm=1.709~1.719,Ng=1.711~1.720,$Ng-Np$=0.006。最高干涉色为Ⅰ级灰白。斜消光,个别切面平行消光。二轴(-),2V=50°~70°。光性方位见图 11-48。

产状 产于高温变质带的片麻岩和云母片岩中,同直闪石、堇青石、尖晶石、矽线石共生。

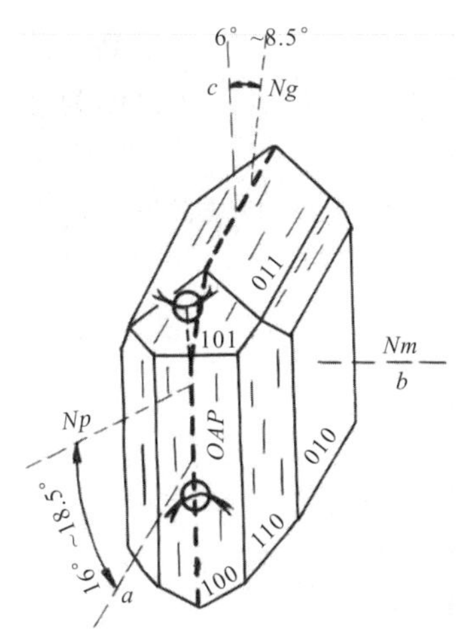

图 11-48　假蓝宝石光性方位

鉴定　假蓝宝石与蓝宝石(刚玉)和黝帘石有些相似。与蓝宝石的区别是:蓝宝石为一轴晶,硬度较大(硬度为 9);假蓝宝石为二轴晶,硬度较小(硬度为 7.5)。与黝帘石的区别是:黝帘石解理较完全,具有两组解理,光性符号为正;假蓝宝石解理较差,只有一组解理,光性符号为负。

蔷薇辉石　Rhodonite　Родонит

Rhodonite 一词来源希腊词 Rhodon(蔷薇、玫瑰之意),因矿物具有特征的玫瑰红、蔷薇红色。中文名称也可译作玫瑰辉石。

成分　化学式为$(Mn,Fe,Ca)_2[Si_2O_6]$,可含少量 Mg、Fe^{3+} 和 Al。

形态　属三斜晶系,自形晶呈平行(010)的厚板状,通常呈不规则粒状。具{100}、{001}完全解理和{010}不完全解理。

光性　手标本上多呈玫瑰红色。薄片中无色到淡颜色。显多色性:Np=橙色,Nm=淡玫瑰色,Ng=浅橙色。正高突起。Np=1.711～1.738,Nm=1.716～1.741,Ng=1.723～1.752,$Ng-Np$=0.012～0.014。最高干涉色为Ⅰ级橙黄。斜消光。见双晶面为(010)的聚片双晶。延性可正可负。二轴(+),$2V$=58°～74°。光性方位见图 11-49。

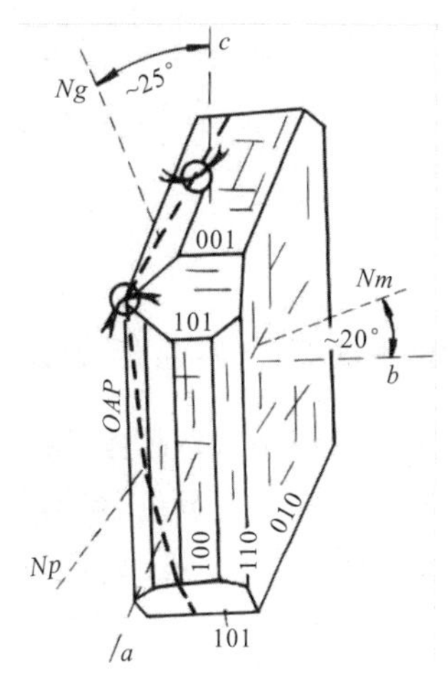

图 11-49　蔷薇辉石光性方位

产状　产于酸性岩浆岩同含锰岩石接触形成的矽卡岩中和某些热液矿脉中,与石英、菱锰矿、锰铝榴石、铁闪石等矿物共生。

鉴定　以特征的玫瑰红色与辉石相区别。与普通辉石、钛辉石的区别是:蔷薇辉石双折射率小,干涉色低。与蓝晶石的区别是:蔷薇辉石呈玫瑰红色,解理纹较细,光性符号为正;蓝晶石呈蓝色,解理纹较粗,光性符号为负。

透明的蔷薇辉石单晶可作宝石,致密粒状集合体为蔷薇辉石玉,是中档的玉雕材料,其玉石名称还有粉翠、桃花石等。

独居石　Monazite　Монацит

Monazite 一词源于希腊词 Monazein(孤独的、单独的),显然是因为该种矿物非常稀少。中文名称为意译词。

成分　$(Ce,La,Th)PO_4$,含微量 Nd、Pr、Sm、Dy、Er、Ho、SiO_4^{2+} 等。

形态　单斜晶系。晶体呈板状、片状,通常呈粒状。具{100}完全解理和{001}不完全解理,解理夹角 76°。

光性　手标本呈黄、褐、红褐色，薄片中无色—淡黄，多色性极微。正高突起。$Np=1.774\sim1.800$，$Nm=1.777\sim1.801$，$Ng=1.828\sim1.851$，$Ng-Np=0.045\sim0.075$。最高干涉色Ⅲ级橙—Ⅴ级。斜消光，消光角很小，见以(100)为结合面的简单双晶，偶见以(001)面为结合面的聚片双晶。二轴(+)，$2V=6°\sim19°$。光性方位见图 11-50。

产状　为较少的副矿物。产于正长岩、花岗岩、花岗伟晶岩、片麻岩、热液矿脉及稀土矿床中；也以重砂的形式产于沉积物及沉积岩中。

鉴定　以较低的突起、解理较完全且有两组、斜消光、二轴晶区别于锆石，以较低的突起、较低的干涉色、较小的 2V 区别于榍石。

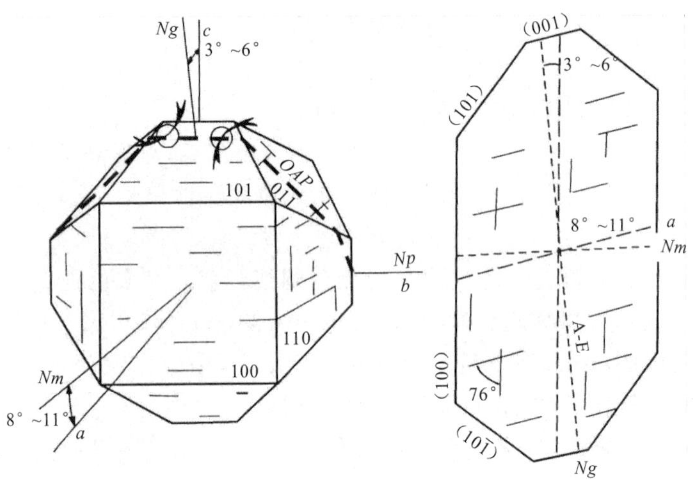

图 11-50　独居石光性方位

钛硅铁钠石(三斜闪石、钠铁非石)　Aenigmatite Энигматит

形态　三斜晶系。晶体呈柱状、针状。{010}和{100}两组解理中等，夹角为 66°∧114°。

光性　手标本上黑色、褐黑色，显微镜下无色—浅褐色、浅黄褐色，Ng=暗褐色、黑褐色，Nm=暗栗色，Np=亮红褐色，吸收性为 $Ng>Nm>Np$。正极高突起，$Ng=1.88$，$Nm=1.82$，$Np=1.81$，$Ng-Np=0.07$。最高干涉色达Ⅵ级，但不鲜艳，常呈矿物本身颜色。斜消光，正延性，见聚片双晶。(+)$2V=32°$。

产状　产于碱性侵入岩、火山岩中，与碱性长石和其他碱性暗色矿物共生。

鉴定　钛硅铁钠石与钛角闪石在颜色上有些相似，区别是：前者颜色较深、突起较高、干涉色较高、(+)2V 小；后者颜色较浅、突起较低、干涉色较低、(−)2V 大。

榍石　Sphene(Titanite)　Сфен(Титанит)

Sphene 一词源于希腊词 Sphene(楔)，因该矿物的横截面常呈楔形。“榍”音楔(xiē)，是专门给矿物“榍石”造的一个汉字。实际上，中文名称按原词意译为“楔石”更好。因矿物化学成分富 Ti，还有另一个英文名称 Titanite(Титанит)，该词仅适用于含铁的褐黑、黑色榍石亚种，也可译作铁榍(楔)石。

成分 $CaTi[SiO_4](O,OH,Cl,F)$。

形态 属单斜晶系。晶体多呈信封状，少数呈板状、柱状，横断面呈特征的楔形或菱形。具{110}完全解理和{221}裂理。

光性 手标本上呈蜜黄、褐、绿、灰、黑等色；薄片中多为淡黄褐色调。显很弱的多色性：Ng=红褐，Nm=淡黄，Np=近于无色。吸收性为 $Ng>Nm>Np$。正极高突起，有时见闪突起。$Np=1.843\sim1.950$，$Nm=1.870\sim2.034$，$Ng=1.943\sim2.110$，$Ng-Np=0.100\sim0.192$。最高干涉色为高级白，并且往往带有矿物本身的色调。由于色散极强，在垂直光轴切面上常出现异常干涉色而不全消光。呈斜消光。{100}简单双晶常见，也见{221}聚片双晶。二轴(+)，$2V=17°\sim40°$。光性方位见图 11-51。

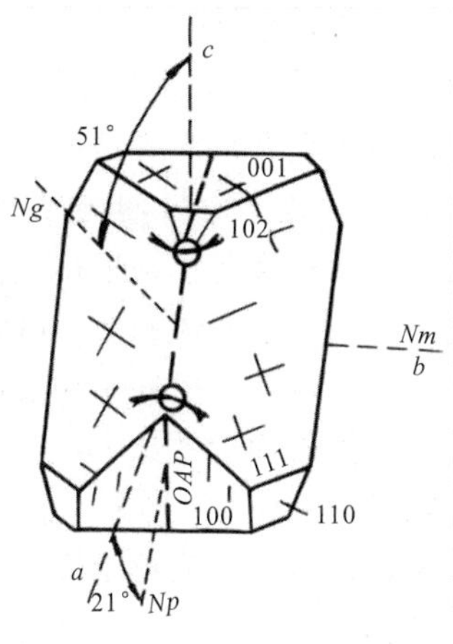

图 11-51 榍石光性方位

产状 榍石是中酸性侵入岩，特别是碱性的花岗岩、正长岩、伟晶岩中最常见的副矿物。许多变质岩，如片麻岩、结晶片岩、热接触变质岩等岩石中也较常见。还可作为重矿物进入沉积物中。但能作宝石者一般是正长伟晶岩、花岗伟晶岩中的粗大晶体及变质岩脉、矽卡岩的晶洞中的粗大完美晶体。

第四节 常见不透明矿物

细小的不透明矿物不仅在手标本上难以辨认，而且在透射偏光显微镜下也难以准确鉴定。一般可根据其形态、反射光下的颜色及结合手标本鉴定特征、矿物共生组合做定性鉴定。反射光下的颜色也不一定要在反射偏光显微镜(矿相显微镜)下观察，只要关闭或遮挡住透射光源、用强白炽灯光从薄片上方照射，即可观察到矿物的反射色。

常见不透明矿物的鉴定特征列于表 11-3。

表 11-3 常见不透明矿物

矿 物	化 学 式	晶系	薄片中形态	反射光下颜色	其 他
石墨	C	六方	粉末、叶片、鳞片、六方板状	铅灰	
辉钼矿	MoS_2	六方	鳞片状、六方板状	带浅蓝的灰白	
磁铁矿	Fe_3O_4	等轴	正方、长方、三角形或等轴粒状	钢灰	具磁性
赤铁矿	Fe_2O_3	三方	六边形、粒状、鲕状等	铁黑、钢灰、红	边缘微透明，黄褐色
钛铁矿	$FeTiO_3$	三方	长六边形、长菱形、不规则粒状	褐黑	边缘微透明，紫褐色
白钛矿		(隐晶)	细粒状、薄膜状	灰白	有时半透明
褐铁矿	$FeO(OH)\cdot nH_2O$	(隐晶)	无定形	褐	边缘透明，红褐色
铬铁矿	$FeCr_2O_4$	等轴	长六方形、不规则粒状	带褐的暗黑	微透明、褐红色，微具磁性
黄铁矿	FeS_2	等轴	正方、长方、三角、五边形、粒状	浅黄铜色	
磁黄铁矿	$Fe_{1-x}S$	六方	他形粒状	古铜黄色	具磁性
黄铜矿	$CuFeS_2$	四方	他形粒状	亮铜黄色	
方铅矿	PbS	等轴	正方形或他形粒状	亮铅灰色	

黄铁矿(Pyrite,Пирит)的英文名称源于希腊词 Pur(火),因为在打击它时常冒出火花。其中文名称是根据化学成分和颜色。黄铁矿是一种广泛分布于岩浆岩、沉积岩、变质岩中的副矿物,也是硫化物矿床常见的或主要的矿物。根据其晶形和颜色不难与黄铜矿相区分。

多数研究者认为**磁铁矿**(Magnetite,Магнетит)是以希腊帖撒利亚(色萨利)区的一个叫 Magnezia 的地名命名,但也有些人认为它与一个叫 Magnes 的牧民有关,推测是这位牧民发现了磁铁矿。中文名称则根据其具有磁性命名。**钛铁矿**(Ilmenite,Ильменит)是以该矿物的发现地——俄罗斯的伊利明山(Ильменские горы)命名的,可直译为"伊利明石"。中文名称据矿物的化学成分。磁铁矿和钛铁矿也是比较广泛分布于各种岩浆岩、变质岩中的副矿物。比较纯的磁铁矿和钛铁矿,可根据是否具有磁性和边缘是否微透明加以区分。但实际上许多岩石中都是磁铁矿和钛铁矿之间的过渡种属——含钛磁铁矿或钛磁铁矿。

铬铁矿以矿物的化学成分命名,多产于超基性岩中,基性岩中少见。

黄铜矿 Chalcopyrite(Халькопирит)一词源于希腊词 Chalkos(铜)。**磁黄铁矿** Pyrrhotine 或 Pyrrhotite(Пирротин 或 Пирротит)英文词源于希腊词 Pyrros(淡红色),其中文名称则是根据外貌像黄铁矿,但具弱磁性。辉钼矿 Molybdenite(Молибденит)一词来自希腊词 Molybdos (意为铅),很可能早先把它误认为铅矿。黄铜矿、磁黄铁矿、辉钼矿和赤铁矿多分布于矿体、矿体的围岩或矿化岩中。这与热液作用和变质作用有关。

褐铁矿 Limonite(Лимонит)一词源于希腊词 Leimon(草地),因为该矿物的产地常为沼泽或沼泽化的草地。中文名称则是依据其颜色为褐色。褐铁矿为次生矿物,是铁矿石、岩浆岩及变质岩中铁镁矿物的风化产物。在沉积岩中,褐铁矿分布也较广泛。

赤铁矿 Hematite(Гематит)一词源于希腊词 Haema(血),因该矿物常具有像血色一样的颜色。中文名称也称红铁矿。赤铁矿是主要的铁矿石,也产于变质岩和热液脉中。

方铅矿 Galena(Галенит)源于拉丁词 Galena(铅矿)。中文名称则根据其化学成分和晶形常呈立方体。方铅矿是重要的铅矿石,也产于热液脉及矿化围岩中。

石墨 Graphite(Графит)一词源于希腊词 Graphein(意为用来写),因矿物硬度低、黑色,可用于写字。石墨为变质矿物,产于碳质板岩和碳质大理岩中。石墨与辉钼矿在颜色和硬度上有些相似,其区别是:辉钼矿具有强金属光泽,反射光下显带浅蓝的灰白色。

第十二章　主要见于沉积岩中的造岩矿物

沉积岩的造岩矿物种类很多。结晶岩中的造岩矿物，几乎都能成为沉积岩的碎屑矿物。碎屑矿物的光性同结晶岩中同种矿物的完全一样，仅形态上有所差异而已，故在此不再赘述。这一章所涉及的主要是一些沉积岩中常见的、而且是在沉积岩形成过程中形成的自生矿物。有些自生矿物的粒度很细小，对其进行定性鉴定需要借助差热分析、红外光谱分析、X光分析、电子显微镜鉴定以及染色试验等测试手段，但因篇幅所限，对此也不作详细介绍。本章重点描述沉积岩造岩矿物的一般光性特征。

第一节　均质体矿物

蛋白石　Opal　Опал

Opal一词的渊源关系为梵文词Upala→希腊词Opalios→拉丁词Opalus→英文词Opal，意为"贵重的石头""集宝石之美于一身"。因矿物颜色多呈乳白色，犹如煮熟的蛋白，中文名称译为蛋白石。

成分　$SiO_2 \cdot nH_2O$，是含水的隐晶质或胶质二氧化硅。

形态　无一定外形，常呈致密块状、皮壳状、脉状或为孔隙充填物与孔隙形状一致，也有呈有机物构造状的，如硅藻、放射虫等。

光性　手标本上多为蛋白色。作宝石用的贵蛋白石具有丰富的色彩。薄片中一般无色，含杂质时显灰、灰褐色。有时见带状胶体构造。负高突起。$N=1.41\sim1.46$，多数为$1.44\sim1.45$。显均质性，但受应力作用后可显非均质性，有时在正交镜下可出现黑十字。

变化　易变为玉髓和石英。

产状　蛋白石是硅质岩的主要造岩矿物。在许多硅质胶结的砂岩、粉砂岩中，蛋白石则作为胶结物出现。蛋白石也常是火山岩的次生矿物，充填在气孔和裂隙中。在其他结晶岩中，蛋白石有时呈长石和铁镁矿物的假象。

蛋白石的宝石名称叫**欧泊**，为Opal的音译词。作为珠宝用的蛋白石实际为蛋白石的集合体，应属玉石范畴，但珠宝界通常把它作"宝石"看待。欧泊种类繁多，一般多属中档宝石。欧泊与猫眼并列为十月生辰石。

胶磷矿　Collophane　Коллофан

成分　$3Ca_3[PO_4]_2 \cdot nCa(CO_3,F,O) \cdot xH_2O$。

形态　一般认为胶磷矿是非晶质的，但经电子显微镜研究，胶磷矿是由隐晶质或超显微隐晶质的磷灰石微晶组成的。通常呈致密块状，有时可为胶状、鲕状、碎屑状，常含软体动物化石。无解理。

光性　薄片中通常为淡棕至深棕、黄棕、灰等色，但有时为无色。正低—正中突起。$N=1.57\sim1.63$，通常为 $1.60\sim1.61$。具均质性，但有时有微弱的干涉色。

变化　可变为方解石。有时可被石英、玉髓、蛋白石代替。

产状　胶磷矿是沉积磷质石灰岩、磷钙土、磷灰岩、鳞质页岩和鳞质结核的主要成分，也是某些骨化石和生物贝壳的主要成分。

鉴定　与蛋白石有些相似，其区别是：胶磷矿为正低—正中突起，往往含化石和矿物碎屑，而蛋白石为负高突起，不含化石和矿物碎屑。

胶铝矿　Cliachite　Қлиацит

成分　$Al_2O_3 \cdot nH_2O$。

形态　胶铝矿属非晶质，常呈豆状、鲕状、块状。

光性　薄片中无色至深棕、红色。半透明至几乎不透明。正低—正中突起。$N=1.57\sim1.61$。显均质性，但有时有微弱的干涉色。

产状　是铝土矿的主要成分之一，与三水铝石、一水硬铝石等共生。

鉴定　光性与胶磷矿相似，可根据共生的矿物不同加以区别。

第二节　一轴晶矿物

玉髓　Chalcedony　Хальцедон

成分　SiO_2。

形态　属三方晶系。晶体呈纤维状，集合体呈放射状或球粒状，也有呈皮壳状、钟乳状的。

光性　薄片中无色，铁染时呈淡黄、淡褐色。负低突起。$No=1.530\sim1.533$，$Ne=1.538\sim1.543$，$Ne-No=0.008\sim0.010$。最高干涉色为Ⅰ级灰白。多为平行消光。延性可正可负。一轴(+)，但有时因光性异常可为二轴(+)。因为颗粒为超显微隐晶，所以难以看到干涉图。光性方位见图 12-1。

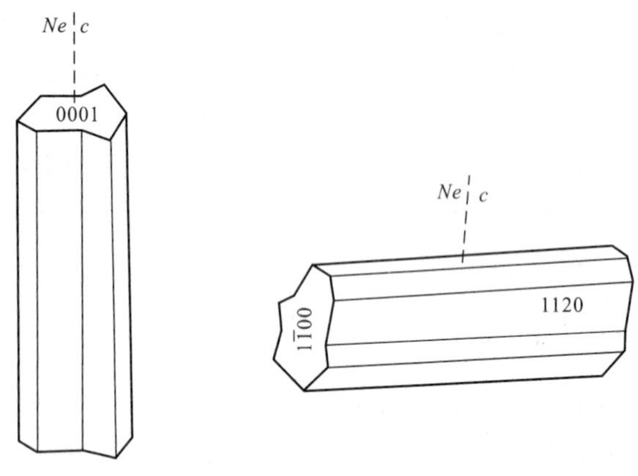

图 12-1　玉髓的光性方位

产状　玉髓是硅质岩、硅质结核及某些砂岩胶结物的主要成分，与蛋白石、自生石英共生。在火山岩中，玉髓常是某些杏仁体的成员，与蛋白石、石英、沸石等共生。火山玻璃脱玻化时，也常生成玉髓。

鉴定　玉髓以其极低的突起区别于沸石；以其纤维状的晶体和负突起区别于石英。

玉髓是石英质玉的主要矿物之一，玉髓本身是常见的石英质玉，品种繁多。

自生石英　Authigenic quartz　Аутигенный кварц

成分　SiO_2。

形态　自生石英是由胶状 SiO_2 经脱水和重结晶而成的。自生石英有两种：一种是较自形的，彼此呈镶嵌状，没有被磨蚀和破碎的迹象；另一种是碎屑石英的次生加大边，可包含黏土矿物，其形状取决于石英砂之间孔隙的形状。

光性　与石英相同。

产状　产于硅质岩、硅质结核及砂岩中。

方解石　Calcite　Кальцит

Calcite 一词源于拉丁词 Calx - cis（石灰）。方解石的另两个同义词为 Calcspar 和 Calcareous spar（Известковый шпат），即石灰石。中文名称据宋・马志《开宝本草》：敲破，块块方解，故以得名。

成分　$Ca[CO_3]$，含少量 Mg、Fe、Mn 等。

形态　属三方晶系。晶体呈菱面体。岩石中自形晶少见，常呈不规则粒状。$\{10\bar{1}1\}$菱面体解理完全。镜下通常只见两向解理纹，其夹角在 75°左右。有时可见$\{10\bar{1}2\}$裂理。

光性　手标本上，纯净者为白色，含杂质者可呈各种颜色；薄片中无色透明。$No=1.658$，接近正高突起，$Ne=1.486$，为负低突起，故闪突起明显。在同一薄片中，由于不同的颗粒切面方位不同，有的突起高，有的突起低，故突起高低明显不同。$No-Ne=0.172$。最高干涉色为带珍珠晕彩的高级白。色散强，即使是垂直光轴的切面也不全消光。呈对称消光。$\{01\bar{1}2\}$聚片双晶常见，双晶纹多与菱形长对角线平行，双晶纹附近常见到美丽的五彩镶边。{0001}简单双晶也较常见。一轴（－），有时会二轴晶化，但 $2V$ 很小。光性方位见图 12 - 2。

产状　方解石是分布很广的、较常见的造岩矿物之一，在三大岩类中均有产出：在沉积岩中，方解石是石灰岩类、陆源碎屑岩的钙质胶结物的主要组分，而且许多动、植物化石也都是由方解石组成的；在结晶岩中，方解石是岩浆碳酸岩、大理岩、矽卡岩、钙硅角岩的主要造岩矿物；许多造岩矿物经次生变化都能生成方解石。方解石还是许多热液脉的主要组分。

鉴定　菱面体解理、明显的闪突起、高级白干涉色、一轴（－）等是方解石族矿物的鉴定特征。方解石与菱铁矿、菱锰矿的区别是：方解石 $Ne<1.54$，为负突起，而后两者的 No、Ne 方向均为正突起。方解石与白云石在镜下一般难以区分，可从以下几个方面加以考虑：方解石的聚片双晶纹多平行菱形长对角线，而白云石的则多平行短对角线；白云石相对较自形，闪突起相对较明显，不过有时也很难观察准确。要想较准确地区分方解石和白云石，一般采用以下一些方法：①油浸法：将碳酸盐矿物碎屑制成油浸片，借助图 12 - 3，既可快速鉴定纯端元组分的碳酸盐矿物，也可鉴定固溶体系列碳酸盐矿物的端元组成，详细操作参见“油浸法”；②茜素红染色：方解石可染成红色，白云石则不染色；③差热分析、X 光分析等；④滴稀盐酸试验，方解石剧

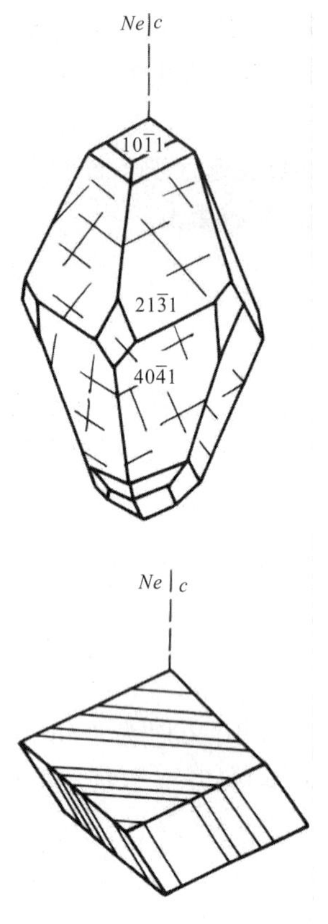

图 12-2 方解石的光性方位(上图)和双晶纹的方向(下图)

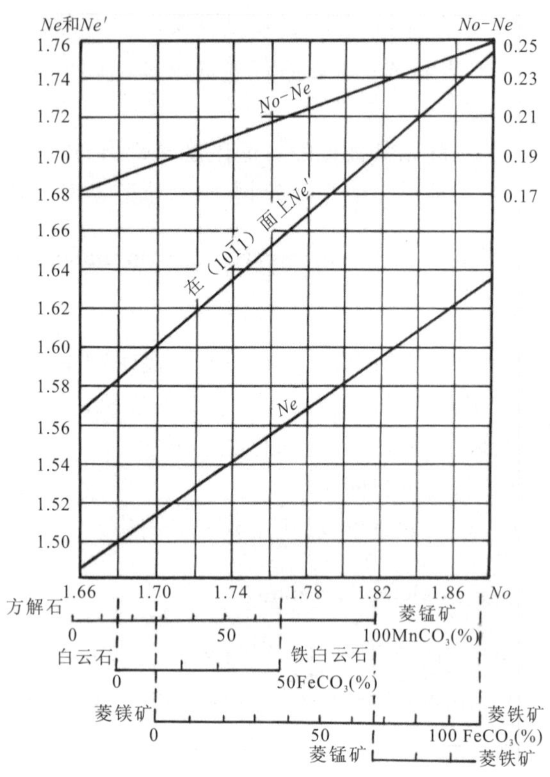

图 12-3 方解石族矿物成分与折射率关系(塔塔尔斯基,1955)

烈起泡,白云石不起泡或微起泡。

白云石 Dolomite Доломит

白云石 Dolomite 以法国矿物学家、地质学家 D. Dolomieu 的名字命名。

成分 $CaMg[CO_3]_2$,含有少量 Fe、Mn 等。

形态 属三方晶系。白云石晶形及解理与方解石相似,但比方解石较自形,而且其菱形晶面常呈弯曲状。

光性 薄片中无色。闪突起显著。$No=1.679$,$Ne=1.500$,$No-Ne=0.179$。显高级白干涉色。呈对称消光,弯曲晶为波状消光。双晶不如方解石发育,聚片双晶纹方向平行菱形的短对角线。为一轴(-)。光性方位见图 12-4。

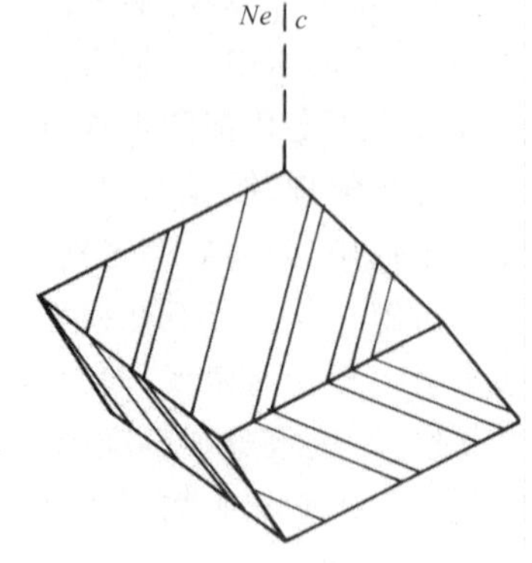

图 12-4 白云石的光性方位和双晶纹的方向

产状 白云石是白云岩、白云质灰岩、白云质大理岩和岩浆成因白云石碳酸岩的主要造岩矿物。在碱性侵入岩和某些热液脉中也有白云石产出。

鉴定　与方解石区别：突起较高，闪突起较明显，不见双晶或少见双晶，双晶纹平分解理纹所夹钝角，与富镁矿物共生或与富镁蚀变、变质矿物伴生，其他见方解石一节。

铁白云石　Ankerite　Анкерит

铁白云石英文名称以 19 世纪奥地利矿物学家 M. I. Anker 的名字命名。

成分　$Ca(Fe, Mg, Mn)[CO_3]_2$。

形态　与白云石相似。

光性　薄片中无色，但常氧化成铁褐色。解理不如方解石、白云石发育。一般为正突起。$No=1.775$，$Ne=1.555$，$No-Ne=0.220$。高级白干涉色。双晶也不太发育。为一轴(－)。

产状　产于岩浆成因的铁白云石碳酸岩中，也呈热液脉产于铁质沉积岩层及铁矿床中。

鉴定　与方解石、白云石区别：突起更高、且两个方向都为正突起，容易风化成褐铁矿或带铁锈褐色的边缘。铁白云石被茜素红染成紫色。

菱镁矿　Magnesite　Магнезит

Magnesite 一词来源于希腊词 Magnesia(镁)，该词早先用以表示不同的岩石，其中包括含滑石的、具银灰色光泽的菱镁岩。

成分　$Mg[CO_3]$，含少量 Ca、Mn、Ni、Co。

形态　属三方晶系。晶形呈菱面体、柱状、板状、粒状。菱面体解理完全。

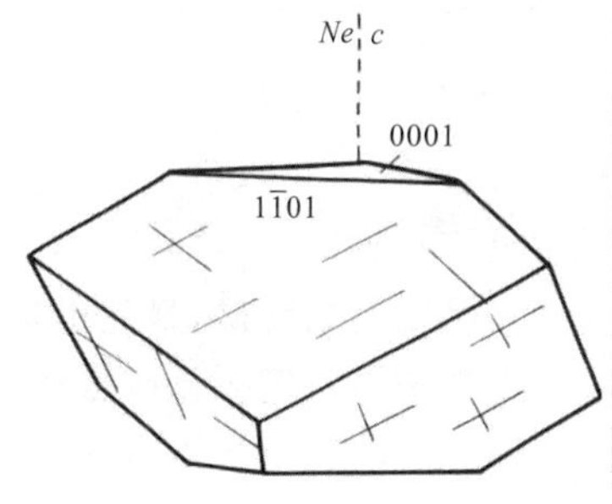

图 12-5　菱镁矿光性方位

光性　薄片中无色。闪突起显著：$No=1.700\sim1.726$，$Ne=1.509\sim1.527$，$No-Ne=0.191\sim0.199$。显高级白干涉色。沿解理纹呈对称消光。无双晶。一轴(－)。光性方位见图 12-5。

变化　可变为方镁石。

产状　菱镁矿多为超镁铁岩的蚀变产物，仅在菱镁古铜辉岩、白云石碳酸岩中为原生矿物。在镁质变质岩和白云岩、白云质灰岩以及某些蒸发岩中也有产出。

鉴定　以其突起更高、闪突起更显著、无双晶、遇冷的稀盐酸不起泡、与富镁矿物共生或伴生区别于方解石和白云石。

菱铁矿　Siderite　Сидерит

Siderite 一词源于希腊词 Sideros(铁)。由于该词用于不同矿物甚至不同岩石的名称(如球菱铁矿、天蓝石、陨铁、普通角闪石等)，一些学者认为用 Chalybite(Халибит)一词较好，后者源于希腊词“钢”，以指出矿物成分中含有铁和碳。

成分　$Fe[CO_3]$。

形态　属三方晶系。晶体呈菱面体，其晶面常呈弯曲状。通常呈粒状，有时呈鲕状、球粒状、胶状等。$\{10\bar{1}1\}$菱面体解理完全。

光性　薄片中无色或灰色，因风化在晶体边缘和解理纹附近常出现褐色斑点。正高—正极高突起和闪突起。$No=1.875$，$Ne=1.633$，$No-Ne=0.242$。干涉色为高级白。双晶少见。一轴(－)。

产状 菱铁矿是各类含铁沉积岩的常见组分，常呈结核产于黏土岩和页岩中，还可出现于铝土矿内或作为胶结物存在于砂岩之中，有时与鲕绿泥石共生构成鲕状铁矿。热液矿脉和某些交代铁矿床中也有菱铁矿。

鉴定 与方解石、白云石、菱镁矿不同的是：菱铁矿的突起较高，且 *No*、*Ne* 两个方向都为正突起；与上述三种矿物相比，闪突起不太显著，双晶少见。

菱锰矿 Rhodochrosite Родохрозит

Rhodochrosite 一词源于希腊词 Rhodochros（染成玫瑰色），因该矿物常呈玫瑰红色。它的另一个英文名称为 Dialogite（Диалогит），源于希腊词 Dialogizomai（争论、分歧），因为关于菱锰矿的成分曾引起过许多争论。

成分 $Mn[CO_3]$，含少量 Ca、Fe^{2+}、Mg、Zn 及 Cd、Co 等。

形态 属三方晶系。晶体呈菱面体，$\{10\bar{1}1\}$菱面体解理完全。常呈粒状、结核状、鲕状、肾状、土状等结合体。

光性 手标本上为红褐、玫瑰红、褐黄色，随 Ca 含量增加而颜色变浅。薄片中无色—淡玫瑰红色，多色性弱。正低—正高突起，闪突起明显。$No=(1.750)\sim1.816\sim(1.850)$，$Ne=(1.540)\sim1.597\sim(1.617)$，$No-Ne=(0.190)\sim0.219\sim(0.230)$。最高干涉色高级白。聚片双晶少见。一轴（－）。

变化 易变为软锰矿，最先沿边缘、解理缝形成褐—黑色锰的氧化物。

产状 产于海相沉积锰矿床中。产于锰的高温变质矿床中，与蔷薇辉石、锰铝榴石、褐锰矿、锰橄榄石等共生；也产于热液脉和伟晶岩中。

鉴定 以特征的玫瑰红色区别于方解石、白云石。以较高的突起、且两个方向都为正突起与锰方解石、锰白云石相区别。

透明、半透明优质玫瑰红色菱锰矿可加工成腰圆或刻面宝石。

第三节 二轴晶矿物

高岭石 Kaolinite Каолинит

高岭石以我国景德镇的高岭命名。外国人还把由高岭石组成的岩石或集合体称为中国（黏）土。

成分 $Al_4[Si_4O_{10}](OH)_8$，常含 Fe、Mg、Ca、Na、K、Ba 等。

形态 属单斜或三斜晶系。晶粒很细小，呈假六方板片状。具{001}完全解理。集合体呈鳞片状、放射状、土状。

光性 手标本上呈白色，含杂质时可带各种色调。薄片中无色或带淡黄色调。正低突起。$Np=1.553\sim1.563$，$Nm=1.559\sim1.569$，$Ng=1.560\sim1.570$，$Ng-Np=0.007$。最高干涉色为Ⅰ级灰白。斜消光，消光角很小。正延性。二轴（－），$2V=40°\pm$，但因颗粒很小，难得看到干涉图。光性方位见图 12－6。

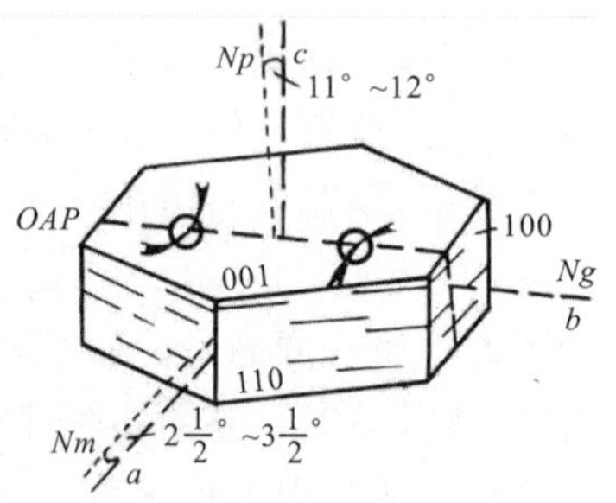

图 12－6 高岭石光性方位

产状　高岭石主要由长石和似长石在酸性介质中分解而成，常产于结晶岩的风化壳中，是残积黏土岩或搬运再沉积黏土岩的主要组成矿物。粉砂岩及某些泥质砂岩中，也含有大量高岭石。

鉴定　高岭石以其折射率较高、正突起、干涉色低区别于蒙脱石。以其干涉色低区别于绢云母、水白云母。

地开石　Dickite　Диккит

地开石英文名称来源不清。中文名称为英文名称的音译词。

成分、形态与高岭石极为相似。光性数据为：$Np=1.560\sim1.562$，$Nm=1.562\sim1.564$，$Ng=1.566\sim1.569$，$Ng-Np=0.006\sim0.007$。$(+)2V=66°$。光性方位见图 12-7。

地开石与高岭石的区别：①地开石晶粒较大，消光角也较大；②地开石为正光性符号，而高岭石为负光性符号；③二者的产状不同，地开石为低温热液蚀变矿物，产于金属硫化物热液脉的裂隙或空洞中，一般不产于沉积的黏土中。

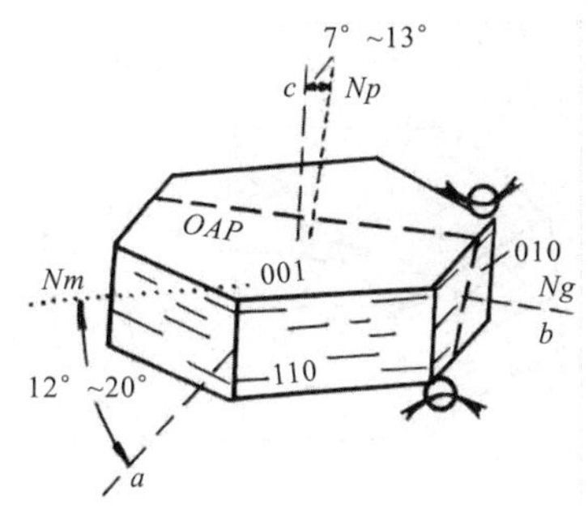

图 12-7　地开石光性方位

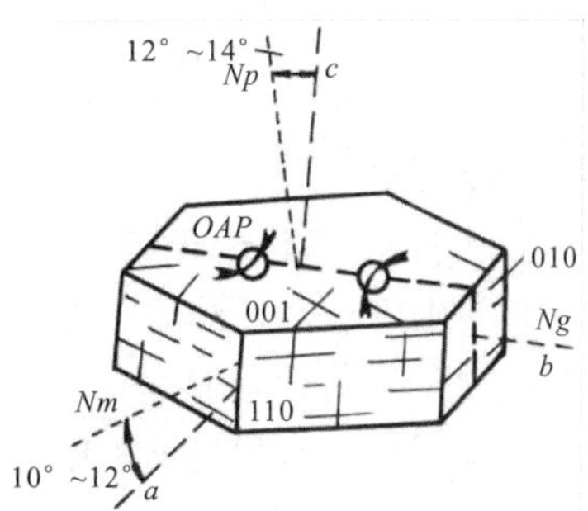

图 12-8　珍珠陶土光性方位

珍珠陶土　Nacrite　Накрит

珍珠陶土与高岭石也极为相似。光性数据为：$Np=1.557\sim1.560$，$Nm=1.562\sim1.566$，$Ng=1.563\sim1.568$，$Ng-Np=0.006\sim0.008$，$(-)2V=40°$或$(+)2V=90°$。光性方位见图 12-8。

与高岭石的区别是：珍珠陶土一般晶粒较粗，消光角较大，为低温热液蚀变矿物，一般不产于沉积岩中。在镜下，珍珠陶土难与地开石相区分，需借助 X 光分析或其他方法。

多水高岭石（埃洛石）　Halloysite　Галлуазит

Halloysite 是以首次发现该矿物的比利时科学家 Halloy 的名字命名，中文名称音译为埃洛石。因该矿物晶体内含有水，中文名称又称多水高岭石。我国叙永县是该类高岭石的首次发现地和著名产地，中文名称又称叙永石。

成分　$Al_4[Si_4O_{10}](OH)_8\cdot4H_2O$。

形态　属单斜或三斜晶系。晶粒极微细，颇似非晶质。高倍镜下有时可见棒状、针状等集合体。

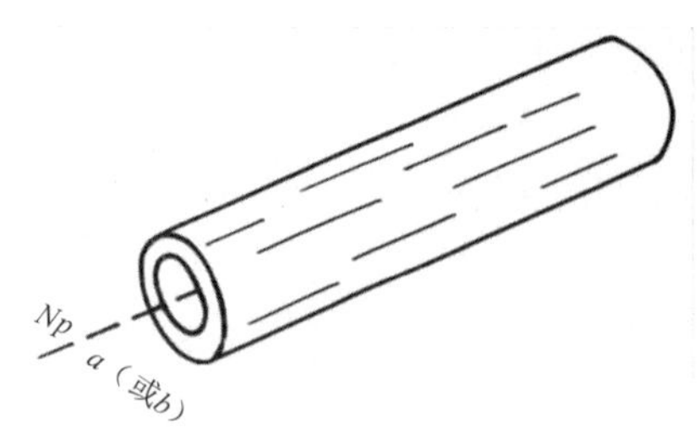

图 12-9 多水高岭石光性方位

光性 薄片中无色。多为负低突起。Nm=1.528～1.542，$Ng-Np$=0～0.004。干涉色极低，近于均质性。光性方位见图 12-9。

产状 多产于硫化矿床氧化带中，为基性侵入岩的分解产物；也产于高岭石矿床、铝土矿床及岩溶盆地中。

蒙脱石（微晶高岭石、胶岭石）
Montmorillonite Монтмориллонит

蒙脱石的英文名称以该矿物的著名产地，法国维埃纳省的蒙特摩利龙（Montmorillon）命名。中文名称为音译词。

成分 $(Na,Ca)_{0.33}(Al,Mg)_2[Si_4O_{10}](OH)_2 \cdot nH_2O$。

形态 属单斜晶系。常呈隐晶质土状块体。{001}解理完全。

光性 薄片中无色。负低突起。Np=1.475～1.503，Nm=1.499～1.533，Ng=1.500～1.534，$Ng-Np$=0.025～0.031。干涉色可达Ⅱ级，但因晶粒小，一般不超过Ⅰ级。呈近于平行消光。正延性。二轴(－)，$2V$=17°～25°，但很难见到干涉图。光性方位见图 12-10。

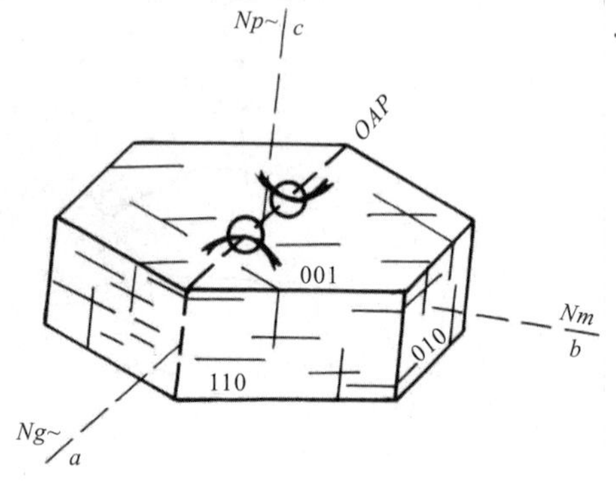

图 12-10 蒙脱石光性方位

产状 蒙脱石是斑脱岩（膨润土）的主要成分，多由酸性凝灰岩和酸性火山熔岩在碱性介质条件下分解而成，也有热液成因和风化成因的蒙脱石。

鉴定 蒙脱石以其标本柔软、有滑感、遇水膨胀、负突起、干涉色较高等区别于高岭石。

囊脱石（绿脱石、绿高岭石） **Nontronite Нонтронит**

该矿物的英文名称是以法国多涅河（Dordogne）流域的一个叫 Nontron 的地名命名。中文名称则为音译而成。因矿物呈绿色，中文名称又称为绿脱石、绿高岭石。

成分 $Na_{0.33}Fe_2^{3+}(Al,Si)_4O_{10}(OH)_2 \cdot nH_2O$，是富 Fe 的蒙脱石变种。

形态 属单斜晶系。多呈致密块状、土状集合体，有时呈球状、鲕状、扇状、鳞片状集合体。

光性 薄片中多呈绿色、黄绿色。正低—正中突起。Np=1.567～1.600，Nm=1.604～1.632，Ng=1.605～1.640，$Ng-Np$=0.038～0.040。显Ⅱ级干涉色。近于平行消光。正延性。(－)$2V$=25°～68°。

产状 绿高岭石是蚀变矿物或表生矿物，产于片岩、片麻岩、铁质石英岩、玄武岩、镍矿床风化壳、铁矿床风化壳中。

鉴定 以其明显的绿色、较高的突起和干涉色区别于高岭石。与绿泥石的区别是，绿高岭石粒度极细，干涉色较高。

伊利石(水白云母、伊利水云母)　Illite　Иллит

伊利石的英文名称以美国的伊利诺州命名,因为在那里采集了许多供研究的伊利石样品。中文名称为音译词。

成分　$K_{<1}Al_2[(Al,Si)Si_3O_{10}](OH)_2 \cdot nH_2O$,成分较复杂。

形态　属单斜晶系。晶体细小,呈片状、席状等。具{001}完全解理。

光性　手标本上为白色、黄褐色、绿色;薄片中无色,有时带有淡绿、淡黄褐色调。正低—正中突起。$Np=1.555\sim1.575$,$Nm=1.577\sim1.606$,$Ng=1.580\sim1.610$,$Ng-Np=0.025\sim0.035$。干涉色可达Ⅱ级高部,通常略低。近于平行消光。正延性。Np 近于平行 c,Nm 近于平行 a,$Ng/\!/b$,$(-)2V=5°\sim10°$。

产状　伊利石是黏土岩、泥质岩的主要成分之一,是由长石、云母等矿物风化而成的,常与高岭石、蒙脱石共生;也有热液蚀变成因和胶体沉淀再结晶者。

鉴定　伊利石以其突起和干涉色都较高区别于高岭石;以其正突起区别于蒙脱石;与白云母(绢云母)的区别是,伊利石呈蠕虫状、弯曲轮廓的片状,突起较低,2V 较小,干涉色较低;与无色绿泥石的区别是,伊利石的干涉色较高。

石膏　Gypsum　Гипс

Gypsum 一词源自希腊词 Gupsos,既用于矿物本身,也用于其焙烧的产品。也有人认为是源自希腊词 Gypos(意为白垩)。我国古代人将石膏细磨醋调,用以焙衬丹炉火灶,煅烧之后,坚固细密如膏脂,中文名称石膏可能由此而来。

成分　$Ca[SO_4] \cdot 2H_2O$。

形态　属单斜晶系。晶体呈板状,通常呈致密块状和纤维状集合体。具有{010}完全解理和{100}、{011}较完全解理。{100}∧{011}=114°∧66°,{010}∧{100}=90°,解理块裂成夹角为114°和66°的菱形块。

光性　手标本上无色、白色或带其他淡色色调;薄片中无色透明。负低突起。$Np=1.520$,$Nm=1.522$,$Ng=1.529$,$Ng-Np=0.009$。干涉色类似于石英。垂直(010)切面干涉色较低,为平行消光,延性可正可负;平行(010)切面干涉色最高,为Ⅰ级黄,斜消光,$Np\wedge c=38°$,$Ng\wedge c=52°$。燕尾双晶不常见。二轴(+),$2V=58°$。光性方位见图12-11。

变化　可变为硬石膏。

产状　主要产于蒸发岩中,也可作为胶结物存在于碎屑岩中,或作为充填物充填于灰岩和白云岩的孔洞中,还可产于热液脉中。

鉴定　石膏以其晶形、突起、解理、轴性等区别于石英;以其负突起和干涉色较低区别于硬石膏。

无色透明的石膏晶体称为透石膏(Selenite, Селенит),其英文名称源于希腊词 Selenites(月光石)。雪白、细粒、致密的石膏集合体称为雪花石膏(Alabaster, Алебастр),其英文名称很可能源于埃及的阿莱巴斯特城市名。透石膏和纤维石膏用以制作低档宝石,而雪花石膏宝石则是珍品。

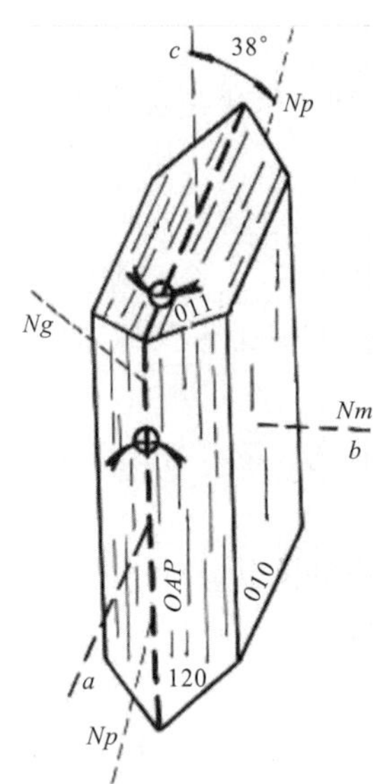

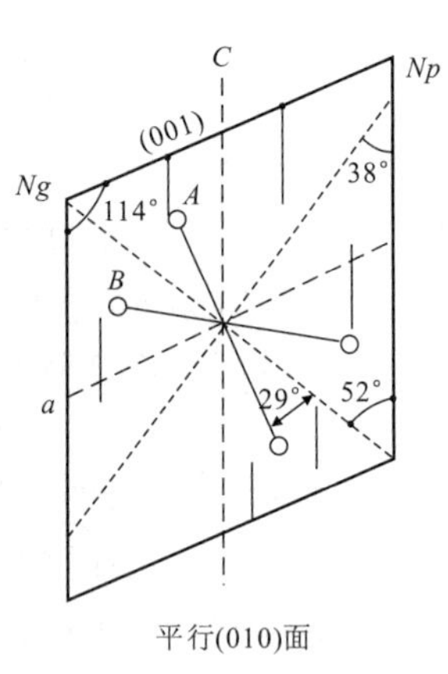

图 12－11　石膏光性方位

硬石膏　Anhydrite　Ангидрит

硬石膏英文名称意为该矿物与石膏相反，是一种不含水的硫酸钙。中文名称则是因为矿物化学成分与石膏相似，但硬度比石膏大。

成分　$Ca[SO_4]$。

形态　属斜方晶系。晶体呈厚板状或柱状，通常呈纤维状或致密块状集合体。具{010}、{100}、{001}三组彼此正交的完全解理。

光性　薄片中无色透明。正低—正中突起。$Np=1.570$，$Nm=1.576$，$Ng=1.614$，$Ng-Np=0.044$。最高干涉色达Ⅲ级蓝绿。呈平行消光。延性可正可负。可见简单双晶、聚片双晶和三连晶。二轴(＋)，$2V=42°$。光性方位见图 12－12。

变化　经水化作用变为石膏。

产状　产于蒸发岩中，与其他膏盐共生。在热液矿床和接触交代矿床中也有内生硬石膏产出。

鉴定　以其具有的假立方体解理、较高的正突起和干涉色区别于石膏。当发育聚片双晶和三连晶时容易与方解石相混淆，可以以具有两组垂直的解理纹、较低的干涉色、平行消光、二轴(＋)与之区别。

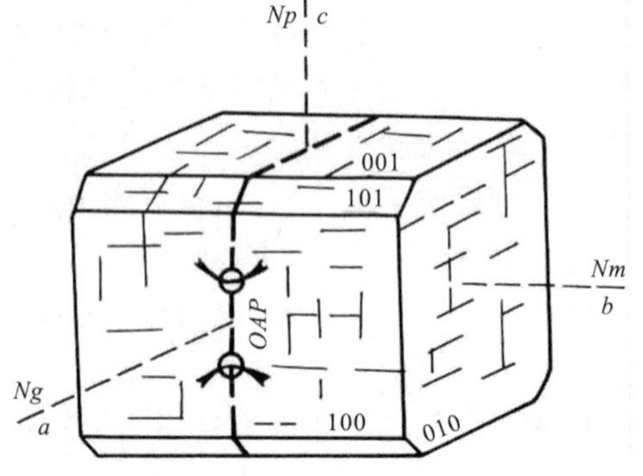

图 12－12　硬石膏光性方位

重晶石　Barite　Барит

Barite 一词源于希腊词 Baros(重的)。中文名称为意译词。重晶石的另一个英语名称为 Heavy spar,俄语译为 Тяжёлый шпат,中文可直译为重长石。

成分　Ba[SO_4],含有 Ca、Sr 及其他杂质。

形态　属斜方晶系。晶体呈板状,也有呈粒状、纤维状者。{001}解理完全,{210}解理较完全,{010}解理不完全。薄片中常见两组正交的解理缝。

光性　手标本上多为白色,也有淡黄、淡褐和无色者;薄片中无色。正中突起,$Np=1.636$,$Nm=1.637$,$Ng=1.648$,$Ng-Np=0.012$。最高干涉色为Ⅰ级橙,有时干涉色分布不均匀。相对于最完善的解理纹为平行消光,正延性;在(001)面上为对称消光。常见{110}聚片双晶。二轴(+),$2V=37°$。光性方位见图 12-13。

产状　主要产于热液脉中;也可呈结核状或作为胶结物产于灰岩和砂岩中。

重晶石因解理发育和硬度低,不宜用于制作宝石,但有用以制作观赏石的。

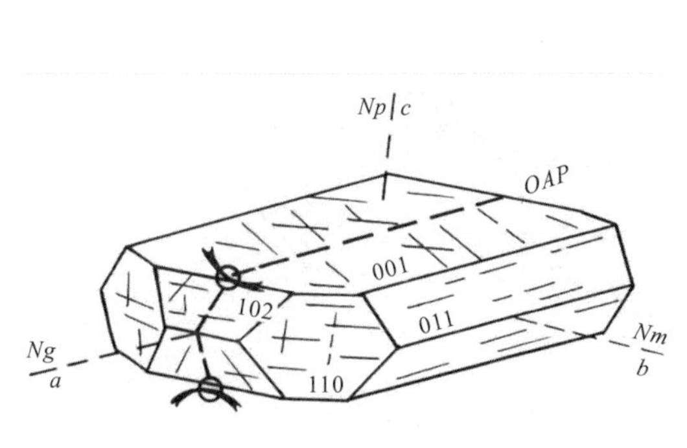

图 12-13　重晶石光性方位

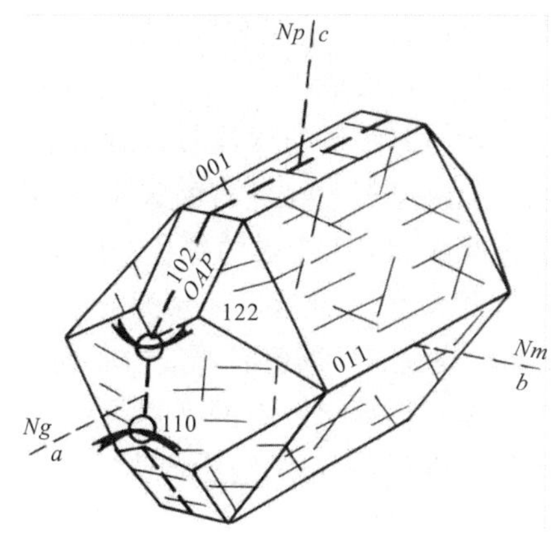

图 12-14　天青石光性方位

天青石　Celestine　Целестин

Celestine 一词源于拉丁词 Celestis(天空的),因为该矿物常呈天蓝色。为了避免与天蓝石重名,中文名称译为天青石。

成分　Sr[SO_4],含有少量 Ba、Ca 等。

形态　晶形和解理与重晶石相似。

光性　手标本上多为天蓝色;薄片中无色,有时带淡蓝色调。正中突起。$Np=1.622$,$Nm=1.624$,$Ng=1.631$,$Ng-Np=0.009$。最高干涉色为Ⅰ级黄白。呈平行消光。正延性。双晶罕见。二轴(+),$2V=51°$。光性方位见图 12-14。

产状　主要产于白云岩及白云质灰岩中;也产于热液脉中,与重晶石及碳酸盐矿物共生。

鉴定　天青石以手标本上呈特征的天蓝色调、突起和干涉色略低、2V 略大区别于重晶石。重晶石与天青石之间还有过渡种属——锶重晶石、钡天青石,对它们准确定名需借助于化学分析、X 光分析等。

海绿石　Glauconite　Глауконит

Glauconite 一词源自希腊词 Glaucos(淡蓝—绿色)。有可能是由于该矿物产于海相沉积岩中,具有海水般的蓝绿色,同时又为了避免与其他蓝绿色矿物同名,中文名称译为海绿石。

成分　$K_{1-x}(Fe,Al)_2[Al_{1-x}Si_{3+x}O_{10}](OH)_2 \cdot nH_2O$,含有 Ca、Na、Mg、$Fe^{2+}$ 等杂质。

形态　属单斜晶系。晶体细小,呈假六方片状,但极少见,通常为圆粒状和不规则状。

光性　手标本上呈暗绿色;薄片中呈绿色。多色性为:Ng、Nm=深黄、蓝绿,Np=黄绿、绿。吸收性为 $Ng=Nm>Np$。可见{001}解理。正中突起。$Np=1.592\sim1.612$,$Nm=1.613\sim1.643$,$Ng=1.614\sim1.644$,$Ng-Np=0.022\sim0.032$。最高干涉色可达Ⅱ级,但往往显本身颜色。较大的颗粒可见近于平行消光。正延性。常可见聚偏光现象:即切面由无数细小晶粒构成,当一部分晶粒消光时,另一部分晶粒明亮,因而使整个切面始终明亮而不消光。二轴(—),$2V=10°\sim24°$,但因晶粒细小,很难见到干涉图。光性方位见图 12-15。

产状　海绿石是沉积岩中典型的自生矿物,主要分布于浅海相的黏土岩、粉砂岩、砂岩、石灰岩、泥灰岩、磷灰岩、硅质岩及现代海相形成物中。

鉴定　海绿石与绿泥石、鲕绿泥石有些相似。海绿石与绿泥石的区别:海绿石多呈浑圆粒状,具较浓的绿色,干涉色较高且可见聚偏光现象;而绿泥石多为片状,颜色较浅,干涉色较低,无聚偏光现象。海绿石与鲕绿泥石的区别是:海绿石双折射率较高,一般无鲕状构造。

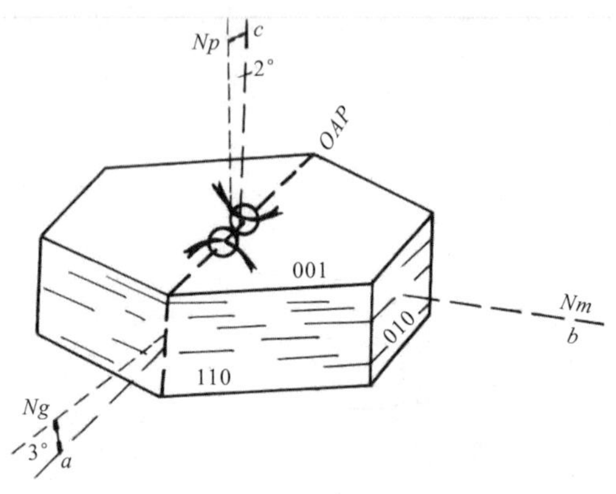

图 12-15　海绿石光性方位

三水铝石(氢氧铝石、水铝氧石)　Gibbsite　Гиббсит

三水铝石的英文名称以吉布斯(G. Gibbs)上校的名字命名。它还有另一个英文名称为 Hydragillite(Гидрагиллит),源于希腊词 Hudor(水)和 Argillos(白泥、白土)。中文名称则是根据矿物化学成分。

成分　$Al(OH)_3$。

形态　属单斜晶系。晶体细小,呈平行(001)的假六方板状,但通常呈鳞片状、胶态豆状、鲕状集合体。

光性　手标本上呈灰、灰绿、淡褐;薄片中无色。正低突起。$Np=1.566\sim1.568$,$Nm=1.566\sim1.568$,$Ng=1.587\sim1.589$,$Ng-Np=0.021$。最高干涉色为Ⅱ级蓝。呈斜消光。负延性。{001}或{130}聚片双晶常见。二轴(+),$2V=0°\sim40°$。光性方位见图 12-16。

产状　三水铝石是铝土矿和红土的主要成分之一,主要由长石和似长石风化分解而成。

鉴定　三水铝石与高岭石的区别是,三水铝石的干涉色较高;与白云母的区别是,三水铝石为斜消光;与玉髓的区别是,三水铝石为正突起,而且突起和干涉色都较高。

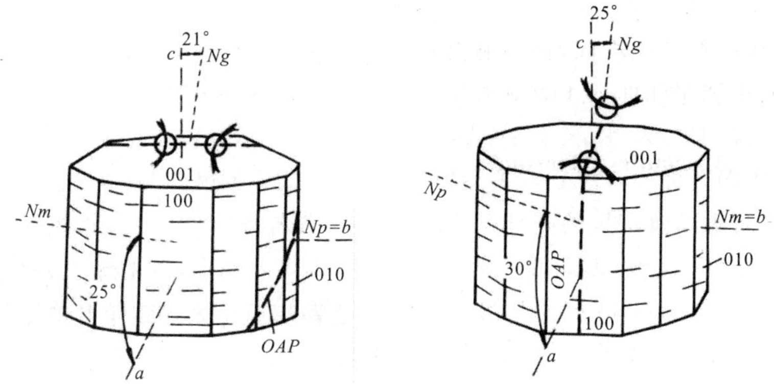

图 12-16　三水铝石光性方位

一水硬铝石(硬水铝石、水铝石)　Diaspore　Диаспор

Diaspore 一词源于希腊词 Diaspora(撒落、撒开),意指该矿物在受热时迸裂或龟裂而脱落。中文名称按化学成分命名。

成分　α-AlO(OH)或 $Al_2O_3 \cdot H_2O$。

形态　属斜方晶系。晶体常呈板状。{010}解理完全,{110}解理不完全。

光性　薄片中无色—淡蓝色,糙面显著。正高突起。$Np=1.702\sim1.704$,$Nm=1.722\sim1.724$,$Ng=1.750\sim1.752$,$Ng-Np=0.048$。最高干涉色达Ⅲ级蓝。呈平行消光。负延性。(+)$2V=84°\sim85°$。光性方位见图 12-17。

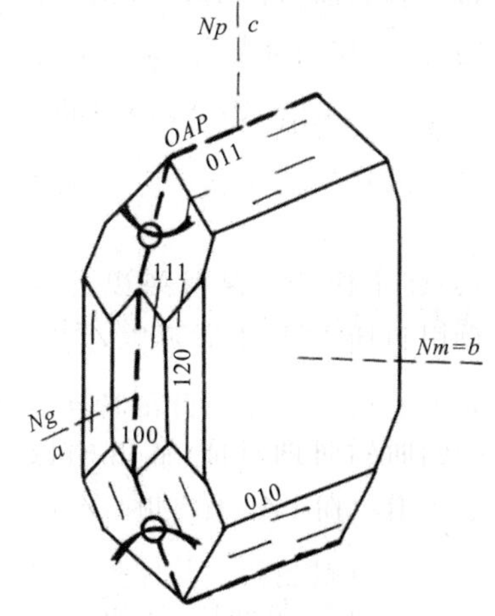

图 12-17　一水硬铝石光性方位

产状　一水硬铝石主要与三水铝石、一水软铝石共生于铝土矿、风化壳中,也产于富铝质的接触变质岩、某些结晶片岩和火山岩中。

鉴定　一水硬铝石以其硬度较大、突起较高、干涉色较高、平行消光等区别于三水铝石。一水硬铝石与红柱石、矽线石有些相似,其区别是一水硬铝石的突起和干涉色较高。

勃母石(一水软铝石、水铝石、薄水铝石)　Boehmite　Бёмит

英文名称 Boehmite 以德国化学家 I. Boehme 的名字命名。中文名称则为音译名。根据其化学成分,中文名称又称为一水软铝石。

成分　AlO(OH)或 $Al_2O_3 \cdot H_2O$。

形态　属斜方晶系。晶体呈细小片状或扁平状,通常呈隐晶质块体或脉状。{010}解理完全。

光性　白色,微黄,薄片中无色。正中突起,$Ng=1.651\sim1.670$,$Nm=1.650\sim1.660$,$Np=1.638\sim1.650$,$Ng-Np=0.013\sim0.020$。最高干涉色Ⅰ级橙—Ⅱ级蓝绿,平行消光,延

性可正可负，二轴晶，光符有正有负，2V 中等到大。

产状 产于铝矿床中，系铝硅酸盐矿物的风化产物，与其他铝矿物共生。

鉴定 突起、干涉色比一水硬铝石低。

文石(霰石) Aragonite Арагонит

文石的英文名称以西班牙的阿拉贡(Aragon)省省名命名，在那里首次发现了该矿物。

成分 $Ca[CO_3]$，含有 Sr、Ba、Pb 及 Mg、Fe、Zn 等。

形态 属斜方晶系。晶体呈柱状、板状，断面呈假六边形，或呈针状、纤维状。具{010}不完全解理。

光性 手标本上多为白色、淡黄色；薄片中无色。闪突起明显。$Np=1.530$，$Nm=1.682$，$Ng=1.686$，$Ng-Np=0.156$。最高干涉色为高级白。纵切面为平行消光。负延性。{110}聚片双晶常见，也可见六方轮式复合双晶。二轴(−)，$2V=18°$。光性方位见图 12－18。

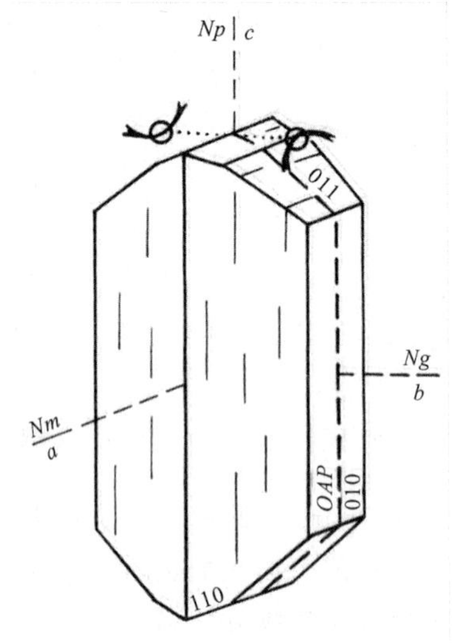

图 12－18 文石光性方位

产状 文石较少见，产于某些贝壳、热液脉及基性熔岩气孔中，也产于石灰岩、砂岩和某些变质岩中，还产于现代海滩生物碎屑岩中。

鉴定 以其二轴性和不完全解理区别于方解石和白云石。

孔雀石 Malachite Малахит

孔雀石的英文名称源自希腊词 Mallache(绿色)。中文名称是因为矿物(实际为矿物集合体)的颜色很像孔雀羽毛绚丽多彩的绿色。

成分 $Cu_2[CO_3](OH)_2$。

形态 属单斜晶系。晶体呈纤维状、针状、柱状。{$\bar{2}01$}解理完全，{010}解理不完全。集合体呈放射状、皮壳状、同心带状。

光性 手标本上呈孔雀绿色，薄片中呈绿色、黄绿色。显多色性：Np＝浅绿，Nm＝黄绿，Ng＝深绿。正高至正极高突起，可见不明显的闪突起。$Np=1.655$，$Nm=1.875$，$Ng=1.909$，$Ng-Np=0.254$。最高干涉色为高级白，但往往显矿物本身的颜色。斜消光，消光角($Np \wedge c$)为 21°～23°。二轴(−)，$2V=43°～44°$。光性方位为 $Nm /\!/ b$，$OAP /\!/ (010)$，$Np \wedge c=21°～23°$。

产状 产于铜矿的地表、近地表氧化带，与赤铜矿、蓝铜矿、铜蓝、硅孔雀石等共生，是原生铜矿的重要找矿标志矿物。

硅孔雀石(Chrysocolla Хризоколла)的化学成分为$(Cu,Al)_2H_2Si_2O_5(OH)_4 \cdot nH_2O$。常为隐晶质或胶质，集合体为钟乳状、皮壳状、土状等。绿色—浅蓝绿色。$Np=1.592$，$Nm=1.597$，$Ng=1.598$，$Ng-Np=0.006$。二轴(−)或一轴(+)。以较低的突起、很低的干涉色、平行消光和近于一轴晶与孔雀石相区别。

孔雀石是我国古老的玉料。

绿松石　Turquoise　Бирюза

绿松石的英文名称来自法文 Turquoise(土耳其的),意译为“土耳其石”或“突厥石”。据历史考证,古代欧洲人所用绿松石产自波斯(今伊朗),是通过土耳其古代国际商贸城市伊斯坦布尔进入中东及欧洲的。绿松石的中文名称出自章鸿钊的《石雅》:“此石形似松球,色近松绿,故以名之”。又名松石。绿松石的俄文名称 Бирюза 是波斯语的音译词,原词意为“胜利”“胜利者”,在近东一些国家中,绿松石被认为是战争的辟邪物。

成分　$CuAl_6[PO_4]_4(OH)_8 \cdot 5H_2O$,还含有少量 Fe^{3+}、Mn、Ca、Zn、S 等。

形态　属三斜晶系,自形晶极少见,常呈结核状、皮壳状、块状等隐晶质集合体。

光性　手标本上呈天蓝、淡黄、蓝绿、绿、黄绿等。薄片中半透明,颜色比手标本上的略淡,因矿物颗粒极小,多色性难以观察,往往显集合体颜色。正中突起,$Np=1.610$,$Ng=1.650$,$Ng-Np=0.040$。理论上,最高干涉色可达Ⅲ级黄绿,但由于粒度细,实际干涉色不超过Ⅰ级白,又由于颜色较深,干涉色总是呈蓝、绿色调。由于颗粒极细,所有颗粒不可能同时消光,正交偏光镜下整个矿片不出现消光现象。二轴(+),$2V=40°$。

产状　绿松石是绿松石玉(也简称为绿松石或松石)的主要造岩矿物,伴生矿物有石英、高岭石、多水高岭石、绢云母、褐铁矿、黄钾铁矾、水铝英石、孔雀石、蓝铜矿、硅孔雀石等。绿松石玉是由含磷和含铜硫化物岩石经风化淋滤作用后形成的,产于风化壳中。我国湖北省竹山县、郧西县、郧县是绿松石玉的著名产地。

鉴定　绿松石与孔雀石有些相似,区别是:孔雀石多显特征的孔雀绿,正极高突起,干涉色为高级白且往往显孔雀绿;绿松石多显淡蓝、蓝绿,正中突起(突起明显比孔雀石低),干涉色较低。

异极矿　Hemimorphite　Гемиморфит

英文名称源自希腊词 Hemi,意为奇异、异极。异极矿的一端较为平钝,另一端为锥体,呈两端不对称的板状或柱状,即异极形态的矿物。中文名称则为英文名称的音译。

成分　$Zn[SiO_4]$

形态　属斜方晶系。晶体呈细小的板状和柱状,两端不对称。{110}解理完全,{101}解理不完全。通常呈皮壳状、肾状、钟乳状、纤维状、土状等集合体。

光性　手标本上呈蓝色、绿色、黄褐色、白色等。薄片中呈无色或淡色。正中突起,$Ng=1.636$,$Nm=1.617$,$Np=1.614$,$Ng-Np=0.022$。最高干涉色Ⅱ级蓝绿鲜艳,平行消光,正延性,见双晶,(+)$2V=46°$。

产状　产于锌矿、铅锌矿床氧化带中,与其他锌氧化矿物、铅氧化矿物共生。

鉴定　异极矿与菱锌矿的区别是:前者突起较低、无闪突起,干涉色较低,二轴(+);后者突起较高、具明显的闪突起,干涉色为高级白,一轴(-)。

颜色蓝色、绿色的异极矿可作观赏石,制作戒面、吊坠。

黄钾铁矾 Jayosite Ярозит

成分 $KFe_3[SO_4]_2(OH)_6$。

形态 属三方晶系。晶体细小，常呈{0001}的板状或假立方体的菱面体，通常呈致密块状、土状、皮壳状等集合体。

光性 手标本上赭黄色、土黄色。薄片中黄色，No=金黄色，Ne=淡黄色，无色。正高—正极高突起，No=1.820，Ne=1.715，$No-Ne$=0.105。最高干涉色为高级白，因粒度细，通常达不到高级白，常呈本身颜色，平行消光。一轴(－)，有时为二轴(－)，2V 极小。

产状 为硫化物的风化、蚀变产物，常产于硫化矿床氧化带中，与褐铁矿和其他风化矿物共生。

鉴定 黄钾铁矾与褐铁矿易混淆，二者的区别是：前者突起较低，颜色较浅，为黄色，一轴晶；后者突起较高，颜色较深，为暗褐色和暗褐红色，为非晶质，显示均质体性。

第十三章　矿物鉴定表

本章收集和编制了部分透明矿物鉴定检索表，目的是帮助读者迅速查找某一矿物的光性，指导对未知矿物的鉴定。

表 13－1 是现在一般光性矿物学对矿物的分类方案，仅供读者对光性分类作一般性了解。表 13－2 至表 13－5 是比较综合性的鉴定检索表，当在显微镜下观测到某矿物多方面的特征后，可借助这些表鉴定出该矿物可能是什么种属。表 13－6 至表 13－10 是常见矿物的单一光性鉴定检索表。每个表都从某一方面向读者提供所鉴定的矿物是属于哪些矿物之一。综合使用其中的两个或多个表，就可以大致确定所鉴定的矿物属于哪一种属。然后，再通过矿物中文名称检索表(表 13－11)，迅速从本书中查出该矿物的光性描述，进一步核实种属确定是否正确。表 13－11 既可配合前面表格做未知鉴定用，也可帮助读者查找某矿物的光性特征。

鉴定表涉及到的矿物主要是本书描述的矿物，即岩浆岩、沉积岩、变质岩中最常见的矿物。

表 13－1　矿物的光性分类检索表

均质体矿物	石英	片沸石	莫来石	高岭石	红帘石
蛋白石	水镁石	中沸石	矽线石	蒙脱石	古铜辉石
萤石	镁黄长石	石膏	硬玉	伊利石	紫苏辉石
方钠石	白钨矿	钠长石	古铜辉石	珍珠陶土	文石
黝方石	锆石	更长石	透辉石	叶蛇纹石	氧角闪石
蓝方石	锡石	纤维蛇纹石	贵橄榄石	利蛇纹石	霓辉石
青金石	金红石	堇青石	硬柱石	金云母	铁云母
方沸石		中长石	绿纤石	倍长石	钠闪石
白榴石	**一轴负晶矿物**	三水铝石	易变辉石	铁锂云母	蓝晶石
胶铝矿	菱沸石	拉长石	普通辉石	滑石	天蓝石
胶磷矿	方石英	地开石	霓辉石	叶绿泥石	蓝线石
火山玻璃	钙霞石	珍珠陶土	黝帘石	钙长石	假蓝宝石
镁尖晶石	霞石	硬石膏	斜黝帘石	白云母	绿帘石
镁铁尖晶石	方柱石	叶绿泥石	硬绿泥石	绿高岭石	霓石
铁尖晶石	绿柱石	直闪石-铝直闪石	一水硬铝石	叶蜡石	铁橄榄石
铬尖晶石	钙铝黄长石	镁铁闪石	钛普通辉石	海绿石	
锌尖晶石	磷灰石	浅闪石	钙铁辉石	透闪石	**不透明矿物**
锰尖晶石	镁电气石	韭闪石	十字石	直闪石-铝直闪石	石墨
方镁石	锂电气石	蠕绿泥石	金绿宝石	普通角闪石	磁铁矿
镁铝榴石	黑电气石	黄玉	蔷薇辉石	鲕绿泥石	赤铁矿
铁铝榴石	方解石	葡萄石	独居石	黑云母	钛铁矿
锰铝榴石	白云石	粒硅镁石	榍石	硅灰石	白钛矿
钙铝榴石	铁白云石	硅镁石		阳起石	褐铁矿
钙铁榴石	菱镁矿	斜硅镁石	**二轴负晶矿物**	蓝闪石	铬铁矿
钙铬榴石	菱铁矿	重晶石	辉沸石	青铝闪石	黄铁矿
烧绿石	符山石	天青石	浊沸石	红柱石	黄铜矿
闪锌矿	刚玉	伊丁石	钙沸石	贵橄榄石	方铅矿
		镁橄榄石	正长石	透铁橄榄石	
一轴正晶矿物	**二轴正晶矿物**	顽辉石	透长石	钙镁橄榄石	
菱沸石	鳞石英	斜顽辉石	歪长石	锰橄榄石	
玉髓	钠沸石	锂辉石	堇青石	褐帘石	

表 13－2　最常见的透明造岩矿物光性鉴定检索表(林景阡编)

其他光性＼颜色		无色或近无色(包括淡色)						较鲜明或鲜明的黄、橙、红、绿、蓝、紫等色						光性符号	轴性
突起		负突起 $N<1.54$		无或正低突起 $N<1.54\sim1.60$		正中高突起 $N>1.60$		负突起 $N<1.54$		无或正低突起 $N=1.54\sim1.60$		正中高突起 $N>1.60$			
晶形		粒、柱、板状及不规则状	鳞片、片、纤维状及针状	粒、柱、板状及不规则状	鳞片、片、纤维状及针状	粒、柱、板状及不规则状	鳞片、片、纤维状及针状	粒、柱、板状及不规则状	鳞片、片、纤维状及针状	粒、柱、板状及不规则状	鳞片、片、纤维状及针状	粒、柱、板状及不规则状	鳞片、片、纤维状及针状		
均质体	无解理	蛋白石§ 火山玻璃 胶蛇纹石		火山玻璃 胶蛇纹石		石榴石类 尖晶石类 火山玻璃		橙玄玻璃		橙玄玻璃		橙玄玻璃 尖晶石类≫ 铬铁矿≫ 黑榴石≫			
	有解理	萤石§ 方沸石§ 方钠石类§				方镁石 钙钛矿≫§ 闪锌矿≫§ 方钙铈镧矿≫§		萤石V§ 黝方石V§ 蓝方石V§				闪锌矿≫§			
非均	干涉色极低(Ⅰ级灰、白、淡黄，$Ng-Np<0.012$)			石英§ 明矾石		黄长石								(＋)	一轴晶
				霞石§ 绿柱石§ 方柱石类 (钠、针柱石)		磷灰石 符山石* 黄长石* 刚玉								(－)	一轴晶
		钠长石 白榴石§ 鳞石英 石膏	沸石类 石膏 蛇纹石类	斜长石类 堇青石	蛇纹石类 绿泥石类* 高岭石 玉髓	斜方辉石 单斜辉石 黝帘石* 斜黝帘石* 十字石 重晶石、黄玉	绿泥石类*				绿泥石类*‖	十字石 单斜角闪石(碱性系列)V‖	单斜角闪石(碱性系列)V‖、绿泥石类‖*、硬绿泥石	(＋)	二轴晶
		钾钠长石类 方石英	沸石类 蛇纹石类	斜长石类 堇青石	蛇纹石类 绿泥石类* 玉髓	斜方辉石 红柱石 空晶石 十字石 黄玉 鳊绿泥石*	绿泥石类*				绿泥石类*‖	单斜角闪石(碱性系列)V‖、褐帘石、十字石、磷绿泥石*	单斜角闪石(碱性系列)‖V、绿泥石类‖*、脆云母	(－)	二轴晶

质体	干涉色低（Ⅰ级橙、红、紫，Ⅱ级蓝，$Ng-Np=0.012\sim0.025$）			明矾石	水镁石§									（+）	一轴晶
		钙霞石		方柱石类（针、中柱石）		电气石§						电气石Ⅴ‖§		（−）	
						单斜辉石 斜方角闪石 单斜角闪石（韭闪石） 矽线石 斜黝帘石* 葡萄石	矽线石 斜方角闪石 葡萄石					单斜角闪石（碱性系列）Ⅴ‖、单斜辉石（含钛）	单斜角闪石（碱性系列）‖Ⅴ 硬绿泥石	（+）	二轴晶
						斜方辉石 斜方角闪石 单斜角闪石 绿帘石、蓝晶石、硅灰石	斜方角闪石、单斜角闪石（阳起石系列）、硅灰石、珍珠云母			海绿石‖		单斜角闪石（包括碱性系列）‖Ⅴ 褐帘石 海绿石‖	单斜角闪石（阳起石、碱性系列）‖Ⅴ	（−）	
	干涉色中等（Ⅱ级绿至Ⅳ级末，鲜艳，$Ng-Np=0.025\sim0.072$）					锆英石》								（+）	一轴晶
		钙霞石		方柱石类（中、钙柱石）										（−）	
				硬石膏		橄榄石类 单斜辉石类 单斜角闪石（镁铁闪石系列，韭闪石） 独居石》 葡萄石	单斜角闪石（镁铁闪石系列） 葡萄石					单斜辉石（霓辉石）‖	伊丁石‖	（+）	二轴晶
					白云母类 锂云母类 金云母 滑石 叶蜡石	橄榄石类 单斜角闪石 绿帘石*	单斜角闪石（阳起石系列、镁铁闪石系列） 白云母类			海绿石‖	黑云母类‖	单斜角闪石Ⅴ、单斜辉石（霓石、锥辉石、霓辉石）‖、褐帘石、海绿石‖	单斜角闪石（阳起石）‖ 黑云母类‖ 伊丁石‖	（−）	
	干涉色高至极高（Ⅴ级至更高，蔷薇白、珍珠白、高级白，$Ng-Np>0.072$）					磷钇矿》、锡石》、金红石	金红石》					金红石》	金红石》	（+）	一轴晶
		碳酸盐类				碳酸盐类								（−）	
						榍石》								（+）	二轴晶
													孔雀石‖》	（−）	

注：1. 该表是根据矿物的一般光性特征编制的，矿物特征的特殊变异未能全部概括在内

2. 为了表示某些矿物的其他重要特征，在矿物名称之后加了一些符号：》为突起极高；Ⅴ为具鲜明的蓝或紫色；‖为多色性显著；* 为常具异常干涉色；§为常有光性异常

表 13－3　常见无色和淡色造岩矿物光性鉴定

其他光性 / 突起	均质矿物		非均质							
	有解理	无解理	低干涉色（ΔN＝0.001～0.009）				中低干涉色（ΔN＝0.009～0.018）			
			一轴（＋）	一轴（－）	二轴（＋）	二轴（－）	一轴（＋）	一轴（－）	二轴（＋）	二轴（－）
①负高突起 $N<1.48$	黝方石 萤　石§ 方钠石§ 方沸石§	水铝氧石 火山玻璃 蛋白石 方石英§	鳞石英§● 菱沸石	方石英§●	片沸石 菱沸石	辉沸石	水霞石			钠沸石
②负低突起 $N=1.48\sim1.54$		胶蛇纹石 针沸石 白榴石§		霞石 （表面浑浊）	杆沸石 石　膏 钠长石 更长石	钙沸石 片蛇纹石 钾长石		钙霞石	杆沸石 钠长石	
③正低突起 $N=1.54\sim1.60$		胶铝矿 胶磷矿	石英§● （无风化物）	绿柱石§ ●Ⅲ	拉长石 堇青石● （见三连晶） （纤维蛇纹石） ‖ 斜绿泥石	更—中长石 高岭石 中蛇纹石 拉长石		方柱石类 Ⅲ	（无色绿泥石） （镁绿泥石）Ⅲ	钙长石
④正中突起 $N=1.60\sim1.66$		胶磷矿 胶铝矿		磷灰石 ●Ⅲ 黄长石	黄玉Ⅲ 顽辉石Ⅲ	红柱石 Ⅲ			直闪石Ⅲ 黄　玉 重晶石Ⅲ 锂辉石	硅灰石 红柱石 （空晶石）
⑤正高突起 $N=1.66\sim1.78$	方镁石	钙铝石榴石 ＊§ 镁铝石榴石		符山石Ⅲ	顽辉石Ⅲ （黝帘石） 斜黝帘石				（黝帘石） 蔷薇辉石	钙镁橄榄石 紫苏辉石 蓝晶石 绿帘石
⑥正极高突起 $N>1.78$	尖晶石类	尖晶石类 铁铝石榴石 钙铁石榴石 §		刚玉Ⅲ						

注：括号中矿物的 $2V$ 常小于 20°，下边带横线的矿物为鳞片状、纤维状、针状矿物。＊有异常干涉色；Ⅲ为平行消光；

检索表(北京地质学院岩矿训练班编,1965)

矿　物									
中干涉色(ΔN=0.018～0.033)				高干涉色(ΔN=0.033～0.055)		特高干涉色(ΔN>0.055)			
一轴(＋)	一轴(－)	二轴(＋)	二轴(－)	二轴(＋)	二轴(－)	一轴(＋)	一轴(－)	二轴(＋)	二轴(－)
			胶岭石				方解石		
	钙霞石						白云石 菱镁矿		
明矾石 Ⅲ 水镁石	方柱石类 Ⅲ	水铝矿 镁绿泥石 Ⅲ	(水云母) Ⅲ	硬石膏 Ⅲ	滑　石Ⅲ (金云母)Ⅲ 叶蜡石 白云母Ⅲ 锂云母Ⅲ				
	镁电气石 ●Ⅲ 锂电气石	直闪石Ⅲ 粒硅镁石 葡萄石 镁铁闪石 锂辉石	透闪石	粒硅镁石 (斜消光) 镁橄榄石Ⅲ			方解石		
		矽线石Ⅲ 透辉石 普通辉石 易变辉石	绿帘石	铁橄榄石Ⅲ 水铝石	贵橄榄石Ⅲ 绿帘石	磷钇矿	白云石 菱镁矿		文石
				独居石●	铁橄榄石Ⅲ	磷钇矿Ⅲ 锡　石Ⅲ 锆石Ⅲ●	菱铁矿 菱锰矿 菱锌矿	榍石●	

§有光性异常;●为无解理或经常不见解理;ΔN为双折射率($Ng-Np$或$|Ne-No|$)

表 13－4 常见有色

薄片下颜色		红色		玫瑰红或橙色		棕色		黄色	
均质矿物		尖晶石⑥ 胶铝矿③● 钙钛矿⑥		萤石①§ 石榴石⑥● 钙钛矿⑥		萤石①§ 胶磷矿③● 胶铝矿③● 黑榴石⑥●	尖晶石⑥ 石榴石⑥● 钙钛矿⑥	萤石① 胶磷矿③● 尖晶石⑥ 石榴石⑥	
非均质矿物	N=1.54~1.60 正低突起③								
	N=1.60~1.66 正中突起④					镁电气石 －Ⅲ●		镁电气石 －Ⅲ●	
			铁云母－Ⅲ			普通角闪石－	(黑云母)－ Ⅲ	阳起石－	(黑云母) － Ⅲ
	N=1.66~1.78 正高突起⑤								
			伊丁石±	紫苏辉石－ Ⅲ 钛辉石＋ 十字石＋ Ⅲ 蓝线石－ Ⅲ		普通角闪石－ 褐帘石－	棕闪石－ 霓辉石＋ 玄武闪石－ 伊丁石±	十字石＋Ⅲ 褐帘石－	绿帘石±＊
	N>1.78 正极高突起⑥		金红石＋ Ⅲ	刚玉－ Ⅲ			锡石＋Ⅲ 锆石＋Ⅲ	锡石＋Ⅲ 锆石＋Ⅲ	金红石＋ Ⅲ
			红帘石＋		红帘石＋	褐帘石－		褐帘石－	绿帘石±＊ 红帘石＋
		ΔN<0.025 Ⅱ级绿以下	ΔN>0.025 Ⅱ级绿以上	ΔN<0.025 Ⅱ级绿以下	ΔN>0.025 Ⅱ级绿以上	ΔN<0.025 Ⅱ级绿以下	ΔN>0.025 Ⅱ级绿以上	ΔN<0.025 Ⅱ级绿以下	ΔN>0.025 Ⅱ级绿以上

注：①为负高突起，②为负低突起，③—⑥为正突起，详见表中说明；§为常有光性异常；＊为有异常干涉色；Ⅲ为平行消光；的二轴晶矿物(常 $2V<20°$)；标有横线者为鳞片状、纤维状、针状矿物

造岩矿物光性鉴定检索表

绿　色		蓝　色		紫　色		灰、黑色		
萤　石①§ 尖晶石⑥ 石榴石⑥● 钙钛矿⑥		萤　石①§ 尖晶石⑥ 黝方石①§ 蓝方石①§		萤　石①§ 钙钛矿⑥		胶铝矿③● 钙钛矿⑥ 尖晶石⑥ 石榴石⑥●		轴性
								一轴
(绿泥石)± *Ⅲ		(绿泥石)± *Ⅲ						二轴
								一轴
(蠕绿泥石)+Ⅲ (鲕绿泥石)−Ⅲ 阳起石− 普通角闪石− 海绿石−	(黑云母)−Ⅲ	蓝闪石−Ⅲ	天蓝石	蓝闪石−Ⅲ				二轴
	黑电气石− §Ⅲ●		黑电气石− §Ⅲ●		黑电气石− §Ⅲ●		黑电气石− §Ⅲ●	一轴
(蠕绿泥石)+Ⅲ 普通角闪石− 钠闪石±Ⅲ 硬绿泥石+	绿帘石−* 霓辉石+	钠闪石±Ⅲ 蓝线石−Ⅲ 硬绿泥石+						二轴
		刚玉−Ⅲ						一轴
	霓石− 绿帘石±*				红帘石+			二轴
ΔN<0.025 Ⅱ级绿以下	ΔN>0.025 Ⅱ级绿以上	ΔN<0.025 Ⅱ级绿以下	ΔN>0.025 Ⅱ级绿以上	ΔN<0.025 Ⅱ级绿以下	ΔN>0.025 Ⅱ级绿以上	ΔN<0.025 Ⅱ级绿以下	ΔN>0.025 Ⅱ级绿以上	

●为无解理或经常不见解理；ΔN 为双折射率($Ng-Np$ 或 $|Ne-No|$)；+、−分别表示正、负光性符号；括号中矿物为 2V 极小

表13-5 矿物的突起和干涉色检索表

突起	折射率	均质体	双折射率 <0.005	0.005–0.010	0.010–0.015	0.015–0.020	0.020–0.025	0.025–0.030	0.030–0.040	0.040–0.050	0.050–0.10	>0.10
干涉色			灰	白	黄 橙	红	蓝	绿	黄 橙 红	Ⅲ级		
负高	1.48	萤石 蛋白石	鳞石英 菱沸石 方石英		钠沸石							方解石
负低	1.54	方钠石 方沸石 黝方石 蓝方石 白榴石 火山玻璃	硫钙霞石 中性针沸石 霞石 钠柱石	碱性长石 片沸石 钙沸石 石膏 玉髓 钠长石 更长石	柱沸石 浊沸石		钙霞石					白云石 菱镁矿
正低	1.60	火山玻璃 胶铝矿 胶磷矿	绿柱石 叶蛇纹石 叶绿泥石 斜绿泥石	地开石 高岭石 中长石 石英 堇青石 拉长石 绿柱石	水镁石 纤维蛇纹石 倍长石 钙长石	中柱石 三水铝石	绿高岭石	铁锂云母	钙柱石 金云母 白云母	硬石膏	叶蜡石	
正中	1.66		硅灰石	镁黄长石 黄玉 天青石 红柱石 顽辉石 斜顽辉石	重晶石 硅灰石 钙镁橄榄石	海绿石 锂电气石 直闪石 蓝闪石 锂辉石	海绿石 阳起石 镁电气石 铝直闪石 普通角闪石 镁铁闪石	透闪石 硅镁石 葡萄石	粒硅镁石 斜硅镁石	黑云母		菱铁矿 方解石
正高	1.78	镁铝榴石 镁尖晶石 钙铝榴石 镁铁尖晶石	钠闪石	黝帘石 钙镁黄长石 钠铁闪石 刚玉	古铜辉石 紫苏辉石 斜黝帘石 蓝晶石 十字石 硬绿泥石	硬玉 硬柱石 黝帘石 钙铁辉石	矽线石 易变辉石 褐帘石 普通辉石	透辉石 黑电气石 氧角闪石 绿帘石	镁橄榄石 铁闪石 贵橄榄石 霓辉石 伊丁石	氧角闪石 一水硬铝石	铁云母 伊丁石 霓石	文石 白云石 菱镁矿
正极高		铁铝榴石 铁尖晶石 钙铁榴石 铬尖晶石 烧绿石 闪锌矿			白钨矿					铁橄榄石 锆石	锡石	菱铁矿 榍石 金红石

表 13－6　矿物的双折射率检索表

双折射率	矿物名称	双折射率	矿物名称	双折射率	矿物名称
0.000～0.004	多水高岭石	0.008～0.011	辉沸石	0.021	三水铝石
0.000～0.012	黄长石	0.008～0.015	蠕绿泥石	0.021～0.033	透闪石-阳起石
0.001	白榴石	0.008～0.010	顽辉石	0.021～0.039	葡萄石
0.001～0.002	中沸石	0.009	石　膏	0.022～0.032	海绿石
0.001～0.004	钠菱沸石	0.009	石　英	0.023～0.030	易变辉石
0.001～0.009	铁绿泥石	0.009	天青石	0.024～0.031	透辉石-镁铁辉石
0.001～0.013	磷灰石	0.009～0.011	钠长石、金绿宝石	0.024～0.029	普通辉石
0.002	鱼眼石	0.009～0.011	红柱石	0.024～0.083	钛角闪石
0.002～0.004	鳞石英	0.009～0.012	倍长石	0.025	蓝闪石
0.002～0.005	菱沸石	0.009～0.024	纤维蛇纹石	0.025～0.035	伊利石
0.002～0.015	磷绿泥石	0.010	柱沸石	0.027～0.037	蓝线石
0.002～0.039	方柱石	0.010～0.012	硬绿泥石	0.027～0.047	金云母
0.003	方石英	0.010～0.013	古铜辉石	0.028～0.038	硅镁石
0.003	叶绿泥石	0.010～0.015	十字石	0.029～0.045	铁闪石
0.003～0.005	霞石	0.010～0.016	紫苏辉石	0.029～0.036	钠云母
0.003～0.008	钠闪石	0.011～0.012	钙沸石	0.030～0.036	粒硅镁石
0.004	丝光沸石	0.012	钙长石	0.030～0.050	滑　石
0.004～0.006	符山石	0.012	重晶石	0.032～0.037	针钠钙石
0.004～0.008	绿柱石	0.012	浊沸石	0.034～0.036	天蓝石
0.004～0.015	斜黝帘石	0.012～0.014	蔷薇辉石	0.034～0.045	铁滑石
0.004～0.015	青铝闪石	0.012～0.027	蓝线石	0.035～0.051	橄榄石
0.005	交沸石	0.012～0.016	蓝晶石	0.035～0.073	红帘石
0.005～0.007	片沸石	0.012～0.029	钙霞石	0.036～0.054	白云母
0.005～0.007	歪长石	0.013～0.025	直闪石-铝直闪石	0.038～0.040	绿高岭石
0.005～0.008	透长石	0.013～0.030	黑硬绿泥石	0.039～0.081	黑云母
0.005～0.009	钠钙闪石	0.013～0.036	褐帘石	0.040～0.060	锆　石
0.005～0.010	斜绿泥石	0.014～0.017	硅灰石、莫来石	0.044	硬石膏
0.006～0.007	高岭石	0.014～0.018	钙镁橄榄石	0.044	硅硼钙石
0.006～0.010	杆沸石	0.014～0.026	锂辉石	0.045～0.055	独居石
0.006～0.015	堇青石	0.015～0.045	锂云母	0.045～0.060	霓　石
0.006～0.007	黝帘石	0.015～0.024	韭闪石	0.048	叶蜡石
0.006	假蓝宝石	0.015～0.048	绿帘石	0.048	一水硬铝石
0.006～0.021	硬　玉	0.016	白钨矿	0.09～0.192	榍　石
0.006～0.022	硬绿泥石	0.016～0.020	普通角闪石	0.096～0.097	锡　石
0.007	钙十字沸石	0.016～0.023	浅闪石	0.156	文　石
0.007～0.051	绿帘石	0.017～0.040	电气石	0.172	方解石
0.008	玉髓	0.018～0.020	绿纤石	0.179	白云石
0.008	微斜长石	0.019～0.021	硬柱石	0.191～0.199	菱镁矿
0.008	中长石	0.019～0.021	水镁石	0.220	铁白云石
0.008～0.009	刚　玉	0.019～0.029	镁钠闪石	0.220	菱锰矿
0.008～0.009	更长石	0.019～0.069	氧角闪石	0.228	菱锌矿
0.008～0.009	拉长石	0.020～0.022	矽线石	0.242	菱铁矿
0.008～0.010	黄　玉	0.020～0.030	蒙脱石	0.280～0.287	金红石

表 13－7 矿物的形态检索表

无定形或显微晶质

颗粒
- 鲕绿泥石
- 黑硬绿泥石
- 海绿石
- 铁蛇纹石
- 胶磷矿

球粒(放射)状
- 方石英-透长石
- 玉髓
- 菱铁矿
- 碳磷灰石
- 葡萄石

鲕状
- 燧石
- 海绿石
- 铁蛇纹石
- 方解石
- 白云石
- 胶磷矿
- 赤铁矿
- 鲕绿泥石
- 菱铁矿
- 三水铝石

显微隐晶质或无定形壳
- 海绿石
- 三水铝石
- 碳磷灰石
- 胶磷灰石
- 针铁矿、褐铁矿

草席状纤维
- 阳起石
- 透闪石(纤闪石)
- 蛇纹石
- 矽线石

纤维状晶体
- 玉髓
- 硬玉
- 韭闪石
- 透闪石
- 阳起石
- 钠闪石(青石棉)
- 纤维蛇纹石
- 中沸石
- 矽线石
- 蓝线石
- 石膏
- 水镁石
- 硅灰石
- 直闪石

针状晶体
- 长石微晶
- 霓辉石
- 霓辉石、普通辉石
- 阳起石、透闪石
- 直闪石
- 铁闪石
- 角闪石
- 钠闪石
- 钠钙闪石
- 沸石
- 针钠钙石
- 黝帘石
- 斜黝帘石
- 绿帘石
- 硅灰石
- 矽线石
- 蓝线石
- 电气石
- 金红石
- 磷灰石
- 文　石
- 菱锶矿

放射状集合体
- 直闪石
- 阳起石
- 钠沸石
- 杆沸石
- 辉沸石
- 柱沸石
- 黝帘石
- 斜黝帘石
- 绿帘石
- 电气石

板片晶体
- 钠长石
- 普通辉石
- 霓辉石、普通辉石
- 角闪石
- 黝帘石、绿帘石
- 硅灰石
- 蓝晶石
- 矽线石
- 硬石膏
- 天青石
- 重晶石

薄片状晶体(六方或假六方片状)
- 白云母
- 金云母
- 黑云母
- 绿泥石
- 滑　石
- 叶蜡石
- 高岭石
- (蒙脱石)
- (伊利石)
- 硬绿泥石
- 石　墨

鳞片状集合体
- 绢云母
- 钠云母
- 滑　石
- 水镁石
- 伊利石
- 高岭石
- 蒙脱石
- 叶蜡石
- 三水铝石

自形晶体

六方柱状
- 霞　石
- 电气石
- 绿柱石
- 磷灰石
- 刚　玉

四方柱状
- 黄长石
- 符山石
- 方柱石
- 锆　石
- 金红石
- 锡　石

斜方柱状
- 顽辉石
- 紫苏辉石
- 古铜辉石
- 直闪石
- 铝直闪石
- 橄榄石
- 黝帘石
- 黄　玉
- 红柱石
- 十字石

单斜柱状
- 单斜辉石
- 单斜角闪石
- 斜黝帘石
- 绿帘石

三斜柱状
- 斜长石
- 蓝晶石

六方板状
- 赤铁矿
- 钛铁矿

斜方板状
- 黝帘石
- 一水硬铝石
- 重晶石
- 天青石

单斜板状
- 长　石
- 斜黝帘石
- 绿帘石
- 粒硅镁石
- 独居石

三斜板状
- 长　石
- 蓝晶石

楔　形
- 毒　砂
- 榍　石
- 斧　石

菱　形
- 方解石族
- 白云母族
- 菱沸石

立方体
- 钙钛矿
- 萤　石
- 方镁石

四角三八面体
- 白榴石
- 方沸石

八面体
- 钙钛矿
- 方镁矿
- 尖晶石
- 方石英
- 石榴石

菱形十二面体
- 方钠石族
- 石榴石族

特殊形态

含嵌晶、变嵌晶
- 紫苏辉石
- 普通辉石
- 直闪石-铝直闪石
- 堇青石
- 红柱石
- 石榴石
- 十字石

文象交生
- 石英-碱性长石

蠕虫状
- 石　英

条纹状
- 钠长石
- 更长石
- 钾长石(反条纹)

溶离页片
- 透辉石(紫苏辉石中)
- 透辉石(易变辉石中)
- 紫苏辉石(普通辉石中)

表 13－8　矿物的解理检索表

一组	矽线石{010}	针钠沸石{001},{010}	**三组,柱面加轴面**
白云母{001}	黄　玉{001}	硅灰石{100}	浊沸石{110},{010}
锂云母{001}	独居石{001}	钙十字石{001},{010}	文　石{110},{010}
金云母{001}	刚　玉{0001}裂开	交沸石{001},{010}	菱锶矿{110},{010}
黑云母{001}	三水铝石{001}	蓝晶石{010},{100}	天青石{110},{001}
黑硬绿泥石{001}	一水硬铝石{010}		重晶石{110},{001}
橄榄石{010}	水镁石{0001}	**二组,交角** 56°、124°	
绿泥石{001}	钠明矾石{0001}	角闪石族	**三组,全部轴面**
滑　石{001}	赤铁矿{0001}裂开		硅灰石{100},{001},{$\bar{1}$02}
铁滑石{001}	针铁矿{010}	**三组,立方体**	蓝晶石{100},{010},{001}裂开
叶蜡石{001}		方沸石	硬石膏{100},{010},{001}
黏土矿物{001}	**二组(柱面),交角** 90°**或近** 90°	方镁石	石　膏{010},{100},{$\bar{1}$01}
片沸石{010}	辉　石{110}		
杆沸石{010}	锂辉石{110}	**三组,六方柱**	**四组,八面体**
丝光沸石{010}	钠沸石{110}	钙霞石	尖晶石
辉沸石{010}	中性针沸石{301},{$\bar{3}$01}	钠菱沸石	萤　石
柱沸石{010}	钙沸石{110}		
鱼眼石{001}	方柱石{100}	**三组、菱面体**	**四组,两个柱面、两个轴面**
葡萄石{001}	红柱石{110}	菱沸石	硬柱石{010},{001},{110}
黝帘石{100}		刚玉(裂开)	
斜黝帘石{001}	**二组(轴面),交角** 90°**或近** 90°	方解石族	**六组,十二面体**
绿帘石{001}	长石{001},{010}	赤铁矿(裂开)	方钠石、闪锌矿
斧　石{100}			

表 13－9　矿物的颜色检索表

褐　色	粒硅镁石	金红石	电气石	**紫　色**	**红　色**
均质体	普通辉石	直闪石	紫苏辉石	均质体	均质体
褐帘石	钛辉石	铝直闪石	透辉石	萤　石	尖晶石
尖晶石	易变辉石	锂云母	霓　石	钙钛矿	胶铝矿
闪锌矿	直闪石	金云母	韭闪石	非均质体	胶磷矿
铬铁矿	镁铁闪石	铁橄榄石	绿帘石	蓝闪石	非均质体
胶磷矿	锂云母	绿泥石	橄榄石	钠闪石	氧角闪石
胶铝矿	榍　石	绿帘石	硬绿泥石	蓝线石	伊丁石
火山玻璃	三水铝石	粒硅镁石		黑电气石	铁黑云母
石榴石		硅镁石	**蓝　色**	锂云母	红帘石
钙钛矿	**黄　色**	十字石	均质体		金红石
非均质体	均质体	独居石	蓝方石	**粉红色**	赤铁矿(边缘)
普通角闪石	胶磷矿		黝方石	均质体	
绿钠闪石	胶铝矿	**绿　色**	尖晶石	镁铝榴石	**灰、黑色**
氧角闪石	铬尖晶石	均质体	萤　石	铁铝榴石	均质体
钠铁闪石	火山玻璃	尖晶石	非均质体	锰铝榴石	方钠石族
黑云母	闪锌矿	石榴石	蓝闪石	钙铁榴石	黑榴石
金云母	石榴石	非均质体	钠闪石	方沸石	钛榴石
铁云母	钙钛矿	霓辉石	钠铁闪石	非均质体	非均质体
伊丁石	烧绿石	阳起石	蓝线石	紫苏辉石	钠闪石
鳞绿泥石	非均质体	普通角闪石	电气石	霓　石	铁黑云母
黑硬绿泥石	普通角闪石	绿钠闪石	绿柱石	黝帘石	红帘石
电气石	钠闪石	黑云母	蓝晶石	(锰黝帘石)	黑电气石
金红石	黑云母	绿泥石	紫苏辉石	红帘石	硬绿泥石
赤铁矿	黑硬绿泥石	黑硬绿泥石	刚　玉	蓝线石	榍石
针铁矿	红帘石	海绿石	青石棉	电气石	
褐帘石	电气石	铁蛇纹石	天蓝石	红柱石	

表 13-10 矿物的光轴角检索表

(+)2V(°)	矿 物 名 称	(-)2V(°)	矿 物 名 称
0～小	绿泥石	0	黑硬绿泥石
0～40	三水铝石(氢氧铝石、水铝氧石)	0	锂云母(黑鳞云母)
0～55	片沸石	0～小	绿泥石
0～60	黝帘石	0～10	金云母
6～19	独居石	0～33	蒙脱石
10～85	绿纤石	0～35	黑云母
17～50	榍　石	0～64	透长石
20～30	矽线石	5～10	伊利石(水白云母、伊利水云母)
36～70	硬绿泥石	6～30	滑　石
37	重晶石	7	菱锶矿
42	硬石膏	8	白铅矿
42～60	普通辉石	10～24	海绿石
42～76	堇青石	16	毒重石
44～67	黄　玉	18	文　石
47～75	杆沸石	20～52	蓝线石
50～60	针钠钙石	20～55	高岭石
50～62	透辉石-镁铁辉石	25～47	浊沸石
51	天青石	25～63	锂云母
53～70	韭闪石	25～68	绿高岭石(绿脱石、囊脱石)
54～66	锂辉石	27～60	蛇纹石
58	钠沸石	29～47	白云母(一般为 40°～45°)
58	石　膏	30～49	辉沸石
58～90	顽辉石	30～60	歪长石
59～90	直闪石-铝直闪石	35～42	硅灰石
60～75	硫酸铅矿	35～90	鳞石英
60～90	硬　玉	36～58	钙沸石
60～90	斜黝帘石	40	珍珠陶土
60～80	钙十字沸石	40～90	褐帘石
64～69	葡萄石	41～69	蓝闪石
65～90	镁铁闪石	44～84	微斜长石
66	地开石	44～85	正长石
68～81	硅镁石	45～65	紫苏辉石
70～89	粒硅镁石	47～90	橄榄石(铁橄榄石超过 13%)
79～90	十字石	52～83	浅闪石
79～85	硬柱石	52～89	普通角闪石
80(可变)	中沸石	57	叶蜡石
82～90	橄榄石(富镁变种)	60～70	霓石(锥辉石)
84～85	一水硬铝吕	60～85	古铜辉石
90	珍珠陶土	65～85	氧角闪石(玄武角闪石)
		65～90	绿帘石
		70～83	斧　石
		74	硅硼钙石
		75～85	钛角闪石
		75～86	红柱石
		80～88	透闪石-阳起石
		80～90	钠闪石
		82～83	蓝晶石
		84～90	铁闪石

表 13－11 矿物中文名称索引表

（按汉语拼音字母音序排列，数字代表矿物所在页码）

续表 13 - 11

参考文献

北京大学地质系岩矿教研室.光性矿物学[M].北京:地质出版社,1978.

陈芸菁.晶体光学原理[M].北京:地质出版社,1987.

池际尚,吴国忠.费德洛夫法[M].北京:地质出版社,1983.

郝用威.紫晶[M].武汉:中国地质大学出版社,1997.

季寿元,王德滋.晶体光学[M].北京:人民教育出版社,1961.

李德惠.晶体光学(第二版)[M].北京:地质出版社,1993.

李兆聪.宝石鉴定法[M].北京:地质出版社,1990.

廖宗廷.珠宝鉴赏[M].3版.武汉:中国地质大学出版社,2014.

罗吉斯 A E,凯尔 P E.光性矿物学[M].李学清,孙鼐译.北京:地质出版社,1956.

洛多奇尼柯夫 B H 著,朱星垣译.最主要的造岩矿物[M].北京:地质出版社,1956.

美国珠宝学院、地质矿产部北京宝石研究所.GIA 宝石实验室鉴定手册[M].武汉:中国地质大学出版社,1989.

穆尔豪斯 W W.岩石薄片研究入门[M].马志先等译.北京:地质出版社,1986.

坪井诚太郎.斜长石光性鉴定表[M].苏树春译.北京:地质出版社,1980.

邱家骧,郜道乾.油浸法[M].北京:地质出版社,1981.

苏树春.碱性长石的光学鉴定[M].北京:地质出版社,1982.

王德滋.光性矿物学[M].上海:上海科学技术出版社,1975.

王濮,潘兆橹,翁玲宝,等.系统矿物学(上册、中册、下册)[M].北京:地质出版社,1982、1984、1987.

王曙.偏光显微镜和显微摄影[M].北京:地质出版社,1978.

王顺金.红宝石蓝宝石尖晶石与宝石商贸[M].武汉:中国地质大学出版社,1995.

杨承运.光性矿物学教程[M].北京:地质出版社,1989.

袁心强.翡翠宝石学[M].武汉:中国地质大学出版社,2004.

曾广策.透明造岩矿物与宝石晶体光学[M].武汉:中国地质大学出版社,1997.

曾广策.简明光性矿物学[M].2版.武汉:中国地质大学出版社,1998.

曾广策,沈上越,潘宝明.莫来铁尖晶岩的发现和玄武岩浆的分异作用[J].地质论评,1993,39(3):223-230.

曾广策.海南岛北部碱性玄武质岩石中的深源包体和巨晶矿物[J].矿物学岩石学论丛,1986,(2):98-107.

曾广策等.火山岩中莫来石的发现[J].矿物学报,1993,13(1):84-86.

周国平.宝石学[M].武汉:中国地质大学出版社,1989.

周新民.玄武岩中鳞英铁尖晶岩的发现[J].科学通报,1983,(8):486-489.

Bloss F D. The spindle stage principles and practice[M]. Cambridge: Cambridge University Press, 1981.

Deer W A, Howie R A, Zussman J. Rock-forming minerals (2nd Ed.). 1A, 2A, 1B[M]. Longman London and New York, 1982、1986、1978.

Deer W A 等.造岩矿物(二卷 A)[M].谢宇平等译.北京:地质出版社,1983.

Leake B E. Nomenclature of amphibolesl[J]. Amer. Mineral. 1978, 63(11-12):1023-1052.

Morimoto N. 辉石命名法[J].矿物学报,1988,8(4):289-305.

Wahlstrom E E. Optical crystallography[M]. 5th Ed. New York: John Wiley and Sons, 1979.

Виичепп Н Н. Оптическая минералогия[M]. Москва: Ниостранная литература. 1953.

Ларсен, Берманг Б В, Петров В П. Определение прозрачных минералов под микроскопом[M]. Москва: Недра. 1965.

Дир Y А, Хауи Р А, Зусман Дж. Породообразуюшие минералы (Том1 ～ 5) [M]. Масква: Мир, 1965、1966.

Трёгер В Е. Оптическое определние Породообразуюших минералов[M]. Москва: Недра. 1980.

Флейшр М, Уилкоке Р, Матцко Дж. Микроскопическое определение прозрачных минераплв [M]. Ленинград: Недра. 1987.

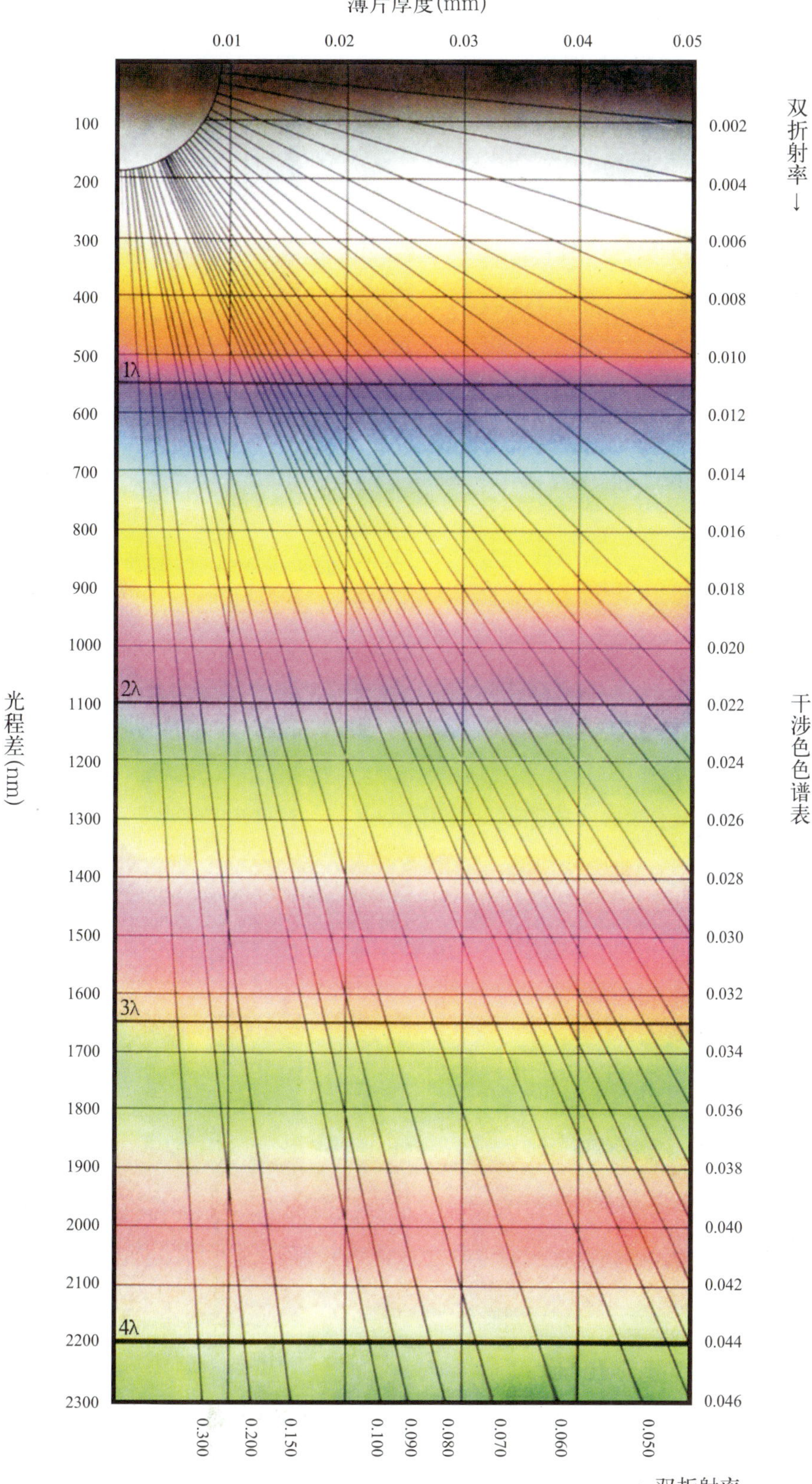
薄片厚度(mm)
0.01
0.02
0.03
0.04
0.05
双折射率↓
0.002
0.004
0.006
0.008
0.010
0.012
0.014
0.016
0.018
0.020
0.022
0.024
0.026
0.028
0.030
0.032
0.034
0.036
0.038
0.040
0.042
0.044
0.046
光程差(nm)
100
200
300
400
500
600
700
800
900
1000
1100
1200
1300
1400
1500
1600
1700
1800
1900
2000
2100
2200
2300
1λ
2λ
3λ
4λ
0.300
0.200
0.150
0.100
0.090
0.080
0.070
0.060
0.050
←双折射率

干涉色谱表

图版 Ⅱ

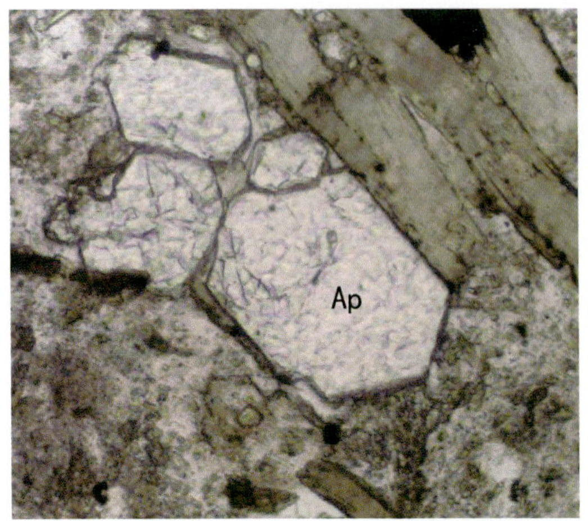

1. 磷灰石(Ap),正中突起

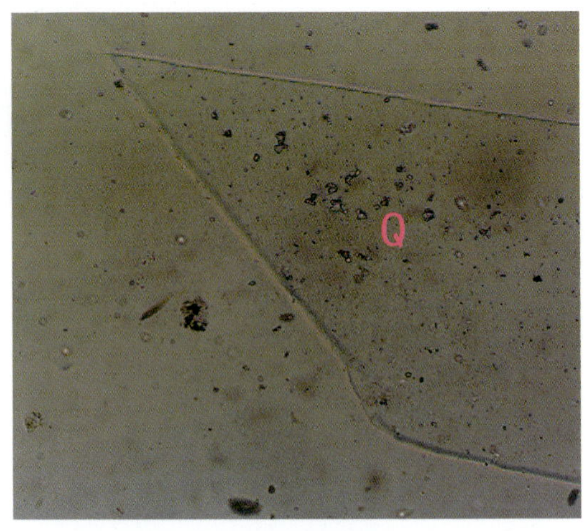

2. 石英(Q),正低突起(暗视域),洛多奇尼科夫色散效应

3. 橄榄石(Ol),正高突起,不完全解理

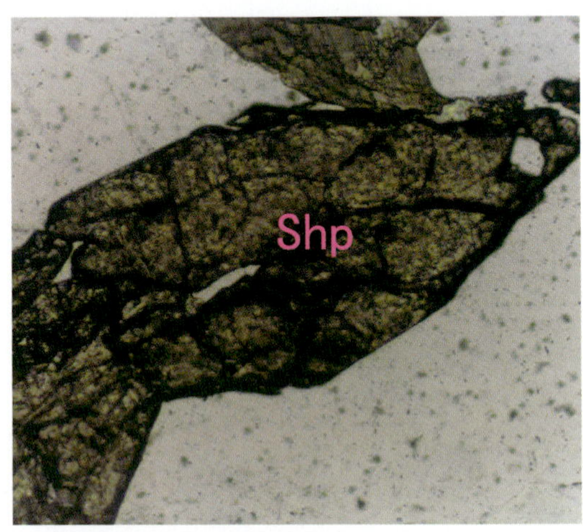

4. 榍石(sph),正极高突起

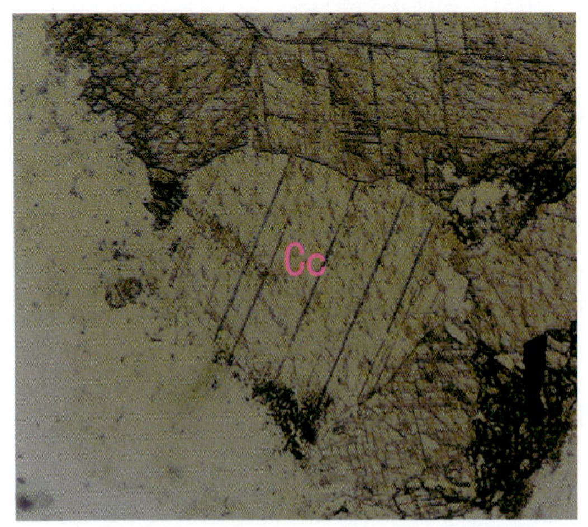

5. 方解石(Cc)//*c*轴切面,*Ne*//*PP*,负低突起

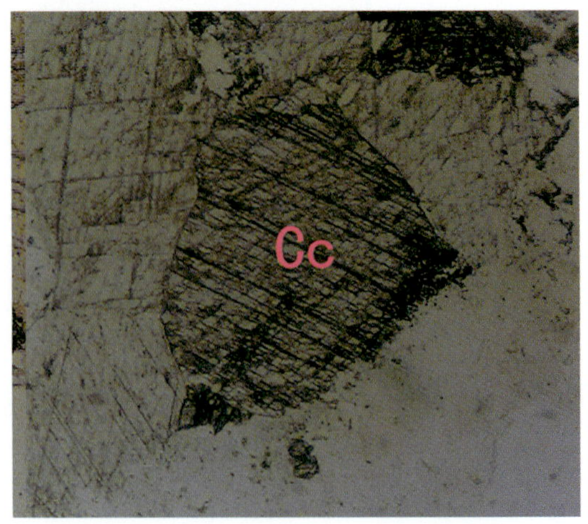

6. 方解石(Cc)//*c*轴切面,*No*//*PP*,接近正高突起

1. 褐色黑云母(Bi)⊥(001)切面,一向极完全解理纹,*Ng*=*Nm*=暗褐色

2. 褐色黑云母(Bi)⊥(001)切面,一向极完全解理纹,*Np*=淡褐色

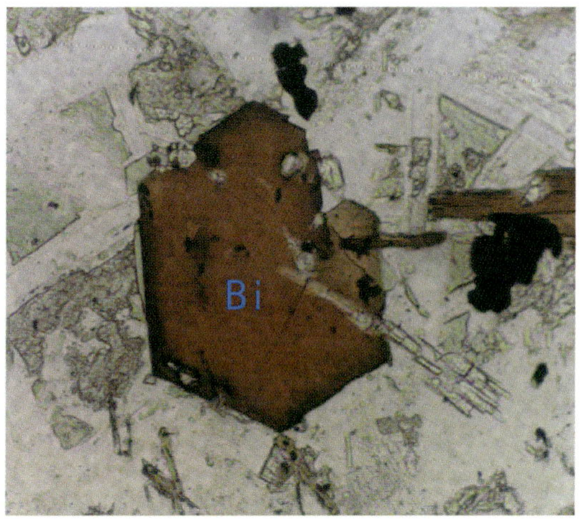

3. 褐色黑云母(Bi)//(001)切面,*Ng*=*Nm*=暗褐色

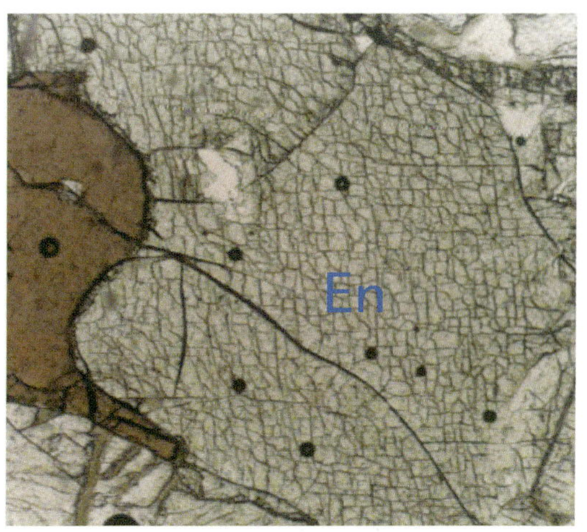

4. 顽(火)辉石(En)⊥*c*轴切面,两向完全解理纹,解理夹角为87°、93°

5. 氧角闪石⊥*c*轴切面,两向完全解理纹,解理夹角为56°、124°

6. 电气石//*c*轴切面,*Ne*//*PP*,*Ne*=淡紫色

图版 Ⅳ

1. 电气石//*c*轴切面,*No*//*PP*,*No*=暗蓝色

2. 普通角闪石//(010)切面,*Ng*//*PP*,*Ng*=暗绿色

3. 普通角闪石//(010)切面,*Np*//*PP*,*Np*=淡黄绿色

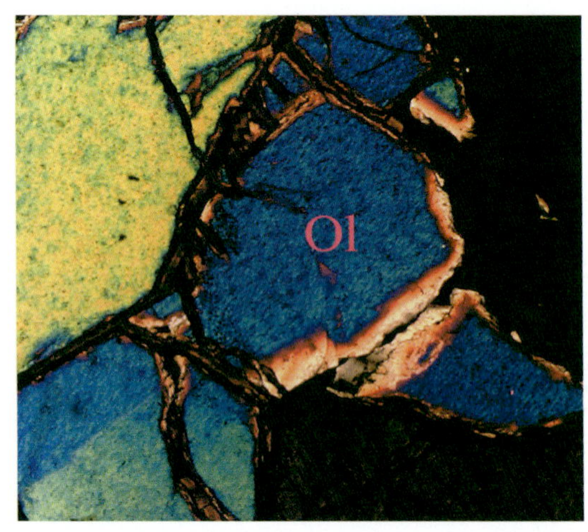

4. 橄榄石(Ol)具楔形边,边缘干涉色依序升高

5. 透长石,简单双晶

6. 斜长石,聚片双晶

1. 微斜长石，格子双晶

2. 堇青石，轮式双晶(六连晶)

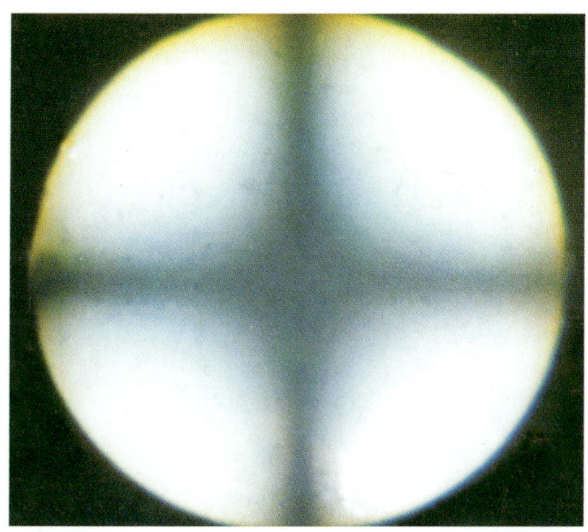

3. 一轴晶⊥*OA*切面干涉图(干涉色色圈少)

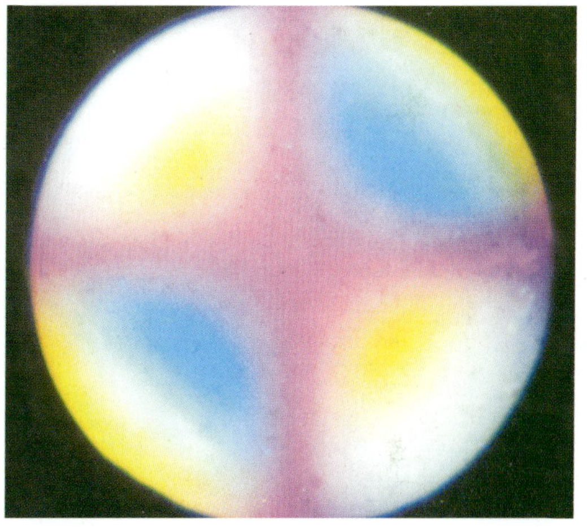

4. 一轴晶⊥*OA*切面干涉图(干涉色色圈少)，加石膏试板，正光性符号

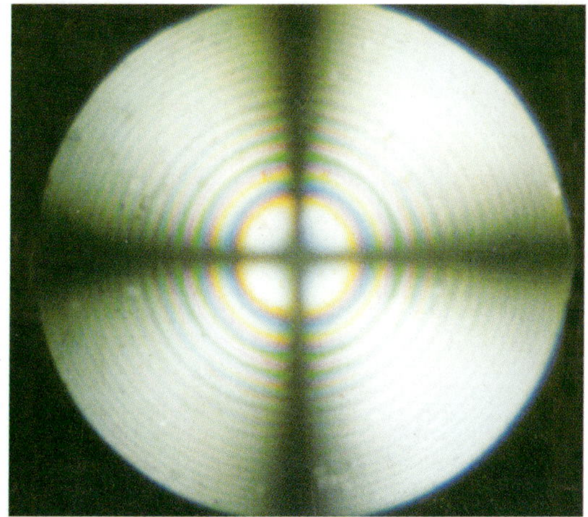

5. 一轴晶⊥*OA*切面干涉图(干涉色色圈多)

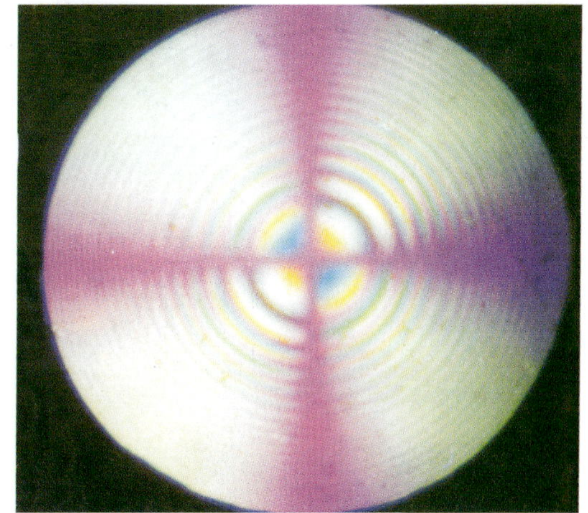

6. 一轴晶⊥*OA*切面干涉图(干涉色色圈多)，加石膏试板，负光性符号

1. 二轴晶⊥*Bxa*切面0°位干涉图（干涉色色圈多）

2. 二轴晶⊥*Bxa*切面45°位干涉图（干涉色色圈多）

3. 二轴晶⊥*Bxa*切面45°位干涉图（干涉色色圈多），加石膏试板，负光性符号

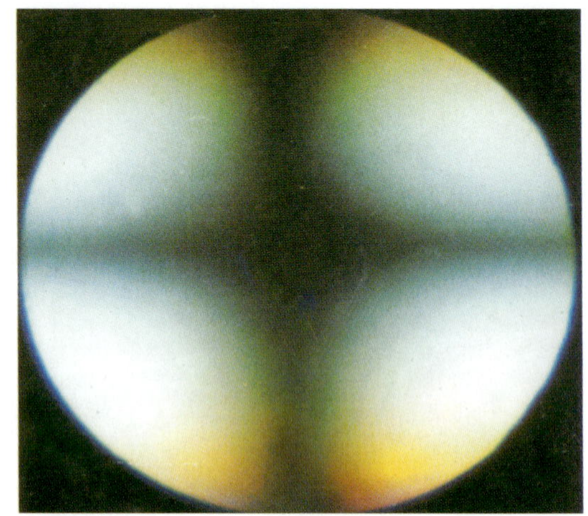

4. 二轴晶⊥*Bxa*切面0°位干涉图（干涉色色圈少）

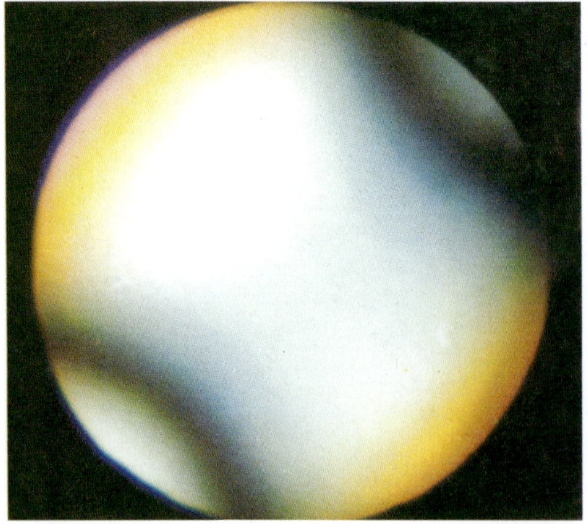

5. 二轴晶⊥*Bxa*切面45°位干涉图（干涉色色圈少）

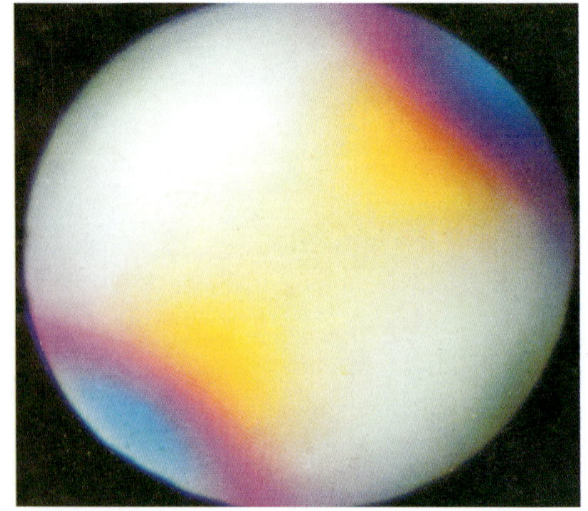

6. 二轴晶⊥*Bxa*切面45°位干涉图（干涉色色圈少），加石膏试板，正光性符号

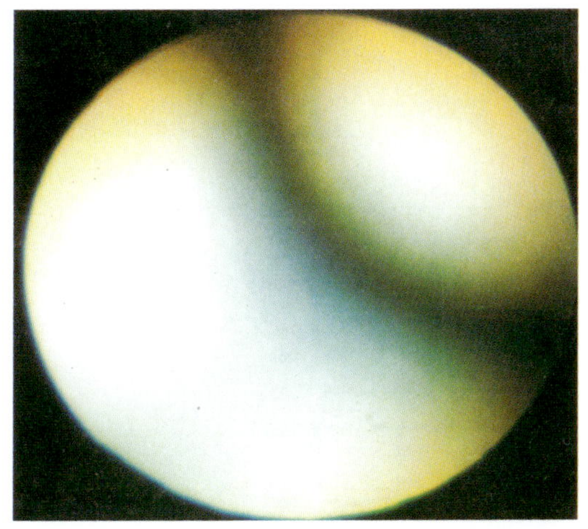

1. 二轴晶⊥OA切面45°位干涉图(干涉色色圈少),$2V$中等

2. 二轴晶⊥OA切面45°位干涉图(干涉色色圈少),加石膏试板,$2V$中等,正光性符号

3. 二轴晶⊥OA切面0°位干涉图(干涉色色圈多)

4. 二轴晶⊥OA切面45°位干涉图(干涉色色圈多),$2V$大(接近90°)

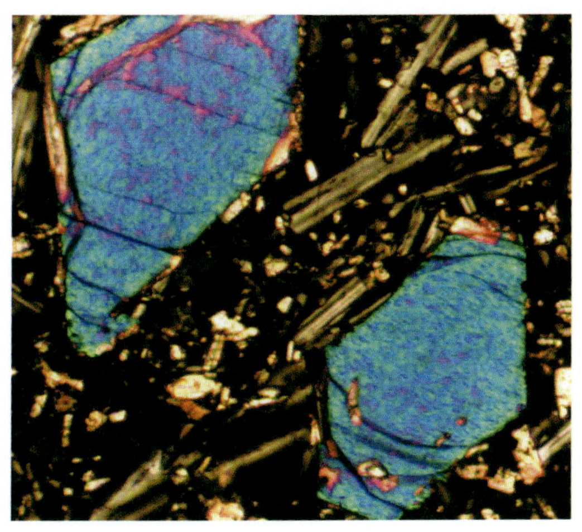

5. 橄榄石,自形晶

6. 橄榄石,扭折带结构

1. 紫苏辉石，*Ng*//*PP*，*Ng*=淡绿色

2. 紫苏辉石，*Np*//*PP*，*Np*=淡玫瑰色

3. 氧角闪石(玄武闪石)

4. 钛辉石，砂钟结构

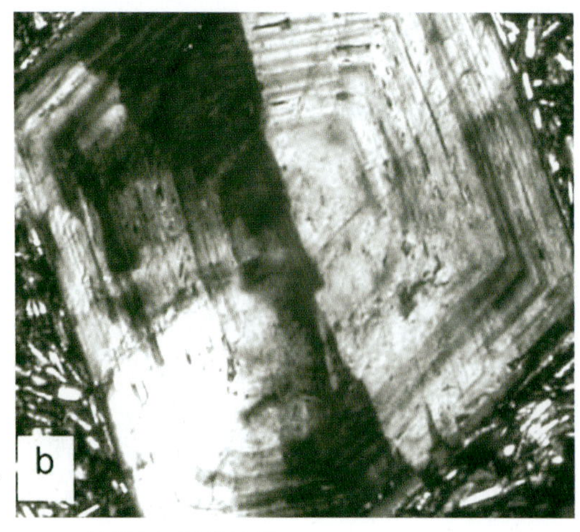

5. 斜长石，环带结构

6. 微斜条纹长石，条纹结构，主晶发育格子双晶